实用型水处理

高级氧化技术与工程应用

孙承林 /主编

马 磊 余 丽 /副主编

化学工业出版社

·北京·

内 容 简 介

本书涵盖当前国内外出现的实用型高级氧化技术的研发进展及其工程实践，主要侧重于高级氧化技术催化剂开发及其研究进展、反应设备的研究现状和工程案例讨论。主要介绍了催化过氧化氢氧化技术、催化臭氧氧化技术、电催化氧化技术、湿式空气氧化技术以及多种高级氧化技术偶联，同时还结合笔者及其团队多年的工程实践，从废水特征、技术可得性和适用性、建设和运行成本、现场条件等几个角度进行水处理技术评价，最后介绍了几种典型工业废水的处理案例。

本书在编写过程中努力实现实用性、创新性、前沿性和科学性的统一，具有较强的技术性和应用性，可供从事废水处理处置的工程技术人员、科研人员和管理人员参考，也可供高等学校环境工程、市政工程及相关专业师生参阅。

图书在版编目（CIP）数据

实用型水处理高级氧化技术与工程应用/孙承林主编. —北京：化学工业出版社，2021.6（2023.1重印）
ISBN 978-7-122-38722-6

Ⅰ.①实… Ⅱ.①孙… Ⅲ.①水处理-氧化物-技术 Ⅳ.①TQ123.4

中国版本图书馆CIP数据核字（2021）第047303号

责任编辑：刘兴春 卢萌萌　　文字编辑：王文莉 陈小滔
责任校对：刘 颖　　装帧设计：史利平

出版发行：化学工业出版社（北京市东城区青年湖南街13号 邮政编码100011）
印 装：北京机工印刷厂有限公司
787mm×1092mm 1/16 印张23¼ 彩插4 字数535千字 2023年1月北京第1版第3次印刷

购书咨询：010-64518888　　售后服务：010-64518899
网 址：http://www.cip.com.cn
凡购买本书，如有缺损质量问题，本社销售中心负责调换。

定 价：148.00元

序

随着我国工业化和社会化的快速发展，工业污水及生活污水的有机成分变得越来越复杂，部分水质呈现出难降解、高浓度和高毒性的特点。随着污水排放标准与政策的收紧，传统的生化处理法已经很难使出水达标排放，治理高浓度难降解有机废水已经成为当前全球水资源可持续利用和国民经济可持续发展的重要战略目标。多学科融合、产业和技术融合、系统思维促进了污水治理行业全面发展，主要技术发展体现在优化传统处理技术、提升精细化运行、解决难点问题三个方面。在解决难点问题方面，电场强化水解酸化、臭氧多相催化氧化等水处理高级氧化技术提高了难降解有机污染物的去除效果，是解决难点问题的一种关键技术。

高级氧化技术(AOPs)是 20 世纪 80 年代发展起来的一种深度氧化技术，在催化剂以及光、电、声等的作用下，在氧化过程中产生一种氧化性极强的活性自由基，自由基能与难降解有机物作用，使其发生开环、断键、加成、取代以及电子转移，最终降解为二氧化碳和水。与传统的水污染处理技术相比，AOPs 具有适用范围广、氧化能力强、反应速率快等特点，已成为目前水处理领域的研究热点。一些 AOPs 已经成功应用于饮用水、工业废水以及垃圾渗滤液等多种水处理实例中。

在过去十几年中，AOPs 得到了迅速的发展，涌现出许多新的工艺和典型的工程案例。中国科学院大连化学物理研究所的孙承林研究员及其团队开展催化技术处理工业废水多年，以国家高技术研究发展计划（863 计划）课题（编号 2009AA063903）“强化催化氧化集成技术”为支撑，全面总结了目前国内外实用型高级氧化技术的研发进展及一些典型的工程实例，对从事水处理高级氧化技术研究与相关工程项目建设的环保工作者具有重要的指导和借鉴意义。

中国工程院　院士

中科院大连化学物理研究所　所长　刘中民

中科院青岛生物质能源研究　所长

2020 年 10 月

前言

2018 年 5 月，全国生态环境保护大会隆重召开，会议的重要成果之一就是正式确定了习近平生态文明思想，生态环境保护的重要性被树立到了前所未有的新高度。作为生态环境保护的重要一环，水环境系统的整治变得越来越重要。在水环境治理中，工业废水具有污染物浓度高、水量大和毒性强等特点，是当前水处理的难点、重点。

近年来随着我国工业化的发展，废水尤其是高毒性难降解工业有机废水排放量不断增大，造成了严重的水环境问题，以高级氧化技术为代表的新型水处理技术的出现对于处理该类废水起到了很好的效果。高级氧化技术以其氧化能力强、反应速率快、无二次污染等特点而受到广大学者和工程技术人员的重视。高级氧化技术最早出现于一百多年前，随着化学、化工、材料等基础科学的发展，这项技术得到了迅速发展，其研发逐渐从原本的技术开发扩展到高效催化剂合成、新型反应器设计开发、多种工艺组合、工程模拟和新体系的构建等方面，极大地提高了反应效率并降低了成本，为各类高级氧化技术的工业化应用奠定了坚实基础。经过多年的发展已取得显著的技术进步，多项技术已取得工业化应用。以我国为例，目前工业生产中，多数高级氧化技术已经有了工程案例，产生了巨大的环境效益和社会效益。

高级氧化技术在研发与工程应用等方面取得的巨大进步需要相关学者进行梳理和总结，从而帮助广大环保工作者更好地了解和掌握当前技术的发展现状和特点。但是，我国在该领域的技术进步和工程实践仍缺乏系统总结。因此，急需出版一本高级氧化领域的专著对当前的科学研究发展现状和工程应用进行系统的总结和介绍。

基于以上思路，笔者着手撰写了《实用型水处理高级氧化技术与工程应用》这本书。本书涵盖当前国内外出现的实用型高级氧化技术的研发进展及其工程实践，主要侧重于高级氧化技术催化剂开发及其研究进展、反应设备的研究现状和工程案例讨论，以求为广大环保工作者在工程建设中提供理论指导、技术参考和案例借鉴。本书在编写过程中努力实现实用性、创新性、前沿性和科学性的统一，可以作为水处理环保工作者的技术参考资料，也可以作为高等学校环境工程、市政工程及相关专业的教材或参考书。

本书由孙承林研究员任主编；北京石油化工学院马磊博士和太原理工大学余丽博士任副主编；全书最后由孙承林研究员统稿并定稿。另外，中科院大连化物所卫皇曌副研究员、赵颖工程师、王亚旻博士、谭向东博士、靳承煜博士，北京鑫佰利集团刘培娟博士，中钢集团鞍山热能研究院有限公司安路阳高级工程师等也参与了本书的部分编写工作，在此一并表示感谢。

限于编者水平和编写时间，书中难免会有不足和疏漏之处，敬请同行专家和读者不吝赐教。

编者

2020 年 11 月

目 录

第1章 绪论

1.1 我国水资源与水污染概述

水是人类及一切生物赖以生存与发展的重要物质，是工农业生产、经济发展和环境改善不可替代的重要资源。如表1-1所列，地球上水的总储量约为$1.386\times10^{18}m^3$，其中淡水含量约为$3.5\times10^{16}m^3$，仅占总水量的2.53%，淡水主要以冰川、永久积雪和多年冻土的形式储存。而直接可供人类利用的淡水，如湖泊、沼泽、河流、土壤及大气中的水仅有$1.35\times10^{14}m^3$，占全球淡水总量的0.386%。国家统计总局数据显示，2018年我国水资源总量为$2.75\times10^{12}m^3$，仅次于巴西、俄罗斯、美国、加拿大和印度尼西亚，名列世界

表1-1 地球水储量

水体种类	水储量		咸水		淡水	
	$10^{12}m^3$	%	$10^{12}m^3$	%	$10^{12}m^3$	%
海洋水	1338000	96.538	1338000	99.041		
冰川与永久积雪	26064.1	1.7362			24064.1	68.6973
地下水	23400	1.6883	12870	0.9287	10530	30.0606
永冻层中的冰	300	0.0216			300	0.8564
湖泊水	176.4	0.0127	85.4	0.0063	91	0.2598
土壤水	16.5	0.0012			16.2	0.0471
大气水	12.9	0.0009			12.9	0.0368
沼泽水	11.47	0.0008			11.47	0.0327
河流水	2.12	0.0002			2.12	0.0061
生物水	1.12	0.0001			1.12	0.0032
总计	1387984.61	100	1350955.40	100	35028.91	100

第6位。但是，由于我国人口基数大，人均水资源占有量仅为1971.85m^3，仅为世界平均水平的1/4，排名在第110名之后，是世界上21个贫水和最缺水的国家之一。按照国际公认的标准，人均水资源量低于3000m^3为轻度缺水，人均水资源量低于2000m^3为中度缺水，人均水资源量低于1000m^3为重度缺水。按照此标准，目前中国有16个省（自治区、直辖市）人均水资源占有量（不包括过境水）低于重度缺水线，6个省、自治区（宁夏、河北、山东、河南、山西、江苏）人均水资源量低于500m^3，为极度缺水地区。缺水状况在中国普遍存在，而且有不断加剧的趋势。我国长江流域及其以南地区国土面积只占全国的36.5%，其水资源占有量为全国的81%；淮河流域及其以北地区的国土面积占全国的63.5%，其水资源占有量仅为全国水资源总量的19%。华北地区人口占全国的1/3，而水资源只占全国的6%；我国的西南地区，人口占全国的1/5，但是水资源占有量却达到46%。由此可见，中国的水资源空间分布十分不均匀。

总体而言，中国水资源的特点是总量大，人均占有量少，区域分布严重不均，水土资源组合不平衡；年内分配集中，年际变化大；连丰连枯年份比较突出；河流的泥沙淤积严重。这些特点造成了中国容易发生水旱灾害，且水的供需矛盾巨大，这也决定了中国对水资源的开发利用、江河整治的任务十分艰巨。

由于改革开放初期只注重发展经济，忽视环境保护，大量污染物直接排放到环境中，我国自然环境遭受严重污染，尤其是水环境。流经城市河段普遍受到污染，三河（辽河、海河、淮河）和三湖（太湖、滇池和巢湖）均受到严重污染，蓝藻时常暴发。截至2015年，在七大水系100个国控省界断面中，Ⅰ～Ⅲ类、Ⅳ～Ⅴ类和劣Ⅴ类水质断面比例分别为36%、40%和24%。浙江中部海域、长江口外海域、渤海湾和珠江口等地赤潮频发，对沿岸鱼类和藻类养殖造成巨大经济损失。90%以上地下水遭到不同程度的污染，其中60%污染严重，城市地下水约有64%遭受严重污染，33%的城市地下水为轻度污染。因此，对工业和生活污水进行处理，减少其对环境的危害变得非常重要，这些废水中难降解工业有机废水的处理是重中之重[1]。难降解有机废水产生的原因主要分为两类：一类是废水中含有的污染物本身对微生物有毒害作用，短时期难以被降解；另一类是污染物的化学结构比较稳定，难以被降解去除。如果这些难降解污染物不经处理就直接排放，必然会严重地污染环境并威胁人类的健康。因此，难降解有机物的降解研究已引起国内外有关专家和学者的高度重视，是目前水污染防治研究的热点和难点。

国家统计总局数据显示（图1-1～图1-3），2004～2015年，我国废水排放总量从482.41亿吨增加至735.32亿吨，进入“十三五”时期后，2016年和2017年我国废水排放总量分别降低为711.10亿吨和699.66亿吨，且COD、NH_4^+-N、TN和TP污染物排放量得到有效控制。我国在环境治理上的投资从2004年的1909.80亿元增加至2017年的9538.95亿元，十三年间该支出增长了4.99倍，年均复合增长率为13.16%。按此增值估算，2020年我国在环境污染治理上的投资将约1.38万亿元。

2015年来，我国环保政策由总量控制转向质量提升，《“十三五”生态环境保护规划》明确以改善环境质量为核心，《水污染防治行动计划》《关于全面加强生态环境保护 坚决打好污染防治攻坚战的意见》《工业集聚区水污染治理任务推进方案》等政策更加细节地规定了水环境治理的目标。2018年中央财经委员会第一次会议强调环境问题是全社会关

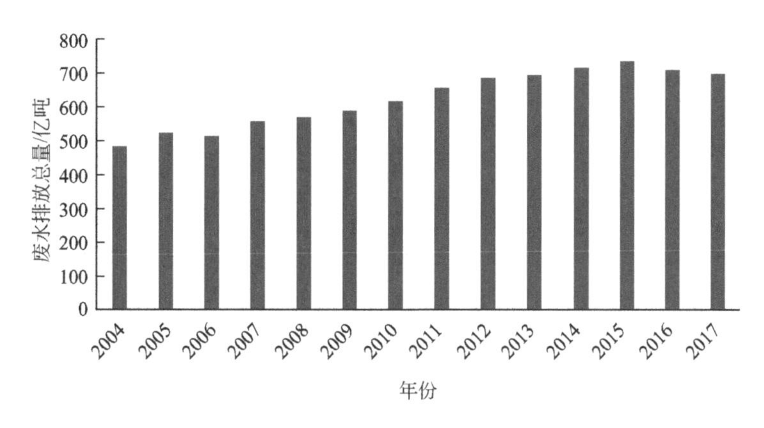

图 1-1 国家统计总局数据——废水排放总量

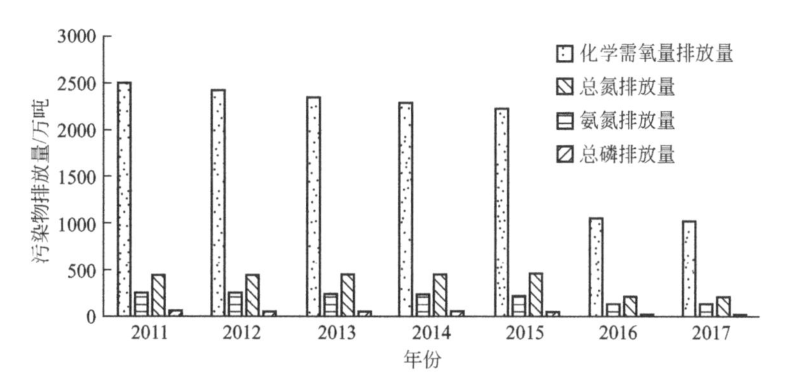

图 1-2 国家统计总局数据——污染物排放量

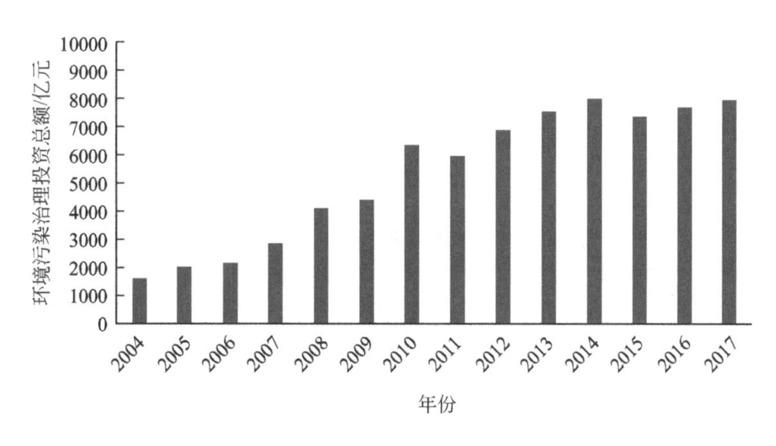

图 1-3 国家统计总局数据——环境污染治理投资总额

注的焦点，也是全面建成小康社会能否得到人民认可的一个关键，要坚决打好打胜这场攻坚战。未来国家将继续加大基础设施建设力度，电力、石化、煤化工等重工业领域的投资仍将保持增长，从而带动工业废水处理市场需求持续增加。同时，随着城市化进程的不断推进，市政污水处理和市政供水等需求也将同步增长，环保水处理行业将迎来战略性发展机遇并拥有广阔的发展前景。国家对环境问题的重视度越来越高，未来将不断加大对水资源保护和治理的力度，大力引导和鼓励环境污染治理领域的投资。

1.2 高级氧化技术概述

随着我国经济的快速发展，石油、化工、制药、造纸、食品等行业发展过程中排放的难降解工业有机废水量日益增加，水体中难生化降解有机物种类也越来越多，这对我国水环境造成了极大的危害。目前，废水处理中最常用的生物法成本低、不会造成二次污染，但对结构复杂、毒性高、化学性质稳定、分子量从几千到几万的物质处理较困难，而化学氧化可将其直接矿化或通过氧化提高污染物的可生化性，同时还对环境类激素等微量有害化学物质的处理有显著效果。1987 年 Gaze 等基于化学氧化的概念提出了高级氧化技术（advanced oxidation process，AOPs），它具有高效性、普适性及彻底性等优点。

高级氧化技术是指氧化能力超过所有常见氧化剂，或氧化电位接近或达到羟基自由基（·OH）水平，可与有机污染物进行系列自由基链反应，从而破坏其结构，使其逐步降解为无害的低分子量的有机物，最后降解为 CO_2、H_2O 和其他矿物盐的技术。

表 1-2 中列出了 17 种强氧化剂的标准氧化电位，·OH 的氧化电位是 2.8V，是臭氧的 1.35 倍、过氧化氢的 1.58 倍、氯气的 2.06 倍。由此可见，·OH 的氧化能力极强，仅次于氟。当环境中的氟化物超过一定浓度后将对生物体造成影响，故必须控制氟污染。·OH 作为反应的中间产物，可诱发后面的链反应。·OH 氧化不具有选择性，其与不同有机物质的反应速率常数相差很小，当水中存在多种污染物时，不会出现一种物质得到降解而另一种物质基本不变的情况。·OH 无选择地直接与废水中的污染物反应将其降解为 CO_2、H_2O 和无害物，或者改变污染物的存在形态，实现污染物与水的分离，从而达到废水处理的目的，不会产生二次污染。因此开发以·OH 为氧化剂的高级氧化技术，在理论上和实践上都是最合适的。它不仅氧化能力强，反应（链式反应）速度快，而且无污染，是最佳的绿色氧化技术，既可单独使用又可与其他处理过程相偶联，如作为生化处理的预处理技术降低处理成本[2]。

表 1-2 17 种强氧化剂的标准氧化电位

序号	氧化剂	产物	φ/V	$\varphi/\varphi(O_3)$
1	F_2	HF	3.06	1.48
2	F_2	F^-	2.87	1.39
3	·OH	H_2O	2.80	1.35
4	O	H_2O	2.42	1.17
5	O_3	O_2	2.07	1.00
6	$S_2O_8^{2-}$	SO_4^{2-}	2.01	0.97
7	FeO_4^{2-}	Fe^{3+}	<1.90	0.92
8	H_2O_2	H_2O	1.77	0.86
9	HO_2·	H_2O	1.70	0.82
10	MnO_4^-	MnO_2	1.70	0.82

续表

序号	氧化剂	产物	φ/V	$\varphi/\varphi(O_3)$
11	$HClO_2$	HClO	1.65	0.80
12	HClO	Cl^-	1.49	0.72
13	Cl_2	Cl^-	1.36	0.66
14	$Cr_2O_7^{2-}$	Cr^{3+}	1.33	0.64
15	O_2	H_2O	1.23	0.90
16	溴水	Br^-	1.09	0.53
17	I_2	I^-	0.54	0.26

高级氧化技术可将有机污染物矿化成 CO_2 和 H_2O，是环境友好型工艺，但其降解污染物时处理成本过高是制约其推广的“瓶颈”。另外，它的处理过程复杂、氧化剂消耗量大、碳酸根离子及悬浮固体对反应有干扰，适用于高浓度、小流量的废水处理，而在低浓度、大流量的废水上应用较难[3]。在我国高级氧化技术中除少数如芬顿法、臭氧氧化技术以及湿式氧化技术等已在实际水处理中有所应用，其余大多还处于实验室小试研究或中试实验阶段。只有解决了高级氧化技术投资处理成本高、设备腐蚀严重、处理水量小等缺点，才能加快其在实际工业废水处理中的应用。

常见的高级氧化技术主要包括催化过氧化氢氧化、催化臭氧氧化、电催化氧化、光催化氧化、催化湿式氧化、二氧化氯氧化、电子束辐照技术、超临界水氧化以及几种氧化方法的联用等，常用的几种废水高级氧化处理技术及其适用范围见表 1-3[4]。

表 1-3 常用的几种废水高级氧化处理技术及其适用范围

高级氧化处理技术	适用范围
催化臭氧氧化	中低浓度有机废水、杀菌、脱色、除异味
催化过氧化氢氧化	中低浓度有机废水
光催化氧化	中低浓度有机废水
催化湿式氧化	高浓度有机废水
电催化氧化	高含盐量的低浓度有机废水
催化湿式氧化	中高浓度有机废水
二氧化氯氧化	废水中杀菌
电子束辐照技术	低浓度有机废水、杀菌
超临界水氧化	高浓度有机废水、城市剩余污泥

1.2.1 催化过氧化氢氧化技术

催化过氧化氢氧化（catalytic wet peroxide oxidation，CWPO）是向废水中加入过氧化氢，在催化剂的作用下催化过氧化氢分解产生氧化能力更强的自由基，进而降解废水中的有机污染物。CWPO 技术在常温常压下即可反应，有操作简单、经济环保等特点，因此在难生物降解的中低浓度有机废水处理领域受到了广泛的关注，得到一定应用。目前，研究及应用较广的 CWPO 催化剂有两类，即均相 CWPO 催化剂和非均相 CWPO 催化剂。而非均相 CWPO 催化剂是研究中的重点，可以解决均相催化剂的流失及二次污染等问题[5]。

1.2.1.1 过氧化氢的物理化学特性

过氧化氢化学式为 H_2O_2，纯过氧化氢是淡蓝色的黏稠液体，可以任意比例与水混溶，是一种强氧化剂，其水溶液俗称双氧水，为无色透明液体，适用于医用伤口消毒、环境消毒以及食品消毒。过氧化氢在一般情况下会缓慢分解成水和氧气，但分解速度极其缓慢。过氧化氢是公认的低毒物质，广泛应用于工业漂白、外科消毒等领域。处理工业污水时，一般使用质量浓度为35%的过氧化氢。过氧化氢是一种弱酸和常见的氧化剂，不会给反应溶液带来杂质离子，这是其作为氧化剂的重要优点。过氧化氢的氧化还原电位与pH值有关，当pH=0时，E=1.80V；当pH=14时，E=0.87V。许多金属化合物都是过氧化氢分解反应的催化剂。这些催化剂的电势都介于过氧化氢的两个电势值之间。

1.2.1.2 过氧化氢的制备

(1) 直接氧化法

氢氧直接化合法是一种具有环保意义的、最直接和最经济的合成方法，其特点是采用几乎不含有机溶剂的水作为反应介质，采用活性炭为载体的Pt-Pd作为催化剂，溴化物作为助催化剂，反应产物中过氧化氢质量分数可达13%～15%。该方法所需设备及原材料少且费用低，因此生产成本也相对较低。但是该方法有两个主要的缺点：一是 H_2 和 O_2 在很大一个范围内易爆炸，需要在反应物中加入稀释剂如 N_2、Ar，而加入的物质会影响合成反应，从而限制反应物的浓度；二是催化剂易使氢气氧化为水或促使过氧化氢分解。因此，该方法存在安全隐患，对工艺要求苛刻，限制了其应用。

(2) 异丙醇法

在异丙醇中加入过氧化氢或其他过氧化物作为引发剂，利用氧气或者空气直接进行液相氧化，生成丙酮和过氧化氢。反应生成物通过蒸发器分离，有机溶剂萃取净化，即可得到过氧化氢和副产物丙酮。该法的缺点是副产物丙酮也需要找寻销售市场，并且异丙醇的消耗量大，因此该工艺在整体上缺乏竞争力，现已基本被淘汰[6]。

(3) 电解法

电解法出现于1908年，是生产过氧化氢的最早方法。电解法包括过硫酸法、过硫酸钾法和过硫酸铵法三种。

① 在过硫酸法中，硫酸被电解为过硫酸，过硫酸生成过氧化氢，过氧化氢再蒸出并浓缩得到所需浓度的过氧化氢，被水解剩余的硫酸经过处理再次利用。该法的优点是主装置及操作要求都很简单，缺点是效率低、消耗大。

② 在过硫酸钾法中，硫酸氢铵也是先电解成过硫酸铵，之后它需要加入硫酸氢钾与过硫酸铵来进行复分解反应。该法能提高过氧化氢的纯度、加大效率及利用率，但是操作复杂，所以此方法逐渐被优化的方法取代。

③ 过硫酸铵法原理跟前面两种方法类似，只是电解所用的电槽得到改进，以铂为阳极，以铅或者石墨为阴极。该法能耗高、设备生产能力低，且消耗贵金属铂，因此逐渐被蒽醌法取代。

(4) 蒽醌法

蒽醌法生产过氧化氢是目前世界上该行业最为成熟的方法之一。我国蒽醌法生产过氧化氢工艺技术开发始于20世纪60年代[7]。过氧化氢的工业化生产主要采用蒽醌法，对于蒽醌法的研究已经日趋成熟。通过蒽醌衍生物溶解在有机溶剂中，在催化剂存在下与氢气作用，生成蒽醌醇或氢代蒽醌，再经氧化、萃取即可得到过氧化氢。蒽醌法在反应过程中只消耗氢气、氧气和水，且蒽醌能够循环利用[8]。目前，我国市场上有质量分数分别为27.5%、35.0%、50.0%和70.0%等几种规格的过氧化氢产品。

1.2.1.3 催化过氧化氢氧化机理

由表1-2可知·OH的氧化电位为2.80V，而过氧化氢的氧化电位仅为1.77V，氧化电位较低，通常过氧化氢无法将有机物彻底氧化，因此需要通过催化剂催化过氧化氢分解成具有强氧化能力的·OH，将废水中的有机物彻底氧化成 H_2O 和 CO_2。CWPO氧化机理首先是通过 Fe^{2+} 与 H_2O_2 反应生成 Fe^{3+} 和·OH（该过程反应速率较快），随后，生成的 Fe^{3+} 与 H_2O_2 反应再转化为 Fe^{2+} 形成催化循环反应。

1.2.1.4 CWPO在水处理中的应用

目前，CWPO已在垃圾渗滤液、煤化工废水及印染废水等多种行业废水处理领域中有着重要应用，该技术既可用于废水生化前的预处理，也可用于废水的深度处理[9]。CWPO具有以下特点：

① 过氧化氢储存稳定，每年活性氧的损失低于1%；

② 设备投资低，过氧化氢腐蚀性低；

③ 过氧化氢可以与水完全混溶，溶解性好；

④ 无二次污染，满足环保排放要求；

⑤ 氧化效率高。

1.2.2 催化臭氧氧化技术

1840年臭氧被德国化学家Schonbein发现，1856年被用于手术室消毒，1860年被用于城市供水的净化，1886年被用于污水的消毒[10]。自1906年Nice第一次用臭氧消毒饮用水以来，臭氧逐渐被用于越来越多的水处理领域。20世纪80年代末90年代初，随着高效臭氧发生技术——高频高压电晕法的应用，臭氧水处理技术得到了迅速的发展[11]。

臭氧虽然能够降解有机物，但其与芳香族有机物的反应很慢，很多情况下不能将有机物完全氧化。催化臭氧氧化、臭氧/UV联用技术、臭氧/H_2O_2 联用技术以及臭氧/超声联用技术可以大大提高臭氧处理有机废水的能力[12,13]。在水溶液中，臭氧同化合物的反应有两种机理：臭氧分子直接氧化机理和臭氧分解形成的间接自由基反应机理。

1.2.2.1 臭氧的物理化学性质

臭氧（O_3）又称为超氧，是氧气（O_2）的同素异形体，在常温下它是一种有特殊臭味的淡蓝色气体。臭氧主要分布在10～50km高度的平流层大气中，极大值在20～30km高度之间。在常温常压下，稳定性较差，可自行分解为氧气。臭氧具有青草的味道，吸入过量对人体健康有一定危害。臭氧可以吸收对人体有害的短波紫外线，防止其到达地球对地球表面生物产生紫外线侵害。

臭氧在空气中会逐渐分解成氧气，由于分解时会放出大量热量，当浓度在25%以上时很容易爆炸。当臭氧的浓度在1%以下时，在常温常压空气中分解的半衰期为16h，且随着温度的升高，臭氧的分解速度加快，当温度达到100℃时臭氧会剧烈分解，所以臭氧制备后应尽快使用。

1.2.2.2 臭氧的制备

氧气在电子、原子能射线、等离子体和紫外线等照射下将分解成氧原子。这种氧原子极不稳定，能很快和氧气结合生成3个氧原子的臭氧。臭氧的制备方法主要有光化学法、电化学法和电晕放电法等。紫外光化学法产生臭氧的优点是对湿度、温度不敏感，具有很好的重复性，可以通过灯功率线性控制臭氧浓度和产量。电解法产生臭氧的优点是臭氧浓度高、成分纯净、在水中溶解度高，因此在医疗、食品加工与养殖业及家庭方面有广泛的应用前景。电晕放电产生臭氧是目前世界上应用最多的臭氧制取技术，臭氧产量单台达500kg/h以上。工业上，用干燥的空气或氧气，采用5～25kV的交流电压进行无声放电制取。另外，在低温下电解稀硫酸，或将液体氧气加热都可制得臭氧。

1.2.2.3 催化臭氧氧化机理

臭氧是一种较强的氧化剂，可以和许多物质进行反应。臭氧在氧化时一般放出一个活泼的氧原子，同时被还原成氧分子。臭氧的化学性质活泼，具有较强的氧化能力，能够有效地氧化有机物。催化臭氧氧化是指向废水中通入臭氧，在催化剂的作用下催化臭氧氧化水中的有机污染物。臭氧氧化过程存在两种机理，即臭氧直接氧化机理和臭氧间接氧化机理。

臭氧直接氧化和间接氧化的反应途径如图1-4所示[14]。

臭氧分子直接氧化机理：臭氧分子的结构呈三角形，中心氧原子与其他两个氧原子间的距离相等。在分子中有一个离域π键，臭氧分子的特殊结构使得其可以作为偶极试剂、亲电试剂及亲核试剂。臭氧与有机物的反应大致分成3类[15,16]。

1）Criegee反应

臭氧分子具有偶极性，常导致偶极加成到不饱和键上，形成初级臭氧化物。在水溶液中，初级臭氧化物进一步分解形成醛、酮等羟基化合物和过氧化氢。

2）亲电反应

亲电反应发生在分子中电子云密度高的点。对于芳香族化合物，当取代基为给电子基团（$-OH$、$-NH_2$）时，与其邻位或对位的碳具有高的电子云密度，臭氧氧化发生在这些位置上；当取代基为得电子基团（如$-COOH$、$-NO_2$等）时，臭氧氧化反应比较弱，发生在这类取代基的间位碳上。臭氧氧化反应的产物为邻位和对位的羟基氧化物，如果这些羟基化合物进一步与臭氧反应，则形成醌或打开芳环，形成具有羰基的芳香族化合物。

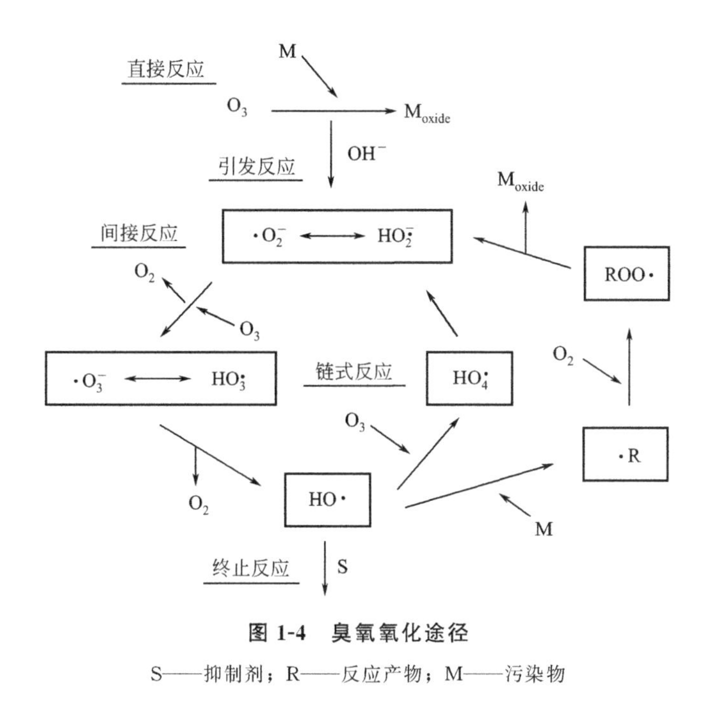

图 1-4 臭氧氧化途径

S——抑制剂；R——反应产物；M——污染物

3）亲核反应

亲核反应只发生在带有得电子基团的碳上。分子臭氧的反应具有极强的选择性，仅同不饱和芳香族或脂肪族化合物或某些特殊基团发生反应。

臭氧的间接反应机理为自由基机理，即臭氧溶解于水并发生分解反应，同时产生具有强氧化性的自由基。·OH 与有机物的反应机理如下：

① 脱氢反应： $RH + \cdot OH \longrightarrow H_2O + \cdot R \longrightarrow$ 进一步氧化 (1-1)

② 亲电加成： $\cdot OH + RHX \longrightarrow \cdot OHRHX$ (1-2)

③ 电子转移： $\cdot OH + RX \longrightarrow \cdot RX^+ + OH^-$ (1-3)

通常，当 $pH<4$ 时，臭氧分子直接氧化机理占主导；当 $pH>10$ 时，臭氧分解形成的自由基反应机理占主导。臭氧氧化处理有机废水具有产生大量·OH、反应速度快、使用范围广、反应条件温和等优点，但同时存在着明显的缺点，如运行费用较高、选择性很大、难以彻底去除水中的有机物、生成毒性更大的副产物等。

1.2.2.4 催化臭氧氧化技术在水处理中的应用

臭氧是一种强氧化剂，臭氧氧化在染料废水脱色、杀菌消毒及饮用水净化等领域有着广泛的应用。虽然臭氧氧化法具有较强的脱色和去除有机污染物的能力，但该方法的运行费用较高，对有机物的氧化具有选择性，在低剂量和短时间内不能完全矿化污染物，且分解生成的中间产物会阻止臭氧的氧化进程。由此可见，臭氧氧化法用于垃圾渗滤液的处理仍存在很大的局限性。

臭氧氧化法的主要用途有以下几种。

（1）水的消毒

臭氧是一种广谱速效杀菌剂，对各种致病菌及抵抗力较强的芽孢、病毒等都有比氯更好的杀灭效果，水经过臭氧消毒后，水的浊度、色度等物理、化学性状都有明显改善。化学需氧量（chemical oxygen demand，COD）一般能减少 50%～70%。用臭氧氧化处理法还可以去除苯并［*a*］芘等致癌物质。

（2）去除水中酚、氰等污染物质

用臭氧法处理含酚、氰废水实际需要的臭氧量和反应速度，与水中所含硫化物等污染物的量和水的 pH 值有关，因此应进行必要的预处理。臭氧氧化法通常是与活性污泥法联合使用，先用活性污泥法去除大部分酚、氰等污染物，然后用臭氧氧化法处理。此外，臭氧还可分解废水中的烷基苯磺酸钠（ABS）、蛋白质、氨基酸有机胺、木质素、腐殖质、环状化合物及链式不饱和化合物等污染物。

（3）水的脱色

印染、染料废水可用臭氧氧化法脱色。这类废水中往往含有重氮、偶氮或带苯环的环状化合物等发色基团，臭氧氧化能使染料发色基团的双价键断裂，同时破坏构成发色基团的苯、萘、蒽等环状化合物，从而使废水脱色。臭氧对亲水性染料脱色速度快、效果好，但对疏水性染料脱色速度慢、效果较差。含亲水性染料的废水，一般臭氧用量为 20～50mg/L，处理时间 10～30min，可达到 95%以上的脱色效果。

（4）除去水中铁、锰等金属离子

臭氧可将铁、锰等金属离子转化为金属氧化物而从水中分离出来。理论上，臭氧消耗量是铁离子含量的 43%，是锰离子含量的 87%。

（5）除异味和臭味

地面水和工业循环用水中的异味和臭味，是放线菌、霉菌和水藻的分解产物及醇、酚、苯等污染物产生的。臭氧可氧化分解这些污染物，消除使人厌恶的异味和臭味。此外，臭氧还可用于污水处理厂和垃圾处理厂的除臭。

1.2.3 电催化氧化技术

电催化氧化技术起源于 20 世纪 40 年代，具有应用范围广、降解效率高、能量要求简单、易实现自动化操作、应用方式灵活多样等优点。针对高浓度、难降解、有毒有害的含酚废水，传统生物法和物化法已经失去了优势，化学氧化法又因其昂贵的费用阻碍了其推广应用，电化学催化氧化法越来越受到人们的青睐，既可用于废水的预处理提高其可生化性，又可用于废水的深度处理使出水达标排放。在优化的 pH 值、温度和电流强度条件下，酚类污染物几乎可以完全分解。但其自身也存在一些问题，如电耗高、电极材料多为贵金属、成本较高、存在阳极腐蚀、指导其推广应用的微观动力学和热力学研究尚不完善等。

1.2.3.1 电催化氧化技术原理

电催化氧化技术原理是向废水中通入电流，废水中的有机物发生氧化还原反应，有机污染物被氧化分解，最终生成水和二氧化碳。通过电催化氧化体系中产生的 ·OH 与臭氧直接氧化相比，·OH 的反应速率高出了 10^5 倍，不存在选择性，对几乎所有的有机物均能进行反应，因此处理效果稳定，不会随水中的残留有机物的变化而变化，从而为广大的环境工作者所重视。

1.2.3.2 电催化氧化分类

电催化氧化包括直接电催化氧化技术、间接电催化氧化技术和电多相催化氧化技术。直接氧化技术是通过阳极产生强氧化性物质降解有机物，其研究核心为阳极材料。间接电催化氧化技术是向电解液中加入金属或非金属离子形成氧化中间体，阳极首先将氧化中间体氧化，再通过氧化中间体降解有机物。电多相催化技术是指在阳极和阴极之间加入粒子电极，增加电解槽单位有效反应面积，提高电流效率和反应速率。

1.2.3.3 电催化氧化技术特点

电催化氧化法作为一种清洁的水处理技术，和其他水处理技术相比具有以下优点。

1）可控性好

电催化氧化法通常在常温常压的条件下即可进行，水质水量产生的冲击很小；通过调节外加的电压和电流大小，可随时控制电化学过程的运行参数，这也有助于实现远程自动控制。

2）环境友好

电催化氧化过程中产生的·OH等活性基团能将废水中的污染物质降解成简单的有机物或者直接生成 CO_2 和 H_2O。电子是电催化反应中的主要反应物，且电子只会在电极和有机物之间进行转移，不需要添加其他的氧化剂和还原剂，基本不会产生二次污染。

3）多功能性

电催化氧化过程中可同时去除废水中的多种污染物，产生的气体还可以起到气浮的作用。不但可以作为单独的处理工艺，也可以和其他处理方法相结合。例如，作为废水处理的预处理方法，可将难降解的有机物或毒性污染物转化成可生物降解的物质，从而提高废水的可生化性。

4）经济可行性

电催化氧化技术作为一种清洁生产工艺，所需要的设备简单，占地面积小，操作简便，具有一定的经济可行性。

5）杀菌性强

电催化氧化法可产生许多强氧化性的物质，能够杀灭有害微生物，从而实现杀菌作用，且在断电后，反应过程中产生的强氧化性物质仍有部分残余，能够在一定的时间内持续地起到杀菌的作用。

1.2.3.4 电催化氧化水处理中的应用

电催化氧化法是近年来发展较为成熟的一种高级氧化技术，对高浓度难降解的废水具有良好的去除效果，目前在制药、印染、农药等废水处理中得到了一定的应用[17]。

1.2.4 光催化氧化技术

1.2.4.1 光催化氧化发展

1955年，Brattain和Gareet对光电现象进行了合理的解释[18]。1972年，日本东京大学Fujishima和Honda研究发现，利用TiO_2单晶进行光催化反应可使水分解成氢和氧[19]。这一开创性的工作标志着光电现象应用于光催化分解水制氢研究的全面启动。光催化氧化法是利用催化剂吸收光子形成激发态，然后再诱导引发反应物分子的氧化过程。目前所研究的催化剂多为过渡金属半导体化合物，如TiO_2、ZnO、CdS和WO_3等。光催化氧化是20世纪70年代以来逐步发展起来的一门新兴环保技术。在光照下半导体氧化物材料表面能被激活化，可有效地氧化分解有机物，还原重金属离子，杀灭细菌。光催化研究的内容涉及光催化剂的合成、光催化作用机理研究、光催化技术的工程化、光催化技术的各种应用研究和产品开发等，包含了从基础研究到工业应用的各个方面。

1.2.4.2 光催化氧化机理

（1）*以羟基自由基为氧化剂的光催化氧化技术机理*

目前人们普遍能接受的机理是用半导体能带理论来解释：与金属相比，半导体的能带是不连续的，在价带（VB）和导带（CB）之间存在一个禁带，当入射光能量等于或高于半导体材料的禁带宽度时，半导体材料的价带电子受激发跃迁至导带，同时在价带上产生相应的空穴，形成电子空穴对，光生电子、空穴在内部电场作用下分离并迁移到材料表面，进而在表面处发生氧化还原反应。光生空穴具有很强的捕获电子能力，是一种相当于标准氢电极的良好的氧化剂，它可以将吸附于半导体颗粒表面的H_2O和OH^-氧化为·OH[20]。导带上的电子会使吸附于半导体颗粒表面的溶解氧捕获电子，并经一系列反应生成HOO·、H_2O_2和·OH等[21]。

（2）*以硫酸根自由基为氧化剂的光催化氧化技术原理*

随着环境中污染物种类与数量的增加，研究者发现一些有毒有害的复杂物质很难被·OH完全氧化。而硫酸根自由基（SO_4^-·）具有强氧化性，开始被应用于生物和无机化学领域，后被Anipsitakis应用于污水处理中，处理效果显著[22]。紫外活化过硫酸盐可以产生SO_4^-·，之后还可与H_2O或OH^-反应生成·OH。

1.2.4.3 光催化氧化影响因素

光催化反应较为复杂，受诸多因素制约，这些影响因素大致可以归为两类：一类是光催化材料本身的光生载流子激发、分离、输运行为；另一类是制约光催化反应发生的多相界面作用行为。TiO_2半导体的禁带宽度较大，只能利用太阳光中的近紫外线，且量子效率较低。为了提高光催化剂的效率，学者们进行了关于TiO_2掺杂的研究。通过添加光敏剂、引入过渡金属离子和非金属元素、复合其他半导体等方法，能促进光生电子和空穴的分离、增加表面活性中心的数量，一定程度上改善光催化的量子效率。此外，各种外场对光催化也有很大影响，如热场、电场、微波场和超声波场等，对光催化有促进作用。电场对催化剂表面的电子和空穴有定向分离，减少复合概率的作用。微波场通过强极化作用能提高光生电子的跃迁概率。超声作用则通过其超空泡效应在催化剂表面产生瞬间的高温、高压极限条件来加速反应的进行。

1.2.4.4 光催化氧化技术存在的问题与今后发展方向

尽管光催化氧化技术在降解有机污染物方面具有许多显著的优点，但目前研究主要集中于实验室模拟废水处理，在实际应用中还存在下列问题：

① 光催化量子效率低（约4%），很难处理污染物浓度高且量大的废水；

② 光谱响应范围窄，太阳能利用率低，水环境中的污染物能在TiO_2催化作用下迅速光降解，但由于TiO_2带隙较宽，只能吸收紫外光或太阳光中紫外线部分（$\lambda<387.5nm$）；

③ 光催化氧化效率受到废水色度、浊度和其他多种因素影响，因此对复杂体系废水的直接或单独处理应用较少；

④ 多相光催化氧化反应机理尚不清楚；

⑤ 光催化剂易失活、难回收；

⑥ 大型光催化反应器的设计是实验室小型反应器向工业化发展的必然要求，但目前这方面的研究仍处在理论研究和实验室阶段。

光催化氧化技术是一种新兴的污水处理技术，但由于催化剂自身和应用条件存在不足和限制，目前尚无法大规模工业化推广。为了加快光催化技术的实际应用，今后研究方向可从以下几个方面开展：

① 开发新型较窄禁带宽度和稳定性好的光催化剂，充分利用可见光。加强负载和固化技术研究，解决催化剂回收利用的问题。

② 当前大多数研究主要针对单一组分污染物的污水进行处理，难以适用于复杂多组分污染体系的实际废水。今后要加强复合污染物联合效应研究，逐步提升光催化技术处理实际废水的能力。

③ 研发光催化氧化法与其他方法的联用，取得更好的处理效果。如絮凝沉降法与光催化法联用、光电处理方法等。

④ 结合具体光催化原理与条件，设计应用于大规模工业化处理的完整流程与设备。

1.2.5 湿式氧化技术

湿式氧化技术也称湿式空气氧化技术（wet air oxidation，WAO），是在高温（150～320℃）、高压（0.5～20MPa）和液相条件下，以氧气或空气为氧化剂，氧化水中溶解态或悬浮态有机物为无机物或小分子有机物的一种高级氧化技术，是一种公认的高效处理高浓度、有毒有害和难生物降解有机废水的化学氧化技术[23]。1944年，湿式氧化技术是由美国沙尔沃化学公司的F. J. Zimmermann研究提出的，并最早在1958年由美国的Zimpro公司将WAO应用于工业化，首次用于处理造纸黑液等有毒有害废水，废水COD去除率达90%以上[24,25]。随后，WAO工艺得到迅速发展，应用范围扩展到石油化工、国防、宇航等行业的多种废物处理。目前，WAO技术已成功应用于城市污泥、印染、丙烯腈、焦化等工业废水及含酚、有机硫化物的农药废水等[26]，已有200多套工业装置在160多个国家和地区运行。湿式氧化技术与常规方法相比，具有适用范围广、处理效率高、二次污染少、氧化速度快等优点，是一项很有发展前途的水处理方法。

1.2.5.1 湿式氧化基本原理

湿式氧化技术的反应比较复杂，主要包括传质和化学反应过程，属于自由基链式反应，通常分为诱导期、增殖期、退化期和结束期四个阶段[27]。

由于WAO反应是一个复杂的物理化学过程，对于不同的反应过程，其反应机理还有许多不同的解释[28]。

1.2.5.2 湿式氧化的影响因素

影响WAO反应的因素主要有以下几个方面。

（1）反应温度和氧分压

在WAO反应中，氧气从气相到液相之间的传递速率及其在液相中的反应速率是整个WAO反应的控制速率。由于氧气是微溶的，故其气相传质阻力相对于液相传质阻力来说是可以忽略的，即该反应的传质主要受液膜阻力控制。因此，WAO反应主要受反应温度和氧分压的影响，当氧分压为0.5MPa，在130℃下，反应2h后TOC的去除率仅为5%，而当氧分压增加至3MPa，在220℃下反应2h后TOC的去除率提升至88%。

（2）溶液的pH值

溶液的pH值主要通过以下几个方面来影响WAO反应的氧化速率和降解效果：

① 影响反应中自由基的种类和数量；

② 影响溶液中氧的溶解度，进而影响WAO反应的初始反应速率；

③ 影响污染物的化学状态，如在高pH值下苯酚会以苯酚盐离子的形式存在；

④ 对反应中间产物和反应产物有很大的影响，不同的化合物（如草酸、乙酸等）在不同pH值下的降解程度是不一样的，并且溶液中H^+和OH^-会与中间产物反应而改变反应途径。

（3）反应时间

在WAO反应中，若污染物去除率一定，反应温度和氧分压越高，反应时间就越短；若反应温度和氧分压一定，反应时间越长，污染物去除率越高。一般来说，WAO的停留时间为0.1～2h。

（4）废水性质

WAO对有机物的氧化降解程度与有机物自身的电荷特性和空间结构有关。

1.2.5.3 湿式氧化的特点

① 应用范围广，WAO技术可以有效处理各类高浓度有机废水，特别是毒性大、难以用普通方法处理的医药、石油化工、塑料、染料废水及其他危险性废水。该技术适宜的进水有机物浓度范围较宽，但从经济角度考虑，更适合用于处理COD浓度在几万mg/L左右的废水。

② 氧化速度快，处理效率高，WAO 技术处理绝大部分有机废水的反应停留时间较短，通常仅需要 30～150min。此外，与生物处理法相比，还具有较高的处理效率，在合适的反应温度和压力下，COD 去除率基本可以达到 90%以上，而且反应装置紧凑、占地面积少、易于控制，便于实现自动化管理。

③ 二次污染很少，WAO 反应过程可以将有机物氧化为 CO_2、N_2、NO_3^-、SO_4^{2-} 等无机盐，而不会形成 NO_x、SO_2 等有害气体物质，不需要再配置复杂的气体净化系统。

④ 可回收能量与有用物质，系统的反应热可以用来加热进料，从系统排出的液体可以加热热水或产生蒸汽，供其他系统使用，在反应完成后，还可以进行无机盐的回收利用。

在实际应用上，WAO 技术还存在一些不足：

① WAO 技术是在较高的温度和压力下进行的，需要耐高温高压和耐腐蚀的设备，对设备制造材料和技术提出了很高的要求，因此一次性投资较大，对操作技术也要求较高；

② WAO 反应过程中会产生某些毒性更大的中间产物，而对于某些结构稳定的化合物，如多氯联苯、小分子羧酸的降解效果也不理想，很难完全降解。因此，近 30 年来人们十分重视开发新技术，以提高处理效率和降低处理费用。

1.2.6 催化湿式氧化技术

催化湿式氧化技术也称催化湿式空气氧化技术（catalytic wet air oxidation，CWAO）。针对传统 WAO 技术存在反应需要高温高压、停留时间较长等问题，学者们开发了催化湿式氧化技术。该技术是以纯氧或空气中的氧气为氧化剂，在高温高压的条件下通过催化剂活化氧气形成强氧化性的自由基，将废水中的有机物转化成小分子酸、水和二氧化碳。CWAO 主要通过在湿式氧化中加入催化剂来降低反应条件，缩短反应时间，提高氧化分解能力并降低运行成本。催化剂的加入加快了反应速度，改变了反应历程，降低了反应的活化能。

1.2.6.1 催化湿式氧化催化剂

CWAO 技术自诞生以来在日本和欧美等国家进行了广泛而深入的研究，高效稳定催化剂的开发是 CWAO 技术一直以来的研究热点。按催化剂在体系中存在的形式，可将催化剂分为均相和多相两类。

均相催化剂主要是过渡金属，如铜离子、铁离子。均相催化具有反应活性高、速度快的优点，但由于在反应过程中，均相催化剂会溶于废水生成金属泥而造成二次污染，因此应用很少。工业均相 CWAO 技术主要有 Ciba-Geigy/Garnit 技术和 LOPROX Bayer 技术。

与均相催化剂相比，多相催化剂是以固态形式存在的，具有易回收、可长期使用的优势，因此可简化水处理流程，降低成本。自 20 世纪 70 年代以来，越来越多的学者将研究方向转到非均相催化剂的开发上来，稳定、高效的非均相催化剂的研发成为了 CWAO 的研究热点[29,30]。常用的催化剂的活性组分有过渡金属氧化物及其混合氧化物（Cu、Co、Mn、Fe、Zn、Ni)、稀土类化合物和贵金属（Pt、Ru、Rh、Pd、Ir)，常用的载体有活性炭、氧化铝、氧化锆、氧化钛等。

1.2.6.2 催化湿式氧化技术的应用

CWAO技术与其他技术联用不仅能降低反应成本，还能有效地降解废水中的有机污染物。最典型的就是CWAO/生化技术联用和H_2O_2/CWAO技术。经CWAO处理的难降解有机废水，会生成毒性低的小分子酸如草酸、乙酸等，而这些有机酸难被CWAO进一步降解，但却很容易被生化降解，具有很高的可生化性。因此，CWAO技术可以作为难生化降解有机废水的预处理，与后续的生化处理进行联用。

CWAO的主要应用有以下几个方面。

(1) 处理农药废水

农药废水的特点是水量少、浓度高、水质变化大、成分复杂、毒性大等。国内主要采用“预处理+生化处理”。常用的预处理方法主要包括调节pH值、沉淀、萃取等方法，但是这些方法在实际应用中并不能完全分解或分离农药废水中的有毒组分，其可生化性差，对生物处理单元造成很大影响。采用催化湿式氧化技术能够将农药废水中的有毒污染物降解为低毒或无毒的小分子物质，达到很好的预处理效果。

(2) 处理含酚废水

含酚废水来源广泛，目前传统的处理技术存在处理效率低、运行费用高、出水水质不达标等问题。采用催化湿式氧化技术能有效降解酚类污染物，提高废水的可生化性，具有较好的应用前景。

(3) 处理染料废水

染料废水适合采用湿式氧化技术处理，在高温高压条件下采用湿式氧化技术对染料废水进行处理，可以得到很好的脱色率和有机物去除率。

(4) 处理污泥

随着污水处理量的逐渐增大，伴随污水处理产生的剩余污泥量也逐渐增多，研究表明采用湿式氧化处理污泥，能达到污泥减量、灭菌无害、无味、无二次污染和再利用的要求，但要实现工业化还需要降低处理成本、解决放大过程的关键技术等问题。因此，目前处理污泥的主流方法还是厌氧消化、堆肥、填埋、焚烧等传统方法。

1.2.7 二氧化氯催化氧化技术

二氧化氯（ClO_2）作为氯系氧化剂中氧化性最强的氧化剂，广泛应用于环保领域。过去因为费用高，多作消毒剂和净水剂使用，在废水处理方面使用并不广泛[31]。近年来，由于众多研究者致力于二氧化氯催化氧化技术的开发与应用研究工作，研发出了新型的二氧化氯发生器，使制备二氧化氯的费用大大降低，从经济上为二氧化氯在废水中的应用创造了条件。若能结合其本身的氧化性方面的优越性并配以适当的催化剂，二氧化氯催化氧化技术在处理难降解废水方面将有广阔的应用前景。

1.2.7.1 二氧化氯的物理化学性质

二氧化氯是一种黄绿色到橙黄色的气体，具有类似氯气和硝酸的强烈刺激性臭味[32]。

11℃时液化成红棕色液体，－59℃时凝固成橙红色晶体，相对蒸气密度为2.3。遇热水则分解成次氯酸、氯气、氧气，受光也易分解，其溶液在冷暗处相对稳定。二氧化氯能与许多化学物质发生爆炸性反应，对热、振动、撞击和摩擦也相当敏感，极易分解发生爆炸。若用空气、二氧化碳、氮气等惰性气体稀释，其爆炸性降低。二氧化氯是强氧化剂，与很多物质都能发生剧烈反应，腐蚀性很强。

1.2.7.2 二氧化氯的制备

二氧化氯在室温下每天约有2%～10%的离解率，因此不能大批量制备和运输，一般多在使用场所现用现制备。二氧化氯的制备方法主要有电解法和化学法。电解法中常用隔膜电解法，以食盐为原料，在电场的作用下生成含有二氧化氯、次氯酸钠、过氧化氢、臭氧的混合溶液，二氧化氯的浓度一般仅为10%～30%，大多为氯气[33]。化学法主要以氯酸钠或亚氯酸钠为原料，在氯酸钠法生产二氧化氯过程中，若用氯离子作还原剂，则制得的二氧化氯存在纯度低的缺点，而亚氯酸钠法制得的二氧化氯含量高，一般在90%以上。

1.2.7.3 二氧化氯催化氧化机理

二氧化氯催化氧化法是一种新型高效的催化氧化技术，强氧化剂二氧化氯在非均相催化剂的存在下，可直接氧化有机污染物为最终产物或将大分子有机污染物氧化成小分子物质，提高废水的可生化性[34]。二氧化氯催化氧化技术中采用的是非均相催化剂，废水中的污染物和氧化剂分子扩散到催化剂表面上，发生催化反应，得到的反应产物再脱附解离返回液相主体[35]，从而加快了有机污染物的氧化速率。

目前，二氧化氯催化氧化的主要机理还不是十分清楚，一般认为主要存在以下几种机理[36]：

① 污染物与催化剂上活性中心以活化络合物形式结合，使反应活化能降低；

② 催化剂对二氧化氯和污染物的强烈吸附作用，使氧化剂和有机物质在催化剂表面具有很高的浓度；

③ 经改性后的催化剂表面存在大量的含氧基团，二氧化氯受激发也能产生多种氧化能力极强的自由基，在催化剂表面上的强氧化剂与有机污染物的浓度远高于液相中浓度，反应条件得到改善，反应效率得到显著提高。

此外，有机物与氧化剂在催化表面上不断吸附、消耗、脱附的动态过程也大大提高了催化剂的寿命，不同有机物在氧化过程中可能存在不同的反应历程和机理。

1.2.7.4 二氧化氯的氧化反应特点

二氧化氯与无机化合物、有机化合物的反应具有以下特征[37]：

① 氧化能力强，但有选择性的氧化某些物质；

② 以氧化还原反应为主，不发生取代反应；

③ 与有机物反应时，很少涉及C—C键的断裂，大多数的氧化产物是有机化合物；

④ 二氧化氯与有机物的反应是单电子反应，在发生一个电子的转移后被还原成ClO_2^-；

⑤ 在常温常压下反应，在较宽的 pH 值（0～14）范围内均能迅速反应，不产生氯代烃等致癌物，无二次污染。

二氧化氯催化氧化法的优越性如下：

① 提高了氧化效率，提高了选择性，处理效果好；

② 氧化剂制备简便，投资及运行费用低；

③ 反应在常温下进行，反应条件温和，易于操作；

④ 不产生有机卤代污染物；

⑤ 制备方法可靠，使用寿命长，流失率低。

1.2.7.5 二氧化氯在水处理中的应用

目前，二氧化氯氧化技术主要应用于饮用水消毒和污水处理等领域。传统饮用水消毒使用的氯消毒剂在处理原水时会有大量的卤代烃产生，如氯仿、氯代酚、二氯乙腈等有机卤代物，氯仿已被美国国家肿瘤研究所确认为致癌物质，氯代酚和二氯乙腈等也具有致癌或致突变作用[38]。与之相比，二氧化氯不会与水中的有机物发生取代反应产生这类有毒物质。二氧化氯能迅速氧化水中的亚铁离子和二价锰离子，再通过沉淀去除金属离子。二氧化氯是氯系消毒剂理想的替代品，是一种绿色消毒剂。在水处理中取得了良好的经济效益、环境效益，因此受到人们关注。自 20 世纪 50 年代起一些欧洲国家如德国就开始采用二氧化氯取代氯气作为水处理剂。通过对各种消毒方案的比较，二氧化氯被认为是控制自来水中产生三氯甲烷等有毒物质的最理想的消毒剂。由于二氧化氯氧化不生成致癌物质，其应用从单一的消毒剂领域转向了更广阔的水处理领域。二氧化氯在煤气废水、高浓度含氰废水、对氨基苯甲醚废水、苯酚和甲醛废水及印染废水的处理上均取得了较好的效果[31]。

1.2.8 电子束辐照技术

2017 年 11 月，中国核能行业协会科技成果鉴定委员会认为，电子束处理工业废水技术，属于中国首创，突破了当前难降解废水处理的技术瓶颈，一旦实现大规模产业化，可大幅度提高中国工业废水治理水平。该技术结合生物技术深度处理工业废水工艺，成本更低，净化程度更高，可实现废水的高标准排放或者中水回用，有望解决难降解废水治理的“世界性难题”。

电子束辐照是利用电子加速器产生的高能电子束与物质间的相互作用，电离和激发产生活化原子与活化分子，并使之与物质发生一系列物理化学变化，导致物质的降解、聚合与交联改性的一种新技术。相比于传统废水处理方法，电子束辐照技术的优势在于能处理难降解有机废水、抗生素废水、含致病菌废水等。水受到电子束照射时会瞬间产生大量电离态和激发态水分子及自由基，理论上讲，任何的有机物都能被高能量的电子彻底降解为二氧化碳和水，因此利用该技术处理有机废水不会出现二次污染的问题，完全符合废水处理的发展趋势。

电子束辐照技术在环境保护中主要应用于印染、造纸、化工、制药等各行业废水处理，以及水质复杂的工业园区废水处理，还可用于医疗废弃物、抗生素菌渣等特殊危险废物的无害化处理[39]。随着技术改进和综合解决方案的研发，未来还可应用于污水中无机重金属离子的去除，以及固体污泥、工业废气、环境突发应急、医用污水、废渣处理等领域。电子束辐照技术具有处理流畅且快速、对被处理目标污染物要求低、剂量高、聚焦性好、能量利用率高和设备稳定操作方便等优点。

安全性是电离辐射技术用于实际废水处理过程中最受关注的问题。电子束处理工业废水是否有放射性应从以下两个方面考虑[40]。

① 处理设施，即电子加速器是否会产生辐射。由于不使用放射性核素，电子加速器通过电源控制开启和关闭，断电后不产生任何辐射。运行过程中产生的电离辐射，只需要10cm的混凝土结构就可以完全屏蔽。另外，电子加速器的安全联锁设计，可及时、快速断电，实施保护措施。此外，电子束辐射装置在全球范围内的工业生产、科学研究中已广泛应用，有现行的防护和运行法规，且拥有成熟的经验可供借鉴。电子束处理工业废水技术在处理废水的过程中，不会产生和排放有毒害副产物，不会对周边居民的环境与生活造成不良影响。

② 废水经辐照后的安全性，要使物质产生放射性，必须有一个能量阈值。高能电子束只能作用于外存电子，而作用不到原子核，所以不会产生感生放射性（感生放射性是指原本稳定的材料因为接受了特殊的辐射而产生的放射性）。废水中的基本元素包括氢、氮、氧、碳、硫等，要产生感生放射性，辐射源的能量至少大于10MeV，而目前电子束辐照中使用的辐射源能量仅为1～2MeV。因此废水经过电子束处理后的出水是安全的。

1.2.9 超临界水氧化技术

超临界水氧化（supercritical water oxidation，SCWO）技术是一种可实现对多种有机污染物快速降解的深度氧化处理工艺。超临界水氧化技术的原理是以超临界水为反应介质，经过均相的氧化反应，将有机物完全氧化为H_2O、CO_2和N_2等物质，S、P等转化为高价盐类稳定化，重金属氧化稳定固相存在于灰分中。

超临界水氧化技术在处理各种废水和剩余污泥方面已取得了较大的成功，其缺点是反应条件苛刻和对金属有很强的腐蚀性，对某些化学性质稳定的化合物的氧化所需时间也较长。为了加快反应速度、减少反应时间、降低反应温度，使超临界水氧化技术的优势更加明显，许多研究者正在尝试将催化剂引入超临界水氧化工艺过程中。

1.2.9.1 超临界流体

在温度高于某一数值时，任何大的压力均不能使该纯物质由气相转化为液相，此时的温度被称为临界温度；而在临界温度下，气体能被液化的最低压力称为临界压力。在临界点附近，会出现流体的密度、黏度、溶解度、热容量、介电常数等所有流体的物性发生急剧变化的现象。当物质所处的温度高于临界温度，压力大于临界压力时，该物质处于超临界状态[41]。

超临界流体由于液体与气体分界消失，是即使提高压力也不液化的非凝聚性气体。超临界流体的物性兼具液体性质与气体性质，基本上仍是一种气态，但又不同于一般气体，是一种稠密的气态。它的密度比一般气体要大两个数量级，与液体相近。它的黏度比液体小，扩散速度比液体快约两个数量级，所以有较好的流动性和传递性能。

水的临界温度为374℃，临界压力为22.1MPa。当体系的温度和压力超过临界点时，称为超临界水。这种看似气体的液体有很多性质：a. 具有极强的氧化能力，将需要处理的物质放入超临界水中，再向其中通入氧气，其氧化性强于高锰酸钾；b. 许多物质都可以在其中燃烧，冒出火焰；c. 可以溶解很多物质（比如油），且在溶解时体积会大大缩小，这是因为超临界水在这时会紧紧裹住油；d. 它能够缓慢地溶解和腐蚀几乎所有金属，甚至包括黄金；e. 它的超级催化作用，在超临界水中，化学物质会反应得很快，有些甚至可以达到100倍。

1.2.9.2 超临界水氧化技术的应用

世界上有许多国家都在进行超临界水的研究和开发利用，其中以德国和日本最为突出。德国开发出一种技术，可以利用超临界水对污染物进行处理。他们在超临界状态水达到500℃时通入氧气，对聚氯乙烯塑料进行处理后，99%的塑料被分解，而且几乎不产生氯化物，从而避免了燃烧法处理塑料时产生的有毒氯化物对环境污染的问题。日本则把超临界水的研究和开发列入高新科技研究计划，投入了大量的物力和人力。日本研究人员开发出一种技术，利用超临界水回收处理有害的甲苯二胺。整个处理过程只需30min，是用酸催化剂处理所花费时间的1/20，回收效率可以高达80%，而且回收品能够被再次利用，作为制造聚氨基甲酸乙酯树脂的原料。这种方法还可以将电线塑料外皮制成灯油和煤油，回收率也可以达到80%，而且所用的时间比热分解方法要少很多。此外，他们还采用超临界水，在400℃和300atm（1atm＝101325Pa）的条件下，对燃烧灰烬中有毒物质进行氧化处理，有毒物质几乎全部被分解，从而达到了无害化。

目前该技术在城市污泥以及各种工业污泥处理中取得了重大进展，并且已在国内外开始了中试及商业化应用。超临界水的特性使污泥中有机物、氧化剂、水形成均一相，克服了相间的物质传输阻力，使原本发生在液相或固相有机物和气相氧气之间的多相反应转化在单相中进行，反应不会因为相间的转移而受限制，且高温高压大大提高了有机物的氧化速率，在数秒内就能对污泥中的有机成分达到极高的破坏率且反应彻底[42]。除了能有效降解污泥中易分解的有机物外，超临界水氧化对二噁英、呋喃等难降解有机物也能达到较好的降解效果，这也是超临界水氧化的一大优势[43]。

根据前文可知，随着化学工艺、催化原理、化工设备等多学科的快速发展和工业废水成分越来越复杂的实际情况，学者们在传统化学氧化技术基础上开发出了多种新型高级氧化技术，为高浓度、高毒性、难降解有机废水的处理提供了多种选择。基于篇幅和笔者经验水平所限，本书将重点介绍几种常用的高级氧化技术，例如第2章介绍催化过氧化氢氧化技术、第3章介绍催化臭氧氧化技术、第4章介绍电催化氧化技术、第5章介绍湿式空气氧化技术、第6章介绍高级氧化技术偶联、第7章介绍水处理技术方法评价、第8章介绍典型工程应用案例分析。

参考文献

[1] Santos A Y P, Quintanilla A, Rodriguez S, et al. Route of the catalytic oxidation of phenol in aqueous phase [J].

Applied Catalysis B：Environmental，2002，39：97-113.

[2] 方景礼.废水处理的实用高级氧化技术［J］.电镀与涂饰，2014，33（8）：350-355.

[3] 孙怡，于利亮，黄浩斌，等.高级氧化技术处理难降解有机废水的研发趋势及实用化进展［J］.化工学报，2017，68（5）：1743-1756.

[4] 于杨.污泥活性炭的制备及其在高级氧化中应用［D］.北京：中国科学院大学，2016.

[5] 焦寿昌.非均相CWPO催化剂的制备及其催化性能研究［D］.北京：华北电力大学，2016.

[6] 张美丽.双氧水工作液中蒽醌含量的测定［D］.武汉：武汉工程大学，2015.

[7] 陈冠群，周涛，曾平，等.蒽醌法生产双氧水的研究进展［J］.化学工业与工程，2006，23（6）：550-555.

[8] 张磊.蒽醌法生产双氧水技术的安全性探讨［J］.建筑工程技术与设计，2019，20：4162.

[9] 韩美玲，陈嘉昊，周功赋，等.CWPO及联用技术在废水处理中的应用进展［J］.现代化工，2019，39（9）：31-35.

[10] 水源，樊碧发.臭氧治疗椎间盘突出症的进展［J］.中华医学信息导报，2006，21（15）：20.

[11] 惠海涛.臭氧氧化技术在水处理中的应用进展［J］.工业用水与废水，2019，50（2）：6-9.

[12] Andreozzi R，Caprio V，Insola A，et al. Advanced oxidation processes（AOP）for water purification and recovery［J］. Catalysis Today，1999，53（1）：51-59.

[13] Gimeno O，Carbajo M，Beltran F J，et al. Phenol and substituted phenols AOPs remediation［J］. Journal of Hazardous Materials，2005，119（1-3）：99-108.

[14] 张玉.臭氧在模拟印染废水处理中的应用研究［D］.大连：大连理工大学，2010.

[15] Liotta L F，Gruttadauria M，Di C G，et al. Heterogeneous catalytic degradation of phenolic substrates：Catalysts activity［J］. Journal of Hazardous Materials，2009，162（2-3）：588-606.

[16] Valdes H，Murillo F A，Manoli J A，et al. Heterogeneous catalytic ozonation of benzothiazole aqueous solution promoted by volcanic sand［J］. Journal of Hazardous Materials，2008，153（3）：1036-1042.

[17] 李弘.电催化氧化法用于制药废水预处理与深度处理的实验研究［D］.哈尔滨：哈尔滨工业大学，2013.

[18] 沈荣晨，谢君，向全军，等.镍基光催化产氢助催化剂［J］.催化学报，2019，40（3）：240-288.

[19] Fujishima A，Honda K. Electrochemical photolysis of water at a semiconductor electrode［J］. 1972，238（5358）：37-38.

[20] Agustina T E，Ang H M，Vareek V K. A review of synergistic effect of photocatalysis and ozonation on wastewater treatment［J］. Journal of Photochemistry & Photobiology C Photochemistry Reviews，2005，6（4）：264-273.

[21] Dionysiou D D，Khodadoust A P，KERN A M，et al. Continuous-mode photocatalytic degradation of chlorinated phenols and pesticides in water using a bench-scale TiO_2 rotating disk reactor［J］. Applied Catalysis B：Environmental，2015，24（3）：139-155.

[22] Anipsitakis G P，Dionysiou D D. Degradation of organic contaminants in water with sulfate radicals generated by the conjunction of peroxymonosulfate with cobalt［J］. Environmental Science & Technology，2003，37（20）：4790-4797.

[23] Luck F. Wet air oxidation：past，present and future［J］. Catalysis Today，1999，53（1）：81-91.

[24] Zimmerann F J. New waste disposal process［J］. Chemical Engineering Journal，1958，65（8）：117-121.

[25] Zimmerann F J. Wet air oxidation of hzardous in waslewater［M］U. S.，1950.

[26] Sun W，Wei H，Yang A L，et al. Oxygen vacancy mediated $La_{1-x}Ce_xFeO_{3-\delta}$ perovskite oxides as efficient catalysts for CWAO of acrylic acid by A-site Ce doping［J］. Applied Catalysis B：Environmental，2019，245：20-28.

[27] Thomsen A B. Degradation of quinoline by wet oxidation——kinetic aspects and reaction mechanisms［J］. Water Research，1998，32（1）：136-146.

[28] 王少宁.常压催化湿式氧化法处理染料废水的研究［D］.北京：华北电力大学，2017.

[29] Levec J，Pintar A. Catalytic wet-air oxidation processes：A review［J］. Catalysis Today，2007，124（3-4）：172-184.

[30] Cybulski A. Catalytic wet air oxidation：Are monolithic catalysts and reactors feasible?［J］. Industrial & Engi-

neering Chemistry Research, 2007, 46 (12): 4007-4033.

[31] 郑志军，王奎涛，张炳烛，等. 二氧化氯催化氧化处理工业有机废水的发展 [J]. 无机盐工业，2008，40 (9)：11-12.

[32] Kim J, Marshall M R, Du W-X, et al. Determination of chlorate and chlorite and mutagenicity of seafood treated with aqueous chlorine dioxide [J]. Journal of Agricultural and Food Chemistry, 1999, 47 (9): 3586-3591.

[33] 陈祥衡. 二氧化氯制备新工艺方法的研发 [J]. 现代化工，2018，38 (1)：169-173.

[34] Back G, Singh P M. Susceptibility of stainless steel alloys to crevice corrosion in ClO_2 [J]. 2004, 46 (9): 2159-2182.

[35] 钟理，张浩. 催化氧化法降解废水过程 [J]. 现代化工，1999，19 (5)：16-19.

[36] 王亚明，朱和益，赵素华. 有机废水催化氧化处理的研究进展 [J]. 化工环保，1999，19 (3)：145-147.

[37] 郑志军. 二氧化氯催化氧化处理工业废水的研究 [D]. 石家庄：河北科技大学，2009.

[38] 谢俊彪，李学英，朱明娟，等. 蒸馏法与氯仿萃取法回收吡啶的对比研究 [J]. 矿产综合利用，2018，2：105-118.

[39] 谢裕颖，陈祖良，李兆龙，等. 电子束辐照联合传统工艺深度处理印染废水的研究 [J]. 核科学与技术，2018，6 (3)：78-86.

[40] 何仕均. 电子加速器辐照处理工业废水的研究现状和发展趋势 [J]. 2013 年“发展中的我国辐射加工的现状与未来”研讨会论文集，2013：39-44.

[41] 廖玮，廖传华，朱廷风，等. 超临界水氧化技术在环境治理中的应用 [J]. 印染助剂，2019，36 (8)：6-10.

[42] Martino C J, Savage P E. Total organic carbon disappearance kinetics for the supercritical water oxidation of mono-substituted phenols [J]. Environmental Science & Technology, 1999, 33 (11): 1911-1915.

[43] Zainal S, Onwudili J A, Williams P T. Supercritical water oxidation of dioxins and furans in waste incinerator fly ash, sewage sludge and industrial soil [J]. Environmental Technology, 2014, 35 (14): 1823-1830.

第2章 催化过氧化氢氧化技术

2.1 引言

催化湿式过氧化氢氧化技术（catalytic wet peroxide oxidation，CWPO）使用廉价无毒的过氧化氢（H_2O_2）作为氧化剂，其分解产生的羟基自由基（·OH）具有很强的氧化能力，可在低温常压下快速进攻绝大多数有机物，将其氧化为毒性小且易生物降解的小分子有机物，最终被矿化为 CO_2 和 H_2O。

1894 年，法国科学家芬顿（H. J. H. Fenton）首次发现当酸性溶液中同时存在 Fe^{2+} 和 H_2O_2 时可以有效降解酒石酸。为了纪念这位科学家，后人将这种 Fe^{2+}/H_2O_2 体系称为芬顿试剂，使用这种试剂的反应称为芬顿反应。在 Fe^{2+} 的催化作用下，H_2O_2 分解的活化能仅为 34.9kJ/mol，分解反应过程中产生大量的中间态活性物和·OH，在氧化降解有机物的过程中起到了至关重要的作用。由本书表 1-2 可知，除 F_2（3.06V）外，·OH 具有比其他氧化剂更高的氧化电极电位（2.80V），即更强的氧化能力[1,2]。因此，·OH 能使许多难以生物降解或常规化学方法无法氧化的有机物质氧化降解。

1964 年，Eisenhauer 首次将芬顿试剂用于苯酚和烷基苯废水的处理研究中[3]。此后，使用该体系处理有机废水的研究受到了越来越多的关注。但同时，芬顿法也存在着 H_2O_2 利用率低、体系 pH 值要求高、产生大量铁泥等问题。因此，学者在芬顿体系的基础之上开展了利用其他催化剂代替 Fe^{2+} 催化氧化污染物的研究。通常将所有通过催化 H_2O_2 产生·OH，促进有机物氧化降解的技术称为 CWPO 技术，在致力于提高体系处理能力的同时，尽量消除传统芬顿体系所带来的负面影响。

与其他高级氧化技术相比，CWPO 技术使用廉价无毒的 H_2O_2 作为氧化剂，具有一些应用优势：

① CWPO 反应使用液体氧化剂 H_2O_2 代替了气体氧化剂，节省了大量高压动力设备或空气分离设备，降低了系统总压力；

② CWPO 反应使用液体氧化剂，消除了气液传质阻力对反应速率的影响，从而具有更快的反应速度；

③ CWPO 反应条件温和，可在低温常压下进行，可以较好地避免其他工艺因高压所引起的设备腐蚀、操作安全等问题，操作简单，投资成本较低。

CWPO 可用于废水预处理，又可用于废水的深度处理。该技术有效解决了部分纸浆废水、印染废水、制药废水及化工废水的深度处理问题，受到了广泛的关注。

2.2 催化过氧化氢氧化机理

2.2.1 均相催化过氧化氢氧化机理

均相 Fenton 通常是指含有活性组分的催化剂以溶解态形式存在，反应体系具有反应迅速、没有传质阻力等优点。

以传统的芬顿体系（Fe^{2+}/H_2O_2）为例，其对水相中有机物的氧化反应步骤一般可被划分为：调节溶液 pH 值至 3～5、发生氧化反应、中和溶液 pH 值至 7～8、絮凝沉淀四个阶段。Fenton 试剂对多种有机物而言都是有效的氧化剂，其在废水处理中的作用主要包括两种：一是 $\cdot OH$ 对有机物极强的氧化作用；二是 Fe^{3+} 在水中形成胶体，具有吸附和絮凝作用，以此达到有机物的去除。

（1）自由基原理

传统均相 Fenton 体系对有机污染物的高效去除效果使其受到了广泛的关注。但由于该反应过程与溶液 pH 值、溶剂性质、配体属性等多项因素相关，因此很难清楚地对反应机理下定论。目前被广泛公认的机理是 1934 年由 Haber 和 Weiss 提出的 $\cdot OH$ 反应，即由 Fe^{2+} 催化 H_2O_2 分解产生 $\cdot OH$，进而氧化降解有机物，并使其矿化为 CO_2 和 H_2O 等无机物质。此后，Walling 等又对反应路径进一步细化。酸性条件下 Fe^{2+} 与 H_2O_2 之间的相互作用如下所述[4-7]。

链的引发：

$$Fe^{2+}+H_2O_2+H^+ \longrightarrow Fe^{3+}+H_2O+\cdot OH \tag{2-1}$$

链的传递：

$$Fe^{3+}+H_2O_2 \longrightarrow Fe^{2+}+HOO\cdot+H^+ \tag{2-2}$$

$$Fe^{2+}+\cdot OH \longrightarrow Fe^{3+}+OH^- \tag{2-3}$$

$$H_2O_2+\cdot OH \longrightarrow H_2O+HOO\cdot \tag{2-4}$$

$$Fe^{3+}+HOO\cdot \longrightarrow Fe^{2+}+O_2+H^+ \tag{2-5}$$

$$Fe^{2+}+HOO\cdot \longrightarrow HOO^-+Fe^{3+} \tag{2-6}$$

$$HOO\cdot \longrightarrow O_2^-\cdot+H^+ \tag{2-7}$$

链的终止：

$$\cdot OH+\cdot OH \longrightarrow H_2O_2 \tag{2-8}$$

$$HOO\cdot+HOO\cdot \longrightarrow O_2+H_2O_2 \tag{2-9}$$

$$Fe^{3+} + O_2^- \cdot \longrightarrow Fe^{2+} + O_2 \quad (2\text{-}10)$$

$$Fe^{2+} + O_2^- \cdot + 2H^+ \longrightarrow Fe^{3+} + H_2O_2 \quad (2\text{-}11)$$

$$\cdot OH + HOO \cdot \longrightarrow O_2 + H_2O \quad (2\text{-}12)$$

反应过程中，H_2O_2 作为氧化剂将 Fe^{2+} 氧化为 Fe^{3+}，而 H_2O_2 得到电子并发生 O—O 键的均裂，产生具有强氧化性的 ·OH。因此，反应式(2-1) 为整个反应的链引发步骤。生成的 Fe^{3+} 可以通过反应式(2-2) 重新被还原为 Fe^{2+}，实现 Fe 的价态循环。其中，Fe^{3+} 首先和 H_2O_2 作用形成过氧络合物 $Fe—OOH^{2+}$，然后以单分子的途径产生 Fe^{2+} 和 HOO·，并继续传递链反应。作为氧化反应中的另一活性物种，HOO· (10^{-5}s) 比 ·OH (10^{-9}s) 具有更长的半衰期，但活性相对较低[8]。该体系中同时存在多个副反应，不仅会造成氧化剂的无效消耗，还会导致底物氧化程度的降低。

·OH 与有机物的反应速率大于与 H_2O_2 或 Fe^{2+} 的反应速率，因此大部分 ·OH 会参与有机物的降解反应。·OH 具有很强的亲电子特性，如图 2-1 所示，其与有机物反应的途径包括：

① 电子转移，即 ·OH 作为氧化剂从富含电子的有机物或其他介质中夺取一个电子而形成 OH^-；

② 脱氢反应，即 ·OH 中键能较高的 O—H 键可使烃类化合物中键能较低的 C—H 键、O—H 键或 N—H 键断裂，并从中夺取一个氢原子；

③ 羟基加成反应，即 ·OH 作为亲电子试剂对芳香化合物或不饱和有机物中的 C═C 通过高电子密度双键的加成反应进行氧化[5,9,10]。

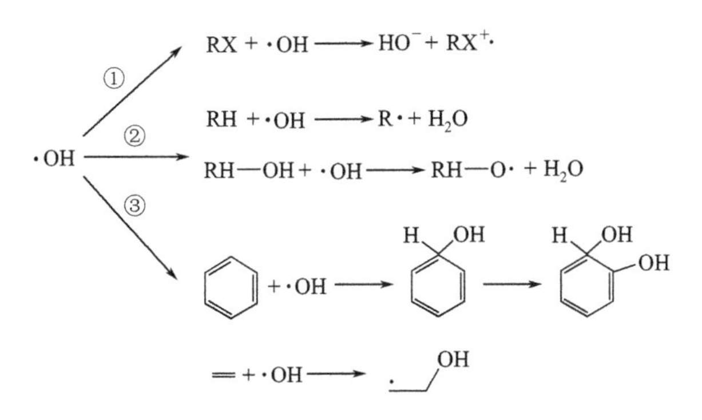

图 2-1 ·OH 的基本反应途径

·OH 作为一种亲电子试剂，既可以攻击苯环，也可以攻击 R—H 使其断裂；形成的 R· 自由基可引发其他反应。·OH 与有机物反应生成 R· 自由基，R· 自由基继续引发其他链反应 [反应式(2-13)～式(2-21)]，同时促进 Fe^{2+} 转化而提高有机物的降解效率[6,11]。R· 自由基的降解速率取决于底物中 C—H 键的强度、R· 自由基的稳定性及空间位阻效应[12]。

$$RH + \cdot OH \longrightarrow R \cdot + H_2O \quad (2\text{-}13)$$

$$R \cdot + \cdot OH \longrightarrow ROH \quad (2\text{-}14)$$

$$R \cdot + H_2O_2 \longrightarrow ROH + \cdot OH \quad (2\text{-}15)$$

$$R \cdot + O_2 \longrightarrow ROO \cdot \quad (2\text{-}16)$$

$$R\cdot + Fe^{3+} \longrightarrow R^{+} + Fe^{2+} \tag{2-17}$$

$$R\cdot + Fe^{2+} \longrightarrow R^{-} + Fe^{3+} \tag{2-18}$$

$$ROO\cdot + RH \longrightarrow ROOH + R\cdot \tag{2-19}$$

$$ROO\cdot + Fe^{2+} \longrightarrow \text{产物} + Fe^{3+} \tag{2-20}$$

$$ROO\cdot + Fe^{3+} \longrightarrow \text{产物} + Fe^{2+} \tag{2-21}$$

（2）絮凝作用原理

将氧化反应后的废水调至碱性，可以促使 $Fe(OH)_3$ 及其他铁水络合物的形成。络合反应中，Fe^{3+} 与反应式(2-22)、式(2-23) 生成物中配体的吸引力高于 Fe^{3+} 与 $[Fe(H_2O_2)_6]^{3+}$ 中配体的吸引力，因此随着溶液 pH 值的上升，溶解性 Fe^{3+} 浓度逐渐降低，并形成多种铁水络合物。

$$[Fe(H_2O_2)_6]^{3+} + H_2O \rightleftharpoons [Fe(H_2O)_5OH]^{2+} + H_3O^{+} \tag{2-22}$$

$$[Fe(H_2O)_5OH]^{2+} + H_2O \rightleftharpoons [Fe(H_2O)_4(OH)_2]^{+} + H_3O^{+} \tag{2-23}$$

Fenton 试剂在处理废水过程中存在一些难以用自由基机理解释的现象，这与絮凝作用产生的铁水络合物密切相关。经研究发现，絮凝作用也是降低废水 COD 和色度的重要反应，但同时会导致成本的增加以及大量铁泥的生成。

2.2.2 非均相催化过氧化氢氧化机理

非均相 CWPO 技术是将铁离子或其他金属离子负载到固相载体上，或直接应用固体金属氧化物作为固体催化剂，并对有机废水进行催化氧化处理。

非均相 CWPO 降解有机污染物的过程大致如下：

① 有机物质和氧化剂一同扩散并吸附到固体催化剂表面；

② 催化剂表面经 Fenton 或类 Fenton 反应产生 $\cdot OH$，并氧化降解污染物；

③ 产物脱附，催化剂表面恢复到初始状态。

因此，非均相催化氧化反应受动力学过程限制[13,14]。非均相体系中催化剂表面也会发生 H_2O_2 转化为 O_2 和 H_2O 的无效分解以及自由基的猝灭反应 [式(2-4) 和式(2-5)]，导致 H_2O_2 的有效利用率降低。

多项研究表明，催化剂对有机物的吸附能力影响着非均相 CWPO 的氧化效率，目前主要有两种学说：

① 催化剂表面产生的 $\cdot OH$ 等活性物种攻击被吸附的有机化合物，如 Langmuir-Hinshelwood 机制[14]。催化剂催化有机物降解效率的提高主要归因于表面有机物的大量富集，但过量吸附的有机物或有其他离子吸附于催化剂表面时，可能与 H_2O_2 竞争催化剂表面的活性位点，导致 $\cdot OH$ 生成速率和有机物降解速率均下降[15]。Andreozzi 等[16]在中性 pH 条件下催化氧化不同的芳香族化合物，发现带有两个相邻 $-OH$ 或一个 $-OH$ 和一个 $-NH_2$ 的芳香化合物更容易被针铁矿吸附，从而更容易被氧化降解。

② 催化剂表面产生的 $\cdot OH$ 等活性物种将主要与溶液中未被吸附的有机物发生反应，如 Eley-Rideal 机制[17,18]。

He 等[19]利用原位傅里叶变换衰减全反射红外光谱法观测到纳米 Fe_3O_4 颗粒表面被

吸附的邻苯二酚和4-氯邻苯二酚，认为·OH主要攻击催化剂近表面区域未被吸附的化合物，而生成的有机中间产物也会被吸附于Fe_3O_4颗粒表面，影响其催化剂活性。

2.2.3 催化过氧化氢氧化反应的影响因素

（1）反应溶液pH值的影响

酸性条件下有利于Fe^{2+}催化H_2O_2分解生成·OH反应的进行，即反应式(2-1)的发生。CWPO反应受溶液pH值的影响主要如下。

① 影响活性金属离子不同价态之间的转化平衡：以Fe为例，在pH值为2～4范围内Fe^{3+}能够以离子形式存在，参与Fe的价态循环并不断催化H_2O_2生成·OH；当溶液pH值过高时，Fe^{3+}会与OH^-形成$Fe(OH)_3$络合物而降低Fe的催化效果；当pH值过低时，Fe^{2+}会与H_2O形成催化能力较低的$Fe(H_2O)_6^{2+}$，不利于·OH的生成[20,21]；

② 影响·OH的生成效率：碱性条件下H_2O_2分解为HO_2^-，并容易与·OH发生反应，造成氧化剂的无效消耗；

③ 影响·OH的氧化能力：酸性条件下·OH的氧化电位可达2.80V，碱性条件下仅为1.90V左右，影响氧化分解反应的进行；

④ 影响催化剂活性金属组分的流失：对于非均相催化剂，溶液pH值越低，金属流失现象越严重，影响体系中催化剂的稳定性。

研发一种能够在近中性pH条件下具有良好催化效果的CWPO催化剂是目前研究的热点。

（2）氧化剂投加量的影响

H_2O_2是产生·OH的直接来源，其投加量很大程度上决定着底物的氧化效率。根据式(2-1)在一定范围内，随着H_2O_2投加量的增大，·OH的生成量正向移动而升高，有机物的去除效果也升高。但是，随着H_2O_2投加量的继续增大，易导致副反应的发生，如H_2O_2会作为捕捉剂使·OH泯灭[式(2-4)]并造成H_2O_2的无效分解[式(2-24)]等。

$$2H_2O_2 \longrightarrow 2H_2O + O_2 \tag{2-24}$$

在实际应用中可将试剂改为阶段性投加或连续投加，以保持合适的试剂浓度，减少副反应的影响，提高反应效率[22]。

（3）反应温度的影响

高温能够促进H_2O_2分解生成·OH，即式(2-1)正向进行，从而提高反应效果；同时，高温还有助于减少液体的黏度，增大传质速率。但是，高温也会促进H_2O_2无效分解等副反应的发生，降低H_2O_2的利用率和有机物的氧化降解效果，并提高处理成本。实际应用中，应平衡H_2O_2利用率与有机物降解效果之间的关系。

（4）反应时间的影响

反应初始阶段有机物去除率随着时间的延长而增大，一段时间后有机物去除率接近最大值；反应后期，·OH在与废水中底物及其中间产物的反应中被消耗而逐渐减少，使有机物的降解以较为缓慢的速度进行。根据反应物的处理难易程度及处理要求，可以确定最佳反应时间。

(5) 废水水质的影响

废水中的无机离子对反应也具有不同程度的促进或抑制作用，影响程度随离子性质和浓度的变化而变化，废水中有机物的种类不同对反应结果也有影响。如图 2-2[23]，在均相芬顿体系中，无机离子的影响主要源于 Fe^{3+} 与无机离子络合后不能对 H_2O_2 发生有效的催化分解反应，因而一定程度上抑制了 $\cdot OH$ 的生成。此外，SO_4^{2-} 和 Cl^- 等离子可能会捕获 $\cdot OH$，生成活性较弱的 $SO_4^- \cdot$ 和 $Cl_2^- \cdot$，降低溶液中底物的降解速率[24]。

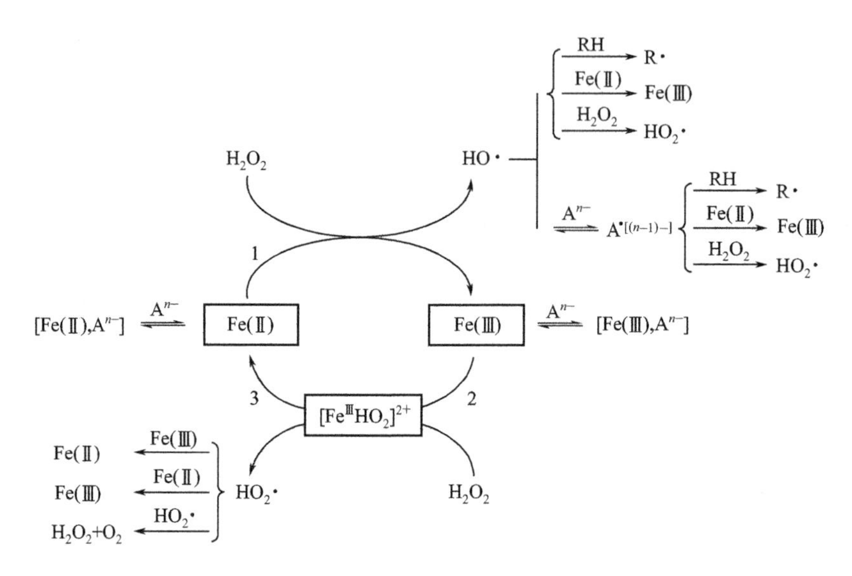

图 2-2 无机阴离子在芬顿体系中所参与的反应

A^{n-}—无机阴离子；RH—有机化合物

有机物浓度对 CWPO 反应也具有一定的影响。由于有机物与 $\cdot OH$ 的反应速率很高，因此在有机物/H_2O_2 浓度比较高时，H_2O_2 以及 Fe^{2+} 与 $\cdot OH$ 的反应 [式(2-3) 及式(2-4)] 可被削弱，H_2O_2 的有效利用率也可随之升高。此外，溶液中有机物的电荷特性、空间结构及浓度也会影响 CWPO 反应的进行程度。

(6) 催化剂的影响

在均相反应中，反应式(2-2) 的反应常数最低，因此体系的速控步骤为 Fe^{3+} 被还原为 Fe^{2+} 的反应，反应中 Fe^{2+}/Fe^{3+} 与 RH 的化学计量比很大程度上影响着有机物降解过程的效率。若反应中 Fe^{2+} 浓度过低，Fe^{2+} 不断被消耗，而 Fe^{3+} 不断累积，容易使反应体系的催化效率下降，$\cdot OH$ 生成速率降低；若 Fe^{2+} 投加量过高，不仅会导致水中色度的增加，还会使体系在短时间内产生大量半衰期极短的游离态活性 $\cdot OH$ (10^{-9}s)，最终将彼此相互反应生成 H_2O_2 [反应式(2-8)]，造成资源的浪费。此外，溶液中的 Fe^{2+} 和 Fe^{3+} 均可能与有机物竞争形成与 $\cdot OH$ 的副反应，使 Fe 物种作为主要反应物之一而非催化剂参与有机物的氧化反应。

在非均相反应中，催化剂的研发是 CWPO 技术中最主要的环节，影响着 CWPO 的反应活性以及稳定性。溶液的离子强度等反应条件会通过影响催化剂表面电荷与有机物之间的作用力等方式而影响有机物的氧化效率。

(7) 电、光照、微波、超声波对体系氧化过程的影响

电、光照、微波、超声波等外加能量均对均相 Fenton 反应有促进作用。电/芬顿法的实质是把用电化学法产生的 Fe^{2+} 和 H_2O_2 作为芬顿试剂的持续来源。光照主要是通过 H_2O_2 光解、$Fe(HO_2)^{2+}$ 光解、中间产物光解等机制促进 Fe^{2+}/Fe^{3+} 循环和 · OH 的产生，从而使反应加速。微波的致热和非致热效应可分别加剧分子运动和降低反应活化能。利用超声波的热解效应、机械效应和空化效应，不仅能促进 · OH 的产生，还能促使均相催化剂在水中的均匀分布。外加能量体系的具体内容见本书第 6 章。

2.3 CWPO 催化剂的研究进展

在 CWPO 技术中，根据催化剂的相态，可将使用的催化剂分为均相催化剂和非均相催化剂两大类。均相催化剂通常具有活性高、反应速度快的特点，但金属离子的流失会造成二次污染，并使处理成本升高。非均相催化剂的活性组分相对而言不易流失且易分离，处理流程较短，并且可循环使用，但相间有传质阻力，同时可能因废水悬浮物和反应中间产物的包覆或堵塞而易失活。

2.3.1 均相催化剂的研究进展

均相 CWPO 催化剂通常为过渡金属的盐类，其中铁盐（如硫酸盐、氯化物、硝酸盐等）由于催化效果好、价格低廉等优势而受到广泛使用。同时，研究人员发展了以其他过渡金属离子代替 Fe^{2+} 催化 H_2O_2 产生 · OH 的新型氧化技术，主要研究内容集中在新型均相催化剂的开发，其中常用的金属催化活性组分主要为 Cu、Ce、Co、Mn、Zn、Ru 等。H_2O_2 随着 pH 值的变化既可以作为氧化剂又可以作为还原剂，因此这些具有多种氧化态的元素可以通过一个简单的氧化还原而循环再生，并反应产生 · OH。具体的催化机理依据催化剂自身特性和反应条件不同而有所不同。

(1) Fe^{3+} 催化剂及含铁催化剂

Fe 作为催化 H_2O_2 氧化体系中最常用的催化活性组分，具有以下优势：

① 作为地壳中第 4 丰富以及地球上总量最多的元素，具有丰富的自然资源；

② 环境友好性，低毒性；

③ 两种价态（Fe^{2+} 和 Fe^{3+}）都具有高催化活性；

④ 成本低廉。

但是，铁在不同 pH 值的溶液中会以不同形式存在，对其化学活性影响极大。

由图 2-3 可知，在近中性 pH 条件下，铁仍可保持较高的溶解性，但当 $pH \geqslant 4$ 时铁会逐渐生成铁泥。

使用 Fe^{3+} 代替 Fe^{2+}，则首先发生反应式(2-2)，通常可采用光照或电化学方法加速 Fe^{3+} 转化为 Fe^{2+}，从而激发反应式(2-1)。但当溶液 $pH>5$ 时，反应中将有沉淀产生，因此 Fe^{3+}/H_2O_2 体系仅适用于酸性条件下。Ramirez 等[25]使用 $Fe_2(SO_4)_3$ 和 H_2O_2 组

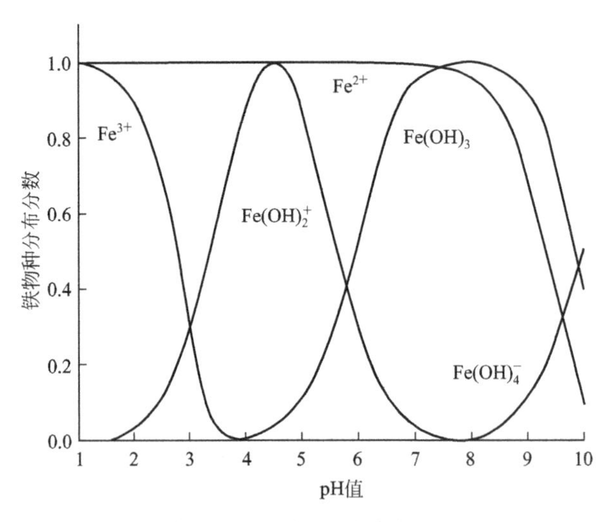

图 2-3 铁物种与溶液 pH 值变化的影响关系

成的 Fenton 试剂催化降解偶氮染料，在 pH=3 条件下反应 120min 后，染料橙黄Ⅱ的脱色率和 TOC 去除率分别为 99.7%和 70.7%。

此外，也有研究将铁螯合物应用于加速污染物的化学氧化。大多螯合剂是已被微生物降解的自然产物，因此对环境影响较小，不产生二次污染，其最大的优势是可在近乎中性的环境中进行氧化反应。

(2) 其他过渡金属催化剂

过渡金属中许多离子及其矿物都可作为类 Fenton 反应的催化剂，如 Cu、Zn、Mn 等。这些离子催化氧化的活性不及铁，但由于它们存在于天然水环境中，因此其重要性也不可忽视。

Cu 可以表现出与 Fe 相似的氧化还原性质。Cu 具有 Cu^+ 和 Cu^{2+} 两种价态，均容易与 H_2O_2 发生反应，分别生成 $\cdot OH$ 和 $HO_2^{\bullet}$ [式(2-25)、式(2-26)]，从而氧化降解有机物。由于 Cu^{2+} 的水合物 $[Cu(H_2O)_6]^{2+}$ 在中性时占主要地位，因此相比于传统芬顿体系，Cu^{2+}/H_2O_2 体系更适用于中性 pH 条件，反应中形成的 Cu^{2+} 络合物也比 Fe^{2+} 络合物更容易被降解[26,27]。Li 等[28]用乙二胺-$CuCl_2$ 复合物在中性至碱性条件下催化降解染料罗丹明 B，发现该复合物相比于单独使用乙二胺或 $CuCl_2$ 时催化效果更好，在 pH=7.0～12.0 条件下对染料降解率较高。然而，在酸性和近中性条件下，Cu^{2+}/H_2O_2 体系极易受到分子氧的抑制 [式(2-27)]，大量 Cu^+ 被氧化为 Cu^{2+}，降低了与 H_2O_2 反应生成 $\cdot OH$ 的效率。在实际处理工艺中，利用 Cu^{2+} 作为 CWPO 催化剂时需要加入更高浓度的 H_2O_2，提高处理成本的同时也降低了处理效率。

$$Cu^{2+} + H_2O_2 \longrightarrow Cu^+ + HO_2^{\bullet} + H^+ \qquad k_1 = 4.6\times10^2 L/(mol \cdot s) \tag{2-25}$$

$$Cu^+ + H_2O_2 \longrightarrow Cu^{2+} + \cdot OH + OH^- \qquad k_2 = 1.0\times10^4 L/(mol \cdot s) \tag{2-26}$$

$$4Cu^+ + 4H^+ + O_2 \longrightarrow 4Cu^{2+} + 2H_2O \tag{2-27}$$

此外，也有研究将多金属氧酸盐（polyoxometalates，POMs）应用于 CWPO 体系催化 H_2O_2 的有效分解。POMs 是由过渡金属离子通过氧连接起来的金属氧簇族化合物，在广泛的条件下有较高的稳定性和提供接受电子的能力，同时具有酸性和氧化还原特性。

POMs的基本结构单元主要是含氧八面体和四面体，可以通过改变组成元素的种类、比例等方法，设计合成不同类型的POMs，进而提高其催化性能。

(3) 碳酸氢盐

天然水体中，碳酸氢根离子（HCO_3^-）是一种广泛存在的无机阴离子。由于$E^{\ominus}$（HCO_4^-/HCO_3^-）=1.8V，因此HCO_3^-常被作为活化H_2O_2的有效试剂之一。碳酸氢盐活化H_2O_2的过程会产生过碳酸氢根离子（HCO_4^-）、单线态氧（$^1O_2$）、超氧阴离子自由基（$O_2^{-\bullet}$）等。碳酸氢盐/H_2O_2作为一种环境友好的体系，可以有效降解处理亚甲基蓝、罗丹明B、甲基橙等染料以及氯酚等废水中常见的有机污染物[29-31]。但该体系也存在着H_2O_2用量较大、反应速率相对较慢、体系适用pH值受限等缺陷，因此人们通常避免将其运用于废水处理中。

均相Fenton体系存在着一定的缺陷，如表2-1所列。因此，在维持Fenton反应高催化活性的前提下，克服Fenton反应现有缺陷，已成为现今重要的研究方向之一。

表2-1 均相催化湿式H_2O_2氧化技术的优缺点

优点	缺点
氧化剂廉价无毒	体系适用pH值范围窄(2～4)
传质阻力小,反应速度快	产生大量含铁污泥,造成二次污染
无需复杂的反应设备、操作简单	催化剂难以回收
	氧化剂有效利用率较低
	反应前需调酸,反应后需调碱中和,增加成本

2.3.2 非均相氧化催化剂的研究进展

为解决均相催化湿式过氧化氢氧化技术中存在的问题，国内外研究学者做出了不断的努力，使用固体催化剂代替传统Fenton反应中的铁源并作为·OH的产生来源，开发高效非均相CWPO技术。非均相体系具有更宽的pH值范围，更高的H_2O_2利用率，非均相催化剂便于与水分离并进行回收利用。此外，通过控制固体催化剂中的活性金属溶出量，可以避免产生大量的铁泥。因此，非均相CWPO技术处理有机废水较均相技术更有优势。目前该领域的研究着重于通过不同的材料和制备方法制备出活性组分溶出量小、稳定性高的非均相催化剂，以及污染物在非均相CWPO体系中的降解机制分析。

相比于均相催化剂，非均相催化剂只有表面可与反应物接触，限制了可供反应的活性位点。因此，催化剂的表面孔隙结构、形态特征以及反应过程中所表现出的特性是整个催化反应的重要因素，直接影响着污染物的氧化降解效率和氧化剂的有效利用效率。目前，催化剂的改性方法主要包括改善催化剂物理结构（如制备纳米材料、核壳结构等）、改变金属的存在形态（如提高分散性等）以及引入多种金属元素等。非均相CWPO催化剂多为多孔材料，主要包括金属氧化物、负载型催化剂以及废弃材料改性制备催化剂等。下面将进行详细介绍。

2.3.2.1 金属氧化物

由于具有较强的吸附能力，成本低廉，易分离，自然资源充足及环境友好性，铁矿物在废水中有机污染物的去除技术中代替均相反应中的溶解性铁盐而被广泛利用[32]。作为CWPO技术中常用的非均相催化剂，铁矿物稳定性好、反应后出水pH值近中性、催化剂易分离等优点，但同时，铁矿物催化氧化 H_2O_2 降解有机物的反应速率较慢，有时需通过加入螯合剂等方式进行调节。

通常在酸性反应条件下，废水中有机物的降解主要源于铁矿物中铁的流失所引发的均相催化降解；近中性反应溶液中铁流失量较小，主要由于非均相CWPO过程促进了有机物的降解，这种反应条件下催化剂表面的吸附作用对有机物降解有较大影响。不同的铁矿物比表面积、孔结构以及晶体结构等物理化学性质相差较大，可以通过不同的机制影响其在氧化反应中的催化活性。与均相体系类似，通常三价铁氧化物（赤铁矿、针铁矿等）作为CWPO催化剂时的催化活性低于二价铁氧化物（磁铁矿、黄铁矿等）[33]。

（1）*赤铁矿*

赤铁矿（α-Fe_2O_3）的化学成分为 α-Fe_2O_3，属于六方晶系的铁氧化物矿物。赤铁矿应用于CWPO体系具有多种优势：a. 成本低廉，资源充足；b. 较大的比表面积；c. 失活后可作为生铁的生成原料，不存在环境危害。有研究利用沉淀法制备 Fe@Fe_2O_3 核壳纳米线催化剂，在染料的氧化降解反应中可有效活化分子氧产生超氧自由基，有助于加速铁的价态循环以及·OH的生成；在 Fe^{2+} 的协同作用下，Fe@Fe_2O_3/Fe^{2+} 体系催化·OH生成的速率为 Fe^{2+} 均相体系的38倍[34]。

（2）*针铁矿*

针铁矿（α-FeOOH）在常温环境中热力学稳定性最好的一种铁的氢氧化物，是铁锈和沼铁矿的主要成分，化学式为 α-$Fe^{3+}O(OH)$。针铁矿是铁氧化物最常见的形式之一，具有成本低廉、环境友好等特点，常被用作非均相CWPO催化剂，其体系适用的pH值范围较宽。在 α-FeOOH/H_2O_2 体系中，酸性条件下针铁矿容易通过与质子发生表面反应而引发铁流失现象［式(2-28)］，而在近中性条件下为非均相表面反应。有研究对针铁矿表面催化 H_2O_2 分解的速率进行测定，发现其正比于针铁矿比表面积和 H_2O_2 浓度（即Langmuir-Hinshelwood速率方程），并从表面络合化学角度提出相关的催化氧化机理[14]。为进一步提高催化活性，Guimaraes等[35]预先对针铁矿进行 H_2 气氛下的热处理，处理后针铁矿表面产生 Fe^{2+} 位点，大大提高了对喹诺酮的降解活性。

$$\alpha\text{-FeOOH} + 3H^+ \longrightarrow Fe^{3+} + 2H_2O \tag{2-28}$$

（3）*磁铁矿*

磁铁矿（Fe_3O_4）是一种混合价态的尖晶石铁氧化物，具有特殊氧化还原性质和较强磁性。晶体中，Fe^{3+} 占据四面体和八面体位点，Fe^{2+} 仅排列于八面体位点，因此 Fe_3O_4 的通式可写为 $(Fe^{3+})_{tet}[Fe^{3+}Fe^{2+}]_{oct}O_4$。铁的不同价态通常可以由穆谱表征测定，但 Fe_3O_4 八面体位点中铁的两种价态之间由于存在很快的电子跳跃现象而无法被分别观测到[15]。CWPO技术中，磁铁矿作为催化剂时具有多种特性：a. 结构中含有 Fe^{2+}，可促使CWPO体系中的链引发而产生·OH；b. 结构中的八面体位点多在催化剂表面，有助于提高其催化活性；c. 利用其磁性可轻易将其从水中分离；d. 与大多数铁矿物及零价铁相比，Fe_3O_4 中铁流失量小，稳定性高；e. 可利用同构替换引入其他过渡金属，促进催化活性。

Gao 等[36]首次报道了 Fe_3O_4 的类过氧化酶活性，并将其作为催化湿式 H_2O_2 氧化反应中的催化剂，催化 · OH 的产生。Hanna 等[37]对比了赤铁矿（γ-Fe_2O_3）、磁铁矿和针铁矿在甲基红染料降解实验中的催化活性，实验表明磁铁矿在中性 pH 条件下表现出最高的染料降解速率。一般认为，磁铁矿的催化活性归因于结构中的 Fe^{2+}，但研究表明磁铁矿中比理论化学计量更多的 Fe^{2+} 含量并不能促进苯酚等物质的降解，而会通过加速 H_2O_2 分解而导致 · OH 的无效猝灭[38]。在最新的研究中，使用离子热合成法制备的 Fe_3O_4 磁性纳米颗粒催化剂可将 pH＝6.4、55℃条件下 H_2O_2 氧化罗丹明 B 的反应活化能降至 47.6kJ/mol，反应 2h 后降解效率可达 98%以上，Chen 等[39]将其高效的催化活性归因于其较大的比表面积、较高的 Fe^{2+} 含量、高密度的表面活性位点以及稳定的晶体结构等综合作用。

(4) 水铁矿

水铁矿是自然生成的水合铁氢氧化物，地壳中大量存在。水铁矿较大的比表面积（250～275m^2/g）有利于其在 CWPO 反应中增大接触面积。Barreiro 等[40]使用水铁矿作为 CWPO 催化剂催化 H_2O_2 氧化降解农药莠去津的研究中发现，在碱性条件下（pH＝8），H_2O_2 分解率由于与水铁矿表面相互作用而发生无效分解，而在酸性环境下水铁矿中一部分流失至液相并发生均相反应促进莠去津的降解。

(5) 铁酸盐

铁酸盐是一种由铁氧化物和其他过渡金属组合而成的陶瓷复合材料。根据其晶体结构，铁酸盐可被分为石榴石、六方晶型及尖晶石型铁酸盐。其中，尖晶石型铁酸盐具有面心立方晶格，通式为 $M_xFe_{3-x}O_4$（M 代表一种或多种二价金属离子，如 Zn^{2+}、Mn^{2+}、Co^{2+}等），O^{2-}排列于立方体面心位置，金属离子排列于四面体和八面体位置。Jauhar 等[41,42]采用溶胶-凝胶自燃烧法合成的 $CoMn_xFe_{2-x}O_4$ 催化剂对染料废水的降解具有较高活性，降解速率随晶格中 Mn^{3+} 含量的升高而上升，90%以上的染料可在 40～90min 内降解，在光助条件下反应速率可明显加快。通过合成并对比多种 $CoM_xFe_{2-x}O_4$（M＝Cr^{3+}、Ni^{2+}、Cu^{2+}、Zn^{2+}，$0.2\leqslant x\leqslant 1.0$）形式的纳米铁酸盐，发现其在 CWPO 反应中的催化活性受铁酸盐中的阳离子分布和表面氧空位影响，即较高浓度的 M 组分可以通过影响阳离子在铁酸盐中的结构分布而提高其催化活性。

(6) 黄铁矿

黄铁矿（FeS_2）是地球上最丰富的一种金属硫化物。在 CWPO 反应体系中，黄铁矿中不断流失的 Fe^{2+}是其催化活性的主要贡献因素。黄铁矿在溶液中容易通过溶解氧与流失的 Fe^{2+}及黄铁矿表面的 Fe^{2+}发生反应［式(2-29)］和［式(2-11)］而生成 H_2O_2，生成的 H_2O_2 可加强对有机物的降解。Bae 等[43]在使用黄铁矿催化 H_2O_2 氧化体系时发现，pH＝5.7 条件下黄铁矿催化降解溶液中的双氯芬酸的效果（120s 内 100%降解率）远优于均相反应体系（180s 内 65%降解率）。

$$Fe^{2+} + O_2 \longrightarrow Fe^{3+} + O_2^{-\bullet} \tag{2-29}$$

（7）过渡金属取代型铁氧化物

向铁矿物中掺杂 Ti、V、Cr、Mg、Co、Cu 和 Zn 等过渡金属元素后，铁氧化物中的铁元素可以被具有相似离子半径的其他过渡金属所取代，如利用 Cr^{3+}(61.5pm)、Ti^{4+}(60.5pm)、V^{3+}(64pm) 取代 Fe^{3+}(64.5pm)。当取代离子与被取代离子价态不同时，可通过离子之间的氧化还原或诱导产生氧空位来维持电价平衡。根据制备方法、引入元素含量及占据位点的不同，可以不同程度地影响其物理化学特性，如增大催化剂比表面积、降低颗粒尺寸、提高吸附能力等，从而促进催化反应的进行。Deng 等[44]将湿化学法制备的 $FeVO_4$ 作为 CWPO 催化剂降解橙黄-Ⅱ，实验结果表明 $FeVO_4$ 比传统的 Fe_2O_3、Fe_3O_4 和 γ-FeOOH 具有更高的催化活性，体系拥有较宽的 pH 值适用范围（3～8）。Yang 等[45]研究表明，通过适当提高 $Fe_{3-x}Ti_xO_4$ 中 Ti 的含量，可明显提高亚甲基蓝在催化剂上的吸附和降解效果，调整 Ti 的含量最多可使降解率达到 90%以上。当金属掺杂量较小，对催化剂物理性质无明显影响时，掺杂金属也可以通过参与 H_2O_2 与金属间的氧化还原循环而加快催化剂表面·OH 的生成（图 2-4）[46,47]。Fontecha Camara 等[48]评价了 $CuFe_2O_4$、Fe_3O_4 和 $FeTiO_3$ 三种铁氧化物在 CWPO 降解 3,4,5-三羟基苯甲酸（没食子酸）反应中的催化活性，依次为 $CuFe_2O_4>Fe_3O_4>FeTiO_3$，分析认为 $CuFe_2O_4$ 中 Cu 为催化·OH 产生的活性位点，但反应后 Cu^{2+} 出现较严重的流失现象，相比于铁流失量较少且环境无害的 Fe_3O_4 催化剂，$CuFe_2O_4$ 不适宜用于实际长期应用中。

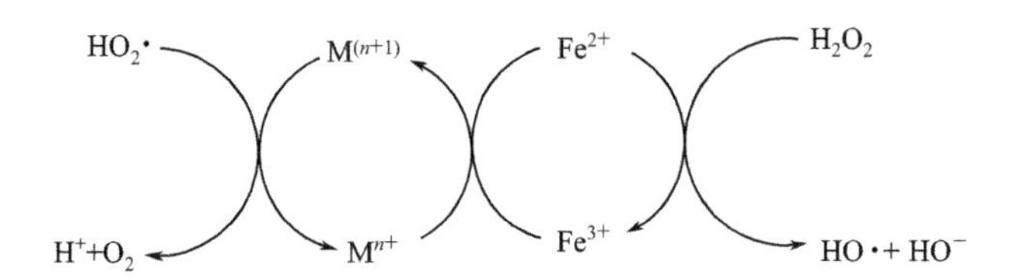

图 2-4 掺杂元素在铁氧化物非均相催化 H_2O_2 氧化体系中的作用机制示意

与磁铁矿类似，在针铁矿、赤铁矿或磁赤铁矿中引入适当的过渡金属元素也可以起到促进催化活性的效果。在针铁矿中掺杂 Nb 元素，通过穆斯堡尔谱图可见针铁矿结构中形成氧空位（VO），并会与 H_2O_2 发生反应而生成 O_2，在 120min 内可去除溶液中 85%以上的甲基蓝[49]。此外，其他过渡金属氧化物或复合物也可作为 CWPO 催化剂[50]。鉴于这些金属氧化物或复合物催化活性远不及铁氧化物，且稳定性较差，因此相关研究也较少。

2.3.2.2 负载型催化剂

负载型催化剂通常是将铁或其他活性金属通过浸渍、沉积等方法与较稳定的载体结合在一起形成组合体，再利用自身的物理化学特性催化 H_2O_2 分解为·OH，降解有机污染物。这类催化剂具有活性组分溶出量小、使用寿命较长、适用 pH 值范围较宽等优点。

（1）活性组分

常用非均相催化剂中的活性组分主要分为贵金属（如 Ru、Au、Pd、Pt 等）、过渡金属（如 Fe、Cu、Mn 等）及稀土金属（如 Ce 等）三类。催化剂中可以只含一种金属或金属氧化物，也可以由多种金属、金属氧化物或复合氧化物组成。贵金属催化剂在废水处理中具有较高活性和稳定性，但昂贵的价格限制了其在 CWPO 领域的广泛应用。稀土金属中近年来以 Ce 为代表，表现出了较好的催化及助催化效果。过渡金属由于价格低廉、活性较高，在非均相催化湿式 H_2O_2 氧化体系催化剂的开发中具有最显著的发展优势和潜在应用价值。

1）贵金属

钌（Ru）是贵金属中较为常用的活性金属组分，常见的价态为＋2 价和＋3 价。Hu 等[51]以 Ru^{2+}-多吡啶络合物负载于阳离子交换树脂，在 pH＝4.0～8.0 条件下利用 Ru^{3+}/Ru^{2+} 氧化还原机制［$E^{\ominus}(Ru^{3+}/Ru^{2+})=+1.29V$］催化 H_2O_2 分解产生·OH，有效降解了溶液中的双酚 A。Rokhina 等[52]使用多孔 RuI_3 作为 CWPO 催化剂氧化溶液中的苯酚，发现 Ru^{3+}/H_2O_2 体系与 Fe^{3+}/H_2O_2 体系类似，通过 $Ru^{3+} \rightleftharpoons Ru^{2+}$ 催化 H_2O_2 产生·OH 并氧化有机物［式(2-30) 和式(2-31)］。Ru 系催化剂具有 Ru 溶出量小、稳定性高等特点，但鉴于其较为昂贵的价格，Ru/H_2O_2 体系目前仅适用于降解催化活性要求很高、反应条件较为特殊的有机废水。

$$\equiv Ru^{3+} + H_2O_2 \longrightarrow Ru(OOH)^{2+} + H^+ \longrightarrow \equiv Ru^{2+} + HO_2\cdot + H^+ \quad (2\text{-}30)$$

$$\equiv Ru^{2+} + H_2O_2 \longrightarrow \equiv Ru^{3+} + \cdot OH + OH^- \quad (2\text{-}31)$$

金（Au）在催化剂中使用较少，但近年来研究发现，使用特殊载体或制备方法制备而成的负载型 Au 催化剂在 CWPO 体系中具有特殊的催化活性。Han 等[53]使用不同载体支撑的负载型 Au 纳米颗粒催化 H_2O_2 氧化降解苯酚溶液，发现由羟基磷灰石（HAP）作为载体时对苯酚的去除效果最好，在 pH＝6.8 条件下 120min 内可降解 82％的苯酚，且未见金属离子溶出。Navalon 等[54]对比了 Au/CeO_2、Au/Fe_2O_3、Au/TiO_2、Au/C、Au/npD（纳米金刚石）以及 Au/HO-npD（羟基化纳米金刚石）催化 H_2O_2 降解苯酚的效果，发现 Au/HO-npD 催化剂在 pH＝4 条件下 24h 后对苯酚的去除率可达 93％，Au 溶出量仅 0.7％，其活性及稳定性明显高于其他材料催化剂。此外，研究发现该体系中 79％的 H_2O_2 可通过生成·OH 而直接作用于有机物，目前为 CWPO 体系中所测的 H_2O_2 有效利用率中最高的。Dominguez 等[55]将活性炭为载体的催化剂 Au/AC 用于苯酚的氧化降解反应，当污染物浓度＞2.5g/L、污染物/炭＞0.4（质量分数）时该催化剂在较宽的 pH 值范围（3.5～7.5）内对苯酚有较好的去除效果。

$$\equiv Au^0 + H_2O_2 \longrightarrow \equiv Au^+ + \cdot OH + OH^- \quad (2\text{-}32)$$

$$\equiv Au^+ + H_2O_2 \longrightarrow \equiv Au^0 + HOO\cdot + H^+ \quad (2\text{-}33)$$

此外，钯纳米颗粒催化剂 Pd/Al_2O_3[56]、双金属催化剂 FePt[57]等也可作为 CWPO 反应中有效的非均相催化剂。在最新的研究中，Georgi 等[58]建立新的 Pd（Pd/Al_2O_3）/H_2 催化体系以加速均相 Fe^{2+}/H_2O_2 体系中 Fe^{3+} 向 Fe^{2+} 的转化速率，反应中只需极少量的铁催化剂（1mg/L）即可高效降解 MTBE 模型污染物，克服了传统均相芬顿反应后铁泥产量大的缺点。贵金属的纳米级催化剂通常具有很好的催化性能，但由于成本过高而难以应用到实际工程中，在 CWPO 领域的研究目前相对较少。

2）稀土金属

稀土金属元素是镧系元素以及与其密切相关的钪、钇共 17 种元素的总称，在催化反应中通常可以通过提高催化剂的储氧能力、晶格氧的活动能力等方式表现出特殊的性能和功效。目前，Ce 是唯一一种可以在溶液中通过氧化还原机制催化 H_2O_2 分解产生 · OH 的稀土元素。

催化剂中最常用的 Ce 形态为 CeO_2，在 CWPO 反应中可作为活性组分使用，也可作为催化剂助剂或载体使用。在合适的反应条件下，其表面氧空位的快速形成和消除反应可促进 Ce^{3+}/Ce^{4+} 的氧化还原循环 [$E^{\ominus}(Ce^{4+}/Ce^{3+})=1.72V$]。Heckert 等[59]首次确认 Ce^{3+}/Ce^{4+} 循环 [式(2-34) 和式(2-35)] 催化 H_2O_2 反应中 · OH 的生成。将 Ce 与 Fe 等变价金属掺杂 [图 2-5(a)] 后，通过金属价态与数量的变化及其与氧空位间的相互作用（空位补偿机制和缝隙补偿机制），可以促进 Ce^{3+}/Ce^{4+} 的氧化还原循环及 H_2O_2 的均裂并显著提高催化剂的活性[60,61]。此外，还可通过硫酸表面改性等方式使 CeO_2 催化剂表面产生大量酸性位点，将 H_2O_2 质子化并促进 Ce 的电子转移 [图 2-5(b)][62]。本课题组的刘培娟等[63]使用 Fe-Ce/γ-Al_2O_3 催化 H_2O_2 氧化间甲酚废水，研究表明 Ce 的加入改变了催化剂表面非晶格氧的含量，催化剂活性随着 Ce 负载量的增大呈先上升后下降的趋势，其中 4%（质量分数）Fe-2%（质量分数）Ce/γ-Al_2O_3 的催化活性最高，可明显减

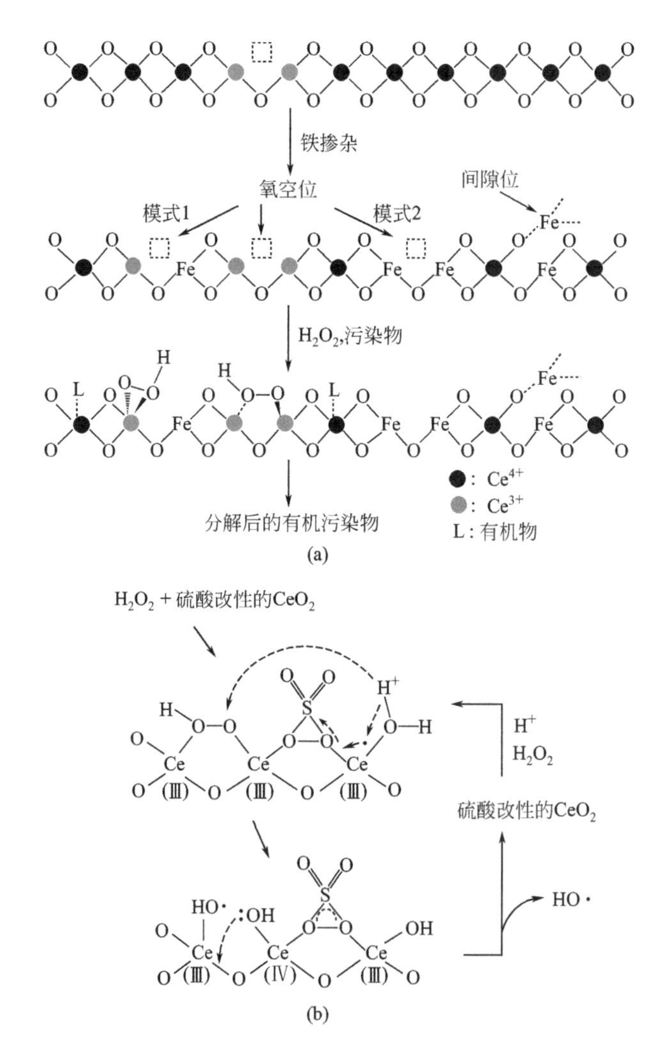

图 2-5 含 Ce 催化剂在 CWPO 体系中催化 H_2O_2 的机理示意

少反应所需的 H_2O_2 使用量，降低反应成本。

$$Ce^{3+} + H_2O_2 \longrightarrow Ce^{4+} + \cdot OH + OH^- \tag{2-34}$$

$$Ce^{4+} + H_2O_2 \longrightarrow Ce^{3+} + HO_2 \cdot + H^+ \tag{2-35}$$

Ce 系催化剂被广泛应用于 CWPO 技术降解废水中染料及酚类有机物的研究中，但由于 Ce 具有一定的细胞毒性，在投入实际应用前需进一步考察其催化剂稳定性及后处理方法。

3）过渡金属

过渡金属系催化剂是 CWPO 体系中研究最多的催化剂，负载型 CWPO 非均相催化剂常用的过渡金属活性组分包括 Fe、Cu、Cr、Co、Mn 等。

由于其高催化活性及环境无毒性，铁系催化剂广泛应用于 CWPO 技术中。与铁矿相比，将 Fe 作为活性组分负载于合适的载体之上，一方面可以通过载体的吸附等作用促进催化活性；另一方面可以通过提高其分散度而增加表面活性位点。此外，负载型催化剂可以人为控制材料中不同价态铁的比例，使其具有更好的催化活性。Hu 等[64]在 H_2O_2 氧化降解 17α-甲基睾酮的研究中，发现 Fe_3O_4/MWCNTs 比 Fe_3O_4 的催化活性更高，推测为 MWCNTs 对底物较强的吸附能力增强了反应物之间的相互作用。Kwan 等[65]提出非均相催化体系中 Fe^{3+} 催化的反应机理如式(2-36)～式(2-38) 所示。负载型铁系催化剂既是 CWPO 领域一直以来的研究热点，也是工程应用中最具有潜在价值的催化剂。

$$\equiv Fe^{3+} + H_2O_2 \longrightarrow \equiv Fe^{3+}H_2O_2 \tag{2-36}$$

$$\equiv Fe^{3+}H_2O_2 \longrightarrow \equiv Fe^{2+} + HO_2 \cdot + H^+ \tag{2-37}$$

$$\equiv Fe^{2+} + H_2O_2 \longrightarrow \equiv Fe^{3+} + \cdot OH + OH^- \tag{2-38}$$

Cr 元素可以呈现多种氧化态（-2～$+6$ 价），在溶液中通常以 Cr^{3+} 和 Cr^{6+} 的形式存在。Cr^{3+} 的存在形态受 pH 值影响较大，而 Cr^{6+} 在不同酸碱性的溶液中均呈可溶状态，由反应式(2-39)～式(2-42) 与 H_2O_2 反应生成 ·OH。研究表明，通过控制溶液 pH 值即可实现 Cr^{3+}/Cr^{6+} 的氧化还原，并获得较高的 ·OH 产率[66]。然而，Cr^{6+} 被归为 A 类致癌物质，因此仅适用于皮革废水、电镀废水以及石油精炼废水等已被 Cr^{6+} 污染的有机废水降解过程。

$$Cr^{6+} + ne^- \longrightarrow Cr^{5+}/Cr^{4+}/Cr^{3+} \quad (n=1 \sim 3) \tag{2-39}$$

$$Cr^{3+} + H_2O_2 \longrightarrow Cr^{4+} + \cdot OH + OH^- \tag{2-40}$$

$$Cr^{4+} + H_2O_2 \longrightarrow Cr^{5+} + \cdot OH + OH^- \tag{2-41}$$

$$Cr^{5+} + H_2O_2 \longrightarrow Cr^{6+} + \cdot OH + OH^- \tag{2-42}$$

以铜为活性组分的负载型 CWPO 催化剂，具有活性较高、价格低廉等优势。何莼等[67]分别在沸石和活性炭上负载 Cu^{2+} 催化降解苯酚溶液，表现出了比 Fe^{3+} 更优异的催化活性。Ling 等[68]以 γ-Fe_2O_3 为核、Cu/Al-MCM-41 为壳制备核壳结构催化剂，其中 Cu 为活性组分，掺杂 Al 以维持催化剂较高的比表面积，并通过 γ-Fe_2O_3 的磁性使催化剂便于分离回收，研究发现该催化剂在苯酚的氧化降解反应中表现出较高的活性。然而，Cu 在我国的《污水综合排放标准》(GB 8978—1996) 中属于第二类污染物，其一级排放标准为 0.5mg/L，因此在实际应用中需注意对催化剂中 Cu^{2+} 溶出的控制问题。

自然界中的 Mn 元素通常主要以+3 价与+4 价态存在（MnO_2、Mn_3O_4 和 Mn_2O_3），

在环境催化领域，其+2价与+4价态具有更重要的意义。在富氧的中性条件下，Mn^{2+}被氧化时先形成Mn^{3+}的胶体状氢氧化物作为中间产物，再被氧化为Mn^{4+}。这一系列锰离子的价态变化过程使不同的锰氧化物（MnO、Mn_3O_4、MnOOH和MnO_2）均可在CWPO反应中起到催化活化H_2O_2的作用。Jacobsen等[69]利用四种不同的锰化合物作为前驱体制备的β-MnO_2催化H_2O_2，催化反应120min内即可将染料亚甲基蓝完全降解。根据不同锰氧化物的物理化学性质，其催化H_2O_2的反应机理较为复杂，生成的不同活性氧物种主要为·OH、HOO·或O_2^-·[70,71]，因此也可通过选择其氧化物的组成而获得反应所需的活性氧物种。锰氧化物在较宽的pH值范围内（3.5～7.0）都可保持较高的活性，且在pH值大于5.5的溶液中几乎无溶出现象，十分适用于近中性的有机物降解反应。

Co元素的催化研究中以Co催化H_2O_2产生·OH的研究很少，更多集中于其活化过硫酸盐的体系中（本书不做介绍）。与Fe^{2+}/H_2O_2体系相比，Co^{2+}/H_2O_2体系中H_2O_2使用量大，降解有机物速度较慢，但将Co^{2+}或含Co有机物负载于Al_2O_3、MCM-41、碳气溶胶等载体之上，可在催化剂表面形成过氧钴络合物，并作为固定金属中心与H_2O_2发生反应从而降解有机物。

（2）载体

非均相CWPO技术的关键在于高效稳定的催化剂的研究开发，而催化剂的性质很大程度上取决于载体材料的选择。作为CWPO的催化剂载体：

① 应具有较高的化学稳定性；

② 与活性组分牢固结合，尽量避免活性组分的溶出，保证催化剂稳定性；

③ 在一定程度上可以通过影响活性组分的存在形态而控制其催化活性。

常用的催化剂载体为分子筛、氧化铝、碳材料、离子交换树脂、水滑石、黏土等。

1）分子筛

分子筛是指以四面体TO_4（Si、Al或P）为初级结构单元，通过共用氧桥而形成的一类具有较大体积的笼和孔径均一的孔道结构的三维四连接骨架化合物，其化学组成可表示为$M_{2/n}O \cdot Al_2O_3 \cdot xSiO_2 \cdot yH_2O$（M=Na、K等）。由于分子筛自身具有一定缺陷且活性较弱，人们通常通过金属改性、孔径调节等方法对其进行改性。通过水热合成法、浸渍法、固相浸渍法等制备方法将过渡金属引入分子筛中，一方面可以调节分子筛孔径的大小及其表面酸性；另一方面可利用金属的可变价态促进CWPO反应的进行。其中，掺入Fe的分子筛在较宽pH值范围内表现出优异的CWPO催化性能，具有稳定性高、易回收等优点，得到最为广泛的关注。

沸石型分子筛常被用作CWPO催化剂载体，除了具有较大的比表面积外，大部分都具有高酸性、高吸附选择性、高热稳定性以及一定的助催化性质。当分子筛中的硅被铝置换后，骨架呈电负性，为平衡电负性而加入的阳离子周围即会产生局部高电场以及酸性位点；同时，一些具有催化活性的金属离子可以通过离子交换作用进入分子筛孔道之中，并还原为单质状态或转变成为具有催化活性的化合物固定在分子筛上，与骨架中的硅、氧、铝组成催化活性中心，从而具有较高的催化活性，交换后的分子筛骨架结构通常极其稳定。

ZSM-5 和 Y 型分子筛均属于硅铝比较高的沸石分子筛，其对有机物的吸附能力可以在 CWPO 反应中协同促进有机物的降解。ZSM-5 骨架结构由直线形孔道（孔径 5.3Å×5.6Å，1Å=10^{-10}m，下同）和 Z 字形孔道（孔径 5.1Å×5.5Å）交叉构成，孔结构与废水中常见有机物分子大小相近，具备择形催化的性能，是一种常用的反应催化剂。Centi 等[72]比较了均相 Fe^{3+} 催化剂与非均相 Fe/ZSM-5 催化剂的催化活性，实验结果表明 Fe/ZSM-5 催化氧化有机酸溶液的效率更高，在 pH=2.5～5.5 范围内均有较好的降解效果。Cihanoglu 等[73]通过离子交换的方法制备了四种不同 Si/Al 比例的 Fe/ZSM-5 催化剂，其中 Si/Al 为 42、铁含量为 8.5%（质量分数）的催化剂在催化降解 0.1g/L 的乙酸实验中活性最高，在 pH=4，60℃，[H_2O_2]=8.35mmol/L，[Fe/ZSM-5]=0.2g/L 条件下对溶液中 COD 去除率为 50.5%。Y 型分子筛属于八面沸石型分子筛，其骨架结构由三维十二元环孔道（孔径 7.4Å×7.4Å）构成。Noorjahan 等[74]研究表明 Fe^{3+}-HY 分子筛对溶液中有机物的吸附作用与 ·OH 的扩散作用共同促进了该分子筛体系的催化活性。Hassan 等[75]以 Y 型分子筛为载体，采用浸渍法制备了 Fe-ZYT 催化剂，在 pH=2.5、60min 条件下对酸性红 1 的降解率达到 99%，并且在 3 次重复实验中表现出较高的稳定性。

介孔硅酸盐分子筛 MCM-41 由一维线性孔道呈有序“蜂巢状”排列的多孔结构构成，具有较大的比表面积，可作为优良的 CWPO 载体，其孔径可以在 1.5～10nm 范围内调节，典型孔径约为 3.5～4nm。Wang 等[76]以 Fe/Al 掺杂的 MCM-41 为载体，采用浸渍法制备了 MCM-41-Fe/Al-Mn 催化剂，在染料废水的催化降解中 200min 内可转化 93.3% 的甲基蓝，反应后 Fe 流失量小，催化剂稳定性较高。

SBA-15 为高度有序平面的六方相多孔氧化硅材料，孔径尺寸 4.6～30nm，较厚的氧化硅孔壁（3.1～6.0nm）使其具有较高的热稳定性和水热稳定性。典型的 SBA-15 除含有介孔外，还有一定量的微孔。研究表明，在以铁作为活性组分的催化剂中，负载于 SBA-15 孔道内部的铁比催化剂外表面的铁物种具有更高的催化活性，对染料的脱色率及 TOC 去除率也更高，说明沸石载体的限域对液相中有机物的氧化降解具有明显的增强作用[77]。Wang 等[78]以物理蒸汽渗透法制备的 FeO_x/SBA-15 催化剂中的 FeO_x 结晶度低、铁含量高、具有比单独的铁氧化物晶体更大的比表面积和更多的活性位点，在 pH=3 条件下 10min 内即可将废水中的酸性橙 7 染料降解完全。此外，也有研究制备了 SBA-15 负载的双金属催化剂，通过电镜、物理吸附、XRD 等表征可知 Cu 和 Fe 元素分别以 CuO 和 Fe_2O_3 形式高度分散于 SBA-15 载体之上，在催化 H_2O_2 氧化有机污染物的反应中表现出较高的催化活性[79]。

微孔分子筛具有原子尺度上的有序性、较高的热稳定性和水热稳定性，但由于其孔径过小，扩散阻力较大，不利于催化过程中的物质传输。介孔分子筛具有在介观尺度上可调的、更大的孔径，有利于反应物和中间体进入孔道内部并与催化中心接触，但其无定型的孔壁降低了其水热稳定性。因此在实际应用中，需结合反应特点和需求，选择合适的分子筛并进行改性。

2）氧化铝

目前，被发现的氧化铝（Al_2O_3）形态已有 8 种以上。其中的活性氧化铝（γ-Al_2O_3）

由于具有良好的物理化学稳定性、较大的比表面积和低廉的价格而被广泛应用于催化剂载体的制备。Bautista 等[80]采用等体积浸渍法制备 Fe/γ-Al_2O_3 催化剂，通过穆谱表征发现载体表面为高分散的 Fe_2O_3 小颗粒，在催化 H_2O_2 氧化苯酚的研究中具有较高的催化活性。Lim 等[81]将铁氧化物纳米颗粒分别浸渍于 SBA-15 和覆有 Al_2O_3 涂层的 SBA-15 之上，发现后者表面高度分散的铁氧化物使其在反应中表现出更高的催化活性。

Liu 等[82]比较了不同活性组分、载体及制备方法对催化剂活性和稳定性的影响，研究发现以硝酸铁为活性组分前驱体、γ-Al_2O_3 为载体制备的 4%（质量分数）Fe/γ-Al_2O_3 催化剂在 CWPO 反应中具有良好的催化活性和稳定性。其中，催化剂的焙烧温度可以通过影响表面 α-Fe_2O_3 晶粒的大小而影响催化活性，当焙烧温度为 350℃时，在近中性反应条件下 2h 后间甲酚废水中间甲酚转化率为 100%，TOC 去除率为 51.2%。

3）碳材料

自 1969 年，碳材料的特殊性质就引起了催化领域的关注[83]。1998 年，Lucking 等[84]首次报道了碳材料作为高效稳定的催化剂在 CWPO 领域中的应用。该研究将石墨和三种不同原料制备的活性炭用于 CWPO 反应降解初始 pH 值为 3 的 4-氯酚溶液，结果表明该反应条件下石墨催化剂比均相 Fe^{2+} 表现出更高的催化活性。

与其他无机载体相比，碳材料应用于 CWPO 反应时具有更加优异的性质：a. 耐酸碱性强；b. 其比表面积高，有利于活性组分的分散和负载，增加催化剂表面的催化活性位点；c. 孔隙结构及表面化学性质易于调控，可通过调控催化剂极性及疏水性提高反应物、产物的扩散速率以及金属分散度；d. 必要时可通过焙烧等方法将碳去除，并回收负载的贵金属；e. 价格较低廉。此外，碳材料中的金属杂原子、表面官能团以及石墨层结构缺陷等性质使其在 CWPO 反应中具有一定的助催化作用或可单独作为催化剂使用。H_2O_2 通过与碳材料表面供电子位点反应生成 $\cdot OH$ [式(2-43)]，同时可与吸电子位点相互作用生成 $HOO\cdot$ 和 H^+，并将表面位点 S^+ 还原为 S [式(2-44)]。被吸附的 $HOO\cdot$ 和 H^+ 可再次与还原性的催化剂表面反应生成 $O\cdot$ 和 H_2O [式(2-45)][4,10,85]。在催化反应中，通常可以通过物理或化学改性方法对碳材料进行改性。物理改性方法主要包括在碳材料炭化、活化等制备过程中调节孔隙，以及在惰性气体保护下进行热处理。高温下，碳材料石墨化程度增加，表面杂原子基团随温度上升而分解，疏水性和碱性增加。化学改性方法主要通过改变其表面酸碱性、引入或除去某些表面官能团而使碳材料表面形成不同的活性中心，从而改变碳材料的吸附、催化等性质。通过影响碳材料的性质，可调节其在催化臭氧氧化（CWOO）反应中的催化活性。

$$H_2O_2+S \longrightarrow \cdot OH+OH^-+S^+ \tag{2-43}$$

$$H_2O_2+S^+ \longrightarrow HOO\cdot+H^++S \tag{2-44}$$

$$HOO\cdot+H^++S \longrightarrow O\cdot+S^++H_2O \tag{2-45}$$

由于不同碳材料的特殊性质，在 CWPO 领域常用的碳材料主要为活性炭、碳纳米管、活性碳纤维、石墨烯等（图 2-6）。

① 活性炭。活性炭（activated carbon，AC）由已石墨化的活性炭微晶和未石墨化的非晶炭质构成，具有较高的稳定性、耐酸碱性和发达的孔隙结构，对苯、苯酚等芳香化合物具有很好的吸附能力，为其作为 CWPO 催化剂提供了可能。Duarte 等[86]将 Fe 负载于

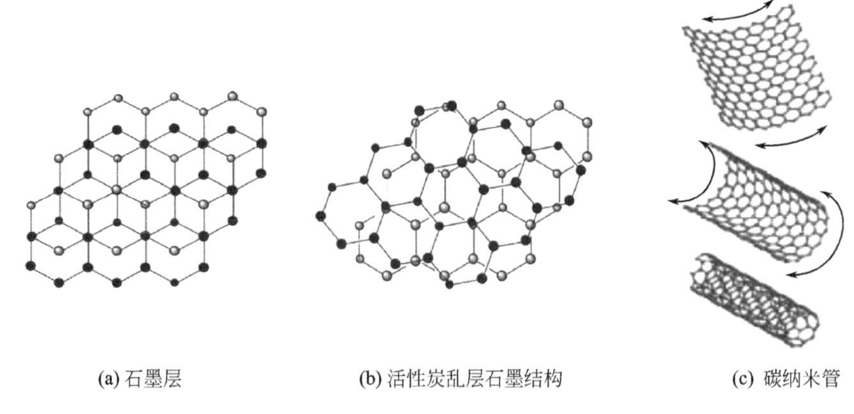

(a) 石墨层　　(b) 活性炭乱层石墨结构　　(c) 碳纳米管

图 2-6　几种常见的碳材料结构

三种商品化活性炭，具有较大孔径结构的碳材料催化剂可以对橙黄Ⅱ染料进行高效的吸附和催化降解。但与此同时，该催化剂在 CWPO 反应后铁元素有一定程度的流失，降低了催化剂的稳定性。Dominguez 等[55]将活性炭为载体的催化剂 Au/AC 用于苯酚的氧化降解反应，当污染物浓度较高（＞2.5g/L）、污染物/炭比较高（＞0.4，质量比）时该催化剂在较宽的 pH 值范围（3.5～7.5）内对苯酚有较好的去除效果。王亚旻等采用不同原材料制备的商品化活性炭作为 CWPO 载体，并在长达 6000h 的连续反应中评价其活性及稳定性，最终筛选出高活性、适用于工业化应用的活性炭催化剂（图 2-7）。

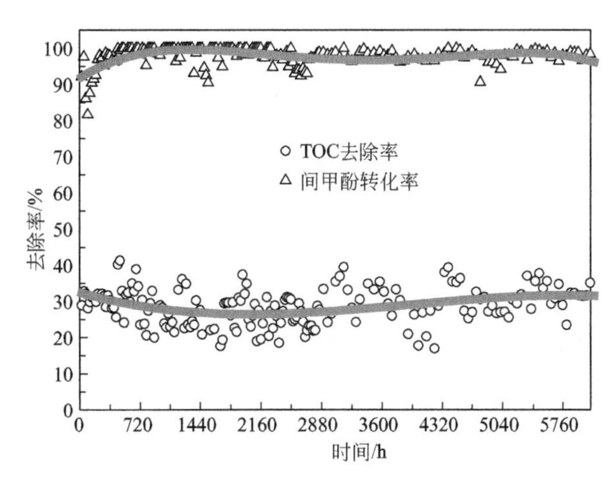

图 2-7　活性炭催化剂的活性评价

② 碳纳米管。碳纳米管（carbon nanotubes，CNTs）可以被看成是单层或多层石墨片层卷曲而成的中空管状结构，具有较大比表面积和丰富的小型孔道，近年来也被应用为 CWPO 催化剂载体。在对比几种具有不同形貌及化学特性的碳材料研究中，活性炭表现出最为优异的吸附特性，而在 CWPO 反应中，活性炭与碳凝胶对 2-硝基苯酚的催化降解活性较低，碳纳米管和甘油基碳材料在反应 30min 后分别可去除 83%和 56%的 2-硝基苯酚[87]。Deng 等[88]通过控制催化剂制备中水热合成过程的反应条件，在 MWCNTs 表面得到均匀分布的 Fe_3O_4 纳米颗粒（d=7.4nm），该 Fe_3O_4-MWCNTs 催化剂在 CWPO 降解橙Ⅱ的实验中表现出了明显高于纯净 Fe_3O_4 纳米颗粒的催化活性。

③ 活性碳纤维。活性碳纤维（activated carbon fibers，ACF）是一种新型纤维状材料，易于加工成型，比活性炭更具实用性，具有比表面积大、吸附能力强、耐酸碱性及抗氧化性强等特点，是 CWPO 催化剂载体的理想选择之一。Lan 等[89]采用浸渍法以活性碳纤维为载体，制备了 QuFe（8-羟基喹啉铁）/ACF 催化剂，在 pH=7 条件下对活性艳红 X-3B、罗丹明 B、酸性橙 7 及酸性红 1 等染料均有很高的催化降解活性。

④ 石墨烯。石墨烯（graphene）是由碳原子六角结构紧密排列构成，呈二维蜂窝状，在目前已知碳材料中其厚度最薄，但强度却很高，具有优异的热力学性能和光学性能、高电子迁移率以及高比表面积。为克服其憎水性和易聚集性，近年来改性石墨烯及石墨烯复合材料被广泛应用于吸附和催化降解有机污染物以及还原重金属。Guo 等[90]制备了氧化石墨烯-Fe_2O_3 杂化材料，并对其降解罗丹明 B 和 4-硝基苯酚进行了研究，结果表明 pH 值在 2.09～10.09 范围内均可有效去除溶液中的有机物。Zubir 等[91]将高度分散的氧化铁负载至氧化石墨烯片层中，制备而成的催化剂在 pH=3 条件下反应 20min 后催化酸性橙 7 的降解率为 80%，180min 后降解率为 98%。

4）离子交换树脂

阳离子树脂可以通过离子交换对铁离子等活性组分进行固定并制备非均相催化剂。Liou 等[92]将 Fe^{3+} 负载于 C-106 型树脂上制得 CWPO 催化剂，可以有效降解溶液中的五氯苯酚，但反应过程中 pH 值和温度等反应条件对其催化降解性能有较大影响。Wang 等[93]采用 $AlCl_3$、$FeCl_3$ 和 $SnCl_2$ 改性离子交换树脂作为催化剂处理双酚 A，发现具有中等 Lewis 酸性的 $SnCl_2$ 改性离子交换树脂具有最高的催化活性，150min 后双酚 A 转化率约为 70%。离子交换树脂作为载体的 CWPO 催化剂具有较好的选择性，可拓宽反应体系适用的 pH 值范围，但使用时需考虑成本问题以及树脂能否承受住·OH 的氧化腐蚀。

5）水滑石

水滑石和类水滑石是一类具有特殊结构的离子层状材料（图 2-8），由类似水镁石的带正电层板、层间电荷补偿离子与内部溶剂分子构成，又被称为层状双羟基复合金属氧化物（layered double hydroxides，LDHs）。位于层板中的金属阳离子（M^{2+}、M^{3+}）可被与之半径相近的其他金属离子同晶取代，层间阴离子也可被其他阴离子交换，因此水滑石材料的元素种类、表面酸碱性和电荷密度等性质均具有较大程度的可调变性。

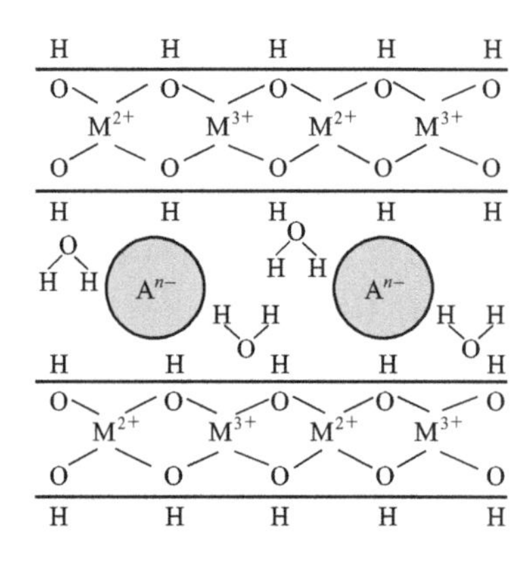

图 2-8 类水滑石结构示意[94]

镁铝水滑石常被用作固体碱催化剂，但对于氧化还原反应没有催化活性，因此需要将活性金属离子引入水滑石材料后方能用作 CWPO 催化剂。研究表明，强酸性溶液中的水滑石催化剂稳定性较低，在碱性 pH 反应条件下，催化活性位点易于 HO^- 生成络合物从而影响反应效率，因此水滑石催化剂通常在近中性 pH 反应条件下可以表现出最高的催化活性。Dubey 等[95]同时将 Cu、Ni 和 Al 三种金属离子以不同原子比引入类水滑石材料，其中 $CuNiAl_3$-5 [(Cu+Ni)/Al=3.0，Cu/Ni=5.0] 和 $CuNiAl_2$-1 [(Cu+Ni)/Al=2.0，Cu/Ni=1.0] 催化降解苯酚溶液的活性最高，在 pH=5 的最佳反应条件下 10min 内可降解 90%以上的苯酚。Wang 等[96]以水滑石为载体，采用共沉淀法制备了 Fe(Ⅱ)Fe(Ⅲ)-LDHs，发现当催化剂中 $[Fe^{2+}]/[Fe^{3+}]$ =1∶0 时，在酸性和中性条件下 1h 内即可将溶液中 10mg/L 的甲基蓝染料完全降解。水滑石材料在其层间引入的过渡金属不仅可以在较大范围内调控所需含量，同时还可引入多种金属离子。

6）黏土

黏土是一种颗粒较小（<2μm）的铝硅酸盐类物质，自然界储量丰富，价格低廉。目前在催化领域被广泛应用的是一些交换活性较好的具有层状结构的黏土矿物，如蒙脱石、皂石、贝得石等。这些矿物构造层间带有多余的负电荷，通常需要依靠层间所吸附的阳离子（如 Na^+、K^+、Ca^{2+} 等）来平衡，层间结合力较弱，在一定作用下易发生膨胀并发生层脱离现象，从而具备一定的层状几何空间构造。由于层状黏土的层间可膨胀性、可插入性及离子交换性等性质，为制备改性黏土催化材料提供了可能。

通过离子交换将各种无机羟基离子或有机离子引入黏土层间，经过高温加热后层间的物质转化为柱状金属氧化物，可以制备结构稳定性更强的柱撑黏土（PILCs）。柱撑黏土复合材料具有较大的比表面积，层间金属氧化物又具有良好的催化活性，因此十分适合作为 CWPO 中的非均相催化剂。目前研究最为广泛的柱撑黏土材料主要为 Fe-PILC、Cu-PILC、Fe-Al-PILC 以及 Cu-Al-PILC。以黏土为载体的非均相催化体系成本低廉，并且与负载的活性组分能够相互协同催化有机底物。根据负载金属的不同，可以调节基层间距以提高催化活性。Herney-Ramirez 等[97]以皂石为载体利用浸渍法制备 Fe-PILC 催化剂降解橙黄Ⅱ染料，在 74℃ 和 pH=3 条件下 0.5h 内可将橙黄Ⅱ全部降解，TOC 转化率达 82%。Ye 等[98]采用离子交换法以蒙脱石为载体制备了 Fe/Zn/Al-PILC 催化剂，研究发现当 Fe/Zn 比例较低时，催化剂活性较高且 Fe 流失量小；当 Fe/Zn 摩尔比为 3/7 时，该催化体系在 60℃下可降解 77.1%的橙黄Ⅱ染料。

催化领域应用较多的黏土主要为天然矿物黏土，但其中杂原子种类及含量较多，容易影响活性金属的引入及催化活性的提高。有研究使用组分更为单一的过渡金属前驱体制备合成黏土。然而其制备过程较为复杂，应用也受到限制。

2.3.3 其他类型催化剂

（1）零价铁

近年来，零价铁（zero-valent iron，ZVI）在水处理领域受到较多关注。零价铁成本低廉，可由化学气相沉积、火花放电生成法、氧化物的热还原等多种化学方法合成[99]。

CWPO反应中，零价铁在酸性条件下可作为催化剂与H_2O_2发生电子转移而生成Fe^{2+}，而水中的溶解氧也会使零价铁腐蚀，同时生成H_2O_2与Fe^{2+}［式(2-46)～式(2-48)］，进而依据均相CWPO反应机理产生·OH[100]。被再次氧化后形成的Fe^{3+}可与零价铁反应促进Fe^{2+}的生成［式(2-49)］。1998年，Lucking等[84]在初始pH值为5的条件下考察铁粉对4-氯酚的催化活性，发现超过200mg/L的Fe^{3+}通过铁粉表面腐蚀而在溶液中生成Fe^{2+}，加速H_2O_2的活化和4-氯酚的降解。Zha等[101]将催化降解阿莫西林废水反应后的纳米零价铁催化剂进行表征，通过扫描电镜发现了零价铁的表面腐蚀和颗粒聚集现象，X射线衍射谱图与傅里叶红外谱图均表明反应后有铁氧化物的产生。Xu等[100]曾报道使用纳米级零价铁催化剂在CWPO反应中降解氯间甲酚，通过扫描电镜（SEM）可知该纳米颗粒大小约为80～150nm，反应后变为一种类似雪片的结构，相关机制以及零价铁的稳定性仍需进一步探索。零价铁可分别为铁和铁的氧化物作核壳结构，这样的双重性质使其在废水污染物去除的过程中可作为高效的催化剂。与Fe_3O_4等催化体系相比，零价铁对有机物降解效率和H_2O_2的有效利用率相对较高，但其反应机理同时决定了其较差的稳定性。

$$Fe^0+H_2O_2+2H^+ \longrightarrow Fe^{2+}+2H_2O \tag{2-46}$$

$$Fe^0+O_2+2H^+ \longrightarrow Fe^{2+}+2H_2O_2 \tag{2-47}$$

$$Fe^0+2H^+ \longrightarrow Fe^{2+}+H_2 \tag{2-48}$$

$$2Fe^{3+}+Fe^0 \longrightarrow 3Fe^{2+} \tag{2-49}$$

鉴于零价铁纳米颗粒可以还原比铁的标准电极电位更高的Zn(Ⅱ)、Cd(Ⅱ)、Cu(Ⅱ)、Ag(Ⅰ)等金属离子并用于水中重金属离子的去除，Yin等[102]考察了零价铁同时去除废水中4-氯酚与Cr^{4+}的效果。Cr^{4+}可在20min内被零价铁全部还原，生成的Cr^{3+}通过共沉淀以$FeCr_2O_4$及$Cr_xFe_{1-x}(OH)_3$络合物形式被去除，还原过程中产生Fe^{2+}，与零价铁共同催化H_2O_2的氧化并在10min内将4-氯酚完全降解。

（2）零价铝

Al元素仅有一种氧化态（Al^{3+}），因此无法作为均相催化剂在溶液中与H_2O_2实现电子转移。在非均相体系中，零价铝［ZVAl，$E^{\ominus}(Al^{3+}/Al^0)=-1.66V$］与零价铁［$E^{\ominus}(Fe^{2+}/Fe^0)=-0.44V$］或$Fe^{2+}$［$E^{\ominus}(Fe^{3+}/Fe^{2+})=+0.776V$］相比，可以为$H_2O_2$提供更强的热力学驱动力（见图2-9）[103]。2001年，Lien等[104]首次利用ZVAl表面的电子转移特性降解溶液中的有机物。2009年，Bokare等[105]在酸性条件下，利用ZVAl与O_2之间的电子转移作用原位产生Al^{3+}和H_2O_2，在继续催化H_2O_2的实验中监测到·OH的产生，并有效降解苯酚等有机物。随后，ZVAl-H_2O_2体系的研究逐渐受到关注。Zhang等[106]以ZVAl/H^+/空气体系催化氧化对乙酰氨基酚废水（2.0mg/L），在pH=1.5，25℃，［ZVAl］=2.0g/L条件下反应16h后可降解99%以上的对乙酰氨基酚；向该体系中加入Fe^0、Fe^{2+}和Fe^{3+}后，H_2O_2有效利用率可进一步提高，并可有效降解水中有机物。

在相同的酸性反应条件下，ZVAl-CWPO体系可能表现出比传统芬顿体系更加优异的有机物氧化效果。但由于其表面自然形成的氧化膜（Al_2O_3）仅在酸性溶液（pH<4）中可以被反应去除，故ZVAl-CWPO体系在近中性废水处理领域的实际应用受到了限制。

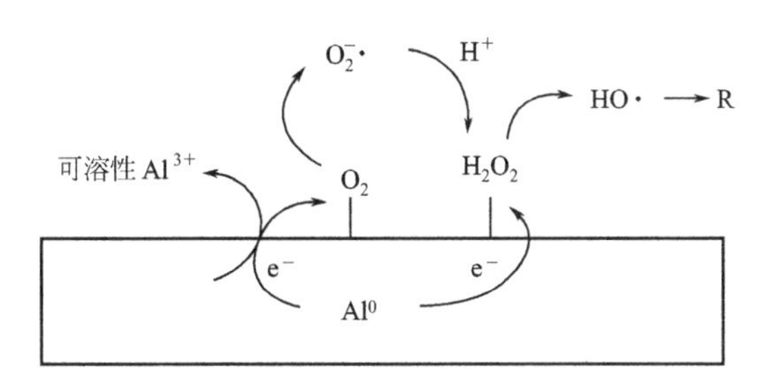

图 2-9 零价铝催化湿式 H_2O_2 氧化体系机理示意

（3）废弃材料

近年来城市规模日益扩大，研究人员开始致力于将工业及生活产生的难处理废弃物资源化利用。其中，粉煤灰、市政污泥、电炉粉尘、钢铁工业废料等废弃材料逐渐作为CWPO催化剂用于废水处理领域。

粉煤灰是燃煤电厂大量排放的一种固体废物，其化学组成和多孔结构随来源不同而有所区别，但其较大的比表面积及所含铁元素使其可以作为CWPO反应的催化剂。Chen等[107]将三价铁氧化物含量为4.14%的粉煤灰作为CWPO的非均相催化剂，在酸性条件下120min催化降解丁基黄原酸盐约96.9%，COD去除率约96.7%。Zhang等[108]以硝酸改性粉煤灰催化H_2O_2降解溶液中的对硝基苯酚。经过硝酸活化后，粉煤灰中的CaO和Al_2O_3含量大幅下降，SiO_2和Fe_2O_3所占比例上升，粉煤灰的催化活性也随之上升，在酸性条件下可降解98%以上的对硝基苯酚。

随着城市化不断发展，污水量逐年增加，在污水处理过程中产生的剩余污泥产量也在逐年增加，采用填埋或焚烧等传统方式容易造成严重的二次污染。Gu等[109,110]通过对污泥进行炭化改性制备成磁性多孔碳材料，其中的铁（主要为Fe_3O_4）、碳、硅和铝组分在CWPO反应中表现出协同催化的效果，其催化活性高于商品化的Fe_3O_4颗粒催化剂，可以有效降解水相中的有机物。

Yu等[111]将炭化后的市政污泥经过不同酸改性处理，发现氧化性酸改性的污泥炭表面含氧官能团增多，表面酸性变强，其中硫酸处理后的污泥炭在CWPO反应中活性最高，在25℃、pH＝7条件下反应180min后间甲酚转化率几乎为100%。此后，Wang等[112,113]继续优化了酸改性污泥炭的制备条件，发现在0℃条件下以6mol/L硝酸处理24h后，该污泥炭的催化活性最高，同时0℃的低温条件可削弱高温酸处理对材料的腐蚀现象，保留柱状炭材料的形貌，为其实际应用奠定了基础。

2.4 CWPO反应器设备介绍

2.4.1 均相催化过氧化氢氧化反应设备

常用的均相催化过氧化氢氧化工艺流程如图2-10所示，主要的反应设备有pH调节池、反应池和沉淀池。

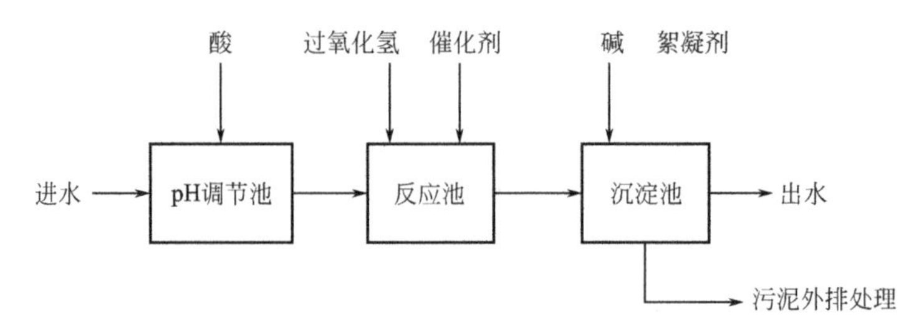

图 2-10 均相催化过氧化氢氧化工艺流程

（1）pH 调节池

pH 调节池用来调节废水的 pH 值以达到最佳反应 pH 值，根据处理水量大小需要配套储酸罐、加酸泵和搅拌器。

（2）反应池

反应池为均相催化过氧化氢反应的主要反应场所，在该池内氧化剂过氧化氢和均相催化剂硫酸亚铁反应生成·OH 来降解有机污染物，根据处理水量的大小需要配套加药罐和加药泵。反应池多为设有搅拌设备的全混流反应器，根据处理水量的大小确定反应池的形状、尺寸和材质，处理水量小时多采用塑料或不锈钢反应池，处理水量大时多采用钢筋混凝土反应池。反应池的有效体积根据水力停留时间（HRT）和处理水量来计算，如式(2-50）所示，反应池的实际体积一般略大于有效体积。

$$V=Qt \tag{2-50}$$

式中 V——反应池的有效体积，m^3；

Q——处理水量，m^3/h；

t——水力停留时间，h。

（3）沉淀池

沉淀池有两个作用：一是调节出水的 pH 至中性；二是泥水分离去除反应过程中产生的悬浮物。通常采用氢氧化钠、碱石灰、生石灰等来调节出水的 pH 值，采用聚合氯化铝、硫酸铝、PAM 等絮凝剂来促进泥水分离。

2.4.2 多相催化过氧化氢氧化反应设备

常用的多相催化过氧化氢氧化工艺流程如图 2-11 所示，主要的反应设备有 pH 调节池和反应塔。

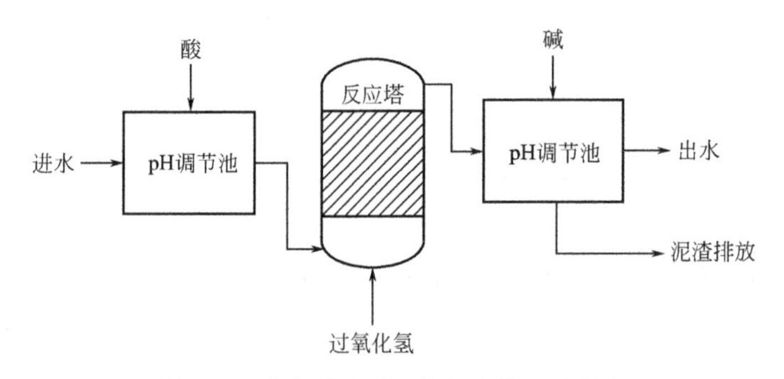

图 2-11 多相催化过氧化氢氧化工艺流程

（1）pH 调节池

前置 pH 调节池用来调节废水的 pH 值以达到最佳反应 pH 值，根据处理水量大小需要配套储酸罐、加酸泵和搅拌器。后置 pH 调节池用来调节出水 pH 达到排放标准或后续处理工艺的进水要求，此外后置 pH 调节池还起到分离反应池（塔）出水中携带的悬浮物的作用。

（2）反应塔

反应塔（或反应器）是多相催化过氧化氢氧化技术的主要反应场所，反应器内填装固相催化剂，氧化剂过氧化氢在催化剂催化作用下分解产生·OH，并在催化剂表面及水体内氧化降解废水中的污染物质。多相催化过氧化氢氧化技术常用的反应器形式为固定床反应器和流化床反应器。适宜的反应器选型需考虑反应转化率的要求、催化剂物理化学性态和失活等多种因素，甚至需要对不同的反应器分别做出概念设计，进行技术和经济分析以后才能确定。

2.5 CWPO 处理焦化废水工程案例

2.5.1 项目简介

焦化废水是炼焦过程中产生的一种高浓度难降解有机废水，其排放量大、成分复杂、有毒有害，通常需预处理和生化处理及深度处理后方可达标排放。生化处理大幅削减污染物总量，但出水仍存在以芳香烃类为代表的难降解有机物。

山东某焦化企业年产焦炭 260 万吨，焦化废水原水 $90m^3/h$。该废水经蒸氨、气浮和电化学预处理及生化处理后，出水仍无法达标。因此需建设深度处理系统进一步去除废水中污染物，使最终出水达到《炼焦化学工业污染物排放标准》（GB 16171—2012）中直接排放标准；同时达到《城市污水再生利用 城市杂用水水质》（GB/T 18920—2002）标准，将出水用作厂内生化稀释水、厕所便器冲水、厂内煤场抑尘、道路清扫水等，实现废水循环利用或零排放。为处理该废水，中钢集团热能研究院将其开发的非均相温和催化湿式过氧化氢氧化技术用于处理该类废水，取得了较好的效果，使最终出水达标排放并满足厂内回用要求。

2.5.2 废水处理过程

为了处理该废水，中钢集团热能研究院在该公司原有废水处理工艺上引入了温和催化过氧化氢氧化塔，对该废水进行深度处理。图 2-12 是改进后的企业焦化废水处理工艺流程，图 2-13 是非均相温和催化湿式 H_2O_2 氧化技术装备。

非均相温和催化湿式氧化技术反应结果见表 2-2。从表 2-2 中可以看出，在进水 COD 浓度为150～180mg/L 时，出水可降到 80mg/L，且出水水质稳定，说明该技术在焦化废水深度处理中的有效性。在本深度处理系统中，非均相温和催化湿式 H_2O_2 氧化工技术主要工艺参数为：催化剂/废水质量比为 1∶2、H_2O_2（浓度 27.5%）用量为 0.01%～

0.1%，而三相催化剂是本技术之关键。在常温、常压条件下，废水逆流经过氧化塔内三级固相催化剂床层：一级催化剂将废水中难降解大分子污染物开环断链为小分子中间物质；二级催化剂再将中间产物彻底分解为 CO_2 和 H_2O 等无机物并实现废水脱色；三级催化剂分解废水中残余 H_2O_2，综合实现废水中污染物分阶段、高效去除。经非均相温和催化湿式 H_2O_2 氧化技术处理后，废水中 COD、挥发酚、色度去除率依次大于 50%、70%、80%。

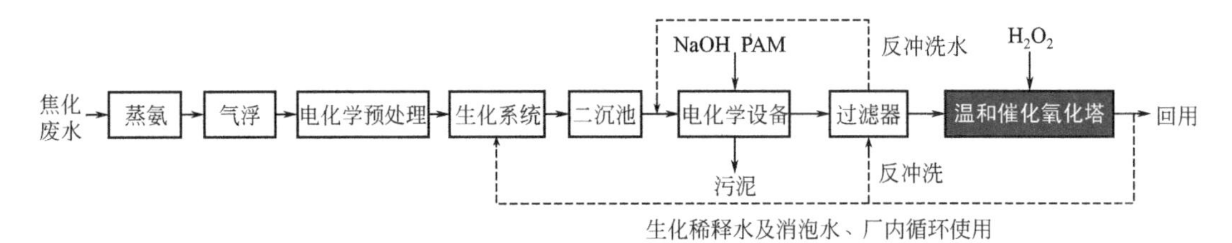

图 2-12　山东某焦化企业焦化废水处理工艺流程

图 2-13　非均相温和催化湿式 H_2O_2 氧化技术装备

表 2-2　非均相温和催化湿式氧化技术进出水水质

水质指标	进水	出水
COD/(mg/L)	150～180	80
挥发酚/(mg/L)	1～5	<0.3
氰化物/(mg/L)	0.5～3	<0.2
pH 值	7～9	6～9
色度/倍	80～120	16

参考文献

[1] Gargantini I. Further applications of circular arithmetic: Schroeder-like algorithms with error bounds for finding ze-

ros of polynomials [J]. Siam Journal on Numerical Analysis, 1978, 15: 497-510.

[2] Lee Y, Cho M, Kim J Y, et al. Chemistry of ferrate (fe (vi)) in aqueous solution and its applications as a green chemical [J]. Journal of Industrial and Engineering Chemistry, 2004, 10: 161-171.

[3] Eisenhauer H R. Oxidation of phenolic wastes—Ⅱ. Oxidation with chlorine [J]. Journal Water Pollution Control Federation, 1964, 13: 1116-1128.

[4] Bielski B H J, Cabelli D E, Arudi R L, et al. Reactivity HO_2/O_2-radicals in aqueous solution [J]. Journal of Physical and Chemical Reference Data, 1985, 14: 1041-1100.

[5] Buxton G V, Greenstock C L, Helman W P, et al. Critical view of rate constants for reactions of hydrated electrons, hydrogen atoms and hydroxyl radicals (• OH/ • OH) in aqueous solution [J]. Journal of Physical and Chemical Reference Data, 1988, 17: 513-886.

[6] Walling C. Fenton's reagent revisited [J]. Accounts of Chemical Research, 1975, 8: 125-131.

[7] Walling C, Goosen A. Mechanism of the ferric ion catalyzed decomposition of hydrogen peroxide. Effect of organic substrates [J]. Journal of the American Chemical Society, 1973, 95: 2987-2991.

[8] Bacic G, Mojovic M. EPR spin trapping of oxygen radicals in plants-A methodological overview [J]. Biophysics from Molecules to Brain: In Memory of Radoslav K. Andjus., 2005, 1048: 230-243.

[9] Ozcan A, Sahin Y, Oturan M A. Complete removal of the insecticide azinphos-methyl from water by the electro-Fenton method- A kinetic and mechanistic study [J]. Water. Res., 2013, 47: 1470-1479.

[10] Pignatello J J, Oliveros E, MacKay A. Advanced oxidation processes for organic contaminant destruction based on the fenton reaction and related chemistry [J]. Critical Reviews in Environmental Science and Technology, 2006, 36: 1-84.

[11] Tang W Z, Tassos S. Oxidation kinetics and mechanisms of trihalomethanes by Fenton's Reagent [J]. Water. Res., 1997, 31: 1117-1125.

[12] Lipczynska-Kochany E, Kochany J. Effect of humic substances on the Fenton treatment of wastewater at acidic and neutral pH [J]. Chemosphere, 2008, 73: 745-750.

[13] Xu L J, Wang J L. Fenton-like degradation of 2,4-dichlorophenol using Fe_3O_4 magnetic nanoparticles [J]. Appl. Catal. B: Environ., 2012, 123: 117-126.

[14] Lin S S, Gurol M D. Catalytic decomposition of hydrogen peroxide on iron oxide: Kinetics, mechanism, and implications [J]. Environ. Sci. Technol., 1998, 32: 1417-1423.

[15] Xue X F, Hanna K, Abdelmoula M, et al. Adsorption and oxidation of PCP on the surface of magnetite: Kinetic experiments and spectroscopic investigations [J]. Appl. Catal. B: Environ., 2009, 89: 432-440.

[16] Andreozzi R, D'Apuzzo A, Marotta R. Oxidation of aromatic substrates in water/goethite slurry by means of hydrogen peroxide [J]. Water. Res., 2002, 36: 4691-4698.

[17] Furman O, Laine D F, Blumenfeld A, et al. Enhanced reactivity of superoxide in water-solid matrices [J]. Environ. Sci. Technol., 2009, 43: 1528-1533.

[18] Liang X L, Zhong Y H, He H P, et al. The application of chromium substituted magnetite as heterogeneous Fenton catalyst for the degradation of aqueous cationic and anionic dyes [J]. Chemical Engineering Journal, 2012, 191: 177-184.

[19] He J, Yang X F, Men B, et al. Heterogeneous Fenton oxidation of catechol and 4-chlorocatechol catalyzed by nano-Fe_3O_4: Role of the interface [J]. Chemical Engineering Journal, 2014, 258: 433-441.

[20] Masomboon N, Ratanatamskul C, Lu M C. Chemical oxidation of 2,6-dimethylaniline in the Fenton process. Environ [J]. Sci. Technol., 2009, 43: 8629-8634.

[21] Tang H Q, Xiang Q Q, Lei M, et al. Efficient degradation of perfluorooctanoic acid by UV-Fenton process [J]. Chemical Engineering Journal, 2012, 184: 156-162.

[22] Gu L, Nie J Y, Zhu N W, et al. Enhanced Fenton's degradation of real naphthalene dye intermediate wastewater containing 6-nitro-1-diazo-2-naphthol-4-sulfonic acid: A pilot scale study [J]. Chemical Engineering Journal,

2012, 189: 108-116.

[23] De Laat J, Le G T, Legube B. A comparative study of the effects of chloride, sulfate and nitrate ions on the rates of decomposition of H_2O_2 and organic compounds by Fe(Ⅱ)/ H_2O_2 and Fe(Ⅲ)/ H_2O_2 [J]. Chemosphere, 2004, 55: 715-723.

[24] Lu M C, Chang Y F, Chen I M, et al. Effect of chloride ions on the oxidation of aniline by Fenton's reagent [J]. Journal of Environmental Management, 2005, 75: 177-182.

[25] Ramirez J H, Costa C A, Madeira L M. Experimental design to optimize the degradation of the synthetic dye Orange II using Fenton's reagent [J]. Catal. Today, 2005, 107-108: 68-76.

[26] Sires I, Garrido J A, Rodriguez R M, et al. Electrochemical degradation of paracetamol from water by catalytic action of Fe [sup 2+], Cu [sup 2+], and UVA Light on electrogenerated hydrogen peroxide [J]. Journal of the Electrochemical Society, 2006, 153: D1-D9.

[27] Salazar R, Brillas E, Sires I, Finding the best Fe^{2+}/Cu^{2+} combination for the solar photoelectro-Fenton treatment of simulated wastewater containing the industrial textile dye Disperse Blue 3 [J]. Appl. Catal. B: Environ., 2012, 115: 107-116.

[28] Li Y, Yi Z Z, Zhang J C, et al. Efficient degradation of Rhodamine B by using ethylenediamine-$CuCl_2$ complex under alkaline conditions [J]. J. Hazard. Mater., 2009, 171: 1172-1174.

[29] Xu A H, Li X X, Xiong H, et al. Efficient degradation of organic pollutants in aqueous solution with bicarbonate-activated hydrogen peroxide [J]. Chemosphere, 2011, 82: 1190-1195.

[30] Xu A H, Li X X, Ye S A, et al. Catalyzed oxidative degradation of methylene blue by in situ generated cobalt (Ⅱ)-bicarbonate complexes with hydrogen peroxide [J]. Appl. Catal. B: Environ., 2011, 102: 37-43.

[31] Li X X, Xiong Z D, Ruan X C, et al. Kinetics and mechanism of organic pollutants degradation with cobalt-bicarbonate-hydrogen peroxide system: Investigation of the role of substrates [J]. Appl. Catal. A: Gen., 2012, 411: 24-30.

[32] Aredes S, Klein B, Pawlik M. The removal of arsenic from water using natural iron oxide minerals [J]. Journal of Cleaner Production, 2012, 29-30: 208-213.

[33] Matta R, Hanna K, Chiron S. Fenton-like oxidation of 2,4,6-trinitrotoluene using different iron minerals [J]. Science of the Total Environment, 2007, 385: 242-251.

[34] Shi J G, Ai Z H, Zhang L Z. Fe@Fe_2O_3 core-shell nanowires enhanced Fenton oxidation by accelerating the Fe(Ⅲ)/Fe(Ⅱ) cycles [J]. Water. Res., 2014, 59: 145-153.

[35] Guimaraes I R, Oliveira L C A, Queiroz P F, et al. Modified goethites as catalyst for oxidation of quinoline: Evidence of heterogeneous Fenton process [J]. Appl. Catal. A: Gen., 2008, 347: 89-93.

[36] Gao L Z, Zhuang J, Nie L, et al. Intrinsic peroxidase-like activity of ferromagnetic nanoparticles [J]. Nature Nanotechnology, 2007, 2: 577-583.

[37] Hanna K, Kone T, Medjahdi G. Synthesis of the mixed oxides of iron and quartz and their catalytic activities for the Fenton-like oxidation [J]. Catalysis Communications, 2008, 9: 955-959.

[38] Rusevova K, Kopinke F D, Georgi A. Nano-sized magnetic iron oxides as catalysts for heterogeneous Fenton-like reactions-Influence of Fe(Ⅱ)/Fe(Ⅲ) ratio on catalytic performance [J]. J. Hazard. Mater., 2012, 241: 433-440.

[39] Chen F, Xie S, Huang X, et al. Ionothermal synthesis of Fe_3O_4 magnetic nanoparticles as efficient heterogeneous Fenton-like catalysts for degradation of organic pollutants with H_2O_2 [J]. J. Hazard. Mater., 2017, 322: 152-162.

[40] Barreiro J C, Capelato M D, Martin-Neto L, et al. Oxidative decomposition of atrazine by a Fenton-like reaction in a H_2O_2/ferrihydrite system [J]. Water. Res., 2007, 41: 55-62.

[41] Jauhar S, Singhal S, Dhiman M. Manganese substituted cobalt ferrites as efficient catalysts for H_2O_2 assisted degradation of cationic and anionic dyes: Their synthesis and characterization [J]. Appl. Catal. A: Gen., 2014, 486: 210-218.

[42] Jauhar S, Singhal S. Substituted cobalt nano-ferrites, $CoM_xFe_{2x}O_4$ ($M=Cr^{3+}$, Ni^{2+}, Cu^{2+}, Zn^{2+}; $0.2\leqslant x\leqslant 1.0$) as heterogeneous catalysts for modified Fentons reaction [J]. Ceramics International, 2014, 40: 11845-11855.

[43] Bae S, Kim D, Lee W. Degradation of diclofenac by pyrite catalyzed Fenton oxidation [J]. Appl. Catal. B: Environ., 2013, 134: 93-102.

[44] Deng J H, Jiang J Y, Zhang Y Y, et al. $FeVO_4$ as a highly active heterogeneous Fenton-like catalyst towards the degradation of Orange Ⅱ [J]. Appl. Catal. B: Environ., 2008, 84: 468-473.

[45] Yang S J, He H P, Wu D Q, et al. Decolorization of methylene blue by heterogeneous Fenton reaction using $Fe3_xTi_xO_4$ ($0\leqslant x\leqslant 0.78$) at neutral pH values [J]. Appl. Catal. B: Environ., 2009, 89: 527-535.

[46] He J, Yang X F, Men B, et al. Interfacial mechanisms of heterogeneous Fenton reactions catalyzed by iron-based materials: A review [J]. Journal of Environmental Sciences, 2016, 39: 97-109.

[47] Magalhaes F, Pereira M C, Botrel S E C, et al. Cr-containing magnetites $Fe_{3-x}Cr_xO_4$: The role of Cr^{3+} and Fe^{2+} on the stability and reactivity towards H_2O_2 reactions [J]. Appl. Catal. A: Gen., 2007, 332: 115-123.

[48] Fontecha-Camara M A, Moreno-Castilla C, Victoria Lopez-Ramon M, et al. Mixed iron oxides as Fenton catalysts for gallic acid removal from aqueous solutions [J]. Appl. Catal. B: Environ., 2016., 196: 207-215.

[49] Oliveira L C A, Ramalho T C, Souza E F, et al. Catalytic properties of goethite prepared in the presence of Nb on oxidation reactions in water: Computational and experimental studies [J]. Appl. Catal. B: Environ., 2008, 83: 169-176.

[50] Zhan Y H, Zhou X A, Fu B, et al. Catalytic wet peroxide oxidation of azo dye (Direct Blue 15) using solvothermally synthesized copper hydroxide nitrate as catalyst [J]. J. Hazard. Mater., 2011, 187: 348-354.

[51] Hu Z M, Leung C F, Tsang Y K, et al. A recyclable polymer-supported ruthenium catalyst for the oxidative degradation of bisphenol A in water using hydrogen peroxideElectronic supplementary information (ESI) available: mass spectra of intermediates [J]. New Journal of Chemistry, 2011, 35: 149-155.

[52] Rokhina E V, Lahtinen M, Nolte M C M, et al. The influence of ultrasound on the RuI_3-catalyzed oxidation of phenol: Catalyst study and experimental design [J]. Appl. Catal. B: Environ., 2009, 87: 162-170.

[53] Han Y F, Phonthammachai N, Ramesh K, et al. Removing organic compounds from aqueous medium via wet peroxidation by gold catalysts [J]. Environ. Sci. Technol., 2008, 42: 908-912.

[54] Navalon S, Martin R, Alvaro M, et al. Gold on diamond nanoparticles as a highly efficient Fenton catalyst [J]. Angewandte Chemie International Edition, 2010, 49: 8403-8407.

[55] Dominguez C M, Quintanilla A, Casas J A, et al. Kinetics of wet peroxide oxidation of phenol with a gold/activated carbon catalyst [J]. Chemical Engineering Journal, 2014, 253: 486-492.

[56] Yalfani M S, Contreras S, Medina F, et al. Phenol degradation by Fenton's process using catalytic in situ generated hydrogen peroxide [J]. Appl. Catal. B: Environ., 2009, 89: 519-526.

[57] Hsieh S C, Lin P Y. FePt nanoparticles as heterogeneous Fenton-like catalysts for hydrogen peroxide decomposition and the decolorization of methylene blue [J]. Journal of Nanoparticle Research, 2012, 14.

[58] Georgi A, Polo M V, Crincoli K, et al. Accelerated catalytic Fenton reaction with traces of iron: An Fe-Pd-multicatalysis approach [J]. Environ. Sci. Technol., 2016, 50: 5882-5891.

[59] Heckert E G, Seal S, Self W T, et al. Fenton-like reaction catalyzed by the rare earth inner transition metal cerium [J]. Sci. Technol., 2008, 42: 5014-5019.

[60] Cai W D, Chen F, Shen X X, et al. Enhanced catalytic degradation of AO_7 in the CeO_2-H_2O_2 system with Fe^{3+} doping [J]. Appl. Catal. B: Environ., 2010, 101: 160-168.

[61] Perez-Alonso F J, Granados M L, Ojeda M, et al. Chemical structures of coprecipitated Fe-Ce mixed oxides [J]. Chemistry of Materials, 2005, 17: 2329-2339.

[62] Wang Y C, Shen X X, Chen F. Improving the catalytic activity of CeO_2/H_2O_2 system by sulfation pretreatment of CeO_2 [J]. Journal of Molecular Catalysis a-Chemical, 2014, 381: 38-45.

[63] Liu P J, Wei H Z, He S B, et al. Catalytic wet peroxide oxidation of *m*-cresol over Fe/γ-Al_2O_3 and Fe-Ce/γ-Al_2O_3 [J]. Chemical Papers, 2015, 69: 827-838.

[64] Hu X B, Liu B Z, Deng Y H, et al. Adsorption and heterogeneous Fenton degradation of 17α-methyltestosterone on nano Fe_3O_4/MWCNTs in aqueous solution [J]. Appl. Catal. B: Environ., 2011, 107: 274-283.

[65] Kwan W P, Voelker B M. Rates of hydroxyl radical generation and organic compound oxidation in mineral-catalyzed Fenton-like systems [J]. Environ. Sci. Technol., 2003, 37: 1150-1158.

[66] Bokare A D, Choi W Y. Chromate-induced activation of hydrogen peroxide for oxidative degradation of aqueous organic pollutants [J]. Environ. Sci. Technol., 2010, 44: 7232-7237.

[67] 何莼，奚红霞，张娇，等. 沸石和活性炭为载体的 Fe^{3+} 和 Cu^{2+} 型催化剂催化氧化苯酚的比较 [J]. 离子交换与吸附，2003，19：289-296.

[68] Ling Y H, Long M C, Hu P D, et al. Magnetically separable core-shell structural γ-Fe_2O_3@Cu/Al-MCM-41 nanocomposite and its performance in heterogeneous Fenton catalysis [J]. J. Hazard. Mater., 2014, 264: 195-202.

[69] Jacobsen F, Holcman J, Sehested K. Manganese (Ⅱ)-superoxide complex in aqueous solution [J]. Journal of Physical Chemistry A, 1997, 101: 1324-1328.

[70] Kong L N, Wei W, Zhao Q F, et al. Active coordinatively unsaturated manganese monoxide-containing mesoporous carbon catalyst in wet peroxide oxidation [J]. Acs Catalysis, 2012, 2: 2577-2586.

[71] Sui M H, She L, Sheng L, et al. Ordered mesoporous manganese oxide as catalyst for hydrogen peroxide oxidation of norfloxacin in water [J]. Chinese J. Catal., 2013, 34: 536-541.

[72] Centi G, Perathoner S, Torre T, et al. Catalytic wet oxidation with H_2O_2 of carboxylic acids on homogeneous and heterogeneous Fenton-type catalysts [J]. Catal. Today, 2000, 55: 61-69.

[73] Cihanoglu A, Gunduz G, Dukkanci M. Degradation of acetic acid by heterogeneous Fenton-like oxidation over iron-containing ZSM-5 zeolites [J]. Appl. Catal. B: Environ., 2015, 165: 687-699.

[74] Noorjahan A, Kumari V D, Subrahmanyam A, et al. Immobilized Fe(Ⅲ)-HY: An efficient and stable photo-Fenton catalyst [J]. Appl. Catal. B: Environ., 2005, 57: 291-298.

[75] Hassan H, Hameed B H. Oxidative decolorization of Acid Red 1 solutions by Fe-zeolite Y type catalyst [J]. Desalination, 2011, 276: 45-52.

[76] Wang X R, Yang W Z, Ji Y, et al. Heterogeneous Fenton-like degradation of methyl blue using MCM-41-Fe/Al supported Mn oxides [J]. Rsc Advances, 2016, 6: 26155-26162.

[77] Cornu C, Bonardet J L, Casale S, et al. Identification and location of iron species in Fe/SBA-15 catalysts: interest for catalytic Fenton reactions [J]. Journal of Physical Chemistry C, 2012, 116: 3437-3448.

[78] Wang M, Shu Z, Zhang L X. Amorphous Fe^{2+}-rich FeO_x loaded in mesoporous silica as a highly efficient heterogeneous Fenton catalyst [J]. Dalton Transactions, 2014, 43: 9234-9241.

[79] Karthikeyana S, Pachamuthu M P, Isaacs M A, et al. Cu and Fe oxides dispersed on SBA-15: A Fenton type bimetallic catalyst for *N*, *N*-diethyl-p-phenyl diamine degradation [J]. Appl. Catal. B: Environ., 2016, 199: 323-330.

[80] Bautista P, Mohedano A F, Menendez N, et al. Catalytic wet peroxide oxidation of cosmetic wastewaters with Fe-bearing catalysts [J]. Catal. Today, 2010, 151: 148-152.

[81] Lim H, Lee J, Jin S, et al. Highly active heterogeneous Fenton catalyst using iron oxide nanoparticles immobilized in alumina coated mesoporous silica [J]. Chemical Communications, 2006: 463-465.

[82] Liu P J, He S B, Wei H Z, et al. Characterization of α-Fe_2O_3/γ-Al_2O_3 catalysts for catalytic wet peroxide oxidation of *m*-cresol [J]. Ind. Eng. Chem. Res., 2015, 54: 130-136.

[83] Coughlin R W. Carbon as adsorbent and catalyst [J]. Industrial & Engineering Chemistry Product Research and Development, 1969, 8: 12-23.

[84] Lucking F, Koser H, Jank M, et al. Iron powder, graphite and activated carbon as catalysts for the oxidation of 4-chlorophenol with hydrogen peroxide in aqueous solution [J]. Water. Res., 1998, 32: 2607-2614.

[85] Ribeiro R S, Silva A M T, Figueiredo J L, et al. The influence of structure and surface chemistry of carbon materials on the decomposition of hydrogen peroxide [J]. Carbon, 2013, 62: 97-108.

[86] Duarte F, Maidonado-Hodar F J, Madeira L M. Influence of the characteristics of carbon materials on their behaviour as heterogeneous Fenton catalysts for the elimination of the azo dye Orange II from aqueous solutions [J]. Appl. Catal. B: Environ., 2011, 103: 109-115.

[87] Ribeiro R S, Silva A M T, Figueiredo J L, et al. Removal of 2-nitrophenol by catalytic wet peroxide oxidation using carbon materials with different morphological and chemical properties [J]. Appl. Catal. B: Environ., 2013, 140: 356-362.

[88] Deng J H, Wen X H, Wang Q N A. Solvothermal in situ synthesis of Fe_3O_4-multi-walled carbon nanotubes with enhanced heterogeneous Fenton-like activity [J]. Materials Research Bulletin, 2012, 47: 3369-3376.

[89] Lan H C, Wang A M, Liu R P, et al. Heterogeneous photo-Fenton degradation of acid red B over Fe_2O_3 supported on activated carbon fiber [J]. J. Hazard. Mater., 2015, 285: 167-172.

[90] Guo S, Zhang G K, Guo Y D, et al. Graphene oxide-Fe_2O_3 hybrid material as highly efficient heterogeneous catalyst for degradation of organic contaminants [J]. Carbon, 2013, 60: 437-444.

[91] Zubir N A, Zhang X W, Yacou C, et al. Fenton-like degradation of acid orange 7 using graphene oxide-iron oxide nanocomposite [J]. Science of Advanced Materials, 2014, 6: 1382-1388.

[92] Liou R M, Chen S H, Hung M Y, et al. Catalytic oxidation of pentachlorophenol in contaminated soil suspensions by Fe^{3+}-resin/H_2O_2 [J]. Chemosphere, 2004, 55: 1271-1280.

[93] Wang B H, Dong J S, Chen S, et al. $ZnCl_2$-modified ion exchange resin as an efficient catalyst for the bisphenol-A production [J]. Chinese Chemical Letters, 2014, 25: 1423-1427.

[94] Zhang F Z, Xiang X, Li F, et al: Layered double hydroxides as catalytic materials: recent development [J]. Catalysis Surveys from Asia, 2008, 12: 253-265.

[95] Dubey A, Rives V, Kannan S. Catalytic hydroxylation of phenol over ternary hydrotalcites containing Cu, Ni and Al [J]. Journal of Molecular Catalysis a-Chemical, 2002, 181: 151-160.

[96] Wang Q, Tian S L, Long J, et al. Use of Fe (Ⅱ) Fe (Ⅲ)-LDHs prepared by co-precipitation method in a heterogeneous-Fenton process for degradation of Methylene Blue [J]. Catal. Today, 2014, 224: 41-48.

[97] Herney-Ramirez J, Lampinen M, Vicente M A, et al. Experimental design to optimize the oxidation of Orange II dye solution using a clay-based Fenton-like catalyst [J]. Ind. Eng. Chem. Res., 2008, 47: 284-294.

[98] Ye W, Zhao B X, Gao H, et al. Preparation of highly efficient and stable Fe, Zn, Al-pillared montmorillonite as heterogeneous catalyst for catalytic wet peroxide oxidation of Orange Ⅱ [J]. Journal of Porous Materials, 2016, 23: 301-310.

[99] Crane R A, Scott T B. Nanoscale zero-valent iron: future prospects for an emerging water treatment technology [J]. J. Hazard. Mater., 2012, 211: 112-125.

[100] Xu L J, Wang J L. A heterogeneous Fenton-like system with nanoparticulate zero-valent iron for removal of 4-chloro-3-methyl phenol [J]. J. Hazard. Mater., 2011, 186: 256-264.

[101] Zha S X, Cheng Y, Gao Y, et al. Nanoscale zero-valent iron as a catalyst for heterogeneous Fenton oxidation of amoxicillin [J]. Chemical Engineering Journal, 2014, 255: 141-148.

[102] Yin X C, Liu W, Ni J R. Removal of coexisting Cr (Ⅳ) and 4-chlorophenol through reduction and Fenton reaction in a single system [J]. Chemical Engineering Journal, 2014, 248: 89-97.

[103] Bokare A D, Choi W. Review of iron-free Fenton-like systems for activating H_2O_2 in advanced oxidation processes [J]. J. Hazard. Mater., 2014, 275: 121-135.

[104] Lien H S L, Wilkin R. Reductive activation of dioxygen for degradation of methyl tert-Butyl ether by bifunctional aluminum [J]. Environ. Sci. Technol., 2002, 36: 4436-4440.

[105] Bokare A D, Choi W. Zero-valent aluminum for oxidative degradation of aqueous organic pollutants [J]. Environ. Sci. Technol., 2009, 43: 7130-7135.

[106] Zhang H H, Cao B P, Liu W P, et al. Oxidative removal of acetaminophen using zero valent aluminum-acid system: efficacy, influencing factors, and reaction mechanism [J]. Journal of Environmental Sciences, 2012, 24: 314-319.

[107] Chen S H, Du D Y. Degradation of n-butyl xanthate using fly ash as heterogeneous Fenton-like catalyst [J]. Journal of Central South University, 2014, 21: 1448-1452.

[108] Zhang A L, Wang N N, Zhou J T, et al. Heterogeneous Fenton-like catalytic removal of *p*-nitrophenol in water using acid-activated fly ash [J]. J. Hazard. Mater, 2012, 201: 68-73.

[109] Gu L, Zhu N W, Zhou P. Preparation of sludge derived magnetic porous carbon and their application in Fenton-like degradation of 1-diazo-2-naphthol-4-sulfonic acid [J]. Bioresource Technology, 2012, 118: 638-642.

[110] Gu L, Zhu N W, Guo H Q, et al. Adsorption and Fenton-like degradation of naphthalene dye intermediate on sewage sludge derived porous carbon [J]. J. Hazard. Mater, 2013, 246: 145-153.

[111] Yu Y, Wei H Z, Yu L, et al. Surface modification of sewage sludge derived carbonaceous catalyst for *m*-cresol catalytic wet peroxide oxidation and degradation mechanism [J]. Rsc Advances, 2015, 5: 41867-41876.

[112] Wang Y M, Wei H Z, Zhao Y, et al. The optimization, kinetics and mechanism of *m*-cresol degradation via catalytic wet peroxide oxidation with sludge-derived carbon catalyst [J]. J. Hazard. Mater, 2017, 326: 36-46.

[113] Wang Y M, Wei H Z, Zhao Y, et al. Low temperature modified sludge-derived carbon catalysts for efficient catalytic wet peroxide oxidation of *m*-cresol [J]. Green Chemistry, 2017, 19: 1362-1370.

第3章 催化臭氧氧化技术

3.1 引言

随着科技的进步，近几十年来各类废水处理工艺的不断涌现，环保工作者在进行废水处理方法选择时，可选的工艺越来越多。不管是传统工艺还是非传统工艺技术，不管是生物处理方法还是化学处理方法，它们都有着各自的优势和不足。研发高效、稳定、经济的新型水处理技术是水处理领域研究工作者不断努力追求的目标之一。近 20 年来，高级氧化技术在不断兴起，可有效降解各种有机物，其中包含催化臭氧氧化（catalytic wet ozone oxidation，CWOO）技术。催化臭氧氧化是一种可高效降解有机物的绿色低碳技术，臭氧氧化去除水中有机污染物的途径主要有直接反应和间接反应两种。直接反应是臭氧分子直接与有机物反应，间接反应是臭氧分解产生的·OH 与有机物反应。依靠单独臭氧降解水中有机污染物，达到净化水质的目的是可行的，但臭氧氧化过程存在很多有机化合物的反应速率低、氧化不完全、易形成有害副产物等缺陷。因此，研究可以催化臭氧分解、提高自由基产率、促进目标有机物更大程度地矿化催化臭氧氧化技术成为近几年全球水处理领域研究者们关注的热点。除此之外，人们还提出了一些新的策略来强化臭氧氧化，如在臭氧氧化过程中投加 H_2O_2、UV、超声、过渡金属离子或负载在载体上的金属氧化物等，这些都取得了较好的效果[1]。

催化臭氧氧化技术主要包括均相催化臭氧氧化和非均相催化臭氧氧化。均相催化臭氧氧化由于存在金属离子催化剂的回收对水体的二次污染等问题，在水处理应用中受到诸多限制。非均相催化臭氧氧化包括对有机物的吸附和催化双重作用，它的主要优势在于提高了对水中有机物的降解速率和矿化程度，并且容易从废水中分离，因此被广泛用于饮用水和废水处理领域[1]。近年来，基于臭氧氧化技术的 O_3/UV、O_3/H_2O_2、O_3/H_2O_2/UV 等高级氧化技术偶联被开发出来并得到了系统的研究。

臭氧是一种在水处理领域应用广泛的氧化剂，这是基于其他的强氧化和消毒潜力。此外，它还能去除味道和气味。在水处理过程中，臭氧会分解产生·OH，而·OH对有机物的矿化能力很强，且几乎没有选择反应性。而这些·OH容易被水中的某些物质如HCO_3^-、CO_3^{2-}、Cl^-、Br^-、NO_3^-、NO_2^-以及NOM等捕获[2]，氧化去除效果会因此受到影响。

(1) 臭氧的分子结构

臭氧分子式为O_3，是氧气（O_2）的同素异形体。臭氧分子是由三个氧原子组成，其中一个氧原子与另外两个氧原子以单键的形式相连接。臭氧属强氧化剂，它具有杀菌、脱色、氧化、除臭四大功能。

如图3-1所示，经实验测定臭氧分子中2个氧原子的键长为1.278Å，它是氧氧双键（1.21Å）和过氧化氢中氢氧键（1.47Å）的中间值。臭氧分子中2个氧原子的键长说明在臭氧分子中氧原子以双键形式结合的可能性为50%[3]。

图3-1 臭氧分子的共振杂化模型

(2) 臭氧的密度及溶解度

臭氧是一种具有特殊刺激性气味的不稳定气体，在常温常压下，过高浓度的臭氧为蓝色气体。如表3-1所列，臭氧的密度为2.144kg/m³（标准状态下），比空气和氧气大。臭氧略溶于水，标准状态下，其溶解度比氧气大13倍，比空气大25倍。以空气为原料的臭氧发生器产生的臭氧化空气，臭氧体积百分率为0.6%～1.2%，根据气态方程及道尔顿分压定律知，臭氧的分压也只有臭氧化空气压力的0.6%～1.2%。因此，当水温为25℃时，将这种臭氧化空气加入水中，臭氧的溶解度只有3～7mg/L。当臭氧浓度为3mg/L时，半衰期为5～30min。但臭氧在纯水和低温下分解速度较慢，在二次蒸馏水中经过85min分解率仅为10%，若水温接近0℃，臭氧会变得更加稳定。

表3-1 臭氧和氧气主要性质比较

性质	臭氧	氧气
分子式	O_3	O_2
分子量	48	32
一般情况下形态	气态	气态
气味	腥臭味	无
气体颜色	淡蓝色	无色
液体颜色	暗蓝色	淡蓝色
1个大气压,0℃时的溶解度/(mg/L)	640	49.1
1个大气压,0℃时的密度/(g/L)	2.144	1.429
稳定性	易分解	稳定
以空气为基准时的密度	1.658	1.103

注：标准状态下1个大气压（atm）=1.01325×10^5Pa。

(3) 臭氧的氧化能力

由本书第1章表1-2可知，臭氧的标准氧化还原电位为2.07V，氧化性能仅低于氟、羟基自由基（·OH）、氧原子。

3.2 臭氧氧化反应机理

臭氧在水中与有机物的反应过程极其复杂，虽然对此国内外已有大量研究，但到目前为止，反应机理还没有确定结论，通常认为反应途径有直接氧化反应和间接氧化反应[4,5]。加入催化剂后，依据催化剂的物理形态，又可以将反应分为均相催化氧化过程和非均相催化氧化过程。

3.2.1 直接氧化反应机理

一般而言，臭氧直接氧化的速率较低，且具有高度的选择性，仅限于不饱和的芳香族、脂肪族化合物及一些特殊的反应基团，这是因为臭氧为极性分子，具有偶极性结构，可以与含有不饱和键的化合物发生加成反应，将不饱和键断裂，从而生成毒性较小的物质，除此之外，臭氧还具有亲电性及亲核性，可以与多种有机物发生亲电或亲核反应，但反应速率都较慢，很难将污染物质彻底氧化。

臭氧分子与有机物的直接氧化反应的反应速率较慢[6]，反应速率常数在 $1.0 \sim 10^3 L/(mol \cdot s)$ 范围内，臭氧分子具有亲核性与亲电性，偶极结构可以打断有机物不饱和键使其断裂，亲核性使其含有的电子易攻击有机物的碳原子，其亲电性则使降解反应易发生在电子密度高的基团上，如— OH、— NH_2[7,8]。臭氧直接氧化降解有机物有 Criegee 反应、亲电反应和亲核反应三种方式。

（1）Criegee 反应

由于臭氧的偶极性结构特点，臭氧分子可以与碳碳双键反应，使不饱和键断裂，生成不稳定的过渡态中间产物如过氧化物等，随后过氧化中间产物进一步分解生成羟基过氧化物、羰基化合物、过氧化氢。

（2）亲电反应

芳香族化合物，特别是当芳香族化合物分子结构中含有—OCH_3、—NH_3，—CH_3、—OH 等供电子基团时，邻位、对位碳原子的电子云密度比较大，臭氧分子便可以与其发生亲电取代反应，邻位和对位碳原子被臭氧分子进攻，生成邻位、对位的中间产物，随后进一步被臭氧氧化生成醌类化合物，当反应充分进行时，最终产物生成羧酸或者羧基化合物，液相中臭氧分子与苯酚反应就属于典型的亲电反应。

（3）亲核反应

当芳香化合物分子结构中含有吸电子基团如—NO_2、—COOH、—X 时，其邻位、对位的电子云密度较之间位的低，因此一方面臭氧分子会优先进攻间位的碳原子，生成间位取代产物，另一方面，臭氧分子还可以与带有吸电子基团的芳香族化合物进行亲核反应。

综上所述，臭氧分子与有机物的直接氧化反应中，与不饱和键、不含取代基团的芳香族化合物的反应速率顺序依次为：简单烯烃＞蒽＞菲＞萘＞苯。与含取代基的芳香族化合物的反应速率大小顺序为：六甲基苯>1,3,5-三甲基苯>二甲苯>甲苯>苯>卤代苯，甲苯醚>苯>乙基苯>二甲苯>苄基苯>苯亚甲基氯>三甲苯。

3.2.2 间接氧化反应机理

间接氧化反应机理主要是自由基链反应机理，臭氧先在水中分解形成·OH，·OH再与有机物发生氧化反应，反应速度快、无选择性，目前关于·OH的形成机理有多种假说，Bader等最早提出臭氧在水中自分解机理，随后Tomiyasu等对SBH机理进行了相应的修正，提出了TFG机理[9]，而Nemes等提出了ETFG机理，其中臭氧分解的SBH机理详见表3-2[10]。

表 3-2 臭氧在水中的SBH反应机理

序号	反应阶段	反应式	反应速率常数
1	链引发	$O_3+OH^- \longrightarrow HOO\cdot+O_2^-\cdot$	$k_1=7.0\times10^1 L/(mol\cdot s)$
2		$HOO\cdot \rightleftharpoons O_2^-\cdot+H^+$	$k_2=2.0\times10^{10} L/(mol\cdot s)$
3	链增长	$O_3+O_2^- \longrightarrow O_3^-+O_2$	$k_3=1.6\times10^9 L/(mol\cdot s)$
4	链终止	$2HO_4\cdot \longrightarrow H_2O_2+2O_3$	$k_4=5.0\times10^9 L/(mol\cdot s)$
5		$HO_4\cdot+HO_3\cdot \longrightarrow H_2O_2+O_3+O_2$	$k_5=5.0\times10^9 L/(mol\cdot s)$
6		$HO_4\cdot+HO_2\cdot \longrightarrow H_2O+O_3+O_2$	$k_6=10^9 L/(mol\cdot s)$

水中的臭氧可分解产生氧化性极强的·OH，可以与水中的化合物（污染物）发生氧化反应，其氧化反应的速度主要由·OH的产生速度决定。·OH是臭氧间接氧化反应过程产生的主要中间产物，其氧化降解有机物的反应主要有脱氢、亲电加成和转移电子[11]。·OH的氧化还原电位为$E=2.80V$，可迅速氧化降解有机物，反应速率常数为$10^6\sim10^9$ L/(mol·s)，远高于O_3分子与有机物的直接氧化反应速率[12]。由于OH^-能够引发臭氧分解生成·OH[13]，且臭氧在水中的分解很大程度上受pH值影响。正常情况下，一般认为，在酸性条件下（pH<4），臭氧的分解被抑制，体系中以臭氧分子氧化目标污染物为主要反应形式，为直接臭氧氧化机理；在碱性条件下，臭氧直接氧化反应属于慢速反应，而臭氧的分解反应则是消耗臭氧的唯一途径，反应遵循自由基作用机理[14]。

臭氧反应作用机理如图3-2所示。

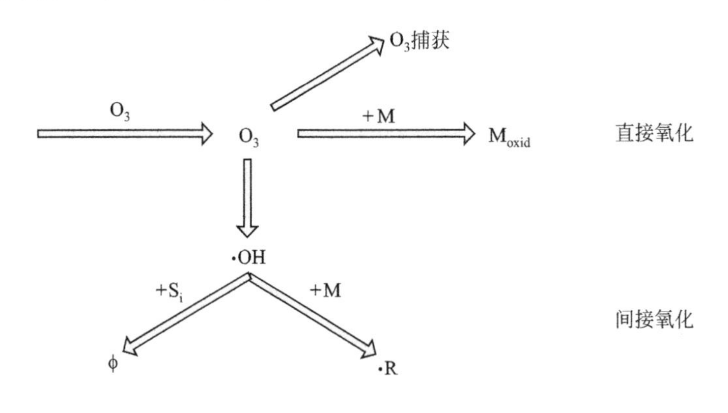

图 3-2 臭氧反应作用机理

由反应过程以及反应速率常数可知，臭氧自分解的控制步骤是链引发反应。超氧自由基 $O_2^- \cdot$（或 $HO_2 \cdot$）的再生需要消耗 1mol $\cdot OH$（或 1molO_3），故能消耗 $\cdot OH$ 但不产生氧自由基的物质可以抑制链增长反应，使得臭氧在水中稳定存在。但一些物质的存在会对臭氧的自分解速率产生影响，这些物质分别为自由基引发剂（initiator）、促进剂（promoter）以及抑制剂（scavenger）。引发剂是指可以在臭氧分解过程中引发羟基自由基的化合物，常用的引发剂包括 OH^-、$HOO^- \cdot$、Fe^{2+}、甲酸等；促进剂是能由 $\cdot OH$ 产生 $O_2^- \cdot$ 的化合物，$O_2^- \cdot$ 与 O_3 反应降解其他水溶性物质反应速率非常大，常用的促进剂包含甲酸、伯醇、芳香基团等。抑制剂是会消耗 $\cdot OH$ 而不产生 $O_2^- \cdot$ 的化合物。常见的有 HCO_3^-、CO_3^{2-}、叔丁醇、芳香基等。若有 HCO_3^-、CO_3^{2-}，发生如下抑制反应：

$$HCO_3^- + \cdot OH \longrightarrow HCO_3 \cdot + OH^- \tag{3-1}$$

$$HCO_3 \cdot + O_2 \longrightarrow X \tag{3-2}$$

若有叔丁醇存在，常作用于终止链的反应。其具体反应如下：

$$(CH_3)_3COH + \cdot OH \longrightarrow H_2O + (CH_3)_2C(OH)CH_2 \cdot \tag{3-3}$$

$$(CH_3)_2C(OH)CH_2 \cdot + O_2 \longrightarrow (CH_3)_2C(OH)CH_2OO \cdot \tag{3-4}$$

$$(CH_3)_2C(OH)CH_2OO \cdot \longrightarrow X \tag{3-5}$$

另外，考虑高盐对催化臭氧氧化机理的影响，氯离子是典型的 $\cdot OH$ 捕获剂，其对 $\cdot OH$的捕获速率高于叔丁醇和碳酸氢根离子等常见的自由基捕获剂，氯离子和 $\cdot OH$ 反应常数为 4.3×10^9 L/(mol·s)，叔丁醇和碳酸氢根离子与 $\cdot OH$ 的反应常数分别为 5×10^8 L/(mol·s) 和 8.50×10^6 L/(mol·s)[15]。因此，氯离子和 $\cdot OH$ 的反应比臭氧分子在水中的反应速率快得多，导致惰性中间体产生，终止臭氧的链分解。故煤化工浓盐水中由于存在高浓度的 Cl^-，Cl^- 可以抑制 $\cdot OH$ 引发的自由基链反应，从而降低催化臭氧氧化技术的处理效果。图 3-3 为煤化工浓盐水催化臭氧氧化处理反应机理[16]。图 3-3 中，Y 表示盐类物质，P 表示污染物，M 代表金属氧化物。首先，浓盐水中的有机物可能被 O_3 直接炭化或降解为中间物质，或者被共结晶催化剂吸附于表面。其次，O_3 分解的活性氧原子与液相中的 $\cdot OH$、催化剂表面活性位点及金属氧化物不同价态间转移的 e^- 形成 HOO^- 阴离子等中间物质，其再与 O_3 反应得到 $O_2^- \cdot$ 自由基[17]，随后，$O_2^- \cdot$ 自由基降解为 O_2 和 $\cdot OH$，最后，催化剂表面和溶液中的 $\cdot OH$ 以及部分 O_3 将剩余的污染物和中间产物少量或完全去除，该过程主导反应为 $\cdot OH$ 间接氧化反应，以及多种氧化反应协同作用的氧化反应[18]。

在臭氧处理工艺中，很多研究者发现，臭氧也能改变水中悬浮物的性质，改变絮凝操作单元的处理效果，主要表现在以下几个方面：

① 使悬浮颗粒物变大；

② 溶解态的有机物可变成胶体颗粒；

③ 提高了后续絮凝单元浊度和 TOC 去除能力；

④ 减少絮凝剂的投加量，降低损耗；

⑤ 改善絮体的沉降性能；

⑥ 减少污泥生成量。

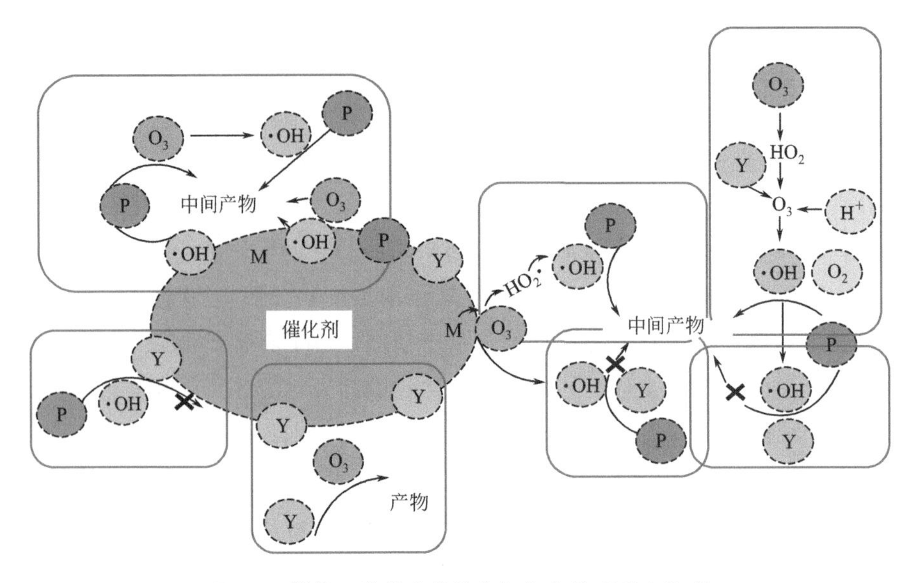

图 3-3 煤化工浓盐水催化臭氧氧化处理反应机理

已有许多研究表明，上述机理不是单一起作用的，而是几个机理共同作用效果，占主导地位的机理不但与处理水体的水质有关（如浊度、pH 值、TOC 等），也与臭氧工艺单元参数有关（如混合条件、臭氧通入速率等）。

3.2.3 均相催化臭氧氧化反应机理

催化臭氧氧化技术的发展始于均相催化。均相臭氧催化氧化机理认为某些离子可以使得 O_3 分子以最快的速度进行自分解生成·OH，提高了反应体系的氧化反应速率，提高水中有机污染物的降解效果。均相催化氧化一般以过渡金属离子如 Mn(Ⅱ)、Fe(Ⅲ)、Fe(Ⅱ)、Co(Ⅱ)、Cu(Ⅱ)、Zn(Ⅱ) 和 Cr(Ⅲ) 等为催化剂促进自由基产生，强化臭氧氧化。

Jiang 等[19]以水中的 17β-雌二醇为目标物，研究臭氧催化氧化法的降解效果。在该臭氧催化体系中，Mn^{2+} 催化臭氧分解产生·OH，同时，Mn^{2+} 氧化成为更高价态的氧化锰，·OH 与污染物发生降解反应，草酸降低氧化锰的价态重新生成 Mn^{2+}，反应流程如下：

$$Mn^{2+} + O_3 + H^+ \longrightarrow Mn^{3+} + \cdot OH + O_2 \tag{3-6}$$

$$2Mn^{3+} + 2H_2O \longrightarrow Mn^{2+} + MnO_2 + 4H^+ \tag{3-7}$$

$$\cdot OH + \text{有机物} \longrightarrow \text{中间产物} \tag{3-8}$$

$$MnO_2 + H_2C_2O_4 + 2H^+ \longrightarrow Mn^{2+} + 2CO_2 + 2H_2O \tag{3-9}$$

$$Mn^{2+} + O_3 + H^+ \longrightarrow Mn^{3+} + \cdot OH + O_2 \tag{3-10}$$

Sauleda 等[20]研究了 Fe^{2+}/O_3 体系，并提出了氧化机理：

$$Fe^{2+} + O_3 \longrightarrow FeO^{2+} + O_2 \tag{3-11}$$

$$FeO^{2+} + H_2O \longrightarrow Fe^{3+} + \cdot OH + HO^- \tag{3-12}$$

同时 FeO^{2+} 将 Fe^{2+} 氧化成为 Fe^{3+}，此时链反应终止，反应如下：

$$FeO^{2+} + Fe^{2+} + 2H^{+} \longrightarrow 2Fe^{3+} + H_2O \tag{3-13}$$

臭氧在水中会分解生成·OH，除此之外，催化剂的表面可以形成某种可与有机物发生络合反应的物质，如羧酸。总而言之，均相臭氧催化氧化体系在反应过程中的反应主要包括两步：金属离子促进臭氧分解产生·OH；催化剂含有的离子与某些有机物发生络合反应，有机物最终被氧化分解。

从以往的研究成果来看，均相催化剂确实有一定的效果。但是，在均相催化中，催化剂混溶于水，催化剂易流失、难回收，容易造成二次污染，运行维护费用较高，难免增加水处理成本。因此，许多学者又开始研发高效的固体催化剂，用于催化臭氧氧化，非均相催化臭氧氧化技术得到快速的发展。

3.2.4 非均相催化臭氧氧化反应机理

均相催化臭氧氧化具有催化剂易流失，向水中引入新的金属离子，可能造成二次污染等缺点，故开展非均相催化臭氧氧化研究对于实际工程应用具有更加重要的意义。非均相臭催化氧化体系是指在臭氧氧化过程中投加催化剂而形成催化剂协同臭氧氧化作用的体系，从而降低反应过程的活化能或者改变氧化反应进程，达到深度氧化的目的，进而去除有机污染物。与均相臭氧催化氧化体系相比较，该体系存在气液固三相，因而反应机理更加复杂。通常而言，该技术的氧化效率和工程应用价值受到催化剂活性、稳定性和使用寿命的影响。

在非均相催化臭氧氧化反应体系中一般有三种可能的机理[21]。图 3-4 为非均相催化臭氧氧化反应机理。

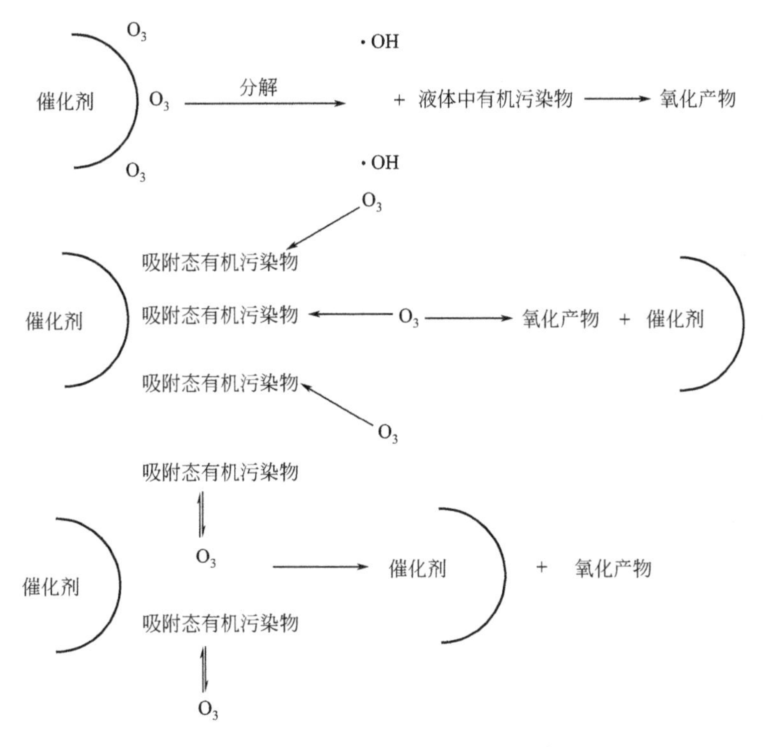

图 3-4 非均相催化臭氧氧化有机物可能的反应形式

① 溶液中，通过化学吸附作用吸附于催化剂活性位点上的臭氧与催化剂相互作用，进而产生一定量的强氧化性的活性物质（·OH），该物质与通过物理吸附作用与催化剂表面的有机物（污染物）及溶液中的有机物发生化学氧化反应，从而降解水中溶解态的有机污染物。

② 催化剂对目标有机物进行化学吸附，然后溶解的臭氧再与其发生氧化还原反应。

③ 臭氧溶解于溶液中，水中的有机物和臭氧同时被吸附在催化剂表面的羟基基团上，被吸附的有机物与臭氧通过化学吸附位发生化学反应，目标污染物得到降解。

由于非均相催化臭氧氧化反应过程中存在气、液、固三相，多相间的表面反应难以研究，因此机理的研究工作比较困难。目前大都是以实验结果作为假设，从而来推断机理。

表 3-3 为 O_3、·OH 与某些污染物的反应速率常数比较结果。

表 3-3 O_3、·OH 与某些污染物的反应速率常数比较

溶质	k_{O_3}/(mol/s)	$k_{\cdot OH}$/(mol/s)
苯	2±0.4	7.8×10^9
硝基苯	0.09±0.02	3.8×10^9
间二甲苯	94±20	7.5×10^9
甲酸	5±5	1.3×10^8
甲酸根离子	100±20	3.2×10^9
乙二酸	$<4\times10^{-2}$	1.4×10^6
乙二酸根离子	$<4\times10^{-2}$	7.7×10^6
乙酸	$<3\times10^{-5}$	1.6×10^7
乙酸根离子	$<3\times10^{-5}$	8.5×10^7
丁二酸	$<3\times10^{-5}$	3.1×10^8
丁二酸根离子	$(3\pm1)\times10^{-2}$	3.1×10^8
三氯乙烯	17	4.0×10^9
四氯乙烯	<0.1	1.7×10^9

3.3 催化臭氧氧化催化剂的研究进展

3.3.1 整体情况介绍

尽管对于催化臭氧氧化的研究已经多年，但是这种技术还没有广泛地应用在水处理领域，只有在法国和中国有少量的工业化应用，中科院过程所与鞍钢合作，在已有小试与催化剂寿命考察（1.5 年）的基础上，先后进行 $2m^3/h$ 中试，以此进行工程设计，于 2009～2010 年建成 $200m^3/h$ 生化处理偶联臭氧深度处理焦化废水示范工程。另外学者们对于反应机制的研究不够深入和系统，很多论文的研究结果机理多基于推测。未来研究趋势在于全面了解催化臭氧氧化过程反应机制，寻找高效廉价催化剂并将这种工艺放大用于工业水处理中。

3.3.2　均相催化剂的研究进展

Matheswaran 等[22]考察了 Ce(Ⅲ) 在硝酸基质中催化臭氧矿化苯酚溶液的效能。结果显示，在硝酸基质中，Ce(Ⅲ) 可被氧化成 Ce(Ⅳ)，且随着臭氧气流或硝酸基质浓度的增加，Ce(Ⅲ) 的转化增强，结果证明 Ce(Ⅲ) 具有良好的催化性能且 Ce(Ⅲ) 和 Ce(Ⅳ) 的协同效应强化了 Ce(Ⅲ) 的催化性能。

Pines 等[23]研究了 Co(Ⅱ) 在接近中性 pH、$T=24℃$条件下的催化臭氧氧化对氯苯酸的性能。研究发现：微量 Co(Ⅱ) 加速了草酸（·OH 探针）的臭氧化；同时，Co(Ⅱ) 也促进了臭氧氧化对氯苯酸的降解效果。因此，作者基于实验结果提出了催化臭氧氧化反应途径的第一步是生成 Co(Ⅱ)-草酸复合物，然后臭氧将其氧化成 Co(Ⅲ)-草酸复合物，接着 Co(Ⅲ)-草酸复合物氧化氯苯酸变成二氧化碳和水。

Beltr 等[24]比较了两种铁系催化剂［Fe(Ⅲ) 和 Fe_2O_3/Al_2O_3］在 pH=2.5 时对草酸的催化性能，发现单独臭氧、均相催化氧化［Fe(Ⅲ)］、非均相催化氧化（Fe_2O_3/Al_2O_3）三种体系对草酸的去除率分别为 1.8%、7%和 30%。他们认为臭氧氧化的机理可能是形成了 Fe-草酸化合物，而这些化合物在没有·OH 参与的情况下会进一步与臭氧发生反应，即非自由基机理。在已发表的研究中可以发现两种可能的均相催化臭氧氧化机制[25]：a. 金属离子分解臭氧，导致自由基的产生；b. 有机物分子与催化剂反应形成复合物，随后复合物被臭氧氧化。

Ni 等[26]为了研究不同金属离子在臭氧催化氧化体系中的催化效果，选择了 Ti^{2+}、Zn^{2+}、Mn^{2+}、Pb^{2+}、Fe^{2+} 和 Cu^{2+} 等六种金属离子作为催化剂，研究结果显示，这六种金属离子都具有催化能力，其中催化能力最强的是 Mn^{2+}，其次是 Ti^{2+}。TOC 的去除率在 60min 内由 12.6%提高到 38%。

Xiao 等[27]研究了以 Mn^{2+} 为均相催化剂催化臭氧氧化去除水中 2,4-二氯酚（DCP）。结果表明，微量的 Mn^{2+} 促进了臭氧的分解，加速了 DCP 的矿化，碳酸盐的投加抑制了催化效果，利用电子自旋共振技术来确定·OH，发现在催化臭氧氧化系统中产生的·OH比单独臭氧化产生的多。

3.3.3　非均相催化剂的研究进展

用于非均相催化臭氧氧化过程的活性组分主要有过渡金属及其氧化物（MnO_2、Fe_xO_y 和 Co_xO_y）、贵金属及其氧化物（RuO_2、Pt、Pb 等）[28]、稀土金属氧化物（CeO_2 等）。活性组分多负载在载体上，载体主要有 Al_2O_3、活性炭、分子筛、蜂窝陶瓷、TiO_2、沸石、硅藻土、多孔石墨等，在部分研究中也可以直接使用这些载体作为催化剂。

3.3.3.1　金属氧化物催化剂

以金属铁、锰为代表的过渡金属由于其自身价态可变的特性，使其具备了一定的催化活性。同样，因为过渡金属 Fe、Mn 可以促进气态臭氧分解，因此其金属氧化物也常用作催化臭氧氧化催化剂。

早期的研究成果就表明，MnO_2 就有着促进气态臭氧分解的显著效果。既可以制备 Mn 的氧化物直接作为催化剂，也可以将 Mn 采用浸渍法等负载于其他材料如活性炭、沸石、高岭土或某些金属氧化物的表面作为改性催化剂用于催化臭氧氧化。

Oyama[29]等的研究表明，MnO_2 是催化臭氧分解最为有效的催化剂，随着溶液 pH 值的降低，催化活性逐渐升高。他们认为 MnO_2 催化氧化降解有机污染物的主要过程分为两个阶段，首先水相中的有机污染物分子吸附在催化剂表面，然后水相中的臭氧分子直接氧化吸附在催化剂表面的有机污染物。Andreozzi 研究了 pH＝1 时，氨基苯磺酸（pK_a＝2.85）在 MnO_2/O_3 体系中的降解效率较高，但是丙酸（pK_a＝4.86）在该体系中的降解效果却低于前者，原因可能是氨基苯磺酸在水中的电离程度比较大，更易于在 MnO_2 表面吸附，所以更易于被臭氧所氧化降解。同样的，当体系的 pH 值高于 MnO_2 的 pH_{pzc}（等电点电荷）时，催化剂表面带有负电荷，因为电荷的排斥作用，使得催化剂对氨基苯磺酸的吸附受到限制，所以降解效果有所下降[30]。

在铁氧化物研究中，羟基氧化铁（FeOOH）因具有稳定的化学性质、较高的比表面积、细微的颗粒结构以及低廉的成本经常用于环境治理中。FeOOH 在 CWOO 体系中也有较多的应用。在铁氧化物中，FeOOH 是一类具有较高催化活性的铁系催化剂。关于其降解机理，目前学者有两种不同的解释，而且随着 pH 值的变化也有较大差异，有待于进一步的实验验证。从实验结果来看，该类催化剂稳定性也较好，反应重复进行 7 次后，活性只有 10%左右的下降[31]。Park 等[32]采用 FeOOH 作为催化剂进行催化臭氧降解水中对氯苯甲酸，研究发现，FeOOH 的存在显著提高了臭氧分解率和对氯苯甲酸的去除率。pH＞3 时在催化剂-溶液界面及溶液中会形成·OH。Jung 等[33]采用热分解法、生物法和电化学法三种方法制备纳米级的铁氧化物，从催化剂的结构表征结果来看，热分解法制备的铁氧化物最小而且最均匀。催化臭氧降解污染物的实验结果表明，铁氧化物能快速促进臭氧分解生成羟基，从而提高对氯苯甲酸的去除率。其催化活性与其比表面积和表面官能团直接相关。而热分解法制备的纳米铁氧化物效果最好，可能与其较高的比表面积和表面的碱性官能团有关。他们后续还对生物法制备的纳米铁氧化物进行了深入的研究，研究发现催化剂的主要成分是 Fe_3O_4，与热分解法制备的纳米铁氧化物催化剂相比，其效果较差，主要是由于其表面催化剂颗粒团聚较严重[34]。

除了 Fe 和 Mn 之外，元素 Co 也是一种重要的过渡金属。其氧化物在 CWOO 体系中也具有较高的催化活性。Dong 等[35]采用草酸钴和氨水为原料，通过调整溶液的配比（乙醇和水的比例）以及原料的浓度可以有效地控制水热合成法制备的纳米 Co_3O_4 的粒径大小；而且各种尺寸纳米 Co_3O_4 均表现出很高的催化臭氧降解苯酚的活性。

Zhai 等[36]制备纳米 ZnO 粉末催化剂降解饮用水中的二氯乙酸，实验发现，相比于单独臭氧体系，催化剂 ZnO 的加入使二氯乙酸的降解性能提升了 32.4%；同时，引入密度泛函理论和量子化学理论，分析了该体系产生·OH 的过程。

TiO_2 催化剂由于耐酸碱，水热稳定性好，在水处理领域有较为广泛的应用。西班牙学者早在 2000 年时即发现 TiO_2 催化剂在 CWOO 反应中表现出一定的催化活性（TOC 去除率比单独臭氧反应高 10%）和较好的稳定性（反应 4 次后活性也未见下降）[37]。

此外，双组分或多组分催化剂在 CWOO 中也有广泛的应用。从现有实践来看，经常发现双组分催化剂比单组分催化剂具有更高的催化活性。

张彭义等[38]考察了不同 Fe、Ni 催化剂配比及制备方法对其催化臭氧降解吐氏酸废水活性的影响。研究发现，当使用单组分催化剂时，FeO_x 和 NiO_x 均没有明显的催化活性，而且助剂 K 的引入反而不利于 CWOO。但是当使用沉淀法制备的 Fe、Ni 双组分氧化物催化剂时，其催化活性明显提升，且催化活性随着 Fe、Ni 比的不同有明显变化，进一步证明了催化剂活性与催化剂的制备方法以及活性组分的占比均有关系。Masato 等[39]以 Mg 和 Al 的硝酸盐溶液为基础，向其中添加 $Fe(NO_3)_3$、$CoCl_2$、$Ni(NO_3)_2$ 或 $Cu(NO_3)_2$ 中的一种构成前驱体溶液，通过共沉淀的方法制备了类水滑石催化剂，并对其 CWOO 降解苯酚和草酸的性能进行了评价。研究发现，四种催化剂都展现出了一定的催化效果。其中以催化剂 $Cu_{0.23}Mg_{2.77}Al(850)$ 效果最好。作者又研究了催化剂反应过程中活性组分的溶出效果，发现 Cu 和 Ni 溶出较大，这可能是因为草酸溶液酸性较强，催化剂被腐蚀。

一些天然的矿物原料有时也可以作为催化剂来使用，例如 Zhao 等[40]以蜂窝陶瓷（$2MgO\text{-}2Al_2O_3\text{-}5SiO_2$）为催化剂进行催化臭氧氧化降解硝基苯的研究。结果表明，反应 20min 后底物 TOC 去除率达到 80%以上，而单独臭氧氧化底物 TOC 去除率仅有 20%。经检测认为水相中的硝基苯主要是通过·OH 氧化而被降解去除、矿化的，即蜂窝陶瓷的作用在于催化臭氧分子分解产生大量的·OH。

目前，单组分或多组分金属氧化物催化剂在 CWOO 反应体系中虽然保持了较好的反应效果，但这类催化剂也存在活性组分易流失、催化剂成型困难、寿命较短的缺点。

3.3.3.2 负载型非贵金属催化剂

相比于单组分和多组分金属氧化物催化剂，负载型金属氧化物催化剂是指将催化剂活性组分负载于催化剂载体上（如氧化铝、二氧化钛、二氧化锆、分子筛以及活性炭等）。因为负载型催化剂载体具有孔结构发达且比表面积大的特点，使其成为了研究最多的催化剂。除满足以上条件外，载体需要提供给其上负载的催化剂一定的抗压能力和良好的热稳定性，能够在一定程度上节约活性组分用量以及提高反应活性。常用的载体有二氧化钛、活性炭、蜂窝陶瓷、三氧化二铝等。常见的负载型催化剂有 MnO_x/MCM-41、CeO_x/AC、TiO_2/Al_2O_3 和纳米-TiO_2/沸石分子筛等。目前市场上存在大量商品化的催化剂载体销售，使得负载型金属氧化物催化剂在工业化应用上比非负载类催化剂具有更广泛的前景。

上述载体中使用最多的是氧化铝载体。研究发现氧化铝载体本身就具有催化臭氧氧化的效果。Chen 等[41]的研究表明，$\alpha\text{-}Al_2O_3$ 及 $\gamma\text{-}Al_2O_3$ 均具有良好的催化臭氧氧化降解 2,4,6-三氯苯的活性，尤其当反应体系 pH 值接近催化剂的 pH_{pzc} 时催化性能最佳，这是由于当反应 pH 值接近 pH_{pzc}时，催化剂表面不带电荷，近似中性，有利于·OH 的生成。Al_2O_3 具有较高的催化臭氧氧化活性还可能是由于 Al_2O_3 表面含有高密度的羟基，且具有较强的 Brönsted 酸性。Ziylan-Yava 等[42]利用 Al_2O_3 为载体负载 Pt 用于催化臭氧氧化水中醋氨酚的研究。结果表明，在以 Al_2O_3 为催化剂的情况下，并没有表现出明显的催化效果，可能是由于 Al_2O_3 材料对醋氨酚的吸附性能相对较低，而溶液中的臭氧分子容易与目标污染物发生反应，从而未起到催化效果。对于 Pt/Al_2O_3 催化剂，其催化效果显著提升，TOC 去除率比单独臭氧氧化效果高 40%。Kim 等[43]研究发现，在苯的氧化过程中，MnO_x/Al_2O_3 催化剂催化臭氧氧化效果比 CuO/Al_2O_3、MoO/Al_2O_3、FeO_x/Al_2O_3 和 ZnO/Al_2O_3 等催化剂催化活性都高。

TiO_2 也是一种重要的载体，因其结构和化学性质稳定，耐酸碱，耐高温高压，所以经常用于一些反应条件苛刻的催化体系。同样，TiO_2 在 CWOO 体系中也有一定的应用，一般来说，TiO_2 直接作催化剂其 CWOO 效果一般，因此在 CWOO 体系中主要作载体。Hou 等[44]采用浸渍的方法合成了 Pd/TiO_2、Pt/TiO_2 催化剂，将其用于催化臭氧氧化的反应体系时，表现出优异的反应效果。TOC 去除率比不负载的 TiO_2 催化剂高了 30%到 40%，重复 5 次后，活性未见明显衰减。学者们认为该催化剂的高催化活性与贵金属较高的分散度有关。

Hu 等[45]以介孔氧化锆为载体，通过浸渍法制备了 Co_3O_4/ZrO_2 催化剂，研究了其在催化臭氧氧化 2,4-二氯苯氧乙酸化合物中的催化活性。实验结果表明介孔 ZrO_2 促进了催化反应，在催化剂量不小于 2g/L、目标化合物量不小于 20mg/L、pH 值不大于 7.0 的条件下对 2,4-D 的降解率可达 90%。由于 Co_3O_4 存在变价及其在 ZrO_2 上的高度分散性大大促进了·OH 的产生。

分子筛也是一类重要的催化剂载体，种类多种多样，且具有规整而均匀的孔道结构。近年来有关将分子筛类催化剂用于 CWOO 研究的报道，逐渐增多，证明了分子筛催化剂的应用前景。

Jeirani 等[46]学者合成了一种 Fe 改性的介孔 MCM-41 基催化剂，他们通过浸渍的方法将锰氧化物和氧化铈负载于 Fe-MCM-41 上得到了两种活性金属氧化物。接着考察了这些催化剂催化臭氧氧化降解草酸的效果。研究发现 CeO_2/Fe-MCM-41 催化剂催化活性明显优于 MnO_x/Fe-MCM-41 催化剂。在最优催化剂配比条件下，可以实现草酸 94%的去除。Li 等[47]通过水热法和浸渍法分别合成了三维介孔的 MCM-48 和 Ce 负载 MCM-48（Ce/MCM-48）催化剂。笔者通过一系列表征发现 MCM-48 负载 Ce 后仍保持高度有序的立方结构。CWOO 实验表明 Ce/MCM-48 在催化降解氯苄酸的研究中展现出了较高催化活性，反应 120min 后 TOC 去除率可达到 64%，而单独臭氧只有 23%。分析可能是由于 Ce/MCM-48 独特的孔隙结构表现出更优异的催化效率和稳定性。Qiang 等[48]研究了 Ce-MCM-48 催化臭氧氧化抑制溴酸根的生成，结果表明在臭氧浓度＝(2.0±0.1)mg/L，HRT＝10min，起始 pH＝7.7～7.9，温度＝(18±2)℃下，溴离子浓度在 200～800mg/L 时，可抑制 82%～90%的溴离子生成溴酸根。

Yu 等[49]用水热法合成了纳米介孔 β-分子筛催化剂，并将其用于 CWOO 降解多种甲酚（邻、间和对甲酚）实验中。表征结果证明该分子筛具有大的比表面积，适宜的表面酸度，高的热稳定性和化学稳定性。在 CWOO 降解三种甲酚实验中，β-分子筛催化剂催化性能明显优于商业化的催化剂。最后作者还借助前沿分子轨道理论，通过密度泛函理论方法对三种甲酚的降解机理进行了探讨。

Huang 等[50]以水中对氯苯甲酸（pCBA）为目标物，以分子筛负载 Fe 制成负载型催化剂，研究该臭氧催化氧化体系 pCBA 的降解效率。研究结果表明，该催化剂表现出良好的催化性能，有效促进体系内·OH 的生成，对 pCBA 降解 10min 可完全去除，60min 矿化程度达到 91.3%。

此外，由于活性炭材料本身具有较大的比表面积，且其表面也含有很多具有较高催化反应活性的官能团如表面羟基、羧基、酮羰基、醛基等基团，因此活性炭也常用于 CWOO 体系中作为载体或直接作为催化剂使用。Fernando 等[51]针对活性炭催化臭氧氧化降解水中有机污染物做了很多研究工作。他们以活性炭为催化剂进行催化臭氧氧化降解五味子酸的研究，结果显示，反应初期，底物的降解产物主要有丙酮酸、草酸，同时体系中还有过氧化氢生成，随着反应进一步进行，中间体丙酮酸、草酸被进一步的矿化，并且证明底物是通过臭氧在活性炭表面分解产生的·OH 的氧化作用而得到降解去除的。Ma 等[52]研究了以粒状活性炭为载体制备的 MnO_2/GAC 催化臭氧氧化分解硝基苯，发现 MnO_2/GAC 比单独的活性炭具有更高的催化活性，且当反应体系 pH 值为 2.7～3.2 时，硝基苯去除率比 pH 值为 6.7～9.5 时更高。Li 等[36]分别使用 AC 和 NiO/AC 为催化剂进行催化臭氧氧化降解对氯苯甲酸，与单独臭氧氧化相比，AC 及 NiO/AC 都可实现底物的快速去除，其对应的 TOC 去除率分别为 60%、43%。NiO/AC 比单独活性炭具有更高的催化稳定性，经过 5 次反复使用之后，NiO/AC 仍保持原有的催化活性。

表 3-4、表 3-5 从催化方法使用元素的角度对各种非均相催化臭氧氧化技术在国内外近年来的研究进展进行了总结。

表 3-4　催化剂催化臭氧氧化目标有机物效能研究成果

催化剂	目标有机物	目标物去除	TOC 去除率	参考文献
TiO_2	萘普生	—	62%	[53]
	卡马西平	—	73%	
	2,4-二氯苯酚	98%	—	
Co-Fe_3O_4	2,4,6-三氯苯酚	98%	—	[54]
	安替比林	79%	—	
ZSM-5(pH=3)	异丙苯	100%	—	[55]
	1,2-二氯苯	100%	—	
	1,2,4-三氯苯	100%	—	
	布洛芬	50%	—	
Pd-FeOOH	降固醇酸	100%	81%	[56]

注：表中所述去除率，均基于文献研究中的反应时间（在表中未列出）。

表 3-5　非均相催化臭氧氧化污染物机理研究现状

催化剂类别	催化剂	目标物	可能机理	参考文献
金属(氢)氧化物	α-MnO_2	双酚 A	表面络合、吸附	[57]
	β-MnO_2	羧酸类有机物	表面络合物的生成、促进臭氧分解	[58]
	γ-MnO_2			
	γ-Al_2O_3	2,4-二甲基苯酚	对羧酸类小分子有机物的吸附、·OH 机理	[59,5]
	α-Al_2O_3、α-FeOOH、β-FeOOH、γ-FeOOH、AlOOH	2,4,6-三氯苯甲醚	·OH 机理	[60,61]
		硝基苯	·OH 机理	[62]
		对氯苯甲酸	·OH 机理	[60]
负载型金属氧化物	PbO-CeO_2	丙酮酸	两种氧化物协同作用、表面点位吸附络合	[63]
	Fe-Mn 氧化物	天然有机物	·OH 机理	[64]
	TiO_2-Al_2O_3	天然有机物、邻苯二甲酸二甲酯	·OH 机理	[64,65]
非金属物质	ZSM-5 沸石	布洛芬及挥发性有机物	表面吸附、臭氧直接氧化	[66]
	活性炭	莠去津、草酸		[67,68]
	蜂窝陶瓷	硝基苯、重碳酸盐	·OH 机理、吸附	[69]

3.3.3.3　负载型贵金属催化剂

贵金属主要指金、银和铂族金属（钌、铑、钯、锇、铱、铂）等八种金属元素，几乎所有的贵金属都可用作催化剂，它们的 d 电子轨道都未填满，表面易吸附反应物，且强度适中，利于形成中间“活性化合物”，具有较高的催化活性，同时还具有耐高温、抗氧化、耐腐蚀等综合优良特性。贵金属催化剂以其优良的活性、选择性及稳定性而倍受重视，广泛用于加氢、脱氢、氧化、还原、异构化、芳构化、裂化、合成等反应，在化工、石油精制、石油化学、医药、环保及新能源等领域起着非常重要的作用。目前在催化臭氧氧化研究中使用最多的主要包括 Ag、Pd、Pt、Ru、Au 等，这些金属通常被负载到具有一定催化活性的载体上用于催化臭氧氧化的研究。

Chen 等[70]利用 Ag^+/TiO_2 作为一种催化剂应用于水中苯酚及草酸光催化臭氧降解的研究。研究结果表明，体系中加入 Ag^+ 时能够显著促进污染物的快速降解，Ag^+ 可以接受反应过程中产生的电子从而增强体系氧化能力。

Zhao 等[71]以 Al_2O_3 为载体负载 Pt 用于催化臭氧氧化水中醋氨酚的研究。结果表明，在以 Al_2O_3 为催化剂的情况下，并没有表现出明显的催化效果，Al_2O_3 材料对醋氨酚的吸附性能相对较低，而溶液中的臭氧分子容易与目标物发生反应。利用 Pt-Al_2O_3 作为催化材料时，其主要的催化活性表现在对醋氨酚整体的矿化过程，而对于醋氨酚分子的去除效能相比单独臭氧表现出下降的趋势。

Leitner 等[72]利用不同方法合成了一系列 Ru/CeO_2 催化剂用于催化臭氧氧化处理水中琥珀酸的研究。结果表明，单独臭氧氧化过程对琥珀酸的去除效果相对较差，CeO_2 基本没有催化效果，且 Ru/CeO_2 材料表面对琥珀酸吸附能力相对较弱。在 pH=3.4 的条件下，当 Ru 在 CeO_2 表面的负载质量分数为 2%时，相比 Ru/CeO_2 催化剂能够有效地去除水中的琥珀酸。通过还原法及高温焙烧的方式制备的 Ru/CeO_2 催化材料在催化性能上表现出了一定的差异，其中还原法制备的 Ru/CeO_2 的催化性能优于 350℃下焙烧所得的催化剂。说明 CeO_2 表面还原态的 Ru 更有利于对臭氧的催化分解。

Puga 等[73,74]研究了通过合成 Au-Bi_2O_3 材料来催化臭氧氧化降解酸性橙染料，并与未负载的 Bi_2O_3 催化剂进行了对比。结果表明，相比于 Bi_2O_3 材料，Au-Bi_2O_3 在催化过程中表现出较高的活性，能显著加快酸性橙染料的降解。30min 内 Au-Bi_2O_3 催化体系对酸性橙的矿化率达到 47%，Bi_2O_3 催化体系酸性橙的矿化作用仅为 20.1%，而单独臭氧体系矿化度仅为 11%，证明了 Au-Bi_2O_3 催化剂的强催化活性，可能是由于 Au 粒子周围会形成一定电子密度的区域，从而使得具有亲电特性的臭氧分子能够吸附到其上，并进一步发生反应产生活性物质，从而实现污染物的快速降解。

Chang 等[75]利用 Pt/Al_2O_3 催化臭氧氧化降解苯酚。当向臭氧氧化体系中加入 Pt/Al_2O_3 催化剂时，相比单独臭氧氧化过程，反应 80min 后苯酚的矿化效率由 82%提高到 90%，而利用 Al_2O_3 作为催化材料时对苯酚的降解及矿化效率没有明显的增大。

Zhang 等[76]通过水解沉淀-高温焙烧的方法合成以 CeO_2 为载体的 PdO/CeO_2 材料，并将其用于催化臭氧氧化草酸的研究。结果表明，单独的 CeO_2 材料并没有明显的催化效果，引入 PdO 后，催化活性相比 CeO_2 有一定的提高。主要由于 $PdO/CeO_2/O_3$ 催化体系可以加快臭氧分解，实现草酸的快速降解。通过原位红外技术及其他表征技术对 PdO/CeO_2 催化臭氧分解的机理进行了探讨，作为载体的 CeO_2 通过和草酸形成络合物从而将其从水溶液中吸附到 PdO/CeO_2 的表面，而 CeO_2 表面的 PdO 粒子能够吸附水中的臭氧分子，并进一步分解为活性氧，活性氧与草酸反应进而强化去除草酸。

以上关于非均相催化臭氧研究大多遵循·OH 机理，主要是作为催化剂的活性金属氧化物表面位点对臭氧分子具有较强的分解作用，从而产生强氧化性物质，同时也有新的氧化机理不断被发现。非均相催化不同于均相催化技术，固体催化剂加入反应体系之中后会形成气液固三相界面，氧化活性物质的产生主要发生在该界面之内。在催化剂的表面可能吸附水分子、臭氧分子或者有机物分子，因此不同材料可能对反应体系中这几种组分具有不同的吸附能力，在界面反应过程中形成不同的机理。因此探讨氧化活性物质的生成路径，具有一定的理论价值。目前关于非均相催化机理的研究并不统一，主要是因为很难直接捕捉活性物种的生成过程，而关于催化剂表面活性位点的理论解释又存在一定的分歧。关于金属氧化物作为催化剂理论研究主要包括表面羟基理论及表面酸性理论。大量的研究表明，这些过渡金属氧化物在催化臭氧的过程中表现出了一定的催化优势，同时这些金属元素的氧化物如铁氧化物、锰氧化物等在自然界元素丰度相对较大，具有一定的经济优势。贵金属氧化物催化臭氧的研究与过渡金属元素相比较少，主要是由于这类金属元素价格相对昂贵，含量也少。

3.3.3.4　新型催化臭氧氧化催化剂

3.3.3.1～3.3.3.3 部分论述结果表明，对于催化臭氧氧化反应，导致催化剂失活影响催化剂寿命的可能原因有：a. 水中恶劣的环境（强氧化性、强酸、强碱或高温、高压）

引起的催化剂整体结构的塌陷，进而导致催化剂的失活[77]；b. 恶劣环境导致的催化剂活性组分的溶出[1,78,79]；c. 反应过程中可能出现催化剂表面积碳或某些中间产物覆盖在催化剂表面，阻碍了催化剂活性组分与污染物的接触，进而导致催化剂的失活[79]。因此，针对上述问题，为了推动CWOO技术的工业化，需要开发新型的CWOO催化剂。新催化剂必须具备高活性、强稳定性。

基于以上讨论，学者们提出了钙钛矿型催化剂。以ABO_3为基本结构的钙钛矿型氧化物是一种稳定的结构，可以满足上述要求。前人研究表明，由于钙钛矿型氧化物特殊的晶体结构，造成其具有较高的热稳定性和化学稳定性。通过对B位元素进行部分取代合成出$AB'BO_3$型氧化物后，可以在材料晶格中得到大量的氧缺陷位，从而显著提升催化剂的氧化还原活性；另外将活性组分B'固定于钙钛矿骨架中，可以减少活性组分的流失[80]。最后当催化剂表面积碳时，简单热处理即可去除表面积碳。

目前有关钙钛矿材料用于催化臭氧氧化降解有机废水的研究较少。西班牙学者使用$LaTi_{0.15}Cu_{0.85}O_3$催化剂开展催化臭氧氧化降解有机废水的研究时，发现催化剂重复使用很多次时，与第一次使用相比，催化剂活性得到了明显提升[81]，证明了钙钛矿材料的强稳定性。他们通过Langmuir-Hinselwood模型研究了污染物在催化剂上的催化氧化机理，发现O_3和污染物在催化剂表面的吸附最为关键。Orge[82]等采用溶胶-凝胶的方法合成了一系列镧系钙钛矿（$LaMnO_3$、$LaCoO_3$、$LaNiO_3$、$LaFeO_3$、$LaFe_{(1-x)}Cu_xO_3$等）催化剂。系统研究了这些催化剂催化臭氧降解草酸反应过程，研究发现$LaMnO_3$表现出了最为优异的CWOO反应效果。结合表征结果分析可能是催化剂表面的可变价态过渡金属与臭氧之间电子转移促进了臭氧分解为·OH。大连理工大学全燮教授团队比较了多种催化剂（$LaMnO_3$、$LaFeO_3$、Mn_3O_4、Fe_2O_3）的CWOO性能，发现纳米介孔钙钛矿材料催化性能明显优于其他类型催化剂，其羟基自由基产生量多于其他催化剂，可能是由于钙钛矿催化剂具有较大的比表面积和较规则的孔隙结构。

纵观催化臭氧氧化技术的发展历程，从最初的无催化剂的臭氧氧化过程到均相催化臭氧氧化，进而发展到了非均相催化反应，非均相催化剂的引入显著改善了臭氧的利用效率，提高了废水的降解效果。从非均相催化臭氧氧化的发展历史来看，学者们主要围绕过渡金属氧化物开展研究。从单一的金属氧化物发展到双金属或多金属氧化物催化剂；为了进一步提高催化剂活性和推动其工业化应用，学者们又开始将催化剂固载化；随着研究的不断推进，CWOO催化剂的研究又从过渡金属扩展到了贵金属催化剂。文献的具体研究内容，也从最开始仅仅关注污染物的降解效果，扩展到了催化剂的作用机理、污染物的降解机制、载体与活性组分之间的相互作用以及催化剂的失活等问题。经过多年的发展，CWOO催化剂的研究已取得较大的进步，催化活性有显著提升。

3.4 反应设备

3.4.1 臭氧发生器

目前常用的臭氧发生器臭氧产量在2～10000g/h之间，如G-Sapphire P series/all-inone 臭氧发生器（10～60g/h）、C-lasky series/carry size 臭氧发生器（2～10g/h）、V series/air-cooled 臭氧发生器（50～400g/h）、AIO series/air fed 臭氧发生器（10g/h）、G-T series/water-cooled 臭氧发生器（120～5000g/h）、D-Matrix series 臭氧发生器（5～15g/h 及更高）。臭氧主要可应用于实验室、冷却水处理、泳池消毒、医学、半导体、污水净化及处理等领域。

现在市场上已出现可靠、高效、高浓，臭氧质量浓度约为 16%（最大臭氧浓度可达 200mg/L），且氧气用量少、操作成本低的臭氧发生器。该发生器的主要特点是减少氧气量、减少用电量、设备小、带滑动底座可移动，可降低清水溶解氧。青岛国林是一家专业的臭氧发生器制造商，并向全球提供臭氧发生器设备，广泛用于废水处理、烟气脱硝、泳池消毒、造纸等行业。

2017 年在华盛顿举行的 IOA 会议上，Linde 和 Suez 介绍了一种臭氧发生过程氧气循环利用技术。该过程有多床层吸附系统，尾气通过吸附床，未被吸附的氧气循环进入臭氧发生器完成再次利用。在吸附过程中，氧气与臭氧同时通过吸附床层，臭氧被保留在床体中，氧气通过，重新进入臭氧发生器进气口。之后会进行干空气反冲，臭氧重新脱附。此过程已在 20kg/h 级臭氧发生系统中实施，结果证明产生的臭氧浓度在 4%～8%，氧气循环利用率大于 60%，由于该技术的产生，相同的氧气投入量下比传统臭氧发生器多产生约 27%的臭氧。图 3-5 为臭氧发生器氧气再生技术。

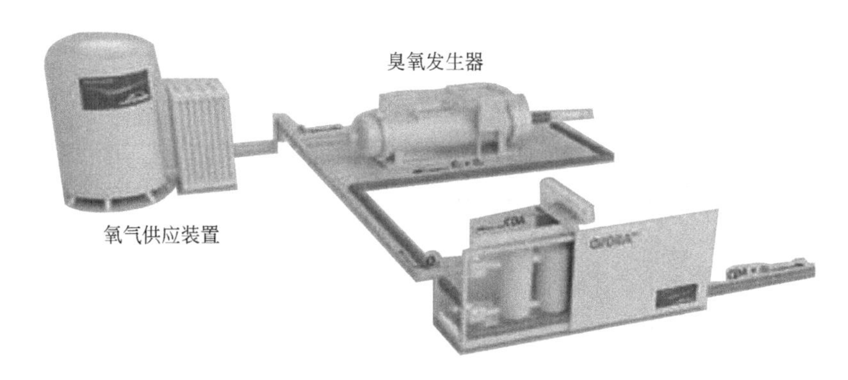

图 3-5　臭氧发生器氧气再生技术

3.4.2 臭氧检测设备

催化臭氧氧化技术的关键环节在于臭氧浓度的准确检测，包括进气臭氧浓度、水中溶解臭氧浓度、尾气臭氧浓度的检测。臭氧氧化在线检测系统也是臭氧氧化系统中的关键模块。Q46H/64 型臭氧检测器适合任何条件下的臭氧检测应用，特点是不怕氯干扰、不需投加试剂、多元传感器安装类型、无需维护、pH 传感器可实现双参数监测。目前市场上已出现 A14/A11 型模块化气体检测器、F12 数字气体检测器、C16 型便携式气体检测器、BMT 型臭氧检测器等。

高级氧化技术中，·OH 是氧化降解有机物的关键物质。臭氧催化氧化体系中水的臭氧可分解产生氧化性极强的·OH，还可以与水中的化合物（污染物）发生氧化反应，其氧化反应的速度主要由·OH 的产生速度决定。

3.4.3 微气泡发生器

在催化臭氧氧化技术中微气泡的产生能够提升催化反应效果。微气泡技术较高的传质效率是其被用于水处理的一个重要原因，由于气泡直径较小，提供了较大的气液接触面积，使得比表面积较大，从而促进传质。另外由于表面张力的作用，存在于水中的微气泡在上升过程中气泡聚并变大影响传质。通常微气泡发生器可分为两类：一类是气液旋流式；另一类是溶气减压式。微气泡通常指分散在水中的微小气泡（通常 10～50μm），大量的微气泡呈现乳液混合物。生成的气泡直径范围会形成一个分布，通常是正态的。微气泡生成方式会影响微气泡的性质，也会影响气泡的直径分布。

与普通的曝气装置产生的气泡相比，微气泡曝气产生的气泡直径一般为几十微米，因此也具有了很多独特的优势，普通气泡上升到水面会直接消失，而微气泡上升速度慢，且随着上升会直接湮灭在水中，气液接触面积大，有利于臭氧溶解，从而提高了气液传质速率，达到提高臭氧利用率的目的。图 3-6 为微气泡气液界面气泡形成过程。

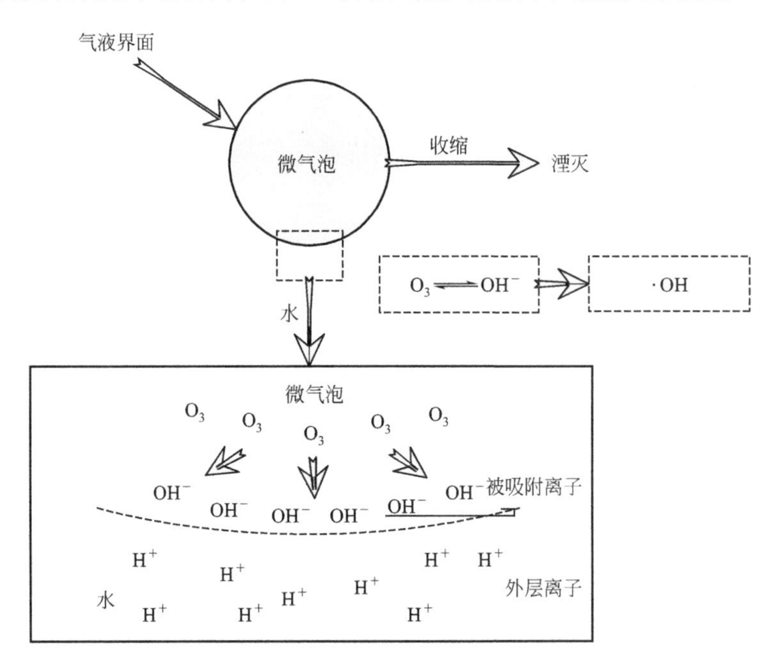

图 3-6 微气泡气液界面气泡形成过程

3.5 工程案例

3.5.1 河南某化肥厂反渗透浓水深度处理项目

3.5.1.1 项目简介

河南某化肥厂因产业发展需要新建一座反渗透浓水处理站，反渗透浓水 COD 为

120mg/L，TP 为 8.6mg/L，浓水水量为 150t/h，处理后出水达到 COD 小于 40mg/L，TP 小于 0.5mg/L。废水中主要包含一些高级脂肪烃、多环芳烃等难降解有机污染物，盐含量尤其是氯离子浓度高，可生化性差。北京鑫佰利科技发展有限公司根据水质特点及处理要求，提出了以催化臭氧氧化技术为基础的废水处理方案。

3.5.1.2　废水处理过程

北京鑫佰利科技发展有限公司在前期实验小试的基础上提出了如下实验方案：混凝沉淀＋催化臭氧氧化＋曝气生物滤池的技术路线，如图 3-7 所示。

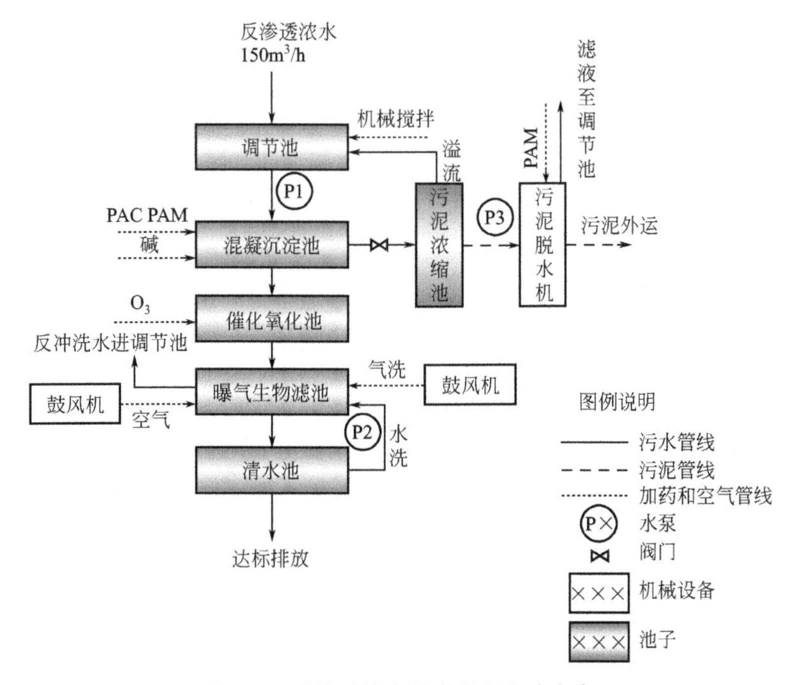

图 3-7　反渗透浓水深度处理实验方案

反渗透浓水经调节池调节水质水量后经提升泵泵入混凝沉淀池，在混凝絮凝区，废水中的磷在 PAC、PAM 的作用下形成大的絮状物经沉淀去除，同时通过调节废水 pH 值去除废水中的 Ca^{2+} 和 Mg^{2+}，减小水的硬度；上清液自流进入臭氧催化氧化池，在臭氧的作用下，大分子的化合物被臭氧氧化或结构破裂，从而降低出水 COD 浓度和提高处理后废水的可生化性的目的。

催化氧化池出水自流进入曝气生物滤池，在该池中进行污水硝化反硝化作用，同时去除 COD、NH_4^+-N 等，出水进入清水池后排放，满足《河南省贾鲁河流域水污染物排放标准》(DB 41/908—2014)。具体去除效果如表 3-6 所列，图 3-8 为臭氧氧化阶段的工程装置。

表 3-6　反渗透浓水深度处理效果　单位：mg/L（去除率除外）

序号	单元	项　目	COD	TP
1	混凝沉淀池	进水	120	8.6
		出水	108	0.43
		去除率	10%	95%

续表

序号	单元	项　目	COD	TP
2	臭氧催化氧化池	进水	108	0.43
		出水	70.2	0.43
		去除率	35%	0
3	曝气生物滤池	进水	70.2	0.43
		出水	35.1	0.4
		去除率	50%	5%
4	排放标准		≤40	≤0.5

图 3-8　臭氧氧化阶段的工程装置

3.5.2　造纸企业污水处理厂提标改造项目

3.5.2.1　项目简介

河北某造纸企业污水处理系统 2004 年建成，投入使用已经 15 年，公司对污水处理系统进行了多次改进，污水处理效果不断得到提升。但是随着环境监管的日益严格，环保部门对外排水质要求越来越高，根据河北省环境保护厅下发的《大清河流域水污染物排放标准》(DB 13/2795—2018) 要求，该公司所属的区域为大清河流域重点控制区，出水 COD 浓度应小于 30mg/L，但是目前该企业现有工艺出水 COD 浓度只能达到 50mg/L。因此提出上述提标改造项目。

该造纸企业污水处理站现有情况下。企业进水水量为 12000m^3/d。进水水质，COD 浓度为 240～350mg/L；BOD_5 浓度为 70～110mg/L；NH_4^+-N 浓度为 8～10mg/L；TN (以 N 计) 浓度为 12～18mg/L；TP (以 P 计) 浓度为 0.5～1.0mg/L。出水水质，根据近一年的外排水检测数据看，COD 浓度为 40～50mg/L，BOD_5 浓度为 2～5mg/L，NH_4^+-N 浓度为 0.1～1mg/L，TN (以 N 计) 浓度为 8～12mg/L，TP (以 P 计) 浓度为 0.1～0.2mg/L。该企业现有污水处理站的工艺流程如图 3-9 所示。

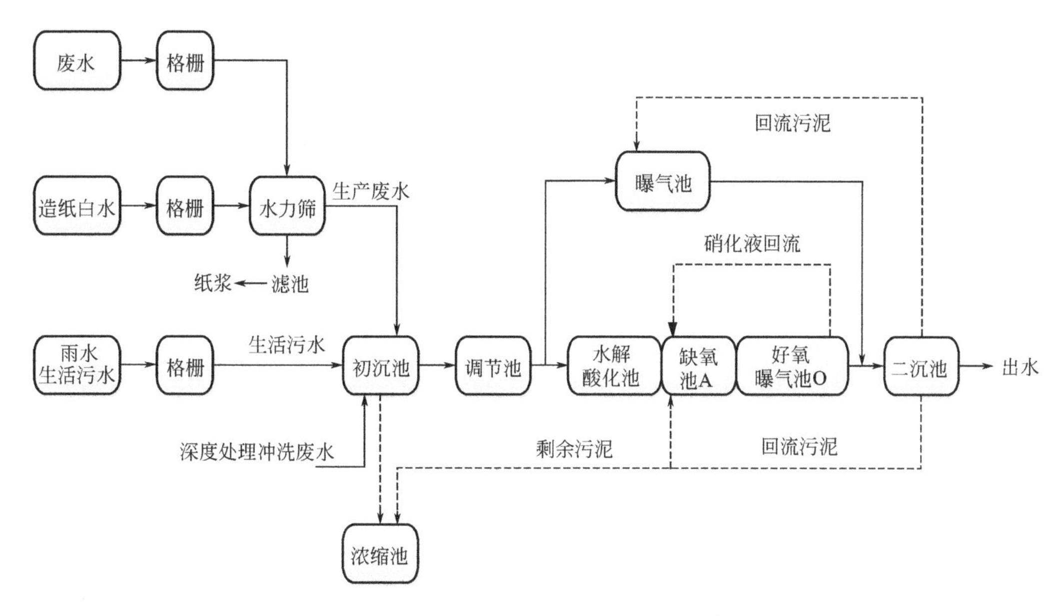

图 3-9　企业现有污水处理站的工艺流程

河北省对该企业出水排放要求为，COD≤30mg/L，BOD_5≤6mg/L，NH_4^+-N≤1.5mg/L，TP≤0.3mg/L。经分析目前企业主要排放压力在COD，其他指标要求现有工艺均能满足。而现有的排放工艺不能满足将COD浓度降至30mg/L，故应增加工艺段进行污水深度处理，以满足更高出水标准。因此环保公司计划在二沉池加一个以催化臭氧氧化为主的反应工段，将出水COD浓度进一步降至30mg/L以下。

3.5.2.2　废水处理过程

根据造纸企业所提供的水质分析，出水中仅有COD浓度未达到新的排放标准，所以主要去除污染物为COD。根据企业现有污水处理工艺流程及负荷分析，已经采用过生化工艺进行处理，且负荷较低，出水中COD主要为难降解COD。对难降解COD，应采用高级氧化工艺，用以降解水中难降解COD；采用高级氧化工艺后，会将部分难降解COD转换为BOD，造成产水BOD超标，所以在高级氧化工艺后增加生物处理工艺段，确保出水水质达标；生物处理段后会有生物絮体产生，为保证出水，应增加过滤工艺段。

基于以上分析，提出如下工艺流程：高级氧化+生物法+过滤，具体如图3-10所示。

企业二沉池出水经泵提升后进入多介质过滤器，去除水中的悬浮物，同时能部分去除水中非溶解性COD，减少后续臭氧催化氧化工艺的负荷。多介质产水进入中间水池，中间水池有一定的缓冲作用。中间水池水经提升进入臭氧催化氧化反应器，经布水系统布水后同臭氧及催化剂接触，催化剂可将臭氧催化为具有强氧化性的·OH，将原水中难降解有机物转化为易降解有机物或者直接将有机物矿化为无污染的无机物质，达到降解COD的目的。产水经顶部集水槽收集后自流进入生物活性炭滤池，生物活性炭滤池中装有活性炭滤料，具有很大的比表面积，易于微生物生长。原水中的有机物经活性炭吸附剂生物降解后，进一步降低水中的COD。经滤布滤池过滤掉水中脱落的生物膜后，进入清水池，达标排放。最终将出水COD浓度降至30mg/L以下。

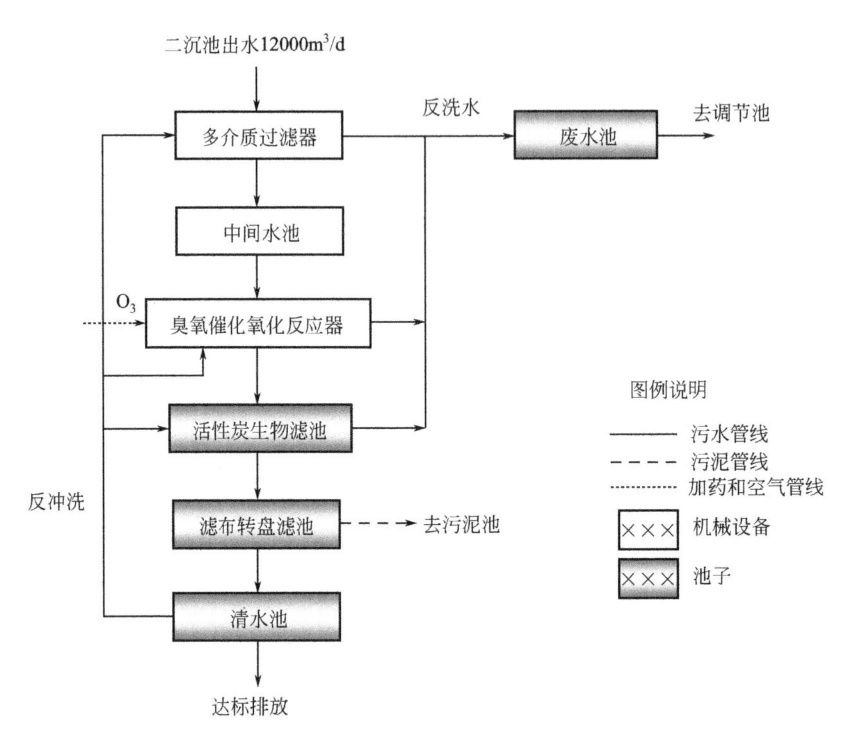

图 3-10 造纸企业污水处理厂升级改造工艺流程

此工艺具有如下特点：a. 采用臭氧催化氧化＋活性炭生物滤池＋滤布转盘滤池工艺，将水中的 COD 浓度降至 30mg/L 以下；b. 高级氧化系统采用臭氧催化氧化技术，提高 COD 的去除率，无二次污染，不产生其他污染物；c. 臭氧后采用活性炭生物滤池，有效利用臭氧分解的氧气及生物工艺，对有机物分解效果更好；d. 采用滤布滤池进行过滤，去除生物膜，保证出水达标；e. 于系统后端增加新工艺，在不影响原有工艺流程前提下，使产水达标，完全兼容原有工艺流程；f. 系统通过 PLC 控制系统实现全自动控制。

污水处理效果如表 3-7 所列。

表 3-7 造纸厂污水深度处理效果

序号	单元	项 目	COD
1	提标改造新工艺	进水	55mg/L
		出水	27mg/L
		去除率	51%
2	排放标准		<30mg/L

3.5.2.3 建构筑物清单、主要设备清单及成本分析

（1）建筑物清单

建筑物清单如表 3-8 所列。

（2）构筑物清单

构筑物清单如表 3-9 所列。

表 3-8 建筑物清单

序号	名称	尺寸	单位	数量
1	鼓风机房	8m×6m×6m	座	1
2	臭氧间	8m×6m×6m	座	1

表 3-9 构筑物清单

序号	名称	实际尺寸	单位	数量
1	活性炭生物滤池	5.6m×5.6m×6.5m	座	4
2	滤布滤池	5m×4m×4.7m	座	1
3	清水池	14m×14m×5.5m	座	1
4	反洗废水池	14m×14m×5.5m	座	1
5	中间水池	8m×8m×5.5m	座	1

(3) 主要设备清单

主要设备清单如表 3-10 所列。

表 3-10 主要设备清单

序号	设备名称	规格型号	数量	单位
一	中间水池			
1	中间水池提升泵	$Q=100m^3/h$,$H=30m$,$N=15kW$,铸铁,5 用 2 备	7	台
2	超声波液位计	量程 0～5m,4～20mA,输出 24VDC 顶装带 Hart 协议	1	座
3	就地压力表	0～1.0MPa	7	块
二	臭氧催化氧化反应器			
1	催化氧化反应器	单套处理能力 $50m^3/h$,直径 3.5m,反应器高度 8m,材质 FPR	10	台
2	臭氧发生器	臭氧发生量 20kg/h,配制氧系统、尾气破坏系统	2	台
3	气水混合器	材质:316,进水量 $50m^3/h$,进气量 $15m^3/h$	10	台
4	滤板	316L,配套长柄滤头	10	套
5	承托层	8～16mm/4～8mm/2～4mm,$H=0.25m$	24	m^3
6	催化剂	颗粒状,粒径 4～10 目,强度≥95%,堆密度 0.45～0.6g/cm^3,装填高度 4.5m	500	m^3
7	反冲洗水泵	$Q=470m^3/h$,$H=30m$,$N=75kW$,铸铁	2	台
8	就地压力表	0～1.0MPa	2	块
9	管道混合器	$DN150$,UPVC 材质	5	台
10	循环泵	$Q=220m^3/h$	2	台
三	生物活性炭滤池			
1	反冲洗水泵	卧式离心泵 $Q=500m^3/h$,$H=20m$,$N=45kW$,铸铁 2 用 1 备	3	台
2	反洗风机	三叶罗茨风机 $Q=14.1m^3/min$,$H=7m$,$N=30kW$,含隔音罩 2 用 1 备	3	台
3	工艺风机	三叶罗茨风机 $Q=6.25m^3/min$,$H=7m$,$N=15kW$,含隔声罩 4 用 1 备	5	台
4	滤板	整体浇筑滤板	125	m^2

续表

序号	设备名称	规格型号	数量	单位
5	滤头	可调式短柄滤头，缝隙宽度0.4mm，单个滤头缝隙面积4.9cm^2	6300	个
6	承托层	卵石，粒径2～4mm	13	m^3
7	承托层	卵石，粒径4～8mm	25	m^3
8	承托层	卵石，粒径8～16mm	25	m^3
9	活性炭滤料	颗粒状	377	m^3
10	滤料捕集器	L=6m	4	套
11	出水堰板	L=6m，SS304	4	套
12	曝气器	单孔膜曝气器	6300	个
13	对夹式气动蝶阀	手自一体气动蝶阀 DN200 PN10 阀体：球墨铸铁；阀板：球墨铸铁衬尼龙；阀座：EPDM；阀轴：不锈钢410；双作用气缸；配限位开关、气动三联件及手动备用	4	台
14	电导式液位开关	接液材质304侧壁安装	4	套
15	压力变送器	0～1.0MPa	5	台
16	压力表	0～1.0MPa	11	块
四	滤布滤池			
1	中心出水管	与纤维转盘系统配套	1	套
2	滤布及滤盘	直径DN3000mm，滤布过滤精度5μm	8	盘
3	反洗泵	Q=50m^3/h，H=7m，N=2.2m	2	台
4	电动球阀	DN80	1	套
5	弹性接头	DN80	1	套
6	驱动电机	N=0.75kW	1	台
7	传动链轮、链条	配套	1	组
8	抽吸装置	配套	1	组
9	压力液位计		1	台
10	固定支架及紧固件		1	组
11	进出水堰板	配套	1	套
五	反洗废水池			
1	反洗废水提升泵	卧式离心泵 Q=100m^3/h，H=15m，N=7.5kW，1用1备	2	台
2	超声波液位计		1	台
六	电气系统		1	套
1	电控柜	含电气元件	1	套
2	阀门及管道管件	配套	1	套

运行过程中主要成本在电耗上，预计总成本为1.065元/吨水（表3-11）。

表 3-11 运行成本分析

运行成本计算						
序号	分析项目名称	规格	单价	单位	每小时消耗	元/吨水
1	系统处理水量	500		m^3/h		
2	电耗	380/220V	0.70	元/kW	760.90	1.065
运行成本总计						1.065

3.6 催化臭氧氧化技术存在的问题

目前，大部分研究工作主要集中在讨论不同影响因素对臭氧氧化性能的影响，比较不同催化剂的催化活性、反应机理参与程度和污染物降解情况、实用分析报告少得多，这在一定程度上限制了技术工程的应用。大量的实验仅限于蒸馏水系统，水体的实际组成要复杂得多，含有大量由自由基猝灭剂引起的负面影响的原水尚不清楚。催化剂的选择和污染物的性质与不同水质的需求密切相关，需要开发特殊催化剂以优化催化剂的制备。同时，催化剂的制备过程复杂，成本高，难以直接推广应用，催化剂也存在活性成分的溶解，这将降低催化剂的稳定性。此外，催化臭氧氧化技术有利于降低废水的生物毒性，提高生物降解性，通过与后续生化过程的结合可以加强污染物的降解，有效去除含氮物质，废水达到高效低成本的治疗目标。然而，技术与实际工业废水应用研究的合理结合仍然较少。

参考文献

[1] 马军，刘正乾，等. 臭氧多相催化氧化除污染技术研究动态 [J]. 黑龙江大学自然科学学报，2009，26 (1)：1-2.

[2] Gomes J，Costa R，Quintaferreira R M，et al. Application of ozonation forpharmaceuticals and personal care products removal from water. [J]. Science of the Total Environment，2017，586：265-283.

[3] 于洋. 臭氧氧化去除水中吲哚类含氮污染物实验研究 [D]. 哈尔滨：哈尔滨工业大学，2012.

[4] Liotta L F，Gruttadauria M，Di Carlo G，et al. Heterogeneous catalytic degradation of phenolic substrates：Catalysts activity [J]. Journal of Hazardous Materials，2009，162 (2-3)：588-606.

[5] Valdes H，Murillo F，Manoli J，et al. Heterogeneous catalytic ozonation of benzothiazole aqueous solution promoted by volcanic sand [J]. Journal of Hazardous Materials，2008，153 (3)：1036-1042.

[6] 邢思初，隋铭皓，朱春艳. 臭氧氧化水中有机污染物作用规律及动力学研究方法 [J]. 四川环境，2010，29 (6)：112-117.

[7] Andreozzi R，Marotta R. Ozonation of *p*-chlorophenol in aqueous solution [J]. Journal of Hazardous Materier，1999，69 (3)：303-317.

[8] Jose L S，Frernando J B. Ozone decomposition in water：kinetic study [J]. Industrial & Engineering Chemistry Research，1987，26 (9)：39-43.

[9] Tomiyasu H，Fukutomi H，Gordon C. Kinetics and mechanisms of ozone decomposition inbasic aqueous solutions [J]. Inorganic Chemistry，1985，24，2964-2985.

[10] Nemes A，Fábián I，Gordon G. Experimental aspects of mechanistic studies on aqueous ozone decomposition in alkaline solution [J]. Ozone Science & Engineering，2000，22：287-304.

[11] Zhao L, Ma J, Sun Z. Oxidation products and pathway of ceramic honeycomb-catalyzed ozonation for the degradation of nitrobenzene in aqueous solution [J]. Applied Catalysis B: Environmental, 2008, 79 (3): 244-253.

[12] Dong Y, Yang H, He K, et al. β-MnO_2 nanowires: A novel ozonation catalyst for water treatment [J]. Applied Catalysis B: Environmental, 2009, 85 (3): 155-161.

[13] 亓丽丽. 非均相臭氧催化氧化对氯苯酚机理研究及其工艺应用 [D]. 哈尔滨: 哈尔滨工业大学, 2013.

[14] Beltran F J. Ozone reaction kinetics for water and wastewater systems [J]. Crc Press, 2004.

[15] Kiwi J, Lopez A, Nadtochenko V, et al. Mechanism and kinetics of the OH-radical intervention during fenton oxidation in the presence of a significant amount of radical scavenger (Cl^-) [J]. Environmental Science & Technology, 2000, 34 (11): 2162-2168.

[16] 马明敏. 煤化工浓盐水中有机物去除效能规律研究 [D]. 哈尔滨: 哈尔滨工业大学, 2017: 61-62.

[17] Ikhlaq A, Brown D R, Kasprzyk-Hordern B. Mechanisms of catalytic ozonation on alumina and zeolites in water: formation of hydroxyl radicals [J]. Applied Catalysis B: Environmental, 2012, 123-124: 94-106.

[18] 李炳智. 臭氧氧化处理含氯代硝基苯类废水机理及其强化生物降解性的研究 [D]. 杭州: 浙江大学, 2010.

[19] Jiang L, Zhang L, Chen J, et al. Degradation of 17β-estradiol in aqueous solution by ozonation in the presence of manganese (Ⅱ) and oxalic acid [J]. Environmental Technology, 2013, 34 (1): 131-138.

[20] Sauleda R, Brillas E. Mineralization of aniline and 4-chlorophenol in acidic solution by ozonation catalyzed with Fe and UVA light [J]. Applied catalysis B: Environment, 2001, 29 (2): 135-145.

[21] Nawrocki J, Kasprzyk-Hordern B. The efficiency and mechanisms of catalytic ozonation [J]. Applied Catalysis B: Environmental, 2010, 99 (1-2): 27-42.

[22] Matheswaran M, Balaji S, Chung S J, et al. Studies on cerium oxidation incatalyticozonation process: A novel approach for organic mineralization [J]. Catalysis Communications, 2007, 8 (10): 1497-1501.

[23] Pines D S, Reckhow D A. Effect of dissolved cobalt (Ⅱ) on the ozonationofoxalic acid [J]. Environmental Science & Technology, 2002, 36 (19): 4046-4051.

[24] Beltr N F J, Rivas F J, Montero-de-Espinosa R. Iron type catalysts for theozonation of oxalic acid in water [J]. Water Research, 2005, 39 (15): 3553-3564.

[25] Faria P, Órfão J, Pereira M. Activated carbon and ceria catalysts applied to the catalytic ozonation of dyes and textile effluents [J]. Applied Catalysis B: Environmental, 2009, 88 (3): 341-350.

[26] Ni C H, Chen J N, Yang P Y. Catalytic ozonation of 2-dichlorophenol by metallic ions [J]. Water Science Technology, 2003, 47 (1): 77-82.

[27] Xiao H, Xu Y, Yu M, et al. Enhanced mineralization of 2, 4-dichlorophenolby ozone in the presence of trace permanganate: effect of p H [J]. Environmental Technology, 2010, 31 (11): 1295-1300.

[28] Martins C, Quinta-Ferreira M. Catalytic ozonation of phenolic acids over a Mn-Ce-O catalyst [J]. Applied Catalysis B: Environmental, 2009, 90 (1): 268-277.

[29] Oyama S T. Chemical and catalytic properties of ozone [J]. Catalysis Reviews, 2000, 42 (3): 279-322.

[30] Andreozzi R, Insola A, Caprio V, et al. The use of manganese dioxide as a heterogeneous catalyst for oxalic acid ozonation in aqueous solution [J]. Applied Catalysis A, General, 1996, 138 (1).

[31] Jong S P, Heechul C, Jaewon C. Kinetic decomposition of ozone and para-chlorobenzoic acid (pCBA) during catalytic ozonation [J]. Water Research, 2004, 38 (9): 2285-2292.

[32] Park J S, Choi H, Ahn K H. The reaction mechanism of catalytic oxidation with hydrogen peroxide and ozone in aqueous solution [J]. Water Science and Technology, 2003, 47 (1).

[33] Jung H, Park H, Kim J, et al. Preparation of biotic and abiotic iron oxide nanoparticles (IOnPs) and their properties and applications in heterogeneous catalytic oxidation [J]. Environmental Science & Technology, 2007, 41 (13): 4741-4747.

[34] Haeryong J, Jung W K, Heechul C, et al. Synthesis of nanosized biogenic magnetite and comparison of its catalytic activity in ozonation [J]. Applied Catalysis B: Environmental, 2008, 83 (3): 208-213.

[35] Dong Y, He K, Yin L, et al. A facile route to controlled synthesis of Co_3O_4 nanoparticles and their environmental catalytic properties [J]. Nanotechnology, 2007, 18 (43): 435602.

[36] Zhai X, Chen Z, Zhao S, et al. Enhanced ozonation of dichloroacetic acid in aqueous solution using nanometer ZnO powders [J]. Journal of Environmental Sciences, 2010, 22 (10): 1527-1533.

[37] Gracia R, Cortes S, Sarasa J, et al. Catalytic ozonation with supported titanium dioxide. The Stability of Catalyst in Water [J]. Ozone: Science & Engineering, 2008: 185-193.

[38] 张彭义，祝万鹏，许强. 镍铜氧化物对吐氏酸废水臭氧氧化的催化作用 [J]. 中国环境科学，1998 (04): 23-26.

[39] Masato S, Tomonori K, Li D L, et al. Memory effect-enhanced catalytic ozonation of aqueous phenol and oxalic acid over supported Cu catalysts derived from hydrotalcite [J]. Applied Clay Science, 2006, 33 (3): 247-259.

[40] Zhao L, Ma J, Sun Z Z. Oxidation products and pathway of ceramic honeycomb-catalyzed ozonation for the degradation of nitrobenzene in aqueous solution [J]. Applied Catalysis B: Environmental, 2008, 79 (3): 244-253.

[41] Chen L, Fei Q, Xu B, et al. The efficiency and mechanism of g-alumina catalytic ozonation of 2-methylisoborneol in drinking water [J]. Water science and technology, 2006.

[42] Ziylan-Yava A, Ince N H. Catalytic ozonation of paracetamol using commercial and Pt-supported nanocomposites of Al_2O_3: The impact of ultrasound [J]. Ultrasonics-Sonochemistry, 2018, 40.

[43] Kim S C. The catalytic oxidation of aromatic hydrocarbons over supported metal oxide [J]. Journal of Hazardous Materials, 2002, 91 (1): 285-299.

[44] Hou L, Zhang H, Wang L, et al. Removal of sulfamethoxazole from aqueous solution by sono-ozonation in the presence of a magnetic catalyst [J]. Separation & Purification Technology, 2013, 117 (39): 46-52.

[45] Hu C, Xing S, Qu J, et al. Catalytic ozonation of herbicide 2,4-D over cobalt oxide supported on mesoporous zirconia [J]. Journal of Physical Chemistry C, 2008, 112 (15): 5978-5983.

[46] Jeirani Z, Soltan J. Improved formulation of Fe-MCM-41 for catalytic ozonation of aqueous oxalic acid [J]. Chemical Engineering Journal, 2017, 307.

[47] Li S Y, Tang Y M, Chen W R, et al. Heterogeneous catalytic ozonation of clofibric acid using Ce/MCM-48: Preparation, reaction mechanism, comparison with Ce/MCM-41 [J]. Journal of Colloid And Interface Science, 2017, 504.

[48] Qiang Z M, Cao F L, Ling W C, et al. Effective inhibition of bromate formation with a granular molecular sieve catalyst Ce-MCM-48 during ozonation: pilot-scale study [J]. Journal of Environment Engineering-ASCE, 2013, 139 (2): 235-240.

[49] Yu L, Han P W, Jin H B, et al. Catalytic ozonation of three isomeric cresols in the presence of NaCl with nanomesoporous β-molecular sieves [J]. Process Safety and Environmental Protection, 2019, 129.

[50] Huang R, Lan B, Chen Z, et al. Catalytic ozonation of *p*-chlorobenzoic acid over MCM-41 and Fe loaded MCM-41 [J]. Chemical Engineering Journal, 2012, 180: 19-24.

[51] Fernando J, Beltrán J, Rivas P, et al. Kinetics of heterogeneous catalytic ozone decomposition in water on an activated carbon [J]. Ozone: Science & Engineering, 2002, 24 (4): 227-237.

[52] Ma J, Sui M H, Chen Z L, et al. Degradation of refractory organic pollutants by catalytic ozonation—activated carbon and Mn-loaded activated carbon as catalysts [J]. Ozone: Science & Engineering, 2004, 26 (1).

[53] Rosal R, Rodríguez A, Gonzalo M S, et al. Catalytic ozonation of naproxenand carbamazepine on titanium dioxide [J]. Applied Catalysis B: Environmental, 2008, 84 (1-2): 48-57.

[54] Lv A, Hu C, Nie Y, et al. Catalytic ozonation of toxic pollutants overmagnetic cobalt-doped Fe_3O_4 suspensions [J]. Applied Catalysis B: Environmental, 2012, 117-118: 246-252.

[55] Ikhlaq A, Brown D R, Kasprzyk-Hordern B. Catalytic ozonation for the removal of organic contaminants in water on ZSM-5 zeolites [J]. Applied Catalysis B: Environmental, 2014, 154-155: 110-122.

[56] Sable S S, Ghute P P, Álvarez P, et al. FeOOH and derived phases: Efficien the terogeneous catalysts for clofibric acid degradation by advanced oxidation processes (AOPs) [J]. Catalysis Today, 2015, 240 (A): 46-54.

[57] Li G, Lu Y, Lu C, et al. Efficient catalytic ozonation of bisphenol-A over reduced graphene oxide modified sea urchin-like α-MnO_2 architectures [J]. Journal of Hazardous Materials, 2015, 294: 201-208.

[58] Tong S, Liu W, Leng W, et al. Characteristics of MnO_2 catalytic ozonationofsulfosalicylic acid and propionic acid in water [J]. Chemosphere, 2003, 50 (10): 1359-1364.

[59] Vittenet J, Aboussaoud W, Mendret J, et al. Catalytic ozonation with γ-Al_2O_3 to enhance the degradation of refractory organics in water [J]. AppliedCatalysis A General, 2015, 504: 519-532.

[60] Qi F, Chen Z, Xu B, et al. Influence of surface texture and acid? baseproperties on ozone decomposition catalyzed by aluminum (hydroxyl) oxides [J]. Applied Catalysis B: Environmental, 2008, 84 (3-4): 684-690.

[61] Qi F, Xu B, Chen Z, et al. Influence of aluminum oxides surface propertieson catalyzed ozonation of 2, 4, 6-trichloroanisole [J]. Separation and Purification Technology, 2009, 66 (2): 405-410.

[62] Zhang T, Li C, Ma J, et al. Surface hydroxyl groups of synthetic α-Fe OOH in promoting OH generation from aqueous ozone: Property andactivityrelationship [J]. Applied Catalysis B: Environmental, 2008, 82 (1-2): 131-137.

[63] Li W, Qiang Z, Zhang T, et al. Efficient degradation of pyruvic acid in waterby catalytic ozonation with Pd O/CeO_2 [J]. Journal of Molecular Catalysis A: Chemical, 2011, 348 (1-2): 70-76.

[64] Chen K, Wang Y. The effects of Fe-Mn oxide and TiO_2/α-Al_2O_3 on theformation of disinfection by-products in catalytic ozonation [J]. Chemical Engineering Journal, 2014, 253: 84-92.

[65] Chen Y, Hsieh D, Shang N. Efficient mineralization of dimethyl phthalate bycatalyticozonation using TiO_2/Al_2O_3 catalyst [J]. Journal of Hazardous Materials, 2011, 192 (3): 1017-1025.

[66] Nawrocki J, Fijołek L. Catalytic ozonation—Effect of carbon contaminants on the process of ozone decomposition [J]. Applied Catalysis B: Environmental, 2013, 142-143: 307-314.

[67] Guzman-Perez C A, Soltan J, Robertson J. Kinetics of catalytic ozonationofatrazine in the presence of activated carbon [J]. Separation and Purification Technology, 2011, 79 (1): 8-14.

[68] Cao H, Xing L, Wu G, et al. Promoting effect of nitration modification onactivated carbon in the catalytic ozonation of oxalic acid [J]. AppliedCatalysis B: Environmental, 2014, 146 (SI): 169-176.

[69] Zhao L, Ma J, Sun Z, et al. Influencing mechanism of temperature on thedegradation of nitrobenzene in aqueous solution by ceramic honeycombcatalyticozonation [J]. Journal of Hazardous Materials, 2009, 167 (1-3): 1119-1125.

[70] Chen Y, Xie Y, Yang J, et al. Reaction mechanism and metal ion transformation in photocatalyticozonation of phenol and oxalic acid with Ag^+/TiO_2 [J]. Journalof Environmental Sciences, 2014, 26 (3): 662-672.

[71] Zhao H, Dong Y, Jiang P, et al. An insight into the kinetics and interface sensitivity for catalytic ozonation: the case of nano-sized $NiFe_2O_4$ [J]. Catalysis Science and Technology, 2013, 4 (2): 494-501.

[72] Leitner N K V, Delanoë F, Acedo B, et al. Reactivity of various Ru/CeO_2 cata-lysts during ozonation of succinic acid aqueous solutions [J]. New Journal of Chemistry, 2000, 24 (4): 229-233.

[73] Puga zhenthiran N, Sathishkumar P, Murugesan S, et al. Effective degradation of acid orange 10 by catalytic ozonation in the presence of Bi_2O_3 nanoparti-cles [J]. Chemical Engineering Journal, 2011, 168 (3): 1227-1233.

[74] Puga zhenthiran N, Genov K, Konova P, et al. Ozone decomposition on Ag/SiO_2 and Ag/clinoptilolite catalysts at ambient temperature [J]. Journal of Hazardous Materials, 2010, 184 (1): 16-19.

[75] Chang C C, Chiu C Y, Chang C Y, et al. Pt-catalyzed ozonation of aqueous phe-nol solution using high-gravity rotating packed bed [J]. Journal of Hazardous Materials, 2009, 168 (2): 649-655.

[76] Zhang T, Li W, Croué J P. Catalytic ozonation of oxalate with a cerium supported palladium oxide: an efficient degradation not relying on hydroxyl radical oxidation [J]. Environmental Science & Technology, 2011, 45 (21): 9339-9346.

[77] Li N, Ma X L, Zha Q F, et al. Maximizing the number of oxygen-containing functional groups on activated carbon by using ammonium persulfate and improving the temperature-programmed desorption characterization of carbon

surface chemistry [J]. Carbon, 2011, 49 (15).

[78] Grosjean N, Descorme C, Besson M. Catalytic wet air oxidation of N,N-dimethylformamide aqueous solutions: Deactivation of TiO_2 and ZrO_2-supported noble metal catalysts [J]. Applied Catalysis B: Environmental, 2010, 97 (1).

[79] Kouraichi R, Delgado J J, López-Castro J D, et al. Deactivation of Pt/MnO x-CeO_2 catalysts for the catalytic wet oxidation of phenol: Formation of carbonaceous deposits and leaching of manganese [J]. Catalysis Today, 2010, 154 (3).

[80] 罗娜. 负载型钙钛矿复合氧化物低温氨选择性催化还原 NO_x 的研究 [D]. 北京：北京化工大学，2012.

[81] Rivas F J, Carbajo M, Beltrán F J, et al. Perovskite catalytic ozonation of pyruvic acid in water: Operating conditions influence and kinetics [J]. Applied Catalysis B: Environmental, 2006, 62 (1-2): 93-103.

[82] Orge C A, Órfão J J M, Pereira M F R, et al. Lanthanum-based perovskites as catalysts for the ozonation of selected organic compounds [J]. Applied Catalysis B: Environmental, 2013: 140-141.

第4章 电催化氧化技术

4.1 引言

电催化氧化技术是近三十年来才快速发展起来的一种新型高效有机废水处理方法，经过多年的发展已经形成了阳极直接电化学氧化技术、间接电化学氧化技术以及三维电极电化学氧化等相关技术。其主要原理为通过电解产生强氧化性的羟基自由基（·OH），·OH与有机污染物快速反应，实现污染物的快速降解。

电化学氧化技术具有以下优点：能产生·OH，具有较强的氧化能力；反应条件温和，对实验设备要求较低；只需通电，不需要额外添加氧化剂，无二次污染。因此，电化学氧化技术受到学者的广泛关注[1-8]，已发展成为高级氧化技术的一项重要分支。

电化学氧化处理污水研究最早开始于 20 世纪 70 年代[9]，进入 80 年代以后，Kirk[10]、Stucki[11]、Kotz[12]等学者逐渐开始关注使用电化学氧化的方法处理废水。20 世纪 90 年代以后，该领域的重要学者，瑞士科学家 Christos Comninellis 选用多种电极系统性开展了阳极电化学氧化降解有机污染物实验[13-16]，为电化学的发展奠定了坚实的基础。研究结果表明电极材料本身的性质对电化学氧化降解有机污染物效果影响很大。经过学者们的不断努力，先后开发出了 Pt 电极、碳材料电极、钌钛电极、Ti/SnO_2 电极、Ti/PbO_2 电极以及金刚石薄膜电极等多种类型电极，促进了电化学氧化技术的快速发展。

除了电极材料的开发之外，为了提升电化学氧化的反应效果，学者们又开发了间接电化学氧化技术[17-19]。所谓间接电化学氧化技术是指向电解液中加入 Cl^-、Fe^{3+}、Ce^{4+}、Mn^{3+}、Co^{3+} 等金属或非金属离子作为氧化中间体，通过阳极先将上述氧化中间体氧化，再利用这些被氧化的氧化中间体与有机污染物反应，从而实现污染物的快速高效降解[2]。

进入 21 世纪以后，学者们又开发了一项新型电化学氧化技术[20]：三维电极电化学氧化技术，又称电多相催化氧化技术。它是对传统电催化氧化技术的一个改进，指在阳极和阴极之间加入粒状或者碎屑状的工作电极，构成三维立体电极。粒子电极的加入提高了电解槽的单位有效反应面积，显著改善了传质，从而提高了电流效率和反应速率[21,22]。三维电极最初用于电还原处理废水中的重金属离子，是 Backhurst[23]等在 20 世纪 60 年代末期提出的。

4.2 电化学氧化反应机理

对于不同反应体系，其电化学氧化机理也有较大差异，总体来说其反应均遵循羟基自由基机理。

4.2.1 直接阳极电化学氧化机理

对于直接阳极电氧化体系，其研究核心为阳极材料，根据阳极材料的活性可以将电极分为惰性阳极和活性阳极[24]（如图 4-1 所示）。对于两种材料来说，首先发生的反应都是水的直接氧化生成吸附态的·OH，如反应式(4-1) 所示。

$$M+H_2O \longrightarrow M(OH\cdot)+H^++e^- \tag{4-1}$$

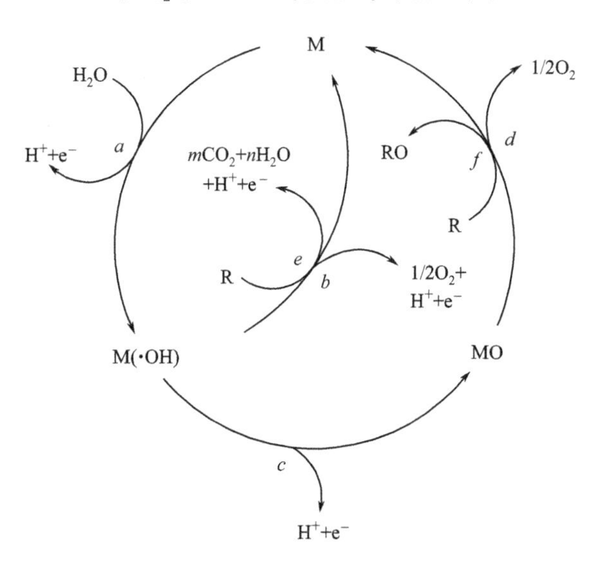

图 4-1 直接阳极电化学氧化降解有机污染物机理[24]

接着对于惰性阳极来说，由于吸附态的·OH 与电极表面间弱的相互作用，吸附态的自由基将脱离电极表面并与有机物直接发生反应，生成 CO_2 和 H_2O，如反应式(4-2) 所示：

$$M(\cdot OH)+R \longrightarrow CO_2+H_2O \tag{4-2}$$

该反应被称为电化学燃烧。

而对于活性阳极，由于吸附态的·OH 与电极表面间强的相互作用，吸附态的自由基首先与电极发生反应生成价态更高的金属氧化物（MO），MO 将与有机物直接发生反应，生成有机物的氧化物（RO）。

$$M(\cdot OH) \longrightarrow MO+H^++e^- \tag{4-3}$$

$$MO+R \longrightarrow M+RO \tag{4-4}$$

该反应被称为电化学转化。

在目前常用的阳极材料中 Pt、钌钛电极等为活性阳极；Ti/SnO_2、Ti/PbO_2 以及金刚石薄膜电极等属于惰性阳极。

4.2.2 间接电化学氧化反应机理

间接电化学氧化技术主要目的是阻止电极与污染物之间直接发生作用，以防止电极钝化，提高电极寿命。常用的中间体有 Cl^-、Br^-、I^- 等非金属离子[25,26]和 Ag^+、Ce^{4+}、Co^{3+}、Fe^{3+}、Mn^{3+} 等金属离子[27-29]。

对于金属类的中间体，其基本机理如图 4-2 所示[2]。

$$M^{z+} \longrightarrow M^{(z+1)+} + e^- \tag{4-5}$$

$$M^{(z+1)} + R \longrightarrow M^{z+} + CO_2 + H_2O \tag{4-6}$$

由反应式(4-5) 和式(4-6) 可以看出，稳态的金属离子 M^{z+}，先在阳极发生氧化反应生成不稳定的高价态金属离子 $M^{(z+1)+}$，然后该金属离子与有机物反应生成 CO_2 和 H_2O，同时 $M^{(z+1)+}$ 变为 M^{z+}。这样可以阻止有机物与阳极表面的直接接触，从而预防电极的钝化。

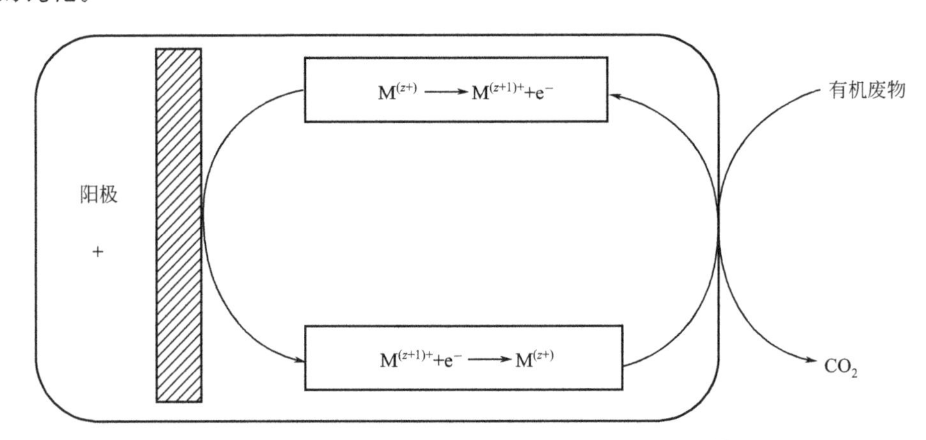

图 4-2 金属间接电化学氧化降解有机污染物机理[2]

对于卤族元素等非金属离子的间接电化学氧化过程，其反应机理如图 4-3 所示，以 Cl^- 为例，当向电解液中加入 Cl^- 时其变换过程如下所示[2]。

$$MO_x(\cdot OH) + Cl^- \longrightarrow MO_x(HClO) + e^- \tag{4-7}$$

$$MO_x\ (HClO)\ + R \longrightarrow CO_2 + H_2O + Cl^- \tag{4-8}$$

首先阳极电解水生成吸附态的羟基自由基 $MO_x(\cdot OH)$，然后如反应式(4-7) 和式(4-8) 所示，$MO_x(\cdot OH)$ 与 Cl^- 反应生成吸附态的次氯酸 $MO_x(HClO)$，$MO_x(HClO)$ 与有机物反应生成 CO_2 和 H_2O 以及 Cl^-。

同时，根据反应式(4-9) 和式(4-10) 所示，吸附态的次氯酸 $MO_x(HClO)$ 还可以与 Cl^- 反应生成 Cl_2，在碱性条件下 Cl_2 还可以与 OH^- 反应生成游离态的 ClO^- 和 Cl^-，游离态的 ClO^- 可以与有机物反应生成 CO_2、H_2O 和 Cl^-。

$$MO_x(HClO) + Cl^- \longrightarrow MO_x + Cl_2 + OH^- \tag{4-9}$$

$$Cl_2 + 2OH^- \longrightarrow ClO^- + Cl^- + H_2O \tag{4-10}$$

$$ClO^- + R \longrightarrow CO_2 + H_2O + Cl^- \tag{4-11}$$

与直接阳极氧化相比，Cl^-间接电化学氧化技术具有电流效率高、氧化速率快、操作简单的特点，而且由于Cl^-在废水中的广泛存在，所以Cl^-间接电化学氧化技术具有较为广泛的应用前景。

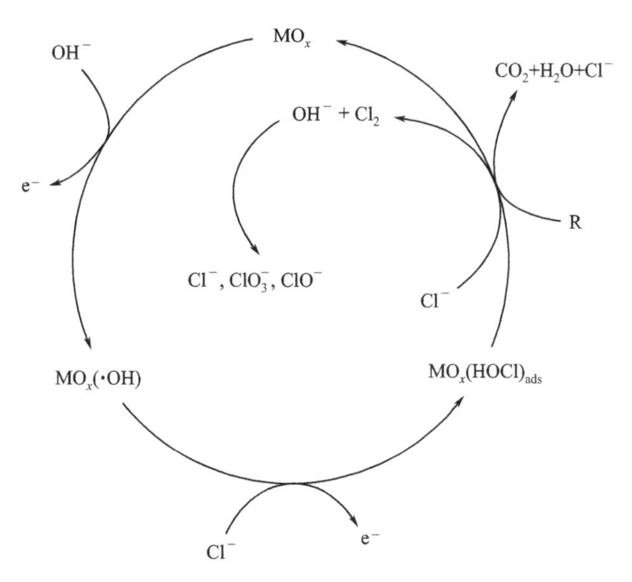

图 4-3 活性氯间接电化学氧化降解污染物机理[2]

4.2.3 三维电极电化学氧化反应机理

三维电极是进入21世纪后才出现的一种新型电化学氧化体系，当前研究主要在粒子电极的开发和反应器的设计，关于其反应机理的研究较少。目前常见的一种解释是，其反应机理属于羟基自由基机理[30,31]。其主要反应路径为，在阳极电化学氧化降解有机污染物的同时，粒子电极还可以电还原O_2生产H_2O_2，然后H_2O_2在粒子电极的作用下变为·OH，最后生成的·OH与有机物反应生成CO_2和H_2O。

4.3 电化学反应器

4.3.1 传统电化学氧化反应器

在这里简要介绍几类典型的传统电化学反应器。根据电化学反应器的构型，反应器可以分成箱式反应器、平行板式流动反应器和毛细管间隙反应器等几类[32]。

（1）箱式反应器

许多间歇式或半间歇式生产过程都采用箱式反应器，箱式反应器如图4-4所示。竖立的平板状阳极和阴极交替排列，隔膜置于两者中间，以防止阳极产物O_2和阴极产物H_2混合。箱式反应器的优点是结构简单，不受电极材料限制，阳极和阴极的间距易于根据需要进行调节。

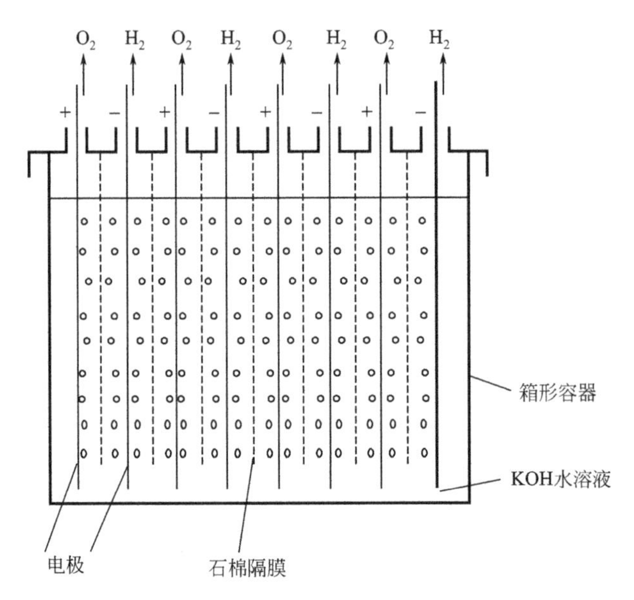

图 4-4 水电解用单极式箱式反应器

(2) 平行板式流动反应器

如图 4-5 为板框结构反应器，该反应器中各种单元单独设计制作，然后采用板框压滤机式的机械方法组装在一起。图 4-5(a) 为电解池的各个单元，主要分为电极板、隔膜、溶液室等几个部分；图 4-5(b) 为板框结构反应器的各类组合连接方式。平行板式流动反

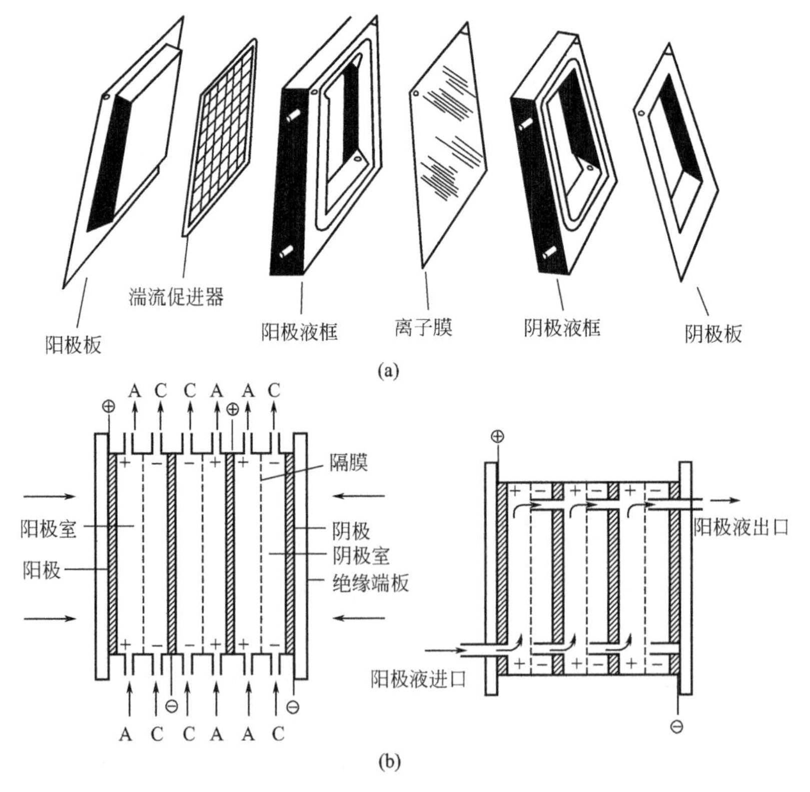

图 4-5 板框结构反应器

应器的优点是：形状合适的不同电极材料均可采用板框结构；电池各单元组成灵活，可以根据不同需要进行自由组合；改变电解池单元的数目或电极面积可以调节反应器生产能力。在废水处理过程中，该类反应器应用较广。

（3）毛细管间隙反应器

当溶液导电率很低时，减小阴、阳极的间距是减小能量损失的有效措施，毛细管间隙反应器正是基于这种需要而设计的。如图 4-6 所示，反应装置呈同心圆结构，阴阳极的间距很近只有 1mm 左右，这样可以有效降低电解液层的欧姆电压降，但由于是二维结构，空时收率低。为了解决该问题，学者们又提出如图 4-6(b) 所示的反应装置，多个毛细管间隙电池组合到了一起，将显著提升空时收率。

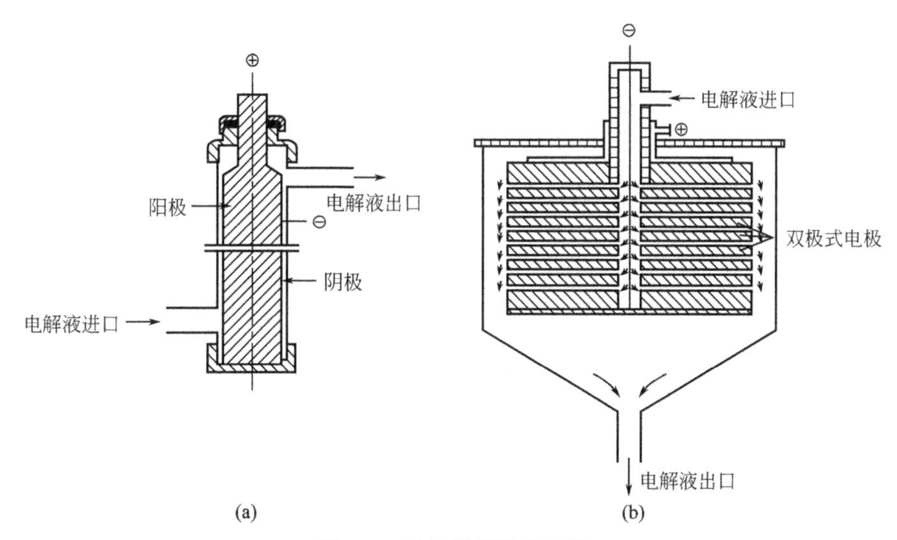

图 4-6 毛细管间隙反应器

4.3.2 三维电极电化学反应器

三维电极反应器与传统的电化学反应器主要的差别是三维电极在阳极和阴极之间填充

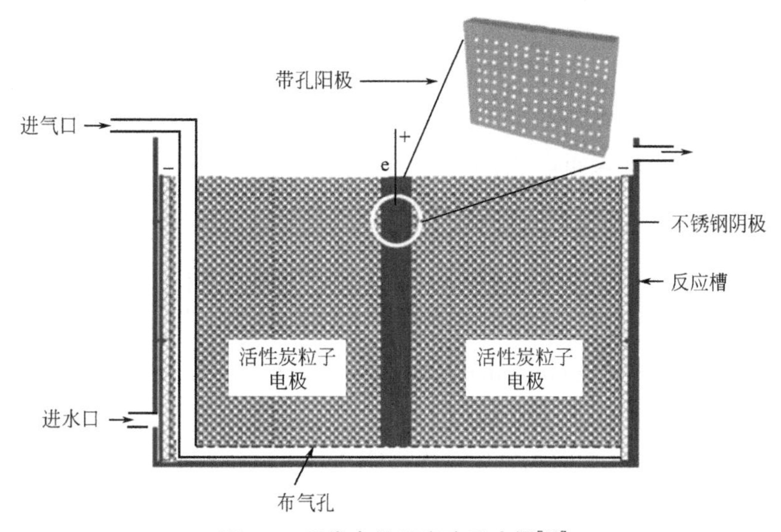

图 4-7 三维电极固定床反应器[33]

有导电的粒子电极，而传统的电化学反应器没有。根据粒子电极的流体动力学状态，可以将三维电极分成固定床三维电极和流化床三维电极。

如图 4-7 所示为三维电极固定床反应器，Rao 等使用间歇式固定床反应器进行了电化学氧化降解垃圾渗滤液的研究，其所用粒子电极为粒状活性炭[33]。

如图 4-8 所示为三维电极流化床反应器，Xiong 等在间歇式反应器中通入气体，使反应器中粒子电极沸腾起来，形成了流化床反应器。当然在连续式反应器中也可以通过提高流体的流速来实现流化[34]。

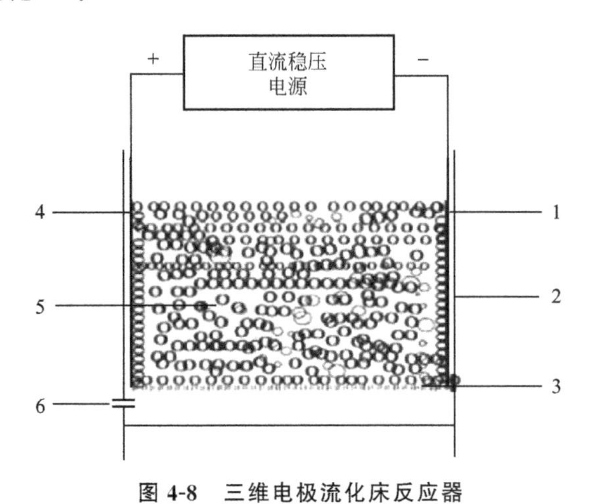

图 4-8　三维电极流化床反应器

1—阴极；2—反应器；3—微孔板；4—阳极；5—粒子电极；6—压缩气体入口

4.4 电化学氧化处理有机废水的研究进展

4.4.1 主要电化学反应指标

污染物转化率的计算公式如式(4-12)：

$$\text{转化率}=\frac{C_0-C_t}{C_0}\times 100\% \tag{4-12}$$

式中，C_0、C_t分别为反应物的初始浓度和终点浓度。

TOC 的去除率计算公式如式(4-13)：

$$TOC_{removal}=\frac{TOC_0-TOC_t}{TOC_0}\times 100\% \tag{4-13}$$

式中，TOC_0、TOC_t 分别为反应物的初始 TOC 和终点 TOC 浓度。COD 的去除率同式(4-13)。

瞬时电流效率（instantaneous current efficiency，ICE）可以通过测量 COD 的变化来测量，其计算公式如式(4-14)[15]所列：

$$ICE=\frac{(COD_t-COD_{t+\Delta t})}{8I\Delta t}FV \tag{4-14}$$

式中，COD_t 和 $COD_{t+\Delta t}$ 分别为 t 时刻和 $t+\Delta t$ 时刻的化学需氧量值；I 是电流；F

为法拉第常数（96500C/mol）；V 为电解质溶液。

电化学氧化指数（electrochemical oxidation index，EOI）是由瞬时电流效率得到的，是瞬时电流效率的平均值，其计算公式如式(4-15)[15]所列：

$$EOI=\frac{\int_0^{\tau} ICE\mathrm{d}t}{\tau},0\leqslant EOI\leqslant 1 \tag{4-15}$$

式中，τ 为电流效率为 0 时的时间。

4.4.2 直接阳极电化学氧化的研究进展

如前文所述，阳极材料是影响阳极电化学氧化效果的主要因素。根据阳极材料活性，可以将阳极分成惰性阳极和活性阳极，像 Ti/SnO_2、Ti/PbO_2 以及金刚石薄膜电极等属于惰性阳极；而 Pt、钌钛电极等为活性阳极。事实上，决定阳极电化学氧化降解有机污染物能力大小的一个关键因素为阳极的释氧过电势（如表 4-1 所列[2]）。阳极氧化能力的大小与电极的释氧过电势大小成正相关，即释氧过电势越大氧化能力越强。这主要是由于电化学氧化的一个主要副反应是电解水生成氧气，电极自身的释氧过电势越大，其电解水副反应就越小，电化学氧化降解有机物能力就越强，效率越高。表 4-1 中，释氧过电势最小的是 RuO_2 和 IrO_2 电极，释氧过电势最强的金刚石薄膜电极（BDD 电极）。因此，BDD 电极的电化学氧化能力最强。我们接下来将会按照氧化能力从大到小分别介绍这几种电极。

表 4-1　不同电极释氧过电势差异（标准电极电势为 1.23V vs SHE）

阳极材料	释氧过电势 vs SHE	实验条件
RuO_2	1.47V	0.5mol/L 硫酸
IrO_2	1.52V	0.5mol/L 硫酸
Pt	1.6V	0.5mol/L 硫酸
石墨	1.7V	0.5mol/L 硫酸
SnO_2	1.9V	0.05mol/L 硫酸
PbO_2	1.9V	1mol/L 硫酸
BDD	2.3V	0.5mol/L 硫酸

注：SHE 为标准氢电极。

4.4.2.1 BDD 电极

硼掺杂的金刚石薄膜电极（BDD）属于惰性电极，由于其具有极高的释氧过电势、极强的电化学氧化能力和防腐蚀能力，因此是学者关注较多的一类阳极材料。虽然 BDD 电极用于废水处理的研究历史较短，但其优异的性能使其已经在废水处理领域取得了广泛的应用。

（1）硼掺杂的金刚石薄膜电极的制备和表征

金刚石属于半导体，纯的金刚石导电性很差，电阻达到 $10^{16}\Omega\cdot cm$，这类材料无法用于电极。为了提高金刚石的导电能力，掺杂是一个很好的方法。学者们发现向其中添加硼能显著提高金刚石的导电能力，主要原因是加入硼后将使金刚石薄膜形成 P 型半导体。

硼掺杂的金刚石薄膜电极的合成方法是化学气相沉积（chemical vapor deposion）法。化学气相淀积是近几十年发展起来的制备无机材料的新技术，其已经广泛用于提纯物质、研制新晶体、淀积各种单晶、多晶或玻璃态无机薄膜材料。整个合成装置包括前驱体预处理装置、反应器和尾气处理装置（见图 4-9）。

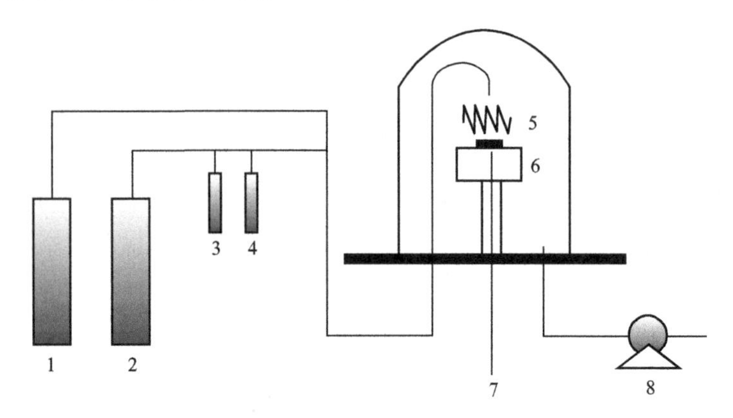

图 4-9 用于合成 BDD 电极的 CVD 装置[35]

1—甲烷；2—氢气；3—硼酸甲酯；4—1,2-二甲氧基乙烷；5—灯丝；

6—底物；7—热电偶；8—真空泵

金刚石是世界上最硬的材料，由 CVD 方法得到金刚石薄膜电极表面也很坚硬。而且该电极具有强耐腐蚀的特点，其在高温或强酸、强碱下仍能保持其超微结构。在液相溶液中，其吸附能力低，这就能避免电极的钝化和失活。除此之外，它还具有如下特点：

① 具有宽电势窗口，水电解电势窗能达到 3V；

② 具有低的稳定的背景电流和较低的表面双电层电容；

③ 对于电解质中的氧化还原反应有较好的响应；

④ 长期暴露于空气中也很稳定。

常用的合成 BDD 电极的 CVD 方法有激光辅助的化学气相沉积和热丝化学气相沉积法。氢气与烃类化合物气体为常用的反应气体。BDD 电极的循环伏安曲线如图 4-10 所示。

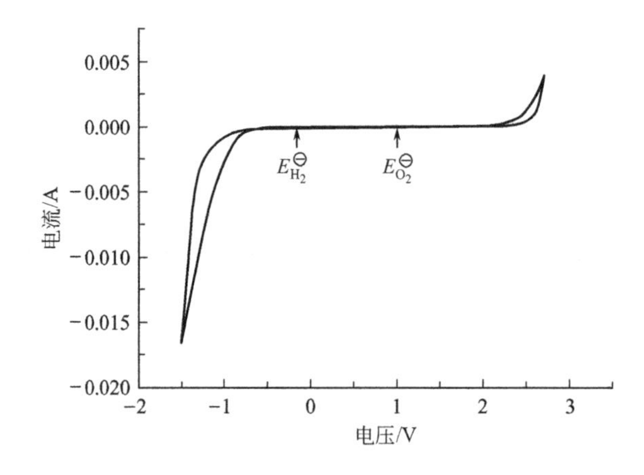

图 4-10 BDD 电极的循环伏安曲线[35]

BDD电极的基底材料也是一个影响电极性能的核心材料。其基底选择应符合如下几个标准：

① 基底应能够承受较高的沉积温度；

② 材料成本应能够承受；

③ 机械加工性能应比较好；

④ 底物和薄膜电极的晶格系数及热膨胀系数应比较接近；

⑤ 基底的电导率要足够高。

最初BDD电极所用基底材料主要为Si[28]，后来为了克服Si基底导电性差和易碎的缺点逐渐开发出Ti、Ta、Nb、W等基底材料，均表现出较强的电化学氧化能力和优异的电化学稳定性。一个好的BDD电极一般具有以下两个特点：一个是高质量高纯度的金刚石薄膜覆盖在基底表面；另一个是薄膜要完全覆盖基底表面[35]。

用于表征BDD电极表面性质的实验手段有微波拉曼光谱［图4-11(a)］、X射线衍射(XRD)［图4-11(b)］和扫描电镜（SEM）［图4-11(c)］。微波拉曼可用于表征金刚石薄膜的纯度，XRD可用于判断电极的成晶方向，而SEM可以用来观察电极的形态和微观结构。电极的电化学性能可以用循环伏安曲线和电化学阻抗谱来表示。

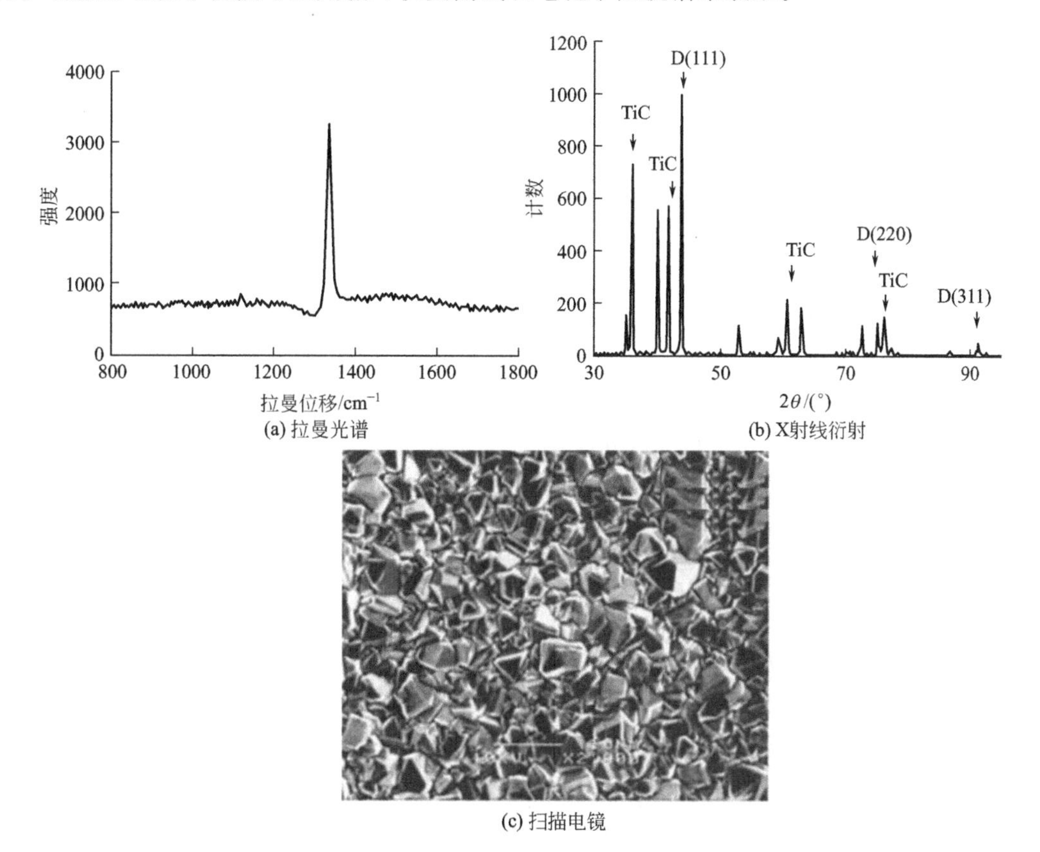

(a) 拉曼光谱

(b) X射线衍射

(c) 扫描电镜

图4-11　BDD电极的几种表征手段

（2）BDD电极电化学氧化降解有机废水研究进展

BDD电极可用于各类型有机废水的处理，均取得了较好的效果，在降解酚类、羧酸类、染料、氰类化合物、农药、表面活性剂等模型废水和真实废水过程中均取得良好实验效果。

在各类废水中，染料废水是一类产量很大又较难处理的废水。学者们使用了多种方法来处理该类废水，BDD 电极电化学氧化的方法也是一种常见的废水处理方法。Chen 等选用 Ti/BDD 电极用于处理多种类型染料废水，并发表了一系列文章[36-39]。作者使用该电极处理活性橙、活性红等 15 种染料废水，均取得较好的效果。其中在处理酸性橙Ⅱ时，在较低电流密度（$20mA/cm^2$）下能实现 COD 去除率达到 92%，电流效率也很高，达到了 55%，这些指标都明显优于 Ti/SnO_2 阳极。Sakalis 等[40]以 Nb/BDD 电极为阳极，以 NaCl 或 Na_2SO_4 为电解质，使用间歇式反应器处理五种染料废水，脱色率达到 93%。另外当作者选用纯净水为电解液时，只能达到 69%的脱色效率。笔者分析加入 NaCl 或 Na_2SO_4 后，去除率提升的主要原因可能是电解过程中有次氯酸根或过硫酸根生成。

由于苯酚及氯酚有较大的危害，近年来发表了很多有关使用 BDD 电极电催化氧化降解苯酚及氯酚的文献。Canizares 等选用 BDD 电极进行了电化学氧化降解苯酚的实验，作者分别考察了温度、电流密度以及底物浓度的影响。发现随着温度的升高、电流密度的增大以及底物浓度的降低，污染物的 TOC 去除率明显升高。同时作者研究了瞬时电流效率随上述工艺条件的变化，发现当电流密度低、底物浓度高时反应处于动力学控制状态，电流效率能达到 100%。在此基础上作者提出了 BDD 电极电化学氧化降解有机废水模型，用于描述上述反应过程[41]。Canizares 等又考察 BDD 电极电化学氧化降解氯酚（4-氯酚、2,4-二氯酚、2,4,6-三氯酚）的实验性能[42]。研究表明，三种污染物的底物转化率和 TOC 去除率均能达到 100%。同时，作者还研究了反应过程中中间产物的变化，结果表明氯酚的降解首先以脱氯开始得到无氯的苯环类中间产物，然后开环得到羧酸类物质进而反应生成 CO_2；同时反应过程中生成的 Cl^- 也会被电化学氧化生成 ClO^- 等氧化性物质，这些物质也会进攻羧酸从而生成三氯乙酸，三氯乙酸会进一步氧化成挥发性的含氯有机物或者 CO_2 和 H_2O。Codognoto 等研究了 BDD 阳极电化学氧化降解五氯酚的实验结果，在恒电压状态下进行电化学氧化实验，所用电压分别为 0.9V、2.0V、3.0V（vs Ag/AgCl)。当所用电压为 0.9V 时，五氯酚只能部分氧化，并在电极表面生成某种不溶的二聚体，经分析该物质为 2,3,4,5,6-五氯-4-五氯酚氧基-2,5-环己二烯酮。当升高电压到 2.0V 时，五氯酚将被氧化成为四氯苯醌。再进一步将电压升高到 3.0V 时，才能实现五氯酚的完全矿化，同时伴随着苯环上取代基氯的完全释放[43]。该结果验证了 Iniesta 等[44]的报道，即 BDD 阳极电化学氧化降解污染物时，所用电压需在水分解电压以上，通过电解水产生的 ·OH 来氧化降解有机污染物。

大量文献证明，BDD 电极完全适用于处理各种类型的有机废水，目前学者已开始关注 BDD 电极的过程放大问题。Zhu 等进行了 BDD 阳极电化学氧化降解苯酚实验的放大研究[45]。放大过程中电极面积扩大到原来的 121 倍（$24cm^2 \rightarrow 2904cm^2$），中试结果表明只要保持小试时的停留时间、电流密度、进水 COD 浓度与小试时一致，就可以完全获得小试时取得的实验结果，而且单位质量 COD 能耗也减少了 50%（$63kW \cdot h/kg \rightarrow 31kW \cdot h/kg$）。

4.4.2.2 PbO_2 电极

PbO_2 电极目前已有 150 多年研究历史，属于研究历史最长的涂层材料电极。在电化学氧化降解有机废水研究中，PbO_2 电极是目前研究较多的一类惰性阳极。与其他类型的惰性阳极相比，PbO_2 电极具有成本低、析氧电位高、在酸性溶液中性质稳定寿命长的优点，也因此受到学者的广泛重视。

（1）PbO_2 电极的制备

早期 PbO_2 电极的合成主要通过在金属铅或铅合金材料表面阳极极化生成 PbO_2 涂层。考虑到金属铅的毒性，当前 PbO_2 电极的合成主要使用惰性材料（比如 Ti）为基底，通过电沉积、热解或高压塑片的方法将 PbO_2 涂层稳定的涂覆在基底表面。随后通过掺杂各种金属及非金属离子来提高电极电化学氧化处理有机废水的能力[46]。

电沉积法制备电极具有所用设备简单、操作方便的优点，因此具有较为广泛的应用。电沉积制备 PbO_2 电极原理如反应式(4-16）和式(4-17)[47]。

阳极反应：

$$Pb^{2+}+2H_2O \longrightarrow PbO_2+4H^++2e^- \quad (4\text{-}16)$$

阴极反应：

$$Pb^{2+}+2e^- \longrightarrow Pb \quad (4\text{-}17)$$

电沉积过程中，酸性条件下一般电沉积生成β-PbO_2，碱性条件下一般电沉积生成α-PbO_2。β-PbO_2 一般形成的电极涂层致密，具有较强的电化学氧化活性，因此作为表面活性层，而α-PbO_2 常用作中间层，用于连接底层和活性层。制备β-PbO_2 电极时，为了减小 PbO_2 涂层与钛基体的应力，提升电极稳定性，一般会在表面层和钛基体之间加底层和中间层（见图 4-12），底层一般用 SnO_2-Sb_2O_5 作底层，α-PbO_2 用作中间层[48]。

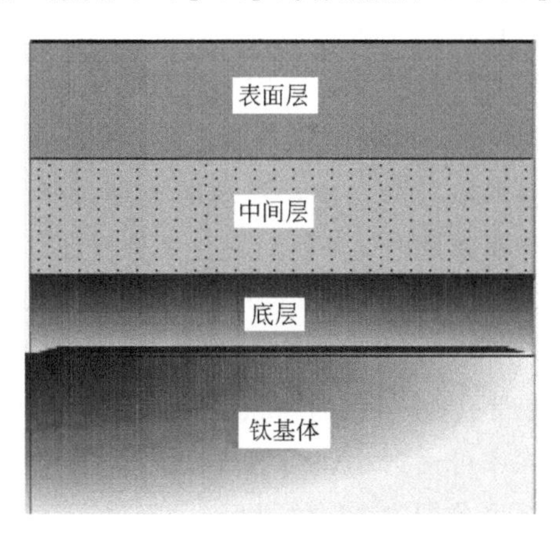

图 4-12 钛基 PbO_2 电极结构

热分解法制备 PbO_2 电极也是一种常用方法，其制备流程为：钛表面预处理后，将涂液均匀地涂覆在钛板表面，烘干后焙烧，重复一定次数后得到我们需要的钛基 PbO_2 电极。研究发现，热解法制得的电极表面涂层为 Pb_3O_4，需要再对电极进行电解极化，使其变为β-PbO_2。

高压塑片法是将制备的 PbO_2 粉末与有机惰性黏合剂混合均匀，将混合粉末β-PbO_2 装入压片模具中，放入压力机中制成 PbO_2 电极的方法[47]。当前，普通的未做改性的 PbO_2 电极已难以满足电化学氧化处理废水的要求，为了得到氧化能力强、寿命长、无污染的 PbO_2 电极，学者们进行了大量尝试，对 PbO_2 电极进行了各类改性修饰。PbO_2 电极的改性主要包括基底材料的改性、金属或非金属元素的掺杂以及与其他固体材料的混合三个方面。学者们为了改善基底与活性层的结合性能，提高电极的寿命和氧化效果，对钛基底进行阳极极化，引入了 TiO_2 纳米管，增大了电极的比表面积，引入活性层后氧化效果优于普通的 BDD 电极[49]。有的使用网状玻碳电极作为基底，其氧化性能优于常规的 PbO_2 电极，TOC 去除率提高了 50%[50]。还有学者选用陶瓷作为基底，从而使电极寿命提升了 35%[51]。PbO_2 电极改性的另一个重要方法是掺杂不同种类的金属离子，主要包括钴[52]、铋[53]、铈[54]、铁[55]和氟[53,55]等。为开发得到催化活性好、制备工序简单的理想电极，研究人员开始尝试掺杂各种颗粒对电极进行改性。目前使用到的固体颗粒有聚四氟乙烯[56]、聚吡咯[57]、碳纳米管[58]以及稀土元素的氧化物[59]等。

(2) PbO_2 电极电化学氧化降解有机废水研究进展

学者们使用合成出的各类改进型 PbO_2 电极，进行了一系列电化学氧化实验表现出了优异的电化学氧化效果，实现了污染物的快速降解。Rodgers 等分别使用 PbO_2、IrO_2 和 SnO_2 电极进行了电化学氧化降解多种氯酚（苯酚、2-氯酚、3-氯酚、4-氯酚、2,4-二氯酚、2,4,5-三氯酚和五氯酚）的实验[60]。结果表明 IrO_2 电极电化学氧化降解有机污染物能力较弱，PbO_2 电极在氧化苯酚及一氯酚时展示出较强的氧化能力，而 SnO_2 电极在氧化二氯酚、三氯酚及五氯酚时表现出较强的氧化能力。Carvalho 等使用 Ti/PbO_2 电极在酸性条件下处理甲基绿废水，作者发现升高温度和增大电流密度有助于污染物的快速降解，升高温度有助于增强传质，而增大电流密度能够增加·OH 的产量，最优条件下可实现 TOC 去除率达到 90%和色度去除率达到 90%[61]。Tong 等将 PTFE 掺杂的 β-PbO_2 涂层电沉积到 Ti 基底或者陶瓷基底上，分别对两种电极进行了强化寿命实验，发现采用陶瓷基底时电极寿命比钛基底时多了 500h。使用陶瓷/PTFE-β-PbO_2 电极电化学氧化降解 4-氯酚时，电极重复使用 200h 后，电极电化学氧化能力仍未见下降[56]。Cao 等在电沉积合成 PbO_2 电极时，将 F^- 掺入电极涂层中，发现电极寿命显著提高（达到纯 β-PbO_2 电极寿命的 3 倍），在氧化降解 4-氯酚时，4-氯酚转化率提升了 10%。另外作者还用电子自旋共振技术捕获了电极电化学氧化过程中产生的·OH，证明 PbO_2 电极的电化学氧化过程是·OH 介导的[62]。离子的掺杂确实能提高 PbO_2 电极的氧化活性，Weng 等制备了 Ce 掺杂的 PbO_2 电极用于处理 100mg/L 的绿松蓝废水，笔者发现相同条件下掺杂 Ce 时处理后的脱色率和 COD 去除率可达到 97.9%和 64.3%，电化学氧化效果明显优于不掺杂的电极（脱色率和 COD 去除率分别为 76.2%和 50.2%）[63]。

4.4.2.3 SnO_2 电极

纯 SnO_2 是一种 N 型半导体材料，其禁带宽度为 3.5eV[64]。纯 SnO_2 电导率较低，不能直接用作电极材料。通过掺入一定量的 Sb、Ru、Ir 或者稀土元素，导电能力得到提升后，常被用在太阳能电池、气体检测等领域。目前 Sb 掺杂的 SnO_2 电极是一种被广泛用于废水处理的阳极材料[2]，SnO_2 电极常见的制备方法有刷涂-热解[65]、离子溅射[66]、溶胶凝胶[67]以及电沉积[35]等方法。

(1) SnO_2 电极的制备

所谓离子溅射，是指由电场等加速获得的高能粒子轰击固体靶材的表面，靶材表面的原子或分子与入射粒子交换动能后从表面飞溅出来的现象。从固体靶材表面溅射来的原子或原子团在运动过程中碰到固体衬底表面，从而在上面沉积凝聚生长，最后在衬底表面形成一层薄膜[68]。具体工作原理如图 4-13 所示。

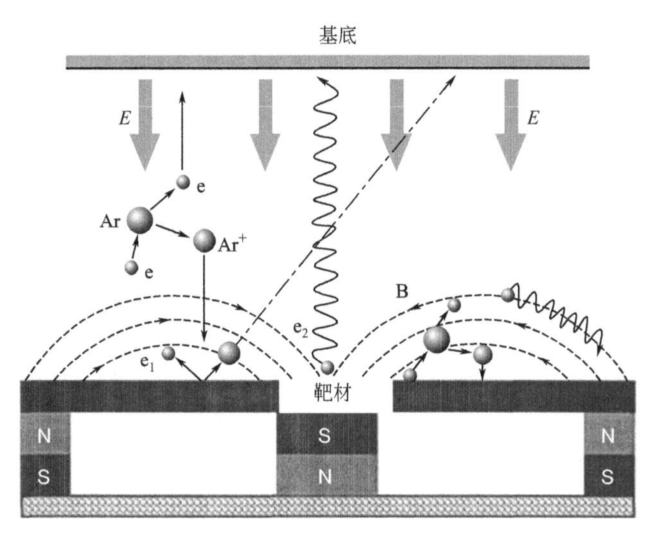

图 4-13 离子溅射工作原理[35]

刷涂-热解法是常用的制备 SnO_2 电极的方法。即在对钛基底进行预处理后，将一定量的前驱液刷涂至基体表面，干燥、焙烧，重复上述操作多次，以得到足够的厚度[69]。

溶胶-凝胶法是指将一定浓度的锡、锑溶液溶于一定浓度的前驱液中，加入氨水和聚乙二醇等成胶试剂，将形成的溶胶涂覆在钛基底上，焙烧后形成纳米级别的 SnO_2 电极[70]。

电沉积法制备 SnO_2 电极，是先通过阴极电沉积的方法在基底制备单质锡涂层，然后将电极转入马弗炉中焙烧一定时间后氧化为 SnO_2 电极。据报道，电沉积合成的 SnO_2 电极涂层致密、均一，可以获得较好的电极寿命及稳定性[35]。

锑掺杂的 SnO_2 阳极具有较强的氧化能力，制作工艺简单，成本低，是一类理想的处理有机废水的阳极材料。目前制约 SnO_2 电极商业化应用的一个重要因素是 SnO_2 电极寿命较短，因此为了提升电极的寿命，学者们进行了大量的研究[2]。常用的提高电极寿命的方法有金属掺杂和改进电极制备等。Montilla 等使用刷涂-热解法制备了 Ti/SnO_2 电极，通过向 SnO_2 前驱液中引入 Pt 元素，使电极寿命提升了 2 个数量级[71]。Correa 等在使用喷涂-热解法合成 SnO_2 电极时引入了元素 Ir，从而使电极寿命提升了 100 倍[72]。事实证明向电极体系中掺入贵金属元素将可以显著提升电极的寿命。另外，为了提升 Ti/SnO_2 电极的寿命，还有学者向电极材料中引入了 Pb 元素，他们通过热解与电沉积的方法合成了 PbO_2-SnO_2 组合电极，与 Ti/SnO_2 电极相比电极寿命提升了 10 倍，同时 TOC 去除率提升了 20%。

(2) SnO_2 电极电化学氧化降解有机废水研究进展

由于 SnO_2 电极的强释氧过电势，是一种较为理想的电化学氧化电极，其氧化性能也受到了学者们的广泛关注。Quiroz 等使用 Sb 掺杂的 SnO_2 电极进行了电化学氧化降解五氯酚的实验，结果表明五氯酚的降解速率只随比电荷（通过单位体积溶液的电荷数）变化，而不随电流密度变化；反应结束后 TOC 去除率达到 92%[73]。He 等除了向 SnO_2 电极中掺入元素 Sb 外，还尝试向其中掺入 Fe 元素并考察了其电化学氧化能力[74]。实验结果表明，在掺入 Fe 后，电极电化学氧化能力显著提升，在 Fe、Sb 最佳投加量的条件下（Fe 5%；Sb 5%），电极降解苯酚及 4-氯酚的速率常数均增大到传统电极的 3 倍。Wang 等通过向 $Ti/SnO_2+Sb_2O_5$ 电极中掺入少量元素 Ni 来改善电极电化学氧化能力[75]。作者发现在最优配比下（Ni 0.8%；Sb 5%）使用该电极进行电化学氧化降解 4-氯酚的实验时，TOC 去除率增大了 15%，经过计算每消耗 1C 电量将会带来 15μg 的 TOC 降解。

4.4.2.4 Ru 掺杂的 Ti/SnO_2 电极电化学氧化降解五氯苯酚反应效果研究[69]

五氯苯酚（pentachlorophenol，PCP），是一种持久性有机污染物（persistent organic pollutants，POPs），其化学性质稳定，可长期存在于环境中，对生物体具有广谱毒性和致突变性。因此环境中的五氯苯酚需要重点关注，认真处理。目前降解五氯苯酚的方法有生化法，物理吸附法，UV、O_3、电催化氧化等高级氧化技术，等等。

在这里，笔者使用刷涂热解法制备了 Ti/SnO_2-RuO_2-Sb 电极，采用正交设计的方法系统考察电催化氧化降解五氯苯酚的各影响因素。

图 4-14 为 Ti/SnO_2-RuO_2-Sb 电极的扫描电镜照片。结果表明电极涂层表面粗糙，孔道明显，说明预处理时草酸对基底表面刻蚀效果明显，即电极有效表面积明显大于表观表面积，有利于反应的快速进行[76]。还可以从图中看出电极表面催化剂粒径为 50nm 左右，颗粒大小均匀。

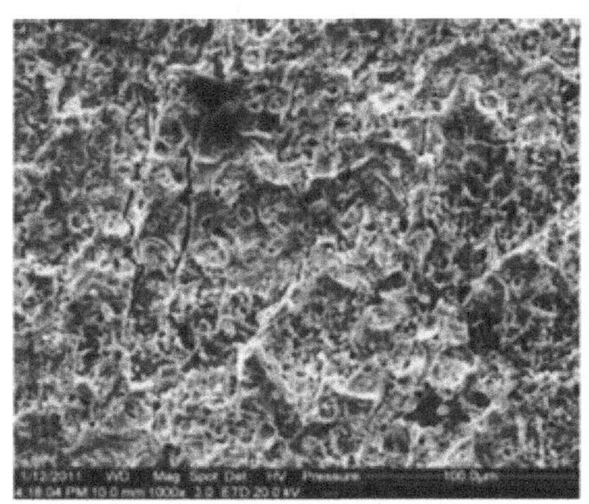

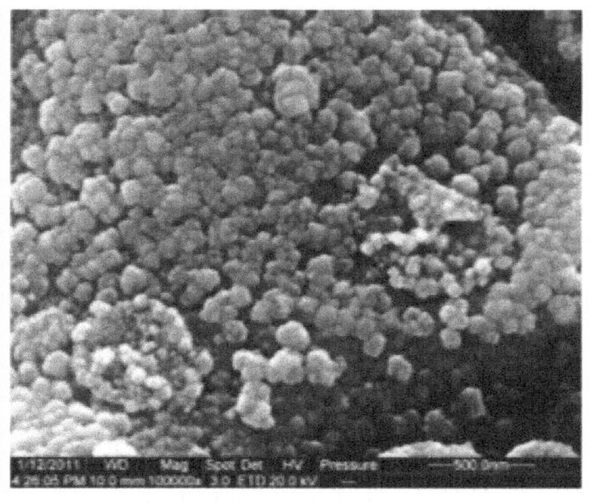

图 4-14 Ti/SnO_2-RuO_2-Sb 电极的扫描电镜照片

图 4-15 为电极的循环伏安曲线，由图中可以看出，五氯苯酚存在时电极的氧化电流密度比空白时大一些，但没有新的氧化峰出现，说明没有有机物直接在电极表面发生氧化。当电压向负方向扫描时，－0.82V 附近有 1 个还原峰，五氯苯酚存在时的还原电流密度大于空白条件下的还原电流密度，表明有机物在逆向扫描时被还原，可能为五氯苯酚降解产生的中间产物，推测反应可能是由水电解产生的 · OH 与底物之间发生了间接氧化。

如表 4-2 所列，选用 5 因素 3 水平的正交表进行正交实验，考察电极电化学氧化降解五氯苯酚效果。使用正交表 L18（3^7），考察底物初始质量浓度、反应温度、电流密度、反应时间、溶液初始 pH 值 5 个因素对五氯苯酚转化率的影响。

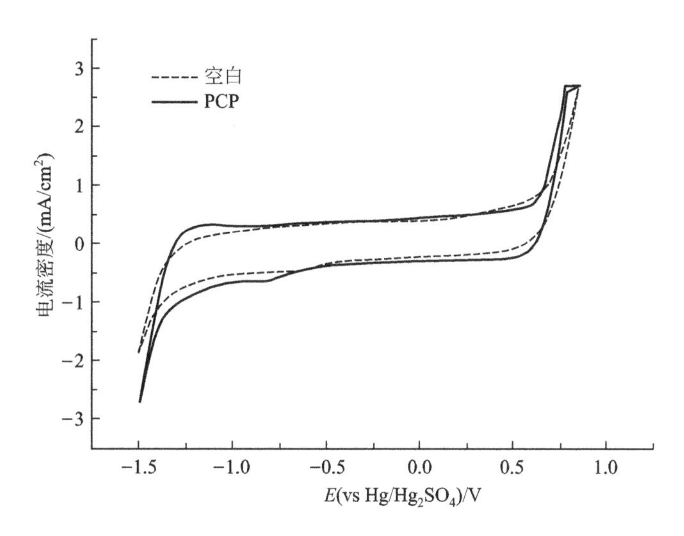

图 4-15 Ti/SnO_2-RuO_2-Sb 电极的循环伏安曲线

表 4-2 正交实验因素与水平

水平	温度/℃	电流密度/(mA/cm^2)	底物初始质量浓度/(mg/L)	反应时间/min	pH 值
1	50	10	100	60	10
2	40	40	75	180	12
3	30	25	50	120	8

极差分析结果表明底物初始浓度对五氯苯酚转化率影响最大，在本章研究范围内各因素对五氯苯酚转化率影响大小顺序依次为：底物初始浓度＞温度＞反应时间＞电流密度＞溶液初始 pH 值。图 4-16 为各因素的效应曲线，由图中结果可以看出反应温度、电流密度、反应时间对五氯苯酚转化率的影响是正相关。反应物初始浓度和溶液初始 pH 值对五氯苯酚转化率的影响是负相关。当温度从 30℃升高到 50℃时，五氯苯酚平均转化率从 60.32%升高到 80.01%；升高温度能促进传质，加速反应物向阳极区的扩散，电流效率和五氯苯酚的转化率有所提高。pH 值的升高可能会使副反应析氧增加，不利于·OH 的生成。由图 4-16 可知，Ti/SnO_2-RuO_2-Sb 电极电催化氧化降解五氯苯酚的最优条件是：

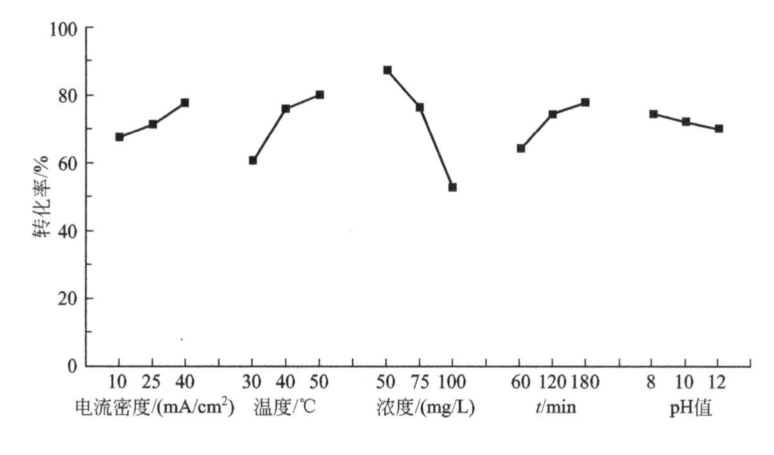

图 4-16 各因素的效应曲线 L18 (3^7)

底物初始浓度 50mg/L，反应温度 50℃，电流密度 40mA/cm^2，反应时间 180min，pH=8.0。

由方差分析（表 4-3）可以看出反应物初始浓度和温度对五氯苯酚的转化率影响特别显著，反应时间对五氯苯酚的转化率影响显著，电流密度影响一般。所以升高温度能显著提高五氯苯酚的转化率。

表 4-3 正交方差分析的结果

方差来源	离差平方和	自由度	*F* 值	显著性
温度	1293.224	2	19.540	* * *
电流密度	320.794	2	4.847	*
底物初始浓度	3830.493	2	57.878	* * *
反应时间	616.862	2	9.321	* *
pH 值	55.352	2	0.836	Θ
误差	132.37	4		

注：* * *表示影响特别显著；* *表示影响显著；*表示影响一般；Θ表示没有影响。

由图 4-16 可知，五氯苯酚的最优去除条件为底物浓度 50mg/L，反应温度 50℃，反应时间 180min，电流密度 40mA/cm^2，pH=8.0。在此最优条件下进行正交验证实验。图 4-17 为此正交验证实验结果，从图中可以看出反应结束时五氯苯酚转化率达到 97.61%，TOC 去除率达到 30.12%，五氯苯酚几乎被完全降解，但 TOC 转化率较低，说明多数五氯苯酚最终并没有完全降解为 CO_2，而是转化为中间产物存在于溶液中。

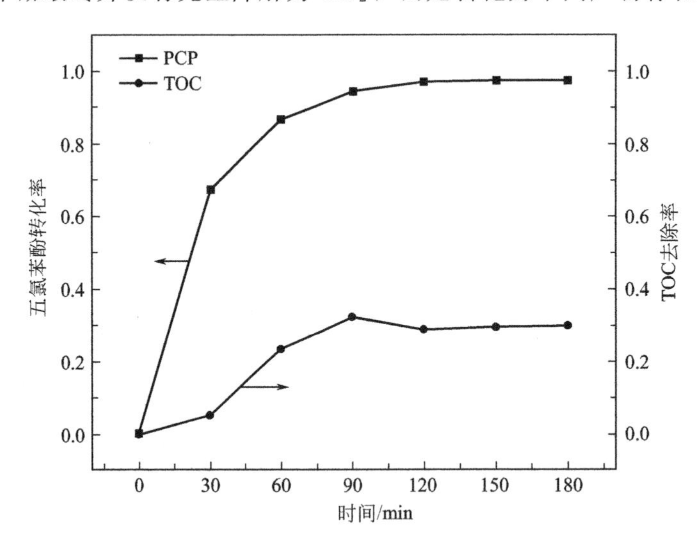

图 4-17 验证实验条件下五氯苯酚转化率和 TOC 去除率

4.4.2.5 Pt 电极与石墨电极

Pt 电极由于其释氧过电势相对较低且成本较高，因此 Pt 电极用于电化学氧化降解有机污染物的研究较少。L Szpyrkowicz 等使用 Ti/Pt-Ir 电极开展了电化学氧化降解制革废水的研究，取得了较好的效果，反应结束时 COD 去除率达到 75%[77]。Vlyssides 等使用

Ti/Pt电极进行了电化学氧化降解造纸废水的研究，COD去除率最优能达到80%[78]。赵国华等采用电化学阴极还原-阳极氧化方法制备了纳米铂微粒电极，扫描电镜图片表明铂微粒在三维网状的二氧化钛膜孔道中呈均匀、高度分散状态，且粒径细小，铂微粒充分裸露，使得纳米铂微粒电极活性点多。制备的纳米铂微粒电极氧化有机污染物的平均氧化电流效率是光滑铂片电极的数倍，进一步表明纳米铂微粒电极对有机污染物具有良好的催化氧化降解能力[79]。

与铂电极相似，石墨电极的释氧过电势也相对较低，且石墨电极的稳定性较差，因此石墨电极用于电化学氧化降解有机污染物的研究也相对较少。黄星发等使用石墨、环氧树脂、固化剂和丙酮为原料，研究制备了一种新型石墨电极。电极经过预处理后用于电化学氧化降解苯酚废水，与传统的石墨电极相比。电极腐蚀问题得到了一定改善，同时TOC去除率也增加了10%[80]。刘屹等使用碳纳米管修饰石墨电极，用于进行电化学氧化降解硝基苯的实验，硝基苯去除率升高了15%。结果说明碳纳米管修饰后石墨电极的电化学氧化效果非常显著[81]。

4.4.2.6 钛基RuO_2电极与IrO_2电极

钛基的RuO_2与IrO_2电极，在电极中属于形稳阳极，即电极作为阳极时电极稳定性非常好。但是，由于两种电极的释氧过电势很低，电解过程中主要是电解水产生氧气。因此钛基的RuO_2与IrO_2电极一般用于处理电解水实验，其电化学氧化降解有机污染物几乎没有效果。在这里就不对两种电极进行介绍。

4.4.3 间接电化学氧化的研究进展

与直接阳极氧化相比，间接电化学氧化技术具有电流效率高、氧化速率快、操作简单的特点，而且由于均相离子在废水中的广泛存在，所以间接电化学氧化法具有较为广泛的应用前景。

4.4.3.1 金属离子间接电化学氧化

金属离子间接电化学氧化的主要过程为，金属离子在酸性溶液中在阳极从稳定的氧化态氧化成更高价态的金属离子，更高价态的金属离子不稳定就会进攻有机物，将有机物降解为二氧化碳、不溶性盐和水等[2]。金属离子的间接电化学氧化特别适用于处理固体废物或高浓度的有机废水，这样可以避免从废水中回收氧化-还原电对。为了提高污染物的处理效果，必须选用具有高过氧化电势的氧化还原电对。常用的金属离子有Ag^+、Co^{2+}、Ce^{3+}等。

(1) Ag(Ⅰ/Ⅱ) 间接电化学氧化体系

由于Ag(Ⅰ/Ⅱ)的标准电极电势为1.98V，所以Ag^+用于电化学氧化具有非常好的效果。其反应原理如式(4-18)和式(4-19)[2]：

$$Ag^+ + NO_3^- \longrightarrow AgNO_3^+ + e^- \tag{4-18}$$

$$AgNO_3^+ + R + H_2O \longrightarrow HNO_3 + Ag^+ + CO_2 \tag{4-19}$$

Accentus 等使用 $AgNO_3$ 为均相催化剂，建立了 Ag(Ⅰ/Ⅱ）间接电化学氧化体系，处理了一系列高毒性有机污染物、有核废料、化学武器以及炸药等，均取得较好的效果。在处理核废料时，电流效率达到了 70%～95%，而核废料被完全降解；化学武器的去除率达到了 99%以上，同时电流效率超过了 50%。该作者在使用此方法处理炸药时也取得了较好的效果，电流效率达到了 80%以上[2]。除此之外，人们还使用 Ag（Ⅰ/Ⅱ）间接电化学氧化体系处理持久性有机污染物[82]、尿素、有机酸[83]等，均取得了较好的效果。Farmer 等研究了使用 Ag(Ⅰ/Ⅱ）间接电化学氧化体系处理乙二醇和苯的氧化效果，结果表明两种污染物都能被完全矿化，电流效率达到 24%～40%。作者同时考察了不同种类隔膜对氧化效果的影响，发现 Nafion 117 阳离子交换膜具有最好的效果[84]。

（2）Co(Ⅱ/Ⅲ）间接电化学氧化体系

Co^{2+} 是另一类具有较好间接电化学氧化效果的金属离子，Co（Ⅲ/Ⅳ）的标准电极电位可以达到 1.82V，所以通过阳极氧化生成的活性四价钴离子具有较强的电化学氧化能力。Farmer 等引入三价钴离子组成间接电化学氧化体系，在无隔膜的电解池中进行反应，以乙二醇、1,3-二氯-2-丙醇、3-氯-1-丙醇和异丙醇为模型底物，均可以实现污染物的完全矿化[85]。Sanroman 等使用 Co(Ⅲ/Ⅳ）间接电化学氧化体系处理了几种染料废水（溴酚蓝、靛蓝、酚红、甲基橙和结晶紫），均能实现完全脱色。而且脱色速率明显好于不加 Co^{+} 的电化学氧化体系[86]。

（3）Ce(Ⅲ/Ⅳ）间接电化学氧化体系

很多文献已证明，使用 Ce 作为间接电催化剂与 Co 和 Ag 相比，有如下优点：a. 成本相对较低；b. 不与氯反应生成沉淀；c. 本身没有毒性；d. 可以采用一些方式将 Ce 加以回收利用。

Chaplin 等比较了 Ce(Ⅳ/Ⅴ）间接电化学氧化体系与 Co(Ⅲ/Ⅳ）间接电化学氧化体系处理胺的反应效果，结果证明 Ce 体系的氧化效果优于 Co 体系，成本上也是 Ce 比较便宜[4]。Nelson 等开发了一套商业化的反应设备，用于处理氯化的除草剂和杀虫剂，加入的 Ce^{3+} 浓度比较高，达到了 1mol/L，反应温度为 90～95℃。结果证明该条件下污染物可以完全去除，同时电流效率也高达 88%[87]。Moon 等在实验室建立单极室和双极室的电化学氧化反应器，分别引入 Ce 间接电化学氧化体系，开展 Ce 间接电化学氧化实验。选用的模型底物有苯酚、苯醌、EDTA、氢醌以及草酸等。TOC 去除率均能达到 95%以上，电流效率超过了 80%[88,89]。

除了 Ag、Co 和 Ce，有学者还研究过 Fe、Mn 等金属离子，这些金属离子组成的间接电化学氧化体系由于电化学氧化生成的高价态离子氧化电位过低，因此体系的电化学氧化效果一般，在这里就不一一介绍了。

4.4.3.2 氯离子间接电化学氧化

在电化学废水处理中，Cl^- 间接电化学氧化体系最早是由学者 Comninellis 与 Nerini 发现的，经过多年发展，Cl^- 间接电化学氧化体系被广泛应用于处理各类有机废水，均取得显著效果[1,2]，有一定的应用前景。Chiang 等采用 Cl^- 间接电化学氧化技术进行了电化学氧化降解垃圾渗滤液的实验[90]。结果表明，当采用 Sn-Pd-Ru 电极作为阳极，在电流密度 15A/m^2，Cl^-投加量 7500mg/L，电解 240min 后，COD 去除率达到 92%，同时氨氮被完全降解。作者研究了不同的阳极材料（石墨、Ti/PbO_2、Ru-Ti 以及 Sn-Pd-Ru 电极）对反应结果的影响，经过对比发现 Sn-Pd-Ru 电极具有最高的电催化活性。Panizza 等使用间接电化学氧化方法进行了降解 2-萘酚的实验。当不加入Cl^-时，只有少量 2-萘酚被氧化降解掉；而当Cl^-存在时，COD 去除率能达到 100%，而且 COD 的降解速率随着 pH 值的升高而增大。Wu 等对比了 BDD 电极与 Ti/RuO_2+IrO_2 阳极在Cl^-存在条件下电化学氧化降解污染物亚甲蓝的能力。当未加入Cl^-时，BDD 电极的电化学氧化能力（6h 后 COD 去除率 100%）明显优于 Ti/RuO_2+IrO_2 阳极（6h 后 COD 去除率达到 26%）；当加入Cl^-时，Ti/RuO_2+IrO_2 阳极电化学氧化降解亚甲蓝的能力显著增强，反应 4h 后两种电极都能实现污染物的完全降解（COD 去除率 100%）[91]。Wu 等的结果表明，当采用Cl^-进行间接电化学氧化实验时，宜选用 DSA 类型的阳极材料（Ti/RuO_2+IrO_2 电极）来进行实验。

4.4.3.3 卤化物间接电化学氧化降解五氯酚废水的研究[26]

间接电化学氧化方法目前已经被用于处理多种有机污染物，但是目前有关使用氯离子间接电化学氧化法降解五氯酚的文献较少[92]。Cl^-是一种很有潜力的均相电催化剂，除此之外，F^-和Br^-等也可以被用来作为电催化剂[93]。其他卤化物（F^-、Br^-、I^-）的引入可以排除五氯酚中本身所含氯的干扰，有助于研究电化学氧化过程中五氯酚的脱氯效果。

在电化学氧化工艺条件的研究中，反应温度的影响是学者关注的重点之一。一般来说，电化学氧化速率遵循 Arrhenius 方程，即随着温度的升高电化学氧化速率在显著增大。但有趣的是，Bonfatti 等和 Zheng 等指出在Cl^-间接电化学氧化过程中，温度对污染物降解效果起负的作用，即随着温度的升高，污染物降解速率在下降[94,95]。所以温度的影响还需要深入研究。

（1）Cl^-浓度对五氯酚降解的影响

图 4-18 为Cl^-浓度（0、1mmol/L、5mmol/L 和 10mmol/L）对五氯酚转化率的影响。从图中可以看出随着Cl^-浓度从 0 升高到 10mmol/L，五氯酚转化率从 5.15%增大到了 75.23%。根据反应式(4-9）和式(4-10)，可以看出，随着Cl^-浓度的升高，电生成活性氯（Cl_2、ClO^-/HClO）的浓度不断增大，所以五氯酚的矿化速率也在不断增大。

（2）电流密度对五氯酚降解的影响

在电化学氧化过程中，选择合适的电流密度对于高效快速降解有机污染物很重要。图 4-19 为在Cl^-浓度 10mmol/L 的条件下，不同电流密度（2.5mA/cm^2、5.0mA/cm^2 和 10.0mA/cm^2）对反应结果的影响。随着电流密度从 2.5mA/cm^2 增大到 10.0mA/cm^2，五氯酚的转化率从 40.25%升高到 100%。另外从图 4-19 中还可以看到不同电流密度下五氯酚转化率随时间的线性回归。从图中可以看出该线性回归较好的符合拟一级反应动力学模型。在电流密度为 2.5mA/cm^2、5.0mA/cm^2 和 10.0mA/cm^2 时，反应速率常数分别为 0.010min^{-1}、0.023min^{-1}和 0.057min^{-1}。如表 4-4 所列，其回归系数分别为 0.9680、0.9871 和 0.9943。

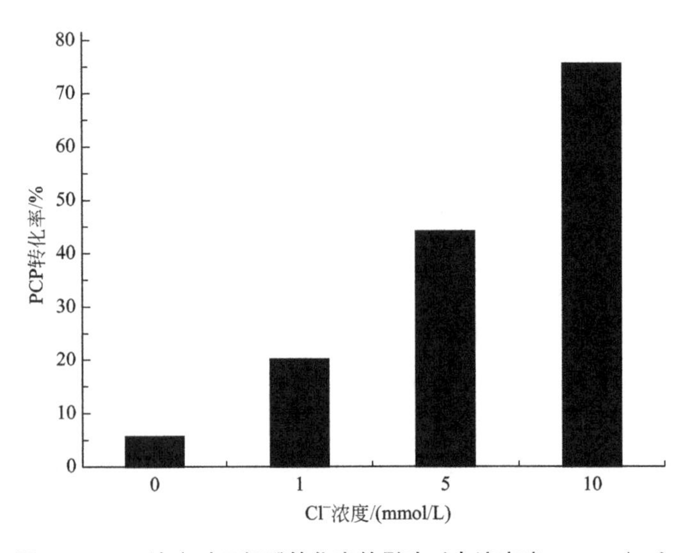

图 4-18 Cl⁻ 浓度对五氯酚转化率的影响（电流密度 5.0mA/cm²，底物初始浓度 50mg/L，pH=8.0，反应温度 30℃）

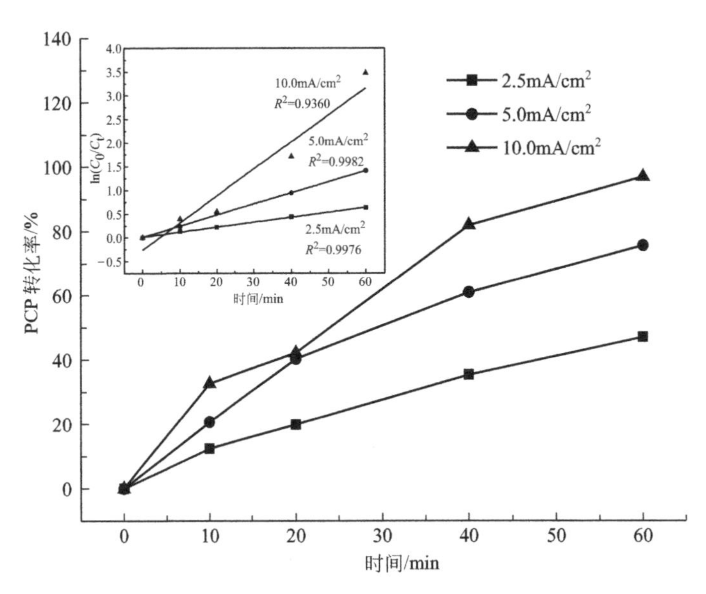

图 4-19 电流密度对五氯酚转化率的影响以及五氯酚转化率对时间的线性回归（Cl⁻ 浓度 10mmol/L，五氯酚初始浓度 50mg/L，pH=8.0，反应温度 30℃）

表 4-4 Cl⁻ 电解体系中不同电流密度条件下五氯酚转化率的速率常数

电流密度/(mA/cm²)	k/min⁻¹	R^2
2.5	0.010	0.9680
5.0	0.023	0.9871
10.0	0.057	0.9943

（3）不同卤族元素对五氯酚降解的影响

图 4-18、图 4-19 已经表明 Cl⁻ 是一种有效的均相电催化剂，氯属于卤族元素的一种，那加入卤族元素是否也会产生较好的效果呢？因此有必要研究加入其他卤族元素后的反应

结果。图 4-20 为不同卤族元素（F、Br、I）对五氯酚降解效果的影响。如图 4-20 所示，卤化物电化学氧化能力大小依次为 $Br^->Cl^->F^->I^-$。Br^- 间接电催化氧化能力最强，在相同条件下五氯酚转化率能达到 100%，而 Cl^-、F^-、I^- 分别只能达到大约 80%、20%和几乎为零。

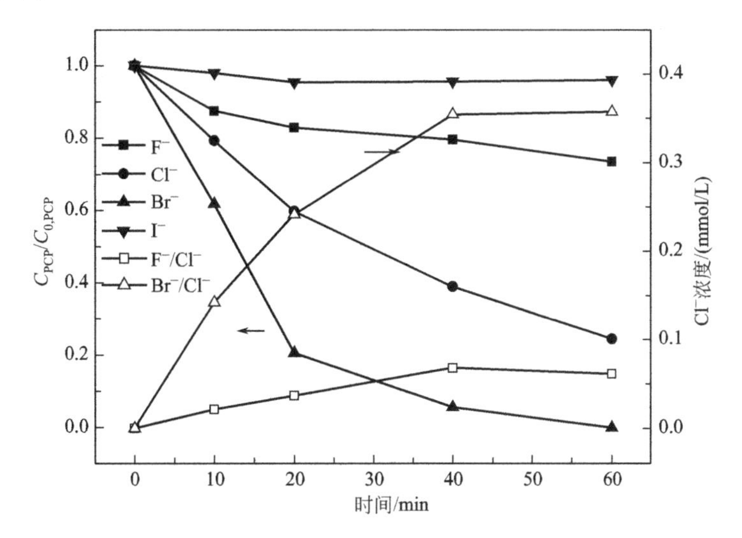

图 4-20 卤族元素种类对五氯酚降解效果的影响（卤化物浓度 10mmol/L，电流密度 5.0mA/cm²，五氯酚初始浓度 50mg/L，pH=8.0，反应温度 30℃）

对于 F^-，与其他三种卤族元素不同，由于其极高的氧化电位，不能直接电化学氧化生成有效氟（F_2，HFO），所以在 NaF 溶液中五氯酚转化率很低。对于 I^-，虽然能生成高浓度的活性碘（I_2），但是由于碘单质的氧化电位非常低［$I_2+2e^- \longrightarrow 2I^-$，0.2905V vs SCE（饱和甘汞电极），25℃］，所以五氯酚不能够被活性碘氧化。而对于 Br^-，由于它的氧化电位（$Br_2+2e^- \longrightarrow 2Br^-$，0.8425V vs SCE，25℃）既高于碘又低于氯（$Cl_2+2e^- \longrightarrow 2Cl^-$，1.1133V vs SCE，25℃），使得 Br^- 成为降解污染物时的最佳选择：既能电化学氧化生成高浓度有效溴，同时生成的有效溴又具有较强的电化学氧化能力，因此在 NaBr 溶液中五氯酚的电化学氧化效果最好。

根据文献［93］，卤族元素电化学氧化降解有机污染物的能力排序为 $F^- \geqslant Br^- > Cl^-$，与本研究得到的结果不同。可能是由于阳极材料的不同，在文献［93］中所使用的阳极材料为 Pt 电极，而在本研究中所用电极材料为 Ti/RuO_2+TiO_2 电极。另一个可能的原因是所用反应底物不同，在本研究中所用底物为五氯酚，其结构稳定难降解；在文献中所用的反应底物为乙酸，较易被降解。

另外，我们也对反应过程中污染物的电化学氧化脱氯效果进行了研究，而我们建立的 F^- 和 Br^- 电化学氧化体系也有助于研究 Cl^- 浓度的变化。从图 4-21 中可以看出，反应 40min 后 Cl^- 浓度基本不再升高。在 Br^- 电化学氧化体系中有更多的 Cl^- 被脱除出来，说明电化学氧化生成的活性溴具有更强的电化学氧化能力。

由于在 F^- 或 Br^- 的电化学氧化过程中释放的 Cl^- 浓度很低，所以可以假设从五氯酚上脱下的取代氯完全转化为 Cl^-，且 Cl^- 不再被阳极氧化生成活性氯。同时为了更好描述 Cl^- 浓度的变化，笔者提出了一个概念：虚拟 Cl^- 浓度，即假设反应过程中被降解的五氯

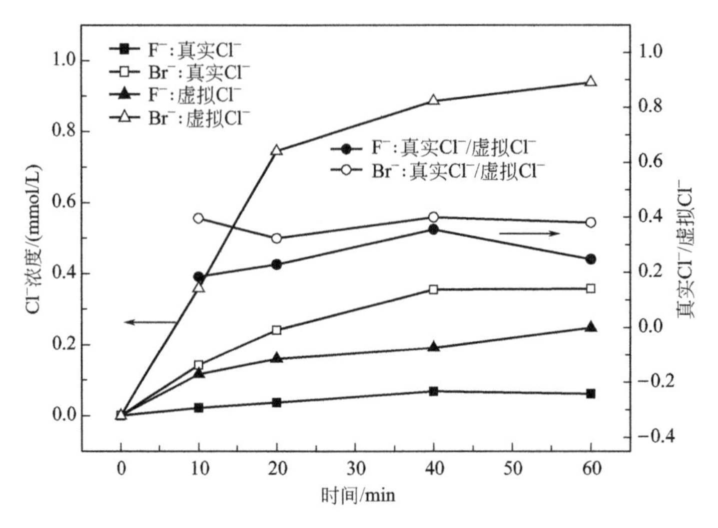

图 4-21 真实 Cl^- 浓度和虚拟 Cl^- 浓度的关系（反应条件与图 4-20 相同）

酚上的氯取代基被完全脱除并转化为 Cl^-，这时可通过 PCP 的转化率来计算虚拟 Cl^- 浓度。图 4-21 还描述了在 F^- 和 Br^- 间接电化学氧化过程中，真实 Cl^- 和虚拟 Cl^- 浓度之间的关系。图中结果表明，真实 Cl^- 与虚拟 Cl^- 浓度变化趋势基本一致，均为反应前 20minCl^- 浓度在快速上升，之后缓慢增加。真实 Cl^- 浓度和虚拟 Cl^- 浓度之比表明五氯酚上的取代氯并没有被完全脱除。在 F^- 溶液中，真实与虚拟离子浓度之比约为 0.3；而在 Br^- 溶液中该比值增大到 0.4，说明 NaBr 溶液中五氯酚脱氯效果更好。这可能是由于 F^- 和 Br^- 之间不同的间接电化学氧化机理。如上所述，在 Ti/RuO_2+TiO_2 电极上，F^- 不能氧化生成活性氟。在研究中，F^- 溶液中更高的污染物去除率可能是由于 F^- 能够通过改变电极表面的化学计量数和微观结构来抑制氧的析出，从而提高电极的电化学氧化能力。但对于 Br^-，污染物的去除主要通过电解生成的活性溴。因此，不同的反应机理导致不同的污染物去除效果和脱氯效果。由于 Cl^- 间接电化学氧化机理和 Br^- 类似，因此能够推测出 Cl^- 溶液电解体系中五氯酚的脱氯效果。

（4）温度对五氯酚降解的影响

在 NaBr 和 NaCl 溶液中，不同温度（30℃、45℃、60℃）下 PCP 的降解规律如图 4-22 所示。与文献 [94，95] 的结果类似，温度对五氯酚转化率的影响是反常的，即随着温度的升高，五氯酚转化率呈现先降低（从 30℃ 到 45℃），再升高（从 45℃ 到 60℃）的趋势。在 NaBr 溶液中，30℃时五氯酚被完全降解，而在 45℃ 和 60℃ 时，转化率只能分别达到 81% 和 87% 左右。在含 Cl^- 溶液中，在反应前 45min，30℃时五氯酚转化率最高；而反应结束时，反应温度 60℃时效果最好，转化率达到了 80%。

图 4-22 也表示了不同温度下五氯酚转化率随时间的线性回归，表 4-5 为不同温度（30℃、45℃、60℃）下，在 Br^- 和 Cl^- 溶液电解体系中的速率常数和回归系数。高回归系数表明，反应数据较好的符合拟一级反应动力学模型，在 NaBr 溶液中，30℃时的反应速率常数是 45℃时的 3 倍以上，但 60℃时的反应速率常数又是 45℃时的 1.2 倍左右。对于 Cl^- 电解体系，60℃时反应速率常数最大，然后是 30℃时的反应速率常数，45℃时反应速率常数最小。

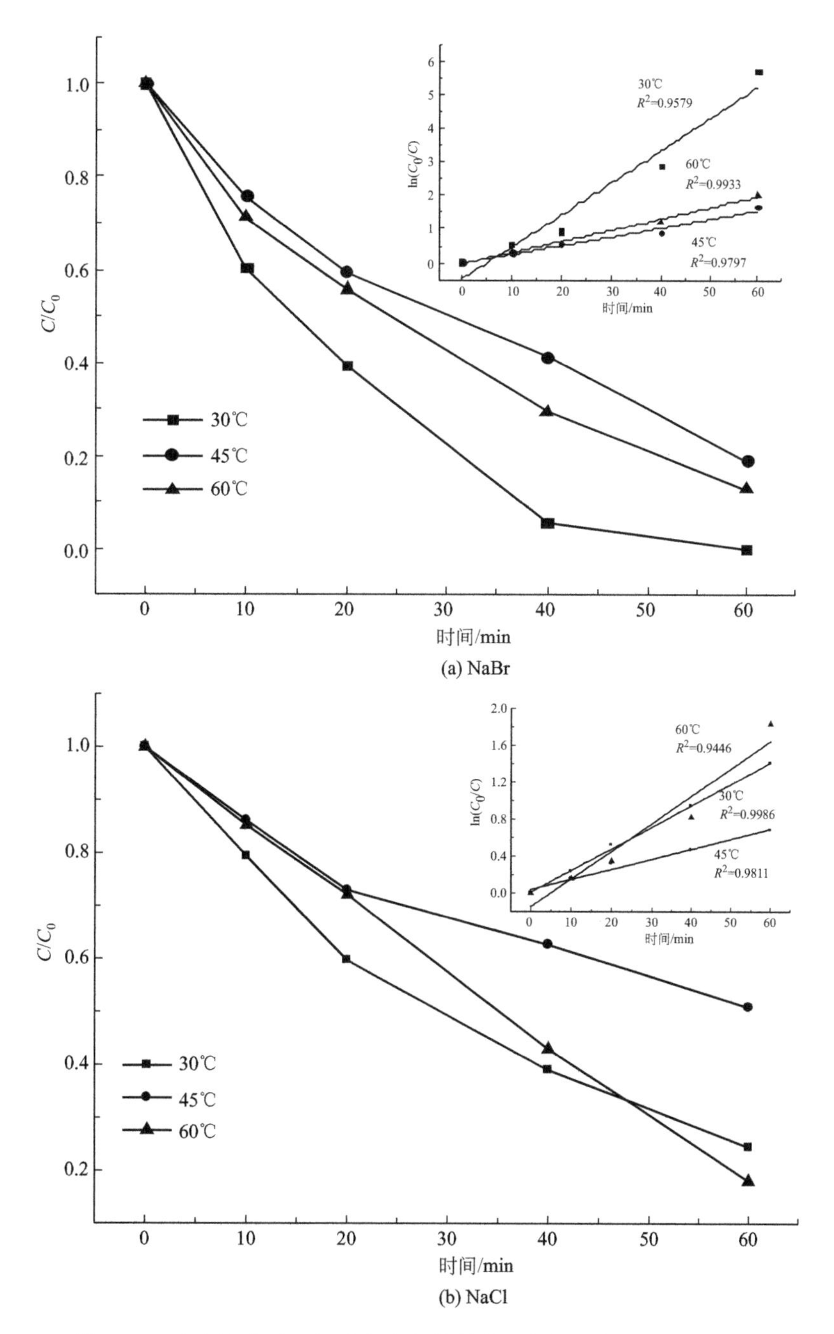

(a) NaBr

(b) NaCl

图 4-22 反应温度对五氯酚去除率的影响（卤化物浓度 10mmol/L，电流密度 5.0mA/cm²，五氯酚初始浓度 50mg/L，pH=8.0）

表 4-5 Cl^- 和 Br^- 电解体系中五氯酚转化率的速率常数和回归系数

卤化物种类	反应温度/℃	k/min^{-1}	R^2
Br^-	30	0.0957	0.9579
	45	0.0264	0.9797
	60	0.0337	0.9933

续表

卤化物种类	反应温度/℃	k/min^{-1}	R^2
Cl^-	30	0.0234	0.9986
	45	0.0109	0.9811
	60	0.0299	0.9446

图 4-23 描述了不同温度下液相中真实和虚拟 Cl^- 浓度。如图所示，真实与虚拟 Cl^- 浓度变化趋势基本一致，在反应前 40min，Cl^- 浓度在快速上升，之后就基本不再变化。从真实与虚拟 Cl^- 浓度之比可以看出并非所有的 Cl 都从五氯酚上脱除下来并转化为 Cl^-，两者比值基本在 0.3～0.5 之间波动。与不同温度下五氯酚转化率变化相同，不同温度下的真实与假设 Cl^- 浓度的最终比值（60min）也是先降低（30℃到 45℃）后升高（45℃到 60℃）。

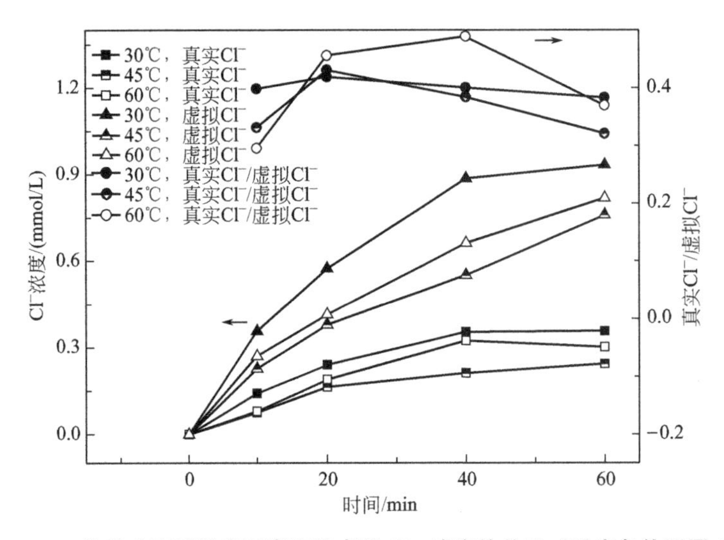

图 4-23 Br⁻ 体系中不同温度下真实和虚拟 Cl⁻ 浓度的关系（反应条件同图 4-22）

导致五氯酚转化率随温度反常变化的原因至少有三个。首先，随着反应温度的升高，活性卤的电生成效率降低。虽然随着温度降低每个反应的速率常数都减小，但是根据文献[93]，活性卤的电生成效率将随着温度降低而增大。第二，活性卤的无效降解将随着反应温度的升高而加快。第三，如表 4-6 所列，在 60℃的电解质中产生了高浓度的 H^+。根据文献 [96]，pH 值的降低将会提高次氯酸的氧化能力，从而使活性卤和与五氯酚的反应速率随着温度升高而增大。从这个角度看，温度升高又有利于五氯酚的降解。因此，综合考虑温度的正面和负面影响后就可以理解五氯酚的转化率先降低（从 30℃到 45℃）后升高（从 45℃到 60℃）的现象了。

表 4-6 Br⁻ 间接电化学氧化体系中 pH 值的变化

时间/min	pH		
	30℃	45℃	60℃
20	8.0	8.0	8.0
40	7.2	6.5	6.3
60	6.4	5.9	5.2

本研究探讨了不同卤素作为电催化剂进行间接电化学氧化降解五氯酚的实验，分别考察了卤化物浓度、电流密度、卤化物种类和反应温度等条件，得到了如下结论。

① 随着卤化物浓度和电流密度的增大，污染物的转化率显著提高。在电流密度为 $2.5mA/cm^2$、$5.0mA/cm^2$ 和 $10.0mA/cm^2$ 时，反应速率常数分别为 $0.010min^{-1}$、$0.023min^{-1}$ 和 $0.057min^{-1}$，反应符合拟一级动力学模型。

② 卤族元素间接电化学氧化能力大小依次为 $Br^- > Cl^- > F^- > I^-$，Br^- 较强的间接电化学氧化能力主要是由于 Br^- 大小适中的氧化电位。同时对反应过程中 Cl^- 浓度的变化进行了考察，结果表明反应结束时只有部分有机物上的 C — Cl 键被完全断开生成 Cl^- 进入溶液中。

③ 五氯酚转化率随时间的变化呈现出先减小后增大的趋势。由于温度的升高使活性卤的电生成效率降低，同时活性卤的无效降解速率将随着反应温度的升高而加快，所以当温度从 30℃升高到 45℃，五氯酚转化率降低。然而，由于较高温度下的反应体系中将会产生更高浓度 H^+，所以五氯酚的转化率又将升高（温度从 45℃到 60℃）。

4.4.4 三维电极电化学氧化的研究进展

很明显，粒子电极的性质是影响三维电极性能的关键因素。目前文献中常用的粒子电极有炭材料类粒子电极、金属氧化物类粒子电极以及复合型粒子电极。

常用的碳素类粒子电极类型有活性炭、炭气凝胶、炭黑、膨胀石墨等。Canizares 等以不锈钢为阳极，以活性炭为粒子电极，进行了电化学氧化降解苯酚的实验。实验证明苯酚可以在三维电极上快速高效地降解，作者通过对反应过程的分析，认为污染物的降解主要通过直接氧化、间接或化学氧化以及电化学聚合三条路径，而在该文献中污染物主要是通过化学氧化的方法降解的[97]。Xiong 等以活性炭为粒子电极，使用间歇式反应器处理各类模型废水均取得较好效果[20,34]。他们首先使用该方法进行了电化学氧化降解染料废水的实验（酸性红-B 和酸性橙-Ⅱ），经过前处理后的溶液在进入三维电极反应器后 COD 去除率能达到 80%。作者认为三维电极主要是通过阳极氧化以及阴极还原生成的 H_2O_2 来降解污染物。作者又使用了三维三相反应器进行了电化学氧化降解苯酚的实验，由于活性炭较大的吸附能力，作者进行了连续批次实验，在连续进行 200 次实验后，COD 去除率仍能达到 65%，证明污染物的降解主要是通过三维电极的电化学氧化来实现的。他们还使用该方法来处理传统高级氧化法很难降解的草酸，用该体系重复进行 50 次实验后 COD 去除率仍维持在 90%以上。Wu 等第一次将炭气凝胶引入三维电极实验中作为粒子电极，结果表明炭气凝胶是一种理想的粒子电极材料，反应重复进行 100 次以后脱色率仍能达到 95%[21]。Lv 等也研究了炭气凝胶电极作为粒子电极的可行性，使用该粒子电极进行了电化学氧化降解苯酚的实验，结果表明反应重复 50 次后，COD 的去除率仍能达到 85%[98]。Boudenne 等采用连续反应器，以炭黑为粒子电极处理 4-氯酚模型废水并通过中间产物的检测对 4-氯酚的降解机理进行了研究[99]。

有关采用金属氧化物颗粒作为粒子电极的报道并不多，目前只有 Sharifian 等在 1986 年发表的一篇文献。作者 Sharifian 等用 PbO_2 粒子电极组成三维电极进行了电化学氧化降解苯酚的实验，反应 6h 后可以实现苯酚完全转化，但反应过程中生成的部分中间产物无法被完全降解[100]。

所谓复合型粒子电极是指粒子电极由两种或两种以上材料通过物理或化学的方法复合而成的材料。张芳等采用 γ-Al_2O_3 担载 Mn-Sn-Sb 的氧化物，进行电解苯酚废水实验，重复 5 次后 TOC 去除率仍维持在 70%以上[101]。Lin 等在高岭土上担载 CuO-Co_2O_3 活性组分，进行处理表面活性剂模型废水研究，结果表明加入粒子电极后电化学氧化效率显著提高[102]。Ma 等在膨润土上担载硫酸铁，并用高锰酸钾预处理，做成电催化剂后用于电解苯酚废水的实验，反应 10min 后 COD 去除率即可达到 90%以上[103]。

4.4.5 活性碳纤维三维电极电化学氧化降解苯酚废水的实验研究

对于三维电极电化学氧化降解有机污染物的反应中，反应结果的好坏直接与粒子电极的性能相关，前人的研究结果已经表明粒状活性炭（GAC）是一种高效的电催化剂[20,34]。这里介绍一个全新的碳材料——活性碳纤维（ACFs)，其具有较高的吸附或脱附速率，较大的微孔结构以及特殊的表面反应活力。同时，在去除废水中有机污染物的研究中，活性碳纤维也具有较为广泛的应用，如在吸附或电吸附实验中被用作吸附剂，在电化学反应中用作电极，等等。

（1）不同活性碳纤维类型对反应结果的影响

为了研究活性碳纤维作为粒子电极的电化学氧化效果，图 4-24 对比了 GAC 与 ACFs 电化学氧化降解苯酚的效果。从图中可以看出 ACFs 的电化学氧化效果明显优于 GAC 的效果，前者的苯酚转化率和 TOC 去除率基本能达到后者的 2 倍。当 ACFs 作为粒子电极时，其苯酚转化率能达到 45.96%，TOC 去除率能达到 38.07%；而使用 GAC 作为粒子电极时，苯酚转化率只能达到 20.98%，TOC 去除率只能达到 18.52%。同时，粒状活性炭上苯酚饱和吸附量为 185mg/g，ACFs 上饱和吸附量为 190mg/g，证明吸附对两者的反应结果影响不大。而对于二维电极，苯酚转化率和 TOC 去除率均小于 10%，说明本章所用 Ti/RuO_2＋TiO_2 阳极几乎不具有电化学氧化降解污染物的能力，即在三维电极中污染物主要是被粒子电极去除。

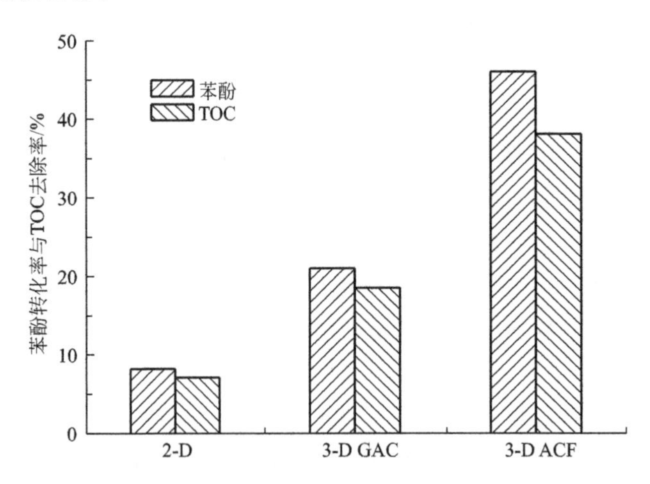

图 4-24 不同类型的活性碳纤维类型对苯酚转化率和 TOC 去除率的影响

(底物初始浓度 250mg/L，电流密度 20mA/cm^2，pH＝5.8)

(2) 底物浓初始度对反应结果的影响

图 4-25 介绍了底物初始浓度对苯酚转化率和 TOC 去除率的影响。结果表明随着底物浓度的增大（从 250mg/L 升高到 1000mg/L），苯酚转化率从 45.96%下降到 19.83%，TOC 去除率从 38.07%下降到 18.07%。

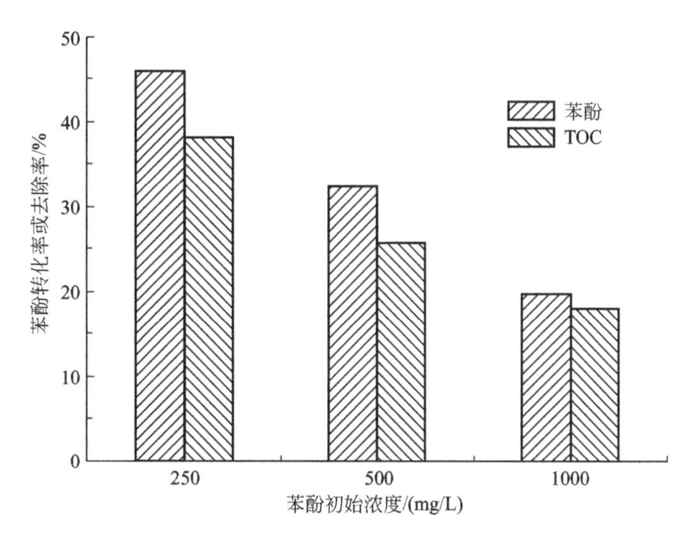

图 4-25 使用 ACFs 作为粒子电极时底物初始浓度对苯酚转化率和 TOC 去除率的影响

(电流密度 20mA/cm^2，pH=5.8)

(3) 电流密度对反应结果的影响

图 4-26 主要考察了电流密度对反应结果的影响。从图 4-26(a) 中可以看出随着电流密度从 10mA/cm^2 增大到 40mA/cm^2，苯酚转化率将从 33.41%增大到 55.72%，TOC 去除率将从 22.51%增大到 43.15%。尽管底物转化率和 TOC 去除率随着电流密度的增大而不断升高，但从图 4-26(b) 可以看出污染物最终矿化效率在不断下降。当 TOC 去除率

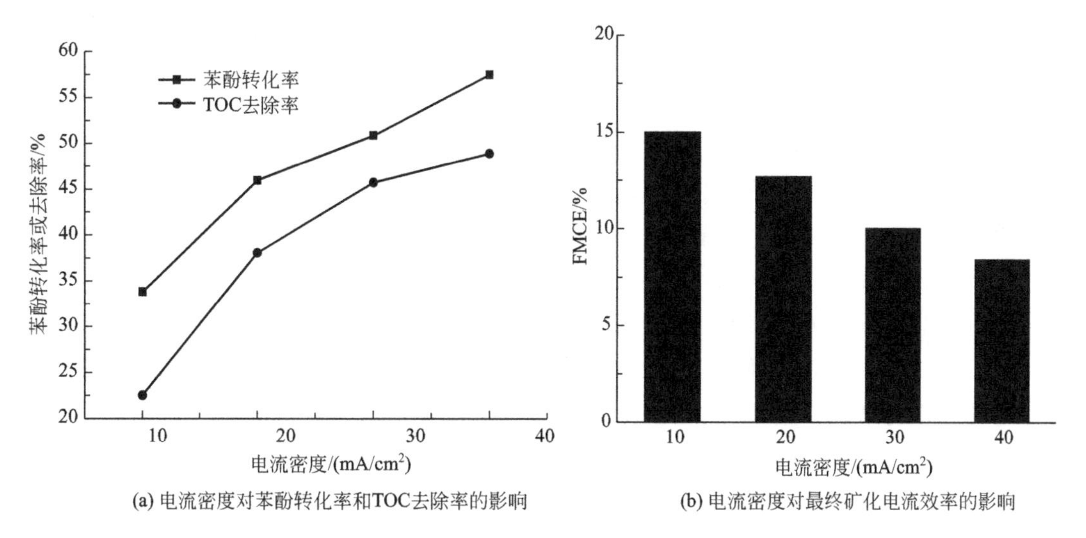

图 4-26 使用 ACFs 作为粒子电极时电流密度对苯酚转化率、TOC 去除率以及最终矿化电流效率的影响

(底物初始浓度 250mg/L，pH=5.8)

和苯酚转化率最高时，最终矿化电流效率（FMCE）却最低。因此为了保证底物较高的转化率和维持合适的最终矿化电流效率（最终矿化电流效率>10%），决定选择 30mA/cm² 的电流密度进行实验。

（4）溶液初始 pH 值对反应结果的影响

图 4-27 分析了溶液初始 pH 值对底物浓度和 TOC 去除率的影响。从图 4-27 中可以看出底物浓度与 TOC 去除率与溶液初始 pH 值紧密相关，当溶液初始 pH 值为 2.0、4.0、5.8 和 8.0 时，反应 180min 后苯酚最终转化率分别为 78.41%、78.75%、55.93%和 56.89%，TOC 去除率分别为 75.21%、75.42%、47.21%和 47.30%，说明强酸性条件有助于污染物的降解。

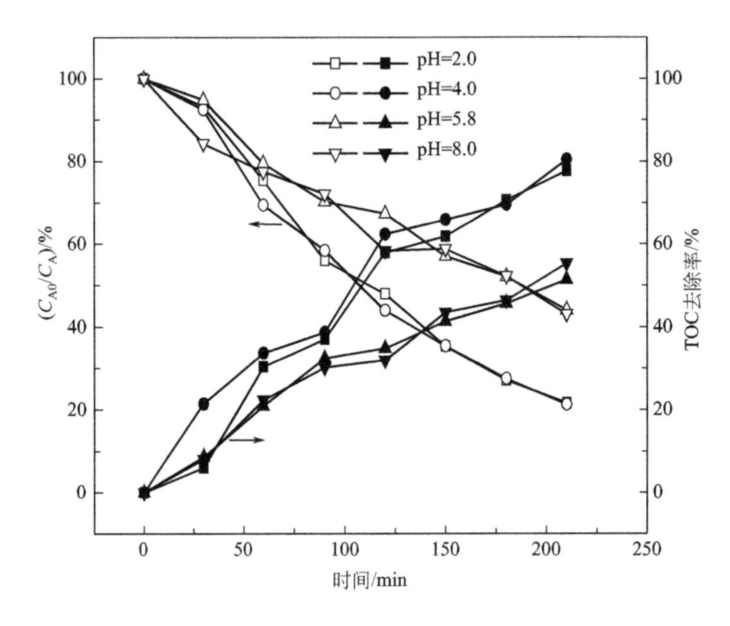

图 4-27 溶液初始 pH 值对底物浓度和 TOC 去除率的影响

（底物初始浓度 250mg/L，电流密度 30mA/cm²）

（5）寿命实验

之前的一系列实验已经表明，ACFs 在降解有机污染物方面降解表现出了优异的性能，活性是一方面，同时反应寿命对于三维电极的工业化应用也很关键，因此本节开展了活性碳纤维的寿命实验。

如图 4-28 所示，对于三维电极电解，TOC 去除率随着反应批次不断下降，在反应 20 次以后 TOC 去除率逐渐平稳，反应 40 次后未见 TOC 去除率的下降，说明 ACFs 表现出了稳定的电催化活性。前期 TOC 去除率的快速下降是由于 ACFs 的巨大吸附能力，待吸附基本达到饱和后 TOC 去除率曲线趋向平稳。而对于 ACFs 的吸附实验，随着吸附批次的进行，TOC 去除率急剧下降，吸附 11 次以后 TOC 去除率已下降为 0，吸附达到饱和。对于二维电极电化学氧化实验，每次只有 7.12%TOC 去除率。综上，假设反应结束时 ACFs 已经被苯酚吸附饱和，可以得到反应 40 次后 TOC 真正去除量为 304mg。

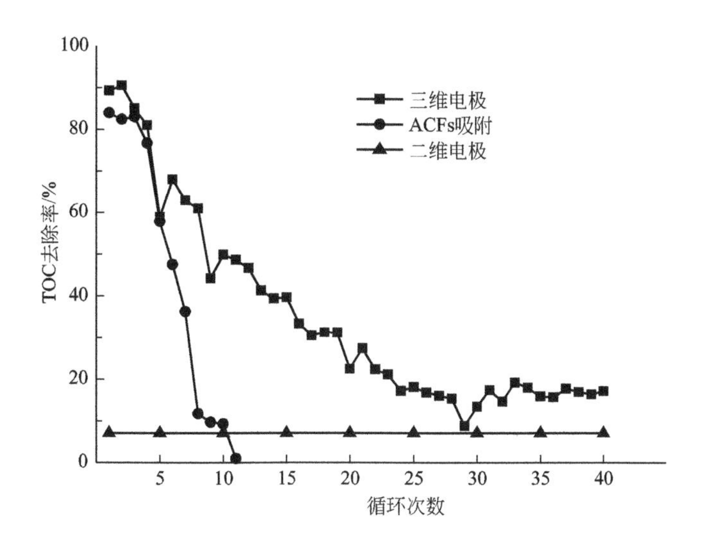

图 4-28 pH=2.0 时 ACFs 寿命实验

（底物初始浓度 250mg/L，电流密度 30mA/cm²）

实验结果表明，活性碳纤维作为粒子电极的电化学氧化能力明显优于粒状活性炭，使用活性碳纤维时苯酚转化率和 TOC 去除率基本能达到粒状活性炭的 2 倍。使用活性碳纤维作为粒子电极，研究了底物浓度、电流密度和溶液初始 pH 值对反应结果的影响。结果表明随着底物浓度的下降，电流密度的升高，苯酚转化率和 TOC 去除率显著增大，强酸性条件（pH=2.0 和 4.0）有助于污染物的快速降解。寿命实验表明活性碳纤维重复进行 40 次反应后，反应活性未见下降，吸附平衡后 TOC 去除率约为 20%。

4.4.6 多种电极电化学氧化降解间甲酚效果评价

许多学者研究表明 BDD 电极是一种优良的电化学氧化电极，虽然将 BDD 电极应用于工业废水处理还有很长的路要走，但 BDD 电极的巨大潜力依旧不容忽视。本节比较了几种活性阳极（Ti/Ru-Ir、Ti/Ir-Ta、Ti/Pt）和非活性阳极（Ti/PbO_2、Ti/SnO_2、Si/BDD）电催化氧化降解间甲酚性能及产物的差异，考察了电极间距、电解质浓度、温度、电流密度及甲酚异构体对 BDD 电极电催化降解效果的影响。

4.4.6.1 电极表征

BDD 电极的形貌如图 4-29(a)、(c) 所示，可以看出 BDD 电极表面由角状和无序的多晶颗粒组成，且 C 元素和 B 元素混合均匀。图 4-29(b) 为 BDD 的晶体结构和元素分布，在 2θ=43.92°和 75.30°的衍射峰分别对应于金刚石的（111）和（220）晶面，符合标准数据的 JCPDS 卡片（No 06-0675）。元素分布可以看出，仅有少量的 B 被检测到，由于薄膜中 B 的掺杂含量较少，XRD 谱图中未检测到 B 的衍射峰。由拉曼光谱图 4-29(d) 所示，在 1332cm^{-1}处出现的尖峰为金刚石的典型特征峰[104,105]。B 原子的掺入导致了 1200cm^{-1}峰的出现，1580cm^{-1}的峰（G 峰）的出现归因于无定形的 sp^2 C[106,107]。

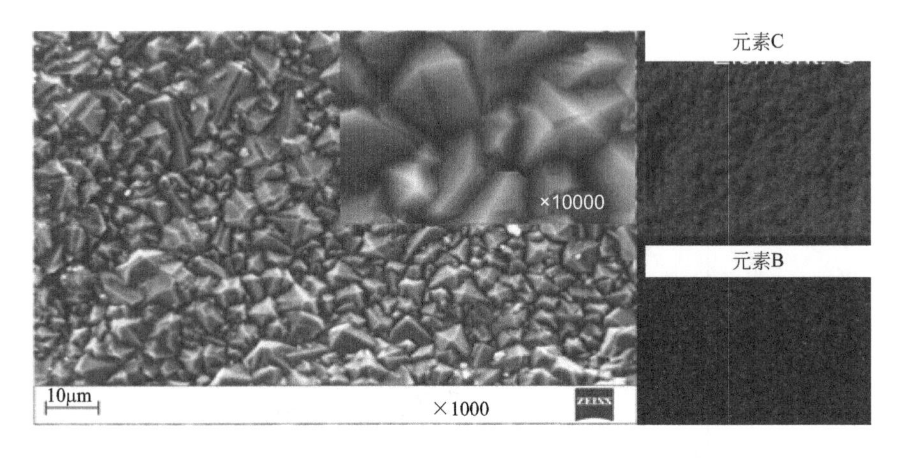

(a) SEM图

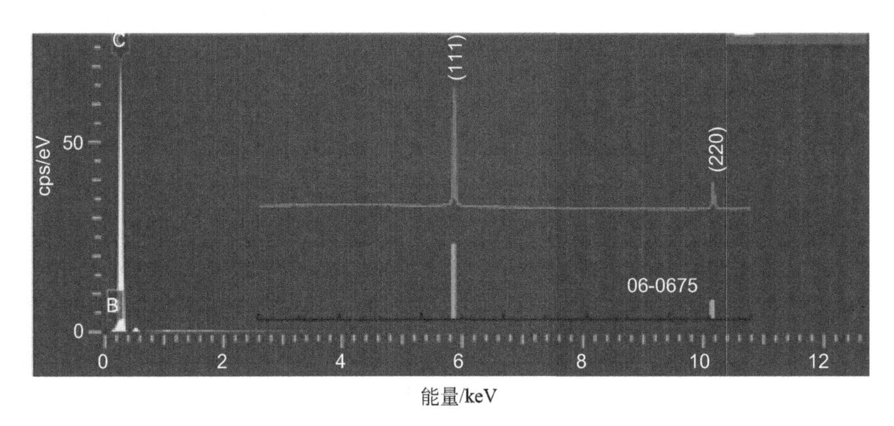

(b) XRD图

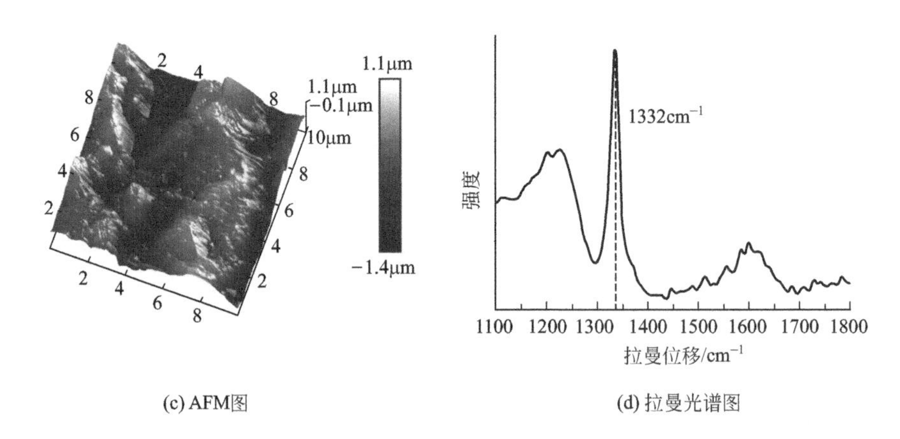

(c) AFM图

(d) 拉曼光谱图

图 4-29 BDD 电极的 SEM 图、XRD 图、AFM 图和拉曼光谱图

4.4.6.2 电极电化学性能表征

图 4-30 为扫描速率（v）为 100mV/s 的不同阳极的循环伏安曲线，空白实验的电解质为 0.5mol/L Na_2SO_4，对比实验电解质为 0.5mol/L Na_2SO_4 和 100mg/L 间甲酚混合溶液。其中，Ti/Ir-Ta 阳极的可逆性最好，PbO_2 阳极的氧化峰和还原峰分别对应于

Pb^{2+}的氧化和 Pb^{4+}的还原。加入间甲酚后，一个新的氧化峰出现在 PbO_2 阳极的循环伏安曲线上，说明此条件下电子转移的直接氧化反应发生在 PbO_2 阳极表面与间甲酚之间。

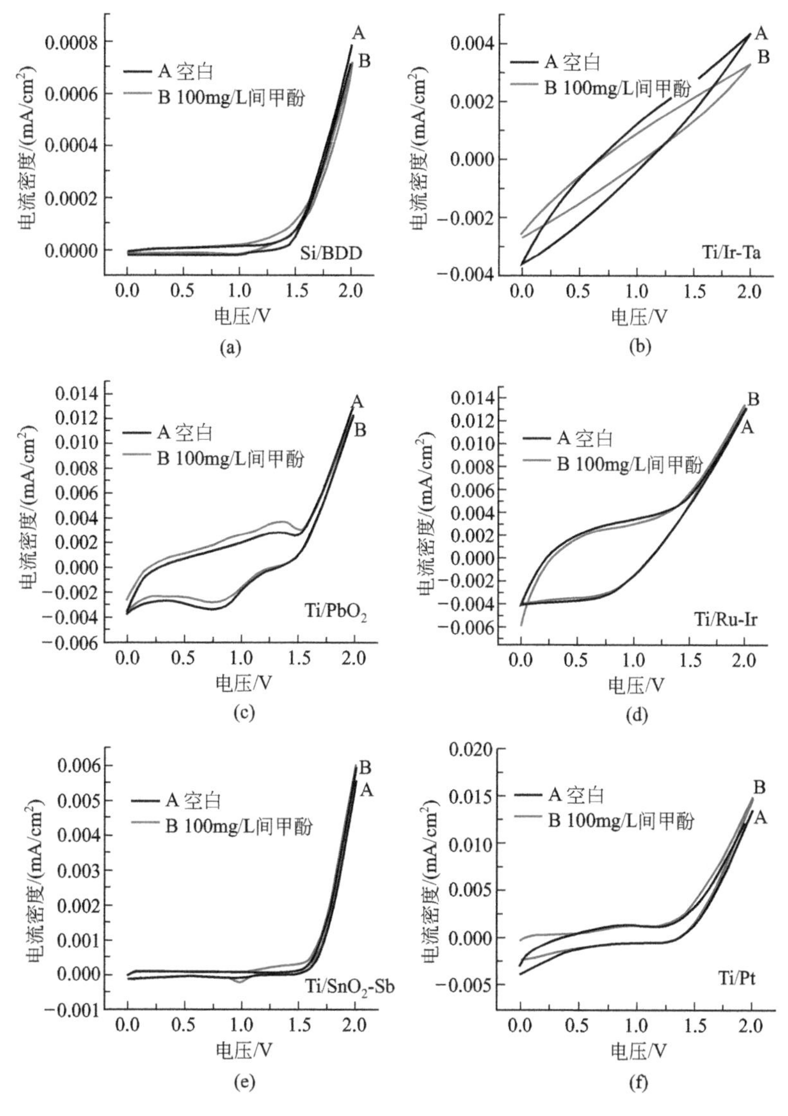

图 4-30 不同阳极的循环伏安曲线

如图 4-31(a) 所示对 PbO_2 阳极进行 3 次循环伏安扫描，电解质为 0.5mol/L Na_2SO_4 和 100mg/L 间甲酚混合溶液，v 为 100mV/s。在第一次 PbO_2 阳极的循环伏安扫描曲线中出现了一个新的氧化峰，然而在第二次和第三次扫描曲线中氧化峰消失，这可能是由于电解形成的聚合物吸附在电极表面，阻碍了电极的直接氧化反应。在实际降解过程中，由于间接氧化反应及析氧副反应的发生，电极的中毒现象可以有效避免。如图 4-32(b) 所示，对不同阳极进行线性扫描，非活性阳极包括 Si/BDD、Ti/PbO_2、Ti/SnO_2-Sb 电极均表现出较高的析氧过电位，表明它们具有更优异的降解有机物的能力。

4.4.6.3 不同阳极降解性能的比较

采用 Si/BDD、Ti/Ru-Ir、Ti/Ir-Ta、Ti/Pt、Ti/PbO_2 和 Ti/SnO_2 电极作为阳极对

间甲酚进行降解，电流密度（I_D）为 $20mA/cm^2$，温度（T）为 25℃，电极间距（d）为 2cm，Na_2SO_4 为电解质且浓度（C）为 0.1mol/L，时间为 1h。如图 4-32(a) 所示，Ti/PbO_2、Ti/SnO_2 和 Si/BDD 阳极对间甲酚表现出更优异的去除能力，这与线性扫描结果一致。此外，如图 4-32(b) 所示，TOC 去除实验结果表明由于 BDD 电极表面产生的“准自由”·OH 具有较高的反应活性[108]，因此对有机物表现出最优的矿化能力及最低能耗，降解间甲酚的电极活性顺序为：Si/BDD＞Ti/SnO_2＞Ti/PbO_2＞Ti/Pt＞Ti/Ir-Ta＞Ti/Ru-Ir。

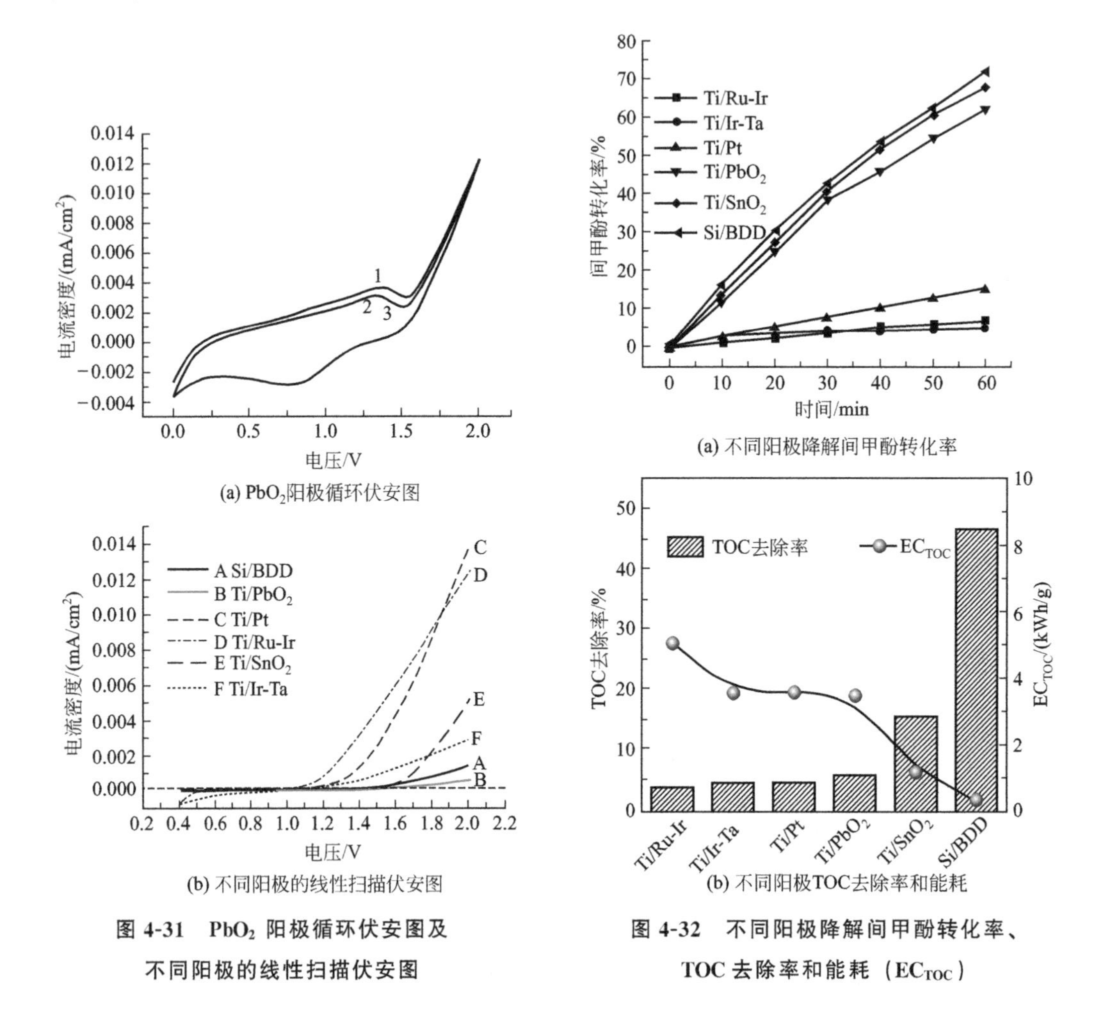

(a) PbO_2阳极循环伏安图

(b) 不同阳极的线性扫描伏安图

图 4-31 PbO_2 阳极循环伏安图及不同阳极的线性扫描伏安图

(a) 不同阳极降解间甲酚转化率

(b) 不同阳极TOC去除率和能耗

图 4-32 不同阳极降解间甲酚转化率、TOC 去除率和能耗（EC_{TOC}）

4.4.6.4 不同阳极降解中间产物的比较

如图 4-33(a) 所示，在不同阳极降解过程中均检测到中间产物甲基对苯醌（M1）。其中，Ti/PbO_2 阳极降解间甲酚得到最多的中间产物，其次是 Ti/SnO_2-Sb 阳极，在 Si/BDD、Ti/Ru-Ir、Ti/Ir-Ta 和 Ti/Pt 等阳极的降解过程中只检测到了一种中间产物。从图 4-32(a) 和图 4-33(b) 可以看出，Ti/Ru-Ir、Ti/Ir-Ta、Ti/Pt 阳极降解间甲酚的转化率较低，说明只有少量的间甲酚发生转化。而在 Si/BDD 电极降解过程中，间甲酚和 M1 可以快速矿化为 H_2O 和 CO_2，进一步说明 Si/BDD 电极具有较强的降解能力。阳极材料具有不同的电化学活性和物理性质，因此对间甲酚降解通常表现出不同的电催化降解路径。

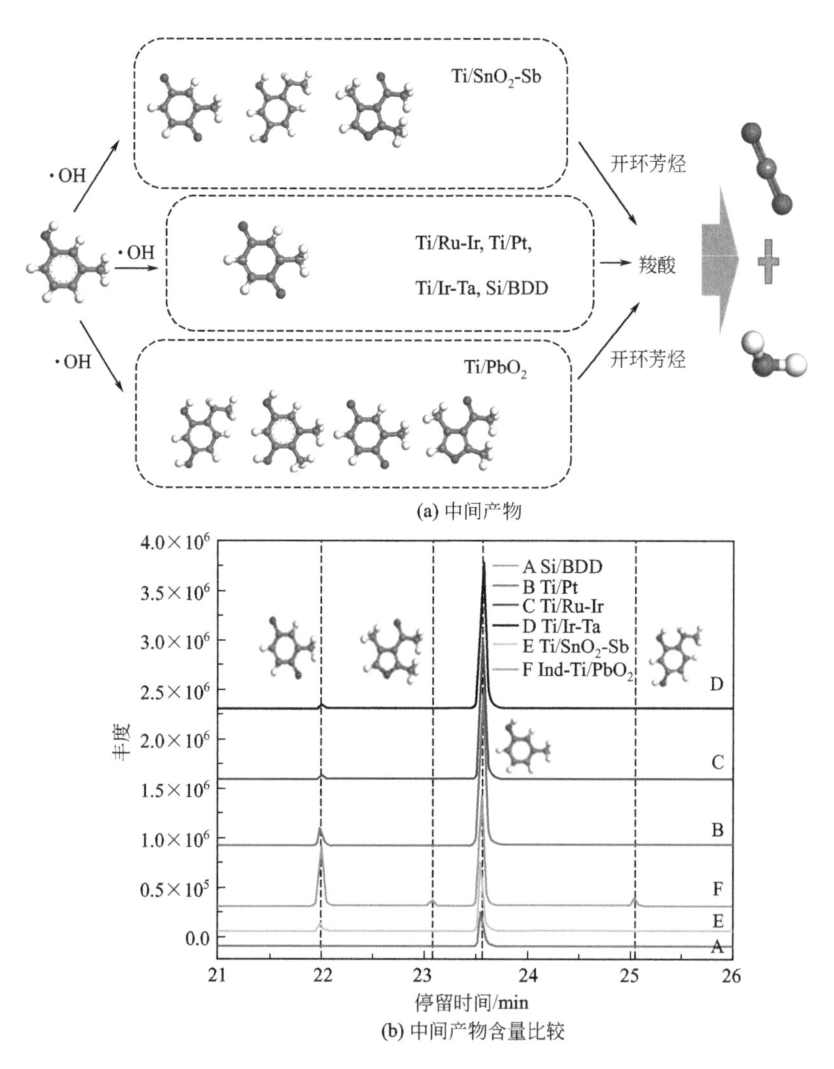

图 4-33 不同阳极 GC-MS 检测的中间产物和产物含量比较

4.4.6.5 不同实验参数对 BDD 电极降解间甲酚的影响

考察了不同实验参数包括电极间距（I_D 30mA/cm^2，T 25℃，C 0.1mol/L)、电解质浓度（I_D 30mA/cm^2，T 25℃，d 2cm)、温度（I_D 30mA/cm^2，C 0.1mol/L，d 2cm)、电流密度（T 25℃，C 0.05mol/L，d 2cm）对 BDD 电极电催化降解间甲酚的影响。如图 4-34(a)～(d) 所示，电极间距、电解质浓度、温度和电流密度对间甲酚的电催化降解效果表现出不同程度的影响。显然，前两个因素的改变对间甲酚的降解影响不显著，但表 4-7 表明较小的电极间距、较高的电解质浓度有利于降低能耗，这对实际的应用过程具有一定的指导意义。温度的增加有利于间甲酚转化率和 TOC 去除率的提高，这是由于温度的增加使得介质黏度降低[109,110]，加速·OH 和有机物之间的碰撞（质量扩散增加)。间甲酚和 TOC 去除率随电流密度增加的现象可以由·OH 的产生速率解释，因为电流密度越大，单位时间内生成的·OH 就越多，越有利于有机物的降解，但同时析氧副反应也会增强，从而导致电耗的增加。

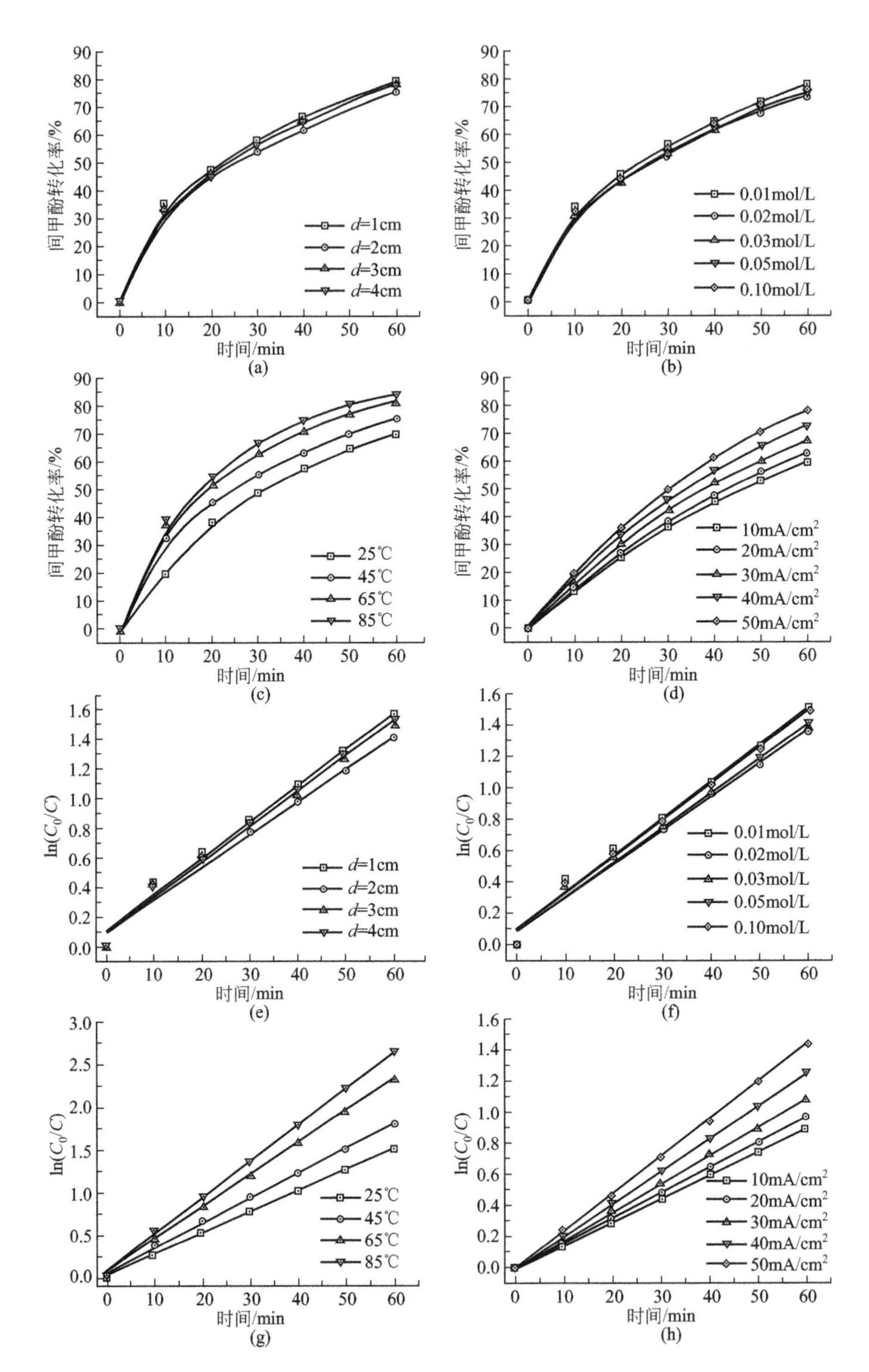

图 4-34 不同实验参数对间甲酚转化及其动力学曲线的影响

间甲酚的降解速率（r）可以由式(4-20)得到：

$$r=\frac{\mathrm{d}[m\text{-cresol}]_t}{\mathrm{d}t}=k[\cdot\mathrm{OH}]^{\alpha}[m\text{-cresol}]_t=k_{\mathrm{app}}[m\text{-cresol}]_t \tag{4-20}$$

式中，α、k、k_{app}分别为反应级数、真实速率和表观速率常数；$[m\text{-cresol}]_t$ 是 t 时刻

间甲酚在波长 272nm 的吸附值。如果降解过程符合假一级反应动力学，则 k_{app} 可由式(4-21) 计算：

$$\ln \frac{[m\text{-cresol}]_0}{[m\text{-cresol}]_t} = k_{app} t \tag{4-21}$$

式中，$[m\text{-cresol}]_0$ 是初始时刻间甲酚在波长 272nm 的吸附值；$[m\text{-cresol}]_t$ 是 t 时刻间甲酚在波长 272nm 的吸附值。由图 4-34(e)～图 4-34(h) 可知，不同条件下的降解过程完全遵循假一级反应动力学，表观速率常数几乎不受电极间距和电解质浓度的影响，但随着温度和电流密度的增加而增加。

表 4-7　不同实验参数对降解间甲酚的影响

电极间距/cm					电解质浓度/(mol/L)					
参数	1	2	3	4	参数	0.01	0.02	0.03	0.05	0.1
$k_{app}/\times10^{-2}\text{min}^{-1}$	0.0242	0.0216	0.0237	0.0241	$k_{app}/\times10^{-2}\text{min}^{-1}$	0.0236	0.0211	0.0219	0.0221	0.0234
R^2	0.9826	0.9779	0.9868	0.9902	R^2	0.9867	0.9816	0.9868	0.9877	0.9889
TOC 去除率/%	45.21	49.49	49.31	49.48	TOC 去除率/%	48.39	48.99	49.56	50.60	52.23
端电压/V	8.5	9.6	10.3	11.5	端电压/V	23.0	16.6	13.4	11.3	9.3
EC_{TOC}/(kW·h/g)	0.501	0.554	0.597	0.664	EC_{TOC}/(kW·h/g)	1.36	0.99	0.77	0.63	0.50
CE/%	15.13	15.46	15.40	15.45	CE/%	15.12	15.24	15.48	16.04	16.56
电解液温度/℃					电流密度/(mA/cm²)					
参数	25	45	65	85	参数	10	20	30	40	50
$k_{app}/\times10^{-2}\text{min}^{-1}$	0.0247	0.0286	0.0374	0.0430	$k_{app}/\times10^{-2}\text{min}^{-1}$	0.0149	0.0162	0.0180	0.0209	0.0244
R^2	0.9978	0.9909	0.9946	0.9976	R^2	0.9999	0.9995	0.9996	0.9992	0.9979
TOC 去除率/%	51.46	56.20	37.56	41.50	TOC 去除率/%	25.79	34.93	43.73	51.84	57.12
端电压/V	9.5	8.9	7.0	6.6	端电压/V	5.4	7.5	9.3	10.9	12.8
EC_{TOC}/(kW·h/g)	0.52	0.446	0.525	0.448	EC_{TOC}/(kW·h/g)	0.196	0.402	0.597	0.788	1.050
CE/%	16.31	17.81	11.91	13.16	CE/%	24.57	16.64	13.88	12.34	10.881

4.4.6.6 BDD 电极降解甲酚异构体

甲酚异构体降解实验（T 25℃，d 2cm，C 0.05mol/L，t 1h)，如图 4-35(a)、图 4-35(b) 所示，甲酚异构体之间的转化率和 TOC 去除率几乎没有显著差异，说明在较大的电流密度条件下可以产生足够的·OH 来攻击甲酚，基团位置对降解过程的影响不明显。采用 5,5-二甲基-1-吡咯-N-氧化物（DMPO）自旋捕获剂检测·OH，由图 4-36 可得，不同电流密度下的 ESR 谱中显示出 1∶2∶2∶1 的四方信号，这是 DMPO-OH 加合物的典型特征。以上结果表明了 BDD 电极电催化降解过程中·OH 的存在，且高的电流密度有利于生成更多的·OH。值得注意的是，当电流密度降低时基团位置的不同对降解效果的影响逐渐表现出来。如图 4-35(c)、图 4-35(d) 所示，甲酚的转化顺序为：m-cresol≈o-cresol＞p-cresol，此结果与 Cristina Flox[111]一致。上述结果可由酚羟基的邻-对位定位效应[112]来解释，酚环上的甲基和羟基都是供电子基团，具有邻对位定位活化的特点。·OH 具有很强的亲电性，它们倾向于进攻电子云密度高的碳原子及基团。如图 4-37 所示，对于间甲酚来说，羟基的两个邻位和对位由于具有相对较高的电子云密度，而且不受其他基团的阻挡，因此较容易受到·OH 的攻击。对于 *o*-cresol 和 *p*-cresol 而言，它们分别只有一个邻位、一个对位和两个邻位容易受到·OH 的攻击，这导致两者转化率均低于 *m*-cresol。*p*-cresol 的转化率小于 *o*-cresol 主要是由于 *p*-cresol 的初始中间产物被·OH氧化得慢。由表 4-8 可知，三种有机物的反应拟合曲线的测定系数 R^2 均大于 0.999，说明甲酚同分异构体的降解过程均符合假一级反应动力学。

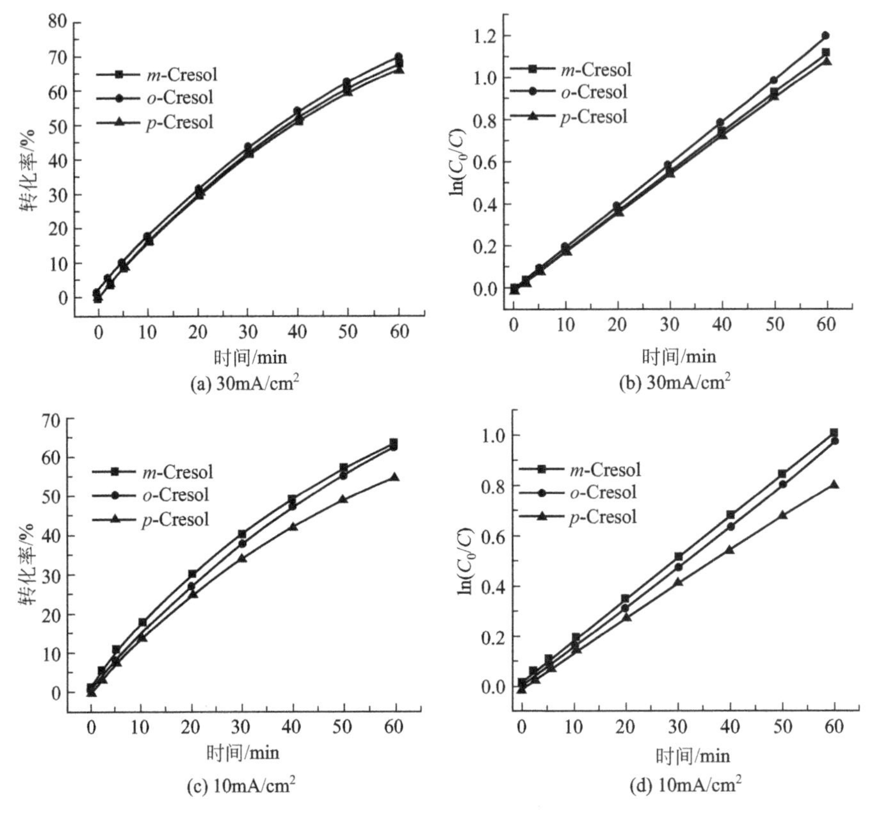

图 4-35　不同电流密度下 BDD 电极降解甲酚转化率和动力学曲线

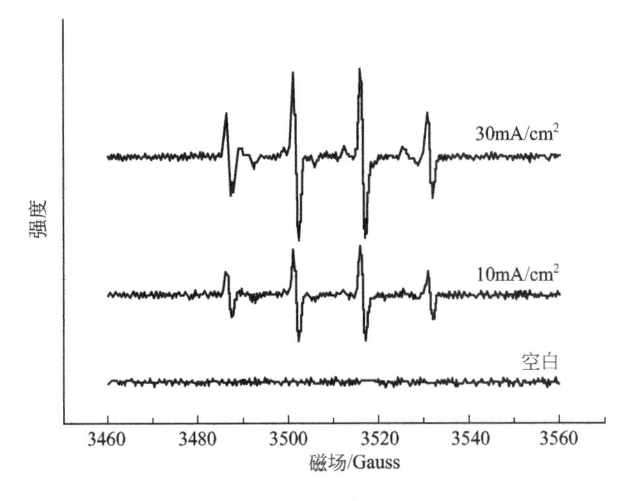

图 4-36　DMPO 捕获的 EPR 光谱

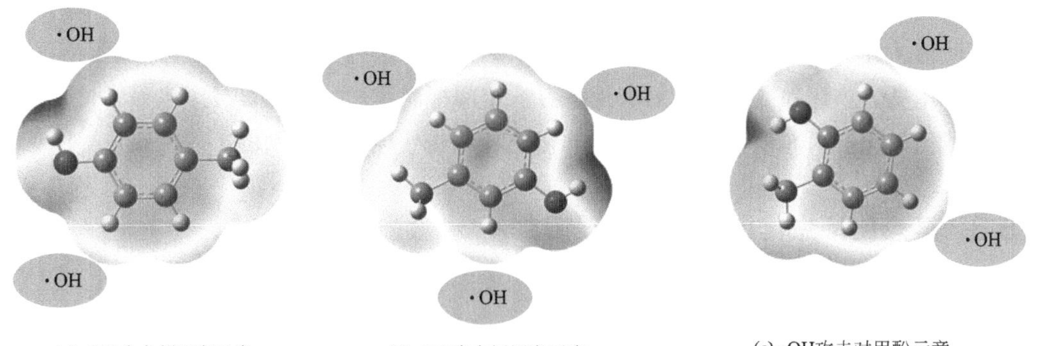

(a) ·OH攻击邻甲酚示意　(b) ·OH攻击间甲酚示意　(c) ·OH攻击对甲酚示意

图 4-37 ·OH 攻击邻甲酚、间甲酚和对甲酚的示意

表 4-8 电催化氧化邻、间、对甲酚的比较

电流密度/(mA/cm^2)	参数	对甲酚	间甲酚	邻甲酚
30	TOC 去除率/%	48.65	47.61	46.83
	$k_{app}/\times10^{-2}min^{-1}$	0.0179	0.0186	0.0198
	R^2	0.9996	0.9997	0.9996
10	TOC 去除率/%	30.81	34.71	28.66
	$k_{app}/\times10^{-2}min^{-1}$	0.0132	0.0164	0.0162
	R^2	0.9991	0.9991	0.9995

通过对间甲酚的电催化降解实验，比较了几种活性阳极（Ti/Ru-Ir、Ti/Ir-Ta、Ti/Pt）和非活性阳极（Ti/PbO_2、Ti/SnO_2、Si/BDD）的电催化降解活性发现：

① 在不同的阳极材料中，掺硼的金刚石薄膜（BDD）电极、SnO_2 电极、PbO_2 电极具有较高的析氧过电位。

② 不同的阳极材料电催化降解间甲酚表现出不同的降解路径，且电极活性顺序为：$Si/BDD > Ti/SnO_2 > Ti/PbO_2 > Ti/Pt > Ti/Ir\text{-}Ta > Ti/Ru\text{-}Ir$。

③ 电极间距和电解质浓度对 BDD 电极降解间甲酚的效果影响不显著，但电极间距的减小、电解质浓度的增加有利于降低能耗。较高的温度和电流密度有利于间甲酚的降解，且不同条件下的间甲酚降解过程完全遵循假一级反应动力学。

④ BDD 电极降解甲酚异构体实验中，较高电流密度条件下的甲酚转化率几乎没有显著差异，较低电流密度条件下的甲酚转化遵循的先后顺序为：间甲酚≈邻甲酚>对甲酚，甲酚同分异构体的降解过程均符合假一级反应动力学。

4.5 工程实例

4.5.1 适宜于电化学氧化废水水质特点

根据笔者课题组多年经验总结，电催化氧化技术特别适用于处理废水中含有一定浓度盐且 COD 浓度在 2000mg/L 以下的工业废水，特别适用于某些工业废水生化出水的进一步深度处理。此类废水由于较高浓度盐的存在，一般无法采用生化法来进行处理，且盐的存在对催化臭氧氧化和芬顿氧化的催化剂有一定的抑制作用，因此该类废水最常使用的方法为电催化氧化技术。本章将介绍两例电化学氧化法处理工业废水的工程实践。

4.5.2 某焦化厂生化出水深度处理工程

4.5.2.1 项目简介

焦化废水则是炼焦过程中煤经过干馏、煤气经过净化和产品回收等环节而产生的一类成分复杂、难以处理的高浓度有机废水，其组成和性质与入炉煤煤质、干馏温度、生产工艺和化工产品回收方法密切相关。所以一般焦化废水具有组分复杂、可生化性差、水质水量不稳定的特点，焦化废水水质如表 4-9 所列。

表 4-9 焦化废水主要物化性质

序号	项目	单位	浓度值
1	COD	mg/L	946～7200
2	BOD_5	mg/L	110～3460
3	NH_4^+-N	mg/L	50～1010
4	TN	mg/L	233～1500
5	石油类	mg/L	10～264
6	挥发酚	mg/L	147～1600
7	硫化物	mg/L	18～231
8	氰化物	mg/L	1～93
9	硫氰化物	mg/L	27～721
10	SS	mg/L	6～400
11	色度	倍	100～1650

本项目所涉及的焦化企业，位于内蒙古包头，其焦化废水经过生化处理工艺后，COD 浓度降至 150mg/L 左右。根据当地要求，该焦化废水 COD 浓度需降至 50mg/L，才能外排。为了进一步处理该焦化废水，企业先后尝试了芬顿和臭氧氧化等技术，均不理想。后来企业引进了河北丰源环保科技有限公司螺旋扁管式陶瓷电极电化学氧化技术处理该废水，取得了较好的效果。

4.5.2.2 废水处理过程

企业先对该废水进行了实验室小试，实验装置如图 4-38 所示。实验结果表明，在电流 5～10A、电压 6～10V 的情况下，装置电化学氧化工作 1h 后，COD 浓度可由 150mg/L 降至 30mg/L 左右，COD 去除率达到 80%以上，污水去除效果显著。

根据小试实验结果，河北丰源环保科技有限公司开发了车载式电化学氧化焦化废水处理装置，将螺旋式电化学氧化反应装置集成至一辆集装箱车上，开至现场，进行电化学氧化，如图 4-39 所示。该装置由预处理工序，储运工序，电氧化反应工序以及尾气后处理工序组成。

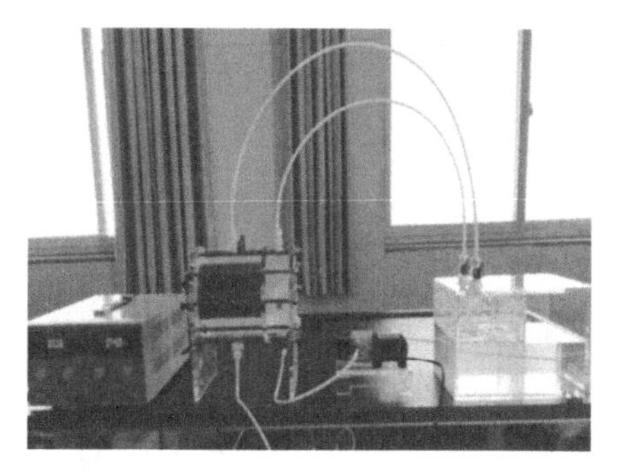

图 4-38 螺旋扁管式陶瓷电极电化学氧化反应装置

图 4-39 车载式螺旋式电化学氧化反应装置

河北丰源环保科技股份有限公司使用该装置对包头某焦化企业焦化废水的生化出水进行了深度处理，取得了较好效果。在保证进水 COD 浓度为 150mg/L、电流 800A、电压 10V 的条件下，废水处理停留时间为 30min，出水 COD 浓度可降至 30mg/L，且出水基本无色。电耗为 6.4kW·h，日处理量可达 $400m^3$。前 30d 运行结果如图 4-40 所示。上述实验结果表明，螺旋扁管式陶瓷电化学氧化反应技术在焦化废水生化出水处理上具有广泛的应用前景，在有效去除 COD 的同时兼具脱色的功能。

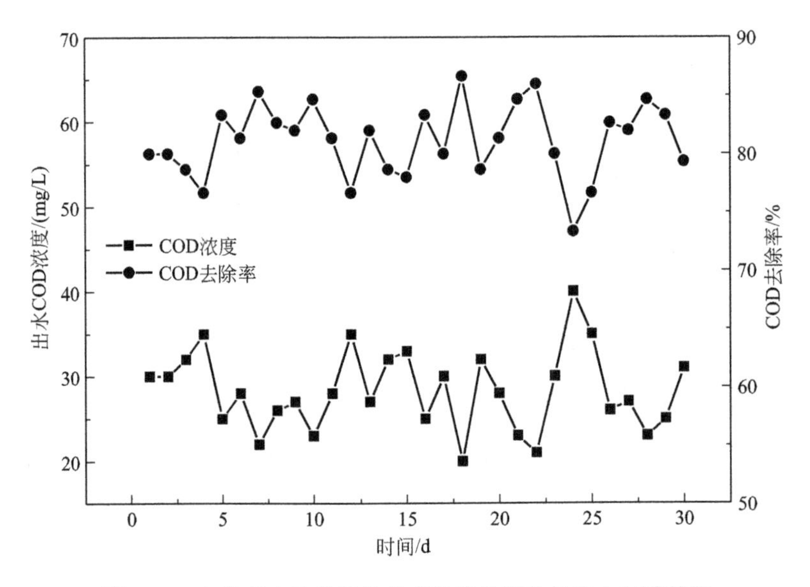

图 4-40 车载式电化学氧化反应装置处理焦化废水实验结果

4.5.3 徐州某工业园污水处理厂提标改造工程

4.5.3.1 项目简介

徐州某工业园区污水处理厂建成于 2012 年，属于国控污染源，出水水质要求高，监管严格。项目建成后由于各种原因，出水始终无法达标（COD>100mg/L）。2016 年该污水处理厂被环保部督查整改，该工业园区面临出水不达标就要被摘牌的危机。在此背景下，河北丰源环保公司于 2016 年底承担了该污水处理厂的改造任务。经过实验室大量实验和现场勘查，最终确定了在生化出水末端引入螺旋扁管式陶瓷电极电化学氧化装置，对出水进行深度处理，取得了较好的结果。

4.5.3.2 废水处理过程

河北丰源环保公司采用实验室小试装置（图 4-41）研究处理该污水处理厂生化出水。实验结果表明，在进水 COD 浓度为 120～160mg/L 的情况下，出水 COD 浓度可降至 30mg/L 左右，出水满足《城镇污水处理厂污染物排放标准》（GB 18918—2002）一级 A 标准。

在实验室小试装置的基础上，河北丰源环保公司建立了 6 套螺旋扁管式陶瓷电极电化学污水处理设备（见图 4-41），对该园区废水处理厂出水进行深度处理，单套处理能力为 300m^3/d。在进水 COD 浓度为 120～160mg/L 的情况下，出水 COD 浓度可降至 10～30mg/L，进水 NH_4^+-N 浓度 10mg/L，出水浓度降至 0.4mg/L，电耗低于 5kW·h/m^3 水，出水满足《城镇污水处理厂污染物排放标准》（GB 18918—2002）一级 A 标准。从 2017 年 7 月调试完成后，一直稳定运行（截至 2019 年 8 月）。

图 4-41 螺旋扁管式陶瓷电极电化学污水处理设备

参考文献

[1] Martinez-Huitle C A, Brillas E. Decontamination of wastewaters containing synthetic organic dyes by electrochemical methods: A general review [J]. Appl. Catal. B: Environ., 2009, 87 (3-4): 105-145.

[2] Panizza M, Cerisola G. Direct and mediated anodic oxidation of organic pollutants [J]. Chemical Reviews, 2009, 109 (12): 6541-6569.

[3] Bergmann M E H, Koparal A S, Iourtchouk T. Electrochemical advanced oxidation processes, formation of halogenate and perhalogenate species: A critical review [J]. Critical Reviews in Environmental Science and Technology, 2014: 348-390.

[4] Chaplin B P. Critical review of electrochemical advanced oxidation processes for water treatment applications [J]. Environmental Science: Processes & Impacts, 2014 (16): 1182-1203.

[5] Oturan M A, Aaron J J. Advanced oxidation processes in water/wastewater treatment: principles and applications [J]. Critical Reviews in Environmental Science and Technology, 2014, 44: 2577-2641.

[6] Sires I, Brillas E, Oturan M A, et al. Electrochemical advanced oxidation processes: today and tomorrow [J]. Environ. Sci. & Pollut. Res., 2014, 21: 8336-8367.

[7] Brillas E, Martinez-Huitle C A. Decontamination of wastewaters containing synthetic organic dyes by electrochemical methods [J]. Appl. Catal. B-Environ., 166 (2015) 603-643.

[8] Hermosilla D, Merayo N, Gasco A, et al. The application of advanced oxidation technologies to the treatment of effluents from the pulp and paper industry [J]. Environ. Sci. & Pollut. Res., 2015, 22: 168-191.

[9] Laitinen H A, Conley J M. Electrolytic generation of silver(Ⅱ) at antimony-doped tin oxide electrodes [J]. Analytical Chemistry, 1976, 48: 1224-1228.

[10] Kirk D, Sharifian H, Foulkes F R. Anodic oxidation of aniline for waste water treatment [J]. Journal of Applied Electrochemistry, 1985, 15: 285.

[11] Stucki S, Kotz R, Carcer B, et al. Electrochemical waste water treatment using high overvoltage anodes Part II: Anode performance and applications [J]. Journal of Applied Electrochemistry, 1991, 21: 99.

[12] Kotz R, Stucki S, Carcer B. Electrochemical waste water treatment using high overvoltage anodes. Part I: Physical and electrochemical properties of SnO_2 anodes [J]. Journal of Applied Electrochemistry, 1991, 21: 14-20.

[13] Comninellis C. Electrocatalysis in the electrochemical conversion / combustion of organic pollutants for waste water treatment [J]. Electrochemical Acta, 1994, 39 (11-12): 1857-1862.

[14] Comninellis C, Nerini A. Anodic oxidation of phenol in the presence of NaCl for wastewater treatment [J]. Journal of Applied Electrochemistry, 1995, 25: 23-28.

[15] Comninellis C, Pulgarin C. Anodic oxidation of phenol for waste water treatment [J]. Journal of Applied Electrochemistry, 1991, 21: 703-708.

[16] Comninellis C, Pulgarin C. Electrochemical oxidation of phenol for wastewater treatment using SnO_2, anodes [J]. Journal of Applied Electrochemistry, 1993, 23: 108-112.

[17] Szpyrkowicz L, Naumczykt J, Zilio G F. Application of electrochemical processes for tannery wastewater treatment [J]. Toxicological & Environmental Chemistry, 1994, 44: 189-202.

[18] Allen S J, Khader K Y H, Bino M. Electrooxidation of dyestuffs in waste waters [J]. Journal of Chemical Technology & Biotechnology, 1995, 62: 111-117.

[19] Bringmann J, Ebert K, Galla U. et al. Electrochemical mediators for total oxidation of chlorinated hydrocarbons: formation kinetics of Ag(Ⅱ), Co(Ⅲ), and Ce(Ⅳ) [J]. Journal of Applied Electrochemistry, 1995, 25: 846-851.

[20] Xiong Y, He C, Karlsson H T, et al. Performance of three-phase three-dimensional electrode reactor for the reduction of COD in simulated wastewater-containing phenol [J]. Chemosphere, 2003, 50: 131-136.

[21] Wu X, Yang X, Wu D, et al. Feasibility study of using carbon aerogel as particle electrodes for decoloration of RBRX dye solution in a three-dimensional electrode reactor [J]. Chemical Engineering Journal, 2008, 138: 47-54.

[22] Xu L, Zhao H, Shi S, et al. Electrolytic treatment of C. I. Acid Orange 7 in aqueous solution using a three-dimensional electrode reactor [J]. Dyes and Pigments, 2008, 77: 158-164.

[23] Backhurst J R, Coulson J M, Goodridge F, et al. A preliminary investigation of fluidized bed electrodes [J]. Journal of the Electrochemical Society, 1969, 116.

[24] Martinez-Huitle C A, Ferro S. Electrochemical oxidation of organic pollutants for the wastewater treatment: direct and indirect processes [J]. Chemical Society Reviews, 2006, 35: 1324-1340.

[25] Martinez-Huitle C A, Ferro S, Battisti A D, et al. Electrochemical incineration in the presence of halides [J]. Electrochemical and Solid-State Letters, 2005, 8.

[26] Ma L, Yu B, Yu Y H, et al. Indirect electrochemical oxidation of pentachlorophenol in the presence of different halides: behavior and mechanism. Desalin [J]. Water Treat., 2014, 52: 1462-1471.

[27] Lehmani A, Turq P, Simonin J P. Oxidation kinetics of water and organic compounds by silver (Ⅱ) using a potentiometric method [J]. Journal of the Electrochemical Society, 1996, 143: 1860-1866.

[28] Chung Y H, Park S M. Destruction of aniline by mediated electrochemical oxidation with Ce(Ⅳ) and Co(Ⅲ) as

mediators [J]. Journal of Applied Electrochemistry, 2000, 30: 685-691.

[29] Vaze A S, Sawant S B, Pangarkar V G. Indirect oxidation of *o*-chlorotoluene to *o*- chlorobenzaldehyde [J]. Journal of Applied Electrochemistry, 1999, 29: 7-10.

[30] Chen Y, Shi W, Xue H, et al. Enhanced electrochemical degradation of dinitrotoluene wastewater by Sn-Sb-Ag-modified ceramic particulates [J]. Electrochimica Acta, 2011, 58: 383-388.

[31] Zhu X, Ni J, Xing X, et al. Synergies between electrochemical oxidation and activated carbon adsorption in three-dimensional boron-doped diamond anode system [J]. Electrochimica Acta, 2011, 56: 1270-1274.

[32] 吴辉煌. 电化学工程基础 [M]. 北京: 化学工业出版社, 2008.

[33] Nageswara Rao N, Rohit M, Nitin G, et al. Kinetics of electrooxidation of landfill leachate in a three-dimensional carbon bed electrochemical reactor [J]. Chemosphere, 2009, 76: 1206-1212.

[34] Xiong Y, He C, An T, et al. Removal of formic acid from wastewater using three-phase three-dimensional electrode reactor [J]. Water, Air and Soil Pollution, 2003, 144: 67-79.

[35] Christos C G C. Electrochemistry for the environment [M]. Springer, 2010, 13.

[36] Chen X, Chen G. Anodic oxidation of Orange Ⅱ on Ti/BDD electrode: Variable effects [J]. Sep. Purif. Technol., 2006, 48 (1): 45-49.

[37] Chen X, Chen G, Gao F, et al. High-performance Ti/BDD electrodes for pollutant oxidation [J]. Environment Science and Technology, 2003, 37 (21): 5021-5026.

[38] Chen X, Chen G, Yue P L. Anodic oxidation of dyes at novel Ti/B-diamond electrodes [J]. Chemical Engeering Science, 2003, 58 (3-6): 995-1001.

[39] Chen X, Gao F, Chen G. Comparison of Ti/BDD and Ti/SnO_2-Sb_2O_5 electrodes for pollutant oxidation [J]. Journal of Applied Electrochemistry, 2005, 35: 185-191.

[40] Sakalis A, Fytianos K, Nickel U, et al. A comparative study of platinised titanium and niobe/synthetic diamond as anodes in the electrochemical treatment of textile wastewater [J]. Chemical Engineering Journal, 2006, 119: 127-133.

[41] Canizares P, Díaz M, Domínguez J A, et al. Electrochemical oxidation of aqueous phenol wastes on synthetic diamond thin-Film electrodes [J]. Industrial & Engineering Chemistry Research, 2002, 41: 4187-4194.

[42] Canizares P, García-Gómez J, Sáez C, et al. Electrochemical oxidation of several chlorophenols on diamond electrodes Part I. Reaction mechanism [J]. Journal of Applied Electrochemistry, 2003, 33: 917-927.

[43] Codognoto L, Machado S A S, Avaca L A. Selective oxidation of pentachlorophenol on diamond electrodes [J]. Journal of Applied Electrochemistry, 2003, 33: 951-957.

[44] Iniesta J, Michaud P A, Panizza M, et al. Electrochemical oxidation of phenol at boron-doped diamond electrode [J]. Electrochimica Acta, 2001, 46: 3573-3578.

[45] Zhu X, Ni J, Wei J, et al. Scale-up of BDD anode system for electrochemical oxidation of phenol simulated wastewater in continuous mode [J]. Journal of Hazardous Materials, 2010, 184: 493-498.

[46] 段小月. 碳纳米管改性 PbO_2 电极制备及降解水中酚类污染物的研究 [D]. 哈尔滨: 哈尔滨工业大学, 2013.

[47] 常立民, 金鑫童. 钛基二氧化铅电极的制备、改性及应用现状 [J]. 电镀与涂饰, 2012, 31.

[48] 刘元. 高效金属氧化物电极制备及处理水中硝基苯酚的研究 [D]. 哈尔滨: 哈尔滨工业大学, 2010.

[49] Wu S, Zeng G G. Fabrication and electrochemical treatment application of a novel lead dioxide anode with superhydrophobic surfaces, high oxygen evolution potential, and oxidation capability [J]. Environmental Science & Technology, 2010, 44: 1754-1759.

[50] Recio F J, Herrasti P, Sirés I, et al. The preparation of PbO_2 coatings on reticulated vitreous carbon for the electro-oxidation of organic pollutants [J]. Electrochimica Acta, 2011, 56: 5158-5165.

[51] Tong S P, Ma C A, Feng H. A novel PbO_2 electrode preparation and its application in organic degradation [J]. Electrochimica Acta, 2008, 53: 3002-3006.

[52] Andrade L S, Rocha-Filho R C, Bocchi N, et al. Degradation of phenol using Co- and Co, F-doped PbO_2 anodes in

electrochemical filter-press cells [J]. Journal of Hazardous Materials, 2008, 153: 252-260.

[53] Liu H, Liu Y, Zhang C, et al. Electrocatalytic oxidation of nitrophenols in aqueous solution using modified PbO_2 electrodes [J]. Journal of Applied Electrochemistry, 2008, 38: 101-108.

[54] Liu Y, Liu H, Ma J, et al. Investigation on electrochemical properties of cerium doped lead dioxide anode and application for elimination of nitrophenol [J]. Electrochimica Acta, 2011, 56: 1352-1360.

[55] Andrade L S, Ruotolo L A, Rocha-Filho R C. et al. On the performance of Fe and Fe, F doped Ti-Pt/PbO_2 electrodes in the electrooxidation of the Blue Reactive 19 dye in simulated textile wastewater [J]. Chemosphere, 2007, 66: 2035-2043.

[56] Tong S P, Ma C A, Feng H. A novel PbO_2 electrode preparation and its application in organic degradation [J]. Electrochimica Acta, 2008, 53: 3002-3006.

[57] Hwang B J, Lee K L. Electrocatalytic oxidation of 2-chlorophenol on a composite PbO_2/polypyrrole electrode in aqueous solution [J]. Journal of Applied Electrochemistry, 1996, 26: 153-159.

[58] Song Y, Wei G, Xiong R. Structure and properties of PbO_2-CeO_2 anodes on stainless steel [J]. Electrochimica Acta, 2007, 52: 7022-7027.

[59] Kong J, Shi S, Kong L, et al. Preparation and characterization of PbO_2 electrodes doped with different rare earth oxides [J]. Electrochimica Acta, 2007, 53: 2048-2054.

[60] Rodgers J D, Jedral W, Bunce N J. Electrochemical oxidation of chlorinated phenols [J]. Environmental Science & Technology, 1999, 33: 1453-1457.

[61] Carvalho D A, Fernandes N S, Da Silva D R, et al. Application of electrochemical oxidation as alternative for removing methyl green dye from aqueous solutions [J]. Latin American Applied Research, 2011, 41: 127-133.

[62] Cao J, Zhao H, Cao F, et al. Electrocatalytic degradation of 4-chlorophenol on F-doped PbO_2 anodes [J]. Electrochimica Acta, 2009, 54: 2595-2602.

[63] Weng M, Zhou Z, Zhang Q. Electrochemical degradation of typical dyeing wastewater in aqueous solution: performance and mechanism [J]. International Journal of Electrochemical Science, 2013, 8.

[64] Jarzebski Z. Physical properties of SnO_2 materials [J]. Journal of the Electrochemical Society, 1996, 123.

[65] Correa L B, Comninellis C, Battisti A D. Electrochemical properties of Ti/SnO_2-Sb_2O_5 electrodes prepared by the spray pyrolysis technique [J]. Journal of Applied Electrochemistry, 1996, 26: 683-688.

[66] Fernandes A, Pacheco M J, Ciríaco L, et al. Anodic oxidation of a biologically treated leachate on a boron-doped diamond anode [J]. Journal of Hazardous Materials, 2012, 199-200: 82-87.

[67] Grimm J H, Bessarabov D G, Simon U, et al. Characterization of doped tin dioxide anodes prepared by a sol-gel technique and their application in an SPE-reactor [J]. Journal of Applied Electrochemistry, 2000, 30: 293-302.

[68] 欧阳攀. SnO_2 基薄膜电极及其电化学储锂特性 [D]. 长沙：中南大学，2014.

[69] 马磊，何松波，李敬美，等. Ti/SnO_2-RuO_2-Sb 电极电氧化处理五氯苯酚模拟废水研究 [J]. 安全与环境学报，2012，12.

[70] 刘峻峰，冯玉杰，孙丽欣，等. 钛基 SnO_2 纳米涂层电催化电极的制备及性能研究 [J]. 材料科学与工艺，2006，14.

[71] Montilla F, Morallón E, De Battisti A, et al. Preparation and characterization of antimony-doped tin dioxide electrodes. Part 1. electrochemical characterization [J]. The Journal of Physical Chemistry B, 2004, 108: 5036-5043.

[72] Correa L B, Comninellis C, Battisti A D. Service life of Ti/SnO_2-Sb_2O_5 anodes [J]. Journal of Applied Electrochemistry, 1997, 26: 970-974.

[73] Quiroz M, Reyna S, Sánchez J. Anodic oxidation of pentachlorophenol at Ti/SnO_2 electrodes [J]. Journal of Solid State Electrochemistry, 2003, 7: 277-282.

[74] He D, Mho S I. Electrocatalytic reactions of phenolic compounds at ferric ion co-doped SnO_2: Sb^{5+} electrodes [J]. Journal of Electroanalytical Chemistry, 2004, 568: 19-27.

[75] Wang Y H, Chan K Y, Li X Y, et al. Electrochemical degradation of 4-chlorophenol at nickel-antimony doped tin

oxide electrode [J]. Chemosphere, 2006, 65: 1087-1093.

[76] 韩卫清，周刚，王连军，等. Ti/SnO_2+Sb_2O_3/β-PbO_2 阳极电化学氧化异噻唑啉酮 [J]. 过程工程学报，2006，6.

[77] L Szpyrkowicz, J Naumczyk, F Zilio-Grandi. Electrochemical treatment of tannery wastewater using TiPt and Ti/Pt/Ir electrodes [J]. Water Research, 1995, 29 (2): 517-524.

[78] Vlyssides A G, Loizidou M, Karlis P K, et al. Electrochemical oxidation of a textile dye wastewater using a Pt/Ti electrode [J]. Journal of Hazardous Materials, 1999, 70 (1-2): 41-52.

[79] 赵国华，李明利，李琳，等. 纳米铂微粒电极催化氧化有机污染物的研究 [J]. 环境科学，2003，24.

[80] 黄星发，郑正，王曦曦，等. 一种新型石墨电极的制备及其对苯酚的去除 [J]. 环境科学，2009，30.

[81] 刘屹，刘昊，张美秀，等. 碳纳米管修饰石墨电极处理硝基苯废水 [J]. 科学技术与工程，2014，14.

[82] Po H N, Swinehart J H, Allen T L. Kinetics and mechanism of the oxidation of water by silver(Ⅱ) in concentrated nitric acid solution [J]. Inorganic Chemistry, 1968, 7: 244-249.

[83] Albert Lehmani P T, Simonin J P. Oxidation kinetics of water and organic compounds by silver (Ⅱ) using a potentiometric method [J]. Journal of the Electrochemical Society, 1996, 143.

[84] Farmer J C, Wang F T, Hawley-Fedder R A, et al. Electrochemical treatment of mixed and hazardous wastes: oxidation of ethylene glycol and benzene by silver (Ⅱ) [J]. Journal of the Electrochemical Society, 1992, 139.

[85] Farmer J C, Wang F T, Lewis P R, et al. Destruction of chlorinated organics by cobalt(Ⅲ) -mediated electrochemical oxidation [J]. Journal of the Electrochemical Society, 1992, 139.

[86] Sanromán M A, Pazos M, Ricart M T, et al. Electrochemical decolourisation of structurally different dyes [J]. Chemosphere, 2004, 57: 233-239.

[87] Nelson N. Electrochemical destruction of organic hazardous wastes [J]. Platinum Metals Review, 2002, 46.

[88] Balaji S, Kokovkin V V, Chung S J, et al. Destruction of EDTA by mediated electrochemical oxidation process: monitoring by continuous CO_2 measurements [J]. Water Research, 2007, 41: 1423-1432.

[89] Matheswaran M, Balaji S, Sang J C, et al. Mediated electrochemical oxidation of phenol in continuous feeding mode using Ag(Ⅱ) and Ce(Ⅳ) mediator ions in nitric acid: A comparative study [J]. Chemical Engineering Journal, 2008, 144: 28-34.

[90] Chiang L C, Chang J E, Wen T C. Indirect oxidation effect in electrochemical oxidation treatment of landfill leachate [J]. Water Research, 1995, 29: 671-678.

[91] Wu M, Zhao G, Li M, et al. Applicability of boron-doped diamond electrode to the degradation of chloride-mediated and chloride-free wastewaters [J]. Journal of Hazardous Materials, 2009, 163: 26-31.

[92] Wu T N. Electrochemical removal of pentachlorophenol in a lab-scale platinum electrolyzer [J]. Water Science & Technology A Journal of the International Association on Water Pollution Research, 2010, 62: 2313-2320.

[93] Martínez-Huitle C A, Ferro S, Battisti A D. Electrochemical incineration in the presence of halides [J]. Electrochemical and Solid-State Letters, 2005, 8: D35-D39.

[94] Bonfatti F, Ferro S, Lavezzo F, et al. Electrochemical incineration of glucose as a model organic substrate. Ⅱ. role of active chlorine mediation [J]. Journal of the Electrochemical Society, 2000, 147: 592-596.

[95] Zheng Y M, Yunus R F, Nanayakkara K G N, et al. Electrochemical decoloration of synthetic wastewater containing rhodamine 6G: behaviors and mechanism [J]. Industrial & Engineering Chemistry Research, 2012, 51: 5953-5960.

[96] Huang Y K, Li S, Wang C, et al. Simultaneous removal of COD and NH_3-N in secondary effluent of high-salinity industrial waste-water by electrochemical oxidation [J]. Journal of Chemical Technology & Biotechnology, 2012, 87: 130-136.

[97] Canizares P, Dominguez J A, Rodrigo M A, et al. Effect of the current intensity in the electrochemical oxidation of aqueous phenol wastes at an activated carbon and steel anode [J]. Industrial and Engineering Chemistry Research, 1999, 38: 3779.

[98] Lv G, Wu D, Fu R. Performance of carbon aerogels particle electrodes for the aqueous phase electro-catalytic oxi-

dation of simulated phenol wastewaters [J]. Journal of Hazardous Materials, 2009, 165: 961-966.

[99] Boudenne J L, Cerclier O. Performance of carbon black-slurry electrodes for 4-chlorophenol oxidation [J]. Water Research, 1999, 33: 494.

[100] Sharifian H. Electrochemical oxidation of phenol [J]. Journal of Electrochemical Society, 1986, 76: 915-919.

[101] 张芳，李光明，盛怡，等. 电催化氧化法处理苯酚废水的 Mn-Sn-Sb/γ-Al_2O_3 粒子电极研制 [J]. 化学学报，2006, 64.

[102] Lin G, Bo W, Ma H, et al. Catalytic oxidation of anionic surfactants by electrochemical oxidation with CuO-Co_2O_3-PO_4 3-modified kaolin [J]. Journal of Hazardous Materials, 2006, 137: 842-848.

[103] Ma H, Zhang X, Ma Q, et al. Electrochemical catalytic treatment of phenol wastewater [J]. Journal of Hazardous Materials, 2009, 165: 475-480.

[104] Liao X Z, Zhang R J, Lee C S, et al. The influence of boron doping on the structure and characteristics of diamond thin films [J]. Diam Relat Mater, 1997, 6: 521-525.

[105] Qi Y, Long H Y, Ma L, et al. Enhanced selectivity of boron doped diamond electrodes for the detection of dopamine and ascorbic acid by increasing the film thickness [J]. Appl Surf Sci, 2016, 390: 882-889.

[106] Chu P K, Li L H. Characterization of amorphous and nanocrystalline carbon films [J]. Mater Chem Phys, 2006, 96: 253-277.

[107] Obraztsov A N, Tyurnina A V, Obraztsova E A, et al. Raman scattering characterization of CVD graphite films [J]. Carbon, 2008, 46: 963-968.

[108] Sires I, Brillas E, Oturan M A, et al. Electrochemical advanced oxidation processes: today and tomorrow. A review [J]. Environ Sci Pollut R, 2014, 21: 8336-8367.

[109] Flox C, Cabot P L, Centellas F, et al. Electrochemical combustion of herbicide mecoprop in aqueous medium using a flow reactor with a boron-doped diamond anode [J]. Chemosphere, 2006, 64: 892-902.

[110] Sires I, Brillas E, Cerisola G, et al. Comparative depollution of mecoprop aqueous solutions by electrochemical incineration using BDD and PbO_2 as high oxidation power anodes [J]. J Electroanal Chem, 2008, 613: 151-159.

[111] Flox C, Cabot P L, Centellas F, et al. Solar photoelectro-Fenton degradation of cresols using a flow reactor with a boron-doped diamond anode [J]. Appl Catal B-Environ, 2007, 75: 17-28.

[112] Kavitha V, Palanivelu K. Destruction of cresols by Fenton oxidation process [J]. Water Res, 2005, 39: 3062-3072.

第5章

湿式空气氧化技术

5.1 引言

湿式空气氧化（wet air oxidation，WAO）技术，简称湿式氧化，最早是在20世纪50年代由F. J. Zimmermann提出并开发的一种用于处理较高有机物载量（COD浓度为10～100g/L）废水的高级氧化技术。这一技术具有很高的经济性和技术可行性，是目前用于处理高浓度有机废水的一类具有较高工业可行性的高级氧化技术。该技术是在高温（120～320℃）和高压（0.5～20MPa）的条件下，在水相中以空气或氧气作为氧化剂，氧化降解水中溶解态或悬浮态的有机物以及还原态的无机物的一种水处理方法。在这一过程中，水相中的有机物被氧化降解为易于生化处理的小分子类物质或直接矿化为无害的无机物如CO_2、H_2O和无机盐等，其中有机氮可能被转化为硝酸盐、氨和氮气。与焚烧法等其他高温热工艺处理技术不同的是，WAO过程不产生NO_x、O_2、HCl、二噁英、呋喃、飞灰等有害物质，且能耗较少，还可以回收能量和有用物料。

在氧化反应中引入催化剂可以极大降低反应活化能并提高反应效率。因此，20世纪80年代在WAO过程中引入催化剂并逐步发展了一种更为高效的处理高浓度有机废水的技术——催化湿式空气氧化（catalytic wet air oxidation，CWAO）技术，简称催化湿式氧化技术。在这一过程中，催化剂可以显著降低污染物降解的活化能，从而提高反应速率和产物选择性。目前，常用于催化湿式氧化过程的催化剂分为均相催化剂和非均相催化剂两类，其中均相催化剂主要是Cu、Zn、Fe等过渡金属催化剂；而非均相催化主要是Ru、Pt、Pd和Au等贵金属催化剂，Cu、Ce、Mn等过度金属及氧化物催化剂，以及活性炭和碳纳米管等非金属催化剂。与常规的WAO过程相比，CWAO过程反应温度和压力更低，氧化效率更高，具有更高的操作安全性，这也就使得其具有更高的工业应用价值。

目前，催化剂研发是催化湿式氧化技术的核心。针对水体中复杂多变的污染物以及盐类对催化表面的毒化现象，开发具有高反应稳定性和高活性的催化湿式氧化催化剂也成了目前催化剂开发的难点。因此，对反应过程机理以及失活原因的研究受到广大学者越来越多的关注。

5.2 湿式氧化反应机理

液相催化氧化大致可以分为两类：一类是自由基链式反应的催化氧化；另一类是氧化-还原机理进行的催化氧化。湿式氧化和催化湿式氧化反应形式复杂，目前的研究结果普遍认为 WAO 和 CWAO 都属于自由基反应。自由基反应分为自由基引发态及稳态阶段，在低温和低氧分压条件下，引发态和稳态之间的差别能够很清楚地区分。

5.2.1 湿式氧化反应机理

WAO 自由基反应分为诱导期、增殖期、退化期和结束期四个阶段。在反应过程中，分子态氧参与自由基的形成，而生成的自由基 R·、RO·、ROO·和 HO·等攻击有机物 RH，引发一系列链反应，生成 CO_2 和小分子酸。整个反应过程如下：

① 诱导期：由分子态的氧参与反应形成各种自由基。

$$RH+O_2 \longrightarrow R\cdot+HOO\cdot \text{(RH 为有机物)} \tag{5-1}$$

$$2RH+O_2 \longrightarrow 2R\cdot+H_2O_2 \tag{5-2}$$

② 增殖期：自由基链的发展和传递，反应物继续产生各种自由基。

$$R\cdot+O_2 \longrightarrow ROO\cdot \tag{5-3}$$

$$ROO\cdot+RH \longrightarrow ROOH+R\cdot \tag{5-4}$$

③ 退化期：低分子酸分解生成醚基自由基、羟基自由基和烃基自由基。

$$ROOH \longrightarrow RO\cdot+\cdot OH \tag{5-5}$$

$$ROOH \longrightarrow R\cdot+HOO\cdot \tag{5-6}$$

④ 结束期：链的终止，自由基之间相互碰撞生成稳定的分子，使链的增长过程停止。

$$R\cdot+R\cdot \longrightarrow R—R \tag{5-7}$$

$$ROO\cdot+R\cdot \longrightarrow ROOR \tag{5-8}$$

$$ROO\cdot+ROO\cdot+H_2O \longrightarrow ROOH+ROH+O_2 \tag{5-9}$$

以上各阶段链反应所产生的自由基在反应过程中所起的作用，主要取决于废水中有机物的组成、所使用的氧化剂以及其他试验条件。

5.2.2 催化湿式氧化反应机理

在加入少量过渡金属盐类的液相催化氧化或多相催化氧化中，其反应特性与没有催化剂的液相催化氧化类似，同样被认为是通过自由基反应机理进行[1]。自由基在催化剂表面引发，反应在液相中进行，终止在液相或催化剂表面。Sadana 等[2]提出了以下路径解释 CWAO 降解苯酚的反应。

引发阶段：

$$PhOH+Cu(NO_3)_2 \xrightarrow{k_1} [PhOH\cdot]^+ + CuNO_3 + NO_3^- \tag{5-10}$$

$$[PhOH\cdot]^+ \xrightarrow{k_2} PhO\cdot + H^+ \tag{5-11}$$

增长阶段：

$$PhO\cdot + O_2 \xrightarrow{k_3} PhOOO\cdot \tag{5-12}$$

$$PhOOO\cdot + PhOH \xrightarrow{k_4} PhOOOH + PhO\cdot \tag{5-13}$$

终止阶段：

$$PhOOO\cdot + PhO\cdot \xrightarrow{k_5} PhOOOOPh \tag{5-14}$$

$[PhOH\cdot]^+$、$PhO\cdot$ 和 $PhOOO\cdot$ 自由基的反应速率如式(2-15)～式(2-17) 所示：

$$\frac{dC_{[PhOH\cdot]^+}}{dt} = k_1 C_{PhOH} C_{Cu} - k_2 C_{[PhOH\cdot]^+} \tag{5-15}$$

$$\frac{dC_{PhO\cdot}}{dt} = k_2 C_{[PhOH\cdot]^+} - k_3 C_{PhO\cdot} C_{O_2} + k_4 C_{PhOOO\cdot} C_{PhOH} - k_5 C_{PhOOO\cdot} C_{PhO\cdot} \tag{5-16}$$

$$\frac{dC_{PhOOO\cdot}}{dt} = k_3 C_{PhO\cdot} C_{O_2} - k_4 C_{PhOOO\cdot} C_{PhOH} - k_5 C_{PhOOO\cdot} C_{PhO\cdot} \tag{5-17}$$

在稳态时由于没有自由基的积累，可以令式(5-15)、式(5-16) 和式(5-17) 等于零，则有：

$$C_{PhOOO\cdot} = \frac{\sqrt{b^2+4ac}-b}{2a}$$，其中 $a=2k_4k_5$，$b=k_1k_5C_{Cu}$，$c=k_1k_3C_{Cu}C_{O_2}$

在稳态时苯酚的降解为：

$$\frac{dC_{PhOH}}{dt} = k_1 C_{PhOH} C_{Cu} + k_4 C_{PhOOO\cdot} C_{PhOH} = -k_4 C_{PhOH}\left(\frac{\sqrt{b^2+4ac}+3b}{2a}\right) \tag{5-18}$$

因为没有足够的数据估计出 k_1～k_4，可以假定 $k_3k_4/k_1k_5>1$，在均相反应条件下，铜离子浓度比溶解氧浓度小得多的情形下，式(5-18) 可以简化为：

$$\frac{dC_{PhOH}}{dt} = \sqrt{\frac{k_1k_3k_4}{2k_5}} C_{PhOH} C_{Cu}^{0.5} C_{O_2}^{0.5} = -k C_{PhOH} C_{Cu}^{0.5} C_{O_2}^{0.5} \tag{5-19}$$

因此，在苯酚的催化湿式氧化中，对于苯酚、铜离子、溶解氧浓度来说其反应级数分别为 1.0、0.5 和 0.5。上述提出的是机理模型，此种模型多以单一物质为处理对象，根据已有的反应理论，设想基元反应历程，在一定的简化假定下得到动力学模型。目前提出的其他模型还有经验模型和半经验模型。

Pintar 等[3]通过对 CWAO 降解苯酚等污染物的结构-反应性关系的研究表明，催化剂表面的反应物是逐步氧化的。苯酚和衍生物的降解速率取决于前驱体表面复合物的形成和均裂电子的转移速率，同时在这个过程中产生了苯氧自由基。表面复合物产生的羟基自由基可通过价带空穴直接产生，或通过粒子表面捕获的空穴间接产生。自由基的产生是控制速率的关键步骤。在所研究的反应体系中，氧是导带电子的主要清除剂。氧的 1/2 的反应级别与氧被激活后形成表面结合氧，和羟基自由基一致。反应物进一步与吸附在相邻表面位点上的苯氧基化合物质反应，从而使母体分子完全氧化。氧化速率随着对位的

Hammetts 常数增加而降低，说明具有吸电子取代基的酚比具有供电子取代基的酚有更强的抗氧化性[4]。和其他在常温常压下进行的化学氧化法如光催化反应、Fenton 反应、光助 Fenton 反应一样，可以利用二甲基吡啶 *N*-氧化物（DMPO）与自由基结合后，在电子自旋共振（EPR）下对活性中间物种进行检测分析。

CWAO 反应中自由基的产生速率和催化剂结构有关。在金属氧化物表面上，有吸附氧，也有晶格氧，它们都会参与氧的传递，氧脱附量越高，催化剂活性也越高。清山哲郎用升温脱附方法得到了升温脱附的氧量[5]：各种金属氧化物吸附氧后，将试样在氦载气中升温至 560℃，得到脱附氧量，其中 CuO 的氧脱附量最高，说明金属氧化物越不稳定，越易被还原，越容易生成氧缺位的表面空穴，越容易传递氧。因此 CuO 是一种很好的传递氧的中间载体；其次是 MnO_2，约为前者的 1/2。锰氧化物理论上应是催化活性仅次于铜的催化剂之一，而其稳定性高于铜，符合制备非均相催化剂的条件。

另外，根据固相催化理论，一种分子只有当其对反应物分子具有化学吸附能力时才能催化某个反应。因此催化剂与反应物相互作用能力的大小，可从氧气在不同金属上的吸附热和相应金属在标准状态下生成最高价氧化物的生成热做出定性估计。谭亚军等[6]给出了甲苯深度氧化活性与各种金属最高价氧化物生成热之间的关系。李琬、王道[7]研究了丙烷完全氧化中各种氧化物生成热与活性的关系。王金安、汪仁[8]研究了各种催化剂对甲醇的活性与氧化物生成热之间的关系。对于不同的有机物，催化剂的活性和生成热的关系均有不同。但可以看出，贵金属、铜、锰的氧化活性较高，铈的氧化物活性较低。根据催化剂活性调节的互补原理，将各种生成热的氧化物混合使用，即使用复合金属氧化物催化剂，有望得到高的催化活性。

5.3 催化湿式氧化催化剂的研究进展

国际上大约从 20 世纪 50 年代开始了 CWAO 处理废水技术的研究；研究的重点主要集中在高活性和高稳定性催化剂的开发上，以降低反应的温度和压力，提高氧化分解能力，缩短反应时间，降低设备的投资及操作费用。1950 年美国 DuPont 公司申请了以 Mn-Zn-Cr 混合氧化物为催化剂的 CWAO 技术来处理工业有机废水的专利。日本 Shokubai 公司研发了较先进的 Nippon Shokubai 废水处理工艺，能将一系列有机物彻底氧化至二氧化碳和水；截至 1996 年已利用此工艺建立了 10 套废水处理装置，处理量高达 410t/d。国内这方面的研究工作主要集中在一些科研单位和大专院校，如中国科学院大连化学物理研究所、同济大学、清华大学和哈尔滨工业大学等。

CWAO 技术按反应形式可以分为均相催化氧化反应和多相催化氧化反应。最早的 CWAO 研究主要集中在均相反应上，并很快获得了实际工业应用。20 世纪 70 年代后期，CWAO 反应的研究重点转移到多相催化反应上。这主要是由于多相 CWAO 反应过程中，催化剂和废水的分离十分容易、流程简单，此外多相 CWAO 催化剂还具有催化活性高、稳定性好等特点。由于过渡金属具有较强的吸附和活化氧气的能力，所以在多相 CWAO 反应中催化剂大多为过渡金属及其氧化物。此类催化剂可以分为贵金属催化剂和非贵金属催化剂两大类。其中贵金属催化剂的活性组分有 Pt、Pd、Rh、Ru 及 Ir 等，因为具有催化活性高、寿命长等优点，有实际应用前景。因此，在 CWAO 多相催化剂研究的前期，尤其在 20 世纪 80～90 年代，大部分工作集中在贵金属催化剂体系上，所发表论文和申请专利均以贵金属催化剂为主。但是由于该类催化剂昂贵价格，一次性投资费用高，很大程度上限制了该项技术的推广。目前，已有越来越多的学者开展了 CWAO 非贵金属催化剂方面的研究工作，催化剂的活性组分有 Cu、Mn、Ce、Co、Fe、Ni 和 Bi 等。

5.3.1　均相催化剂的研究进展

5.3.1.1　均相过渡金属催化剂研究进展

均相 CWAO 反应过程条件温和，反应活性高，并且其活性和选择性可通过配体的选择、溶剂的变换、促进剂的添加等措施予以调配和设计。Imamura 等[9]以乙酸为模型物，反应温度 235℃，氧分压 2.9MPa，发现 $Cu(NO_3)_2$ 催化作用最好，$Fe(NO_3)_3$ 次之，而其他盐类几乎无催化作用，使用 $Zn(NO_3)_2$ 时甚至比不使用催化剂时效果更差。研究还发现 $Cu(NO_3)_2$ 的催化能力优于 $CuSO_4$ 和 $CuCl_2$。秋常研二[10]对 Cu、Zn、Fe、Cr、Ni、Co 和 Mo 等均相催化剂 CWAO 处理丙烯腈生产废水的催化活性进行了系统实验，结果也表明铜盐具有最强的催化作用。Marttinen 等[11]在 150℃ 和 0.7MPa 条件下加入 $CuSO_4$ 和 Na_2SO_3 混合物，在氧化降解垃圾渗滤液中取得了很好的效果，其 COD 去除率高达 90%，反应后的溶液可生化性也达到了 0.66，还通过傅里叶红光谱扫描分析确定难降解有机物已经被分解成羧酸等小分子酸。

20 世纪 80 年代，国内也逐渐开始探索均相 CWAO。汪仁等[12]开展了 CWAO 处理造纸草浆黑液废水的研究，结果表明铜盐催化剂效果最好。张秋波等[13]对煤气化废水（含酚 7866mg/L，COD_{Cr} 22928mg/L）的均相催化湿式氧化进行了研究，实验结果发现 $Cu(NO_3)_2$ 与 $FeCl_2$ 的混合物具有很高催化活性，在合适条件下，酚、氰和硫化物的去除率接近 100%，COD_{Cr} 去除率达 65%～90%，对多环芳烃类具有明显的去除效果。韦朝海等[14]研究了几种过渡金属盐催化剂催化湿式氧化降解甲醛废水的性能，研究结果表明，催化剂的催化活性大小依次为铜盐最大，铁盐其次，锰盐最低，与不加催化剂的湿式氧化降解甲醛废水反应的活化能相比，添加催化剂可使反应的活化能降低大约 50%。针对以上不同类废水，均相 Cu 催化剂尤其是 $Cu(NO_3)_2$，无疑是催化效果最好的均相催化剂。

5.3.1.2　基于亚硝酸盐的均相 CWAO 反应

亚硝酸钠（$NaNO_2$）是一种价廉易得的常用试剂，在催化氧化反应中可利用 $NaNO_2$ 活化分子氧选择性氧化有机物。中国科学院大连化学物理研究所的梁鑫淼等发展了一种基于 $NaNO_2/O_2$ 的绿色高效降解三氯酚（TCP）的体系[15]。在该体系中，随着反应温度的提高、反应时间的延长和 $NaNO_2$ 用量的增加，TCP 的去除率也在增加，如表 5-1 所列。在 150℃ 和 0.5MPa 氧分压条件下，加入 $NaNO_2$ 反应 4h 后，TCP 和 COD 去除率分别高达 99%和 70%，TOC 去除率也达到了 56%；而 91%的氯转化为氯离子释放到水中。未完全矿化的 TCP 也转化为低分子有机酸，如甲酸、乙酸、乙二酸和丁二酸等，最终

$NaNO_2$ 被氧化为 $NaNO_3$。将反应体积放大 100 倍，在同样的条件下该体系的反应效率仅下降 8%左右。在反应过程中生成的过氧亚硝基阴离子具有和羟基自由基类似的氧化电位，可能是该体系的活性中心。

表 5-1 $NaNO_2$ 活化分子氧降解 TCP 的性能

温度/℃	时间/h	$NaNO_2$ 用量（摩尔分数）/%	TCP 去除率/%	COD 去除率/%	氯矿化率/%
90	4	100	86	16	52
110	4	100	94	39	72
130	4	100	96	51	86
150	4	100	99	70	91
150	4	1	25	1	11
150	4	10	86	24	71
150	4	50	97	59	83
150	1	100	92	37	68
150	2	100	96	54	90
150	8	100	99	72	96

金属离子对 $NaNO_2$ 活化分子氧降解污染物体系也有一定的影响[16-19]。如黄梅玲等[19]详细考察了 Cu^{2+}、Ni^{2+}、Mn^{2+}、Co^{2+}、Cr^{3+} 和 Fe^{3+} 6 种金属离子助催化剂对 $NaNO_2/O_2$ 降解酸性蓝 129（AB129）的影响。在染料初始浓度为 100mg/L，pH 值为 2.5，氧分压 0.5MPa，温度 150℃时，助催化剂、$NaNO_2$ 和 AB129 的摩尔比为 0.2∶0.6∶1，6 种金属离子的催化活性大小依次为：$Fe^{3+}>Cu^{2+}>Cr^{3+}>Co^{2+}>Mn^{2+}\approx Ni^{2+}$，其中 $NaNO_2/FeCl_3$ 体系反应 2h 后，AB129 的脱色率达到了 100%。在此基础上进一步考察了 $NaNO_2/FeCl_3$ 体系中 COD 的变化情况，结果显示，反应 4h 后，$NaNO_2$ 和 $FeCl_3$ 联合使用的 COD 去除率明显高于单独使用 $FeCl_3$ 或 $NaNO_2$，分别为 68%、21%和 45%。结合 UV-Vis 光谱图可知，AB129 分子最终矿化为 CO_2 和小分子有机物，他们提出了可能的催化循环机理，认为反应过程中 $M^{(n+1)+}/Mn^{n+}$、NO、NO_2 和 ONOOH 之间发生循环转化对体系产生催化作用，其中 ONOOH 和助催化剂金属离子被认为是起氧化作用的活性物质。另外，光照对提高 $Fe^{3+}/NaNO_2$ 活化分子氧降解污染物的活性也有促进作用。Wang 等[20]考察了在自然光照射下 $Fe^{3+}/NaNO_2$ 体系降解雌激素 17β-雌二醇（E2）、雌激素三醇（E3）和 17α-乙炔基雌二醇（EE2）的性能和机理，发现反应 1d 后约有 86.6%的 E2 被降解，当反应时间达到 30d 时 E2 的去除率达到了 99.9%，并且溶液中仅有丙二酸存在。

5.3.1.3 均相共氧化技术

WAO 法需要在高温和高压条件下运行。为了降低温度和压力并维持较好的去除效率，可以在反应体系中加入均相或非均相催化剂。还有一种有效的方法是在体系中加入一些化学物质作为促进剂与目标污染物进行共同氧化降解[21]，即催化湿式共氧化（catalytic wet co-oxidation，CWCO）法。Raffainer 等[22]采用 $FeSO_4$ 催化湿式氧化体系对偶氮染料酸性橙7进行降解，当加入3,4,5-三羟基苯甲酸（没食子酸）作共氧化物质时，在160℃和1.0MPa氧气压力条件下反应90min后，溶液的TOC去除率可以达到70%；而不加没食子酸时需要在190℃和1.0MPa氧气压力条件下才能达到同样的去除效果。

付东梅等[23]开展了CWCO共氧化降解硝基苯和对硝基苯酚的研究，在200℃和1.0MPa氧分压下降解二者混合液3h后，硝基苯的去除率达到36%，而在同样条件下单独氧化时硝基苯的去除率只有3%。金属离子对该体系同样有促进作用。150～210℃、氧分压1.0MPa时，均相催化剂的加入极大提高了苯酚和硝基苯的去除[24]。在研究的过渡金属催化剂中，Cu^{2+}、Co^{2+}和Ni^{2+}效果较好，其中Cu^{2+}的催化活性最好。另外引发剂苯酚的连续加入对硝基苯的去除有很大的促进作用，分批加入苯酚的促进作用更明显。在200℃，以Cu^{2+}为催化剂，苯酚分两次加入，反应1h，硝基苯去除率达到95%。

考虑到在$NaNO_2$催化湿式氧化体系中，加入TCP可以促进PNP以及垃圾渗滤液中难降解有机物腐殖质的降解，再加上内分泌干扰物双酚A（BPA）和TCP在垃圾渗滤液中经常被同时检测。彭艳蓉等[25]以TCP作为共氧化物质，采用$NaNO_2$催化湿式共氧化技术氧化降解BPA，发现在$NaNO_2$存在时，TCP的加入极大地促进了BPA的降解：170℃、氧分压0.5MPa反应6h后，催化湿式共氧化体系中COD去除率达到71.2%，反应后溶液的可生化性大大提高，BOD_5/COD值从反应前的0.08增加到了0.95，而BPA单独氧化降解时，COD去除率仅为24.7%。GC-MS结果表明，BPA和TCP降解产物主要为小分子有机酸，分别是乙酸、2-甲基戊二酸、丁二酸、3-甲基己二酸、己三酸以及1-丙烯基-1,2,3-三羧酸。

5.3.2 非均相非贵金属催化剂的研究进展

许多过渡金属氧化物在催化湿式氧化反应中表现出很高的活性，如在190℃和总压3MPa（40% O_2，60% N_2）的条件下，CeO_2-ZrO_2-CuO或CeO_2-ZrO_2-MnO_x催化剂对乙酸去除率可分别达到90%和96%[26]；而使用Ni-Mn-O催化剂在350℃下30min即可完全去除苯酚[27]，检测到的中间产物有对苯二酚、邻苯二酚、对苯醌和邻苯醌等，这些物质又进一步转化为CO_2和羧酸。目前CWAO氧化物催化剂可以分两类：一类是以Cu、Fe和Ni等过渡金属为主要活性组分，添加其他次要组分如Al、Zn、Cr、Bi、La等，形成固溶体、尖晶石以及钙钛石类复合氧化物，或者负载在各种载体上；另一类是以稀土元素Ce为主要组分。

5.3.2.1 铜基催化剂

在众多金属催化剂中，铜系催化剂较为经济，而且均相铜催化剂也表现出了很好的CWAO活性，因此人们对非均相铜催化剂也进行了大量的研究。但是，Sadana等[28]在CWAO氧化苯酚的实验中发现，CuO的效果与其溶出Cu^{2+}的催化氧化效果接近，说明CuO催化剂非均相催化氧化苯酚的能力很差，而且特别不稳定。因此，为了提高铜催化剂的活性和稳定性，更多的研究集中在了负载铜催化剂和铜复合氧化物催化剂的制备方面。

安路阳等[29]选择CuO为活性成分，以γ-Al_2O_3为载体，采用浸渍方法制备得到负载

型 $CuO/\gamma\text{-}Al_2O_3$ 催化剂。最佳制备条件为：将预处理后的载体浸渍于 Cu^{2+} 质量分数为6%的硝酸铜溶液中 6h；过滤剩余浸渍液后，110℃下干燥 12h，然后转入高温炉中，400℃焙烧 4h，得到所需负载型催化剂。$CuO/\gamma\text{-}Al_2O_3$ 催化剂在 CWAO 处理高浓度含氰废水的过程中表现出了较高的催化活性。通过 30 次重复性实验发现，$CuO/\gamma\text{-}Al_2O_3$ 催化剂失活可能的原因可能是载体 $\gamma\text{-}Al_2O_3$ 在重复试验过程中发生相变生成新相 AlOOH 及活性成分 CuO 严重流失。Pires 等[30]将 CuO 负载于 $\gamma\text{-}Al_2O_3$ 上，并与 CuO/TiO_2 在催化氧化苯酚的实验方面进行了比较，认为 $CuO/\gamma\text{-}Al_2O_3$ 是最适合于从工业废水中 CWAO 去除苯酚的催化剂。

Álvarez 等[31]开展了活性炭负载 5% CuO 催化剂（Sofnocarb A21）CWAO 处理苯酚的稳定性研究。发现当初始苯酚浓度低于 1500mg/L 时，使用新鲜催化剂时没有铜离子溶出。然而，连续重复使用时观察到铜的浸出和结垢可导致催化剂失活和酚氧化速率降低。其原因可能是受反应中间体乙酸、对苯醌和聚合物等产物的影响。实验还发现，碱性反应条件可以阻止活性组分的流失，从而延长催化剂的寿命。

Yadav 等[32]在中等温度和压力条件下使用 Cu/Mn/AC 作催化剂，发现与非催化相比有机碳的矿化度显著增强。在最高温度和压力分别为 190℃和 0.9MPa 氧气压力的条件下可以实现有机物的高度矿化（TOC 去除率高达 68%），而污染物吸附在催化剂表面上的贡献较低。因此，可以认为存在于废水中的有机物被降解而不是被吸附。但出乎意料的是，在最高反应温度下从固体催化剂中浸出的金属是最低的，这可能是由废水中存在的中间体或副产物的减少所致。

尖晶石结构的过渡金属氧化物经常被作为催化剂使用，这些氧化物一般由特定前驱体的热分解得到，采用的前驱体主要有氢氧化物、碳酸盐、硝酸盐和草酸盐等。水滑石是一类常用的尖晶石催化剂前驱体，是由 $Mg_6Al_2(OH)_{16}CO_3 \cdot 4H_2O$ 组成，其中的 Mg^{2+}、Al^{3+} 被其他二价和三价金属离子同晶取代得到结构相似的一类化合物，称为类水滑石，分子通式：$M(\text{II})_{1-x}M(\text{III})_x(OH)_2\ (A^{n-})_{x/n} \cdot yH_2O$，其中 $M(\text{II})=Mg^{2+}$、Ni^{2+}、Co^{2+}、Zn^{2+}、Cu^{2+} 等。Alejandre 等[33]利用类水滑石前驱体制备了 Cu-Ni 尖晶石催化剂用于 CWAO 降解苯酚，发现在氧分压为 0.9MPa 和反应温度为 413K 的条件下，反应 1.5h 后苯酚的去除率接近 100%。在固定床反应器中连续运行 15d 后，催化剂的催化活性没有任何下降，同时苯酚的去除率最高稳定在 75%左右。

国内学者也开展了尖晶石作为 CWAO 催化剂相关的工作。如通过类水滑石前驱体制备出 Cu-Zn-Al-O 复合氧化物催化剂，其不仅具有较好的催化活性，同时也具有很好的稳定性[34]。在反应温度 180℃，初始空气压力 2.5MPa 的反应条件下，以苯酚作为模型废水，反应 2h，COD 去除率达到 91.3%，Cu 的流失量仅为 0.1mg/L。而用其他方法合成的 Cu-Zn-Al-O 复合氧化物催化剂，在相同的反应条件下 COD 去除率为 89.2%，Cu 的流失量为 3.4mg/L，催化剂的稳定性明显不如通过类水滑石前驱体制备出 Cu-Zn-Al-O 复合氧化物催化剂。在实验室实验数据的基础上，还对催化剂的稳定性进行了初步的定性分析：在水滑石结构中，Al^{3+} 已经进入 OH^- 配位的八面体晶格中，和 Cu^{2+}、Zn^{2+} 占据同样的位置，并均匀地分散。因此即使此结构在焙烧过程中分解，类水滑石结构被破坏，Al^{3+} 仍然保存在氧化物的晶格中。由于 Al^{3+} 已经进入 CuO 和 ZnO 的晶格中，此种复合氧化物已经不是几种简单氧化物的堆积，各方面的性能都发生了改变。所以，以此类水滑石前驱体所制备的复合氧化物催化剂的晶格能比单纯的 CuO 有很大的提高，使其具体结构比单一的 CuO 更加稳定。因为铜离子被限制在较稳定的晶格中，所以催化剂铜离子的流失得到了控制。

5.3.2.2 铈基催化剂

稀土元素氧化物尤其是 CeO_2 具有良好的耐酸碱腐蚀性和较高的烧结温度，普遍地被用作多相催化剂的载体及结构助剂和电子助剂。CeO_2 在催化剂中所起的作用很复杂，至今也没有完全地阐明清楚。但是十分明确的一点是在 CeO_2 中存在着很重要的 Ce 元素的混合价态（+3 价和+4 价），因为这种固有的缺陷结构允许活性氧的插入和移出，这也是 CeO_2 具有贮氧能力的原因。Lin 等[35]用 CeO_2 作为催化剂，研究了催化剂用量、氧分压、反应温度、酚浓度对苯酚转化率和 TOC 去除率的影响。发现随催化剂用量的增加，苯酚和 TOC 的去除率在增加。当酚的浓度很高时，氧分压对酚的转化率及 TOC 的转化率影响特别明显。提高温度可以将酚的转化率达到 50%的时间大大降低，同时 TOC 的去除率也在提高。

在 CeO_2 中掺杂其他的二价和三价过渡金属离子可以进一步提高 CeO_2 的贮氧能力。这些过渡金属离子可以促进 Ce^{4+} 还原为 Ce^{3+}，导致电子从过渡金属转移到 CeO_2。Neri 等[36]以共沉淀方法制备了 Fe-CeO_2 为催化剂，以羟苯基丙烯酸（$HOC_6H_4CH=CHCO_2H$）为模型废水进行了 CWAO 反应的研究。实验证明 Fe^{3+} 取代了 CeO_2 晶格中的 Ce^{4+}。由于 Fe^{3+} 具有很好的催化氧化性，在反应温度为 130℃和反应压力为 2MPa 的条件下，反应 30min 后 TOC 去除率接近 100%。同时由于 Fe^{3+} 取代了 CeO_2 晶格中的 Ce^{4+}，催化剂的稳定性也大幅度提高。

Hocevar 等[37]以 CuO-CeO_2 为催化剂，以苯酚为模型废水进行了催化湿式氧化催化剂的研究。分别以共沉淀和溶胶-凝胶两种方法制备催化剂。实验结果发现，由于以溶胶-凝胶制备的催化剂中 Cu^{2+} 与 CeO_2 中的 Ce^{4+} 有较强的相互作用，XRD 测试结果没有发现析出的 CuO 相，而由共沉淀方法所制备的催化剂可能由于 Cu^{2+} 与 CeO_2 中的 Ce^{4+} 的相互作用较弱，在体相中析出了 CuO 相。由于催化剂结构上的不同，造成了催化剂在稳定性和活性上不同。由溶胶-凝胶法制备的催化剂不仅催化活性比由共沉淀方法制备的催化剂催化活性提高了 25%，而且催化剂的稳定性也大幅度提高，其 Cu 的流失量仅为 5.7mg/L，而由共沉淀方法制备的催化剂 Cu 的流失量为 119mg/L。这也清楚地说明增强过渡金属离子与稀土金属离子之间的相互作用，不仅可以提高催化剂的催化活性，更为重要的是可以提高催化剂的稳定性。

Kim 等[38]通过超临界法制备了高表面积的 CeO_2-ZrO_2 混合氧化物，并用于负载过渡金属（Mn、Fe、Co、Ni 和 Cu）氧化物。该催化剂显示出较强的对氯苯酚的湿化氧化的催化活性。Parvas 等[39]考察了在 CeO_2-ZrO_2 混合氧化物负载上金属镍（Ni）催化剂的性能。研究表明，在 Ni/CeO_2-ZrO_2 纳米催化剂中，Ni 作为 NiO 存在，而 NiO 的结晶度随 Ni 含量的增加而增加，NiO 晶体的尺寸没有显著变化；在 Ni 含量较低的纳米催化剂中观察到具有不规则形状的颗粒聚集。在 CeO_2-ZrO_2 混合氧化物上掺杂 Ni 改善了湿式氧化降解苯酚的催化活性，其转化率随着 NiO 相含量的增加而增加。

由于常规的金属如铜、锌或其氧化物作为催化剂的活性已得到证实，但存在催化剂活性组分易溶出或催化剂活性不稳定等问题。具有一定催化活性的非金属物质，如活性炭、炭黑等催化剂的优点是可以避免因金属的流失而引起二次污染，但是在高温下易被氧化剂所氧化，催化效率不高。我国的稀土资源非常丰富，而稀土又是良好的催化剂和载体，在湿式氧化苛刻的反应条件下非常稳定，因此以 Ce 为代表的稀土氧化物催化剂具有很好的研究价值和工业应用前景。

5.3.2.3 铁基催化剂

CWAO 过程中非贵金属催化剂活性组分的流失不可能完全避免，因此可选用一些没有毒性或毒性较小的过渡金属作为催化剂的活性组分。在所有过渡金属元素中，仅有 Fe 元素没有任何生物毒性，但是由于其较差的催化氧化活性，很少被应用于湿式催化氧化反应中，但制备负载铁催化剂或通过添加第二组分制备铁复合氧化物可提高催化剂的活性和稳定性。Quintanilla 等[40-43]利用等体积浸渍法制备了活性炭负载铁基催化剂［2.4%（质量分数)］，并考察了其在固定床反应器中 CWAO 降解苯酚的效率、机理和催化剂的稳定性。在 127℃和 8atm（1atm＝1.10325×10^5Pa）氧分压条件下，100%的苯酚和 80%的 TOC 被去除。在连续 9d 的反应过程中，催化剂保持较好的活性，并且铁的流失量仅为 2%。但在长时间的反应过程中催化剂的形貌结构发生了明显变化，如微孔消失、C/O 比降低以及 Fe_2O_3 颗粒的聚集。

杨民[44]通过共沉淀方法制备出一系列不同 Mg 含量的尖晶石型 $FeMg_xO_{1.5+x}$ 复合氧化物催化剂，其体相中均含有 Fe_xO_y 寡聚体簇合物相。分析表明，在湿式催化氧化去除磺基水杨酸的反应中，$FeMg_xO_{1.5+x}$ 催化剂反应活性的高低均由其体相中所含有的 Fe_xO_y 寡聚体簇合物相的多少所决定，表明该相为反应的氧化活性中心。同时提出了磺基水杨酸模型化合物在 $FeMg_xO_{1.5+x}$ 催化剂上被分解的反应机理：磺基水杨酸分子吸附于由 MgO 相充当的碱性活性中心上，在由 Fe_xO_y 寡聚体簇合物所充当的氧化活性中心作用下被高效去除。

锐钛矿结构的复合氧化物 ABO_3 具有化学计量氧的可变的特性。以体相氧的得失或氧空位产生或消除为基础的可逆氧化-还原过程使这类氧化物作为氧化催化剂具有很大的吸引力，正是由于该优异的特性，该类型复合氧化物被广泛地应用于 NO_x 气体和挥发性有机气体的治理中。但是目前除了在光解水的催化反应中，钙钛矿型复合氧化物还很少作为催化剂应用于液相反应体系中。Yang 等[45]通过无定形羟酸前驱体法制备出钙钛矿型 $LaFeO_3$ 复合氧化物。通过实验以及表征分析发现：

① 通过无定形羟酸前驱体法制备的钙钛矿型 $LaFeO_3$ 复合氧化物在较低 CWAO 反应温度（140℃）下，可以高效地去除水杨酸模型废水，COD 去除率为 78%。经过 12 次重复试验后，催化剂的反应活性几乎没有下降；

② 由于水杨酸和磺基水杨酸分子在苯环上具有由相邻的羟基和羧基所形成的分子内氢键，其酸性均较强，可与 $LaFeO_3$ 催化剂上碱性中心的氧原子之间相互作用而形成分子间氢键，从而可以使水杨酸和磺基水杨酸有效地吸附于催化剂表面而发生完全氧化反应，

如图 5-1 所示。

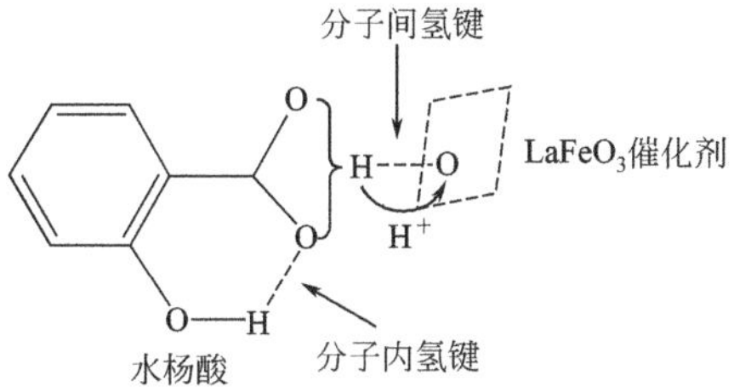

图 5-1 $La_{1.4}FeO_{3.6}$催化剂上 CWAO 去除水杨酸模型化合物的反应机理

含铁累托石也可作为催化剂用于 CWAO 降解苯酚等废水[46]。累托石中的铁是以高度分散的 FeO_x 相和小颗粒的 α-Fe_2O_3 相存在的，对苯酚吸附能力较弱，但有较高的催化氧化能力，150℃反应 180min 后，苯酚转化率达 95%，COD 去除率达 82%。催化湿式氧化降解苯酚过程中，铁离子溶出量变化曲线为 S 形，最大溶出量仅为 2.7mg/L。累托石对铁离子有较强的吸附能力，可以用来同步处理反应后溶液中铁离子。和均相铁离子催化反应相比，两者对苯酚的转化率接近，但在累托石上中间产物的转化速率更大。

5.3.2.4 钼基催化剂

钼基催化剂具有优良的催化氧化效果。Ma 等[47]通过固态反应合成了 CuO-MoO_3-P_2O_5 催化剂，在较低温度（35℃）和标准大气压下进行了催化湿式氧化处理印染废水的研究。结果表明，在温和条件下这种新型催化剂具有高效的催化活性，10min 内，亚甲基蓝的脱色效率可达到 99.26%。他们还测试了催化剂寿命和选择性，并且结果显示使用 3 次后，催化剂仍然保持较好活性。表明这种催化剂的活性很高，改善了以往湿式氧化的严苛的条件，并且催化剂的高稳定性决定了其具有广阔的应用前景。

Zhang 等[48]报道了一种新型的混合材料 $Na_2Mo_4O_{13}/\alpha$-MoO_3，可作为高效的 CWAO 催化剂使用，其在室温和大气压下显示出较高的降解阳离子红 GTL 的活性。SEM 和 TEM 分析表明，该杂化催化剂具有竹形纳米纤维形态。XRD、XPS 和 ESR 表明 $Na_2Mo_4O_{13}/\alpha$-MoO_3 杂化催化剂在缺氧区域比纯 α-MoO_3 具有更多的 O_2^{2-}，更有利于促进羟基自由基的形成，从而有更高的活性。

Xu 等[49]为了克服 CWAO 在高温和高压下的缺点，通过共沉淀和浸渍法制备了以 Mo 为活性组分的 Mo-Zn-Al-O 催化剂，并用于在室温和标准大气压下降解阳离子红 GTL，并采用响应表面法对 pH 值、染料初始浓度和催化剂用量等因素进行了优化，获得了最佳的条件。此外，还提出了 Mo-Zn-Al-O 催化剂染料降解的可能的反应机理。Lee 等[50]用七钼酸铵溶液浸渍 MgO 载体制备了具有不同 MoO_3 负载量的 Mo/MgO 催化剂。处理 H_2S 时最佳钼含量为 60.2%，几乎接近 MgO 载体上的理论单层容量。对 MoO_3 的计算表明，在 MgO 载体上加入单分子层的 MoO_3 增加了 Mo/MgO 的 H_2S 去除能力，但是 Mo-O 表面覆盖率的进一步增加导致其活性降低。因此，良好分散的 Mg-Mo-O_4 结构域中的四面体配位的 Mo^{6+} 是 H_2S 湿氧化中的活性物质。

5.3.2.5 镍基催化剂

镍基催化剂由于其活性组分具有较强的氧传递性，氧化物 NiO 具有较好的耐腐蚀性，对液态烃碱渣废水的处理具有较好的催化能力和较强的稳定性。李满[51]以普通金属铜、锰、镍为活性组分，通过共沉淀法和溶胶凝胶法制备出复合型催化剂，并选取4A分子筛为载体，采用浸渍法制备出负载型催化剂，还通过对催化裂化废催化剂再生和负载，制备出再生废剂型催化剂。对影响催化剂处理废水的活性及稳定性的因素进行了研究，发现当反应温度为210℃，初始氧分压为0.9MPa，催化剂用量为2g/L，反应时间为3h，搅拌速度为300r/min时处理效果最佳。Vallet A等[52]在滴流床反应中利用Ni/MgAlO为催化剂开展了催化湿式空气氧化处理偶氮染料的研究。催化剂的制备过程为：利用共沉淀法制备水滑石，再通过初始润湿浸渍法浸渍镍，并在550℃煅烧。反应温度为180℃的时候，反应活性达到最高。催化剂在降解染料过程中表现出了良好的稳定性，重复利用性能达到20h。但在此之后，TOC转化率从82%降至62%。将反应用的催化剂在反应器内原位煅烧再生后可允许其进行3个循环的使用，而其催化活性没有任何损失。

Ovejero等[53]通过共沉淀法制备了含镍或铁离子的类水滑石层状氢氧化物，煅烧后得到掺杂Ni和Fe的混合氧化物；并在间歇式反应器中研究了碱性黄11（BY11）的催化湿式空气氧化和湿式空气氧化的效果，所制备的催化剂在120℃条件下反应120min后显示出对TOC、毒性和染料都有很高的去除率。含镍的催化剂提供了更高程度的矿化率，而铁催化剂降解染料速度更快。H_2-TPR分析表明具有较低Ni或Fe含量的催化剂上Ni和Fe分散度较高，而Ni或Fe含量较高时则降低，进一步研究发现具有3% Ni含量的Ni催化剂是性能最佳。Kaewpuang等[54]用Ni/Al_2O_3催化剂研究了稀氨水的选择性湿式氧化，结果表明，在503K和2.0MPa的空气压力下可实现90%氨的选择性转化，在反应期间没Ni溶解发生。在1173K下煅烧Ni/Al_2O_3形成的$NiAl_2O_4$显示出较高的稳定性和更高的选择性，并通过形成金属铝酸盐改善Al_2O_3载体的稳定性。

5.3.3 非均相贵金属催化剂的研究进展

贵金属催化剂的应用有很长的历史，1831年英国菲利普斯就提出以Pt为催化剂的接触法制造硫酸，到1875年该法实现工业化。此后，贵金属催化剂在加氢、脱氢、氧化、还原、异构化、芳构化和裂化等反应中的应用层出不穷，在化工、石油精制、石油化学、医药及新能源等领域起着非常重要的作用。在环保领域贵金属催化剂也被广泛应用于汽车尾气净化，有机物催化燃烧，CO、NO氧化，等等。

贵金属催化剂在CWAO的研究和应用中也一直得到关注，常用的活性组分有Ru、Pt、Pd、Au、Rh和Ir等。使用贵金属和金属氧化物催化剂的氧化效率一般明显高于非催化反应的反应效率，而且贵金属催化剂催化乙酸和含氮污染物的效果一般要高于金属氧化物催化剂。贵金属催化剂还具有寿命长等优点，有很好的实际应用前景，但价格昂贵。为了降低催化剂成本，常将其负载于载体上制备得到负载型催化剂。常见载体类型主要有TiO_2、ZrO_2、CeO_2、Al_2O_3和活性炭等，这些催化剂载体的水热稳定性也同样重要。部分报道过的贵金属催化剂如表5-2所列。

Pt、Ru和Pd等贵金属在CWAO反应中活性差别较大，针对不同的废水，应以不同贵金属作为催化剂活性组分。往往一种类型的催化剂不能单独处理多种多样的废水，需要多种催化剂协同作用。如Ioffe等[55]以糠醛作为模型废水，以活性炭上负载Pt、Pd、

表 5-2 贵金属催化剂在 CWAO 中的应用

活性组分	载体	去除污染物
Ru、Rh、Pd、Ir	CeO_2	醇、酚等
Ru	CeO_2	乙酸
Ru	TiO_2-ZrO_2	工业废水
Ru-Rh	Al_2O_3	湿式氧化污泥
Ru	TiO_2	焦化废水
Ru	ZrO_2	*N*,*N*-二甲基甲酰胺
Pt	TiO_2	苯酚
Pt	AC	环己醇
Pt-Pd	TiO_2-ZrO_2	工业废水
Pt-Pd-Ce	Al_2O_3	黑液
Ru-Pt	AC	苯酚
Pd、Ru、Pt	TiO_2,Al_2O_3	NH_3
Au	CeO_2	有机酸

Rh 和 Re 为催化剂进行了催化湿式氧化反应的研究。在温度为 250℃，反应时间为 30min，贵金属负载量 2%，糠醛浓度为 0.2mol/L 的反应条件下，发现催化剂催化活性按以下顺序排列：Re＜Pd＜Rh＜Pt。Gallezot 等[56]分别以小分子羧酸-乙二醛酸为模型废水，以活性炭为载体，较为系统地考察了系列贵金属的催化湿式氧化反应活性。结果发现，在稍高于室温的反应条件下，催化活性大小为 Ru＜Rh＜Pd＜Ir＜Pt。无论是处理大分子有机物，还是催化湿式氧化反应中间产物的小分子羧酸，贵金属 Pt 的催化活性最强，其次为 Rh 和 Pd，而贵金属 Ru 的催化活性最差。需要特别指出的是，在处理小分子羧酸时，贵金属 Ir 也具有较强的催化活性。处理废水中的 NH_4^+-N 时，贵金属催化剂的活性也有类似的规律。Lousteau 等[57]制备了 TiO_2 和 ZrO_2 负载的 Pt、Pd、Ru、Ir 和 Rh 催化剂，并在 200℃、4g/L 催化剂和初始 pH 值为 11 的条件下考察了 CWAO 去除氨水的性能。氨水浓度为 60mmol/L。结果发现无论是负载在 TiO_2 还是 ZrO_2 上，贵金属催化剂的活性顺序都为 Rh＜Ru＜Ir＜Pd＜Pt。但对于贵金属氧化物而言，以上的催化活性顺序就不适用了。如 Qin 等[58]以 NH_3 作为模型废水，以 Al_2O_3 为载体，负载 3%贵金属氧化物，并详细考察了催化剂的催化活性。催化反应在 230℃、1.5MPa 反应条件下进行，NH_4^+ 的浓度为 1600mg/L，初始 pH 值为 12.3。反应结果显示催化剂的催化活性顺序为：$RuO_2 \approx PdO > Rh_2O_3 \gg Pt_3O_4$，此顺序与处理废水中其他有机物时催化活性顺序有很大的不同。而 Cr、Mn、Fe、Co、Ni 等非贵金属氧化物催化剂的活性则非常低，但使用 MoO_3 作催化剂时，NH_4^+ 的转化率也达到了 81.3%。

5.3.3.1 Ru 系贵金属催化剂

贵金属 Ru 是经典的催化剂，已被广泛应用于催化氧化和偶联等反应，包括：醇和胺的氧化反应，烯烃的氧化反应，氧化性 C—O、C—N 和 C—C 成键反应，以及 C—C 键键裂产生的开环等反应。在 CWAO 处理废水反应中 Ru 催化剂表现出较好的性能，而且 Ru

的价格较 Pt 系贵金属要便宜很多。因此有关 Ru 催化剂在 CWAO 反应中的研究较多。由于 CWAO 反应的条件较苛刻，催化剂要长期浸泡在高温、高压废水中，并且由于反应的中间产物为小分子羧酸，有较强的酸性，也是许多常见催化剂载体所不能承受的，所以该部分研究工作特别注重催化剂载体的研究，并且载体的比表面积、孔体积和孔结构对活性金属的分布和催化性能起着重要作用。

活性炭（AC）作为一种优良的催化剂载体被广泛应用于催化领域，具有价格低廉、性质稳定、孔隙结构发达、比表面积大、吸附性能强等一系列特点。一些研究工作采用了 AC 作为载体制备负载 Ru 催化剂，以此来开展 CWAO 反应的研究。Beziat 等[59]利用质量分数 5%的 Ru/AC 为催化剂，在 190℃和 5MPa 的条件下处理丁二酸和醋酸，反应 1h 后丁二酸被完全去除，反应 4h 后，醋酸的去除率也大于 99%。Gallezot 等[60]用离子交换法制备了 AC 和大比表面石墨负载的 Ru 催化剂，并用于乙酸（5～20g/L）的 CWAO 反应。使用空气作氧化剂时，在 448～473K 的反应温度范围内乙酸可被完全氧化为二氧化碳，而且没有发现 Ru 的流失。在活性组分颗粒尺寸相同的情况下（1nm），石墨负载的 Ru 催化剂活性更高，可能是由于在 Ru/AC 中，Ru 主要分布在微孔中，导致反应物的扩散相对来讲更困难一些。而在石墨负载 Ru 催化剂中电子可以从载体传递到金属颗粒，从而有助于提高 Ru 的抗氧化中毒性能。负载 Ru 催化剂的活性与活性组分颗粒的尺寸有很大的关系，颗粒越小，活性越高。作者还在不同反应条件下测试了石墨负载 Ru 催化剂的 CWAO 反应动力学，如温度、压力和乙酸浓度等，发现对底物浓度和氧气压力反应级数分别为 0 和 0.65，反应活化能为 100.5kJ/mol。

此外，Ayusheev 等[61]研究了 N 掺杂 C 纳米纤维（N-CNF）中的 N 含量对苯酚湿式空气氧化中 Ru/N-CNFs 催化活性的影响。CNF 和 N-CNF 本身的活性很低，而在负载 Ru 催化剂后，N-CNF 中的 N 可以促进催化剂的活性和稳定性。在温度为 140℃、反应的压力为 5MPa、Ru/N-CNFs 催化剂存在的条件下，可以观察到 100%苯酚转化率，并且反应进行 6h 后的 TOC 转化率较高且几乎恒定。XPS 表征结果显示，没有 N 的情况下，反应后 Ru/CNFs 表面形成了 C—N 结构，其中的羟基或羰基的端基覆盖在 Ru 颗粒上，阻碍了其继续参与反应。对于含 N 量较高的 Ru/N-CNFs 催化剂，反应后催化剂表面形成了羧基或碳酸盐等基团，但并没有包覆活性组分 Ru。可能是 N 的存在促进了反应过程电子转移过程，从而改变了污染物降解的历程。但是考虑到活性炭在长期有氧存在的催化湿式氧化反应条件下容易氧化分解，该类催化剂目前还不具有实际应用的可能。

Al_2O_3 作为载体具有良好的孔径分布、较大的孔体积和比表面积以及多种晶型等特性，并且制备工艺成熟，价格便宜，强度较好，已被广泛用于石油精炼、汽车尾气处理、氮氧化物的除去、加氢催化、重整反应和光催化等领域中。但是由于 Al_2O_3 属于两性氧化物，在强酸性条件下不能长期稳定存在，因此不易将其应用于催化湿式氧化法处理有机物废水中。但是在处理含氨氮一类废水时，由于此类废水的 pH 值一般为 10～12，Al_2O_3 可长期稳定存在，因此可采用 Ru/Al_2O_3 作为催化湿式氧化反应的催化剂。Qin 等[58]以 RuO_2/Al_2O_3 为催化剂，在 503K、1.5MPa 空气的反应条件下反应 2h，接近 100%的 NH_3 被氧化，其中 97.4%转化为 N_2。Ru 催化剂的活性比其他氧化物催化剂的高，这一规律可以与金属氧化物的标准摩尔生成焓相关联，如图 5-2 所示。生成焓过大或过小都不利于催化反应的进行，只有那些生成焓在合适范围（25～30kcal/mol）内的催化剂才有较好的活性。此外，Yu 等[62,63]采用等体积浸渍法制备了 Ru/Al_2O_3 和 $Ru\text{-}Ce/Al_2O_3$ 催化剂，并使用 XRD、XPS 和 TEM 等手段对催化剂进行了表征。结果发现热处理过程中前驱体 $Ru_3(CO)_{12}$ 分解，并与 $\gamma\text{-}Al_2O_3$ 表面的羟基相互作用形成新物种 RuA 和 RuB。经 H_2 在 673K 还原处理后，Ru 主要以 RuO_2 相存在，仅有少量的金属态 Ru。当还原温度升高到 773K 时，Ru/RuO_2 比例明显提高。但掺入 CeO_2 后，催化剂表面仅检测到 RuO_2 相的存在。这两种负载 Ru 催化剂对 CWAO 处理异丙醇、苯酚、乙酸和 *N*,*N*-二甲基甲酰胺等高浓度有机废水的研究都有较好的效果，493K 反应 2h 后的 COD 去除率超过 90%，并且 $Ru\text{-}Ce/Al_2O_3$ 催化剂的活性要高于 Ru/Al_2O_3，可能是由于前者 Ru 的分散度更高。

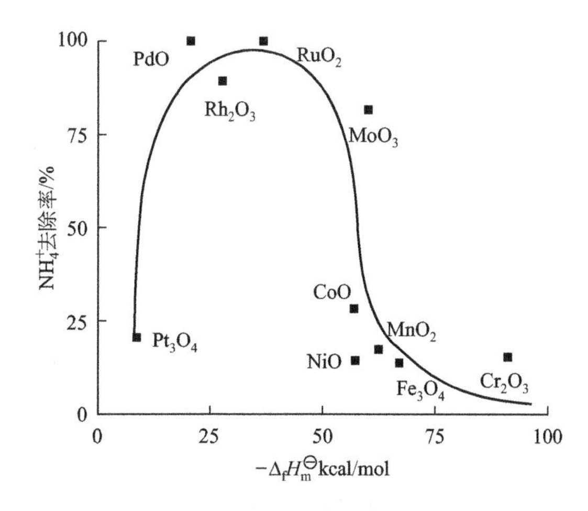

图 5-2　CWAO 反应中氨去除率与金属氧化物标准摩尔生成焓的关系

（1kcal＝4.186kJ）

CeO_2 是一种价廉而用途广泛的稀土材料，在玻璃、陶瓷、荧光粉和催化等领域具有广泛的应用。CeO_2 具有良好的储存与释放氧性能及较强的 Ce^{3+}/Ce^{4+} 氧化还原性能，且耐酸碱、热稳定性高，已用于汽车尾气净化催化剂的添加剂。在一氧化碳低温氧化、水气变换反应、甲烷与二氧化碳重整等许多反应中，CeO_2 也用作催化剂的载体或助剂，但其比表面积小、强度也较差，应用受到一定限制。在 CWAO 反应中，CeO_2 本身既具有较好的活性，还可作为载体用来负载贵金属催化剂，吸引了很多人的注意。Oliviero 等[64]比较了两种不同比表面积 CeO_2 负载 Ru 催化剂的性能。Ru/CeO_2 中 Ru 的负载量为 5%（质量分数），CWAO 反应在温度为 160℃或 200℃和 2MPa 氧分压的条件下进行。结果发现，Ru 在这两种载体表面上的分布有较大差别，如图 5-3 所示。在高比表面积 CeO_2 负载 Ru 催化剂（CAT-1，$160m^2/g$）中，Ru 颗粒的粒径大约为 20～30nm，主要沿着（111）晶面生长。Ru 颗粒被 CeO_2 围绕，CeO_2 颗粒尺寸大约为 7nm。在低比表面积 CeO_2 负载 Ru 催化剂（CAT-2，$40m^2/g$）中，Ru 颗粒的粒径要小一些，大约为 8～12nm，但主要沿着（131）和（010）晶面生长。周围 CeO_2 尺寸大约为 25nm。CWAO 降解羧酸（丙酸、丁二酸和乙酸）的测试表明 CAT-1 的性能要显著优于 CAT-2 的性能。这可能是由于小尺寸的 CeO_2 粒子更利于氧气的传递。Oliviero 等[65]还采用该催化剂开展了处理马来酸的研究。同样地，CAT-1 的活性要好于 CAT-2。在 CAT-1 作用下，160℃反应 120min 后，马来酸的去除率接近 100%，在 200℃反应 90～100min 后，矿化率也达到了 100%。而在 CAT-2 作用下，虽然 160℃反应 120min 后马来酸的去除率达到了 97%，但在 200℃反应 120min 后矿化率只有 75%。

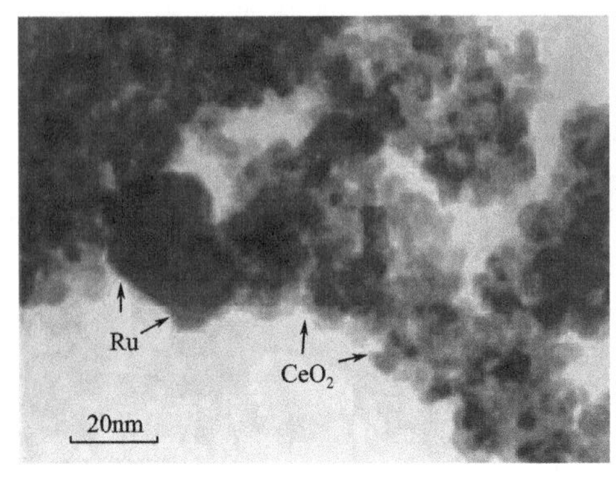

(a) 高比表面积CeO_2负载Ru催化剂的TEM图

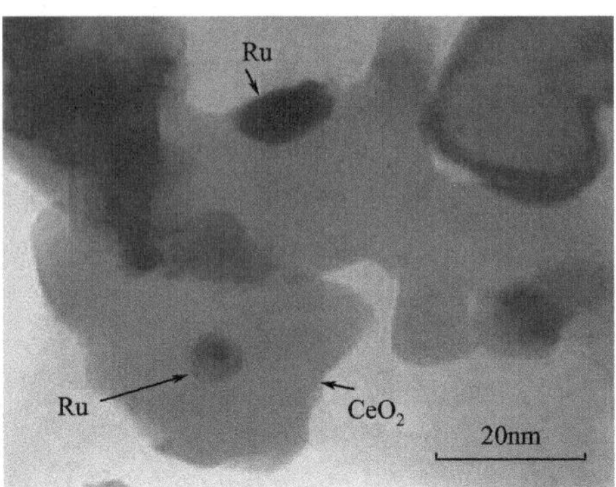

(b) 低表面积CeO_2负载Ru催化剂的TEM图

图 5-3　高比表面积 CeO_2 和低表面积 CeO_2 负载 Ru 催化剂的 TEM 图

Hosokawa 等[66]也制备了两种 CWAO 用 CeO_2 负载 Ru 催化剂，但催化剂的比表面积很接近，还进行了较为详细的表征分析。与上述机理不同，Hosokawa 认为 Ru/CeO_2 催化剂中高度分散状态的 Ru 更容易和载体 CeO_2 形成 Ru—O—Ce 键，这种 Ru 物种更活泼，中间的可流动氧物种可作为 CWAO 反应的活性中心，如图 5-4 所示。当氧物种被消耗时，金属态的 Ru 能被溶解氧重新氧化并生成活泼氧物种。

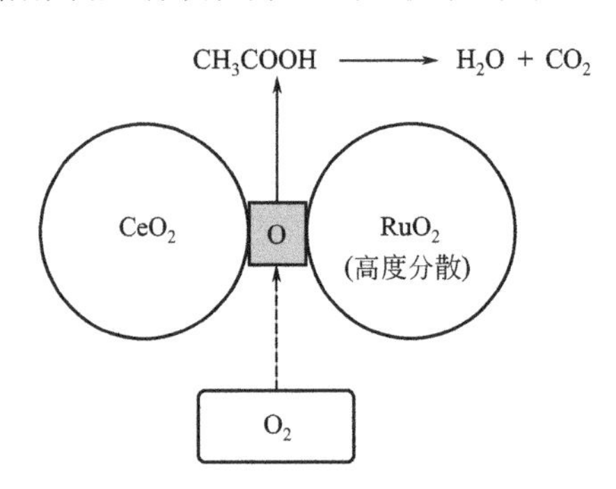

图 5-4　Ru/CeO_2 催化剂 CWAO 催化机理

催化湿式氧化的长周期寿命测试中，要求颗粒催化剂必须具备一定的机械强度以抵抗催化剂的磨损，而催化剂的机械强度主要取决于载体的机械强度。尽管 CeO_2 负载催化剂具有非常好的活性和稳定性，但其作为载体的成型目前还比较困难。针对这一问题，国内王建兵等[67]在传统 CeO_2 成型法基础上进行了改进，得到了一系列以 CeO_2 为主要成分的载体，并将贵金属 Ru 浸渍在这些载体上制备了不同的催化剂，还对催化剂的比表面积和机械强度进行了表征，对湿式氧化苯酚动态实验中催化剂的活性和稳定性进行了考察。结果表明，Ru 负载在采用新方法成型的载体上制得的催化剂具有更大的比表面积。在 110h 的催化湿式氧化苯酚反应中，苯酚和 COD 的去除率维持在 96%左右，反应过程中活性组分的溶出浓度很小，催化剂表面有少量的积炭，但积炭在 300℃能够被完全氧化。

因而催化剂具有较好的稳定性和工业应用可能性。

TiO_2 理化性质稳定、无毒、耐久性好，在化工生产领域有极其重要的地位，可用于涂料、塑料、造纸、印刷油墨等领域。自从 1972 年两位日本学者在 TiO_2 单晶电极上发现水的光电催化分解制氢以来，TiO_2 多相光催化技术引起了科技工作者的极大关注。而从 1978 年 Exxon 公司的研究人员发现了 TiO_2 载体与贵金属的强相互作用开始，TiO_2 作为催化剂载体也成为一个研究热点。在 CWAO 领域，目前具有实际应用前景的催化剂载体也是 TiO_2，这主要是因为其在酸性和碱性条件下都具有较好的稳定性，并且价格也相对便宜。但是其自身也有比表面积较小、成型工艺不成熟等问题。在 TiO_2 中加入少量的 ZrO_2 或 CeO_2，可以改进 TiO_2 载体的结构性能，增大载体的比表面积，提高强度。因此采用以 ZrO_2 或 CeO_2 为助剂的 TiO_2 复合载体，在目前阶段是最有可能成为实际应用的催化湿式氧化反应催化剂的载体。正是考虑到这一点，以 TiO_2、TiO_2-ZrO_2 或 TiO_2-CeO_2 为催化剂载体的研究工作较多。

Beziat 等[68]以 2.8%的 Ru/TiO_2 为催化剂，分别在 463K 和 5MPa 的反应条件下处理了琥珀酸、环己醇和醋酸模型废水，反应后丁二酸和环己醇的去除率均接近 100%，醋酸的去除效果较差，但去除率也可达到 86.0%。他们还在浆态反应器中详细考察了该催化剂去除琥珀酸的动力学因素的影响[69]，发现对底物的反应级数为 0，对氧气则为 0.4，反应活性能为 125kJ/mol。反应中间产物乙酸和二氧化碳的存在并没有妨碍矿化反应的进行。如果将乙酸的甲基上的一个氢原子使用 Cl、OH 或 NH_2 来替代，反应速率将会增加。CWAO 降解乙酸较困难可能是由于其在 Ru 催化剂上吸附能力较差。Ru/TiO_2 催化剂具有非常好的稳定性，可重复使用，反应后没有观察到 Ru 和 Ti 的流失，也没有发现颗粒聚集的现象。

Vaidya 等[70]则以 5% Ru/TiO_2 为催化剂，对 CWAO 降解苯酚的反应机理进行探讨。在催化剂作用下，苯酚可被完全去除。在近中性条件下（pH=6.5）可检测到中间产物乙酸的生成，但在强碱性条件下，乙酸的生成量显著增加。在反应体系中加入自由基引发剂对苯二酚可提高苯酚的氧化速率，而加入自由基抑制剂叔丁醇时，苯酚的降解速率变慢。

此外，江义等[71]将贵金属 Ru 负载在 TiO_2 上，经过处理活化，制成贵金属含量为 0.1%～2.0%的催化剂，在反应温度为 250℃、反应时间为 1h 的条件下，焦化废水 COD 浓度从 9302mg/L 降到 619mg/L，NH_3 浓度自 5230mg/L 降至 50mg/L 以下。

在 TiO_2 中引入其他元素将会对负载催化剂的性能产生一定的影响。如 Monteros 等[72]在 160℃和 2MPa 纯氧气压力下，在苯酚的 CWAO 中研究了在 TiO_2-CeO_2 上负载 Ru 和 Pt 的催化性能。与预期相反，添加 CeO_2 改进的储氧能力对催化性能是不利的，因为它们可以促进溶液中聚合物和吸附物质的积累。相反，路易斯酸位点的存在有利于羟基官能团的活化，因此可以促进苯酚的邻氧化并最终形成 CO_2。另一方面，在此反应中铂似乎比钌更有效。在反应温度为 160℃，反应的压力为 2MPa，反应时间为 180min 的条件下，无论什么载体性质的 Ru 催化剂，其活性都是相似的。

尽管在催化氧化方面做了大量研究，但在与废水经处理后毒性相关的中间产物的处理方面发表的文献非常少。Pintar 等[73]以 Ru/TiO_2 为催化剂，对 CWAO 工艺处理工业牛皮纸漂白水的急性毒性进行了研究。在填充有 TiO_2 或 3% Ru/TiO_2 催化剂的滴流床和间歇循环反应器中，反应温度为 463K 条件下，利用 CWAO 处理牛皮纸漂白废水，并分别用淡水无脊椎动物大型水蚤（*Daphnia magna*）和海洋细菌费氏弧菌（*Vibrio fischeri*）进行 48h 和 30min 急性毒性测试。在 TiO_2 或 Ru/TiO_2 存在下的湿式空气氧化过程中的废水里形成了各种羧酸和二羧酸，它们的分布对终产物溶液的毒性起了决定性作用。没有催化剂时，由于出水溶液中含有的短链有机酸（特别是乙酸）与无机盐的协同作用，终产物溶液比初始漂白设备出水对 *Daphnia magna* 高出 2～33 因子的毒性。而在 3% Ru/TiO_2 催化剂存在下，使用 *Vibrio fischeri* 进行毒性试验，终产物溶液的解毒因子大于 1。此外，他们还对终产物的好氧生物降解性进行了检测，表明在 Ru/TiO_2 催化剂下，经 CWAO 工艺处理的漂白设备出水是完全可生物降解的。因此，在将处理过的废水排入环境之前，应该基于实际生物测定法对 CWAO 出水的残留毒性进行评估。另外，在 Ru/TiO_2 催化剂下，废水经 CWAO 工艺处理后可生物降解时，一体化的 CWAO 和生物处理设备能容易去除 CWAO 处理阶段形成的中间产物乙酸。

5.3.3.2 Pt 系贵金属催化剂

Pt 催化剂主要用于氨氧化，石油烃重整，不饱和化合物氧化及加氢，气体中一氧化碳、氮氧化物的脱除等过程，是化学、石油和化工反应过程经常采用的一种催化剂。其中最负盛名的铂催化剂及其催化过程有：铂重整催化剂，氨氧化过程采用铂铑丝网催化剂，以及低碳烃催化芳构化，C5～C6 烃异构化过程采用载铂的氧化铝催化剂。以 Pt 为活性组分所制备的催化剂，在 CWAO 处理废水中的有机物时，具有较高的催化活性，因此研究也较多。如在 CWAO 去除氨时 Pt/TiO_2 或 Pt/ZrO_2 催化剂的活性和生成 N_2 的选择性要好于其他负载的 Pd、Ru、Ir 和 Rh 等催化剂[57]。

Cao 等[74] 也比较了 Pt/AC、Ru/AC、Cu/AC、CoMo/AC、Mo/AC、Mn/AC 和 Ru/Al_2O_3 等催化剂同时去除有机污染物和胺的性能。其中贵金属催化剂的活性要比贱金属催化剂高得多。氨的去除是速率控制步骤。对于 Ru/AC 和 Pt/AC，反应后生成硝酸盐和亚硝酸盐的比例较小。Pt/AC 在氨去除效果、pH 敏感性和稳定性方面要优于 Ru/AC。在废水初始氨氮和 COD 浓度分别高达 1500mg/L 和 8000mg/L 的情况下，Pt/AC 催化剂能够同时从高度污染的废水中除去氨（>50%）和苯酚（约 100%）。与 TiO_2、Al_2O_3 或 MCM-41 相比，活性炭是 Pt 更好的载体。Pt/AC 的最佳制备条件为：在 300℃下煅烧 6h，然后在 600℃下进行 H_2 还原，活性炭不进行预处理。由此制备得到的催化剂 Pt/AC，在 200℃、初始 pH 值分别为 5.6 和 12 时，氨去除率分别为 52% 和 88%。

载体类型和制备方法等都对催化剂的性能有较大影响，如 Ukropec 等[75] 把 Pt 分别负载在石墨、活性炭、TiO_2 和 ZrO_2 上，用于处理氨水溶液，并与其他催化剂如 Pd、Ru 和 Ir 等比较，发现由于 Pt 在 TiO_2 和 ZrO_2 上的分散度低，催化活性不如负载到石墨上的效果好。在载体中添加 Ce 元素有时可增加 Pt 催化剂的活性。Kim 等[76] 研究了添加 Ce 对 Pt/Al_2O_3 催化剂的活性对苯酚的催化湿式氧化的影响，使用两种不同的前体将铂浸渍在 γ-Al_2O_3 上：一种是阴离子的（H_2PtCl_6）；另一种是阳离子的 [$Pt(NH_3)_4Cl_2$]。来自前者的 Pt 催化剂显示出比后者更高的活性，因为前者导致比后者更好的金属分散。Ce 的添

加降低了 Pt/Al_2O_3 催化剂（H_2PtCl_6）的催化活性，同时它改善了 Pt/Al_2O_3 催化剂［$Pt(NH_3)_4Cl_2$］的活性。Ce 的添加对 $Pt\text{-}Ce/Al_2O_3$ 的湿氧化活性的影响可以通过 Pt 分散和 Pt-Ce 相互作用的差异来解释。

5.3.3.3 Pd 系贵金属催化剂

除了贵金属 Ru 和 Pt 以外，还有一些研究工作采用 Pd 作为催化剂的活性组分进行催化湿式氧化反应研究。Taguchi 等[77]以 TiO_2 为载体，负载 Pd、Pt、Ru、Rh、Cu、Co 和 Ni 等，在反应温度 433K、O_2 分压 8atm 的条件下、考察了催化剂对模型废水中 NH_3 的去除率效果。对于 Pt 而言，负载在锐钛矿结构 TiO_2(P25) 上活性最佳，但溶液中仍存有 3mg/L 的 NO_2^- 和 4mg/L 的 NO_3^-。不同催化剂生成氮气的活性顺序为 Pt>Ru>Pd>Rh≥Cu、Co 和 Ni。Pd/TiO_2(P25) 上 N_2 的选择性达到了 100%，没有 NO_2^-、NO_3^- 和 N_2O 的产生。随着 Pd 负载量的增加，催化活性也在增加，并保持很高的选择性。An 等[78]则在滴流床反应器中考察了 CWAO 对造纸废水的处理效果，使用了蛋壳型、均匀分布型以及均匀分布型 Pd-Pt 合金催化剂三种负载 Pd 催化剂。在 353～448K 和 1.84MPa 气压条件下，Pd 催化剂在 TOC 去除率和脱色方面表现出较好的活性。和均匀分布型 Pd 催化剂相比，蛋壳型 Pd 催化剂（质量分数为 0.2% Pd）由于活性 Pd 位点主要分布在壳层，从而减小了底物和中间产物的扩散距离，导致催化性能表现更佳。连续反应 40h 后，蛋壳型 Pd 催化剂没有发生明显的失活现象。

5.3.3.4 Au 系贵金属催化剂

长期以来，Au 被认为是一种不具备催化应用价值的“惰性”贵金属，但早在 20 世纪 70 年代英国化学家 Bond 就曾经揭示过小尺寸 Au 在加氢反应中的应用潜力。直至 1987 年，日本化学家 Haruta 发现负载在 Fe_2O_3 及 TiO_2 等氧化物载体上的纳米 Au 颗粒（5nm）对 CO 低温氧化反应具有极高的催化活性，Au 的催化潜力才逐渐受到重视。近年来，随着化学与材料科学领域“淘金热”的进一步升温，探究 Au 的催化特性已经成为催化领域的一大研究焦点[79]，与金催化相关的文献及专利也随之大量涌现，在纳米尺度上全面开展高性能 Au 催化体系设计、应用并探究其催化本质的研究工作已经成为当代催化科学中最为活跃和最具挑战的前沿领域之一。与 Pd、Pt 等传统贵金属相比，纳米 Au 催化剂最突出的优点是反应条件温和、对目标产物选择性高。目前已被广泛应用于精细化学品合成等反应，如选择氧化、选择加氢、生物质高附加值利用和“一步法”有机串联反应等。此外，Au 纳米颗粒对紫外和可见光有较好的吸收，能在温和条件下活化反应分子，从而促使反应发生，并提高反应物转化率和产物选择性，成为新型光催化剂的研究热点。已在光催化污染物降解、臭氧分解、硝基化合物还原、选择氧化以及制氢等领域进行了大量研究。

在 CWAO 研究领域也对纳米 Au 催化剂的性能进行了探索。如 Besson 等[80]通过用尿素沉积-沉淀制备了 CeO_2 负载 Au 催化剂（质量分数为 1%和 4%）。CWAO 反应在反应温度 190℃、反应总压力 5MPa、反应体积 50mL、催化剂 0.4g 或 0.2g、醋酸的浓度 1.2g/L 的条件下进行。Au/CeO_2 催化剂的预处理（氢气还原和在空气中煅烧）对金的价态有很大的影响，因此对 Au/CeO_2 催化剂的活性有很大的影响。还原处理后催化剂中的Au均以金属态存在，但经空气焙烧后Au负载量为4%（质量分数）的催化剂中 Au^0 要远高于负载量为1%（质量分数）的催化剂。金属态Au的含量越高，催化性能越好，可能是由于 Au^0 和 CeO_2 之间的存在协同效应。但对Au含量归一化后发现，Au负载量越低，单位Au催化降解效率越高。Au/CeO_2 催化剂甚至比 TiO_2 或 ZrO_2 负载的Pt或Ru催化剂的活性要好。在 TiO_2 负载Au催化剂上也存在类似的规律，Au的分散度越高，在CAWO反应中活性也越高[81]。

5.3.3.5 Ir系贵金属催化剂

目前Ir作为催化剂使用主要用在肼等推进剂的催化分解、催化分解氨气、汽车尾气净化和不饱和烃类化合物的加氢催化剂。最近在单原子Ir催化方面也取得了重要研究进展。如Lin等[82]以 FeO_x 为载体制备出极低金属含量的单原子Ir催化剂 Ir/FeO_x。将该催化剂用于水汽变换反应，发现其催化活性比相应的团簇及纳米催化剂高一个数量级，也进一步研究发现，对于较高金属含量的非均匀催化剂（含有单原子、团簇及纳米粒子），其单原子催化的贡献约占总体活性的70%，证明了金属单原子是水汽变换反应最主要的活性位。但在CWAO反应中，目前关于Ir催化剂的报道较少。仅Gomes等[83,84]采用活性炭负载了5%的Ir为催化剂，采用丁酸作为模型废水。在反应温度200℃、氧分压6.9atm、反应时间2h的反应条件下，丁酸的去除率最高可达52.9%。两步初湿浸渍法制备催化剂的活性要高于一步法，但所有Ir催化剂的性能均比Pt催化剂的要低。CWAO反应受底物浓度、催化剂投加量、氧分压和温度等因素的影响。丁酸降解过程中发现有丙酸和乙酸生成，反应遵循自由基反应机理。

5.3.3.6 Rh系贵金属催化剂

Rh对酸的化学稳定性特别高，不仅不溶于普通的酸，甚至不溶于王水，但能溶于沸腾的浓硫酸。它的抗氧化性能也很强，在常温下对空气和氧都是十分稳定的，但在600～1000℃的空气中会氧化。Rh可用来制造热电偶、铂铑合金、加氢催化剂等，也常镀在探照灯和反射镜上，还用来作为宝石的加光抛光剂和电的接触部件。近年来不对称催化在药物合成中应用也越来越多。铑在不对称催化方面应用较早，范围也很广，主要应用在加氢方面，在氢甲酰化、氢硅烷化、烯烃异构化不对称催化反应方面也有很多报道。Rh的负载型催化剂应用领域主要在加氢、氢甲酰化、羰基化中。但在CWAO反应中，Rh催化剂的活性较其他贵金属催化剂要低，因此研究较少。Cervantes等[85]在 Rh/TiO_2 和 $Rh/TiO_2\text{-}CeO_2$ 催化剂上进行甲基叔丁基醚（MTBE）的催化湿空气氧化。将 $TiO_2\text{-}CeO_2$［1%、3%、5%、10%和20%（质量分数）CeO_2］通过溶胶-凝胶法制备了混合氧化物。在所有催化剂中获得小的Rh颗粒<1.8nm。含有 CeO_2 的Rh催化剂显示出比参考 Rh/TiO_2 更高的活性，在质量分数为5%的 CeO_2 负载下活性最大。CeO_2 的存在抑制碳在催化剂上的沉积，CeO_2 含量越高的，沉积在Rh表面的碳越少。在初始反应溶液中加入HCl可增加CWAO活性。

5.3.3.7 双组分贵金属催化剂

近期研究表明，金属催化剂的特性会因为加入别的金属形成合金而改变，它们对化学吸附的强度、催化活性和选择性等效应都会改变，具有一定的协同和互补作用，是一个非常有潜力的研究课题。如炼油工业中 Pt-Re 及 Pt-Ir 重整催化剂的应用，开创了无铅汽油的主要来源。汽车尾气催化燃烧所用的 Pt-Rh 及 Pt-Pd 催化剂，为防止空气污染做出了重要贡献。双金属组分的不同结构、形貌、尺寸等对催化剂性能有很大的影响。由于较单金属催化剂性质复杂得多，故目前对合金催化剂的催化特征了解甚少。这主要来自组合成分间的协同效应，不能用加和的原则由单组分推测合金催化剂的催化性能。例如 Ni-Cu 催化剂可用于乙烷的氢解，也可用于环己烷脱氢。只要加入 5% 的 Cu，该催化剂对乙烷的氢解活性，较纯 Ni 约为其 1/1000；继续加入 Cu，活性继续下降，但下降速率较缓慢。

为提高 CWAO 反应中贵金属催化剂的性能，降低成本，目前有不少研究者开展双金属组分催化剂在 CWAO 应用中的研究。Fu 等[86]通过化学还原方法制备了双金属 Ru-Cu/C 催化剂，并研究了氨水催化湿式氧化为氮气的性能，发现所制备的双金属 Ru-Cu/C 催化剂在相当温和的条件下就具有非常好的活性和选择性。催化剂中的 Ru 和 Cu 之间存在强相互作用，可以有效地调节氧化中间物质的反应性和聚合性，从而保护 Ru 和 Cu 不被浸出。在温度 150℃，O_2 压力 0.5MPa，pH=12，反应时间 5.5h 的条件下，在质量分数为 1.5% Ru-1.5%Cu/C 催化剂上没有观察到失活，NH_3 的转化率在 5 个连续运行中保持在高于 80%的水平。

Szabados 等[87]设计了在 Ti 网整体式催化剂上，并在其上负载 Ru-Ir 双活性组分来考察 *N*,*N*-二甲基甲酰胺的催化湿式氧化性能。催化剂反应速率明显高于单纯热反应的速率，并在 55h 使用期间贵金属损失不大。Hamoudi 等[88]研究了贵金属助催化的 MnO_2/CeO_2 催化剂的催化湿式氧化性能。反应在间歇式淤浆反应器中进行，操作条件温和（80～130℃，0.5MPa O_2）。即使 MnO_2/CeO_2 催化剂介导的氧化反应在破坏苯酚方面非常有效，也会由于形成碳质沉积物而很快失活，完全矿化成 CO_2 和 H_2O 的选择性也较低。用 Pb 或 Ag 能促进复合氧化物催化剂的活性，增强矿化选择性并且明显减少了沉积物的量。在 80℃和其他同样的条件下，Pt/AgMnO_2/CeO_2 催化剂的矿化率可高达 80%，Pt 和（或）Ag 对 MnO_2/CeO_2 催化剂的促进效果归因于通过金属掺杂获得的 MnO_2/CeO_2 的低温氧化还原性质。

Song 等[89,90]考察了 Pt-Ru 双金属催化剂 CWAO 处理甲胺废水的性能。Pt 的加入由于能改变表面 Ru 的化学状态和分散度，从而显著提高了催化剂的性能。200℃下使用双金属催化剂可使甲胺废水完全矿化，而使用单独的 Pt 或 Ru 催化剂，甲胺完全矿化的温度则分别需要提高到 240℃和 210℃。

5.3.4 非均相非金属催化剂的研究进展

近年来，活性炭、石墨、碳纳米管、富勒烯和碳纤维等碳基材料因其物化性质的独特性和形态的多样性，特别是良好的化学稳定性和导电性，而逐渐受到关注，在催化领域得到了广泛的应用。利用纳米碳材料直接作为催化剂的非金属催化是目前材料科学与催化领域的前沿方向之一。相对于传统的金属催化剂，纳米碳材料催化剂具有高效环保、低能耗、耐腐蚀等优点，在烃类转化、化学品合成、能源催化等领域表现出优异的催化性能和发展潜力。在CWAO反应中，也开展了以活性炭和碳纳米管等碳材料作为催化剂或载体的研究。与贵金属和金属氧化物催化剂相比，碳材料避免了活性金属组分的流失，并显示出较好的催化活性。

5.3.4.1 活性炭

活性炭（activated carbon，AC）具有排列不规则的微晶结构，晶体中有微孔、中孔和大孔，比表面积高达500～1700m^2/g。因其比表面积大而常常用做吸附剂，在废水有毒有害物质的吸附等方面有着十分广泛的应用。AC和石墨等碳材料作为载体负载金属催化剂在CWAO降解有机物的反应中对污染物的去除有很好的效果。与Al_2O_3等金属氧化物载体相比，碳材料具有很好的耐酸碱稳定性，在催化反应中不易发生载体的溶出而导致催化剂失活；同时碳材料具有大的比表面积，为负载活性金属组分提供了更广阔的空间。近年来的研究发现AC也可作为一种良好的催化剂直接应用于CWAO反应，如表5-3所列。在较温和条件下，AC催化的CWAO反应可有效去除香豆酸、酚类和氨等有机物。

表5-3 AC催化剂在CWAO中的应用

污染物	反应条件	去除率/%
香豆酸	80℃，总压2.0MPa，AC 5g/L	香豆酸82.3%，TOC 71%
二氯酚	160℃，总压1.6MPa，AC 3.5g/L	二氯酚70%，TOC 40%
苯酚	140℃，总压1.3MPa，AC 7g/L	苯酚55%，TOC 50%
苯胺	140℃，总压1.3MPa，AC 7g/L	苯胺5%，TOC 0%
苯酚	160℃，总压1.6MPa	苯酚100%，TOC 80%
三硝基苯酚	200℃，总压5.5MPa	硝基酚100%，NO_3^-产率77%
氨水	165℃，总压1.1MPa	约1.5mmol/g(活性炭)

Fortuny等[91]在固定床反应器中以AC和γ-Al_2O_3负载的CuO为催化剂进行了CWAO处理苯酚废水的研究，反应温度为140℃，氧分压为0.1～0.9MPa。研究结果表明AC的活性要高于商品化氧化铜催化剂。反应过程中负载CuO催化剂由于在酸性条件下发生的活性相的流失，反应过程中很快失活，苯酚转化率从最初的78%很快降到30%。而部分碳由于被氧化和较小的比表面积，使AC的活性也有所降低，但在经过240h的试验后，其催化活性仍是Cu/Al_2O_3的8倍。苯酚的转化率和AC的物理化学性质相关，尤其是与表面化学特性如表面含氧基团的种类和数量的关系十分密切[92]。

Suarez-Ojeda等[93]用AC作为催化剂在固定床反应器中进行了CWAO降解多种取代酚的研究，包括苯酚、邻甲酚、2-氯酚、对硝基酚、苯胺、环丁砜、硝基苯和十二烷基苯磺酸钠。AC在反应过程具有吸附和催化氧化的双重功能。在反应温度为140℃，反应压力为1.3MPa，有机物初始浓度为5g/L，催化剂投加量为7g/L的条件下，反应72h后，苯酚、邻甲酚、2-氯酚和十二烷基苯磺酸钠的转化率在30%～50%之间，TOC去除率为

15%～50%，COD去除率为12%～45%。而在同样的条件下，对硝基酚、苯胺、环丁砜和硝基苯的去除率不到5%，TOC和COD几乎没有去除。此外，温度对CWAO反应影响很大，温度越高，处理效果越好，但污染物去除效果和氧分压无关[94]。在催化机理方面，认为AC催化活化氧气产生自由基，并发生亲电或亲核取代等反应。

Cordero等[95]在三相反应器中用AC作催化剂对苯酚进行了CWAO处理，在温度为160℃、氧气分压为1.6MPa、苯酚的初始质量浓度为1000mg/L、初始pH值为3.5的条件下处理50h，苯酚的转化率达到70%，TOC去除率达40%。随着反应的进行，AC催化剂的微孔和比表面积都在减小。研究者还在一定条件下对催化剂进行了水洗再生和N_2气氛下热处理再生的研究，但效果并不明显。

Chen等[96]则以AC和胺化AC为催化剂，在温度140～160℃、氧分压0.2～1.0MPa条件下开展了CWAO处理难生物降解焦化废水的研究。在AC表面进行胺化处理可引入含氮官能团，并降低酸性含氧官能团的含量。450℃和650℃下胺化处理的催化剂相比于原始AC表现出更高的催化活性，经CWAO反应后，废水的可生化性也大为提高。反应前废水的BOD_5/COD值为0.29，使用经不同温度处理的AC催化剂进行CWAO降解后，BOD_5/COD值提高到了0.47～0.61；而使用经不同温度处理胺化的AC作为催化剂进行CWAO降解后，该值提高到了0.63～0.78。CWAO氧化出水再经厌氧处理后，焦化废水COD去除率达到了40%，而未经氧化处理废水的COD去除率只有15%左右，如图5-5所示。

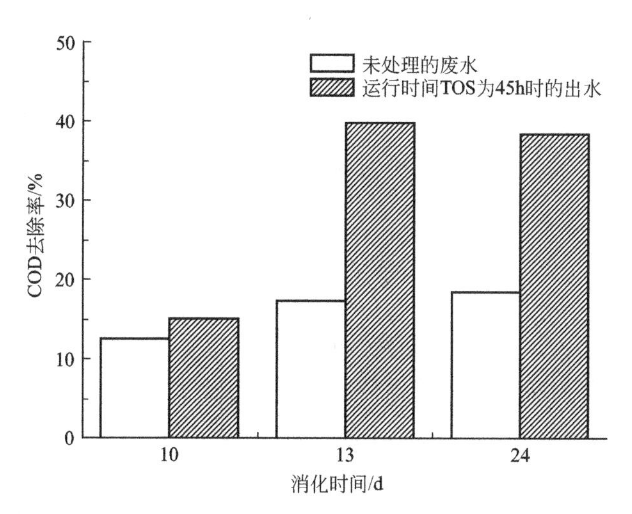

图5-5　厌氧消化系统中COD去除率与反应时间的关系

木材和煤等物质是目前制备活性炭的主要原料，但这些资源有限且价格较高。随着水资源使用逐渐增多，污水处理也相应地增加；截至2014年底，我国污水处理厂达到1808座，污水处理能力为13088m^3，污泥产量达到3700多万吨。利用污泥作为前驱体制备活性炭，可有效回收资源，实现废物的资源化。Yu等[97]考察了不同酸处理含碳污泥得到的催化剂CWAO处理间甲酚的性能，发现HNO_3处理的催化剂效果最好，当底物浓度为5000mg/L时，在温度为160℃和0.66MPa氧分压下反应90min后去除率高达99.0%，并测试了该催化剂连续使用8d过程中的稳定性。催化剂表征结果说明，催化剂活性与其表面羧基含量高低有关。

AC催化的CWAO反应除了能够降解酚类污染物外，还可以用来处理其他类型废水。如Aguilar等[98]以AC为催化剂对氨水进行了CWAO处理，并对其进行了热重和红外光谱等分析。研究结果表明，以HNO_3氧化预处理的AC对氨水的吸附能力比较强，但在CWAO处理过程中对氨水的氧化能力较差；而以H_2还原处理过的AC表现出较高的氧化活性。原因可能是吸附主要发生在含有羧酸、酸酐、内酯酸等表面基团上，而AC的催化活性只与醌类表面基团有关。

此外，垃圾填埋过程中所产生的高浓度垃圾渗滤液严重污染环境，威胁人体健康。垃圾渗滤液常用生物法进行处理，而晚期垃圾渗滤液由于富里酸等有机物的存在而难以生物降解。徐熙焱等[99,100]以AC为催化剂，过硫酸钾为促进剂，对垃圾渗滤液中的难降解有机污染物富里酸进行了CWAO降解研究。结果显示，在优化条件下几乎100%的富里酸被降解，而COD的去除率达到了77.8%。同时，降解后富里酸的可生化降解指数从0.13大幅提升到0.95。AC表面微孔结构以及化学性质的研究表明，其表面的含氧基团（—OH和—COOH）的形成会对反应过程中自由基的产生起到积极作用，从而促进富里酸降解，而AC在反应后的结构变化则可能在一定程度上降低富里酸的去除效果。在氧化过程中，AC表现出很好的稳定性，使用4次时富里酸的降解率仍然保持在60%以上。通过自由基抑制实验考察了该体系的反应机理，结果表明羟基自由基和硫酸根自由基是降解富里酸的主要活性物质。

相比金属系列催化剂，碳材料广泛存在自然界中，容易得到且其具有良好的耐热、耐酸碱性，在反应过程中不易发生活性组分流失等优点。由以上结果可知，AC在CWAO反应过程中对有机物的去除有一定的催化活性。但目前AC等碳材料催化剂仍存在一些缺陷，如在较低温度下对苯胺等含氮有机物的催化活性较差，在高温条件下则出现碳氧化和孔道堵塞等失活现象。

5.3.4.2 碳纳米管

碳纳米管（CNTs）是一种具有特殊结构（径向尺寸为纳米量级，轴向尺寸为微米量级，管子两端基本上都封口）的一维材料。碳纳米管主要由呈六边形排列的碳原子构成数层到数十层的同轴圆管。层与层之间保持固定的距离，约0.34nm，直径一般为2～20nm。CNTs中碳原子以sp^2杂化为主，同时六角型网格结构存在一定程度的弯曲，形成空间拓扑结构，其中可形成一定的sp^3杂化键，即形成的化学键同时具有sp^2和sp^3混合杂化状态，而这些p轨道彼此交叠在CNTs墨烯片层外形成高度离域化的大π键。因CNTs具有很高的机械强度，同时具有独特的化学稳定性、热稳定性及电学性质，作为一种新型的催化剂及载体显示出极强的优越性，受到越来越多研究者的关注[101]。CNTs一般有3种结构，即单壁碳纳米管（SWNT）、双壁碳纳米管（DWNT）和多壁碳纳米管（MWNT），其结构如图5-6所示。在用作催化剂或载体时一般选用MWNT，因为其拥有比较大的比表面积和多种缺陷位点，对氧气的吸附能力强。相比于AC，CNTs作为催化剂具有突出的结构优势：a. 化学稳定性好，具有良好的耐酸、耐碱和耐热稳定性；b. 表面原子比例大，使体系中的电子结构和晶体结构发生明显改变，表现出特殊的电子效应；

c. 具有适宜的孔结构（大部分为中孔），避免在反应过程中出现孔堵塞的问题；d. 活性组分和 CNTs 之间的强相互作用也有利于提高催化活性。

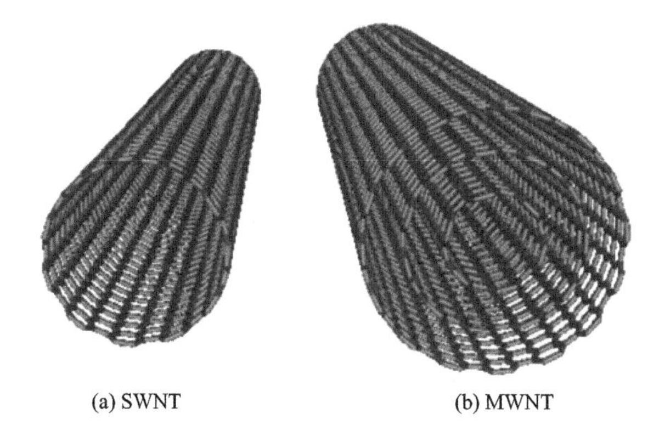

图 5-6　单壁碳纳米管（SWNT）和多壁碳纳米管（MWNT）

Milone 等[102]以 MWNT、改性 MWNT 和 AC 作为催化剂，在温度为 80℃、反应总压为 2.0MPa、催化剂投加量为 5g/L 的条件下，CWAO 催化降解初始浓度为 370mg/L 的香豆酸，发现 MWNT 的催化性能和表面特性有关。未改性的 MWNT 和 AC 有较好的活性，反应 300min 后，香豆酸的去除率超过 90%，TOC 的去除率分别为 87.6%和 85.3%。而经过混酸氧化处理后，MWNT 的稳定性变得更差。

Yang 等[103,104]以体积比为 1∶3 的 67%HNO_3 和 98% H_2SO_4 混酸改性的 MWNTs 为催化剂进行了 CWAO 处理苯酚的研究。结果表明：在苯酚废水初始质量浓度为 1000mg/L，催化剂投加量 0.8g/L，温度 160℃，氧气分压 2.0MPa 的条件下反应 120min 后，苯酚转化率达到 100%，TOC 去除率达到 76%。结构表征说明混酸改性处理后 MWNTs 表面生成含氧官能团是具有高活性的重要原因。他们还比较了混酸（HNO_3/H_2SO_4）、O_3、H_2O_2、空气和水热等方法对 CNTs 进行改性处理的效果，发现气相臭氧改性处理的 MWNTs 在反应中表现出了最好的催化活性[105]。在 155℃，催化剂投加量为 0.4g/L，苯酚初始浓度为 1000mg/L 的条件下反应 120min 后，苯酚和 TOC 去除率分别达到 100%和 78%。其他改性方法处理 CNTs 的 TOC 去除率分别为：未改性—12%，空气氧化—45%，混酸—69%，液相臭氧—72%，H_2O_2—74%。同样地，改性处理的 MWNTs 表面生成的含氧官能团是其作为催化剂具有催化活性的重要原因，含氧官能团含量越多，MWNTs 催化活性越好。

Rocha 等[106]用沸腾的 HNO_3 溶液（CNT-N）、200℃的尿素溶液（CNT-NU）和 600℃的氮气（CNT-O）对 MWNTs 进行改性处理。结果表明，MWNTs 的等电点经 HNO_3 处理后降低，而经尿素和热处理后升高。在反应温度为 140℃、反应总压力为 4MPa 的条件下，不加催化剂时草酸很难被去除，当在相同的反应条件下引入催化剂后草酸去除率明显提高。其中先经浓 HNO_3 改性处理，干燥后再投入高压反应釜内在高温、尿素溶液内进行热处理改性，经干燥后再在 N_2 气氛下进行高温改性处理得到 CNT-NUT 催化剂活性最好。而且在第二次重复利用中表现出高的稳定性：草酸可在反应 45min 内被完全降解，120min 内被完全矿化。催化剂的活性和其化学特性相关，如图 5-7 所示，随零电点值的升高，草酸初始降解速率也在增加。在 CNTs 中引入含氧官能团时提高其酸性，降低零电点值，导致催化剂活性降低。引入含硫化合物也会增加其酸性，但催化剂活性得到显著提高[107]。这一结果与杨少霞等结果不同，可能是由于使用的模型物特性不一样。

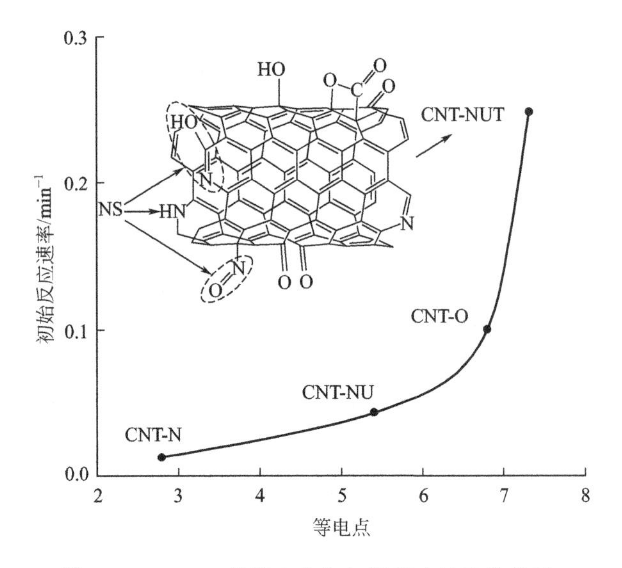

图 5-7　MWNTs 的等电点和初始反应速率的关系

CNTs 作为催化剂载体在 CWAO 中也得到了应用。Gomes 等[108]采用浸渍法制备了 MWNTs 负载的 Pt 催化剂，研究了其在 CWO 法处理苯胺溶液中的活性。研究结果表明：Pt/MWNT 催化剂在 CWAO 降解有机物时，表现出较高的催化活性，在苯胺初始质量浓度为 2000mg/L、反应温度为 200℃、氧气分压为 0.69MPa 的条件下反应 2h 后，苯胺去除率可达 98.8%，CO_2 选择性可达到 86.9%。

以 CNTs 为 CWAO 催化剂的载体具有比表面积大、孔道结构合适和稳定性良好等优点，是一种有广泛应用前景的催化剂载体。但由于其制备还没有实现工业化，使得目前该类催化剂的实际应用受到制约。

5.3.4.3　碳凝胶

碳凝胶（CX）是近二十年来逐渐发展起来的新型纳米多孔材料，最早由美国 LawrenceLivermore 国家实验室的 Pekala 以甲醛和间苯二酚为有机前驱体，碳酸钠为催化剂成功合成[109]。CX 的制备主要包括溶胶-凝胶化、有机凝胶的干燥和炭化三个步骤。有机前驱体如甲醛和间苯二酚通过溶胶-凝胶法进行聚合，经过溶胶、凝胶过程后便可形成高度交联的有机凝胶。由于 CX 由纳米级的聚合物中间体交联而成，具有三维层状的网络结构，既兼具了碳材料和纳米材料的特性，又具有高电导率、孔径结构可调、比表面积大等特点，因此被广泛地应用于电化学、催化、环境保护等领域[110]。

近年来众多的学者对 CX 进行了大量的研究，与其相关的 CWAO 催化剂也不断涌现。Apolinario 等[111]采用溶胶凝胶法制得 CX 催化剂，进行了 CWAO 处理二硝基苯酚（DNP）和三硝基苯酚（TNP）混合物的研究。研究结果表明：在温度为 473K、氧气分压为0.7MPa条件下处理120min后，DNP和TNP的转化率均可达到100%，混合物色度去除率也可达到100%，TOC去除率为83%。在相同条件下，CX催化剂的催化效果比纳米级的CeO_2催化剂效果好。Gomes等[112]以CX为催化剂进行了苯胺的CWAO处理研究，在温度为200℃、氧气分压为0.69MPa条件下处理1h后，苯胺的转化率达到98%，5h后TOC去除率为86%，无机物选择性为86%。Rocha等[113]对N掺杂CX催化剂CWAO和O_3降解草酸的性能进行了研究。经CWAO处理后草酸可被完全矿化，而O_3催化氧化的矿化率要低很多。催化剂活性与表面N含量有关。

CX还可用于负载贵金属催化剂。Gomes等[114]以Pt负载于CX上所制得的催化剂对苯胺进行了CWAO处理。在温度为200℃、氧气分压为0.69MPa条件下处理2h，苯胺转化率可达到100%，CO_2选择性可达到92.7%。其处理效果优于同样条件下以Pt/AC和Pt/MWNT为催化剂的处理效果。Job等[115]分别制得Pt/CX和Pt/AC催化剂，对苯进行CWAO处理，在相同的条件下处理Pt/CX的催化活性是Pt/AC的10倍。

5.3.4.4 氧化石墨烯

氧化石墨烯（GO）是石墨烯的一种主要衍生物，是石墨被氧化后发生剥离而形成的单层或多层氧化石墨[116]。其结构与石墨烯基本相同，仅是二维平面上连有一些其他的官能团。氧化石墨烯表面含有丰富的含氧官能团，如羟基、羧基、羰基和环氧基等，其中羟基和环氧官能团主要位于氧化石墨烯的基面上，而羧基和羰基则主要处于氧化石墨烯的边缘，这些含氧基团使氧化石墨烯具有亲水性和可修饰性，这使得其不需要表面活性剂就能很好地分散于水中。氧化石墨烯的价格比碳纳米管低得多，且其表面的极性官能团易与一些极性有机分子和聚合物形成强的相互作用或化学键，有利于与其他材料的复合，并在光学、催化、电荷存储以及电极材料等领域得到广泛应用。

孙雨和杨少霞等[117]通过改进的Hummers法制备了有丰富含氧官能团的GO，并采用维生素C（VC）和氨水制备了化学还原的GO催化（RGO和GO-N）。与原材料石墨相比，GO和还原GO样品表面出现了大量的缺陷，且比表面积有明显增加。在反应温度为155℃，氧分压为1.8MPa，催化剂投加量为0.2g/L，苯酚浓度为1000mg/L条件下，考察了这些催化剂CWAO降解苯酚的活性和机理，发现GO催化剂活性最高，反应40min后，苯酚去除率达100%，反应120min后TOC去除率达到84%。随着VC还原时间的延长，RGO催化剂的活性降低，而GO-N催化剂在CWAO降解苯酚反应中没有催化活性。他们还以硝基苯作为自由基探针分子，开展了GO催化剂CWAO降解苯酚反应体系中自由基的检测研究。在CWAO降解单独硝基苯反应中，GO催化剂无法去除硝基苯，而在CWAO降解苯酚与硝基苯共存的反应体系中，硝基苯被有效去除，且反应中苯酚的去除率降低。结果表明：GO催化剂在CWAO降解苯酚体系中促进·OH的生成，产生的自由基将硝基苯去除（见图5-8）。但GO催化剂重复使用性能较差，从反应6min后结果来看，第一次使用时GO对苯酚的去除率达到了100%，而第二次和第三次GO对苯酚的去除率降为20%和10%。对使用后GO样品进行表征发现重复使用的催化剂比表面积显著减小，而且C/O值增加，说明催化剂表面含氧官能团和比表面积的减少影响了

GO 催化剂在重复反应中的活性。

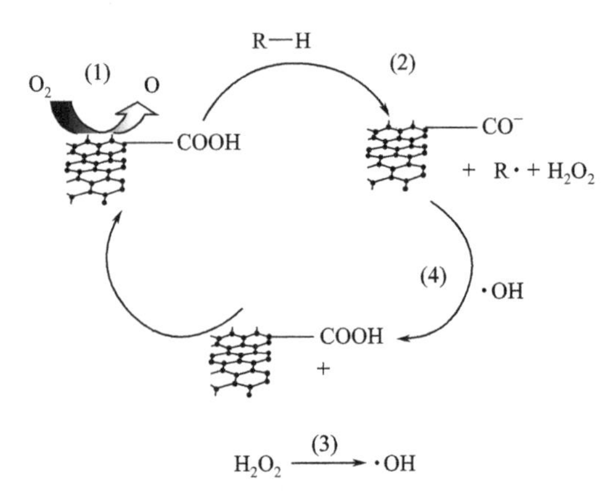

图 5-8 氧化石墨烯反应体系中自由基产生机理

5.3.5 催化湿式电氧化降解异氟尔酮的研究进展

湿式氧化（WAO）技术通常被用于处理高浓度、有毒有害的难生化降解污水[118-120]。如今，已经存在大量的 WAO 装置投入工业化使用，并获得了显著的成效。然而高温、高压、较长的运行时间等苛刻条件严重限制了它的广泛应用；且对于某些特定的污水，仅仅通过 WAO 技术很难达到理想的处理效果。针对以上问题，通过添加催化剂的方式，催化湿式氧化（CWAO）技术可以很大程度上降低反应所需的条件及对设备的要求，并显著提升污水的处理效果。然而，CWAO 技术并不是一种最佳的解决方案，因为高含盐污水通常会造成催化剂活性组分的中毒和流失，这不仅会造成水体环境的二次污染，达不到预期的处理效果，同时也增加了运行成本[121]。因此有必要开发一种低成本、安全、高效、环保的新型水处理技术。

催化湿式电氧化（CWEO）技术是一种报道相对较少的水处理技术，它整合了电催化氧化（EO）及 WAO 技术的优势，对于高含盐高浓度废水具有极好的处理效果。当电流密度恒定时，与常温常压条件相比，高温高压条件下的 CWEO 技术的槽电压显著降低，因此电催化降解所需电耗也随之降低。另外，EO 和 WAO 技术两者之间的协同作用能够加速有机物的降解过程。

异氟尔酮（IP）被广泛用作化学品生产过程中的溶剂及中间体，是一种难生化降解的有机物，因此被选为模型污染物。本章中，将电场引入 WAO 中构建 CWEO 体系，Ti/PbO_2、Ti/Pt、Ti/Ru-Ir、Ti/Ru-Ta 电极选为 CWEO 体系的阳极，等面积的钛网为阴极。在硫酸钠电解质体系下，通过响应面建立了反应条件对降解 IP 影响的数学模型，采用多元回归分析方法对模型精简，并且通过实验验证了模型的准确性，考察了包括产氢、铅离子浸出等安全性问题以及 PbO_2 阳极的稳定性，分析了 IP 降解机制及三种体系可能的降解路径。最后，在氯化钠体系下考察了不同阳极、不同操作参数、不同底物条件下 CWEO 的降解效果。

5.3.5.1 CWEO 装置及实验过程

如图 5-9 所示，采用 0.6L TA9 材质高压反应釜（大连润昌石化设备有限公司）进行

CWEO降解实验，它是由传统的WAO装置引入两个电极柄改造而成，电极柄通过聚四氟乙烯与反应釜绝缘。电极柄及磁力搅拌系统上安装有冷却循环水。圆弧形阳极与等面积的钛网阴极正面相对，并与反应釜同轴。

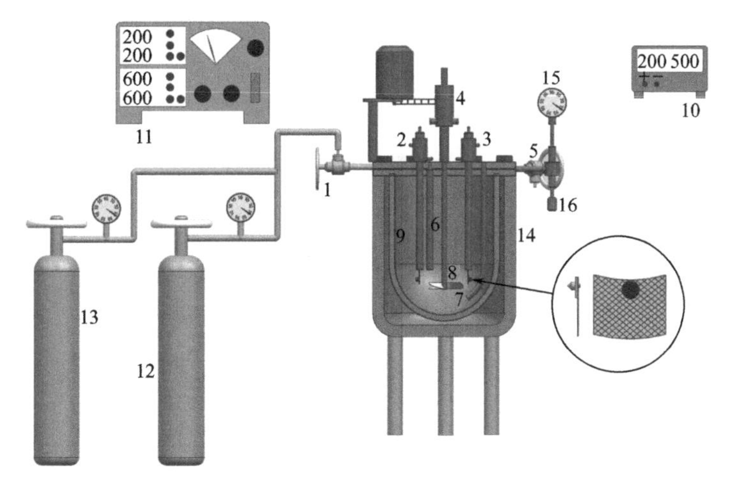

图 5-9 催化湿式电氧化系统

1—充气口；2—阳极；3—阴极；4—磁力搅拌系统；5—取样口；6—热电偶；7—取样管；8—搅拌桨；9—反应釜；10—直流电源；11—反应控制器；12—氮气；13—氧气；14—电加热套；15—压力；16—爆破片

在实验开始之前，0.3L模型底物加入反应釜中，并拧紧反应釜，从取样口充氮气6min用于排空反应釜中的空气，然后关闭充气口，当反应釜内氮气压力达到0.9MPa时关闭取样口使体系处在一个惰性环境中。反应釜根据程序升温至设定温度，此时为"0"点，反应釜内充入根据理想气体方程计算的有机物完全矿化的理论需氧量（theoretical oxygen demand，TOD)，打开磁力搅拌系统和电源开关。为了防止取样误差（在高于沸点的温度时，有机物可能存在气相中，从而造成取样误差），样品分析应当在装置冷却到室温后进行。用集气袋从充气口收集气体用于氢气含量的分析。WAO降解实验不通入电流，EO降解实验不通入氧气。

如表5-4所列，通过Design Expert软件（version 8.0.6，Inc.，Minneapolis，MN）进行实验设计，包括反应温度（T）、反应时间（t）、电流密度（I_D）在内的三个独立的实验变量是可控的。它们的实验因素水平和编码如表5-4所列，变量的编码值由式(5-20)计算求得：

表 5-4 实验因素水平和编码

影响因素	单位	符号	水平和编码				
			−1.682	−1	0	1	1.682
反应温度	℃	T	233.18	240	250	260	266.82
反应时间	min	t	39.55	60	90	120	140.45
电流密度	mA/cm²	I_D	3.07	15	32.5	50	61.93

$$x_i=\frac{\alpha[2X_i-(X_{max}+X_{min})]}{X_{max}-X_{min}} \tag{5-20}$$

式中，x_i 和 X_i 分别代表编码值和实际值；X_{max} 和 X_{min} 分别代表轴变量的上下限；α 代表星臂，本章中 $\alpha=1.682$。

如表 5-5 所列，执行三个变量的中心复合旋转设计（CCRD），设计矩阵包括 20 组编码条件，为了减少不可控因素对实验造成的误差，实验顺序是随机的。表 5-5 中，x_1 为反应温度，x_2 为反应时间，x_3 为电流密度；Y_1、Y_2、Y_3 和 Y_4 分别代表 TOC 去除率（%）、氢气含量［%（体积分数）］、pH 值和 COD 去除率（%）。

表 5-5 中心旋转回归实验和实验结果

编号	设计矩阵			响应值			
	x_1	x_2	x_3	Y_1	Y_2	Y_3	Y_4
1	−1	−1	−1	68.78	0.090	3.69	72.48
2	1	−1	−1	79.34	0.203	3.70	81.50
3	−1	1	−1	80.90	0.099	3.23	84.63
4	1	1	−1	87.62	0.259	2.90	91.92
5	−1	−1	1	79.97	0.056	3.45	83.06
6	1	−1	1	86.36	0.214	3.75	89.91
7	−1	1	1	92.47	0.044	3.22	95.86
8	1	1	1	97.14	0.137	3.20	100.00
9	−1.682	0	0	75.62	0.066	3.12	79.93
10	1.682	0	0	87.78	0.432	3.64	92.65
11	0	−1.682	0	75.77	0.069	3.83	77.97
12	0	1.682	0	94.83	0.080	3.20	94.66
13	0	0	−1.682	73.57	0.228	3.38	76.73
14	0	0	1.682	89.50	0.151	3.78	94.74
15	0	0	0	84.99	0.069	2.82	89.92
16	0	0	0	84.23	0.112	3.28	90.74
17	0	0	0	86.53	0.080	3.29	86.48
18	0	0	0	86.40	0.072	3.34	89.68
19	0	0	0	86.56	0.090	3.36	92.80
20	0	0	0	84.83	0.094	3.69	84.10

二次方程模型式(5-21) 用于预测响应值：

$$Y=b_0+\sum_{i=1}^{3}b_ix_i+\sum_{i=1}^{2}\sum_{i<j}^{3}b_{ij}x_ix_j+\sum_{i=1}^{3}b_{ii}x_i^2+\varepsilon \tag{5-21}$$

式中，Y 代表响应值；b_0 是常数项；b_i、b_{ij} 和 b_{ii} 分别代表线性项、交互项和平方项系数；ε 代表随机误差。

通过方差（ANOVA）分析数据，用系数 R^2 表示拟合多项式模型的质量，统计显著性用 F 值检测，然后采用后退回归法对模型进行优化，置信水平为 0.10，根据 p 值选择或消去模型项。最后选择变量对优化模型的精度进行估算，最后得到三维图形用于讨论两个因素对响应值的相互作用。

5.3.5.2 CWEO 降解异氟尔酮

如图 5-10 所示，在优化的最佳条件下，装有贵金属催化剂 Ru/$TiZrO_4$ 的 CWAO 技术（T=256℃，P_{O_2}=1.6MPa，t=135.8min，pH=2.0，$m_{Ru/TiZrO_4}$=12.7g/L）的 IP 转化率为 81.7%[122]，TOC 去除率为 75%（它们的值由精简后的模型计算得来）。然而在所有的 CWEO 实验（T = 250℃，P_{O_2} = 1.1MPa，t = 120min，pH = 6.7，I_D = 32.5mA/cm^2）中，IP 转化率几乎达到 100%，其中安装有 PbO_2 阳极的 CWEO 技术的 TOC 的去除率为 89.56%，要显著优于 CWAO 的降解效果。此外，除了添加催化剂外，CWAO 还需要较高的反应温度、氧分压以及较长的反应时间。因此电场的引入可以显著提高污染物的矿化程度。与这些贵金属阳极（Ti/Pt、Ti/Ru-Ir 和 Ti/Ir-Ta）相比，Ti/PbO_2 阳极具有高效、价格低廉等优点，因此选用自制的 PbO_2 阳极作为后续 CWEO 实验的阳极。

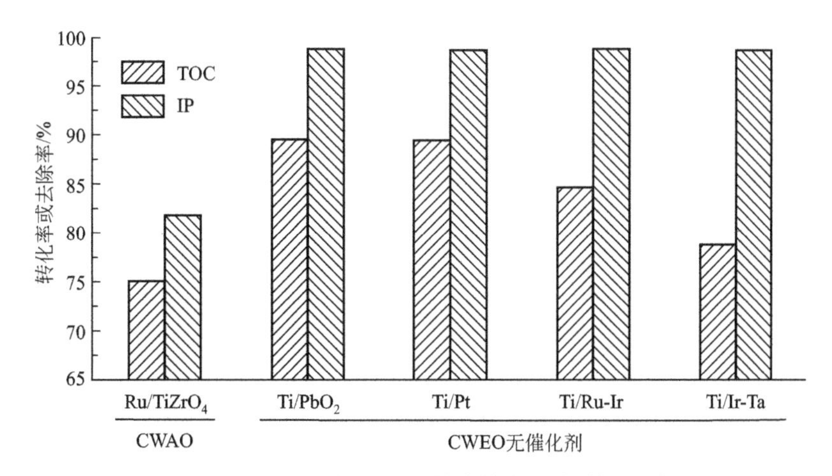

图 5-10 CWAO 与 CWEO 技术的 IP 降解效果比较

基于安全考虑，所有 CWEO 实验均需进行 H_2 含量测试，H_2 含量必须控制在 4%（体积分数）以内。根据电荷转移量计算，实验过程可能产生大量甚至超过爆炸极限的 H_2。但是除安装有 PbO_2 阳极的 CWEO 实验［H_2 含量（体积分数）：0.13%］外，其他 CWEO 实验均未检出 H_2。这是因为纯氧的加入抑制了析氢反应的发生，这一点已被 Serikawa[123] 证实，在接下来的实验中还将进行进一步的讨论。

5.3.5.3 模型评估

采用多元回归分析评估模型系数，采用 F 值检验回归模型的显著性，如表 5-6 所列，本书 F 值在 2.05～86.60 之间。具有一个因子或两个因子的项分别表示该因子的独立效应和两个因子的相互作用，具有二阶因子的项表示二次效应。项的显著性通常用 p 值来检验，p 值越大表示对应项越不重要即对应项贡献越小。p 值大于 0.1000 表示模型项不显著，小于 0.0500 意味着模型项是显著的。例如，在 TOC 去除模型中，x_1，x_2，x_3，x_1x_3，x_1^2 和 x_3^2 是显著项。

R^2 表示相关系数，本研究中 R^2 值在 0.6487～0.9873 之间，说明各回归项均能解释

表 5-6　响应模型的方差分析及回归系数的显著性

影响因素	TOC 去除率			COD 去除率			H_2 浓度			pH 值		
	系数	F 值	P 值	系数	F 值	P 值	系数	F 值	P 值	系数	F 值	P 值
模型		86.60	<0.0001		17.52	<0.0001		12.37	0.0003		2.05	0.1390
截距	85.54			88.91			0.087			3.30		
x_1	3.57	141.74	<0.0001	3.57	29.19	0.0003	0.083	68.33	<0.0001	0.061	0.90	0.3643
x_2	5.55	341.51	<0.0001	5.38	66.57	<0.0001	-4.027×10^{-4}	1.592×10^{-3}	0.9690	−0.23	12.46	0.0055
x_3	4.84	260.08	<0.0001	5.02	57.93	<0.0001	-0.024	5.71	0.0379	0.057	0.77	0.3995
x_1x_2	−0.69	3.14	0.1067	−0.55	0.41	0.5342	-2.250×10^{-3}	0.029	0.8679	−0.082	0.96	0.3493
x_1x_3	−0.78	3.93	0.0755	−0.66	0.59	0.4584	-2.750×10^{-3}	0.043	0.8390	0.075	0.80	0.3930
x_2x_3	0.36	0.84	0.3801	0.040	2.152×10^{-3}	0.9639	−0.019	2.13	0.1751	0.060	0.51	0.4915
x_1^2	−1.08	13.70	0.0041	−0.63	0.96	0.3502	0.049	25.34	0.0005	6.04×10^{-3}	9.311×10^{-3}	0.9250
x_2^2	0.19	0.43	0.5266	−0.62	0.93	0.3567	−0.012	1.55	0.2417	0.054	0.74	0.4105
x_3^2	−1.14	15.22	0.0030	−0.83	1.65	0.2276	0.028	8.37	0.0160	0.077	1.50	0.2482
R^2	0.9873			0.9404			0.9176			0.6487		
失拟项		1.33	0.3796		0.21	0.9438		9.90	0.0125		0.45	0.7963
R^2 预测	0.9366			0.8505			0.4071			−0.1805		
精密度	35.599			16.205			12.769			5.250		

表 5-7　精细化模型的方差分析及回归系数的显著性

影响因素	TOC 去除率			COD 去除率			H_2 浓度			pH 值		
	系数	F 值	P 值	系数	F 值	P 值	系数	F 值	P 值	系数	F 值	P 值
模型		118.32	<0.0001		58.60	<0.0001		21.90	<0.0001		5.26	0.0102
截距	85.70			87.49			0.077			3.39		
x_1	3.57	150.87	<0.0001	3.57	33.39	<0.0001	0.083	69.57	<0.0001	0.061	1.01	0.3303[a]
x_2	5.55	363.52	<0.0001	5.38	76.15	<0.0001	-4.027×10^{-4}	1.621×10^{-3}	0.9685[a]	−0.23	13.91	0.0018
x_3	4.84	276.84	<0.0001	2.02	66.26	<0.0001	−0.024	5.82	0.0302	0.057	0.86	0.3663[a]
x_1x_2	−0.69	3.34	0.0924									
x_1x_3	−0.78	4.19	0.0633									
x_1^2	−1.10	15.25	0.0021				0.051	27.35	0.0001			
x_3^2	−1.16	16.91	0.0014				0.030	9.36	0.0085			
R^2	0.9857			0.9166			0.8866			0.4965		
失拟项		1.17	0.4484		0.32	0.9486		7.77	0.0181		0.49	0.8474
R^2 预测	0.9492			0.8921			0.6264			0.2751		
精密度	41.063			27.404			15.375			7.590		

响应值从64.87%到98.73%变化。“信噪比”大于4是比较可取的，由表5-6可知，该比值在5.250～35.599之间，表明该模型具有足够的信号用于IP降解的实验分析和预测。尽管如此，仍然存在一些不显著的模型项如x_1x_2、x_2x_3和x_2^2（不考虑这些为满足层次结构的项）。所以模型需要进一步优化提高其精确性。

5.3.5.4 模型精简

为了得到一个令人满意的模型，需要去除不显著因素。在本项工作中，不显著项通过后退回归法逐个去除（显著水平为0.10）[124]，并加入层次项以实现模型的层次结构。如表5-7所列，与未精简的模型相比，p值变小，因此模型的精确性明显提高。将式(5-21)带入精简后的模型，最终得到实际变量模型，如式(5-22)～式(5-25)所示：

$$\text{TOC的去除率} = -809.07 + 6.21T + 7.60\times10^{-1}t + 1.63I_D - 2.32\times10^{-3}Tt - 4.44\times10^{-3}TI_D - 1.10\times10^{-2}T^2 - 3.78\times10^{-3}I_D^2 \tag{5-22}$$

$$\text{COD的去除率} = -27.13 + 3.57\times10^{-1}T + 1.79\times10^{-1}t + 2.87\times10^{-1}I_D \tag{5-23}$$

$$H_2\text{浓度} = 29.82 - 2.45\times10^{-1}T - 1.34\times10^{-5}t - 7.67\times10^{-3}I_D + 5.07\times10^{-4}T^2 + 9.68\times10^{-5}I_D^2 \tag{5-24}$$

$$\text{pH} = 2.44 + 6.11\times10^{-3}T - 7.57\times10^{-3}t + 3.23\times10^{-3}I_D \tag{5-25}$$

在这些模型中，正系数和负系数对响应值分别具有协同作用和拮抗作用。因此增加电流密度、时间、温度对TOC和COD的去除率有很大的促进作用。升高温度会加速IP与阳极表面的碰撞和吸附[125]，导致TOC和COD的去除率增加，更长的反应时间会使得IP转化更完全，电流密度的增加会加速·OH的生成速率，从而提高污染物的矿化率。相反地，电流密度、时间、温度对H_2含量有负影响。在拟合模型中，反应温度的绝对系数最大，是影响响应值的主要回归变量。

5.3.5.5 响应面图

为了直观地观察变量对TOC响应值的影响，最终通过模型建立了各因素相互作用对TOC去除效果的三维响应面和二维等值线图。如图5-11所示，对不同实验变量的响应进行了说明，并利用图来确定变量之间的主要相互作用[126]。在拟合模型中，考虑曲面的曲率，选取绝对系数最大的二次项和相互作用项变量作为响应曲面图的坐标轴[127]。分别选择时间和温度、电流密度和温度作为去除TOC的RSM图。在精简后的TOC去除模型中，温度与时间、电流密度有明显的交互作用，其回归系数分别为-2.23×10^{-3}和-4.44×10^{-3}。因为时间、温度和电流密度具有正的回归系数，所以增加这几个变量时TOC的去除率也会增加，红色区域表示TOC去除达到最大值。

在实验优化中，由于H_2的产量远低于实验条件下的爆炸极限，所以优化过程没有考虑H_2的产量，当优化结果为TOC去除率大于90%时有39种解决方案。考虑到高温度会对反应釜和电极造成较大损失，因此选择解决方案5（$T=240℃$，$t=120\text{min}$，$I_D=50\text{mA/cm}^2$）作为模型验证和后续实验的条件。

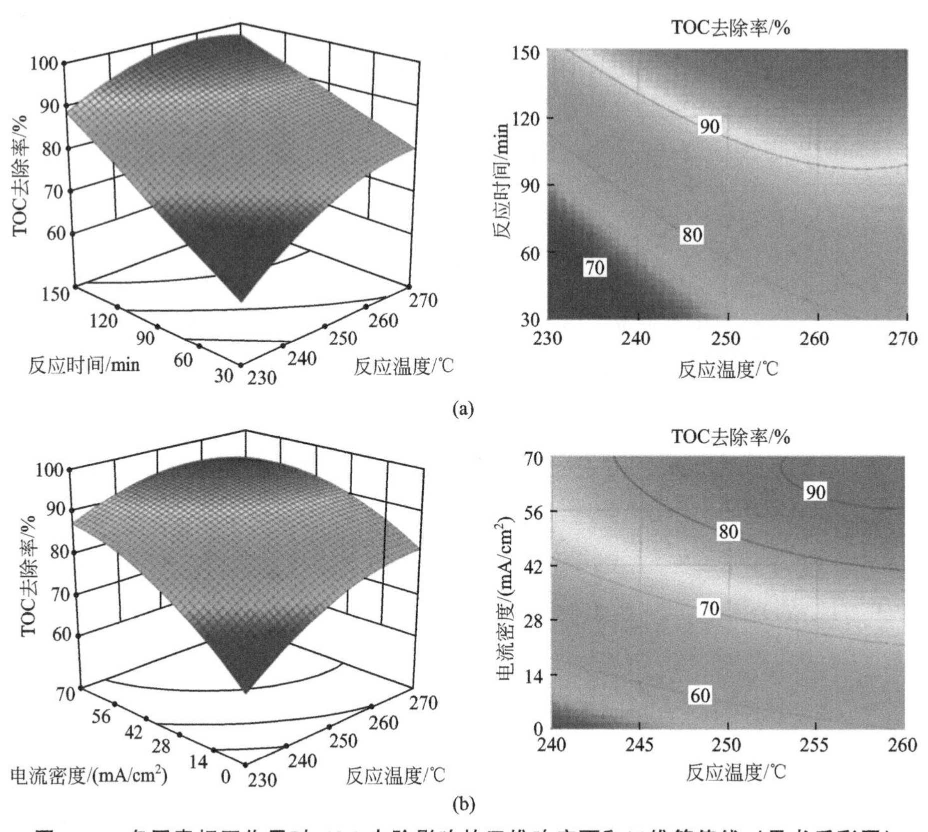

图 5-11 各因素相互作用对 TOC 去除影响的三维响应面和二维等值线（见书后彩图）

5.3.5.6 模型验证

检验模型的准确性对确保获得更准确的预测数据具有重要意义，可以通过预测值与实际值的诊断图来判断。如图 5-12 所示，得到的二阶回归模型较理想，预测值与实际值之间具有极高的吻合度。预测的和实验的 TOC 去除率值（%）、COD 去除率（%）、H_2 含

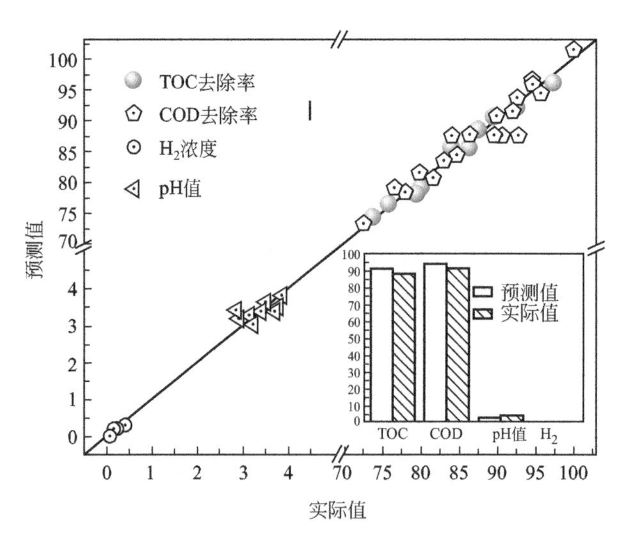

图 5-12 精简模型的预测值与实际值

量（%）和 pH 值在 $T=240℃$、$t=120min$、$I_D=50mA/cm^2$ 时都在 95%的置信区间，表明模型具有良好的精确性。

5.3.5.7 稳定性及安全性评价

重复 4 次 CWEO 实验，如图 5-13(a) 所示，TOC、COD、IP 去除效果均保持稳定，表明 PbO_2 阳极具有良好的稳定性。安全因素主要包括该系统的产氢和 Pb^{2+} 浸出两个方面，测试结果表明 Pb^{2+} 浸出量远低于我国《污水综合排放标准》（GB 8978—1996）一级标准[128]。如图 5-13(b) 所示，降解过程中 H_2 的含量随着 O_2 的消耗而逐渐增加，反应初始加入 CWEO 体系 0.5TOD 时，H_2 含量在 60min 时即可超过爆炸极限。反应初始分别加入 0.7TOD 和 0.9TOD 时，2h 的 H_2 含量均低于 4%（体积分数），因此降解过程中不存在爆炸危险（在所有 CWEO 实验中，反应釜中都加入了 1TOD，所以反应过程足够安全）。可以看出随着 O_2 加入量的增多，产生的 H_2 就越少，过量的 O_2 可能抑制了 H_2 的生成。综上所述，安装有 PbO_2 阳极的 CWEO 技术具有较稳定的降解有机物的能力和较高的安全性。

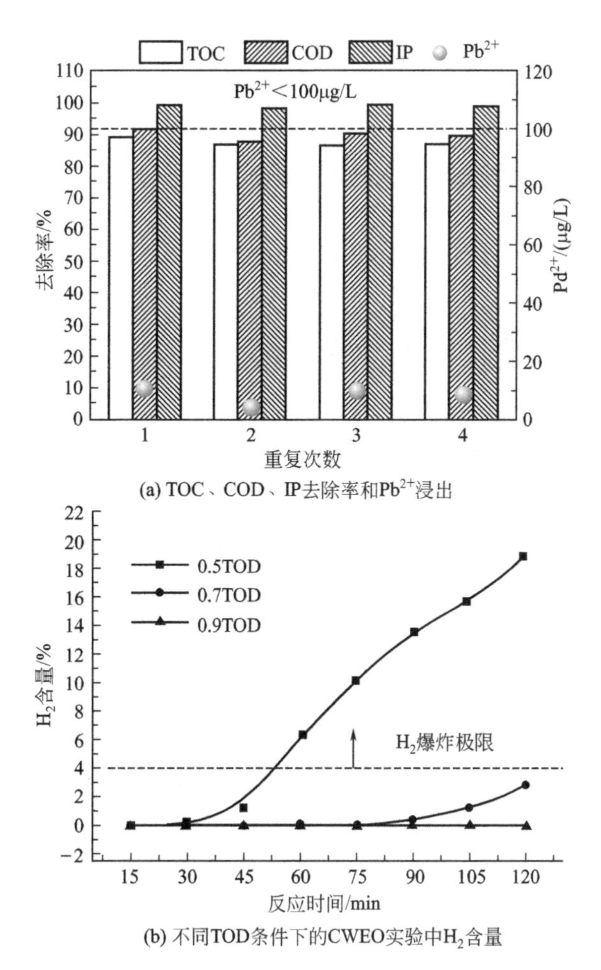

图 5-13 重复 CWEO 实验中 TOC、COD、IP 去除率和 Pb^{2+} 浸出及不同 TOD 条件下的 CWEO 实验中 H_2 含量

5.3.5.8 PbO_2 阳极结构表征

如图 5-14 和图 5-15 所示，电极中 Ce、Pb 元素分布均匀，重复反应后电极的形貌

(a) 反应前PbO_2阳极的SEM图

(c) 反应前PbO_2阳极的AFM图

(b) 反应后PbO_2阳极的SEM图

(d) 反应后PbO_2阳极的AFM图

图 5-14　反应前和反应后 PbO_2 阳极的 SEM 图，以及反应前和反应后 PbO_2 阳极的 AFM 图（见书后彩图）

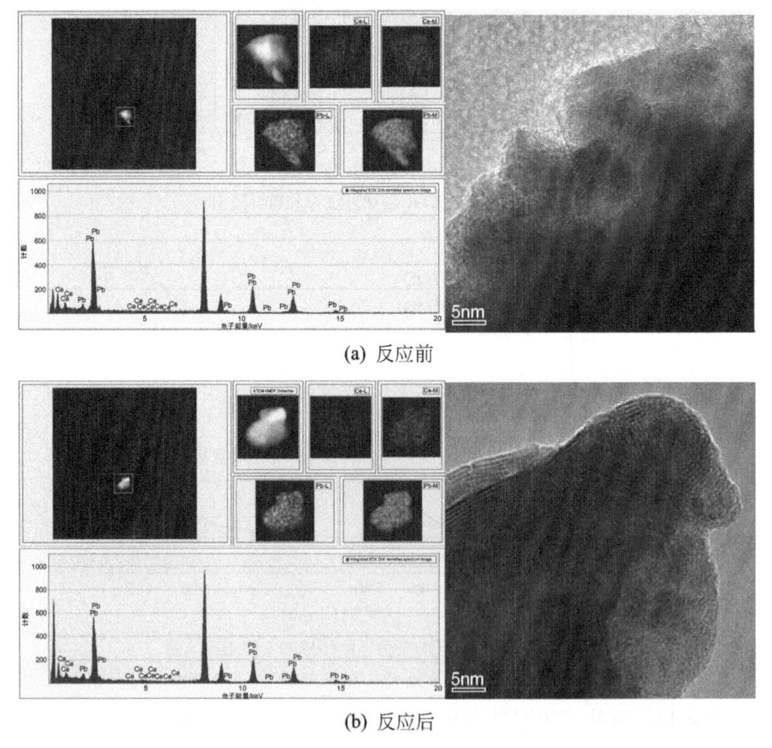

(a) 反应前

(b) 反应后

图 5-15　反应前和反应后 PbO_2 阳极 HRTEM 图（见书后彩图）

在水热条件下发生了改变，反应后釜底观察到少量的 PbO_2 黑色粉末，由图 5-14 可知，铅离子浸出量远低于 0.1mg/L，表明铅离子不存在污染风险。PbO_2 阳极的表观三维结构如图 5-14(c) 所示，反应前的 PbO_2 阳极粗糙表面中出现了一些“山峰”结构，平均高度约为 109nm，平均深度约为 −73.2nm，表明电极具有较高的粗糙度和较大的表面积。如图 5-14(d) 所示，反应后的阳极表面的“山峰”结构变大且边缘变得圆滑，PbO_2 阳极表面平均高度约为 270nm，平均深度约为 −102nm，此结果与 SEM 分析结果一致。

5.3.5.9 PbO_2 阳极 XPS 表征

如图 5-16 所示，PbO_2 阳极结构完整性并没有因为水热高温而遭到破坏，反应前后电极表面原子 Pb 含量分别为 71.46%和 67.59%，吸附态氧物种的含量也基本没有变化，表明 PbO_2 阳极具有较好的稳定性。

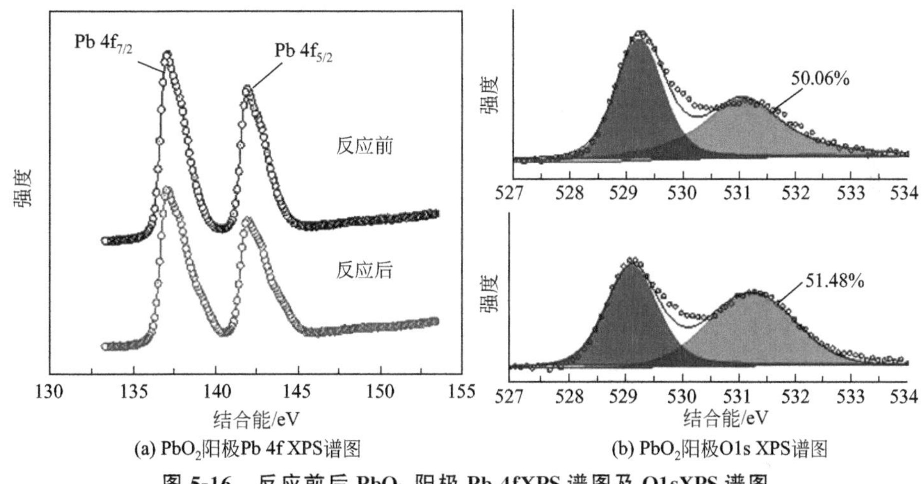

图 5-16 反应前后 PbO_2 阳极 Pb 4fXPS 谱图及 O1sXPS 谱图

5.3.5.10 协同效应

为了做进一步比较，通过 CWEO、WAO、EO′和 EO 技术对 IP 进行降解实验［操作条件：t=120min，Na_2SO_4 为 0.1mol/L，CWEO（T=240℃，P_{N_2}=0.90MPa，P_{O_2}=1TOD，I_D=50mA/cm^2），WAO（T=240℃，P_{N_2}=0.90MPa，P_{O_2}=1TOD），EO（I_D=50mA/cm^2），EO′（T=240℃，P_{N_2}=0.90MPa，P_{N_2}=1TOD，I_D=50mA/cm^2）］。如图 5-17 所示，CWEO 技术对 TOC 的去除显著高于 WAO 和 EO 技术，甚至高于二者之和。毫无疑问，CWEO 系统中存在协同效应。引入协同因子 f 如式(5-26) 所示：

$$f(\%)=\frac{\varphi_{WAO}}{\varphi_{WAO}+\varphi_{EO}}\times 100\% \tag{5-26}$$

式中，φ_{WAO}和φ_{EO}分别为 WAO 和 EO 技术的 TOC 去除率。

当 f 大于 1 时 CWEO 系统内存在协同效应，在本实验中 f 为 1.2，说明产生了协同效应。

由 EO′和 EO 技术比较结果可以得到，高温条件下电催化降解 IP 的效果显著得到提升。由图 5-18 的安培 i-t 曲线及线性扫描曲线所示，在恒电势条件下电流会随着温度增加而增加，说明温度升高有利于降低电耗，通过计算得到 CWEO 技术的电流效率为 85.57%，显著高于 EO 技术（12.13%）。

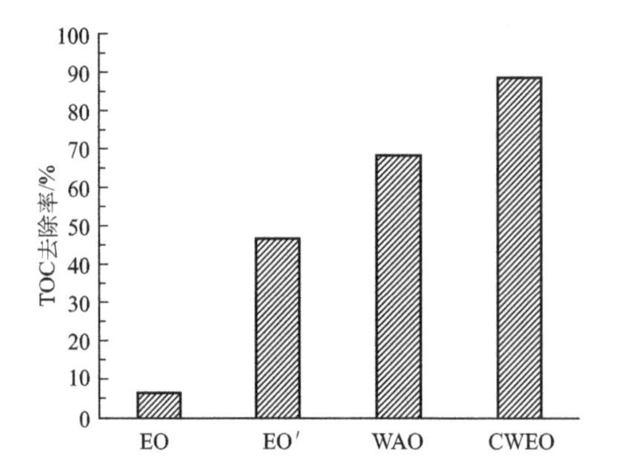

图 5-17 EO、EO′、WAO 和 CWEO 技术 TOC 去除率比较

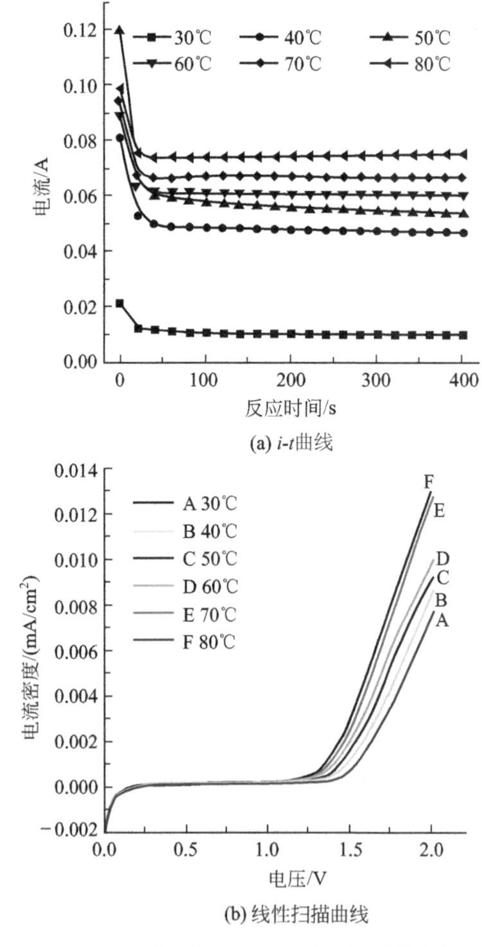

图 5-18 不同温度下的安培 *i-t* 曲线及线性扫描曲线

5.3.5.11 CWEO 降解机制

CWEO 的降解机理如图 5-19 所示，PbO_2 阳极降解有机污染物的机理主要包括阳极表面电子传递的直接氧化作用和·OH主导的间接氧化作用[129-131]，这在前面的研究中已经得到证明，因此这两条路径将发生在以 PbO_2 为阳极的 CWEO 降解过程中。氧气经过高温高压活化后，也会参与到 IP 及其中间体的氧化过程。此外，阴极周围的氧会被还原生成 H_2O_2[132,133]，一部分 H_2O_2 会分解为水，一部分会得到电子生成·OH。为了验证 CWEO 的过程会产生 H_2O_2，在不同温度下检测了液体样品中 H_2O_2 的含量。如图 5-20 所示，温度越低，H_2O_2 随时间积累越多，由于高温热分解反应，240℃检测到的 H_2O_2 较少。

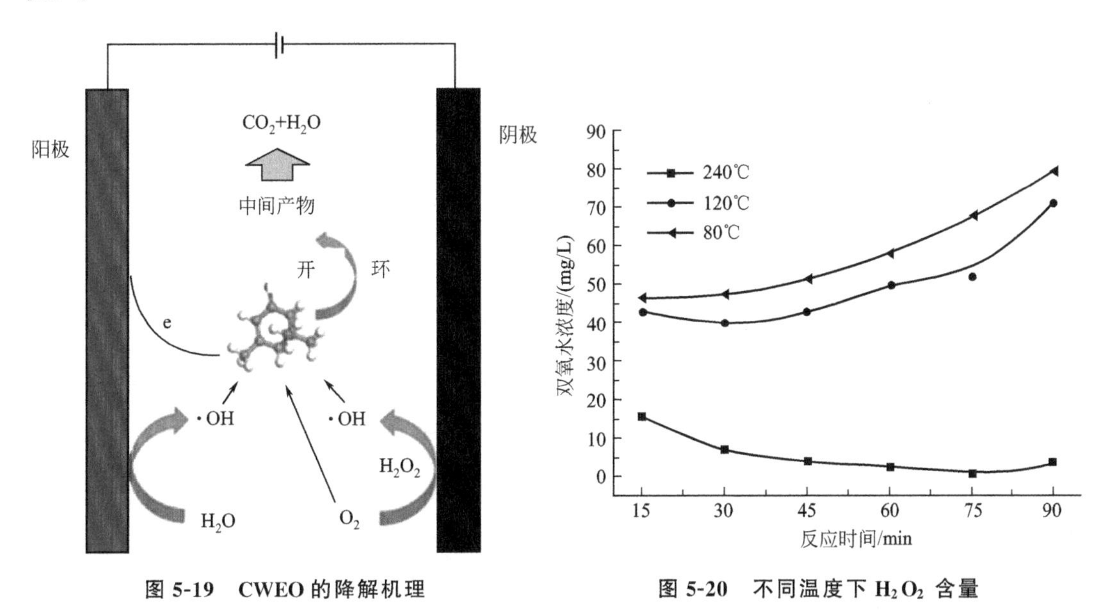

图 5-19　CWEO 的降解机理　　**图 5-20　不同温度下 H_2O_2 含量**

一般认为，有机物降解是自由基机制[134]。WAO 技术降解过程通常由自由基的诱导期、增殖期和终止期组成。链的起始需要足够的自由基诱发，这往往造成较长的诱导期，同时需要较苛刻的实验条件如高温、高压等。对于 CWAO 技术，H_2O 和 O_2 在催化剂表面上反应生成·OH[135]，从而可以加速自由基的诱导期。在本研究的 CWEO 技术中，引入电流后的阳极表面产生的·OH 能迅速触发自由基的连锁反应，大大缩短 WAO 过程中自由基生成所需的诱导期（静止期），宏观上 CWEO 技术则将表现出更优异的 IP 降解能力。

5.3.5.12　CWEO、WAO 及 EO 技术的降解路径分析

如表 5-8 所列，CWEO、WAO 和 EO 技术对 IP 的降解的中间产物采用 GC-MS 进行检测，同时提出了三种技术降解 IP 的路径。如图 5-21 所示，·OH 攻击羰基对位生成 2，2,6-三甲基-1,4-环己二酮的降解途径发生在三个体系中。此外，可以看出 IP 的降解包括开环和重组，在 WAO 和 EO 体系中检测到了更多的中间体，在 EO 体系中甚至发现了一些短链产物，表明 EO 技术对高浓度废水的处理效果不理想。然而，在 CWEO 体系中只检测到 4 种中间产物，说明 CWEO 比其他两种体系具有更强的氧化能力，电极表面产生的·OH 加速了 WAO 的诱导期，实现了链的传递，开环后的中间产物会进一步迅速氧化为 CO_2 和 H_2O。

表 5-8 GC-MS 检测到的 CWEO、WAO 和 EO 体系的中间产物

序号	出峰时间	物质	结构	EO	WAO	CWEO
1	15.089	4,4-二甲基-2-环戊烯-1-酮	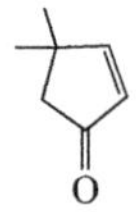 O		√	
2	15.341	4,5-二甲基-2-环己烯酮	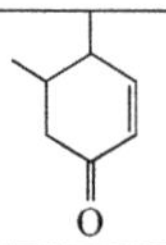 O		√	
3	15.784	2,4,4-三甲基环戊酮	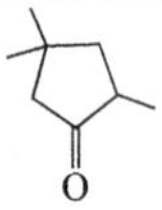 O	√		√
4	15.855	4,4-二甲基-2(5H)-呋喃酮	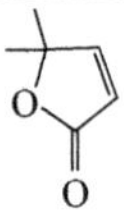 O O		√	
5	16.001	3-甲基-3-乙基-2-戊酮	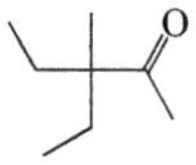 O	√		
6	16.118	3,5-二甲基-3-己醇	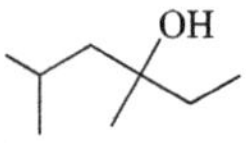 OH	√		
7	16.213	5,5-二甲基-2(3H)-呋喃酮	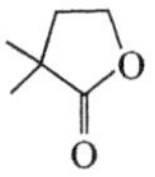 O O		√	
8	16.285	2,3,4-三甲基-1-戊烯酮	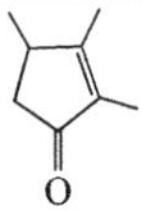 O	√	√	
9	16.391	3,3-二甲基-2(3H)-呋喃酮	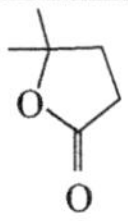 O O		√	
10	16.391	4,4-二甲基-2(3H)-呋喃酮	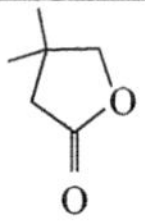 O O		√	
11	16.959	3,3,5-三甲基-2(5H)-呋喃酮	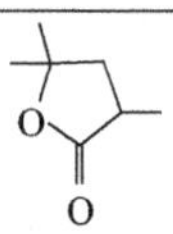 O O		√	
12	17.858	3,3,5-三甲基环己醇	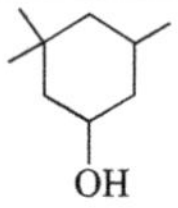 OH	√		
13	19.112	2-环己烯-1-酮	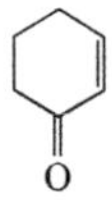 O		√	

注："√"代表检测到的中间产物。

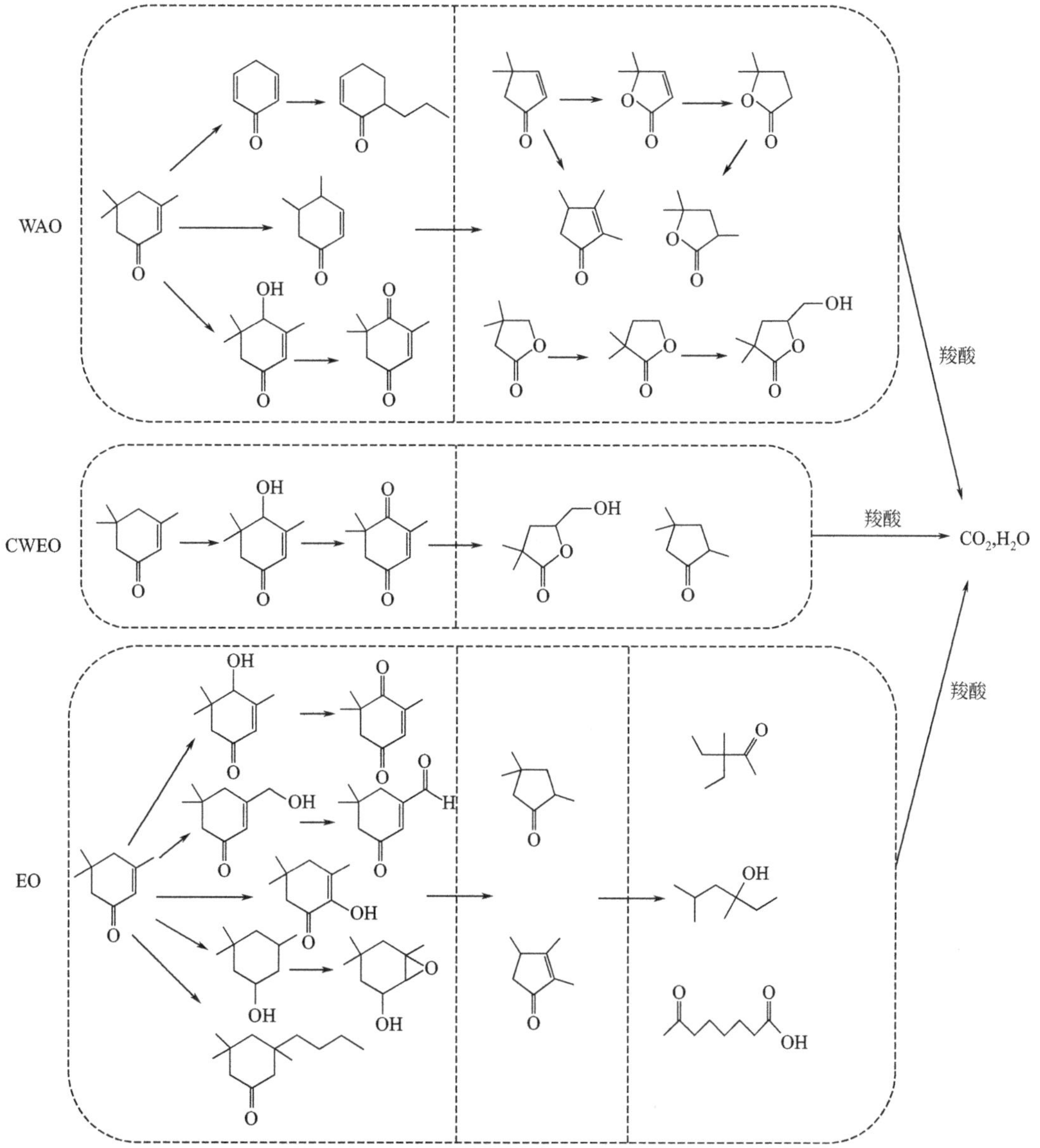

图 5-21 CWEO、WAO 和 EO 技术对 IP 的可能降解路径

5.3.5.13 NaCl 电解质的 CWEO 技术

（1）不同阳极的 CWEO 技术降解 IP

除了硫酸钠外，实际废水中往往含有氯盐，如氯化钠、氯化钾等。选氯化钠为电解质，安装不同阳极的 CWEO 降解 IP 实验（$T=240℃$，$t=2h$，$I_D=50mA/cm^2$，NaCl 质量分数为 1%，IP＝5000mg/L）。如图 5-22 及表 5-9 所示，WAO 降解 IP 的 TOC、COD 去除率分别为 67.2%和 73.99%，当通入的电流密度为 $50mA/cm^2$ 时，IP 去除效果显著提升，尤其是安装有 Ti/Pt 阳极的 CWEO 技术，在较低的能耗下 TOC、COD 去除率分别达到 98.38%和 98.97%。主要原因是氯离子可以在电极表面电解生成含氯活性物种（Cl_2 只能存在于低 pH<1 的溶液中），尽管含氯的活性物种如 ClO^-、HClO、Cl· 的

氧化电位都要低于·OH，分别为0.90V、1.63V、2.2V，且作为·OH的清除剂，Cl_2和Cl^-会与·OH发生竞争性反应，从而导致·OH的含量降低，但是与·OH相比，活性氯物种产量大、寿命长的优势使其可以快速诱导链的引发反应，并协同降解有机污染物。

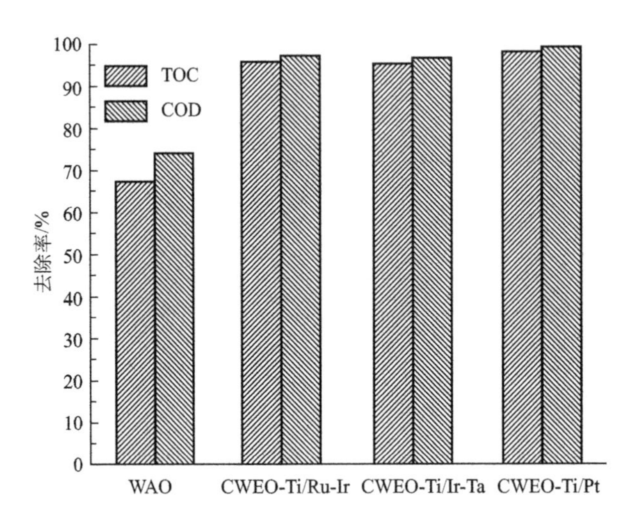

图 5-22 不同阳极的 CWEO 技术降解 IP

表 5-9 不同阳极的 CWEO 技术的端电压及 pH 值

项目	WAO	CWEO-Ti/Ru-Ir	CWEO-Ti/Ir-Ta	CWEO-Ti/Pt
端电压/V	—	3.8	3.5	3.3
pH 值	2.54	3.37	3.34	3.70

(2) CWEO-Ti/Pt 技术影响因素

如图5-22所示，电流密度（$T=240℃$，$t=2h$，NaCl质量分数为1%）、NaCl质量分数（$T=240℃$，$t=2h$，$I_D=30mA/cm^2$，空白1为有铂电极的WAO，空白2为无铂电极的WAO）、温度（$I_D=30mA/cm^2$，$t=2h$，NaCl质量分数为0.5%）、时间（$T=240℃$，$I_D=30mA/cm^2$，NaCl质量分数为0.5%）对IP降解效果的影响实验。如图5-23(a) 所示，由于电流密度越大，产生含氯活性物种的速率就越快，因此高电流密度下IP的矿化越完全，当设置电流密度为$30mA/cm^2$时，TOC去除率即可达到96%以上。如图5-23(b) 所示，NaCl浓度的增加会导致更多的含氯活性物种生成，同样会增加有机物的矿化程度，当NaCl质量分数超过0.5%时，矿化率也可达到96%以上。另外，由加入铂电极的WAO与未加入铂电极的WAO降解效果对比可以看出，单纯的铂电极几乎没有催化效果。如图5-23(c) 所示，温度对IP的矿化效果较明显，180℃条件下，TOC去除率仅为23.91%，240℃即可达到96%以上，260℃去除率可以达到98.76%。如图5-23(d) 所示，随着时间的延长，IP的矿化越来越彻底，2h后提升效果不明显。综上，在含NaCl电解质的CWEO体系中，增加电流密度、盐度、温度、时间都有利于IP的降解。由表5-10所列，综合考虑电耗及装置腐蚀问题，最佳的降解条件为：温度为240℃、电流密度为$30mA/cm^2$、氯化钠浓度为0.5%、时间为2h，此时TOC去除率可达到96%以上。

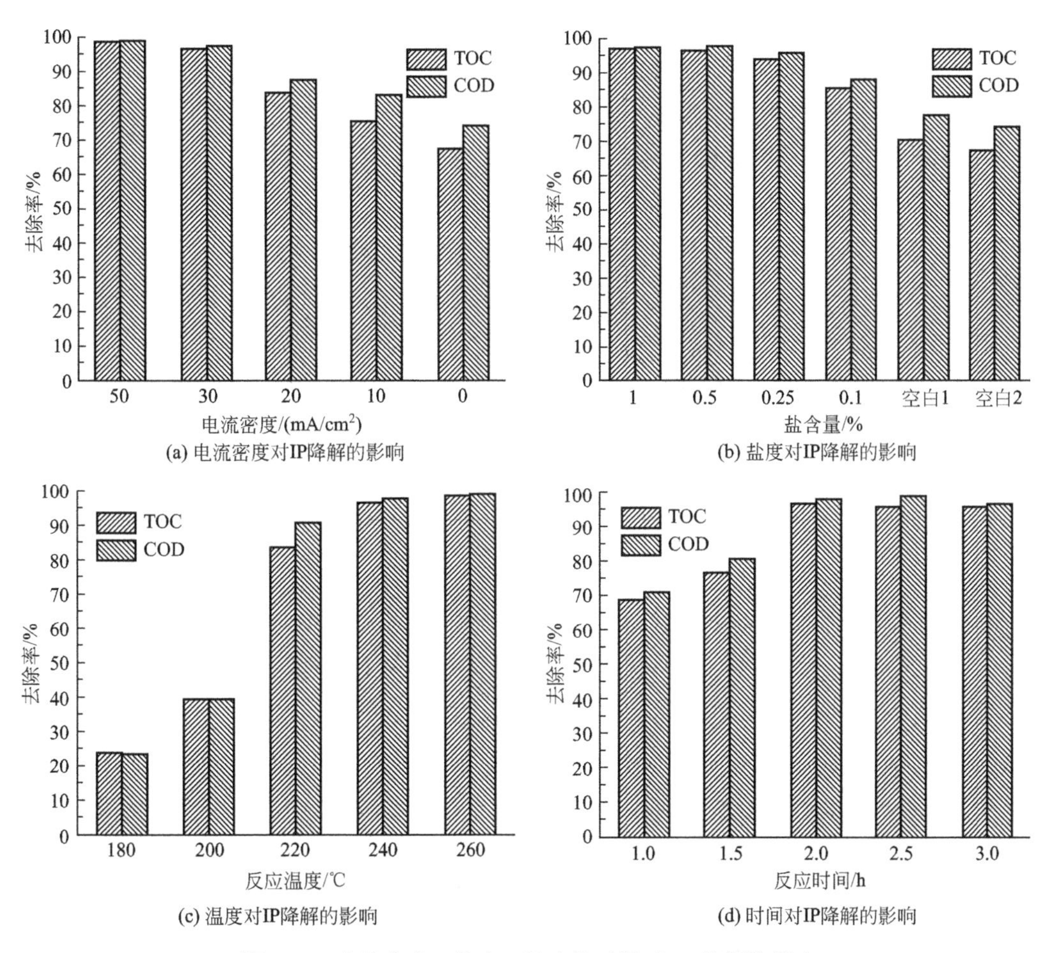

图 5-23　电流密度、盐度、温度及时间对 IP 降解的影响

表 5-10　CWEO 技术在不同条件下的端电压及 pH 值

电流密度/(mA/cm²)						NaCl 浓度/%						
	50	30	20	10	0		1	0.5	0.25	0.1	0	0
端电压/V	3.3	2.4	1.9	1.1	0	端电压/V	2.4	3.5	4.2	6.6	—	—
pH 值	3.70	3.40	4.02	2.76	2.54	pH 值	3.40	3.33	3.28	3.05	2.92	2.54
温度/℃						时间/h						
	180	200	220	240	260		1.0	1.5	2.0	2.5	3.0	
端电压/V	3.5	3.5	3.5	3.5	2.1	端电压/V	2.1	2.1	2.1	2.1	2.1	
pH 值	3.10	3.10	2.86	3.33	3.68	pH 值	2.66	2.76	3.33	2.82	3.24	

5.3.5.14　CWEO-Ti/Pt 技术降解不同种类有机废水

含 NaCl 电解质的 CWEO 技术用于降解不同种类的有机物（5000mg/L 间甲酚、5000mg/L 乙酸、5000mg/L 丙烯酸、5000mg/L 抗坏血酸及 4000mg/L 甲基橙，温度 240℃、电流密度 30mA/cm²、氯化钠质量分数 0.5%、时间 2h）。由图 5-24 所示，与 WAO 技术相比，CWEO-Ti/Pt 技术的 TOC 去除率得到显著提升，其中间甲酚、丙烯酸的 TOC 去除率可以达到 99.55%和 99.17%，基本实现完全矿化。抗坏血酸、甲基橙去除率也都在 96%以上，比 WAO 技术分别提升了 22.09%和 51.14%。另外，WAO 技术对乙酸的 TOC 去除率仅仅为 3.04%，而 CWEO 技术可达到 80.62%。综上，NaCl 电解质的 CWEO 技术对于有机物的降解具有高效性和广谱性。

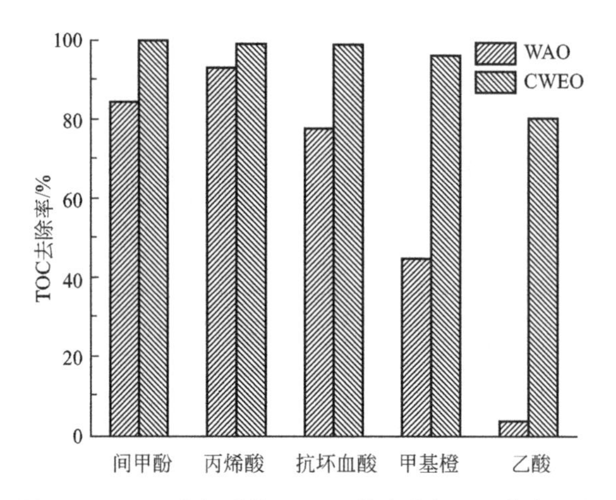

图 5-24 NaCl 电解质的 CWEO 技术降解不同的有机物

本节中，将电场引入 WAO 构建了 CWEO 体系，选 Ti/PbO_2、Ti/Pt、Ti/Ru-Ir、Ti/Ru-Ta 电极为阳极，并以异氟尔酮（IP）为降解底物，通过响应面建立了反应条件对降解异氟尔酮影响的数学模型。评估了包括产氢、铅离子浸出等安全性及 PbO_2 阳极的稳定性，分析了异氟尔酮降解机制及三种技术可能的降解路径。考察了不同阳极、不同操作参数、不同底物条件下 NaCl 电解质的 CWEO 技术的降解效果，结论如下：

① 不同阳极材料的 CWEO 技术的有机物去除及矿化能力显著优于 CWAO 技术，且 H_2 检测量均约为 0。

② 优化精简后的模型具有良好的准确性，响应面分析结果表明反应时间、温度、电流密度、温度的平方和电流密度的平方对 TOC 去除率影响显著（$P \leqslant 0.01$），且反应温度是影响响应值的主要回归变量。温度与时间、电流密度的相互作用对 TOC 去除率影响较显著（$P \leqslant 0.05$）。

③ 稳定性及安全性评价表明，PbO_2 阳极的 CWEO 技术具有较稳定的降解有机物的能力。H_2 及铅离子的检测量分别远低于 4%（体积分数）及《污水综合排放标准》(GB 8978—1996) 一级排放标准，表明 CWEO 技术不存在爆炸及金属二次污染的风险，具有较高的安全性。

④ 降解实验结果表明，CWEO、WAO、EO 技术对 IP 具有不同的降解机理，且 CWEO 技术比另外两种技术具有更优异的氧化能力。WAO 与 EO 技术的协同作用使得 CWEO 技术对污染物的矿化程度显著提升，且在优化条件下，存在协同因子为 1.2 的协同效应。

⑤ NaCl 电解质的 CWEO 技术比 WAO 技术具有更优异的有机物矿化能力，通过增加电流密度、NaCl 质量分数、温度及时间等因素几乎可以实现 IP 的完全矿化。

⑥ NaCl 电解质的 CWEO 技术对于有机物的降解具有高效性和广谱性，对异氟尔酮、间

甲酚、乙酸、丙烯酸、抗坏血酸、甲基橙等有机物的降解效果都要显著优于 WAO 技术。

5.3.6 限域单原子镍碳纳米管超结构载体负载贵金属催化湿式氧化降解乙酸

近年来，单原子催化剂以其超高的原子分散度以及在许多反应中出色的催化活性和选择性受到了广大研究者的关注，其制备策略也随之逐渐系统全面。目前，单原子催化剂之所以具有较高的催化效率主要是由于其几乎最大的原子分散度和配位不饱和的原子构型。将活性金属进行单原子分散定然会造成金属中心原子外层电子再分布的扩散，使其许多碱性位反应中催化中心活性降低。然而，金属原子外层电子的再分散是与其周围原子成键的结果，这样必然会影响基底材料的电子特性，特别是像石墨烯限域单原子这种基底材料本身就具有一定导电性的材料。对于许多贵金属催化剂来说，其催化活性受载体与贵金属活性组分相互作用的影响，因此，通过调控载体或者说调控载体与贵金属纳米颗粒间的相互作用是催化剂设计的重要策略。

碳纳米管是一种卷曲石墨烯结构，碳原子为 sp^2 杂化，因此碳纳米管具有超强的导电性。在碳纳米管中进行 N 掺杂不仅可以对碳纳米管本身的电子特性进行调控，同时也可以为金属单原子的配位耦合作用提供锚定位点。Zhao 等利用固相扩散法制备得到了 Ni 单原子限域在 N 掺杂碳纳米管（NCNT）中的催化剂 Ni-NCNT，展现出超高的 CO_2 电还原性能。Fu 等的研究认为过渡金属（Fe、Ni、Cu 等）可以作为贵金属催化剂的助剂，提高贵金属催化剂的催化活性，例如，氧活化。受此启发，我们认为 Ni 单原子限域的 NCNT 中的 Ni 单原子也可以作为表面贵金属的催化助剂，提高催化剂的催化活性。

乙酸是湿式氧化过程中最难降解的有机物之一，Devlin 和 Harris 等甚至将乙酸定义为苯酚湿式氧化的终端产物。具有零价钌（Ru^0）的钌基催化剂被认为是催化湿式氧化降解乙酸最为高效的催化剂。然而，在催化湿式氧化过程中，Ru^0 的催化性能却达不到预期的效果，这主要是由于 Ru^0 负载在金属氧化物载体上受金属载体间相互作用的影响会造成 Ru 原子的外层电子向载体原子的分散，从而造成金属活性中心的对底物活化和催化氧化能力的降低。因此，在许多贵金属催化剂中都会添加过渡金属作为助剂以维持贵金属表面较高的还原态，然而，过渡金属 pH 复杂的水相反应中不可避免地会发生组分流失的问题，进而导致催化剂活性的降低。单原子限域则为我们提供了很好的稳定过渡金属助剂原子的策略。

本节我们通过原位合成的方法将 Ni 单原子限域的 Ni-NCNT 碳纳米管超结构架构到活性炭表面制备到了 Ni-NCNT/AC 超结构催化剂载体，这种超结构载体在负载 Ru 金属催化氧化乙酸的过程中展现出对乙酸超高的催化活性，其对 4000mg/L 乙酸模型废水 2h 后，TOC 去除率可达 97%。我们进一步对催化剂进行表征，据此分析了该超结构催化剂高活性的原因，并结合 DFT 计算验证了设想的机理。

5.3.6.1 催化剂制备

（1）Ni-NCNT/AC

将 6.0g 活性炭（AC，200 目，购自苏州泰美活性炭有限公司）于 20mL $NiCl_2$ ·

$6H_2O$ 水溶液中（Ni^{2+}：34.5mg/mL）超声条件下搅拌 0.25h。将样品放入 50℃和−0.08MPa的真空烘箱中 6h 烘干。将获得的粉末与 10g 双氰胺（DCD）研磨，直到没有明显的白色颗粒。将充分混合的粉末在 N_2 环境下于 400℃焙烧 2h，以获得还原的 Ni 纳米颗粒，然后在 800℃下进一步焙烧，以获得 Ni-NCNT 超结构。初生 Ni-NCNT/AC 进行酸洗（1.0mol/L H_2SO_4，5h）以去除纳米管上的表面 Ni 纳米颗粒。之后，在 250mL 1.0mol/L H_2SO_4 溶液中 120℃，1.3MPa（N_2）的条件下处理样品 6h 以进一步去除残留的表面 Ni 纳米颗粒或团簇。紧接着就催化剂用去离子水洗涤至洗脱液 pH=7。将样品在 50℃和−0.08MPa 下干燥 6h 以获得 Ni-NCNT/AC。

（2）Ru@Ni-NCNT/AC

将 3.0g Ni-NCNT/AC 在超声条件下搅拌下浸入 5mL $RuCl_3 \cdot H_2O$ 水溶液（Ru^{3+}：14.4mg/mL）中 0.25h。然后将样品放入 50℃和−0.08MPa 的真空烘箱中 6h。将获得的粉末在 N_2 气氛下 800℃焙烧 2h 制备还原态 Ru 催化剂。

（3）Ru@AC

将 3gAC 置于 10mL $RuCl_3 \cdot H_2O$ 水溶液（Ru^{3+}：7.2mg/mL）中在超声条件下搅拌 0.25h。将样品放入 50℃和−0.08MPa 的真空烘箱中 6h。然后，样品在 N_2 环境下于 800℃焙烧 2h，得到不具有碳纳米管超结构的 Ru@AC 催化剂。

（4）Ru@TiO_2

将 3g TiO_2 粉末（粒径约为 200nm）浸入 10mL $RuCl_3 \cdot H_2O$ 水溶液（Ru^{3+}：7.2mg/mL）中，并在超声条件下搅拌 0.25h。将样品放入 50℃和−0.08MPa 的真空烘箱中 6h。然后，样品在 N_2 环境下于 800℃焙烧 2h，得到 Ru@TiO_2 催化剂。

（5）Ru@NCNT

在超声条件下搅拌，将 1.0g NCNT 粉末（管直径为 30～50nm）浸入 10mL $RuCl_3 \cdot H_2O$ 水溶液（Ru^{3+}：2.4mg/mL）中 0.25h。将样品放入 50℃和−0.08MPa 的真空烘箱中 6h。然后，样品在 N_2 环境下于 800℃焙烧 2h，得到 Ru@NCNT 催化剂。

（6）Ru@NCNT/AC

通过球磨法将 0.2g NCNT 粉末（管直径为 30～50nm）和 6.0g AC 混合以得到复合载体 NCNT/AC。然后，将 3g NCNT/AC 在超声条件搅拌下浸入 10mL $RuCl_3 \cdot H_2O$ 水溶液（Ru^{3+}：7.2mg/mL）中 0.25h。将样品放入 50℃和−0.08MPa 的真空烘箱中 6h。然后，样品在 N_2 环境下于 800℃焙烧 2h，得到 Ru@NCNT/AC 催化剂。

5.3.6.2 催化湿式氧化反应评价结果

在湿式氧化体系中催化氧化乙酸是十分困难的，其往往需要较为苛刻的条件。将制备的催化剂在 250℃，6.0MPa 条件下催化湿式氧化乙酸评价催化剂的催化氧化性能。对比图 5-25 中催化剂对 4000mg/L 乙酸模型废水的 TOC 去除效果，可以发现，在该湿式氧化条件下，仅靠溶解氧的氧化能力是难以氧化乙酸的，乙酸在不添加任何催化剂的湿式氧化条件下其 TOC 去除率仅为 6.7%；Ni-NCNT/AC 超结构载体负载 Ru 则展现出超高的催化氧化乙酸的活性，其 TOC 去除率高达 97%；将同样载量的 Ru 金属纳米颗粒负载到传统载体活性炭和 TiO_2 载体上，Ru@AC 催化剂催化氧化乙酸的 TOC 去除率为 65.3%，而 Ru@TiO_2 催化剂催化氧化乙酸的 TOC 去除率为 32.3%，我们可以看到负载在还原性载体 AC 上的 Ru 纳米颗粒比负载在氧化物载体 TiO_2 上的 Ru 纳米颗粒具有更高的催化氧化效率，这一方面是由于 AC 载体的比表面积较大，活性金属 Ru 的分散性较高，而另一方面更重要的是 Ru 纳米颗粒在还原性载体表面能够保持更高的还原态，从而具有更高的催化活性。我们同时还对载体本身进行了催化氧化乙酸评价试验，评价结果显示，Ni-NCNT/AC 载体对乙酸的催化氧化 TOC 去除率仅为 16.7%，表明载体虽然对乙酸的催化氧化具有一定的催化效果，但其作用十分微弱。此外，将 Ru 负载到没有单原子镍的载体 NCNT/AC 上时，发现 Ru@NCNT/AC 催化氧化乙酸的 TOC 去除率仅为 52%，比 Ru@AC 催化剂的 TOC 去除率低约 10%，这一结果进一步证明了 Ni 单原子在催化氧化过程中对催化活性的促进作用。

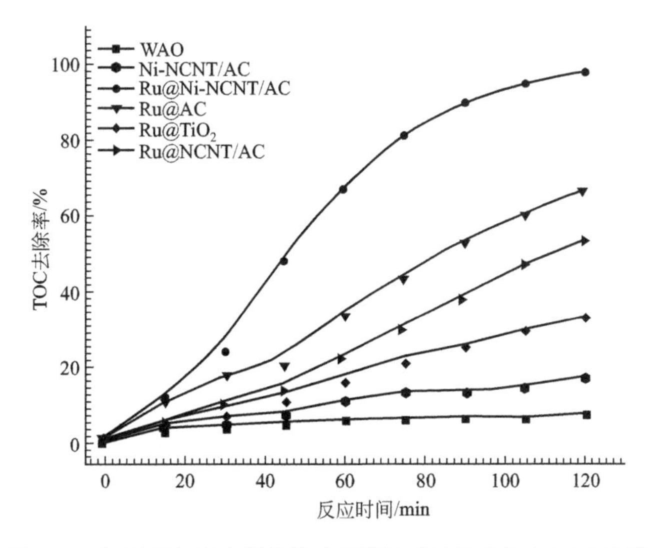

图 5-25 不同催化剂在催化湿式氧化乙酸过程中的 TOC 去除率

镍金属在 CO 和 CO_2 加氢等费托过程都有十分广泛的应用，其对催化裂解 C—H 键与 C—C 键都有十分重要的作用。由于碳纳米管管内存在部分未能完全溶解的 Ni 纳米颗粒，因此，有必要对镍纳米颗粒在催化氧化乙酸过程中的作用进行评价研究。将未经浓酸清洗处理的表面拥有大量 Ni 及 NiO 纳米颗粒的初生的 Ni-NCNT/AC 直接用于乙酸催化湿式氧化实验发现其催乙酸的催化湿式氧化 TOC 去除率仅为 16%（见图 5-26），基本可以忽略 Ni 纳米颗粒在催化湿式氧化乙酸过程中的催化作用。因此，可以得出结论 Ni 纳米颗粒在催化湿式氧化较高浓度乙酸过程中催化效率较低，不适合单独作为一种催化活性金属用于催化湿式氧化乙酸。

催化剂制备过程中条件的控制对催化剂最终的催化活性具有很大影响。因此，以 $RuCl_3$ 为前驱体浸渍负载于活性碳材料表面并在不同的高温条件下（800℃、900℃、1000℃）焙烧得到表面具有还原 Ru 纳米颗粒的 Ru/AC 催化剂。通过图 5-27 对乙酸催化湿式氧化的评价结果我们可以看出，随着催化剂焙烧温度的升高，催化剂在催化系统中的催化氧化效率明显降低。高温条件可以使得催化剂表面的贵金属前驱体热裂解生成还原态的贵金属，同时也会使得表面金属颗粒烧结或通过奥斯瓦尔德熟化颗粒增大，其表面金属利用率降低，暴露的催化活性位点也会相应减少，从而使得催化剂的表观催化活性降低。

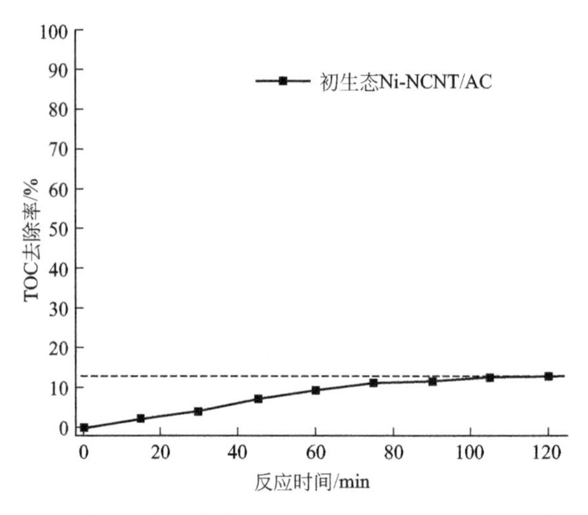

图 5-26 以未经酸清洗的初生态 Ni-NCNT/AC 为催化剂催化湿式氧化乙酸的 TOC 去除率

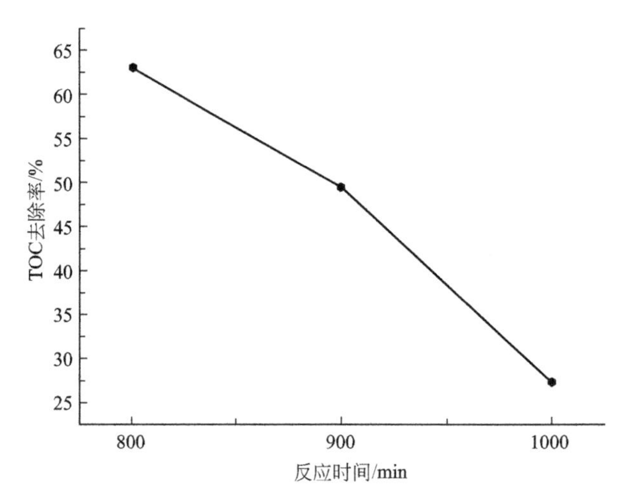

图 5-27 不同焙烧温度制备得到的 Ru/AC 催化剂催化湿式氧化乙酸 TOC 去除率

然而，在图 5-28 中可以明显看到超结构催化剂表面的贵金属颗粒的平均粒径是比在Ru/AC上的贵金属颗粒大的，理论上其不应该具有较高的催化活性，而事实却与此恰恰相反，那么，我们推测大颗粒表面的催化位点可能具有更高的催化活性，从而使其整体上看具有更高的表观催化活性。

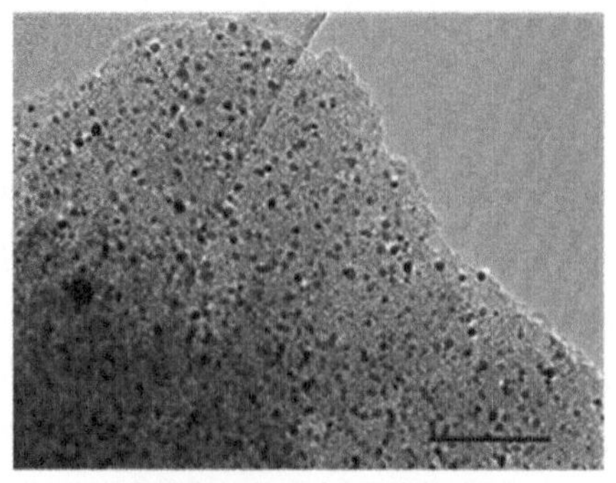

(a) Ru纳米颗粒在AC表面负载后的TEM

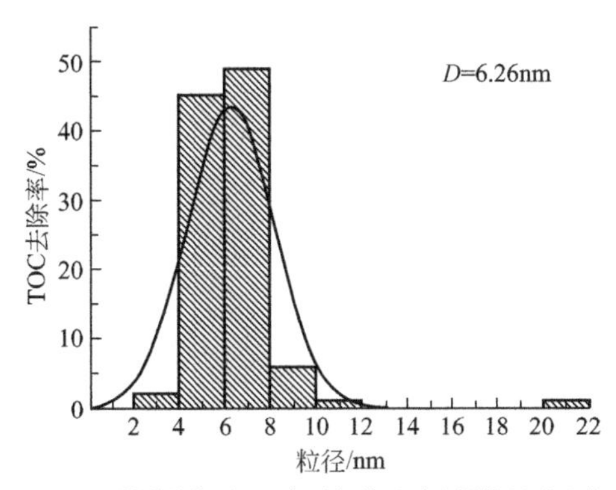

(b) Ru纳米颗粒在AC表面负载后对应颗粒尺寸分布

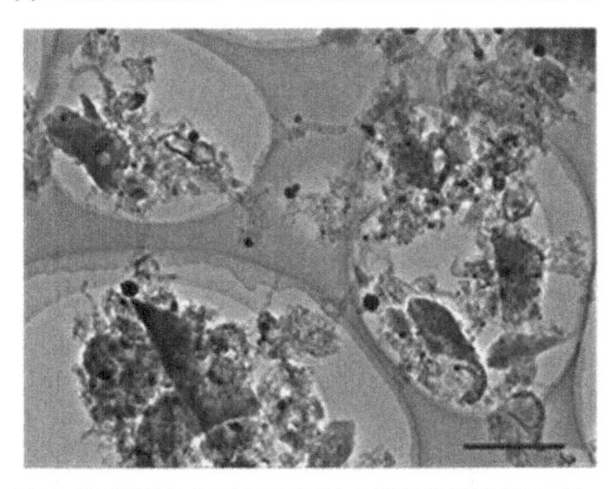

(c) Ru纳米颗粒在Ni-NCNT/AC表面负载后的TEM

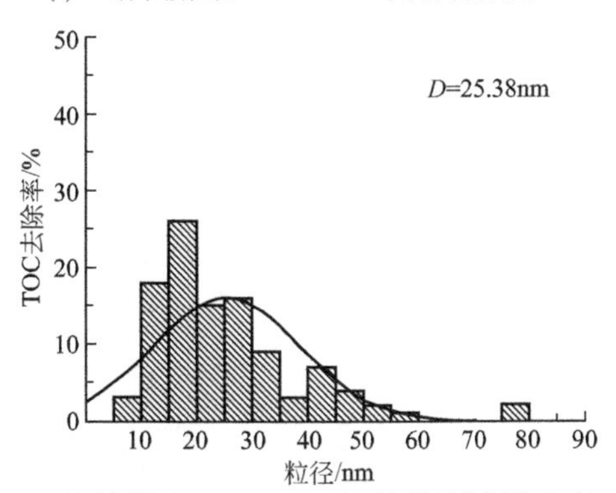

(d)Ru纳米颗粒在Ni-NCNT/AC表面负载后的颗粒尺寸分布

图 5-28　Ru 纳米颗粒在 AC 和 Ni-NCNT/AC 表面负载后的 TEM 以及其对应的颗粒尺寸分布（比例尺为 100nm）

通过与粉末催化剂相似的原位合成法将 Ni-NCNT 构建到活性炭颗粒表面，制备得到 5～8 目大颗粒催化剂 Ru@Ni-NCNT/AC，用于催化湿式氧化连续反应评价。在连续 10d 高温高压的反应条件下，催化剂对 4000mg/L 乙酸模型废水的去除率持续稳定在 95%以上（见图 5-29）。连续催化评价反应的结果证明，催化剂具有很高的催化稳定性，具有一定的实际应用前景。

5.3.6.3　催化剂形貌表征

Ni-NCNT/AC 和 Ru@Ni-NCNT/AC 结构特征如图 5-30 所示。

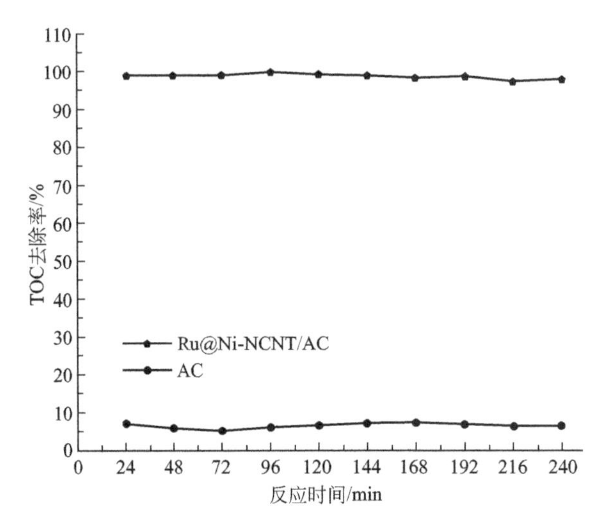

图 5-29 催化剂在 CWAO 系统中的连续评价结果
(连续反应实验在 250℃，6.5MPa 空气条件下运行 10d)

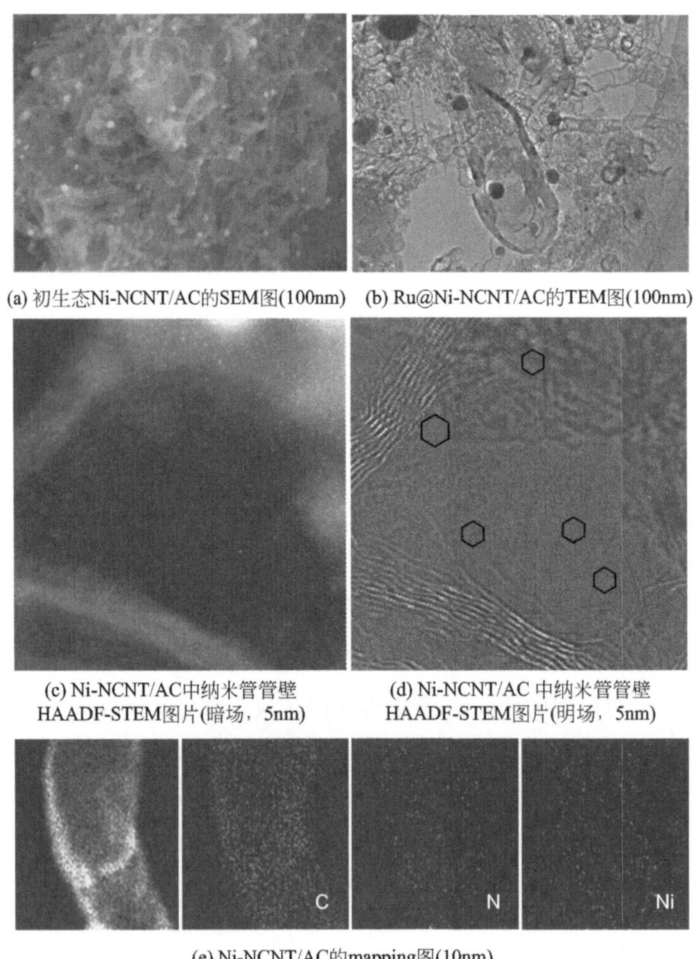

图 5-30 Ni-NCNT/AC 和 Ru@Ni-NCNT/AC 结构特征（见书后彩图）

由图 5-30(a) 可以明显看到在活性炭基底表面均匀覆盖了一层碳纳米管，纳米管管径较为均一，约 30～50nm，暗场图片中的亮点为 Ni 金属纳米颗粒，这些纳米颗粒为纳米管生长提供了高效的催化活性表面；图 5-30(b) 为负载 Ru 纳米颗粒的 Ni-NCNT/AC，许多纳米管中的 Ni 金属纳米颗粒已经被酸洗去除，而表面的负载了 Ru 纳米颗粒。采用 HAADF-STEM 对超结构载体表面的 NCNT 进行扫描观察，从暗场图片［图 5-30(c)］中可以看到纳米管管壁上有十分丰富的 Ni 单原子，而其明场图片［图 5-30(d)］中可以看到碳纳米管为多壁碳纳米管，而且甚至能看到石墨烯结构中的六元环结构。图 5-30(e) 为超结构 Ni-NCNT 的 EDS 图片，元素的 mapping 图片也可以很好地印证 Ni 的段原子分布。

图 5-31 为 Ru 纳米颗粒负载在 Ni-NCNT/AC 表面的 TEM 图片，从图中我们可以清晰地看到贵金属纳米管颗粒所在的载体周围遍布 Ni 单原子金属。这部分过渡金属单原子被嵌入碳纳米管管壁中将改变碳纳米管载体的表面电荷性质，从而进一步影响表面负载贵金属的表面电荷性质。

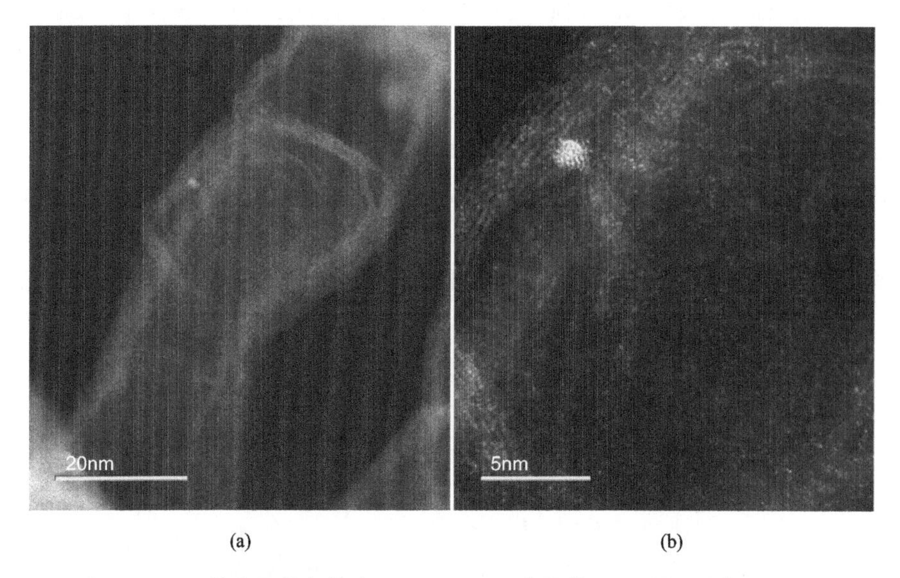

图 5-31 Ru 纳米颗粒负载在 Ni-NCNT/AC 表面的 TEM 图（见书后彩图）

通过图 5-25 的催化剂评价结果我们可以看到 Ru@AC 和 Ru@Ni-NCNT/AC 催化剂的催化氧化乙酸的 TOC 去除率较高。为了详细研究高催化活性的原因，通过透射电镜对催化剂表面的 Ru 纳米颗粒进行统计观察，发现 Ru@AC 表面的 Ru 纳米颗粒平均粒径约为 6.26nm，而在 Ru@Ni-NCNT/AC 催化剂表面的 Ru 纳米颗粒平均粒径约为 25.38nm（图 5-31）。通常来说，活性金属纳米颗粒的粒径越大，其金属颗粒暴露的活性位点越少，金属利用率越低，其催化氧化效率也应该越低。然而其催化剂催化氧化评价结果却与这一通识性原理相反。那么，造成大颗粒贵金属颗粒催化效率更高的原因则一定是颗粒上的单个活性位点的催化活性更高。

对 Ru@Ni-NCNT/AC 上的纳米管结构没有明显金属颗粒的不同部位进行 EDS 表征（图 5-32），发现纳米管机构主要是由 C、N、Ni 元素组成，且不同位置的 EDS 扫描结果不同，说明所得的 Ni-NCNT 结构的组分分布并不均匀，这可能与焙烧过程的温度以及物料不均有关。同时，我们注意到较高的N含量对应了较高的Ni含量，说明N是对Ni的锚定起到了十分重要的作用。这与许多文献中报道的N是单原子锚定的主要贡献原子一致。

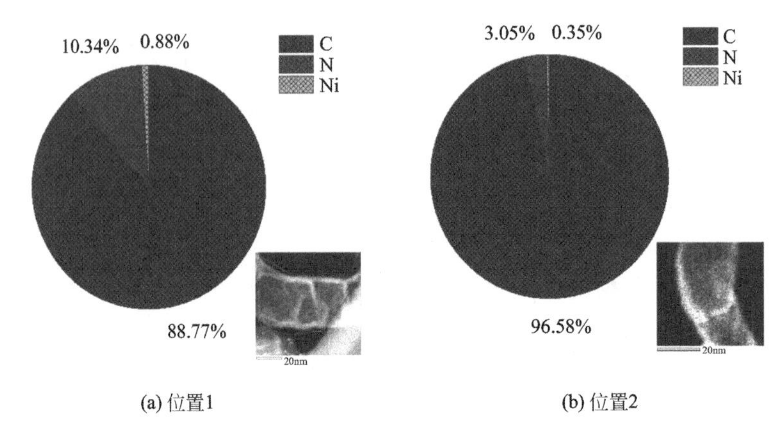

(a) 位置1　　(b) 位置2

图 5-32　在 Ru@Ni-NCNT/AC 不同位置进行 EDS 扫描得到的元素原子比例（见书后彩图）

（Ru元素的信号强度在位置1、2都十分微弱）

催化剂的稳定性对于催化剂的开发应用具有十分重要的意义。催化湿式氧化过程一般是高温高压的催化氧化过程，对超结构催化剂的形貌具有一定的破坏性。对在催化湿式氧化体系中反应120min后的催化剂进行透射电镜（图5-33）分析发现，催化剂表面的纳米管结构许多都已经破碎爆开，形成了纳米片结构。然而对其进一步放大分析发现，催化剂的贵金属纳米颗粒仍然负载在超结构表面，形成限域单原子材料负载贵金属纳米颗粒的构

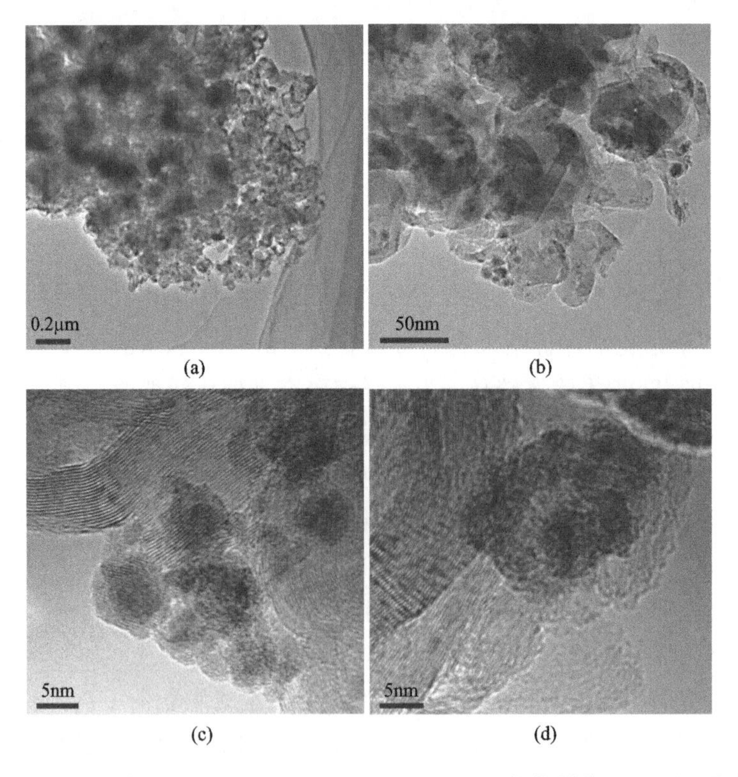

(a)　(b)　(c)　(d)

图 5-33　在 CWAO 系统中反应 120min 后 Ru@Ni-NCNT/AC 催化剂的 TEM 图（见书后彩图）

型。纯净的碳纳米管由于其化学惰性是具有非常高的抗氧化破坏能力的，然而在对其进行氮掺杂和金属单原子锚定以及卷曲化过程后都会增强其化学反应活性，减弱其化学稳定性，这是化学稳定性和催化活性相互平衡的结果。因此，笔者认为对于催化剂开发这是难以避免的矛盾，需要根据实际情况进行相应的倾向性调整。限域单原子材料用作催化剂载体则是较大的倾向于催化剂的催化活性，同时一定程度上兼顾了催化稳定性。

5.3.6.4 X射线光电子能谱

X射线光电子能谱（XPS）技术是催化剂中元素价态表征的重要方法之一。载体的选择对催化剂的催化活性起着至关重要的作用，载体与所负载金属纳米颗粒之间的相互作用对表面金属纳米颗粒的外层电子性质会产生一定的影响，从而影响催化剂的催化性能。从催化剂的Ru 3p XPS图谱（图5-34）中可以看到在超结构载体Ni-NCNT/AC上的Ru 3p谱图有两个主要的拟合峰分别是461.5eV和464.6eV，其中461.5eV对应还原态Ru^0，464.6eV对应氧化态RuO_x的峰，从峰的比例上看载体表面的Ru大多数还是处于较高的还原状态Ru^0，而出现的RuO_x则主要来源于AC基底材料上负载的Ru纳米颗粒表面被空气中的氧氧化。纳米颗粒粒径越小，其表面能越大，也就越容易与氧发生反应，从而形

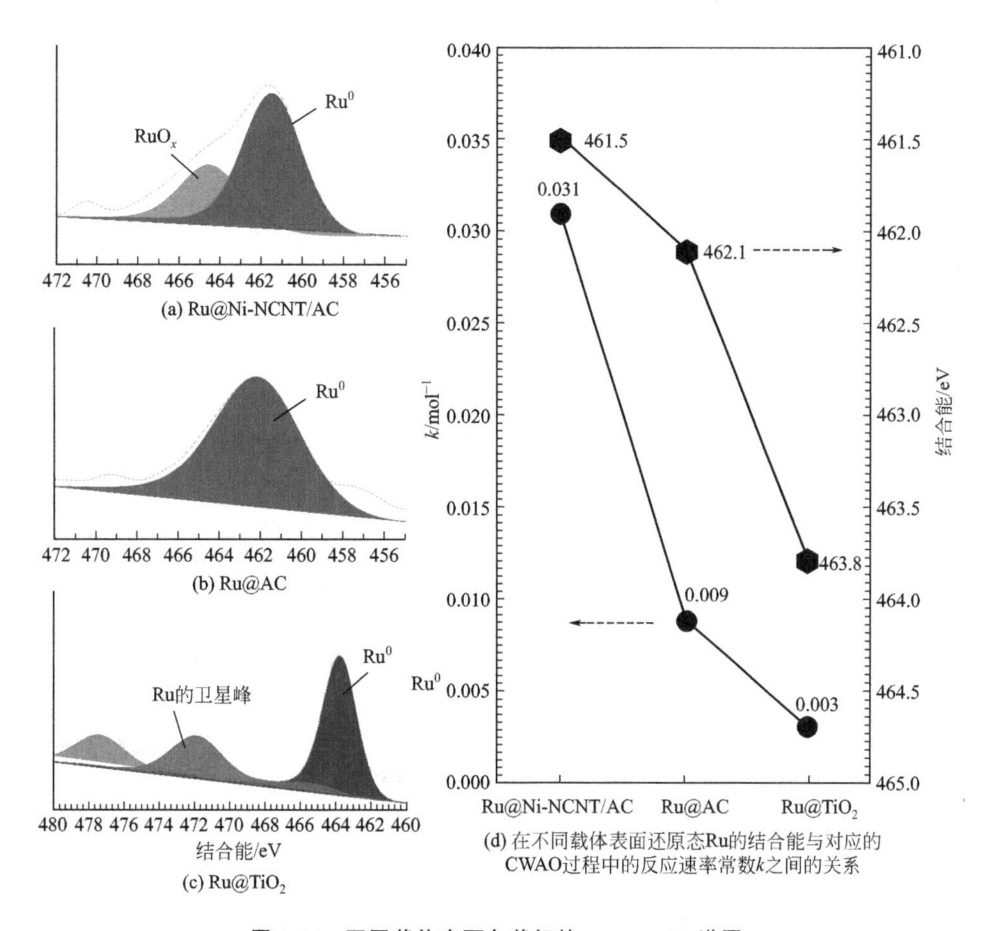

图5-34 不同载体表面负载钌的Ru 3p XPS谱图

成稳定的结合能包裹在纳米颗粒表面，AC 载体表面的 Ru 具有较高的分散度，其表面氧化程度也相对较高。实际上由于载体中超结构和基底的性质不同，造成了分布其上的活性组分最终的催化性能不同，这对于复杂水质条件有机物的非选择性降解具有积极作用；Ru@AC 催化剂的 Ru 3p XPS 谱图中其在 462.1eV 处有一个较宽的主峰，这也说明 Ru 分布在一种较为均匀的载体材料上，且其上的 Ru 纳米颗粒相比在超结构载体上的 Ru 纳米颗粒更容易被氧化产生其氧化态；Ru@TiO_2 上的 Ru 3p 结合能主峰出现在 463.8eV，说明 TiO_2 载体上的 Ru 金属纳米颗粒表面是以一种氧化态钌的形式存在的。将三种载体上 Ru 纳米颗粒表面的结合能与其所对应催化剂的在催化湿式氧化乙酸过程中的化学反应速率常数 k 对照，发现两者之间存在明显的对应关系，即随着载体表面 Ru 结合能的降低，催化反应速率常数变大。这也印证了还原态 Ru 是一种高效的催化湿式氧化乙酸的催化剂，且其还原程度越高，催化效率越高。此外，对比三种催化剂，活性金属纳米颗粒在其上表现出的结合能即其还原程度也不同，因此，载体在调控活性中心催化活性的过程中至关重要，而超结构载体由于表面修饰了单原子限域的纳米管结构使得在调控表面贵金属催化活性的过程中具有较为明显的优势。

对 Ru@Ni-NCNT/AC 进行 N1s 的 XPS 分析，从图 5-35 中的分峰结果可以看出，超结构催化剂中氮元素主要有吡啶氮、吡咯氮、石墨氮以及氧化氮四种价态形式，其所占原子比例（摩尔比）分别为 47.93%、18.93%、27.96%和 5.18%。氮元素主要用于碳纳米管生长过程中的氮掺杂，氮的掺入可很好地改善碳纳米管的物理化学性质，石墨氮的掺入可以提高碳纳米管的导电性质，吡啶氮和吡咯氮则由于具有孤对电子存在可以作为技术锚定的良好位点，从图 5-35 和表 5-11 中可以看出材料中用于单原子锚定的氮元子主要是吡啶氮。结合 Ru@Ni-NCNT/AC 对 N 1s 的表征分析结果（表 5-11）以及局部纳米管的 EDS 元素分析结果，可以得到吡啶氮与 Ni 的原子量比值接近 4∶1。Zhao 等在其研究中通过 DFT 计算的方式证明了限域单原子 Ni 在 NCNT 骨架中最稳定的构型是 Ni-N_4 结构。这与我们以上通过 EDS 和 XPS 表征的推测结果相符，在超结构中单原子 Ni 主要以 Ni-N_4 的形式存在。

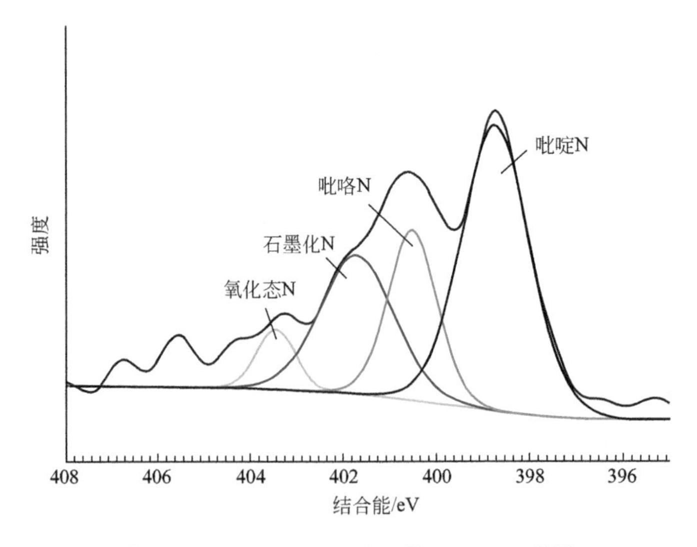

图 5-35 Ru@Ni-NCNT/AC 的 N 1s XPS 谱图

表 5-11 Ru@Ni-NCNT/AC 催化剂的 N 1s XPS 谱图中主要氮种类的原子比例

N 1s 峰	结合能/eV	摩尔比/%
吡啶 N	398.69	47.93
吡咯 N	400.46	18.93
石墨化 N	401.61	27.96
氧化态 N	403.43	5.18

XPS 是确定催化剂中元素价态和相对含量的良好工具。对催化剂以及其对照样本进行 Ni 2p 的 XPS 分析（图 5-36），结果发现在未经酸洗处理的初生 Ni-NCNT/AC 的 XPS 分峰拟合结果中存在明显的 Ni 单质峰（约 852.4eV），说明未经酸洗处理的初生 Ni-NCNT/AC 表面有明显的还原态 Ni 纳米颗粒存在；在 855.7eV 处峰则与 NiO 中的主峰对应，可将其归结为表面镍单质在空气中氧化形成了 NiO。经强酸酸洗后，表面 NiO 和 Ni 纳米颗粒均被腐蚀溶解去除。因此，Ni-NCNT/AC 的 XPS 谱图中在 854.5eV 处的主峰可归结为碳骨架中单原子 Ni 以 Ni-N_x 构型形成的 Ni 的氧化态峰。在高温负载 Ru 纳米颗粒得到 Ru@Ni-NCNT/AC 之后我们看到 Ni 元素 XPS 的主峰也仍未发生明显变化，说明单原子 Ni 在高温条件下具有较高的热稳定性，吡啶氮等氮元素对 Ni 单原子的锚定作用较为牢固，可以保持较好的构型稳定性。

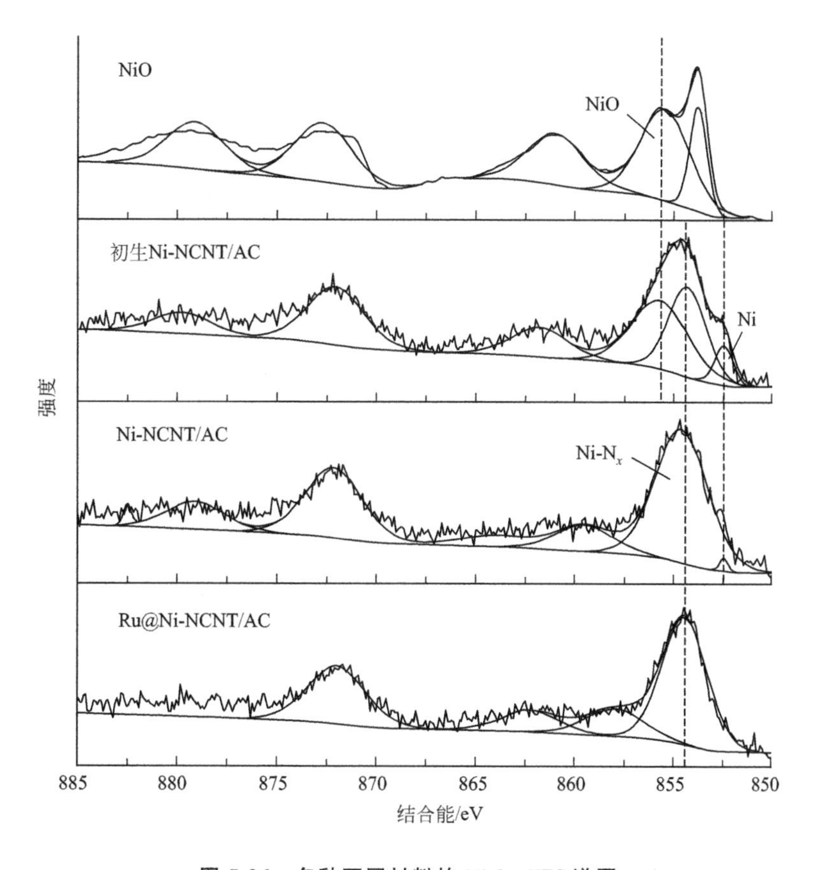

图 5-36 多种不同材料的 Ni 2p XPS 谱图

5.3.6.5 X射线吸收精细结构

X射线吸收精细结构（XAFS）谱技术是用于探究材料局部结构最强有力的工具之一。该技术是将X射线能量调整至与所研究的元素中内电子层一致，再用于探测样品，然后监测吸收的X射线数量与其能量的函数关系。从光谱中，我们能得到吸收原子与邻近原子的间距、这些原子的数量和类型以及吸收元素的氧化状态，这些都是确定局部结构的参数。为了进一步确定Ni在限域材料中的局部结构，我们进行了X射线吸收精细结构（XAFS）分析以确认Ni和其临近元素之间的可能结合方式。图5-37(a）为Ni的归一化K-边X射线吸收近边缘结构（XANES）光谱，Ni-NCNT/AC的吸收光谱的上升沿位置位于Ni箔和NiO样品光谱的上升沿之间，表明Ni-NCNT/AC中Ni的平均氧化态在Ni^0和Ni^{2+}之间。Ni的扩展边X射线吸收精细结构（EXAFS）傅里叶变换光谱表明，在Ni-NCNT/AC中清楚地观察到对应于Ni-N第一壳层的1.46Å峰，与NiO的EXAFS光谱相比，没有观察到明显的Ni-O键，这表明Ni-NCNT/AC的经强酸处理后表面Ni纳米颗粒几乎已经被完全清除。在Ni-NCNT/AC的EXAFS光谱中观察到的Ni—Ni键实际上是纳米管内部的Ni-NP［图5-37(b)］。Ni-NCNT/AC的小波变换（WT）分析显示了与Ni箔

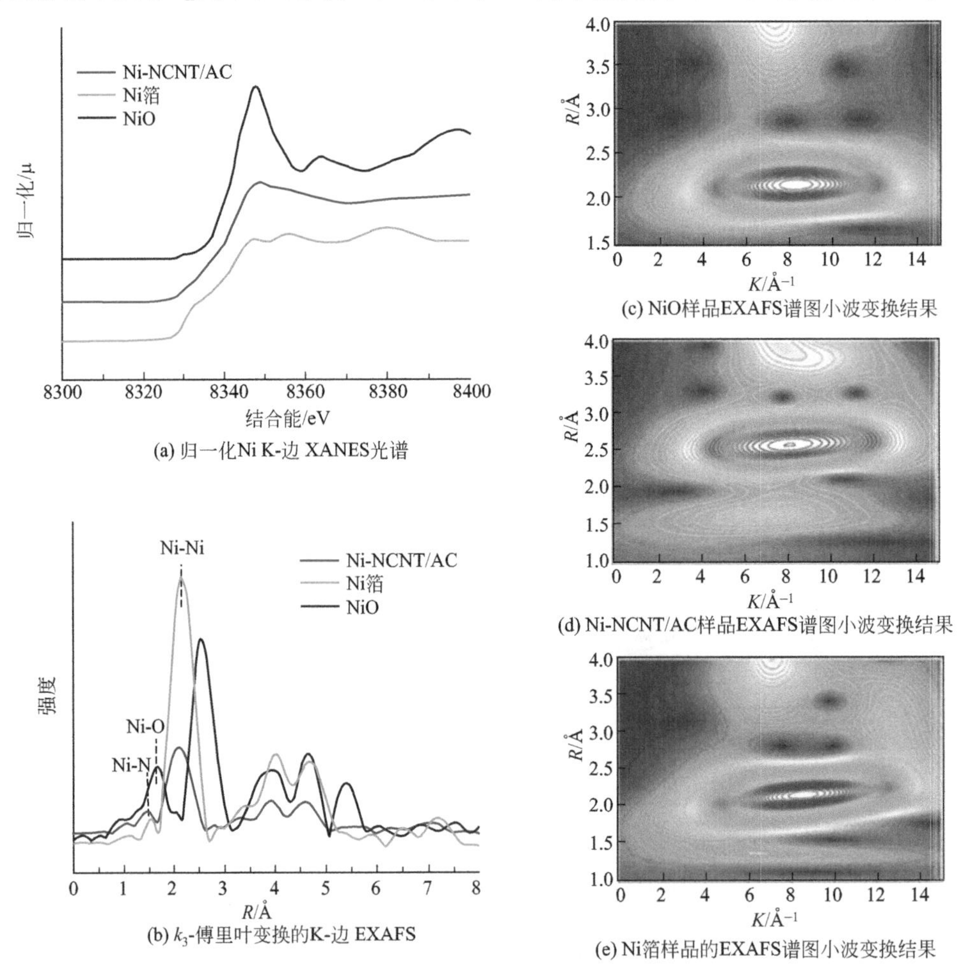

图5-37 单原子Ni催化剂结构特征的X射线吸收光谱结果（见书后彩图）

NiO不同的图像，Ni-NCNT/AC小波变换图中在K方向6.5Å^{-1}处的最大强度归因于Ni—N，这不同于NiO中有Ni—O键在7.2Å^{-1}产生的最大吸收和Ni箔在8.5Å^{-1}处由于Ni—Ni键产生的最大吸收［图5-37(c)～(e)］。这些结果进一步证实，金属Ni以相对高的比例原子分散在NCNT的壁中，并且Ru-NP与Ni-NCNT/AC之间存在一些相互作用，从而提高了Ru活性中心的催化活性。因此，我们提出了一个假设，即碳纳米管的石墨烯结构具有高的电子传导能力，从而使锚定的镍原子可以将其外电子扩散到相邻原子上并影响碳纳米管的电负性。该作用将有效地修饰NCNT载体，并使这种材料具有金属一样的性能，从而促进主要的催化位点发挥催化活性。

5.3.6.6　N_2物理吸附

对实验过程中主要的催化剂和载体进行N_2物理吸附以评价样品的表面及孔隙结构。从图5-38的吸附等温线可以看出，AC的吸附等温线中的滞后环是H4型滞后环，属于微-介孔碳材料常见的一种滞后环，因此AC可以判定为微-介孔碳材料。在负载Ru纳米颗粒后，其滞后环的形状未发生明显变化，且比表面积未见明显变化（表5-12），说明AC担载具有良好的热稳定性；负载后总孔体积有所增加，这可能与催化剂制备过程中的高温焙烧所带来的扩孔作用有关；同时，N_2吸附量也有一定程度的增加，这可能与表面Ru纳米颗粒的强吸附作用以及孔融扩大有关。在AC表面进行超结构Ni-NCNT构建后得到Ni-NCNT/AC、Ni-NCNT/AC的比表面积以及总孔体积都发生了明显的降低，对N_2吸附的滞后环明显发生变化，相比而言，其滞后环类型更倾向于H3型，这可能是由于大量碳纳米管结构覆盖于AC表面，大孔材料掩盖了其表面微介孔结构。同时，这也造成了材料对N_2吸附量的降低。而在Ni-NCNT/AC超结构载体表面负载与Ru@AC等量的Ru纳米颗粒后，其对N_2的吸附量却有了十分明显的提升，这也一定程度上说明了负载在Ni-NCNT/AC上的Ru纳米颗粒比负载于AC上的Ru纳米颗粒具有更高的吸附能力，其最终可归结于Ni-NCNT/AC表面的Ru纳米颗粒表面处于较高的还原态。此外，我们还对NCNT与TiO_2的比表面积进行了分析，可以看到其比表面积与总孔体积都相对较低，可以推想表面金属的颗粒分散度不会太高，催化效率也相对较低，然而TiO_2表面羟基对金属具有较好的锚定分散能力，其最终经过高温焙烧之后也可以相对较高的催化活性（32.3% TOC去除率）。

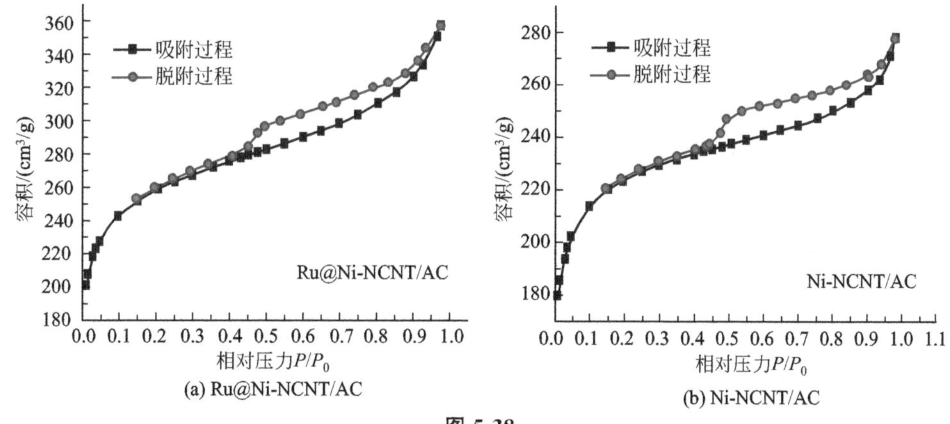

(a) Ru@Ni-NCNT/AC　　(b) Ni-NCNT/AC

图5-38

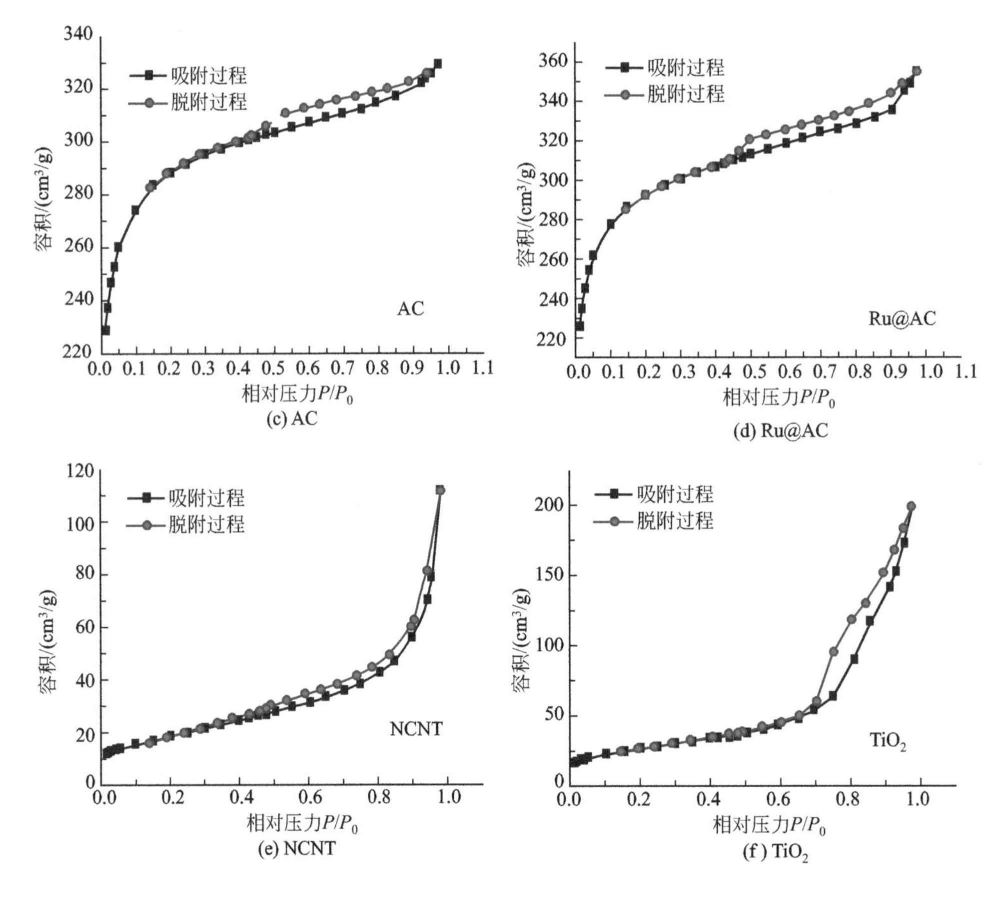

图 5-38 N_2 物理吸附脱附等温线

表 5-12 载体和催化剂的比表面积和总孔体积

催化剂	$S_{BET}(N_2)/(m^2/g)$	总孔体积/(cm^3/g)
AC	1095.706	0.5096
Ru@AC	1104.636	0.5478
Ni-NCNT/AC	852.624	0.4288
Ru@Ni-NCNT/AC	968.451	0.5528
商业化 NCNT	60.081	0.1729
TiO_2	95.045	0.3075

5.3.6.7 CO-原位红外光谱

原位漫反射红外吸收光谱是一种常用于评价催化剂表面吸附和化学反应活性的原位表征手段。在这里以 CO 为吸附质在 H_2 还原后的催化剂表面进行吸附-解吸实验，并结合原位红外分析手段进一步探索催化表面 Ni 的存在形态以及化学反应活性。实验中主要针对初生态的超结构催化剂载体（Ni-NPs@Ni-NCNT/AC）和经过高温酸洗后的超结构催化剂载体（Ni-NCNT/AC），从图 5-39 中可以看到，在室温下完成 CO 吸附后（0min），

Ni-NPs@Ni-NCNT/AC 和 Ni-NCNT/AC 在 2118cm^{-1}和 2175cm^{-1}处有明显的吸收峰，在经过 3min 的氩气吹扫后，这两个峰都有明显降低；20min 后，两个峰完全消失，这说明这个峰主要是由 CO 物理吸附造成的。Ni-NPs@Ni-NCNT/AC 在 2338cm^{-1}和 2364cm^{-1}处有两个十分明显的吸收峰，且随着吹扫时间的推进，其峰的强度并没有明显的降低，说明这部分被吸附的 CO 在 Ni-NPs@Ni-NCNT/AC 表面产生的是化学吸附，且化学吸附使得 CO 的吸收振动波长产生蓝移。Ni-NCNT/AC 在 2338cm^{-1}和 2364cm^{-1}并未出现明显的 CO 吸收峰，说明 CO 在 Ni-NCNT/AC 并没有产生与 Ni-NPs@Ni-NCNT/AC 表面类似的化学吸附现象。这一定程度上也说明了酸洗过程对表面 Ni 纳米颗粒实现了较为完全的去除，佐证了 Ni-NCNT/AC 的 XPS 结果中的 Ni 在 854.5eV 处的氧化态峰主要是由 Ni-N_x 结构造成的。因此，Ni 在超结构 Ni-NCNT/AC 中是以单原子形式分布于其骨架结构中的。

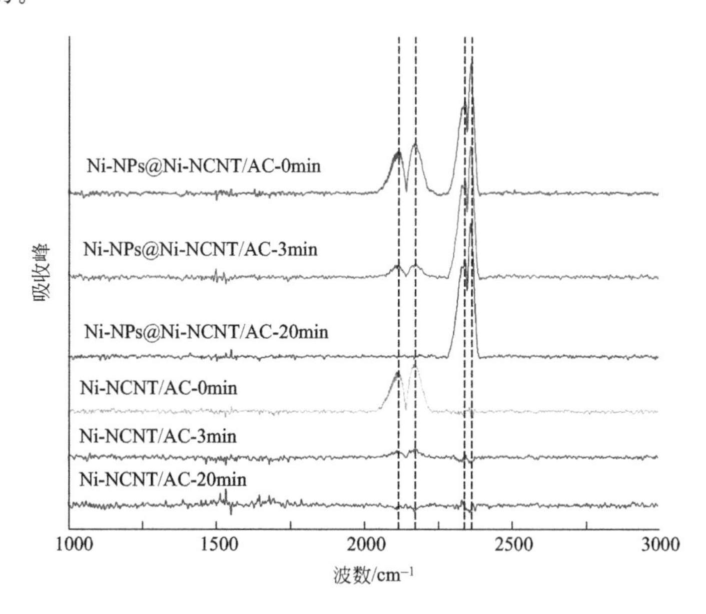

图 5-39 Ni-NCNT/AC 和 Ni-NPs@Ni-NCNT/AC 的 CO 漫反射傅里叶变化红外吸收光谱

5.3.6.8 H_2-TPR

H_2-程序升温还原 H_2-TPR 评价是一种常用的评价催化剂表面氧化还原性能的方法。图 5-40 中的催化剂均先在 10%O_2/Ar150℃条件下充分氧化，用 10%H_2/Ar 气氛对催化剂进行程序升温还原。由于氧物种与在催化剂表面的结合能力不同，其 H_2还原温度也有所不同。催化剂表面的 Ru 纳米颗粒是较容易产生化学吸附的，其吸附氧气后产生 RuO_x 物种。其中，Ru@Ni-NCNT/AC 催化剂在 171.6℃左右出现还原峰，还原温度较高，且峰呈现较为对称的高斯峰型，这说明催化剂表面用于化学吸附氧的 Ru 纳米颗粒对氧的吸附能力相对均一，且对氧的化学吸附-活化能力较强。在 Ru@TiO_2催化剂表面的 H_2 还原峰出现在 163.08℃，说明其表面化学吸附的氧与 Ru 结合较弱，较容易从 Ru 纳米颗粒表面脱附进行反应。Ru@AC 表面吸附氧的还原峰出现在 165.08℃，Ru@NCNT 表面吸附氧的还原峰最高处出现在 170℃，说明其上的 Ru 与 O 的结合能力较强，这可能主要与 N

的掺杂有关。然而，峰有较严重的拖尾现象，说明在其上的一部分氧较难脱附，较难形成具有高活性的氧化性物种，这可能与 NCNT 比表面积较小、Ru 在其表面分布不均有关。NCNT 与 AC 混合制备的复合载体 NCNT/AC 负载 Ru 的化学吸附氧的还原温度与 Ru@AC 较为接近，其并没有类似 Ru@NCNT 的拖尾现象，说明复合材料的性质主要由主体材料 AC 决定。单原子超结构材料的构建对于提高氧的吸附是有一定积极作用的，但从实验结果看并没有十分明显的差异，因此单原子超结构对于促进表面贵金属 Ru 的氧吸附并无十分明显的增强，但这也同时说明氧在其表面具有较好的化学吸附-解吸平衡，有利于防止在催化氧化过程中 Ru 表面过度氧化造成氧中毒，失去原有的催化氧化活性。

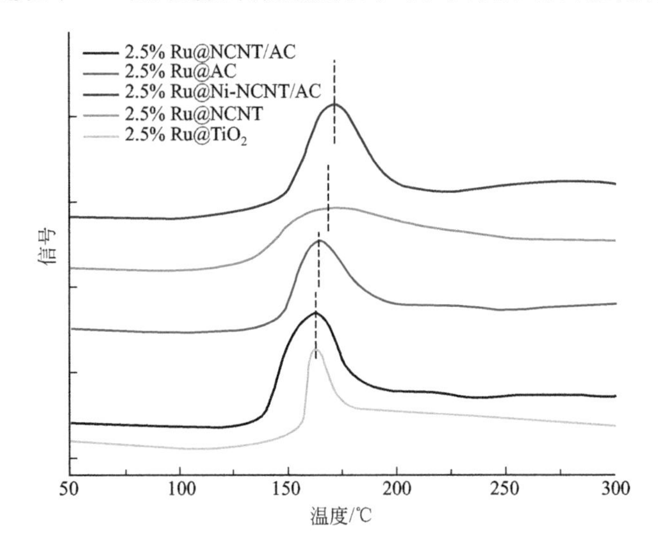

图 5-40 多种催化剂的 H_2-TPR 评价结果

5.3.6.9 DFT 计算材料表面吸附能

多相催化反应一般是在催化剂表面的催化活性中心对底物进行吸附和活化，从而催化目标反应的进行。对于许多化学反应过程，其反应系统条件苛刻复杂，不易采用原位表征手段进行直接的评价表征。密度泛函理论（DFT）是一种研究多电子体系电子结构的量子力学方法，其为许多化学反应过程的反应机理的解释提供了有利的工具。基于 DFT 计算，利用 VASP 软件计算，我们对 O_2 分子和乙酸分子在多种模型材料表面的化学吸附进行了模拟计算，其计算结果如图 5-41 及图 5-42 所示。图 5-41 为 O_2 和乙酸在 CNT、Ru_4@CNT、Ni-NCNT、Ru_4@Ni-NCNT 表面的吸附构型及吸附能计算结果。在 CNT 表面碳原子对氧分子的吸附能为 1.23eV，说明碳纳米管表面 O_2 不易产生化学吸附，因此，其在催化湿式氧化体系中无明显的催化活性，同时，其对乙酸分子的吸附能为－0.03eV，吸附能力也相对较弱。在 CNT 表面负载活性金属 Ru 构成 Ru_4@CNT 后，其通过 Ru 对 O_2 及乙酸的吸附能明显增加，说明 Ru 对两种反应物均具有良好的吸附性能，这是进一步进行催化反应的基础。基于 XPS 以及 XAFS 等实验结果，我们初步确定了 Ni 单元在 NCNT 纳米管碳骨架中以 Ni-N_4 构型嵌入分布；同时，基于这种局部结构，我们对 Ni-NCNT 结构对乙酸和 O_2 分子的吸附能进行了计算分析，发现 Ni-N_4 结构的 Ni 原子对乙

酸和 O_2 分子的吸附能分别为−0.07eV 和−0.06eV，相比在 Ru_4 结构表面的吸附能明显较低，这很好地解释了实验过程中 Ni-NCNT/AC 载体在催化湿式氧化乙酸过程中的低催化活性。在 Ru_4@NCNT 构型中，O_2 和乙酸分子在 Ru 上的吸附能比在 Ru_4@CNT 表面的吸附能略低，分别为−1.04eV 和−2.07eV，这可能是由于 Ru_4 临近的 N 原子具有较高的电负性，对 Ru_4 具有一定的吸电子效应造成的。Ru_4@Ni-NCNT 结构中，Ni 单原子的引入极大地平衡了 N 原子对 Ru_4 结构的吸电子作用，其上的 Ru_4 结构对乙酸分子的吸附能为−1.28eV，相比在 Ru_4@NCNT 上有了较大幅度的提升，印证了单原子 Ni 对 NCNT 的电子修饰作用。然而，我们的计算结果也显示 O_2 分子在 Ru_4@Ni-NCNT 上的吸附能并没有明显的变化，相比 Ru@CNT 的 O_2 吸附能甚至有所降低，这可能与贵金属 Ru 本身的抗氧化特性有关。对于乙酸的氧化来说，Ru 表面吸附能的降低并非缺点，实际上，这种吸附能的降低有可能一定程度上降低 Ru 的表面氧中毒现象，从而提高催化剂的

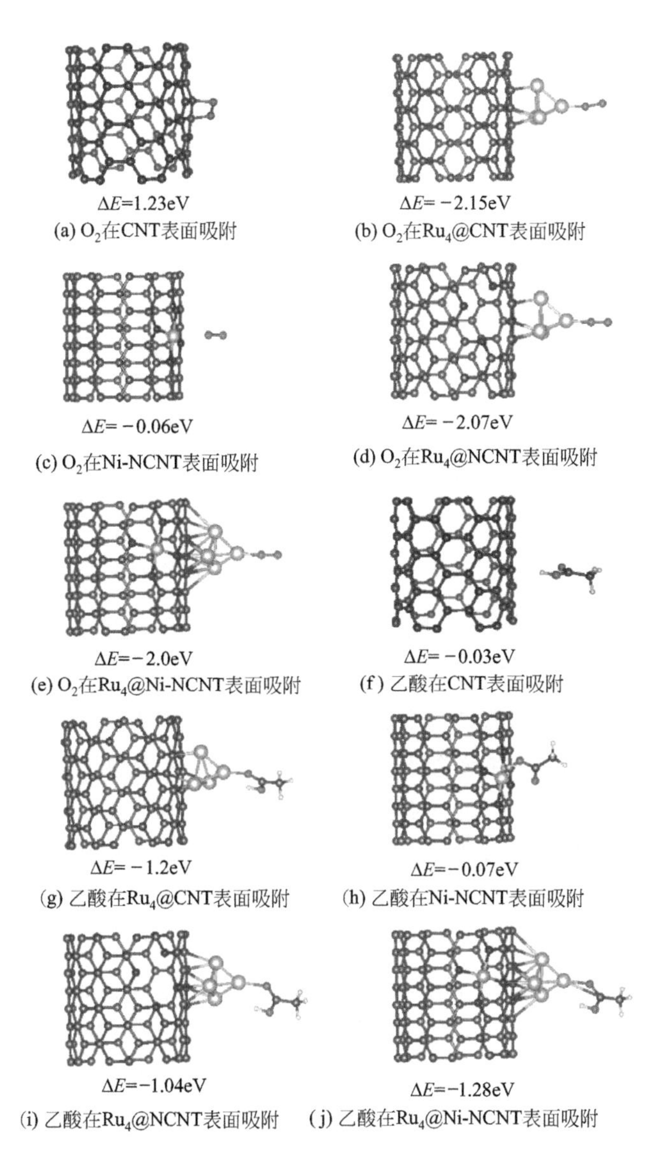

图 5-41 不同载体模型表面 O_2 和乙酸吸附构型及吸附能

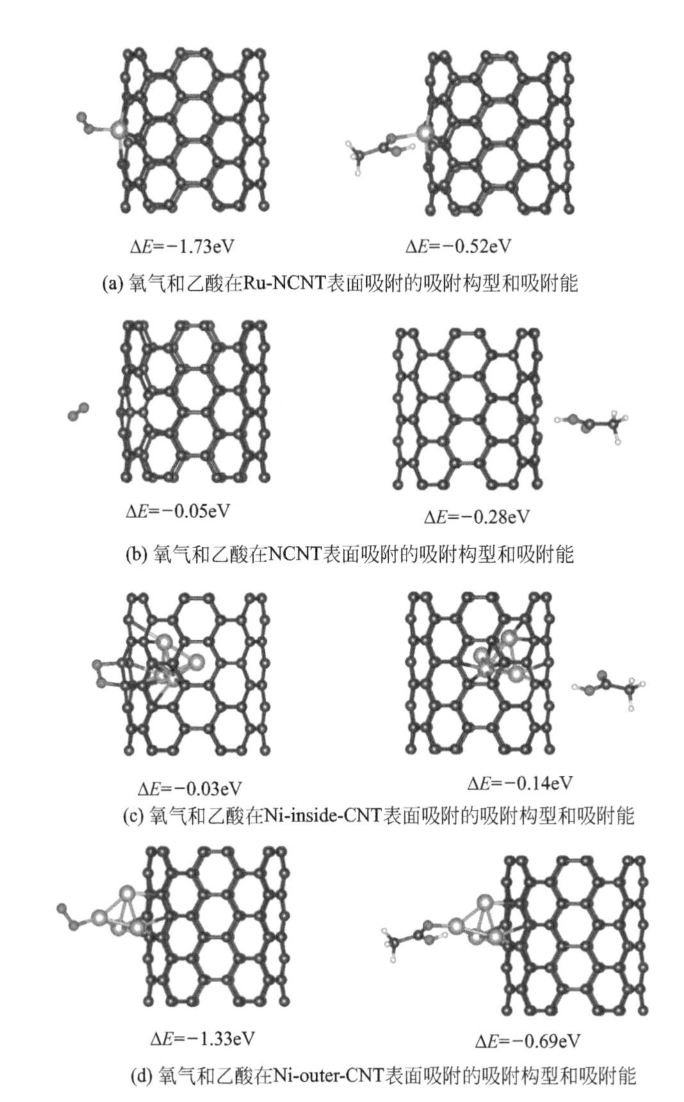

图 5-42 氧气和乙酸在 Ru-NCNT、NCNT、Ni-inside-CNT 及 Ni-outer-CNT 表面吸附的吸附构型和吸附能

稳定性。综合来说，在碳纳米管结构中嵌入 Ni-N_4 型单原子结构对碳纳米管的电子结构起到了很好的修饰作用，使得碳纳米管表面负载的 Ru 贵金属表现出更高的乙酸吸附性能以及适中的氧吸附性能，从而使得催化剂在催化反应中具有较高的催化活性和稳定性。

修饰的碳纳米管管结构在催化湿式氧化乙酸过程中有许多构型都有可能对催化氧化乙酸发挥重要的作用。为了较为全面地分析各个构型对催化氧化乙酸过程的影响，我们对 Ru-NCNT、NCNT、Ni-inside-CNT 以及 Ni-outer-CNT 构型中活性位点对乙酸和氧气的吸附能进行了计算分析。分析结果显示 Ru 以 RuN_4 的单原子形式嵌入碳纳米管骨架后，其对乙酸和 O_2 分子的吸附能分别为－0.52eV 和－1.73eV，相比负载于纳米管外表面的 Ru_4 结构均有较为明显的降低，这说明单原子 Ru 在嵌入 NCNT 碳骨架后，其外层电子受周围原子影响再分配，使得其外层电子变少，其对底物分子的吸附也相应降低。对 CNT 结构进行 N 掺杂后其中的 N 原子对乙酸和 O_2 分子的吸附作用与 CNT 构型相比有较为明显的改善，但是相比金属活性位点的化学吸附作用还是较弱，因此 NCNT 结构在催化湿式氧化过程中催化活性较低。采用原位金属还原催化裂解制备碳纳米管结构不可避免地会残留还原态的 Ni 纳米颗粒于碳纳米管内部和表面，这些结构在催化氧化乙酸过程中的作用也十分值得考虑。Ni_4结构被碳纳米管包裹后，其对 O_2 和乙酸分子的吸附能相比在外表面负载的 Ni_4结构有较大幅度的降低，说明碳纳米管的石墨结构对内层 Ni 纳米颗粒的外层电子有较大的屏蔽作用。而在实际应用中纳米管为多壁碳纳米管，其几乎可以完全屏蔽掉内层 Ni 纳米颗粒对催化反应的影响，因此，我们可以推断纳米管内部的 Ni 纳米颗粒在催化氧化乙酸的过程中无明显的催化作用。图 5-42(d) 显示纳米管结构负载 Ni_4构型对乙酸和 O_2 分子的吸附能分别为－1.33eV 和－0.69eV，其对底物的吸附能相比 Ni_4在纳米管内构型明显增大，但相比 Ru_4在纳米管表面的构型［图 5-41(d)、(i)］其吸附能还是较低，同时，由于 Ni 金属容易被氧化为 NiO_x 形态，这也会极大地降低表面 Ni 颗粒对底物的催化氧化性能，这很好地解释了未经酸洗的 Ni-NCNT/AC 催化活性不高的原因。

综合以上计算结果我们可以看出，单纯的纳米管结构化学吸附能力较差，而经过氮元素掺杂以后得到的纳米管结构吸附能会有较为明显的提升。贵金属 Ru 在这一过程中相比过渡金属 Ni 表现出更高的对底物的化学吸附性能，无论是其以 RuN_4 构型的单原子形态还是以 Ru_4的金属纳米颗粒形态，其相对于 Ni 金属都有更为出色的化学吸附性能，据此我们可以推断其在催化反应过程中很有可能具有更高的催化性能。因此，模拟计算的结果显示贵金属 Ru 优于过渡金属 Ni，更适合作为催化氧化乙酸的活性金属。我们发现金属 Ni 在以 NiN_4 构型的单原子形式嵌入碳纳米管骨架后对纳米管载体的电子性能有一定的修饰作用，可以进而提高负载金属的催化氧化性能。

① 本节通过原位合成的方法制备了 Ni 单原子的超结构载体，其作为贵金属载体，与传统催化湿式氧化催化剂载体（活性炭和氧化钛）相比，其负载贵金属钌对难降解污染物乙酸具有更高的催化氧化效果，其 TOC 去除率可达 97%，可实现乙酸污染物在较为温和的条件下完全去除，为废水中污染物的近零排放提供了技术支撑。

② 通过 HAADF-STEM、XAFS、XPS 等表征手段确定了酸洗后的超结构载体表面 Ni 主要以单原子形式存在，其可调控表面负载贵金属的催化特性。这是对限域单原子材料在催化领域的一种崭新的探索，拓宽了金属单原子的应用领域。

③ 本节还采用 VASP 软件模型了乙酸和 O_2 分子在所构建的目标模型表面的化学吸附，分析发现贵金属模型 Ru_4 在 Ni-NCNT 构型表面对底物乙酸具有最高的吸附能，同时对氧的吸附能适中，可以解释 Ru@Ni-NCNT/AC 催化剂的实验评价结果，证明了 Ni 作为单原子助剂促进 Ru 催化底物氧化的猜想。

5.3.7 污泥碳材料在不同氧化体系中不同催化行为的初步研究

由于工业的快速发展，所排放的废水成分复杂多变，废水中一些毒性较大的有机物使得废水处理难以通过物理或者生物方式得到有效降解。高级氧化技术是以氧化剂（氧气、臭氧、过氧化氢等）氧化处理水体中有毒有害有机物，破坏其原有化学性质，使其毒性降低，同时也可以进一步矿化有机物，达到降低水体中 COD 的目的。

碳材料催化剂在高级氧化体系中应用广泛。其可作为载体负载金属及金属氧化物活性组分催化氧化水体中污染物的降解，然而应用过程中存在的活性组分流失等问题往往造成二次污染。非金属碳材料以其出色的机械性能和表面活性在现代化工领域得到十分广泛的应用。非金属碳材料通常是通过热解法对含碳原料在不同的气氛和压力下焙烧得到的，这一过程具有较高的经济性和环保型，不会产生较多的二次污染。污泥碳则是利用城市污水处理厂产生的污泥经前处理—高温焙烧—后处理等过程得到的具有高表面活性的碳材料之一。污泥碳材料将废弃资源有效利用，重新用于废水处理过程，是一种良好的“以废制废”的策略。

高级氧化法是一种高效降解水体中污染物的方法，其是在水相中利用氧化剂的氧化作用氧化破坏有机物的原有分子形态，最终矿化为二氧化碳和水等无害物质的过程。由于系统中氧化剂以及操作条件的不同，高级氧化法又可以分为催化湿式氧化法（CWAO）、H_2O_2 氧化法（CWPO）、O_3氧化法（CWOO）等，其各自氧化过程和机理的研究也有许多报道。例如，催化湿式氧化法过程普遍认为催化剂会催化氧化水中的溶解氧产生·OH 和 O_2^-· 等活性氧物种参与氧化反应；H_2O_2氧化过程在催化剂的作用下也会产生·OH 等具有较强氧化能力的自由基，从而引发有机物的降解反应；O_3氧化过程同样也会在催化剂的作用下产生·OH。

可见三种氧化过程虽然投入的氧化剂不同，但是其都会在催化剂的作用下产生氧化作用极强的·OH，之前的许多研究均是对单一过程进行研究，其结果缺乏对三个过程的平行对比性，想要了解三个过程中的区别与联系则需要设计采用相同的模型底物观察其在不同系统中的降解行为。

苯酚及其衍生物是在石化、炼油以及医药行业废水中十分常见的有毒有害的难生物降解有机污染物，因此，在许多研究中常被选做模型底物探索其有效的降解方法。甲酚是这类污染物中十分典型的一种，其在 12mg/L 左右就具有一定的慢性致毒作用，如不降解排放必然对生态造成严重破坏。研究苯酚在三个氧化过程中的氧化机理对于未来催化剂的开发具有十分重要的指导意义。

本节以污泥碳为催化剂分别评价了其在不同的氧化系统中对三种甲酚化合物的氧化过程。采用多种红外、XPS、TPD 等手段分析了碳材料表面官能团，同时结合量化计算结果分析了三个氧化过程中的差异以及造成这些差异的可能原因。

5.3.7.1 催化剂制备

取城市污泥（辽宁省大连市马栏河污水处理厂）600mL 与正丁醇 600mL 混合与圆底烧瓶中，剧烈搅拌使其充分混匀，得到的混合物采用共沸精馏的方法进行处理去除污泥中的水分，之后在 117℃条件下回流 30min，然后真空过滤得到滤饼。将滤饼置于烘箱中 100℃烘干 12h 脱水。之后将滤饼在 N_2气氛、650℃条件下焙烧 240min，得到污泥碳催化剂样本，命名为 SDC-NS。

5.3.7.2 催化剂形貌与 TPD-MS 分析

图 5-43(a) 为脱水污泥颗粒的 SEM 图片及粒径分布，主要是集中在 25nm 的高均匀度上。图 5-43(b) 为脱水污泥经高温焙烧后得到的污泥碳颗粒催化剂（SDC-NS），从图

中可以看出，经高温焙烧所得到的污泥碳颗粒粒径并未发生较大的变化，但是其表面却出现了许多纳米片状物。碳纳米片已有报道在许多应用中成为一种有效的催化剂，其石墨状结构边缘容易形成多种官能团或直接催化许多反应的进行，这对于非金属催化至关重要。表面官能团对于非金属碳材料催化反应具有重要意义，丰富的表面官能团往往成为加速许多催化反应的关键。因此，通过 TPD-MS 对催化剂表面进行了初步分析。对检测到的 CO 和 CO_2 曲线拟合后得到图 5-43(c)。从 CO 的脱附曲线可以看出，程序升温过程中从 700℃到 950℃有一个窄峰，窄峰以 850℃为中心，对应醌类官能团。对 SDC-NS 的 CO_2 溢出曲线拟合后得到两个峰，峰中心分别在 748℃和 855℃，748℃对应内脂官能团，855℃对应醌类官能团或羰基官能团。从 TPD 结果可以看出，SDC-NS 表面有十分丰富的含氧表面官能团，且官能团具有较高的热稳定性。同时，我们将文献报道的多种催化剂应用于本章的催化氧化系统，与 SDC-NS 催化剂对比发现 SDC-NS 具有远超其他催化剂的催化活性。

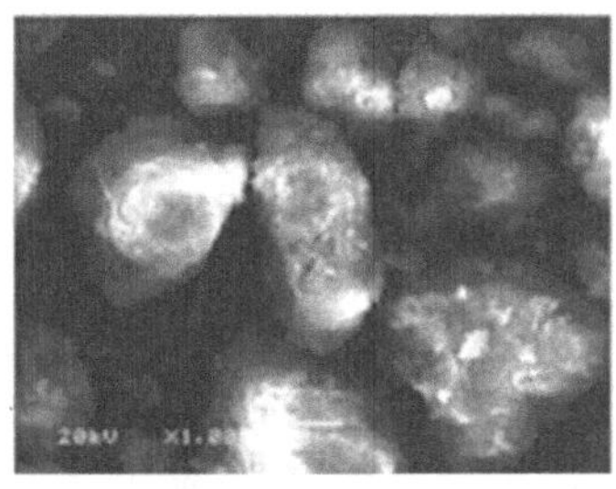
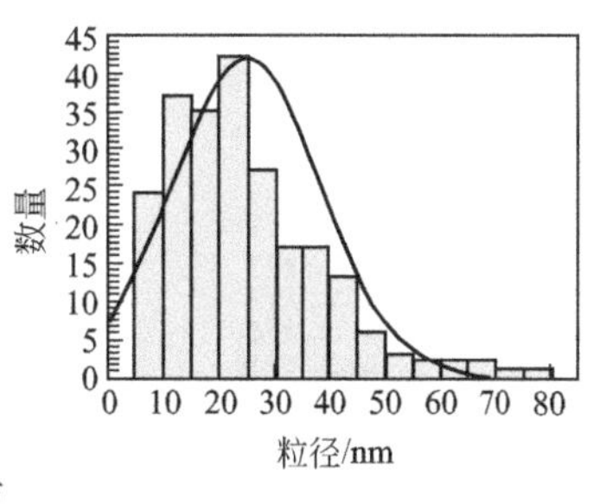

(a) 脱水污泥颗粒的SEM图片及粒径分布

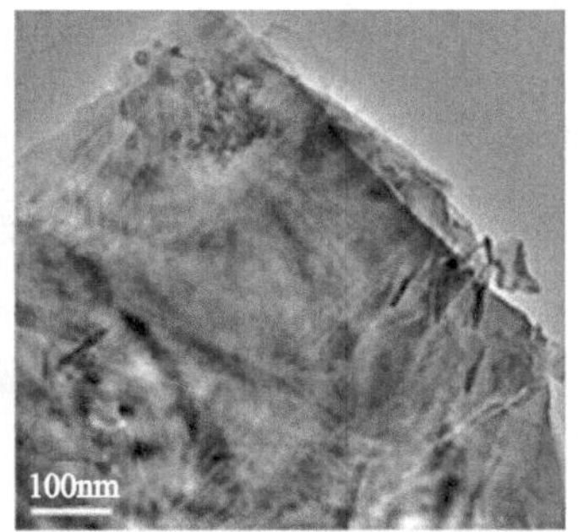

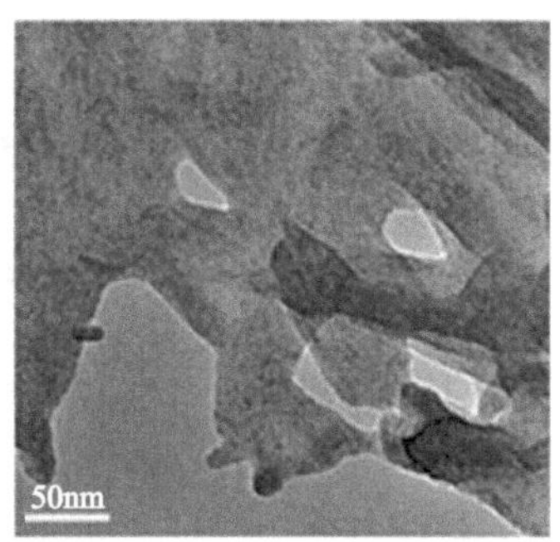

(b) SDC-NS催化剂的SEM和TEM图片

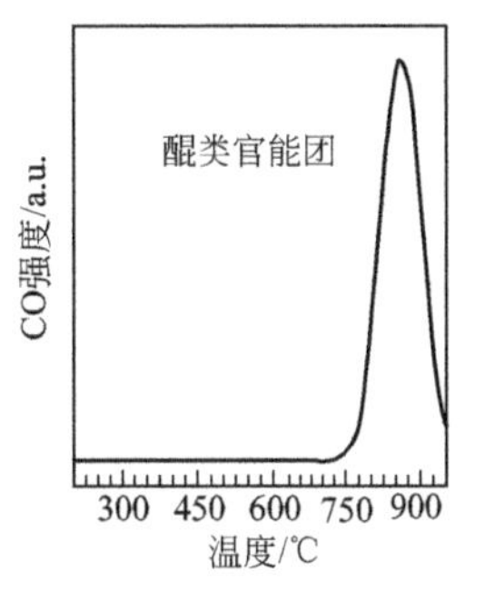

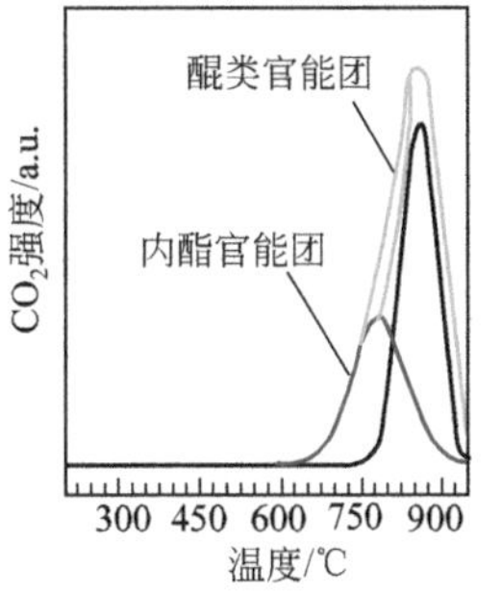

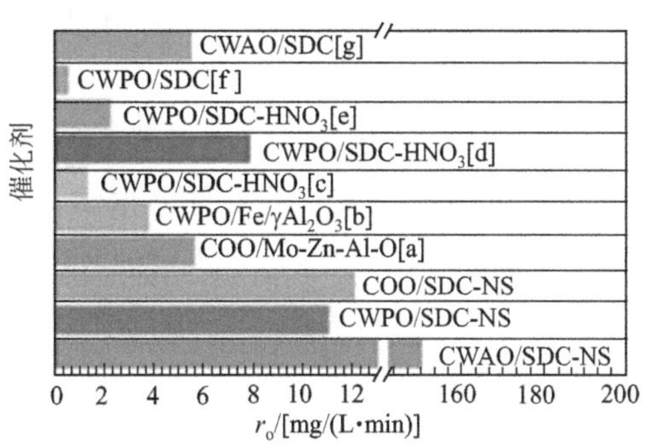

(c) SDC-NS催化剂TPD-MS结果图及其间甲酚转化速率常数与其他文献报道催化剂速率常数的对比

图 5-43　SDC-NS 催化剂的形貌特征及 TPD-MS 结果

5.3.7.3 XPS分析

为了进一步研究确定催化剂表面官能团以及化学键的情况，我们进行了X射线光电子能谱分析（图5-44），其结果显示C 1s的XPS谱图可以拟合分峰得到4个峰，峰1结合能为284.78eV，对应石墨碳，这说明SDC-NS在经过高温处理后所得到的污泥碳催化剂石墨化程度较高，其骨架结构较为稳定；峰2的结合能为286.58eV，对应酚类、醇类以及C═N官能团中的碳；峰3结合能为288.18eV，主要对应羰基和脂基中的碳；peak4结合能为293.58eV，主要对应碳双键的π-π跃迁。O 1s的XPS图谱拟合分峰后可以得到3个峰，峰1结合能为531.53eV，对应醌类官能团的羰基氧；峰2结合能为533.4eV，对应以单键形式结合与芳香化合物种的酚类氧或醚类氧；峰3结合能为532.58eV，对应脂类和酸酐中的羰基氧以及羟基氧。XPS结果显示SDC-NS具有较高的石墨碳峰，这可能与表面丰富的碳纳米片状结构有关。同时我们也看到催化剂表面拥有十分丰富的官能团，如醌类、羟基、脂类、酸酐等。结合TPD结果，我们发现醌类官能团很可能是参与催化反应的较为关键的官能团。

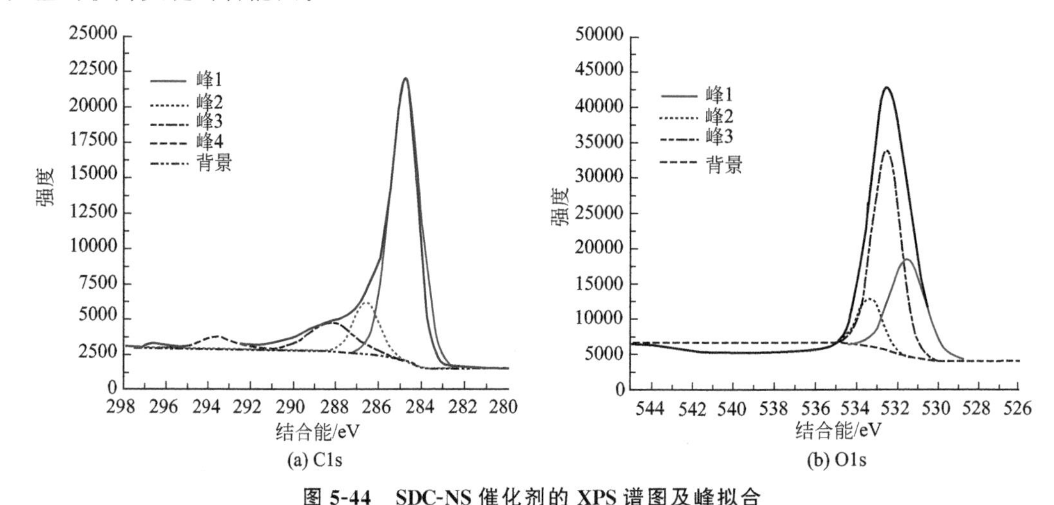

图5-44 SDC-NS催化剂的XPS谱图及峰拟合

5.3.7.4 FTIR

傅里叶变换红外光谱是进行碳材料表面官能团分析必不可少的手段，通过多种手段的组合我们可以更加清晰地了解碳材料表面的官能团情况。从SDC-NS的红外吸收光谱（图5-45）上我们可以看到，红外光谱在1020cm^{-1}处出现最强的吸收峰，其可以对应C—O—C键伸缩振动或碳羟基的伸缩振动；在1600～1700cm^{-1}处出现吸收峰，对应多环芳烃的C═C键；在1527cm^{-1}出现的吸收峰对应C═O键伸缩振动；在600cm^{-1}左右出现的峰则可能是碳材料表面物理吸附的二氧化碳峰。通过红外吸收光谱图可以看出，碳材料表面是存在丰富的表面官能团，且十分有可能存在醌类等多环芳烃类复杂官能团。官能团的吸收波长一定程度上也可以反映其官能团的化学稳定性，从傅里叶变换红外光谱图上可以看出，官能团的吸收波长主要集中在2000cm^{-1}以下的低波数区，因此官能团产生吸收振动所需要的能量较低，官能团性质较为活泼，易于发生化学反应。

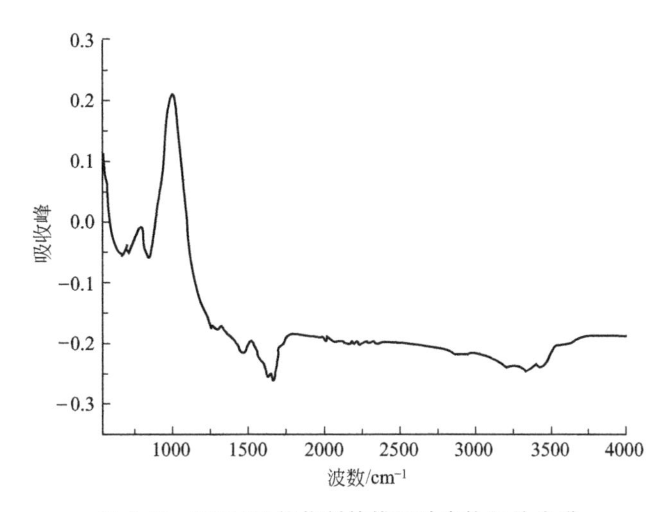

图 5-45　SDC-NS 催化剂的傅里叶变换红外光谱

5.3.7.5　催化剂评价

根据阿伦尼乌斯公式（$k=Ae^{-E_a/RT}$），催化剂在不同的催化氧化系统中，由于温度、压力等操作条件的不同，其催化反应速率可能存在很大差异。反应底物在同一催化氧化系统中，由于底物的化学特性与催化剂的表面特性的不同，催化剂对不同底物的催化效率也可能存在很大的不同。我们将甲酚的三种同分异构体间甲酚（*m*-cresol)、邻甲酚（*o*-cresol)、对甲酚（*p*-cresol）分别在催化湿式氧化反应系统、催化 H_2O_2 反应系统以及催化臭氧反应系统中进行催化氧化模型反应，观察三种底物在不同催化氧化系统中的氧化行为以及对比系统间底物氧化的差异。

邻、间、对三种甲酚化合物在三个不同的催化氧化体系中的一级反应动力学曲线如图 5-46所示。图中纵坐标为零点底物浓度 m_{A0} 与取样点底物浓度 m_{Af} 比值的对数，横坐标为反应时间 t，将反应数据取对数拟合后得到上图的一级反应动力学曲线，k 为速率常数（min^{-1}）。从图 5-46 中可以看出在催化湿式氧化过程中邻、间、对三种甲酚化合物的反应速率常数分别为 0.061、0.030、0.044，其速率常数的大小顺序为 *o*-cresol>*p*-cresol>*m*-cresol [图 5-46(a)]；催化过氧化氢氧化过程中邻、间、对三种甲酚化合物的反应速率常数分别为 0.022、0.106、0.054，其速率常数的顺序为 *m*-cresol>*p*-cresol>*o*-cresol [图 5-46(b)]；催化臭氧氧化过程中邻、间、对三种甲酚化合物的反应速率常数分别为 0.086、0.120、0.183，其速率常数的顺序为 *p*-cresol>*m*-cresol>*o*-cresol [图 5-46(c)]。显然，三种甲酚的同分异构体在三个催化氧化过程的氧化反应速率大小是不同的，同时，我们发现三种底物的氧化反应速率常数的顺序也不同，这一点引起了我们的研究兴趣。从理论上看，虽然三种氧化过程投放的氧化剂不同，但氧化剂都会在氧化过程产生氧化能力更强的·OH 等氧活性物种。而对于酚类与自由基反应进行氧化的过程，自由基会主动进攻酚类的苯环形成邻苯二酚和对苯二酚，之后进一步氧化为苯醌类化合物，经过开环等反应后形成小分子酸类化合物并进一步矿化为 CO_2 和 H_2O。反应底物相同且系统中的氧活性物种相同的情况下，三种苯酚类物质的氧化速率常数的顺序在三个系统中应该是保持一致的。然而，实际的实验结果却完全不同，因此接下来结合量子化学计算对这一异常结果进行了初步的分析和推测。

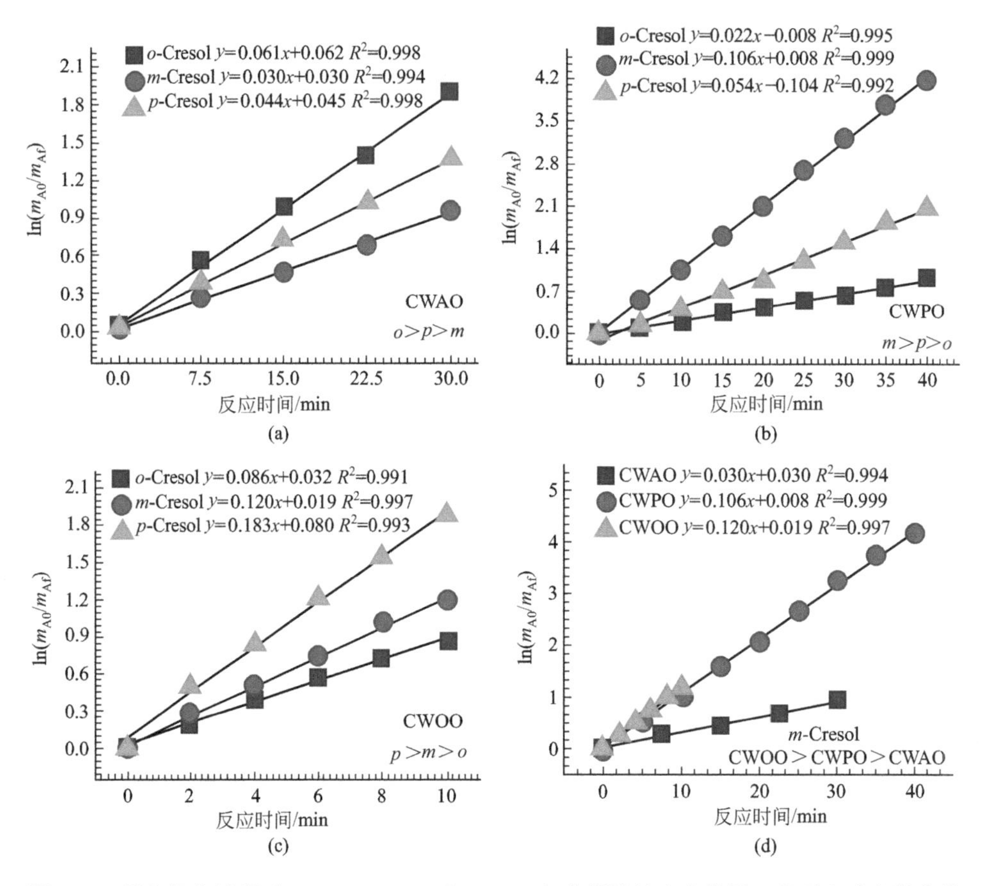

图 5-46 催化氧化过程（CWAO、CWPO 和 CWOO）中甲酚浓度变化及一级反应动力学曲线

5.3.7.6 DFT 计算及结果分析

基于密度泛函理论（DFT），我们采用 Gaussian 09 软件进行分子模拟获取了 22 个分子量化描述符，之后，利用 Simca-P 软件对 22 个量化描述符与三个氧化系统中三种酚类的 k 值进行了偏最小二乘分析（表 5-13）。基于模型的 VIP 指数以及其置信水平，我们分别选出了三个系统中与三种甲酚反应速率常数 k 顺序相关性较强的量化描述符，对于催化湿式氧化系统，其重要量化描述符变量为 TD、ω、G、QM_{zz}、MNC；对于催化 H_2O_2 氧化系统，其重要量化描述符变量为 G、TD、MNC、QM_{zz}、ω；对于催化 O_3 氧化系统，其重要量化描述符变量为 GAP、η、DM_z、QM_{yy}、QM_{yz}、MPC。对比催化湿式氧化系统与催化 H_2O_2 氧化过程中的重要量化变量的关联性，我们发现在两个系统中与反应速率常数顺序高度相关的甲酚的 VIP 量化描述符具有很高的相似性。然而两个系统中 k 值的顺序却相反，仔细对比两个系统中 VIP 量化描述符，我们发现一部分量化描述符（G，ω，MNC）与分子的电子特性有关，而量化描述符 TD 和 QM_{zz} 主要与分子的空间特性有关。因此，我们对成两个系统中 k 值顺序相反的原因进行分析推理：a. 两个系统中的反应都是由・OH 的氧化反应引发三种甲酚的降解反应，那么甲酚在 CWAO 和 CWPO 系统中的催化剂表面的吸附状态一定是不相同的，这种不同造成了甲酚在吸附剂表面的电子

表 5-13 三种甲酚的量子力学描述符及其在催化氧化过程中的相关性

描述符	单位	*o*-Cresol	*m*-Cresol	*p*-Cresol	大小顺序
k_{CWAO}	min^{-1}	0.061	0.03	0.044	$o>p>m$
k_{CWPO}	min^{-1}	0.022	0.106	0.054	$m>p>o$
k_{CWOO}	min^{-1}	0.086	0.12	0.183	$p>m>o$
E_{HOMO}	a. u.	−0.2339	−0.2354	−0.2292	$p>o>m$
E_{LUMO}	a. u.	−0.0189	−0.0225	−0.0227	$o>m>p$
GAP	a. u.	−0.215	−0.2129	−0.2065	$p>m>o$
E_{ZERO}	a. u.	0.132	0.1315	0.1315	$o>p>m$
E_{elec}	a. u.	−346.9167	346.9173	346.9163	$p>o>m$
E_T	a. u.	−346.7847	346.7858	346.7848	$o>p>m$
μ	a. u.	−0.1264	−0.1289	−0.1259	$p>o>m$
η	a. u.	0.215	0.2129	0.2065	$o>m>p$
ω	a. u.	0.0372	0.0391	0.0384	$m>p>o$
G	a. u.	−346.8156	346.8192	346.8168	$o>p>m$
DM_x	Debye	−1.5661	0.4543	0.5748	$p>m>o$
DM_y	Debye	−1.7185	1.1813	1.6983	$p>m>o$
DM_z	Debye	−0.0013	0.0031	0.0233	$p>m>o$
TD	Debye	2.325	1.2657	1.7931	$o>p>m$
QM_{xx}	Debye-Ang	−39.3624	−37.631	−43.8806	$m>o>p$
QM_{yy}	Debye-Ang	−47.8328	−46.9694	−42.1644	$p>m>o$
QM_{zz}	Debye-Ang	−51.6258	−51.6974	−51.669	$o>p>m$
QM_{xy}	Debye-Ang	2.4679	4.1801	−5.915	$m>o>p$
QM_{xz}	Debye-Ang	0.0034	0.0006	0.0351	$p>o>m$
QM_{yz}	Debye-Ang	−0.0017	0.0001	0.0136	$p>o>m$
MNC	a. u.	−0.3478	−0.7732	−0.4091	$o>p>m$
MPC	a. u.	1.0588	0.7091	0.4499	$o>m>p$

注：1Debye=3.33564×10^{-30}C·m。

E_{HOMO}—最高占据分子轨道的能量；E_{LUMO}—最低未占用分子轨道的能量；GAP—E_{HOMO}和E_{LUMO}之间的差异；E_{ZERO}—零点校正能量；E_{elec}—电子能量的总和；E_T—总能量；μ—化学势，$(E_{HOMO}+E_{LUMO})/2$；η—硬度，$E_{LUMO}-E_{HOMO}$；ω—亲电性指数，$\mu*\mu/2\eta$；G—吉布斯自由能，电子和热自由能之和；DM_x—X轴上偶极矩的分量；DM_y—Y轴上偶极矩的分量；DM_z—Z轴上偶极矩的分量；TD—总偶极矩；QM_{xx}—xx平面的四极矩；QM_{yy}—yy平面的四极矩；QM_{zz}—zz平面的四极矩；QM_{xy}—xy平面的四极矩；QM_{xz}—xz平面的四极矩；QM_{yz}—yz平面的四极矩；MNC—最负原子电荷；MPC—最正的原子电荷。

特性发生不同改变；b. 两个系统中的反应是由多种含氧自由基氧化引发的三种甲酚的降解反应，且某一自由基可能起到了主导作用。在CWAO反应中，·OH具有很强的氧化能力（氧化电位2.8V），很可能起到主导作用，我们可以很明显看到k值顺序与亲电指数ω呈负相关，而与总偶极矩TD以及最负原子电荷MNC呈正相关。据此我们推测催化湿式氧化系统中甲酚一部分吸附在催化剂表面，从而改变了原来的亲电特性使其发生逆转，而另一部分则在水相中反应，·OH 等强亲电试剂进攻苯环上的最负电荷原子进行反应，这一部分底物的反应主要受甲酚的空间特性以及反应位点电荷的影响，且这一部分底物的反应在 CWAO 过程中起到主导作用。对于 CWPO 反应，很可能是多种自由基作用的结果，从量化算符上看，G 值的差异性不大，k 值顺序与 TD、MNC、QM_{zz} 均呈负相关，而与亲电指数 ω 呈正相关，因此，我们可以大胆推测，其催化反应的情况恰恰与 CWAO 过程相反，其催化反应主要发生在催化剂表面，且催化剂对底物的吸附作用主要改变了底物分子的空间特性，对底物的电子特性未有十分明显的改变。CWPO 过程中催化反应很可能是由·OH 以外的一些含氧自由基引发的，这些自由基的氧化能力较弱，但存在时间较长。在催化臭氧氧化过程中，k 值的顺序主要受 GAP、η、MPC 等电子特性以及 DM_z、QM_{yy}、QM_{yz} 等空间特性的影响，O_3 本身具有较强的氧化性（氧化电势为 2.07V），且我们看到 k 值的顺序与 MPC 的顺序成反相关关系，与 MNC 无相关关系，因此，我们可以推断底物分子在反应过程中主要是吸附到催化剂表面反应，吸附后会对分子的电子特性产生影响。对底物分子产生吸附并影响吸附分子电子特性的关键是碳基催化剂的表面官能团，而我们可以看到，除 CWAO 过程主要是在液体体相中发生反应外，CWPO 和 CWOO 反应则均是在催化剂表面催化氧化底物反应，然而其 k 值顺序却不相同，笔者认为这主要是由于不同的系统中催化剂表面官能团在氧化条件下被不同的氧化剂氧化再修饰，使得原有的表面官能团发生不同程度的改变，从而使最终作用在底物分子上的化学吸附效果不同，其最终吸附分子的电子特性也不同。

5.3.7.7 反应中间产物分析

酚类物质在高级氧化降解过程中，一般先被氧化开环降解成小分子酸类中间产物，再进一步氧化降解为 CO_2 和 H_2O。对三个氧化系统中间甲酚催化氧化后的样品进行 GC-MS 分析，得到的小分子酸类别如表 5-14 所列，同时计算得到了对应小分子酸的 E_{HOMO} 值。

表 5-14 间甲酚催化氧化过程中的中间产物及基于 DFT 计算得到的 E_{HOMO} 值

催化氧化	中间产物				
	类型	化学式	结构	摩尔分数	E_{HOMO}/(kJ/mol)
CWAO	乙酸	$C_2H_4O_2$	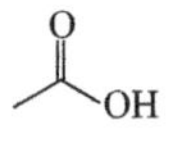 O OH	60.05	−754.94
	丙烯酸	$C_3H_4O_2$	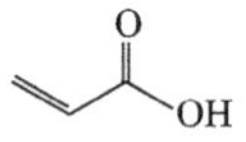 O OH	72.06	−767.04
	丙酸	$C_3H_6O_2$	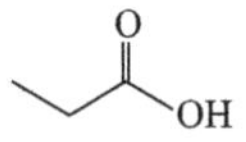 O OH	74.08	−746.64
	丙烯酸	$C_2H_2O_4$	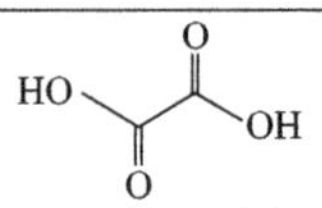 HO O OH O	90.03	−761.32
	马来酸	$C_4H_4O_4$	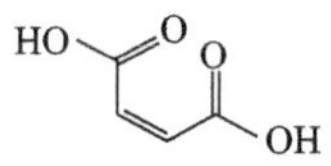 HO O O OH	116.07	−778.67

续表

催化氧化	中间产物				
	类型	化学式	结构	摩尔分数	E_{HOMO}/(kJ/mol)
CWPO	乙酸	$C_2H_4O_2$	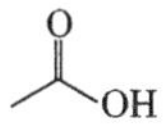	60.05	−754.94
CWPO	丙烯酸	$C_3H_4O_2$	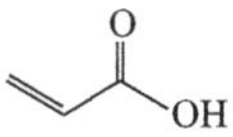	72.06	−767.04
CWPO	丙烯酸	$C_2H_2O_4$	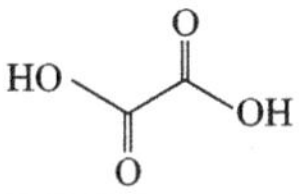	90.03	−761.32
CWPO	丙二酸	$C_3H_4O_4$	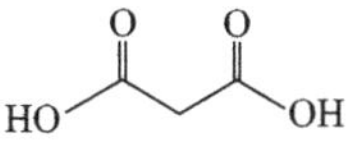	104.06	−766.88
CWPO	3-乙酰基丙烯酸	$C_5H_6O_3$	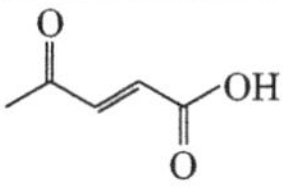	114.10	−716.37
CWPO	反丁烯二酸	$C_4H_4O_4$	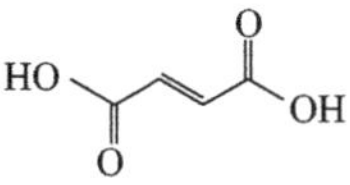	116.07	−770.03
CWPO	顺丁烯二酸	$C_4H_4O_4$	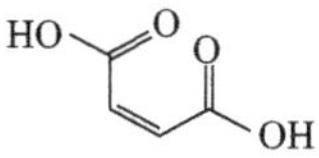	116.07	−778.67
CWOO	乙酸	$C_2H_4O_2$	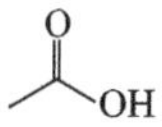	60.05	−754.94
CWOO	丙烯酸	$C_3H_4O_2$	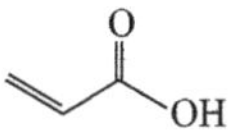	72.06	−767.04
CWOO	丙酸	$C_3H_6O_2$	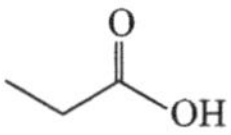	74.08	−746.64
CWOO	乙二酸	$C_2H_2O_4$	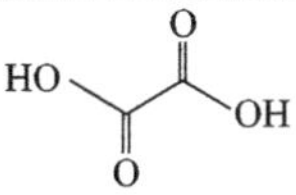	90.03	−761.32
CWOO	丙二酸	$C_3H_4O_4$	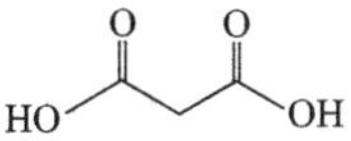	104.06	−766.88
CWOO	顺丁烯二酸	$C_4H_4O_4$	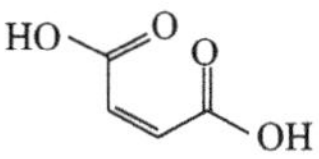	116.07	−778.67

注：E_{HOMO}，邻甲酚，−614.10kJ/mol；间甲酚，−618.04kJ/mol；对甲酚，−601.76kJ/mol。

由表5-14可以看到间甲酚高级氧化的中间产物主要是小分子酸，但各个系统中小分子酸中间产物各不相同。从中间产物看三种催化氧化过程甲酚催化降解路径是不相同的。

通常来说，E_{HOMO}值越高，有机物在氧化反应过程中越容易成为电子供体，也就越容易被氧化。因此，在以上氧化过程中，E_{HOMO}值高的甲酚类化合物作为电子供体被氧化成E_{HOMO}值较低的小分子酸类化合物，而由于反应能垒的限制，小分子酸类化合物难以在短时间内进一步氧化降解。

5.3.7.8 催化过程机理

根据以上的催化剂表征、反应评价结果以及 DFT 计算结果，对三个催化氧化过程的催化氧化机理（图 5-47）做如下推断和总结。

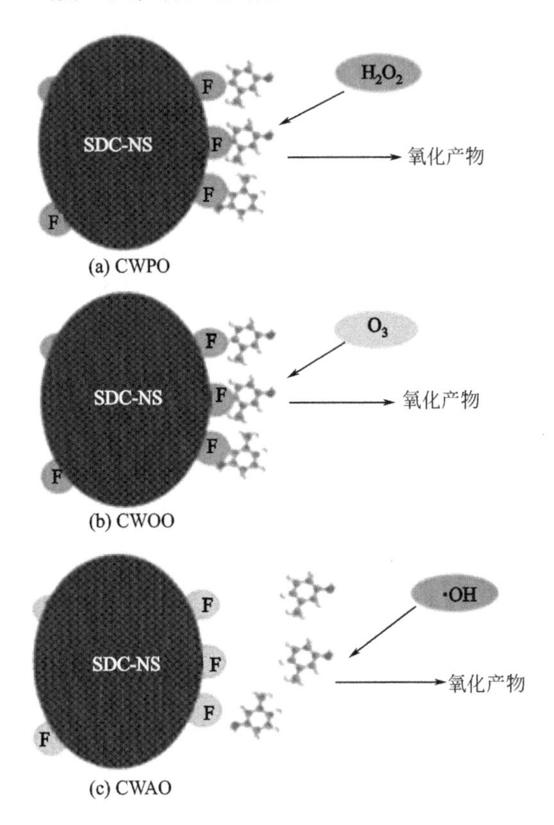

图 5-47 三种催化氧化体系中氧化降解机制

在催化氧化过程中，催化剂表面官能团对底物的催化氧化过程起到至关重要的作用，然而由于过程中氧化条件及氧化剂的不同，催化剂表面官能团发生了不同的改变，使得底物的催化氧化路径各有不同，其中间产物也变得不同。

在 CWAO 过程中，由于反应系统温度较高，底物分子在发生吸附的同时又迅速脱附，因此，底物的氧化过程主要在水相体相进行，且由于体系温度较高，分子热运动剧烈，·OH等活性氧物种具有较强的反应活性，对水相体相中（非催化剂表面）的底物分子也具有十分强的反应活性，因此，CWAO 过程，氧化反应主要发生在水相体相，这与量子化学描述符相关性分析的结果也有很高的一致性。

在 CWPO 过程中，由于反应温度较低，催化氧化过程较难直接在水相中发生反应，需要在催化剂表面经官能团活化之后进行氧化降解过程。同时，由于 H_2O_2的氧化能力较弱（氧化电势为1.77V），在氧化产物中仍然有许多分子量较大的有机酸存在。

在CWOO过程中，由于同属室温下的催化氧化反应，但其臭氧的氧化能力相对H_2O_2更高，可能存在部分底物在水相体相中氧化，但大部分底物则是经过催化剂表面官能团高效催化氧化降解。

① 本节利用废弃物资源、水处理污泥经预处理脱水以及高温焙烧等过程制备了表面具有纳米片状结果的碳材料催化剂，其表面拥有丰富的表面官能团，在催化湿式氧化、催化H_2O_2氧化、催化臭氧氧化过程中表现出很高的催化氧化活性，然而对于反应产生的乙酸等小分子酸的中间产物仍然较难实现有效的降解，说明该型催化剂在有机物深度氧化方面仍然不能很好地替代贵金属催化剂。

② 三个催化氧化系统中三种甲酚k值顺序不同，我们结合DFT计算以及催化剂表面官能团的表征分析，进行了反应过程机理的初步分析推断：由于催化剂表面丰富的表面官能团在不同催化氧化系统中发生不同的改变，使得其在不同系统中的催化表现发生变化（k值顺序的不同）。同时，对底物氧化的主要发生位置进行了分析，CWAO过程中底物的氧化主要发生在水相的体相中；CWPO和CWOO过程催化反应主要发生在催化剂的表面。

③ 碳材料表面官能团在催化氧化过程中，在催化底物反应同时，也具有一定的不稳定性，可能与不同氧化剂或还原剂发生不同程度的改变有关，对于催化反应的长期稳定性是不利的影响因素，在实际的应用过程中，需要考察催化剂的长期稳定性。

④ 催化剂表面出现的纳米片状石墨结构对催化反应起到积极的作用，在颗粒状催化剂表面构建其他具有优良催化性能的超结构对于催化氧化过程具有积极意义。

5.4 催化湿式氧化反应设备

CWAO反应是气、液或气、液、固三相催化反应，其中涉及很多复杂过程如相间的热、质传递，以及反应动力学、热力学、流体在反应器中的流型和流体力学等多方面因素。适合非均相CWAO反应器的气、液、固三相反应器的类型非常多。按形体结构可分为釜式反应器、塔式反应器和管式反应器。按操作方式又可分为间歇式反应器、连续式反应器和半间歇（半连续）式反应器。根据固体催化剂运动状态可分为固定床反应器和淤浆反应器，其中固定床包括滴流床反应器和填料鼓泡塔，淤浆反应器包括浆料鼓泡（或搅拌）反应器和三相流化床。几种反应器的示意如图5-48所示。相比于催化剂和反应动力学等方面的研究，目前在CWAO反应器设计、操作及建立模型等方面的研究得到的关注还很不充分，主要原因可能是非均相CWAO涉及气、液、固三相反应，反应体系复杂。此外，所面对的处理对象又是组分复杂的工业废水，因而反应器的研究相当困难。

5.4.1 传统间歇式反应釜

目前，在CWAO研究中广泛使用的是传统间歇式的搅拌釜反应器[136-140]。釜式高径比较低，器内常设有搅拌装置（机械搅拌、气流搅拌等）；在反应器壁处设置有夹套，或

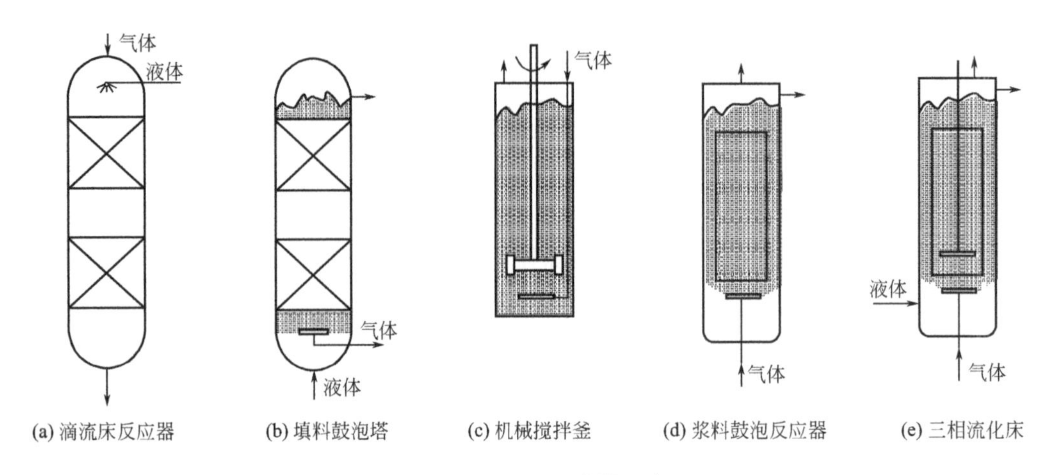

图 5-48　CWAO 反应器示意

在器内设置换热器，也可通过外循环进行换热。釜式反应器持液量大，且具有良好的传热、传质和混合性能以及反应温度均匀等特点。所使用的催化剂一般颗粒细小，反应不受内扩散影响；而由于气液剧烈搅动，外扩散阻力也较小。目前实验室小试评价最常用的CWAO装置即为间歇釜式搅拌釜，操作简便，安全性高。但从工业实际应用的角度来看，它在非均相CWAO中有以下缺点：

① 搅拌釜多属于间歇性操作，每次都需要进行设备的开启、运行和结束，操作过程复杂，难以实现稳定的控制；

② 液体量大，催化剂量少，因此固-液接触面积小，不利于提高反应效率；

③ 催化剂对反应器有损伤，即使以粉末形式存在，长期使用过程中仍不可避免对反应器造成损害。此外，如要回收催化剂，还需要增加辅助装置。

图5-49是大连润昌石化设备有限公司制造的一种强磁力旋转搅拌、间歇运行的化工反应釜，反应釜容积为0.5L，功率为1.5kW，搅拌速率为1000r/min，设计压力为10MPa，设计温度为300℃。与介质接触的零部件，采用TA9钛合金制成，具有良好的耐腐蚀性能。搅拌器与电机间采用内外磁环偶合联动，密封性能优良。高压釜配备一台控制器（见图5-50），位于装置前面，釜内的操作温度由温度传感器将温度信号传到控制器上，通过智能温度数显表控温并显示出来。搅拌器的转速通过测速装置（霍尔传感器）在数显转速表上显示出来，通过调节加热功率可调节操作温度。调节直流电机的电枢电压，即可调节搅拌转速。

5.4.2　电极耦合间歇式反应釜

随着湿式氧化技术的不断发展，各种辅助技术开始引入到湿式氧化反应过程中来，例如超声辅助、微波辅助等，其中一类辅助技术具有巨大的发展前景，可有效降低湿式氧化处理苛刻的反应条件，即湿式电化学氧化技术，这其中所使用的反应装置就是电极耦合间歇反应釜。

湿式电化学氧化技术具有独特的竞争优势，其氧化降解过程结合了催化湿式氧化技术和电催化氧化技术，有效降低了降解反应的苛刻条件，并有效利用废水中的盐离子提高导

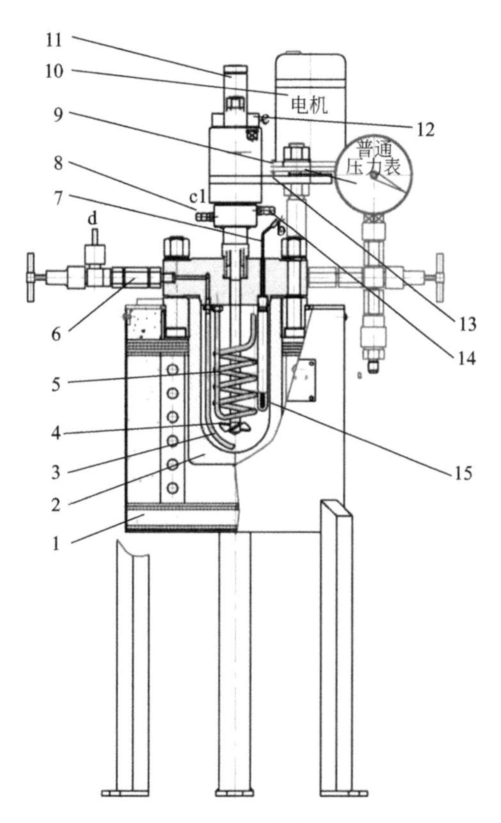

图 5-49 间歇反应评价装置高压釜结构

1—加热炉；2—容器；3—吸料管；4—桨；5—测温管；6—气液相阀；7—釜内测温元件；
8—冷却水套进口；9—压力表；10—电机；11—磁力搅拌器；12—霍尔传感器；
13—皮带；14—冷却水套出口；15—釜内冷却盘管

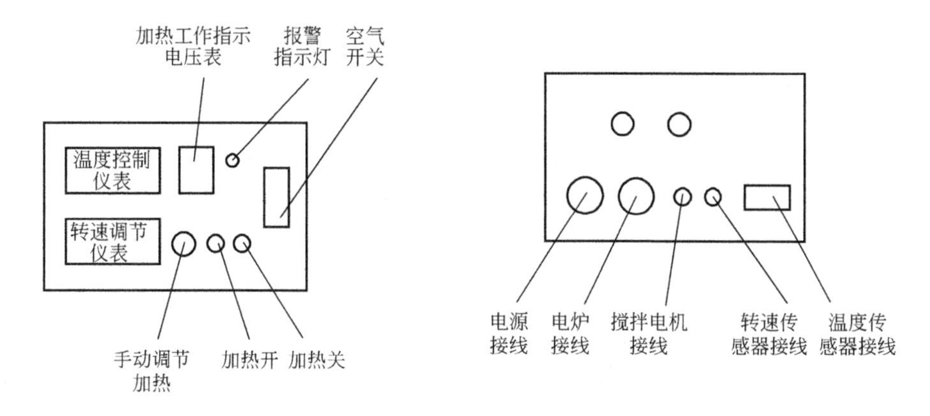

图 5-50 间歇反应评价装置控制器

电性，进而提高电催化氧化的效率。该技术最早是由日本科学家 Roberto M. Serikawa[141] 于 2000 年提出的，并将其命名为湿式电化学氧化（WEO）。他以氯化钠为电解质对乙酸、$NH_2C_6H_3(OH)Cl$、β-萘酚、H-酸、偶氮红、$C_{12}H_{25}C_6H_4SO_3Na$ 等难降解有机物进行降解实验，结果显示其 TOC 去除率均达到 90%以上，取得了较好效果。2006 年，浙江大学戴启洲等[142]采用湿式电化学氧化的方法对阳离子染料 X-GRL 进行氧化降解，结果发现极其微小电流的引入就可以使得 X-GRL 的降解反应常数提高为 WAO 的 2 倍，且此项研究是在更低的氧分压（0.14MPa）和操作温度（100～180℃）下进行的。此后，Serikawa 等[143]还用湿式电催氧化处理有机污泥，发现其可大幅提高有机污泥的生化降解性。

湿式电化学氧化技术的反应装置（图 5-51）是由反应釜、釜控制器、可调直流电源组成，其中反应釜部分是本装置的核心部分，其是由湿式氧化间歇反应釜内置电极附件构成的，电极的设计安装可根据不同的实验需求进行修改和再设计。图 5-51 是网格可拆卸双电极系统，此类电极系统拆卸方便，传质效果好，便于对高温高压条件下的电极催化氧化作用的评价。此外，反应釜设有液相和气相取样口，方便反应过程中的取样。

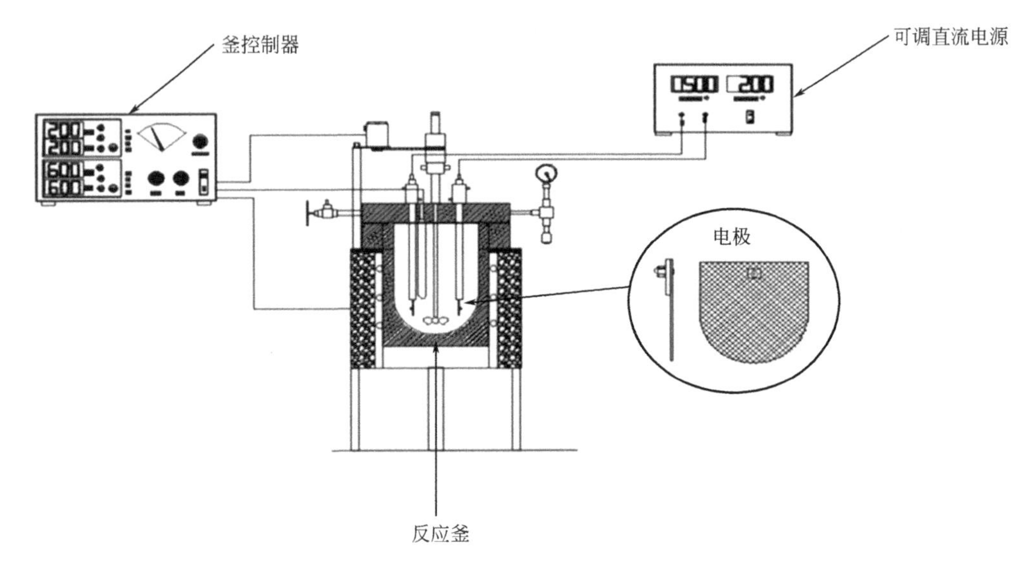

图 5-51 湿式电化学氧化装置

5.4.3 连续反应装置

滴流床反应器和填料鼓泡塔反应器属于连续式反应器，广泛应用于石油、化工和环境保护等方面。在 CWAO 研究中也有不少研究者采用这两类反应器。滴流床反应器中固体催化剂填充于床层，由于逆流操作在液相较大流速时会产生液泛现象，因此多采用气液并流向下的操作方式。滴流床内气液两相的流动不同于固定床内单相流体的流动，可能出现滴流、雾状流、脉冲流和鼓泡流等不同的流态，这与催化剂颗粒大小和床层的尺寸、气流的流速及其他物理性质有关。当气速和液速均较低时处于滴流区，此时气体为连续相，液体则为分散相，沿催化剂颗粒外表面形成薄膜层或液滴状向下流动。由于气相反应组分溶于液相后才能在催化剂表面发生反应，因此催化剂表面的润湿率将影响化学反应的转化率。一般而言，最小液体负荷为 10～30$m^3/(m^2 \cdot h)$ 时催化剂颗粒表面能达到完全润湿。填料鼓泡塔反应器是气液并流向上，气体呈鼓泡状态的固定床三相反应器。与滴流床相比，它的相间传质速率更大，且不存在催化剂部分润湿的问题。主要缺点是由于气液并流向上造成反应器具有较大的压降。

近年来，连续流反应器因具有高效的处理能力、操作简单以及附属设施少等优点，在废水处理方面已逐渐开始得到研究者的关注，如 Pintar 等[144]在滴流床中研究铜钴锌氧化物作为催化剂的性能比较。Larachi 等[145,146]比较了四种不同的三相催化反应器的性能，它们是滴流床、填料鼓泡塔、三相流化床和浆料鼓泡塔，并在理论上进行了反应器模型的建立。研究结果表明，固定床反应器中填料鼓泡塔的性能优于滴流床；而在淤浆床反应器中（包括浆料鼓泡塔和三相流化床）催化剂的失活现象严重。此外，Schlüter 等[147]着重探讨了两相和三相鼓泡塔反应器的热传递过程。

图 5-52 为中国科学院大连化学物理研究所废水处理工程组研制的一款用于实验室工业废水处理评价的 CWAO 装置。装置主要由两个单元组成：反应装置单元和电脑控制记录自动化单元，该装置催化剂装填量为 5～20mL，可用于实验室处理 10～40mL/h 的工业污水。

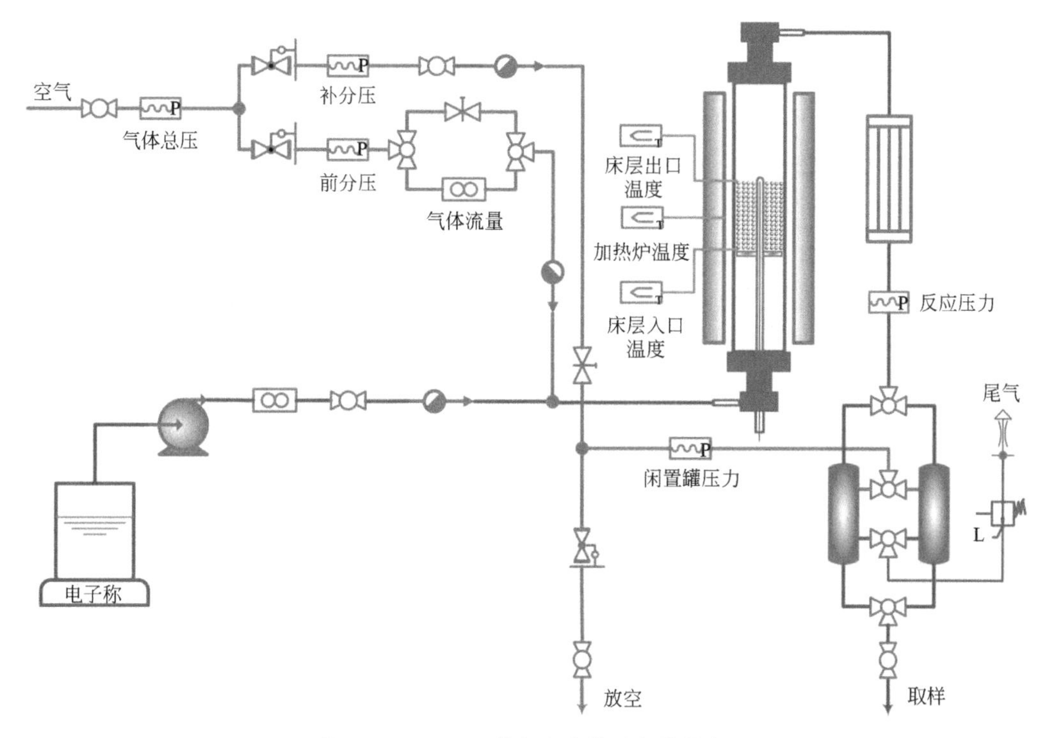

图 5-52 CWAO 鼓泡床连续反应装置流程

5.4.4 反应器材质

CWAO 装置主要由反应器、热交换器、分离器、压气机、泵以及管道、阀门组成，其中反应器是 CWAO 的关键设备。通常反应器内置催化剂、外壁设电加热元件且四周均布，然后泵入待处理的液态物质或废水，在加热状态下通入压缩空气，其中氧气参与完成催化氧化过程，工作压力一般约为 8MPa，工作温度一般为 120～350℃，所以反应器首先是压力容器，而且耐高温和腐蚀。CWAO 反应器所使用的材料主要有不锈钢 316L、镍基合金 C-276 和 C-625、锆基合金、钛合金和陶瓷等。大量研究结果表明，选择材料时可依据 Cl^- 的浓度。当温度低于 290℃、Cl^- 浓度<300mg/L 时，选择不锈钢就足够；当 Cl^- 浓度<3000mg/L 时，推荐使用镍基合金 C-276 和 C-625；当 Cl^- 浓度更大时，应该选用

钛[148]。但选用钛材制作反应器时成本高。

5.5 催化湿式氧化处理废水工程案例

工业废水成分复杂，尤其是化工行业废水中有毒有害难降解有机物含量高，是水污染控制的重点和难点[149]。废水处理方法按作用原理可分为物理法、化学法和生物法。常用的物理处理方法有沉淀、气浮、过滤和离心分离等；常用的物理化学处理法有混凝法、吸附法、萃取法、离子交换法和膜分离方法等。其缺点是污染物只从水体中的一相转移到另一相，本质上并没有实现污染物的去除。常用的微生物处理技术有好氧活性污泥法、厌氧技术、生物膜法以及酶生物处理技术等。其缺点是处理时间长、设备占地面积大、产生大量污泥、处理效果差、受季节影响大[150]。化学氧化法中的高级氧化工艺（advanced oxidation processes，AOPs）是 20 世纪 80 年代开始形成的处理难降解有机污染物的高效环保技术，它的特点是通过反应产生的·OH 将废水中难降解的大分子有毒有机污染物氧化成低毒或无毒的小分子物质，甚至彻底地氧化成 CO_2、H_2O 以及其他小分子羧酸，从而实现污染物的降解。由于高级氧化工艺具有氧化能力强、对有机物的选择性小、处理效率高、操作条件易于控制等优点，引起世界各国的重视，在废水处理方面发挥着越来越重要的作用。高级氧化工艺一般包括臭氧氧化、光催化氧化、电催化氧化、催化湿式空气氧化、催化湿式过氧化氢氧化、超临界水氧化以及几种方法的联用等形式[151]。

目前国内外处理高浓度难降解有毒有机工业废水的方法主要为 CWAO 法、SCWO 法和焚烧法，三种技术参数比较详见表 5-15。

表 5-15 CWAO 法、SCWO 法与焚烧法的比较

参数与指标	CWAO 法	SCWO 法	焚烧法
温度/℃	150～270	400～600	1000～2000
压力/MPa	2～7	30～40	常压
催化剂	需要	不需要	不需要
停留时间/min	15～120	≤5	≥10
去除率/%	75～95	≥95	≥99
自热	是	是	需要辅助燃料
适用性	进水盐含量<15%	腐蚀及盐堵塞问题难以解决	普适
排出物	有毒、有色	无毒、无色	尾气含 NO_x 等
后续处理	生化	不需要	需要尾气处理

SCWO 法氧化效率极高，但其目前存在两大瓶颈问题：设备腐蚀严重以及无机盐释放出堵塞反应器阀门及管道等。CWAO 需要的燃料比焚烧法少得多，这是因为对 CWAO 而言，唯一的能量需求是进水和出水之间的焓差，而对于焚烧法，不但需要提供显焓（燃烧产物和过量空气要加热至大于 1000℃ 的燃烧温度），而且需要供给水分完全蒸发的热量。在焚烧法中，首先必须蒸干全部水分，然后才能焚烧其中的污染物。当进水 COD 浓

度大于20000mg/L时，CWAO成为自持续过程，不需要辅助燃料。而焚烧法要维持废液稳定燃烧，进料的COD浓度需要达到300g/L[152]，而且焚烧法会产生二噁英和呋喃等剧毒物质[153]。因此使用CWAO法处理中高浓度有机废水更加合理。

5.5.1 烟台万华高浓度废水CWAO处理工程案例

5.5.1.1 项目简介

高级氧化法中的CWAO法占地面积小、运行成本低、过程清洁、所产生的高压蒸汽可进行能量回收，因此被用来处理各种有机废水[144-156]。2010年上半年，烟台万华聚氨酯股份有限公司进行技术改造升级，产生了大量高浓度有机废水（COD＞15000mg/L），该公司在对多种技术进行综合调研评估的基础上，最终确认中国科学院大连化学物理研究所CWAO废水处理技术方案。2010年7月至2011年5月，烟台万华聚氨酯股份有限公司与中国科学院大连化学物理研究所进行技术合作，在开发的小试处理装置上，筛选出适合万华高浓废水特点的催化剂，并且优化工艺，确认各种高浓废水处理条件，确定建设24～48t/d的CWAO废水处理示范装置。

万华化学集团股份有限公司于2013年在山东省烟台市芝罘区内万华厂区建设了一套高浓度有机废水CWAO处理撬装设备，如图5-53所示，年处理各种高浓有机废水1.6万吨，1kgCOD_{Cr}经过CWAO装置后可削减0.9kgCOD_{Cr}，每天可削减864kgCOD_{Cr}。

图5-53 烟台CWAO装置

5.5.1.2 废水处理过程

（1）催化剂生产

经过对烟台万华IP废水的详细小试研究，结合深圳市危险废物处理站有限公司CWAO催化剂的经验，最终确定的催化剂种类为Ce改性的Ru系催化剂。用于工业示范工程的CWAO载体（2.25t）于2012年10月制备完毕，2012年10月7日至2012年11月18日完成1.25t催化剂的生产工作，并对其催化活性进行了实验室的小试评价工作，达到合同要求的指标。

(2) 装置设计及施工

在工业化装置设计阶段的初期，考虑到未来该装置需搬迁至工业园的便捷，确认CWAO废水处理工业化装置总体为撬块设计，总体装置分为撬块内部和撬块外部2个部分组成。撬块内部分由6个小撬块单元和1个楼梯单元组成，从上海森松现场通过汽车运输方式运至烟台万华现场进行吊装。撬块外部分主要由基础土建、管廊、3个集装箱废水罐和空气压缩机组成。

(3) 装置介绍

烟台万华CWAO工业示范装置流程见图5-54。首先待处理废水经过预处理后，用高压泵打入系统中，通过热交换器加热后与经空压机压缩的高压空气通入CWAO反应塔，在催化剂作用下进行氧化反应，空气中的氧气生成·OH，氧化分解有机物；反应后的气液混合物通过高压气液分离器分相，气相与进反应器废水换热后，经尾气吸收塔吸收含有的微量有机物后达标排空；液相与进反应器废水换热后，经后续处理后送往5000#装置。该示范装置设计处理废水能力为24～48t/d，由废水储存输送工序、反应工序、尾气吸收工序以及热油系统组成。

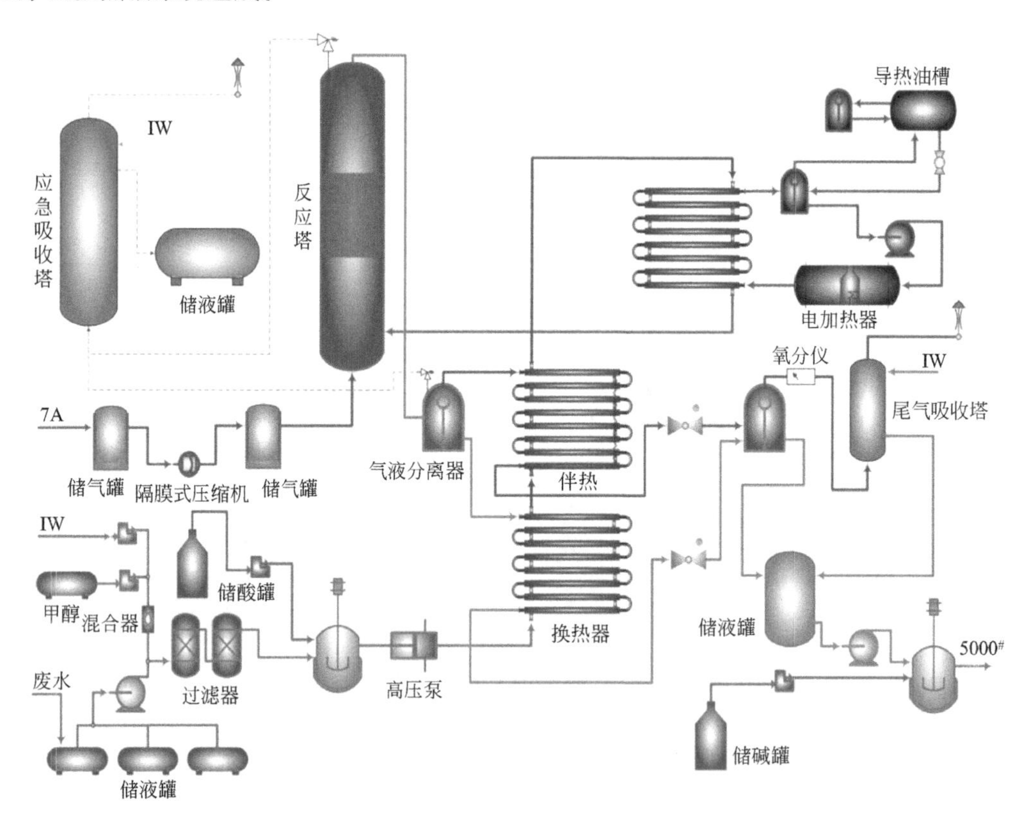

图5-54 烟台万华CWAO工业示范装置流程

7A—0.7MPa空气，已经过脱水处理；IW—0.6MPa工业用水；

5000#—万华集团污水处理设施，采用活性污泥及生物膜法

CWAO废水处理工业化装置总体为撬块设计，总体装置分为撬块内部和撬块外部两个部分。撬块内部分为6个小撬块和1个楼梯，从上海森松现场通过汽车分块运到烟台进行组装。

撬块外部主要包括基础土建、管廊、3个集装箱废水罐和空气压缩机系统，如图5-55所示。

图5-55　CWAO装置撬块外围操作单元照片

项目于2013年1月31日进行投料试车工作，根据CWAO装置试车情况，于2013年2～4月进行技术改造。5月3日技术改造后进行开车，截至6月14日运行数据见表5-16。从表5-16可以看出，CWAO工业化装置运行稳定，废水COD去除率均保持在90%以上。

表5-16　CWAO运行数据

取样时间		进水COD/(mg/L)	出水COD/(mg/L)	5000#进水COD/(mg/L)	COD去除率/%
5月4日	0:00	10672	55	127	99.5
	3:00	15898	63	100	99.6
	6:00	17563	75	59	99.6
	8:00	18032	110	72	99.4
	10:00	17303	166	98	99.0
	13:30	17511	218	115	98.8
	15:00	17394	182	131	99.0
	17:00	18105	156	104	99.1
	18:00	16236	127	121	99.2
	20:00	16327	200	138	98.8
	22:00	18370	204	185	98.9
5月5日	0:00	16431	224	153	98.6
	3:00	18188	144	140	99.2
	6:00	17030	109	147	99.4
	8:00	16718	88	140	99.5
	10:00	17225	155	135	99.1
	15:00	17719	143	179	99.2
	22:00	20503	171	135	99.2

续表

取样时间		进水 COD /(mg/L)	出水 COD /(mg/L)	5000# 进水 COD /(mg/L)	COD 去除率 /%
5 月 6 日	3:00	20816	218	211	99.0
	10:00	20790	551	286	97.4
	18:00	21527	330	366	98.5
5 月 7 日	2:00	20503	282	300	98.6
	10:00	21509	477	248	97.8
	18:00	20347	172	261	99.2
5 月 8 日	2:00	20018	198	141	99.0
	10:00	20790	237	209	98.9
	14:00	20790	209	247	99.0
	22:00	10616	191	163	98.2
5 月 9 日	10:00	15768	175	224	98.9
	14:00	18786	183	235	99.0
	22:00	18786	162	235	99.1
5 月 10 日	6:00	17398	191	205	98.9
	10:00	17398	321	258	98.2
	14:00	17398	581	457	96.7
	18:00	17398	198	212	98.9
	22:00	17398	206	343	98.8

废水装置稳定运行过程中，烟台市环保部门组织人员针对装置处理效果进行检测，对废水样品的现场取样和分析，分析项目为 COD、BOD_5，取样时间为 2013 年 6 月 15 日，具体结果见表 5-17。从表 5-17 的结果可以看出，CWAO 高浓度有机废水处理技术在高效的去除废水中有机物的同时，可以大幅度提高废水的可生化性能，处理后废水的 BOD_5/COD 值>0.3，可生化性较强，不需要水解酸化，直接好氧生物降解即可。

表 5-17　烟台市环保局取样分析结果

COD 分析结果			BOD_5 分析结果		可生化性	
原水 /(mg/L)	装置出水 /(mg/L)	去除率 /%	原水 /(mg/L)	装置出水 /(mg/L)	原水 BOD_5/COD 值	装置出水 BOD_5/COD 值
24900	710	97.1	859	239	0.034	0.34
25600	571	97.8	897	212	0.035	0.37
22800	519	97.7	846	170	0.037	0.33
22600	518	97.7	800	172	0.035	0.33

5.5.2 北京天罡助剂高浓度废水 CWAO 处理工程案例

5.5.2.1 项目简介

北京天罡助剂有限责任公司，是一家专注于高性能聚合物助剂的研发与生产的民营科技企业。前身为成立于 1991 年的“北京朝阳区花山助剂厂”，是中国较早的专业开发与生产规模化受阻胺类光稳定剂的企业之一，产品远销欧洲、北美及亚洲等的国家和地区，为众多国际知名企业所选用。天罡的产品包括受阻胺光稳定剂、光稳定剂中间体及其他精细化学品。该企业在生产产品的过程中会产生大量高浓度有机废水，该废水主要特点：色度高；COD_{Cr}高；不可生化；污染物浓度变化幅度较大。

5.5.2.2 废水处理过程

北京天罡助剂公司所产废水水质详细见表 5-18。该公司所产废水 COD 高、盐度大、pH 偏碱性、极难处理，适宜用 CWAO 的方法来进行处理。

表 5-18 北京天罡助剂所产废水水质

编号	COD_{Cr}/(mg/L)	TOC/(mg/L)	盐度/%	pH 值
FS-1	127200	35960	4.8	10
FS-2	82100	10876	28.0	14
FS-3	142200	40060	5.5	11
FS-4	160000	38880	3.1	10
FS-5	155900	49700	14.0	12
FS-6	—	47978	22.0	14

中国科学院大连化学物理研究所在接触天罡公司废水后，首先进行了 CWAO 间歇反应降解该废水，结果详见表 5-19。反应条件为：反应温度 270℃、氧气分压 2.0MPa、反应时间 180min、催化剂（RCT3#）加入量 5.0g/L、搅拌速度 600r/min。从反应结果可知，当进水 COD 为 20000mg/L 时 COD 去除率均可达到 90%左右。

表 5-19 北京天罡助剂生产废水 CWAO 间歇评价结果

编号	原水稀释倍数	COD_{Cr}/(mg/L)	COD_{Cr}去除率/%	pH 值
FS-1	4	7583	76.2	2.85
FS-1	6	1486	93.0	3.07
FS-2	4	3930	80.9	13.47
FS-2①	4	1614	92.1	1.51
FS-3	4	8243	76.8	3.98
FS-3	7	2039	90.0	2.76
FS-4	4	7026	82.4	3.54
FS-4	8	733	96.3	3.06
FS-5	4	5390	86.2	6.96
FS-5	8	2367	87.8	6.25

① 200mL 水样中加入 8.5mL 浓硫酸，pH 值调节为 7.0。

中国科学院化学物理研究所科研团队，在实验室小试基础上提出了该公司废水处理的工艺流程（图 5-56）。助剂废水首先经过调节池对水质水量进行调节，将进水 COD_{Cr}浓度调至 20000～40000mg/L。而后对废水进行一级板框过滤和二级滤芯过滤滤出粒径较大的颗粒，助剂废水三级过滤采用袋式过滤器，滤除粒径大于 100μm 的颗粒，出水经过隔膜计量泵打入换热器冷端入口，设备开车时需采用导热油对 CWAO 进水进行预热，待装置运行稳定后即可关闭导热油，使用 CWAO 反应出水对进水进行预热，从而实现装置自热，不需要额外提供热源。经过 CWAO 处理后，助剂废水的 BOD_5/COD 值由 0 提高至 0.6 以上，出水 COD_{Cr}浓度为 1000～8000mg/L，出水 pH 值为 6～7，适合进一步生化处理。生化处理选用 UASB-AOA-接触氧化-混凝沉淀为主的工艺。

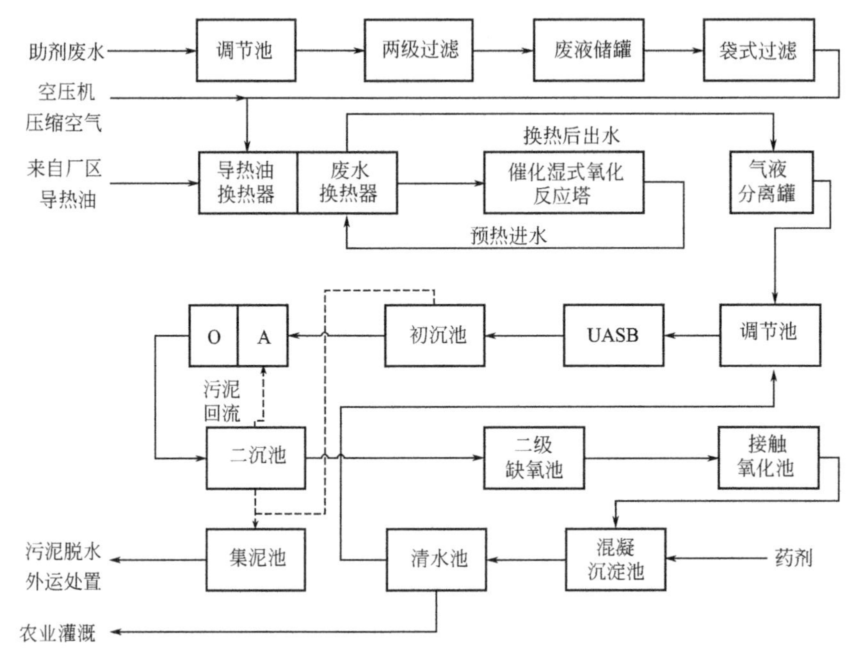

图 5-56　助剂废水处理工艺流程

天罡公司于 2015 年在河北省廊坊市内建设了一套助剂生产废水 CWAO 处理装置，如图 5-57 所示，每天可削减 1150kg COD_{Cr}。

图 5-57　天罡公司废水 CWAO 处理装置

5.5.3 深圳危废处理站感光胶废水 CWAO 处理工程案例

5.5.3.1 项目简介

深圳市危险废物处理站有限公司于 1998 年 4 月成立，担负着全市工业危险废物收集、运输、综合利用、安全处置的任务并对外承接工业“三废”治理项目的技术咨询、工程服务及环保设施运营服务，公司以保护环境、再造资源为己任，积极倡导并推行循环经济的发展模式，自成立以来始终秉承“永续发展环保为先”的经营理念，逐步走出一条具有特色的民营环保企业发展之路。

深圳市危险废物处理站有限公司于 2007 年投资 450 万元在深圳市福田区内建设了一套感光胶废水 CWAO 处理装置，如图 5-58 所示，年处理感光胶废水 8000t，1kg COD_{Cr} 经过 CWAO 装置后可削减 0.9kg COD_{Cr}，每天可削减 432kg COD_{Cr}。该项目为环保治理项目，且不会造成二次污染，环境效益显著。

图 5-58 深圳感光胶废水 CWAO 处理装置

5.5.3.2 废水处理过程

该装置设计废水处理规模为 20t/d，无备用设备。该污水处理系统主要装置有 CWAO 反应器、加热设备等。日处理高浓度有机废水按照 20t 设计，可处理 COD 浓度在10000～35000mg/L 的废水，高于此浓度的废水要进行稀释，以保证出水的稳定，处理后的废水 COD 去除率＞85％，可满足废水的进一步深度处理的要求。

该污水处理系统由大化设计研究院负责废水处理工程方案设计和施工图设计，由中国科学院大连化学物理研究所提供 CWAO 工艺的技术支持。大连化物所在相关的设计参数条件（包括催化剂、工艺流程、反应器）的基础上，将科研成果转化成环保治理项目。设计范围为 CWAO 高浓度有机废液处理装置的工艺、系统、布置、设备等方面。方案设计分工：由大化设计研究院负责方案设计，包括工艺流程、设备布置、设备表、概算等内容，并对工艺所用的加热方式做方案比较。

进料（待处理的废水）用高压泵打入系统中，并和从压缩机来的空气混合，混合进料通过热交换器，进入反应器。在反应器内催化剂的作用下，空气中的氧气和进料中的有机物进行反应，反应后的气液混合物料通过热交换器加热进料，并使自身得到冷却，反应后物料冷却进入气液分离器，将气液两相进行分离，气流和液流通过控制阀从系统中排放出来。含有二氧化碳和空气的尾气直接排入大气中，而含有小分子有机物的液相则进入生物设施进行处理。

5.5.3.3 主要设备清单及成本分析

（1）反应器

反应器空速 $1h^{-1}$（废水空速），废水量为 $0.833m^3$，废水停留时间为 30min。废水 COD 计算值为 35000mg/L，按照空气过量 10% 考虑，空气量（标态）为 $108m^3/h$。反应器高径比为 14∶1，进口温度为 (220±5)℃，操作温度为 265℃，操作压力为 6.6～7.0MPa。设备内径 ϕ450mm，催化剂填充高度 6300mm，催化剂填充量 $1m^3$。催化剂两端采用钛丝网及钛屑作为隔离层。

（2）废水换热器

废水换热器采用套管式换热器，这种换热器适合换热面积在 10～$20m^2$ 以下。其具有以下特点：

① 适当地选择内、外管径，可以使流体获得理想的流速，传热系数高，并且保证逆流；

② 内外管直径都较小，可用于高温、高压场合；

③ 传热面可以采用翅片管，以强化管间的传热。

换热器结构：内管采用 ϕ35 径向翅片钛管，套管采用 ϕ60 钛管，直管段管长 4m，内管与外管材料均采用钛材。

（3）废水加热器

废水加热器仍采用套管式换热器，内管为钛管，介质为废水与空气的混合物；外管为碳钢管，介质为导热油。

由于高温高压下废水直接加热的方式国内尚无先例，设备制造无落实，故采用技术成熟导热油方式间接加热。废水加热器系统计算初始加热量 236kW，因为本系统可以逐步升温，当反应器内物料发生放热反应后，系统加热需求量相应逐步减少，直至停止。所以导热油系统设备使用率不高，可以选用低于上述功率的型号。本方案采用燃油加热炉，加热功率选用 180kW。

（4）投资及运行费用

1）生化部分

① 土建费用：调节池 $20m^3$，贮水池 $10m^3$；1.2 万元。

② 泵、管材等辅助设备与仪器费用：2.1 万元。

③ 厌氧反应塔 UASB 装置：13.6 万元。

④ 缺氧 UBF 装置：5.3 万元。

⑤ 生物接触氧化塔：5.7 万元。

⑥ 混凝沉淀装置与加药设备：2.7 万元。

生化工艺投资费用总共为：30.6 万元。

2）CWAO 部分

① 废液储罐 $V=40m^3$ 铁衬塑：8 万元。

② 氧化出水罐 $V=40m^3$ 铁衬塑：8 万元。

③ 空气压缩机 PN149V55H70：75 万元。

④ 高压计量泵 H5437.1.IA：21 万元。

⑤ 废水换热器 $A=10m^2$ 钛：37 万元。

⑥ 废水加热器 $A=4m^2$ 碳钢和钛：18 万元。

⑦ 减压阀（不锈钢）：30 万元。

⑧ 反应塔 ϕ450mm×8000mm 碳钢衬钛：30 万元。

⑨ 燃油导热油加热炉：12 万元。

⑩ 水泵 $Q=2.7m^3/h$：1 万元。

⑪ 组态软件及线路：45 万元。

⑫ 安装：7 万元。

CWAO 工艺投资费用总共为：292 万元。

参考文献

[1] Van Ham N H A. Nieuwenhuys B E, Sachtler W M H. The oxidation ofcumene on silver and silver-gold alloys [J]. J Catal, 1971, 20: 408-411.

[2] Sadana A, Katzer J R. Involvement of free radicals in the aqueous-phase catalytic oxidation of phenol over copper oxide [J]. J Catal, 1974, 35: 140-152.

[3] Pintar A, Levec J. Catalytic oxidation of aqueous *p*-chlorophenol and *p*-nitrophenol solutions [J]. Chem Eng Sci, 1994, 49: 4391-4407.

[4] Pintar A, Levec J. Catalytic liquid-phase oxidation of phenol aqueous solutions. A kinetic investigation [J]. Ind Eng Chem Res, 1994, 33: 3070-3077.

[5] 清山哲郎. 金属氧化物及其催化作用 [M]. 合肥：中国科学技术大学出版社，1989.

[6] 谭亚军，蒋展鹏，祝万鹏，等. 用于有机污染物湿式氧化的铜系列催化剂活性研究 [J]. 化工环保，2000，20：6-10.

[7] 李琬，王道. 稀土钙钛矿型催化剂与 Hopcalite [J]. 环境化学，1985，4：1-6.

[8] 王金安，汪仁. 甲醇燃料车尾气净化催化剂的研究（I）-单组分催化剂对甲醇的深度氧化 [J]. 环境科学，1994，15：45-48.

[9] Imamura S, Sakai T, Ikuyama T. Wet-oxidation of acetic acid catalyzed by copper salts [J]. J Jpn Petrol Inst, 1982, 25 (2): 74-80.

[10] 秋常研二. 湿式触媒酸化法排水处理 [J]. 日化协月报，1976，29：9-17.

[11] Marttinen S K, Kettunen R H, Sormunen K M, et al. Screening of physical-chemical methods for removal of organic material, nitrogen and toxicity from low strength landfill leachates [J]. Chemosphere, 2002, 46: 851-858.

[12] 汪仁，戚蕴石，沈肇均，等，以湿式空气催化氧化法处理造纸草浆黑液 [J]. 华东化工学院学报，1982（3）：285-295.

[13] 张秋波，李忠，胡克源. 酚水及煤气废水的湿式氧化处理 [J]. 环境科学学报，1987，7：305-312.

[14] 韦朝海，胡成生，杨波，等，催化剂对甲醛废水湿式氧化的增效作用 [J]. 环境化学，2003，22：459-463.

[15] Liang X, Fu D, Liu R, et al. Highly efficient $NaNO_2$-catalyzed destruction of trichlorophenol using molecular oxygen [J]. Angew Chem Int Ed, 2005, 44, 5520-5523.

[16] Peng Y, Fu D, Liu R, et al. $NaNO_2/FeCl_3$ catalyzed wet oxidation of the azo dye Acid Orange 7 [J]. Chemosphere, 2008, 71: 990-997.

[17] Peng Y, Fu D, Liu R, et al. $NaNO_2/FeCl_3$ dioxygen recyclable activator: An efficient approach to active oxygen species for degradation of a broad range of organic dye pollutants in water [J]. Appl Catal B, 2008, 79: 163-170.

[18] Li Y, Zhang F, Liang X, et al. Chemical and toxicological evaluation of an emerging pollutant (enrofloxacin) by catalytic wet air oxidation and ozonation in aqueous solution [J]. Chemosphere, 2013, 90: 284-291.

[19] 黄梅玲，袁兴中，彭艳蓉，等. 金属离子对 $NaNO_2$ 催化氧化降解酸性蓝 129 的影响 [J]. 中国环境科学，2010，30：1044-1049.

[20] Wang L, Zhang F, Liu R, et al. $FeCl_3/NaNO_2$: An efficient photocatalyst for the degradation of aquatic steroid estrogens under natural light irradiation [J]. Environ Sci Technol, 2007, 41: 3747-3751.

[21] Willms R S, Relble D D, Wetzel D M, et al. Aqueous-phase oxidation: rate enhancement studies [J]. Ind Eng Chem Res, 1987, 26: 606-612.

[22] Raffainer I I, Von Rohr P P. Promoted wet oxidation of the azo dye orange II under mild conditions [J]. Ind Eng Chem Res, 2001, 40: 1083-1089.

[23] Fu D M, Chen J, Liang X. Wet air oxidation of nitrobenzene enhanced by phenol [J]. Chemosphere, 2005, 59: 905-908.

[24] Fu D, Zhang F, Wang L, et al. Simultaneous removal of nitrobenzene and phenol by homogenous catalytic wet air oxidation [J]. Chin J Catal, 2015, 36: 952-956.

[25] 彭艳蓉，王久玲，王鹏，等. 催化湿式共氧化降解内分泌干扰物双酚 A 的研究 [J]. 中国环境科学，2015，35：2417-2425.

[26] Leitenburg C D, Goi D, Primavera A, et al. Wetoxidation of acetic acid catalyzed by doped ceria [J]. Appl Catal B, 1996, 11: 29-35.

[27] Stoyanova M, Christoskova S, Georgieva M. Mixed Ni-Mn-oxide systems as catalysts for complete oxidation: Part II. Kinetic study of liquid-phase oxidation of phenol [J]. Appl Catal A, 2003, 249: 295-305.

[28] Sadana A, Katzer J R. Catalytic oxidation of phenol in aqueous solution over copper oxide [J]. Ind Eng Chem Fund, 1974, 13: 127-134.

[29] 安路阳，薛文平，王守凯，等. $CuO/\gamma\text{-}Al_2O_3$ 催化剂制备、表征及其催化湿式氧化含氰废水活性研究 [J]. 黄金，2013，65-68.

[30] Pires C A, dos Santos A C C, Jordão E. Oxidation of phenol in aqueous solution with copper oxides catalysts supported on $\gamma\text{-}Al_2O_3$, pillared clay and TiO_2: Comparison of the performance and costs associated with the each catalyst [J]. BrazJ Chem Eng, 2015, 32: 837-848.

[31] Álvarez P M, David Mclurgh A, Plucinski P. Copper oxide mounted on activated carbon as catalyst for wet air oxidation of aqueous phenol. 2. catalyst stability [J]. Ind Eng Chem Res, 2002, 41: 2153-2158.

[32] Yadav B R, Garg A. Catalytic hydrothermal treatment of pulping effluent using a mixture of Cu and Mn metals supported on activated carbon as catalyst [J]. Environ Sci Pollut Res, 2015, 23: 20081-20086.

[33] Alejandre A, Medina F, Rodriguez X, et al. Cu/Ni/Al layered double hydroxides as precursors of catalysts for the wet air oxidation of phenol aqueous solutions [J]. Appl Catal B, 2001, 30: 195-207.

[34] 窦合瑞，朱静东，陈拥军，等. 催化湿式氧化中铜基催化剂的流失与控制 [J]. 催化学报，2003，24：328-332.

[35] Lin S S, Chang D J, Wang C H, et al. Catalytic wet air oxidation of phenol by CeO_2, catalyst-effect of reaction conditions [J]. Water Res, 2003, 37: 793-800.

[36] Neri G, Pistone A, Milone C, et al. Wet air oxidation of *p*-coumaric acid over promoted ceria catalysts [J]. Appl Catal B, 2002, 38: 321-329.

[37] Hocevar S, Batista J, Levec J. Wet Oxidation of Phenol on $Ce_{1-x}CuxO_{2-\delta}$ Catalyst [J]. J Catal, 1999, 48:

39-48.

[38] Kim K H, Kim J R, Ihm S K. Wet oxidation of phenol over transition metal oxide catalysts supported on $Ce_{0.65}Zr_{0.35}O_2$ prepared by continuous hydrothermal synthesis in supercritical water [J]. J Hazard Mater, 2009, 167: 1158-1162.

[39] Parvas M, Haghighi M, Allahyari S. Catalytic wet air oxidation of phenol over ultrasound-assisted synthesized Ni/CeO_2-ZrO_2 nanocatalyst used in wastewater treatment [J]. Arabian J Chem, 2014. 10: 43.

[40] Quintanilla A, Casas J A, Zazo J A, et al. Wet air oxidationof phenol at mild conditions with a Fe/activated carbon catalyst [J]. Appl Catal B, 2006, 62: 115-120.

[41] Quintanilla A, Casas J A, Mohedano A F. Reaction pathway of the catalytic wet air oxidation of phenol with a Fe/activated carbon catalyst [J]. Appl Catal B, 2006, 67: 206-216.

[42] Quintanilla A, Casas J A, Rodriguez J J. Catalytic wet air oxidation of phenol with modified activated carbons and Fe/activated carbon catalysts [J]. Appl Catal B, 2007, 76: 135-145.

[43] Quintanilla A, Menendez A N, Tornero J, et al. Surface modification of carbon-supported iron catalyst during the wet air oxidation of phenol: influence on activity, selectivity and stability [J]. Appl Catal B, 2008, 81: 105-114.

[44] 杨民. 湿式催化氧化反应及其催化剂的研究 [D]. 大连：中国科学院研究生院（大连化学物理研究所），2007.

[45] Yang M, Xu A, Du H, et al. Removal of salicylic acid on perovskite-type oxide $LaFeO_3$ catalyst in catalytic wet air oxidation process [J]. J Hazard Mater, 2007, 139: 86-92.

[46] Xu A, Yang M, Yao H, et al. Rectorite as catalyst for wet air oxidation of phenol [J]. Appl Clay Sci, 2009, 43: 435-438.

[47] Ma H, Zhuo Q, Wang B. Characteristics of CuO-MoO_3-P_2O_5 catalyst and its catalytic wet oxidation (CWO) of dye wastewater under extremely mild conditions [J]. Environl Sci Technol, 2007, 41: 7491-7496.

[48] Zhang Z, Yang R, Gao Y, et al. Novel $Na_2Mo_4O_{13}$/α-MoO_3 hybrid material as highly efficient CWAO catalyst for dye degradation at ambient conditions [J]. Sci Rep, 2014, 4.

[49] Xu Y, Li X, Cheng X, et al. Degradation of cationic red GTL by catalytic wet air oxidation over Mo-Zn-Al-O catalyst under room temperature and atmospheric pressure [J]. Enviro Sci Technol, 2012, 46: 2856-2863.

[50] Lee E K, Jung K D, Joo O S, et al. Catalytic activity of Mo/MgO catalyst in the wet oxidation of H_2S to sulfur at room temperature [J]. Appl Catal A, 2004, 268: 83-88.

[51] 李满. 镍系催化剂的制备及在催化氧化液态烃碱渣上的应用 [D]. 武汉：武汉纺织大学，2011.

[52] Vallet A, Ovejero G, Rodríguez A, et al. Ni/MgAlO regeneration for catalytic wet air oxidation of an azo-dye in trickle-bed reaction [J]. J Hazard Mater, 2013, 244-245: 46-53.

[53] Ovejero G, Rodríguez A, Vallet A, et al. Catalytic wet air oxidation with Ni- and Fe-doped mixed oxides derived from hydrotalcites [J]. Water Sci Technol, 2011, 63: 2381-2387.

[54] Kaewpuang-Ngam S, Inazu K, Kobayashi T, et al. Selective wet-air oxidation of diluted aqueous ammonia solutions over supported Ni catalysts [J]. Water Res, 2004, 38: 778-782.

[55] Ioffe I I, Rubinskaya E V. Reaction of catalytic oxidation by liquid water and its application to waste water purification [J]. Ind Eng Chem Res, 1997, 36: 2483-2486.

[56] Gallezot P, Mesanatorne R D E, Christidis Y, et al. Catalytic oxidation of glyoxylic acid on platinum metals [J]. J Catal, 1992, 133: 479-485.

[57] Lousteau C, Besson M, Descorme C. Catalytic wet air oxidation of ammonia over supported noble metals [J]. Catal Today, 2015, 241: 80-85.

[58] Qin J, Aika K I. Catalytic wet air Oxidation of ammonia over alumina supported metals [J]. Appl Catal B, 1998, 16: 261-268.

[59] Beziat J C, Besson M, Gallezot P, et al. Catalytic wet air oxidation of wastewaters [J]. 3rd World Congr Oxid Catal, 1997, 110: 615-622.

[60] Gallezot P, Chaumet S, Perrard A, et al. Catalytic wet air oxidation of acetic acid on carbon-supported ruthenium

catalysts [J]. J Catal, 1997, 168: 104-109.

[61] Ayusheev A B, Taran O P, Seryak I A, et al. Ruthenium nanoparticles supported on nitrogen-doped carbon nanofibers for the catalytic wet air oxidation of phenol [J]. Appl Catal B, 2014, 146: 177-185.

[62] Yu C, Zhao P, Chen G, et al. Al_2O_3 supported Ru catalysts prepared by thermolysis of $Ru_3(CO)_{12}$ for catalytic-wet air oxidation [J]. Appl Sur Sci, 2011, 257: 7027-7031.

[63] Yu C, Meng X, Chen G, et al. Catalytic wet air oxidation of high-concentration organic pollutants by upflow packed-bed reactor using a Ru-Ce catalyst derived from a $Ru_3(CO)_{12}$ precursor [J]. RSC Adv, 2016, 6: 22633-22638.

[64] Oliviero L, Barbier Jr, Labruquere S J, et al. Role of the metal-support interface in the total oxidation of carboxylic acids over Ru/CeO_2 catalysts [J]. Catal lett, 1999, 60: 15-19.

[65] Oliviero L, Barbier Jr, Dupre D J, et al. Wet air oxidation of aqueous solutions of maleic acid over Ru/CeO_2 catalysts [J]. Appl Catal B, 2001, 35: 1-12.

[66] Hosokawa S, Kanai H, Utani K, et al. State of Ru on CeO_2 and its catalytic activityin the wet oxidation of acetic acid [J]. Appl Catal B, 2003, 45: 181-187.

[67] 王建兵，祝万鹏，王伟，等. 湿式氧化工艺中颗粒 Ru 催化剂的活性和稳定性 [J]. 催化学报，2007，28：521-527.

[68] Beziat Jr J, Besson M, Gallezot P, et al. Catalytic wet air oxidation on a Ru/TiO_2 catalyst in a ttrickle-bed reactor [J]. Ind Eng Chem Res, 1999, 38: 1310-1315.

[69] Beziat Jr J, Besson M, Gallezot P, et al. Catalytic wet air oxidation of carboxylic acids on TiO_2-supported ruthenium catalysts [J]. J Catal, 1999, 182: 129-135.

[70] Vaidya P D, Mahajani V V. Insight into heterogeneous catalytic wet oxidation of phenolover a Ru/TiO_2 catalyst [J]. ChemEng J, 2002, 87: 403-416.

[71] 江义，于春英，陈怡萱，等. 工业废水催化湿式氧化处理的研究 [J]. 环境科学，1990，11：34-37.

[72] Monteros A D L, Lafaye G, Cervantes A, et al. Catalytic wet air oxidation of phenol over metal catalyst (Ru, Pt) supported on TiO_2-CeO_2oxides [J]. Catal Today, 2015, 258: 564-569.

[73] Pintar A, Besson M, Gallezot P, et al. Toxicity to *Daphnia magna* and *Vibrio fischeri* of Kraft bleach plant effluents treated by catalytic wet-air oxidation [J]. Water Res, 2004, 38: 289-300.

[74] Cao S, Chen G, Hu X, et al. Catalytic wet air oxidation of wastewater containing ammoniaand phenol over activated carbon supported Pt catalysts [J]. Catal Today, 2003, 88: 37-47.

[75] Ukropec R, Kuster B F M, Schouten J C, et al. Low temperature oxidation of ammonia to nitrogen in liquid phase [J]. Appl Catal B, 1999, 23: 45-57.

[76] Kim S K, Ihm S K. Effects of Ce addition and Pt precursor on the activity of Pt/Al_2O_3 catalysts for wet oxidation of phenol [J]. IndEngChem Res, 2002, 41: 1967-1972.

[77] Taguchi J, Okuhara T. Selective oxidative decomposition of ammonia in neutral water to nitrogen over titania-supported platinum or palladium catalyst [J]. Appl Catal A, 2000, 194-195: 89-97.

[78] An W, Zhang Q, Ma Y, et al. Pd-based catalysts for catalytic wet oxidation of combined Kraft pulp mill effluents in a trickle bed reactor [J]. CatalToday, 2001, 64: 289-296.

[79] 曹勇. 面向精细化学品绿色合成的纳米 Au 催化：进展和挑战 [A]. 第一届全国精细化工催化会议，2009.

[80] Besson M, Kallel A, Gallezot P, et al. Gold catalysts supported on titanium oxide for catalytic wet air oxidation of succinicacid [J]. Catal Commun, 2003, 4: 471-476.

[81] Tran N D, Besson M, Descorme C, et al. Influence of the pretreatment conditions on the performances of CeO_2-supported gold catalysts in the catalytic wet air oxidation of carboxylic acids [J]. Catal Commun, 2011, 16: 98-102.

[82] Lin J, Wang A, Qiao B, et al. Remarkable performance of Ir/FeO_x single-atom catalyst in water gas shift reaction [J]. J Am Chem Soc, 2013, 135: 15314-15317.

[83] Gomes H T, Figueiredo J L, Faria J L. Catalytic wet air oxidation of butyric acid solutions using carbon-supported iridium catalysts [J]. Catal Today, 2002, 75: 23-28.

[84] Gomes H T, Figueiredo J L, Faria J L, et al. Carbon-supported iridium catalysts in the catalytic wet air oxidation of carboxylic acids kinetics and mechanistic interpretation [J]. J Mol Catal, 2002, 182: 47-60.

[85] Cervantes A, Angel G D, Torres G, et al. Degradation of methyl tert-butyl ether by catalytic wet air oxidation over Rh/TiO_2-CeO_2 catalysts [J]. Catal Today, 2013, 212: 2-9.

[86] Fu J, Yang K, Ma C, et al. Bimetallic Ru-Cu as a highly active, selective and stable catalyst for catalytic wet oxidation of aqueous ammonia to nitrogen [J]. Appl Catal B, 2016, 184: 216-222.

[87] Szabados E, Srankó D F, Somodi F, et al. Wet oxidation of dimethylformamide via designed experiments approach studied with Ru and Ir containing Ti mesh monolith catalysts [J]. J Ind Eng Chem, 2015, 34: 405-414.

[88] Hamoudi S, Sayari A, Belkacemi K, et al. Catalytic wet oxidation of phenol over $Pt_xAg_{1-x}MnO_2/CeO_2$ catalyst [J]. Catal Today, 2000, 62: 379-388.

[89] Song A, Lu G. Enhancement of Pt-Ru catalytic activity for catalytic wet air oxidation of methylamine *via* tuning the Ru surface chemical state and dispersion by Pt addition [J]. RSC Adv, 2014, 4: 15325-15331.

[90] Song A, Lu G. Catalytic wet oxidation of aqueous methylamine: comparative study on the catalytic performance of platinum-ruthenium, platinum, and ruthenium catalysts supported on titania [J]. Environmental Technology, 2015, 36: 1160-1166.

[91] Fortuny A, Font J, Fabregat A W. Wet air oxidation of phenol using active carbon as catalyst [J]. Appl Catal B, 1998, 19: 165-173.

[92] Fortuny A, Miro C, Font J, et al. Three phase reactors for environmental remediation: Catalytic wet oxidation of phenol using active carbon [J]. Catal Today, 1999, 48: 323-328.

[93] Suarez-Ojeda M E, Stuber F, Fortuny A, et al. Catalytic wet air oxidation of substituted phenols using activated carbon as catalyst [J]. Appl Catal B, 2005, 58: 105-114.

[94] Suárez-Ojeda M E, Fabregat A, Stüber F, et al. Catalytic wet air oxidation of substituted phenols: temperature and pressure effect on the pollutant removal, the catalyst preservation and the biodegradability enhancement [J]. Chem Eng J, 2007, 132: 105-115.

[95] Cordero T, Mirasol J R, Bedia J, et al. Activated carbon as catalyst in wet oxidation of phenol: effect of the oxidation reaction on the catalyst properties and stability [J]. Appl Catal B, 2008, 81: 122-131.

[96] Chen H, Yang G, Feng Y, et al. Biodegradability enhancement of coking wastewater by catalytic wet air oxidation using aminated activated carbon as catalyst [J]. Chem Eng J, 2012, 198-199: 45-51.

[97] Yu Y, Wei H, Yu L, et al. Catalytic wet air oxidation of m-cresol over as surface-modified sewage sludge-derived carbonaceous catalyst [J]. Catal Sci Technol, 2016, 6: 1085-1093.

[98] Aguilar C, Garcia R, Soto-Garrido G, et al. Catalytic wet air oxidation of aqueous ammonia with activated carbon [J]. Appl Catal B, 2003, 46: 229-237.

[99] 徐熙焱，彭艳蓉，曾卓，等. 过硫酸钾促进活性炭催化氧化对苯二酚的研究 [J]. 中南林业科技大学学报，2012, 32: 117-121.

[100] Xu X Y, Zeng G, Peng Y, et al. Potassium persulfate promoted catalytic wet oxidation of fulvic acid as a model organic compound in landfill leachate with activated carbon [J]. Chem Eng J, 2012, 200-202: 25-31.

[101] Volder M F L D, Tawfick S H, Baughman R H, et al. Carbon nanotubes: present and future commercial applications [J]. Science, 2013, 339: 535-539.

[102] Milone C, Hameed A R S, Piperopoulos E, et al. Catalytic wet air oxidation of *p*-coumaric acid over carbon nanotubes and activated carbon [J]. Ind Eng ChemRes, 2011, 50: 9043-9053.

[103] Yang S X, Zhu W, Li X, et al. Multi-walled carbon nanotubes (MWNTs) as an efficient catalyst for catalytic wet air oxidation of phenol [J]. Cat Commun, 2007, 8 : 2059-2063.

[104] Yang S X, Li X, Zhu W, et al. Catalytic activity, stability and structure of multi-walled carbon nanotubes in the

wet air oxidation of phenol [J]. Carbon, 2008, 46: 445-452.

[105] Yang S, Wang X, Yang H, et al. Influence of the different oxidation treatment on the performance of multi-walled carbon nanotubes in the catalytic wet air oxidation of phenol [J]. J Hazard Mater, 2012, 233-234: 18-24.

[106] Rocha R P, Sousa J P S, Silva A M T, et al. Catalytic activity and stability of multiwalled carbon nanotubes in catalytic wet air oxidation of oxalic acid: the role of the basic nature induced by the surface chemistry [J]. Appl Catal B, 2011, 104: 330-336.

[107] Rocha R P, Silva A M T, Romero S M M, et al. The role of O- and S-containing surface groups on carbon nanotubes for the elimination of organic pollutants by catalytic wet air oxidation [J]. Appl Catal B, 2014, 147: 314-321.

[108] Gomes H T, Samant P V, Serp P, et al. Carbon nanotubes and xe-rogels as supports of well-dispersed Pt catalysts for environmental applications [J]. Appl Catal B, 2004, 54: 175-182.

[109] Pekala R W. Organic aerogels from the polycondensation of resorcinol with formaldehyde [J]. J Mater Sci, 1989, 24: 3221-3227.

[110] Biener J, Stadermann M, Suss M, et al. Advanced carbon aerogels for energy applications [J]. Energy Environ Sci, 2011, 4: 656-669.

[111] Apolinario A C, Silva A M T, Machado B F, et al. Wet air oxidation of nitro-aromatic compounds: reactivity on single-and multi-component systems and surface chemistry studies with a carbon xerogel [J]. Appl Catal B, 2008, 84: 75-86.

[112] Gomes H T, Machado B F, Ribeiro A, et al. Catalytic properties of carbon materials for wet oxidation of aniline [J]. J Hazard Mater, 2008, 159: 420-426.

[113] Rocha R P, Restivo J, Sousa J P S, et al. Nitrogen-doped carbon xerogels as catalysts for advanced oxidation processes [J]. Catal Today, 2015, 241: 73-79.

[114] Gomes H T, Figueiredo J L, Fari J L, et al. Catalytic wet air oxidation of low molecular weight carboxylic acids using a carbon supported platinum catalyst [J]. Appl Catal B, 2000, 27: 217-223.

[115] Job N, Pereira M F R, Lambert S, et al. Highly dispersed platinum catalysts prepared by impregnation of texture-tailored carbon xerogels [J]. J Catal, 2006, 240: 160-171.

[116] Viculis L M, Mack J J, Maye O M, et al. Intercalation and exfoliation routes to graphite nanoplatelets [J]. J Mater Chem, 2005, 15: 974-978.

[117] Yang S X, Cui Y, Sun Y, et al. Graphene oxide as an effective catalyst for wet air oxidation of phenol [J]. J Hazard Mater, 2014, 280: 55-62.

[118] Serra P E, Alvarez T S, Agueda V I, et al. Insights into the removal of Bisphenol A by catalytic wet air oxidation upon carbon nanospheres-based catalysts: Key operating parameters, degradation intermediates and reaction pathway [J]. Appl Surf Sci, 2019, 473: 726-737.

[119] Fu J L, Yue Q Q, Guo H Z, et al. Constructing Pd/CeO_2/C to achieve high leaching resistance and activity for catalytic wet air oxidation of aqueous amide [J]. Acs Catal, 2018, 8: 4980-4985.

[120] Cao Y H, Li B, Zhong G Y, et al. Catalytic wet air oxidation of phenol over carbon nanotubes: Synergistic effect of carboxyl groups and edge carbons [J]. Carbon, 2018, 133: 464-473.

[121] Dai Q Z, Zhou M H, Lei L C. Wet electrolytic oxidation of cationic red X-GRL [J]. J Hazard Mater, 2006, 137: 1870-1874.

[122] Wei H Z, Yan X M, Li X R, et al. The degradation of Isophorone by catalytic wet air oxidation on Ru/$TiZrO_4$ [J]. J Hazard Mater, 2013, 244 : 478-488.

[123] Serikawa R M, Isaka M, Su Q, et al. Wet electrolytic oxidation of organic pollutants in wastewater treatment [J]. J Appl Electrochem, 2000, 30: 875-883.

[124] Lundstedt T, Seifert E, Abramo L, et al. Experimental design and optimization [J]. Chemometr Intell Lab, 1998, 42: 3-40.

[125] Wang Y M, Wei H Z, Zhao Y, et al. The optimization, kinetics and mechanism of *m*-cresol degradation via catalytic wet peroxide oxidation with sludge-derived carbon catalyst [J]. J Hazard Mater, 2017, 326: 36-46.

[126] Wu D F, Zhou J C, Li Y D. Effect of the sulfidation process on the mechanical properties of a CoMoP/Al_2O_3 hydrotreating catalyst [J]. Chem Eng Sci, 2009, 64: 198-206.

[127] Ren Y S, Li J, Duan X X. Application of the central composite design and response surface methodology to remove arsenic from industrial phosphorus by oxidation [J]. Can J Chem Eng, 2011, 89: 491-498.

[128] Li X L, Xu H, Yan W. Effects of twelve sodium dodecyl sulfate (SDS) on electro-catalytic performance and stability of PbO_2 electrode [J]. J Alloy Compd, 2017, 718: 386-395.

[129] Hamza M, Abdelhedi R, Brillas E, et al. Comparative electrochemical degradation of the triphenylmethane dye Methyl Violet with boron-doped diamond and Pt anodes [J]. J Electroanal Chem, 2009, 627: 41-50.

[130] Samet Y, Agengui L, Abdelhedi R. Electrochemical degradation of chlorpyrifos pesticide in aqueous solutions by anodic oxidation at boron-doped diamond electrodes [J]. Chem Eng J, 2010, 161: 167-172.

[131] Gargouri O D, Samet Y, Abdelhedi R. Electrocatalytic performance of PbO_2 films in the degradation of dimethoate insecticide [J]. Water Sa, 2013, 39: 31-37.

[132] Li W, Bonakdarpour A, Gyenge E, et al. Drinking water purification by electrosynthesis of hydrogen peroxide in a power-producing PEM fuel Cell [J]. Chemsuschem, 2013, 6: 2137-2143.

[133] Gonzalez P O, Bisang J M. Electrochemical synthesis of hydrogen peroxide with a three-dimensional rotating cylinder electrode [J]. J Chem Technol Biot, 89 (2014) 528-535.

[134] Robert R, Barbati S, Ricq N, et al. Intermediates in wet oxidation of cellulose: identification of hydroxyl radical and characterization of hydrogen peroxide [J]. Water Res, 2002, 36: 4821-4829.

[135] Bhargava S K, Tardio J, Prasad J, et al. Wet oxidation and catalytic wet oxidation [J]. Ind Eng Chem Res, 2006, 45: 1221-1258.

[136] Yang M, Xu A, Du H, et al. Removalof salicylic acid on perovskite-type oxide $LaFeO_3$ catalyst incatalytic wet air oxidation process [J]. J Hazard Mater, 2007, 139: 86-92.

[137] Sun G, Xu A, He Y, et al. Ruthenium catalysts supported on high-surface-area zirconiafor the catalytic wet oxidation of *N*,*N*-dimethyl formamide [J]. J Hazar Mater, 2008, 156: 335-341.

[138] Xu A, Yang M, Qiao R, et al. Activity and leaching features of zinc-aluminum ferrites incatalytic wet oxidation of phenol [J]. J hazard Mater, 2007, 147: 449-456.

[139] Yang S, Cui Y, Sun Y, et al. Graphene oxide as an effective catalyst for wet air oxidation of phenol [J]. J Hazard Mater, 2014, 280: 55-62.

[140] Wei H, Wang Y, Yu Y, et al. Effect of TiO_2 on Ru/ZrO_2 catalysts in the catalytic wet air oxidation of isothiazolone [J]. Catal Sci Technol, 2015, 5: 1693-1703.

[141] Serikawa R M, Isaka M, Su Q, et al. Wet electrolytic oxidation of organic pollutants in wastewater treatment [J]. J Appl Electrochem, 2000; 30 (7): 875-883.

[142] Dai Q Z, Zhou M, Lei L. Wet electrolytic oxidation of cationic red X-GRL [J]. Journal of Hazardous Materials, 2006, 137 (3): 1870-1874.

[143] Serikawa R M. Wet electrolytic oxidation of organic sludge [J]. Journal of Hazardous Materials, 2007, 146 (3): 646-651.

[144] Pintar A, Berc̆ic̆ G, Levec J. Catalytic liquid-phase oxidation of aqueous phenol solutions in a trickle-bed reactor [J]. Chem Eng Sci, 1997, 52: 4143-4153.

[145] Larachi F, Iliuta I, Belkacemi K. Catalytic wet air oxidation with a deactivating catalyst analysis of fixed and sparged three-phase reactors [J]. Catal Today, 2001, 64: 309-320.

[146] Iliuta I, Larachi F. Wet air oxidation solid catalysis analysis of fixed and sparged three-phase reactors [J]. Chem Eng Process, 2001, 40: 175-185.

[147] Schlüter S. Simulation of bubble column reactors with the BCR computer code [J]. Chem Eng Process, 1995,

34：127-136.

[148] 程鹏，慎义勇. 催化湿式氧化技术原理与应用 [J]. 环境科学与管理，2005，30：79-80.

[149] 程鼎. 非均相催化湿式氧化法处理苯酚废水的研究 [D]. 上海：上海交通大学，2008.

[150] 付冬梅. 高级氧化技术处理难降解有机废水的研究 [D]. 大连：中国科学院大连化学物理研究所，2005.

[151] 孙德智. 环境工程中的高级氧化技术 [M]. 北京：化学工业出版社，2002：85-96.

[152] Imamura S. Catalytic and noncatalytic wet oxidation [J]. Ind Eng Chem Res，1999，38 (5)：1743-1753.

[153] Kim K，Ihm S. Heterogeneous catalytic wet air oxidation of refractory organic pollutants in industrial wastewaters：A review [J]. J Hazard Mater，2011，186 (1)：16-34.

[154] Liu W M，Hu Y Q，Tu S T. Active carbon-ceramic sphere as support of ruthenium catalysts for catalytic wet air oxidation (CWAO) of resin effluent [J]. J Hazard Mater，2010，179 (1-3)：545-551.

[155] Zhao S，Wang X H，Huo M X. Catalytic wet air oxidation of phenol with air and micellar molybdoyanadophosphoric polyoxometalates under room condition [J]. Appl Catal B-Environ，2010，97 (1-2)：127-134.

[156] Grosjean N，Descorme C，Besson M. Catalytic wet air oxidation of *N*,*N*-dimethylformamide aqueous solutions：Deactivation of TiO_2 and ZrO_2-supported noble metal catalysts [J]. Appl Catal B-Environ，2010，97 (1-2)：276-283.

第6章 高级氧化技术偶联

6.1 引言

我国的高级氧化技术已经逐渐成熟，也已实际应用于多种难降解有机废水的处理，如印染废水、焦化废水、制药废水等，其反应速率快、处理能力强、使用范围广。但在实际应用时，不同的高级氧化工艺或多或少都存在一定的缺点[1]。在实际废水处理过程中，依据水量、水质等方面特征，结合排污企业具体情况分析，找到最经济、有效的处理措施，合理组合不同高级氧化工艺，不仅能增强污染物的处理效果，还能节省成本。在废水处理过程中根据不同环境与情况将催化过氧化氢氧化技术、催化臭氧氧化技术、电催化氧化技术等单一的氧化技术联合应用。让这些技术最优化、效果最大化和成本最低化，是高级氧化技术发展的一个重要方向。

同单一的高级氧化技术相比，高级氧化技术的联合应用产生的·OH浓度高，对含微量难降解有机物废水的处理具有极大的应用价值，发展前景广阔。高级氧化组合技术不局限于本章介绍的工艺技术，还有许多组合工艺处于实验室或中试研究测试阶段，还有一些问题如反应动力学、反应机理、工程化应用需要进一步研究和解决，随着这些关键问题的解决和组合工艺的完善，将会有更多的高级氧化联用技术得到实际应用。

6.2 电芬顿法

电芬顿技术是利用电化学法产生 Fe^{2+} 和 H_2O_2 作为芬顿试剂的持续来源，两者产生后立即作用生成具有高度活性的·OH，使有机物得到降解[2]。电芬顿法的研究始于20世纪80年代，是近年来在水处理技术中发展起来的一种基于芬顿化学反应的电化学高级氧化技术，主要用于处理难降解有机化合物，如染料、杀虫剂、酚类化合物等。电芬顿法具有电化学反应和芬顿反应的特点，具有氧化能力强、耗能低等优势，是一种环境友好型的处理技术[3]。

电芬顿系统通过电解可持续产生 Fe^{2+} 和 H_2O_2，克服了传统芬顿法中有机物降解速率先快后慢的速率不均衡现象，具有持续高效的特征。与传统的药剂芬顿法相比，电芬顿法具有以下 5 个方面的显著优势[4]：

① 芬顿试剂 H_2O_2 可在反应过程中产生，不需要现场加入，节省了运输和贮存药剂的成本，并降低了危险性；

② 电芬顿设备相对简单，电解过程需控制的参数仅有电压和电流，易于实现自动化控制；

③ 除 · OH 的氧化作用外，还有阳极氧化、阴极还原、电吸附、电气浮、电凝聚等多种作用，处理有机物矿化程度高，且能耗相对较低；

④ 电芬顿的占地面积小，废水停留时间短，处理过程快，条件要求不苛刻；

⑤ 电芬顿处理过程相对清洁，只产生少量污泥，是传统芬顿法污泥量的 1/10～1/5。

6.2.1 电芬顿法的反应机理

电芬顿法对污染物的去除机理非常复杂，目前普遍认同的也是基于 · OH 的强氧化作用。由于电芬顿的形式不同，其产生 · OH 的方式也不同，研究者普遍认为电芬顿法与传统的药剂芬顿法的作用类似，主要由阴阳极作用产生的自由基的强氧化作用对污染物进行氧化分解[5]。如反应式(6-1) 所列，溶解氧在适合的阴极材料表面通过发生两电子的氧化还原反应（ORP）产生过氧化氢（H_2O_2）；如式(6-2) 所列，生成的 H_2O_2 能够与溶液中的 Fe^{2+} 催化剂反应生成强氧化剂 · OH，同时得到 Fe^{3+}[6]。

$$O_2 + 2H^+ + 2e^- \longrightarrow H_2O_2 \tag{6-1}$$

$$Fe^{2+} + H_2O_2 \longrightarrow [Fe(OH)_2]^{2+} \longrightarrow Fe^{3+} + \cdot OH + OH^- \tag{6-2}$$

在电芬顿法处理系统中，仅需要少量的铁盐存在即可，这是因为 Fe^{2+} 可以通过多种途径实现有效的再生。主要途径有：a. 如反应式(6-3) 所示，Fe^{3+} 直接在阴极得到电子还原为 Fe^{2+}；b. 如反应式(6-4) 所示，Fe^{3+} 与 H_2O_2 发生类芬顿反应实现 Fe^{2+} 再生；c. 如反应式(6-5) 所示，Fe^{3+} 与 $HO_2^{\bullet}$ 反应实现 Fe^{2+} 再生；d. 如反应式(6-6) 所示，Fe^{3+} 与超氧离子（$O_2^{-\bullet}$）反应实现 Fe^{2+} 再生，$O_2^{-\bullet}$ 是 $HO_2\bullet$ 在不同 pH 值条件下存在的另一种形式；e. 如反应式(6-7) 所示，Fe^{3+} 与有机物自由基 R · （如—OH、—OR、氨基基团等）反应实现 Fe^{2+} 的再生。通过上述途径［反应式(6-1) ～式(6-7)］，形成 Fe^{2+} 和 Fe^{3+} 之间的循环转化，使有机物的降解持续进行[7]。一般在 $pH>4$ 的条件下，Fe^{3+} 会沉淀为 $Fe(OH)_3$ 絮体，对废水中污染物有絮凝作用。由此可见，电芬顿法去除污染物有多种反应机制。

$$Fe^{3+} + e^- \longrightarrow Fe^{2+} \tag{6-3}$$

$$Fe^{3+} + H_2O_2 \longrightarrow Fe^{2+} + HO_2 \cdot + H^+ \tag{6-4}$$

$$Fe^{3+} + HO_2 \cdot \longrightarrow Fe^{2+} + O_2 + H^+ \tag{6-5}$$

$$Fe^{3+} + O_2^{-\bullet} \longrightarrow Fe^{2+} + O_2 \tag{6-6}$$

$$Fe^{3+} + R \cdot \longrightarrow Fe^{2+} + R^+ \tag{6-7}$$

电芬顿技术具体的反应过程，总结如图 6-1 所示。

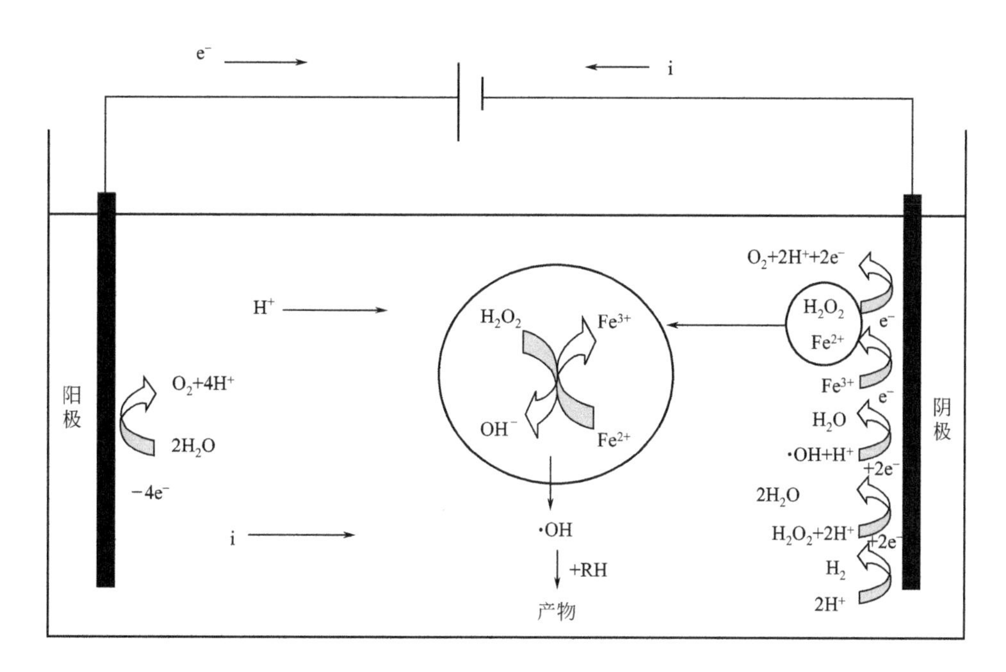

图 6-1　电芬顿反应机理[5,8]

6.2.2 电芬顿法的分类

根据电芬顿法中产生 Fe^{2+} 和 H_2O_2 的方式，可将电芬顿法分为以下 4 类[3]。

① Fe^{2+} 由外部加入，而 H_2O_2 由 O_2 在阴极还原产生［式(6-1)］。与传统的芬顿法相比，该项技术可以控制 H_2O_2 的产量，还不用额外投加 H_2O_2。此外，通过芬顿反应形成的 Fe^{3+} 可以在阴极上被还原为 Fe^{2+}，再与 H_2O_2 反应生成·OH，保证反应连续进行，从而使含铁污泥产量减少，避免了传统芬顿法含铁污泥过多的问题，但该技术的主要缺点是 H_2O_2 产量不高。

② Fe^{2+} 由铁在阳极氧化产生，H_2O_2 由外部加入。由阳极溶解出的 Fe^{2+} 和 Fe^{3+} 可水解成 $Fe(OH)_2$ 和 $Fe(OH)_3$，对水中有机物具有很强的混凝作用，去除效果优于上述第 1 类电芬顿法，但需额外加入 H_2O_2，从而导致能耗较大、成本升高。

③ Fe^{2+} 由 Fe^{3+} 在阴极还原产生，H_2O_2 由外部加入。该技术初期运行时，加入 $Fe_2(SO_4)_3$ 的浓溶液与废水相混合，以满足初期 Fe^{3+} 浓度的要求，之后反应过程中生成的 $Fe(OH)_3$ 絮凝体经 pH 调解后可重新生成 Fe^{3+}，从而也使系统产生的含铁污泥量减少。

④ Fe^{2+} 和 H_2O_2 均由电化学法制备。铁在阳极失去两个电子被氧化生成 Fe^{2+}，与此同时，溶解氧在阴极上被还原为 H_2O_2，电解槽内生成相同摩尔数的 Fe^{2+} 和 H_2O_2。以平板或铁网为阳极，多孔碳电极（或碳棒）为阴极，阴极通以氧气或空气。电解槽内发生的电极反应除反应式(6-1) 和式(6-2) 外，还有以下反应：

$$Fe \longrightarrow Fe^{2+} + 2e^- \tag{6-8}$$

$$2H_2O \longrightarrow 4H^+ + O_2 + 4e^- \tag{6-9}$$

$$2H_2O+2e^- \longrightarrow H_2+2OH^- \tag{6-10}$$

$$Fe^{3+}+3OH^- \longrightarrow Fe(OH)_3 \tag{6-11}$$

6.2.3 电芬顿法影响因素

电芬顿反应受到多种因素的影响，如pH值、电流密度、电解电压、曝气速率、电极材料等[3]。不断优化反应条件才能更有效地处理污染物。

(1) pH值的影响

在碱性溶液中，阴极会发生反应如反应式(6-12)所示，溶解氧被还原为OH^-，且当溶液pH值大于4时，Fe^{2+}易被氧化形成$Fe(OH)_3$沉淀。

$$O_2+2H_2O+4e^- \longrightarrow 4OH^- \tag{6-12}$$

只有在溶液为酸性时，才发生两个电子的还原反应，如式(6-1)所示。溶解氧在阴极得到两个电子，生成所需的H_2O_2。

然而，当溶液中酸性过高时，会发生式(6-4)和式(6-13)的反应，造成催化反应受阻以及·OH被过度消耗。

$$\cdot OH+H^++e^- \longrightarrow H_2O \tag{6-13}$$

研究表明，溶液pH值为2.8时电芬顿反应产生的·OH最多[9]。因此，在以Fe^{2+}为催化剂的电芬顿反应中，一般选择pH值为3左右[10]。

(2) 电流密度的影响

氧气电还原生成H_2O_2要求有一定的电流密度和电位梯度。一定的电位梯度也是电解动力，电流密度的大小同时影响Fe^{2+}的溶出[11]。当电流过大时，废水中COD的去除率会下降。这是因为在阴极上发生析氢[式(6-10)]、阳极上发生析氧[式(6-14)]等副反应。H_2的大量产生会导致阴极附近溶液pH值迅速升高，这对阴极H_2O_2的产生和后续·OH的氧化反应很不利。

$$2H_2O-4e^- \longrightarrow O_2+4H^+ \tag{6-14}$$

(3) 电解电压的影响

用电芬顿法处理废水时，外加电压是电化学反应的动力，外加电压必须大于分解电压反应才能发生[12]。外加电压增大，有机物的去除率也相应增加。但当外加电压超过一定值时，将有大量的电能消耗于副反应。所以外加电压不宜过高，一般5～25V为宜[13]。

(4) 曝气速率的影响

电芬顿反应大致可以分为传质和反应两个阶段，其中空气流量主要影响传质过程[12]。在无空气供给的情况下，电芬顿体系也有降解能力，此时只能利用溶液中的溶解氧及电解产生的氧[式(6-15)]，且Fe^{2+}的扩散传质较慢，属于扩散控制过程，不能充分发生芬顿反应。在有空气供给的条件下，一方面空气可以起到混合作用，强化反应器内的传质过程；另一方面，能补充反应过程中不断消耗的氧。随着曝气强度的增大，阴极可以得到更充分的O_2，可以生成更多的H_2O_2。然而，当曝气量过大时Fe^{2+}会被氧化为Fe^{3+}，阻碍·OH的生成，从而导致有机物去除率降低[6]。

$$4OH^--4e^- \longrightarrow 2H_2O+O_2 \tag{6-15}$$

(5) 电极材料

电极材料在电芬顿氧化过程中也起着重要的作用。若电极材料导电性较差，则可能产生副反应消耗·OH。若电极材料导电性良好，不仅能有效抑制副反应的发生，还能减少电能耗。一般而言，废水都具有一定的腐蚀性，若电极材料耐腐蚀、强度高，能避免在反应中被破坏，从而保证电芬顿氧化高效地进行。

6.2.4 电芬顿反应器

各类的电芬顿反应器中都设有阴极和阳极，根据电芬顿法的四种分类，反应过程中可有选择地向反应器内通入空气或投加芬顿试剂。针对不同废水的处理，国内外研究者开发出多种电芬顿反应器。班福忱等[14]采用自制的二维电芬顿反应器，以苯酚为处理对象，通过实验研究得到的最佳反应条件为：Fe^{2+}的投加量1mmol/L、pH=3、电解电压9V、曝气强度25mL/s，苯酚的最大去除率为87.5%。近年来，三维电极电芬顿系统逐渐发展起来。郑璐[15]利用复极性三维电极电芬顿法处理苯酚废水，当反应条件为pH=3、极板间距为6cm、曝气强度为13.3mL/s时，苯酚的最大去除率为92.34%。徐甲慧[16]利用以铁碳粒子为催化剂的三维电极电芬顿工艺1h内可使苯酚的去除率达到100%，5h内COD去除率达到80%。Liu等[17]使用三维电极电芬顿反应器降解罗丹明B时发现，其去除率高于单纯的三维电化学反应器或者二维电芬顿系统。氧气通过泡沫镍表面的单电子通道形成O_2^-，进而促进了H_2O_2的产生和随后芬顿反应中·OH的产生。由此可见，通过三维电极电芬顿可以有效提高有机污染物的去除率。这是由于三维电极电芬顿反应器可以不外加芬顿试剂而自身产生足够的芬顿试剂，具有运行简单、管理方便等优势。

电芬顿反应器结构和形式上的改进主要为了提高电子传递速度，以产生更多的芬顿试剂。三维电芬顿反应器内粒子电极呈流态化，很大程度地提升了电极的表面积以及传质速率，使反应器内溶液电势分布更加均匀[3]，促进自由基的产生，提高有机物的去除率。目前，关于三维电芬顿系统的研究还较少，但由于其与传统芬顿法相比具有很多优势，所以还有很大的发展空间。

6.2.5 电芬顿法工业应用

电芬顿作为新兴水处理技术比其他传统的处理方法具有明显优势，主要由于反应过程会产生更多的·OH，这些·OH能够无选择地对废水中各种有机污染物进行氧化，从而达到处理废水的目的。适用于高难度、难降解有机废水的前处理，可直接降解COD和将高分子结构有机物降解为易生物降解的小分子物质，从而提高废水的可生化性；适用于高毒性、难降解有机废水生化后的深度处理，可将不可生化的有机物降解为CO_2和H_2O，实现达标排放；适用于化工、印刷、机加工、制药、农药、染料、精细化工等行业的多种高浓度、高色度、毒性大、难生化降解的有机废水处理，特别适合小水量、高毒性、难降解废水的处理。

(1) 印染废水

印染废水中污染物浓度高、有毒致癌，如苯系物、蒽醌、苯胺及苯胺类化合物，成为较难处理的工艺废水之一[18]。我国每年生产约 7×10^5 t 的染料，估计 10%～20%被排放到染料废水中。目前，50%以上的染料是包含氮氮双键的偶氮染料，该类染料色度高，具有抗光解、抗氧化、抗生物降解的特性，即使水体中该类染料的含量很低，也能吸收光线，减少水体透光量，不利于水生植物的光合作用[19]。传统的生化法处理工艺占地面积大，初期基建投资大，原工艺的改扩建工程实施周期长。与之相比，电芬顿法在酸性条件下，溶解氧在阴极表面获得 2 个电子原位产生 H_2O_2，催化剂 Fe^{2+} 与 H_2O_2 作用产生 ·OH，不存在二次污染、不需要特殊设备、成本较低。电芬顿被认为是处理印染废水的一种有效方法。刘薇等[20]采用电芬顿技术处理印染废水中的有机物，实验结果表明在处理实际工程印染废水时电芬顿技术最佳降解条件为初始 pH 值为 3、曝气量为 0.3L/min、电解电压为 8V、电流密度为 $40mA/cm^2$、$FeSO_4$ 浓度为 15mmol/L、电解 45min，此时 COD 去除率达到 90%以上、TOC 去除率达到 20%以上。孙秀君[21]用电芬顿-混凝协同处理印染废水，初始 pH 值为 4、电解电压为 6V、$FeSO_4$ 浓度为 200mg/L、电解 25min，此时色度和 COD 的去除率分别达到 99.9%和 87.4%。Manenti 等[22]设计了一种高效的连续电芬顿反应器处理不同染料，延长废水的停留时间，可以有效提高有机物的去除率和脱色效果。Pajootan 等[23]用多壁碳纳米管复合阳离子表面活性剂修饰石墨电极对良种牛酸性染料进行电芬顿氧化，以响应面法确定了最佳降解条件为 Fe^{3+} 的投加量为 0.1mmol/L、电流强度为 0.18A、pH＝3，此时酸性红 14 和酸性蓝 92 的去除率分别为 91.22%和 93.45%，COD 的去除率为 86.78%。由此可知，电芬顿法是一种高效的新型高级氧化技术，根据实际印染废水的性质可以选择单独使用或与其他技术联合使用，在印染废水处理领域上具有较广阔的应用前景。

（2）酚类废水

煤炭是我国重要的能源基础和化工原料，为国民经济发展和社会稳定提供了重要支撑。煤化工生产工艺是以煤为原料，经过煤炭焦化、煤气化、煤液化、焦油化工等化学生产过程，将煤转化为气态、液态、固态等多种化工产品。煤化工生产工艺中产生的工业废水就是煤化工废水。煤化工废水的 COD 浓度一般为 2000～4000mg/L，NH_4^+-N 浓度为 200～500mg/L，总酚浓度为 300～1000mg/L，挥发酚浓度为 50～300mg/L[24]。废水中含酚类化合物、杂环化合物、多环芳烃、NH_4^+-N、氰化物等有毒有害物质，是典型的难降解、高毒性有机废水[25]。通过电芬顿技术能够有效地降解这些有毒有害物质。研究者采用电芬顿法对煤化工废水中的典型污染物如苯酚、氯酚或实际煤化工废水的降解效果进行了研究，并取得了一些成果。张锋[26]利用以空气扩散电极为阴极，铁板为阳极的电化学体系开展了电芬顿降解苯酚模拟废水的研究，在电流密度为 $20mA/cm^2$，电解时间为 180min，浓度为 300mg/L 的苯酚溶液，苯酚的去除率为 99.5%，COD 去除率为 85.1%。郑璐[15]利用复极性三维电极电芬顿法处理苯酚废水，最佳条件下苯酚的去除率可达到 92.34%。氯酚是比苯酚强的酸，随取代氯原子增多而酸性增强。氯代酚类化合物具有致癌、致突变的潜在毒性，而又广泛用于杀虫剂、防腐剂等，一直是环境治理的热点和难点。周珊等[27]用电芬顿法处理 4-氯酚废水，以活性炭纤维为阴极、铁为阳极，在电解过程中生成的 H_2O_2 和 Fe^{2+} 组成芬顿试剂，室温下 4-氯酚浓度为 50mg/L，pH＝4.5，电流密度为 $15.38mA/m^2$，电解时间为 60min，4-氯酚的去除率高达 85.7%。

（3）制药废水

随着我国工业的发展和药物的广泛使用，废水中的药物含量和种类增多，污染问题日趋严峻。传统技术对制药废水的降解效果较差，而电芬顿在此方面展现了良好的特性。谢清松等[28]采用电芬顿技术对麻醉药瑞芬太尼合成过程的中间体1-苄基-4-氨甲酰基-4-苯胺基哌啶模拟废水进行降解，以石墨为阴极、铁为阳极，pH＝3、电解电压为3V、投加H_2O_2为10mmol/L时，对20mg/L浓度的酰胺废水处理60min后，去除率高达99%，TOC去除率达到为60%。李宇庆等[29]采用高压脉冲电凝-Fenton氧化技术处理制药废水，在pH＝4、电流强度为10A、H_2O_2投加量为4mL/L、处理时间为60min的条件下，COD去除率为36.5%～39.2%，可生化性指标BOD_5/COD值从0.13提高至0.37，从而使处理后的制药废水后续工艺可以选择生物处理技术。

除上述废水外，电芬顿技术也被用于其他多种废水的处理。例如，胡志军等[30]采用电芬顿法对化学机械磨浆废水进行预处理，在最佳实验条件下可获得51.5%的COD去除率，色度去除率为93%，BOD_5/COD值由0.23提高至0.42，使废水的可生化性显著提高。胡成生等[31]用活性炭颗粒为填充电极处理实验室自配的甲醛有机废水，甲醛及COD的去除率分别为90%和30%左右，运行费用比传统试剂芬顿法降低了42.3%。

6.3 UV/O_3氧化法

由于O_3去除有机污染物的选择性较高，单一的O_3氧化反应在不加催化剂的条件下只能产生少量的·OH，因此O_3氧化法单独处理一些难降解污染物时，效果比较差。因此，常将O_3与其他工艺联合以提高污染物的去除率[32]。O_3吸光系数为3600M^{-1}/cm，具有很高的紫外光（UV）利用率，常将O_3和UV联合作用组成UV/O_3工艺[33]。UV/O_3法始于20世纪70年代，因其反应条件温和（常温常压）、氧化能力强而发展迅速，美国环境保护署（EPA）认为该技术是高级氧化技术中最有竞争力的一种[34]。这种方法的氧化能力和反应速率都远远超过单独使用UV或O_3所能达到的效果，其反应速率是O_3氧化法的100～1000倍。多氯联苯、六氯苯、三卤甲烷和四氯化碳等难降解污染物不与O_3反应，但在UV/O_3联合作用下它们均可被迅速氧化。这是因为在紫外光的强化作用下，UV/O_3系统中·OH产生能力明显增强。因此，光催化氧化和O_3氧化相结合是近年来高级氧化领域的一个研究热点，两者的结合能显著增加·OH的产生量，能高效地对难降解有机物进行降解和矿化。

6.3.1 UV/O_3氧化法的反应机理

UV/O_3氧化技术在处理废水的过程中存在多种化学反应，如·OH氧化、O_3直接氧化和紫外光解等。其中，主要作用是O_3在紫外光的照射下产生自由基对有机物进行氧化降解[35]。氧化体系在不同条件下产生·OH的基本原理不同：当紫外光波小于310nm时，O_3被紫外光分解为氧气（O_2）和游离氧（O·），O·与水结合生成·OH［式(6-16)、式(6-

17)][36]；而其他情况下，O_3 在光照下与水反应产生 H_2O_2，中间产物 H_2O_2 在降解过程中至关重要，H_2O_2 在紫外光照射下产生 · OH [式(6-18)、式(6-19)][37]。而当 O_3 过量时，中间产物 H_2O_2 也会通过与液相中的 O_3 反应产生 · OH [式(6-19)][38]。

$$O_3 + h\nu \longrightarrow O\cdot + O_2 \tag{6-16}$$

$$O\cdot + H_2O \longrightarrow 2\cdot OH \tag{6-17}$$

$$H_2O_2 + h\nu \longrightarrow 2\cdot OH \tag{6-18}$$

$$O_3 + H_2O_2 \longrightarrow \cdot OH + O_2 + HO_2\cdot \tag{6-19}$$

UV/O_3 技术去除有机物的过程具有以下特点[32]：

① 产生大量非常活泼的 · OH， · OH 是反应的中间产物，可诱发后面的链反应；

② · OH 无选择直接与废水中的污染物反应将其降解为二氧化碳、水和无害盐，避免二次污染；

③ 由于反应是一种物理化学处理过程，很容易控制，满足处理需求；

④ 可作为单独处理技术，也可与其他处理过程联合，作为生化处理的前处理或后处理，降低处理成本。

6.3.2 UV/O_3 氧化法的主要应用

UV/O_3 氧化法最早应用于铁氰盐废水处理[39]，作为一种高级氧化水处理技术，不仅能对有毒的、难降解的有机物、细菌、病毒进行有效的氧化和降解，而且还可以用于造纸工业漂白废水的褪色。用 UV/O_3 处理有毒难降解有机物的效率，在中试甚至在工业应用上都得到了很好的证明，而且没有有毒副产物产生。与其他产生 · OH 的降解过程一样，UV/O_3 能够氧化的有机物范围很广，包括部分不饱和卤代烃，这个过程可以进行间歇的和连续的操作，不需进行特殊的监控。从 20 世纪 80 年代开始，国外开始陆续出现工业化装置，如加拿大的 Solar Environmental System 已应用于 20 个工厂，其中有 3 个使用了 UV/O_3 工艺[40]。

由于聚合物前驱采油技术能有效提高石油采收率，在我国油田原油稳产中具有重要的作用，但这也导致油田采出水中含有较高的聚丙烯酰胺（PAM），采出水黏度较大，可生化性差。为减少对后续生化处理工序的冲击，有必要降低 PAM 的含量，提高废水的可生化性。陈颖等[41]采用 UV/O_3 和 H_2O_2/O_3 氧化法对聚丙烯酰胺采油废水进行处理，处理 2h 后，O_3、UV/O_3 和 H_2O_2/O_3 氧化体系下，采油废水的 BOD_5/COD 值分别为 0.036、0.198 和 0.229，与单独 O_3 氧化法相比，联用技术处理效果更显著。染料废水也是一种典型的难降解有机废水，张秀等[42]以 UV/O_3 工艺处理罗丹明 B 染料废水，温度为 25℃、pH=4、臭氧浓度为 35mg/L、催化剂投加量为 400mg/L，经过 20min 处理后罗丹明 B 废水的脱色率和 COD 去除率分别达到了 100%和 40%。随着医疗行业的发展和药物的广泛使用，废水中的药物种类和含量增加，而废水中的药物尤其是抗菌类药物的存在致使其可生化性较差，难以采用传统的生化处理法[43]。而 UV/O_3 技术是能有效处理制药废水，降解废水中有毒有害物质从而提高其可生化性。李彦博等[44]采用此方法处理恩诺沙星合成废水，初始 pH=6.3，反应 15min 后目标污染物（浓度为 40mg/L）可完全降解，恩诺沙星和 TOC 的去除率分别达到 82%和 39%，O_3 的利用率在 70%以上。UV/O_3技术除了可以作为前/预处理提高难降解有机废水的可生化性之外，还可以作为深度处理方法。例如，随着焦化行业出水水质标准的提高及国家节能减排政策的推出，提高废水出水水质、减少污染物外排成为焦化企业面临的严峻问题，以 UV/O_3 技术作为废水的深度处理工艺效率高。在刘金泉等[45]的研究中利用 UV/O_3 工艺对某焦化企业的生化出水进行深度处理，其去除效果优于单独 O_3 氧化工艺，COD 和 UV_{254}的最高去除率分别高达 49.46%和 90.18%。

除上述废水外，UV/O_3 技术还应用于其他多种难降解有机废水的处理。Beltran 等[46]对比了臭氧光催化（$O_3/UV+TiO_2$）、臭氧氧化（O_3）、催化臭氧氧化（O_3/TiO_2）、臭氧紫外（O_3/UV）、光催化（TiO_2/UV）和光解（UV）等几种工艺对三种酚（苯酚，*p*-氯酚和 *p*-硝基酚）的降解，结果表明达到相同的 COD 和 TOC 降解率，臭氧光催化技术需要的处理时间最短。Shang 等[47]研究了 O_3 和 UV/O_3 对甲基丙烯酸甲酯的去除机理，单独 O_3 工艺中 O_3 降解甲基丙烯酸甲酯的速度较为缓慢，用紫外光催化后氧化速率得到了显著的提高。UV/O_3 工艺处理后，降解产物中含有较多的甲酸和乙酸，导致溶液的 pH 值较低。Wang 等[48]研究了 UV、O_3 和 UV/O_3 对水中二氯乙酸和三氯乙酸的降解，实验结果显示在 30min 反应时间内单独 O_3 或者 UV 降解两种氯乙酸效率低，而采用 UV/O_3 氧化法，20min 后水中的二氯乙酸完全降解，30min 后水中的三氯乙酸降解率达到 60%。

最初，研究者只是研究 UV/O_3 技术在废水处理中的应用，以解决有毒有害难降解物质处理难的问题。而 20 世纪 80 年代以来，研究者扩大了 UV/O_3 技术的研究范围，将其应用于饮用水的深度处理[49]。马晓敏等[50]分析紫外照射对微污染物没有明显的去除效果，单独使用 O_3 可以有效降解微污染物，但是投加的 O_3 浓度很高，而 UV/O_3 技术采用紫外光产生的 O_3，不需要专门的 O_3 发生器，相对前两种方法较经济实用。总而言之，UV/O_3 技术在饮用水深度处理和难降解有机废水的处理中具有良好的应用前景，但建设投资大、运行费用高限制了这种技术的应用。利用紫外光源在气相产生 O_3 及光分解水处理已有了工业设备。UV/O_3 应用最关键的问题是光化学反应器的设计，尽可能利用光能，提高转化效率。

6.3.3 UV/O_3 催化氧化技术研究进展

虽然 UV/O_3 氧化法具有很好的氧化效果，但并不是所有废水都适合采用这种技术。Marjanna 等[51]利用 UV/O_3 降解取代酚类的研究结果表明，UV 对 O_3 氧化降解效率的促进作用与目标有机物的性质及相关工艺条件有很大关系。与单独 O_3 氧化相比，UV/O_3 氧化法的降解效率与目标有机物的性质具有很重要的关系。当目标有机物对 UV 有一定的吸收，且水中有溶解 O_3 时，UV 与臭氧往往会具有较好的协同作用。

为了拓宽 UV/O_3 氧化法处理的有机物的范围和有效降低处理费用，常采用催化剂强化 UV/O_3 氧化，促进·OH 的产生，从而提高污染物的矿化度。2005 年，胡军等[52]采用光催化-臭氧联用技术对苯胺进行降解，其 COD 去除率高于单独 O_3 和单独光催化，光

催化和 O_3 协同产生了大量的·OH，苯胺废水的初始浓度和初始 pH 值对光催化-臭氧联用技术的处理效果影响不大，COD 去除率均高于 90%。Cernigoj 等[53]以溶胶-凝胶法制备了锐钛矿的 TiO_2 薄膜催化剂，并对比了 O_3、UV/O_3、UV/O_3＋TiO_2 和 UV/O_2＋TiO_2 四种工艺对杀虫剂废水的降解效果，结果表明 UV/O_3＋TiO_2 是最有效的工艺，在酸性和中性条件下 O_3 和光催化的协同作用非常明显。相比另外两种工艺，UV/O_3＋TiO_2 和 UV/O_3 处理过程中产生了较多的自由基，在酸性条件下 Cl^- 被氧化成了氯酸盐。卢敬霞等[54]研究三种光化学氧化法即 UV/O_3、UV/TiO_2、UV/O_3＋TiO_2 降解甲醛，三种氧化技术对甲醛的降解均符合表观一级动力学，且 UV/O_3＋TiO_2 处理法对甲醛降解的一级表观速率常数最大，说明光催化和臭氧具有明显的协同效应。Addamo 等[55]以 P25 为光催化剂，以中压汞灯（λ＝365nm）为光源进行了 O_3 光催化降解草酸盐的研究，O_3 的存在不但加强了·OH 的产生，还增强了草酸盐的光吸附，所以光催化和 O_3 的同时存在显著提高了草酸盐的降解速率。尚会建[56]采用非均相 O_3 氧化氰根、非均相光催化 O_3 降解 NH_4^+-N 分步处理氰化物和 NH_4^+-N 废水，第一步中氰根的去除率高达 99.8%，出水残余氰含量仅为 0.3mg/L；第二步中 TN 去除率可达 98.02%，剩余 TN 量只有 0.7mg/L，优于氯碱行业 4mg/L 的上限。

6.3.4 UV-MicroO_3 技术

UV-MicroO_3（紫外-微臭氧）工艺是一种新型的饮用水深度处理工艺，这种工艺是对 UV/O_3 氧化法提出了改进，在 UV 工艺基础上增加了供气系统，使经过干燥、净化的空气在反应器内接受 UV 灯辐射产生微量 O_3，利用所产生的 O_3 与紫外光协同作用去除水中微量有机物，设备简单、运行费用低，其处理效果与 UV/O_3 相近，能有效降解水中微量有机污染物[57]。大量研究证明紫外-微臭氧法具有巨大的潜力和独特优势。

东南大学吕锡武教授于 1996 年提出紫外-微臭氧工艺的概念，并获得了国家发明专利[58]。改进的光化学激发氧化新技术紫外-微臭氧工艺去除饮用水中有机污染物，在 UV-air 工艺的基础上增加管路，模拟大气层中臭氧层产生的原理，使干燥净化的空气首先经过石英玻璃套管，空气中的氧气在套管内接收紫外光（185nm）激发，发生式(6-20)～式(6-22)的反应，从而产生低浓度 O_3（一般低于 1.0mg/L）。再将所产生的 O_3 经曝气装置与水体均匀混合，在紫外光（254nm）的协同作用下完成对水中有机污染物的降解和矿化。反应装置结构如图 6-2 所示，其中所用紫外灯为低压汞灯，辐射波长主要为 254nm 和 185nm[59]。该工艺对自来水中常见的三氯甲烷、四氯化碳、邻二氯苯、对二氯苯及很难氧化的六氯苯等有机优先控制污染物均有令人满意的去除效果[60]。田润稷等[61]用 UV-MicroO_3 技术处理酸性大红 3R 废水，UV 强化的微气泡臭氧传质系数和分解系数分别为单独微气泡臭氧处理的 1.6 和 1.2 倍，溶解臭氧浓度较高，约为 0.5mg/L，这主要是由于 UV 将氧气转化为臭氧。

$$O_2 + h\nu(185\text{nm}) \longrightarrow O(^1D) + O(^3P) \tag{6-20}$$

$$O(^1D) + M \longrightarrow O(^3P) + M(M=O_2 \text{ 或 } N_2) \tag{6-21}$$

$$O(^3P) + O_2 + M \longrightarrow O_3 + M \tag{6-22}$$

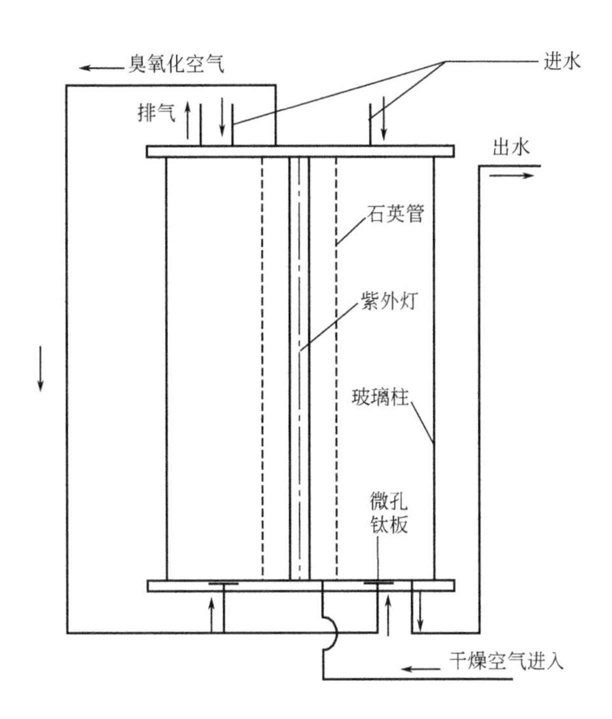

图 6-2 紫外-微臭氧工艺装置结构[59]

紫外-微臭氧工艺具有以下特点：

① 具有高效水质净化的作用，对水同时起到净化、矿化和消毒的作用，对一般城市的自来水中有机物矿化度达 80%以上，经过这种工艺处理的水可直接饮用；

② 结构简单、运行成本低，不需单独的臭氧发生器，因此整个设备的价格也相应大幅度降低，运行更加可靠；

③ 净化过程中，除使用电力和空气之外，不需添加任何化学药剂，有机污染物被氧化成二氧化碳和水，剩余微臭氧转化成溶解氧，而·OH 会迅速猝灭，对处理后的水质不会产生任何副作用，因此本项工艺可以称为绿色天然净化技术；

④ 可以方便地应用于各种需要净化的场合，既适用于大型分质供水系统也适用于小型的饮水装置。

6.4 光芬顿法

芬顿法是难降解有机废水处理过程中研究较多的一项技术，具有氧化性强、无二次污染、操作简单、可自动产生絮凝等优点。但是由于 Fe^{2+} 的再生步骤十分缓慢，Fe^{2+} 利用率低，需要投加大量的 Fe^{2+} 和 H_2O_2 以保证反应的持续进行，并且反应结束会产生大量的含铁污泥。为了减少含铁污泥并提高芬顿氧化效率，有研究表明将光加入传统的芬顿试剂中，形成光芬顿反应可以很大程度上提高其氧化效率和 Fe^{2+} 利用率[62]。光源的引入可以大大提高芬顿反应的氧化能力，提高对难降解有机物的降解效率。光芬顿是在芬顿法基础上发展而来的，基本原理和芬顿法类似，在处理有机污染物的过程中起主要作用的还是

·OH，然而不同的是在紫外光照射下 Fe^{3+} 与水中的 OH^- 可以直接反应产生·OH 并产生 Fe^{2+}，Fe^{2+} 再与 H_2O_2 进一步反应生成·OH，提高有机物的降解率，Fe^{2+} 与 Fe^{3+} 之间的循环可通过紫外照射有效实现[57]。光芬顿的发展提高了芬顿反应的环境应用价值。

6.4.1 光芬顿法的反应机理

光芬顿氧化法是利用紫外光或可见光和 Fe^{2+} 对 H_2O_2 的催化分解两者之间存在的协同效应，在降低 Fe^{2+} 用量的同时保持 H_2O_2 较高的利用率，或者在试剂消耗不增加的情况下提高有机物的矿化程度，另有部分有机物在紫外线的作用下实现降解。研究表明，在芬顿反应中加入光后，可通过光化学还原实现铁离子的循环，降低 Fe^{2+} 的用量，使稳定易得的 Fe^{3+} 也可以参加反应生成·OH[63]，从而增强产生·OH 的能力，光芬顿除了会发生传统芬顿反应，还会发生以下反应：

$$H_2O_2 + h\nu \longrightarrow 2 \cdot OH \tag{6-23}$$

$$Fe(OH)^{2+} + h\nu \longrightarrow Fe^{2+} + \cdot OH \tag{6-24}$$

在紫外灯辐射下，Fe^{3+} 可以转化为 Fe^{2+}，实现 Fe 的循环，降低 Fe^{2+} 的用量，并且 H_2O_2 在紫外辐射下也可以产生·OH，提高了 H_2O_2 的利用率与·OH 的产生量，增强了反应体系的氧化能力，使有机物更快、更有效地降解和矿化。

目前多数光芬顿的光源都是采用中心波长为 254nm 的人工紫外灯，这是因为[64]：a. H_2O_2 的吸收光谱小于 320nm，波长大于 320nm 的光不能使其分解产生·OH；b. 铁离子在弱酸条件下在可见光区的光反应量子产率很低，绝大多数有机物对可见光的吸收很少，导致可见光利用率不高，而太阳光中主要为长波波长的可见光和红外光，所以太阳光助作用不明显。

紫外光芬顿法具有以下优点[65]：

① 在减少 Fe^{2+} 投加量的同时保持了较高的 H_2O_2 利用率；

② 紫外光对 H_2O_2 的催化分解与 Fe^{2+} 对 H_2O_2 的催化分解存在协同效应；

③ 在紫外光的照射下部分有机物能够被分解；

④ 紫外光助芬顿法能够更充分地矿化有机物。

UV/Fenton 相比传统 Fenton，虽然在氧化效率和 Fe^{2+} 的利用率上有了很大的提高，但由于需要添加人工紫外灯，使其成本增加[66]。所以，很多学者致力于太阳光助 Fenton 的研究。为了使太阳光能有效地被铁离子吸收，有学者研究表明当铁离子与羧酸阴离子配位络合时，在光照下亚铁离子的还原量子产率 ΦFe(Ⅱ) 会显著增加[67]。目前有很多关于在 Fenton 试剂中添加草酸根离子的研究，Fe^{3+} 可以与草酸根离子生成草酸铁络合物，草酸铁络合物对光比较敏感，它对光的争夺能力很强，可以通过光诱导的配体与金属之间的电荷转移将 Fe^{3+} 还原成 Fe^{2+}，可以将吸收光谱拓宽到 550nm[68]，使反应可以在较宽的光波长范围内进行，从而太阳光助芬顿也能具有很高的氧化效率，其作用机理如下[69]：

$$[Fe(C_2O_4)_3]^{3-} + h\nu \longrightarrow Fe^{2+} + 2C_2O_4^{2-} + C_2O_4^{-}\cdot \tag{6-25}$$

$$C_2O_4^{-}\cdot + [Fe(C_2O_4)_3]^{3-} \longrightarrow Fe^{2+} + 3C_2O_4^{2-} + 2CO_2 \quad (6\text{-}26)$$

$$C_2O_4^{-}\cdot \longrightarrow CO_2^{-}\cdot + CO_2 \quad (6\text{-}27)$$

$$H_2O_2 + Fe^{2+} \longrightarrow Fe^{3+} + \cdot OH + OH \quad (6\text{-}28)$$

$$C_2O_4^{-}\cdot / CO_2^{-}\cdot + O_2 \longrightarrow 2CO_2/CO_2 + O_2^{-}\cdot \quad (6\text{-}29)$$

$$2O_2^{-}\cdot + 2H^{+} \longrightarrow H_2O_2 + O_2 \quad (6\text{-}30)$$

在溶液 pH 值为 3 时，$C_2O_4^{-}\cdot$ /$CO_2^{-}\cdot$ 会和分子氧反应生成 $O_2^{-}\cdot$ [式(6-29)]，$O_2^{-}\cdot$ 在酸性条件下可以生成 H_2O_2 [式(6-30)]，式(6-25) 和式(6-26) 中产生的 Fe^{2+} 可以与 H_2O_2 反应产生 · OH [式(6-28)]。因此，在 H_2O_2 存在下光解草酸铁是一个持续循环的芬顿反应。而且，羧酸根（草酸根）离子可以与草酸铁反应生成 CO_2，从而去除溶液中的草酸根离子，使溶液矿化完全。

6.4.2 光芬顿法的应用

焦化废水也称为酚氰废水，属于典型的含有大量难降解有机物的工业废水，焦化废水中含有的有机污染物有硫氰化物、氰化物、氨、铵盐、硫化物等，属于一种难于处理的废水。李东伟等[70]采用 UV/Fenton 试剂处理焦化废水，结果表明当溶液 pH 值为 6、$FeSO_4$ 摩尔浓度为 7.19mmol/L、H_2O_2 摩尔浓度为 52.05mmol/L 时，焦化废水中的酚类基本完全去除，COD 去除率为 86%。

制浆造纸废水也属于一种较难处理的废水，因为废水污染物浓度高，难降解，导致生物技术在去除污染负荷方面效果不佳。王兆江等[71]采用 UV/Fenton 氧化技术对混凝-厌氧污泥处理后的漂白废水进行深度处理，去除残余有机物并降低废水的生物抑制性，得到最佳反应条件为 pH=3.8、H_2O_2 摩尔浓度为 30mmol/L、H_2O_2/Fe^{2+} 物质的量比 60∶7、反应时间 120min，废水的 COD 去除率达到最大值 88.2%，芳香族化合物、多环芳烃和有机氯化物等有毒物质降解为小分子酸，废水的可生化性得到大幅度提高。

树脂制造厂、石化、炼油厂、造纸厂、炼焦和炼铁厂等产生的废水都含有高浓度的苯酚及其衍生物，有极强的毒性。由于苯酚及其衍生物在水中溶解性和稳定性都很好，所以很难降解。赵丽红等[72]研究 Fenton 和 UV/Fenton 两种工艺对苯酚的降解率，在最优条件下 Fenton 和 UV/Fenton 法对苯酚的最大矿化效率分别是 98%和 40%。在 Fenton 工艺中，苯酚的最终产物是醋酸、草酸，所用的 Fe^{2+} 浓度为 0.8mmol/L。在 UV/Fenton 工艺中，小分子酸在苯酚降解的早期阶段形成，在 120min 的反应时间内几乎完全氧化，所用的 Fe^{2+} 浓度为 0.4mmol/L。

向均相芬顿体系中通入光不仅可以提高氧化能力，还能减少 H_2O_2 的消耗。因此，有学者尝试将光引入非均相芬顿法中，能有效提高催化效率并避免溶液中过量铁离子导致的污染。Chen 等[73]将 Fe 负载于黏土上，在 UV（362nm）光照下降解酸性嫩黄 G，最佳条件下酸性嫩黄 G 的转化率和 TOC 去除率分别在 98%和 65%以上，制备的催化剂具有很高的活性，经多次重复使用后能具有较高活性，且 Fe 的进出量低于 0.6%，将非均相光芬顿反应的 pH 值拓宽到 3～9。陈芳艳等[74]采用浸渍法制备了 Fe/Al_2O_3 催化剂，Fe 的负载量为 2%，最佳条件下六氯苯的降解率高达 94.5%。岳琳等[75]利用水热法合成新型金属有机骨架 MOF（Fe）作为光芬顿催化剂，在可见光下初始质量浓度为 200mg/L，反应 45min 后酸性大红 3R 降解率为 100%。

目前光-Fenton 法在处理有机废水方面的研究越来越深入和广泛，比传统 Fenton 试剂法对有机物的降解效果更好，但都处于实验室研究阶段，问题主要是光利用率仍然不高，能耗较大，处理设备费用较高，试剂用量仍然较大。因此，进一步开发高效的聚合光反应器，寻找具有更高催化效果的催化剂和研发新的载体来提高体系对光的利用率和处理效果，能够直接有效采用自然光，并且降低试剂成本，故应作为未来的研究目标。

6.5 臭氧-芬顿法

臭氧氧化法是通过臭氧在常温常压下分解产生·OH 来氧化水中的有机污染物。臭氧氧化能力强，能与许多有机物或官能团发生反应，对除臭、杀菌、脱色还具有明显效果[76]。然而，臭氧氧化法对有机物具有一定的选择性、臭氧发生器电耗较高、臭氧超过一定浓度会对人体造成伤害[77]。芬顿氧化法是通过芬顿试剂，即亚铁盐和过氧化氢的组合来产生·OH，从而氧化降解有机污染物。芬顿氧化法具有高效、选择性小、对压力和温度等反应条件要求低等特点[78]。然而，芬顿氧化法使用的药剂种类多、设备防腐要求高、反应产生铁泥，增加处理成本。将臭氧氧化与芬顿氧化法结合，能够有效提高·OH 的产量，从而促进污染物的降解，还可以减少电耗、药剂的使用和铁泥的产生。

6.5.1 臭氧-芬顿法的反应机理

芬顿和臭氧联合作用，产生·OH 的速度大于单个物质存在时的速度。发生反应机理为：

$$H_2O_2 \longrightarrow HO_2^- + H^+ \tag{6-31}$$

$$HO_2^- + O_3 \longrightarrow HO_2\cdot + O_3^-\cdot \tag{6-32}$$

$$HO_2\cdot \longrightarrow O_2^{-}\cdot + H^+ \tag{6-33}$$

$$O_3^-\cdot + H^+ \longrightarrow HO_3\cdot \tag{6-34}$$

$$HO_3\cdot \longrightarrow O_2 + \cdot OH \tag{6-35}$$

$$O_2^{-}\cdot + O_3 + H^+ \longrightarrow 2O_2 + \cdot OH \tag{6-36}$$

总反应式：

$$H_2O_2 + 2O_3 \longrightarrow 3O_2 + 2\cdot OH \tag{6-37}$$

芬顿和臭氧联合作用，既存在 O_3 和 H_2O_2 单独产生·OH 的反应，也存在 O_3 和 H_2O_2 联合作用产生·OH 的反应，得到的高浓度、高电位的·OH 使难降解有机物结构中的 C—C 键、C－H 键断裂，生成无害的 CO_2 和 H_2O 等小分子。

6.5.2 臭氧-芬顿法的应用

王服群等[79]用臭氧-芬顿法深度氧化污染物，减少难降解污染物因子在污水处理系统内的累积，提高渗滤液处理效率，延长膜处理系统等设备、设施的使用寿命。他们在臭氧/芬顿、臭氧、芬顿三个反应器中处理陈年垃圾填埋场产生的渗滤液，臭氧/芬顿的处理效率达到96%，效果最好，说明芬顿试剂与臭氧形成的强氧化能力能处理顽固性的污染物。臭氧浓度为1.2g/L，通入臭氧时间为12min，芬顿加入量为5g/L，反应时间为30min，出水水质可达到《污水综合排放标准》(GB 8978—1996）一级标准。以芬顿和臭氧联用系统直接处理污染物无二次污染，很大程度上提高了处理效率和设备设施的使用率，降低生产成本。

多菌灵是一种高效、低毒、光谱、内吸收杀虫剂。国内均采用腈氨基甲酸甲酯与邻苯二胺缩合的工艺生产。多菌灵生产废水具有高COD浓度、高暗淡、高盐分、成分复杂等特点。黄强等[80]研究臭氧/芬顿试剂联合处理农药多菌灵废水，得到的最优条件为pH=9、臭氧用量为2.0g/L、H_2O_2投加量为5mL/L，此时COD去除率为68%，BOD_5/COD值提高至0.36。

然而，臭氧和芬顿联合技术并不是对所有难降解有机废水的处理都是最佳的。从地层里开采出来的原油中一般都含有大量的水和盐类，为避免对原油后续储运、炼制等环节带来影响，需要对原油进行脱盐处理。丁禄彬[81]利用臭氧和芬顿试剂对某石化炼油厂脱盐废水进行处理，采用臭氧处理后COD去除率为51.1%，经臭氧处理后的废水再用芬顿试剂处理COD的总去除率为84.61%，用臭氧和芬顿实时联合处理时COD去除率为77.95%。由此可见，臭氧芬顿联合处理技术虽然得到较高的COD去除率，但却低于依次采用Fenton试剂和臭氧两种技术进行处理的效果。

6.6 高级氧化-生化法

高级氧化法处理废水有两种途径：一是将污染物彻底氧化成CO_2、H_2O和矿物盐；二是将目标污染物部分氧化，转化为可生化性较好的中间产物。一般化学氧化剂完全矿化目标污染物的成本太高。化学氧化过程中生成的高氧化态物质很难被化学氧化剂进一步氧化，C—C键断裂速率随分子变小而下降。因此，将难生物降解污染物转化为中间产物的途径较为可行。溶解性有机高分子聚合物，由于其分子太大无法穿过细胞壁，导致其很难被微生物降解，而化学氧化作用可以破坏这些大分子，将其转化为中间产物如短链脂肪酸。用图6-3来简单表示化学氧化和生物处理组合工艺，有机物分子量越大，化学氧化对其C—C键的反应速率也就越大，有机物分子量越小，则生物氧化对其降解的速率越大[82]。化工和制药等行业排放的高浓度废水中大多数都含有大量难降解有机物，采用单一的高级氧化或生化处理技术很难将废水处理达标。因此，采用高级氧化-生化耦合技术处理难降解有机废水已经成为一种趋势[83]。高级氧化处理作为预处理技术使用，将废水中有机污染物浓度降至较低范围，同时增加废水的可生化性，再根据高级氧化处理结果，辅之以适当的生化处理方法，如生物流化床、多相流生物反应器等技术将废水处理达标。

大多数难降解有机废水经过高级氧化预处理后，其可生化性得到了明显改善，但也有部分难降解废水经高级氧化预处理后其可生化性基本没有变化，甚至有个别废水在高级氧化预处理后其可生化性反而变得更差。这些差异除与废水的水质有关外，也与所用的高级

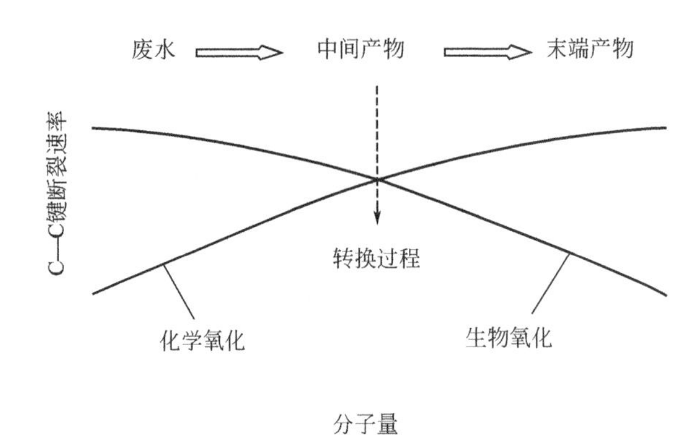

图 6-3 化学-生物处理组合工艺的概念[82]

氧化预处理工艺及高级氧化的程度有关。因此，对于某一难降解废水是否可以用高级氧化法进行预处理、采用何种高级氧化工艺以及相应的工艺条件等都必须通过实验研究才能确定[84]。

6.6.1 臭氧-生物法组合技术

（1）臭氧-生物活性炭

臭氧虽然可以氧化水中多种难降解有机物，但它与有机物反应的选择性差，不能将有机物彻底矿化。因此，一般采用臭氧和生物处理方法联合。臭氧-生物活性炭（O_3-BAC）技术是将臭氧氧化、活性炭吸附和生物降解三者相结合，已在欧美、日本等发达国家和地区得到广泛应用。我国自 20 世纪 80 年代开始研究 O_3-BAC 工艺，已在深圳、大连、昆明、常州等地区的水厂运行。

浙江某化纤厂水处理工艺反渗透段（RO）浓水处理采用“催化臭氧＋BAC”组合工艺，浓水水质：COD 浓度为 90～108mg/L、TDS 浓度为 3500～3700mg/L、BOD_5/COD 值为 0.04 左右、pH＝7.8～8.3。经过催化臭氧氧化后，COD 浓度降低至 55mg/L 左右，废水的可生化性指标（BOD_5/COD 值）从 0.04 提高至 0.30 以上，运行成本为 1.22 元/m^3。催化臭氧氧化工艺段出水经过 BAC 处理后，COD 浓度进一步降低至 42mg/L。

（2）臭氧-曝气生物滤池（O_3-BAF）

臭氧可将大分子有机物转化为小分子有机物，提高废水的可生化性，BAF 的优势在于去除水中分子量较小的有机物及臭氧氧化的中间产物，实现高级氧化法和生物法的有机结合。

王树涛等[85]采用臭氧-曝气生物滤池（O_3-BAF）组合工艺处理城市生活污水，结果表明当臭氧投加量为 10mg/L、接触时间为 4min 时，O_3-BAF 联合工艺对 COD、NH_4^+-N 的去除率分别达到 58%和 90%，TOC、UV_{254}和色度分别降低了 25%、75%和 90%。臭氧氧化使 TOC/UV_{254}值升高 1 倍，使可生化溶解性有机碳（BDOC）提高了 1 倍多，使分子量小于 1000 的有机物比例由原来的 52.9%升高至 72.73%。

汪晓军等[86]进行了组合工艺处理高浓度日用化工废水的研究，发现采用“厌氧-接触氧化-臭氧-曝气生物滤池”组合工艺处理高浓度日用化工废水。废水中 COD_{Cr}浓度从进水

5000mg/L降到出水小于80mg/L，BOD_5浓度从进水1100mg/L降到出水小于20mg/L，处理效率大于98%，排放水质达到《广州市污水排放标准》（DB 4437—90）一级标准。废水处理站的长期实际运行结果表明，高效的厌氧处理和臭氧-曝气生物滤池深度处理系统是该工艺处理高浓度废水稳定达标的关键。

钟理等[87]研究了臭氧高级氧化-生化耦合技术处理低浓度有机废水作为回用水，生化段采用循环式生物膜曝气池。以某炼油厂乙烯废水为例，当低臭氧投加量1.5～2.0mg/L时，出水的COD平均值不超过33mg/L，石油类污染物平均去除率达到67.2%，出水挥发分最高浓度仅0.016mg/L，硫化物平均降解率为65.2%，NH_4^+-N去除率为87.9%以上，优于活性炭处理方法。低剂量臭氧投加量不仅能提高有机物的可生化性，而且不会对微生物产生抑制作用。

6.6.2 芬顿-生化法组合技术

芬顿法与生化法联用，可以降低处理成本，拓宽芬顿试剂的应用范围。投加低剂量氧化剂来控制氧化程度，使废水中的有机物发生降解，形成分子量不大的中间产物，从而改变废水的可生物降解性，后续采用生化法去除。

M. Kitis等[88]采用芬顿氧化和生化组合技术处理含非离子型表面活性剂的废水，芬顿法条件：H_2O_2浓度为1000mg/L，Fe^{2+}与H_2O_2的摩尔比为1∶1，pH值为3.0，氧化时间为10min。经过芬顿氧化后，可生物降解的有机物比例由原来的2%增加至90%。再采用生物处理2h，COD的去除率高达90%以上。高级氧化法与生化法联用技术具有较高的性价比，其成本还不到单独采用高级氧化技术处理所需费用的1/3。

浙江某化工厂水处理工艺反渗透段（RO）浓水处理采用“Fenton＋SBR（序批式活性污泥法）”组合工艺，浓水水质：COD浓度为180mg/L左右、TDS浓度为6200mg/L左右、BOD_5/COD值为0.06左右、pH值为7.8左右。在Fenton段的操作条件为：pH＝3.5、$c(H_2O_2, 30\%)=1.0mL/L$、$c(FeSO_4 \cdot 7H_2O)=0.54g/L$，$t=120 \sim 180min$。经过Fenton处理后，COD浓度从180mg/L左右降低至80mg/L左右，废水的可生化性指标（BOD_5/COD值）从0.06提高至0.25以上，运行成本为2.64元/m^3。Fenton工艺段出水经过SBR处理后，COD浓度进一步降低至50mg/L以下。

6.6.3 光氧化-生物法组合技术

光氧化技术在降解难生物降解有机物和避免引入新的污染物方面具有强大的优势，但其处理成本较高，与生物法联用能弥补这种不足。加拿大的研究人员对光催化氧化与生物组合工艺（UV/H_2O_2/BAC）对消毒副产物的去除作用进行了研究，如图6-4所示。

当紫外线光强度大于1000mJ/cm^2、H_2O_2的浓度为23mg/L时，DBPs、TOC、UV_{254}的去除率分别达到了43%、52%、59%。当单独使用BAC时，因为缺少了高级氧化的过程就不能使微生物的吸附作用得到有效发挥。当单独使用UV/H_2O_2时，即使达到满意的处理效果也需要高强度紫外光，会造成能量浪费和经济不合算的问题[89]。

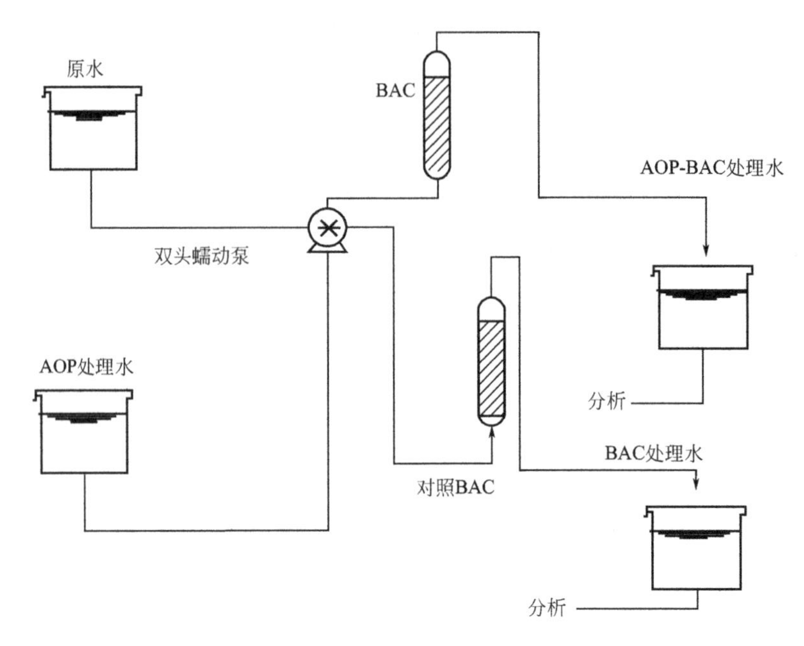

图 6-4 $UV/H_2O_2/BAC$ 联用工艺

6.6.4 生化-高级氧化法

高级氧化法除了可以作为预处理手段提高难降解有机废水的可生化性外，还可以用于生化工艺之后，对废水进行深度处理，提高出水水质。李旺[90]采用生化-高级氧化法对酸化油废水进行处理，首先对废水进行中和及盐分离预处理，再以水解酸化＋UASB进行厌氧处理和生物接触氧化进行好氧处理，最后用臭氧氧化进行深度处理，保证出水水质。张燕等[91]用芬顿法对滨州高新区某纺织印染厂的生化出水进行深度处理，反应条件为：pH值为3.5，反应时间为40min，H_2O_2投加量为完全降解有机物的理论值，Fe^{2+}和H_2O_2的投加比为1∶3，此时COD的去除率高达90.5%。郭庆英等[92]对天津某开发区工业污水厂废水处理进行研究，废水来自于制药、轮胎制造、汽车工业等多种企业。原工艺为活性污泥法，设计出水水质为《城镇污水处理厂污染物排放标准》(GB 18918—2002)一级B标准，为了使出水水质提高至天津市地方标准《城镇污水处理厂污染物排放标准》(DB 12/599—2015)中的A标准，实施了提标改造工程，采用“反硝化滤池＋Fenton高级氧化法”，中试及投产后表明Fenton氧化法进水COD浓度为60mg/L可稳定降解至30mg/L以下。

内蒙古某发酵制药企业废水深度处理工程建厂初期投资建设了一套“酸化水解＋接触氧化”废水处理设施，但处理效果并不理想，后来改变其主体工艺为“UASB＋CASS”，处理效率仍然较低。为解决公司面临的环保难题、缓解下游园区集中污水处理厂运行压力、实现可持续发展，该公司决定彻底放弃原有工艺，投资建造一套稳定、高效的发酵制药企业废水处理设施（图6-5）。新工艺为生化-Fenton氧化组合工艺，生化部分为“三段A/O”工艺，处理水量为10000m^3/d。表6-1是新工艺废水进出水水质指标，经过生化段处理后，COD浓度仍然较高（233～334mg/L），再通过深度处理Fenton段，COD浓度降至52～77mg/L，COD总去除率高达99%，明显减少了对下游污水处理厂进水水质的冲击。

图 6-5　内蒙古某发酵制药企业废水处理设施

表 6-1　新工艺废水进出水水质指标

水质指标	进水/(mg/L)	生化出水/(mg/L)	Fenton 出水/(mg/L)	总去除率/%
COD	5680～16600	233～334	52～77	99
NH_4^+-N	58.1～670.6	1.2～9.5	—	99
TN	532.3～715.9	11.2～19.0	—	97

江苏省某造纸企业废水深度处理与回用工程工艺流程如图 6-6 所示，主要构筑物与设备如图 6-7 所示。废水水量为 11000m^3/d，二级生化出水 COD≤60mg/L。二级出水经过进一步深度处理达到回用目的，主要经过石灰软化-澄清、纤维转盘过滤池、O_3/活性炭、超滤、反渗透等处理，回用率为 63.6%，剩余 RO 浓水量为 4000m^3/d、COD≤60mg/L。建设项目总投资为 3290 万元、土建投资为 590 万元、设备投资 2213 万元，膜投资为 487 万元，运行成本为 3.11 元/m^3。

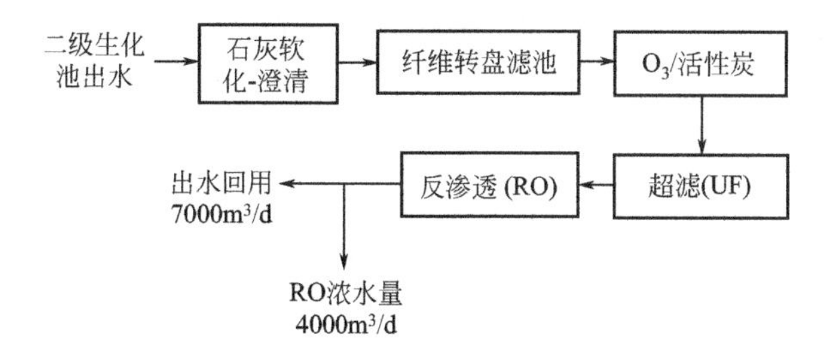

图 6-6　江苏省某造纸企业废水深度处理与回用工程工艺流程

(a) 上流固体接触式澄清池(软化)　　(b) 臭氧-活性炭滤池　　(c) 臭氧发生器

图 6-7

(d) 超滤(UF)　　(e) 反渗透　　(f) 臭氧-活性炭滤池外绿化

图 6-7 江苏省某造纸企业废水深度处理与回用工程构筑物与设备

6.7 气体扩散电极的制备及电芬顿降解异氟尔酮的研究

阳极表面原位产生的·OH具有很高的反应活性，因为·OH具有较高的标准氧化还原电位 [$E^{\ominus}(\cdot OH/H_2O)=2.80V$] 和有机物降解速率常数 [$10^7 \sim 10^{10} L/(mol \cdot s)$][93-95]。如式(6-38) 所示，Fenton试剂（$H_2O_2+Fe^{2+}$）也可以用于生成·OH。其中，H_2O_2 是一种绿色的氧化剂，在高级氧化工艺（AOPs）中得到了广泛的应用。然而 H_2O_2 的生产主要依靠蒽醌自氧化技术，该技术存在成本高、污染严重的缺点[96]，氧气原位还原电制备 H_2O_2 已被证明是一种很有前途的替代方法。如式(6-39)、式(6-40) 所示，阴极表面通常发生2电子或4电子氧化还原反应（ORR）生成 H_2O_2 或 H_2O，为了提高电流效率和降低能耗，应该尽量避免4电子反应。到目前为止，海绵炭[97]、碳毡[98]、石墨毡[99]、气体扩散电极(GDE)[100-104]等碳质材料因其无毒、耐化学腐蚀性、导电性好、稳定性好等优点已被广泛用于制备 H_2O_2 的阴极。在这些碳基材料中，气体扩散电极（GDE）因其具有相对较高的 H_2O_2 产率[105]而受到越来越多的关注。此外，许多研究人员发现，炭黑更倾向于通过2电子转移途径生成 H_2O_2 而不是4电子转移途径反应生成 H_2O[106]，因此是一种理想的电极制备材料。

$$H_2O_2+Fe^{2+} \longrightarrow Fe^{3+}+\cdot OH+OH^- \tag{6-38}$$

$$2H^++2e^-+O_2 \longrightarrow H_2O_2 \tag{6-39}$$

$$4H^++4e^-+O_2 \longrightarrow 2H_2O \tag{6-40}$$

在常压条件下，由于 O_2 溶解度较低（温度为25℃时空气和纯氧分别为8mg/L和40mg/L)[107]，通常需要持续不断的 O_2 供应，这无疑会造成巨大的 O_2 损失，降低了氧利用效率（OUE）。研究结果发现，许多电芬顿（EF）体系的OUE通常低于0.1%[108]，因此开发经济、高效的 H_2O_2 制备电极及技术是当前所迫切需要的。

笔者制备了乙炔黑基的GDE，对GDE的形貌和BET进行了表征，考察了GDE的 H_2O_2 的电生成实验，验证了 H_2O_2 产量与物性、电化学性质之间的关系，并详细评价了氧气压力和电流密度对生成 H_2O_2 的影响。最后，利用自制的 PbO_2 阳极和GDE在不同条件下对异氟尔酮进行了协同电催化降解实验。

6.7.1 电极SEM分析

如图6-8所示，GDE表面由不规则颗粒随机连接而成，形成具有多孔结构的导电网络，发达而完善的孔隙结构为氧的扩散提供了高效的通道，形成了气-固-液三相反应体系[109-111]，同时也增加了电极的表面积。结果表明随着PTFE含量的增加，表面形貌有明显的变化，且颗粒尺寸增大，这一现象可以解释为在电极压制过程中，过量聚四氟乙烯将乙炔黑（AB）黏结在了一起。

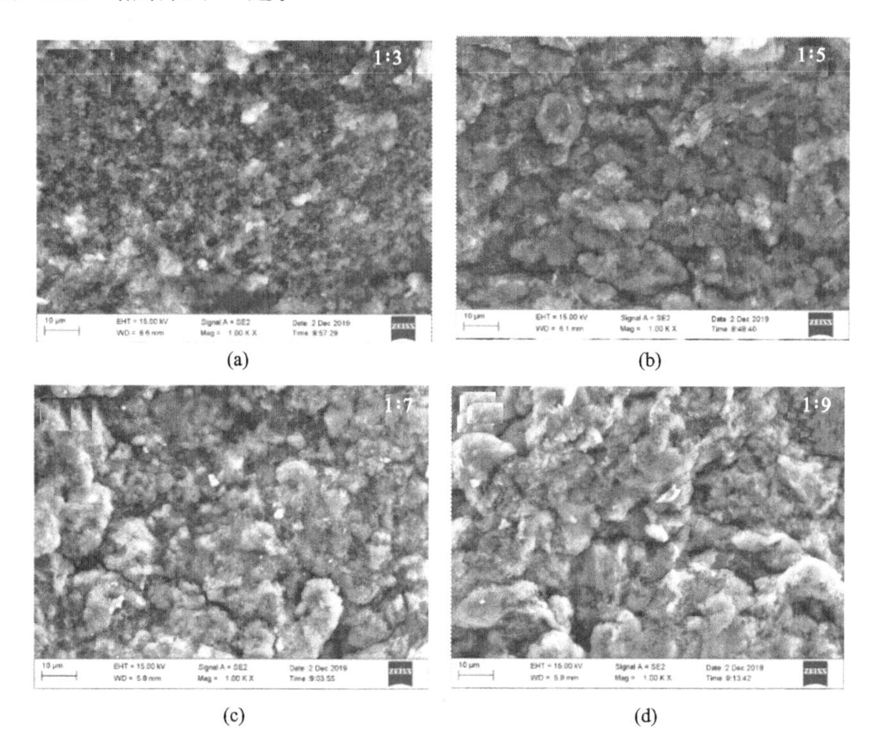

图 6-8 气体扩散电极 SEM

6.7.2 电极 XPS 分析

由图 6-9 可以看出，加入 PTFE 后，出现了 F_{1s} 峰，且 833.0eV 及 859.0eV 对应 F 的俄

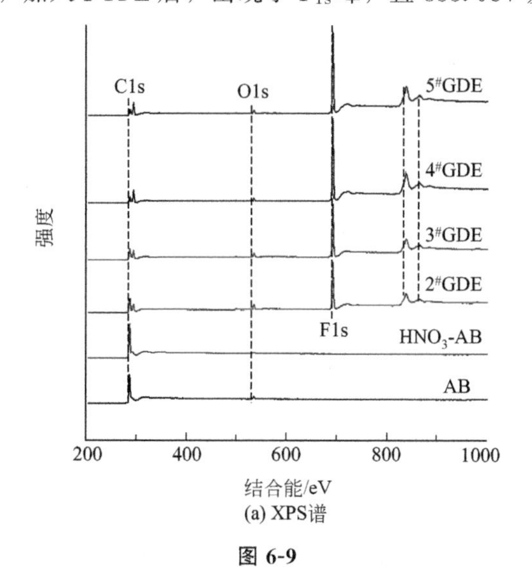

(a) XPS谱

图 6-9

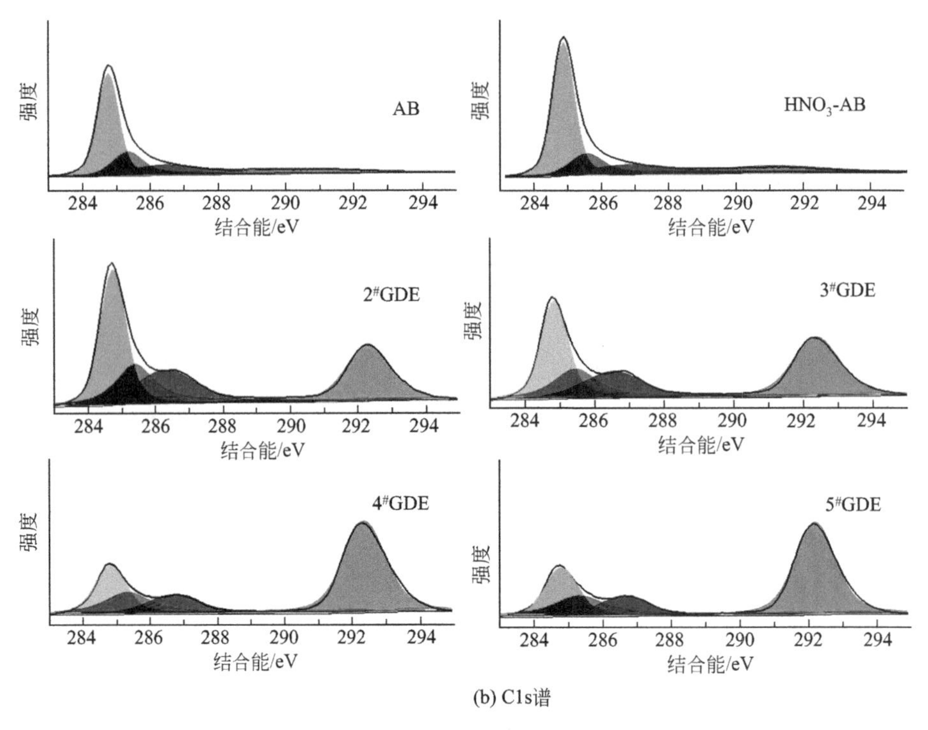

(b) C1s谱

图 6-9 电极的 XPS 谱及 C1s 谱

2# GDE、3# GDE、4# GDE、5# GDE 分别为乙炔黑（AB）和 PTFE 质量比为 1∶3、1∶5、1∶7、1∶9

歇电子谱线。对 C1s 谱图进行分峰可以得到，随着 PTFE 掺杂量的增加，284.6eV 的 C—C、285.5～285.9eV 的 C—O、286.1～286.6eV 的 C═O 都呈现下降趋势，而 292.0～292.8eV 的 C—F 则逐渐增强，推测原因主要是过量的 PTFE 掺杂并覆盖住了表面的官能团。

6.7.3 BET 和循环伏安曲线分析

如图 6-10(a) 所示，GDE 的 N_2 吸附-脱附等温线是拥有 H4 型滞后环的Ⅳ型吸附-脱附等温线，说明所有电极均具有裂隙状的空间结构通道。另外，如图 6-10(b) 所示，电极的孔径分布较为分散，孔隙结构较为混乱。如表 6-2 所列，电极压制过程中过量 PTFE 的黏结作用使得电极的 BET 表面积（S_{BET}）、孔隙体积和孔径均随着 PTFE 含量的增加而降低。如图 6-10(c) 所示，在 0～0.5V 范围内对循环伏安曲线积分，积分面积（S_{CV}）与电极的电化学活性位点呈正相关。显然，AB（乙炔黑）与 PTFE 质量比越大，S_{CV}就越大。S_{CV}与 S_{BET}关系如图 6-10(d) 所示，相关系数 R^2 为 0.9511，说明两者具有良好的线性关系。

表 6-2 GDE 的物性参数

电极	$S_{BET}(N_2)$ /(m^2/g)	总孔体积 /(cm^3/g)	平均孔径 /nm	S_{CV} /10^{-5}
2# GDE	24.843	1.020×10^{-1}	1.935	7.092
3# GDE	21.197	8.443×10^{-2}	1.705	5.518
4# GDE	17.396	6.393×10^{-2}	1.685	4.095
5# GDE	16.560	6.297×10^{-2}	1.685	2.918

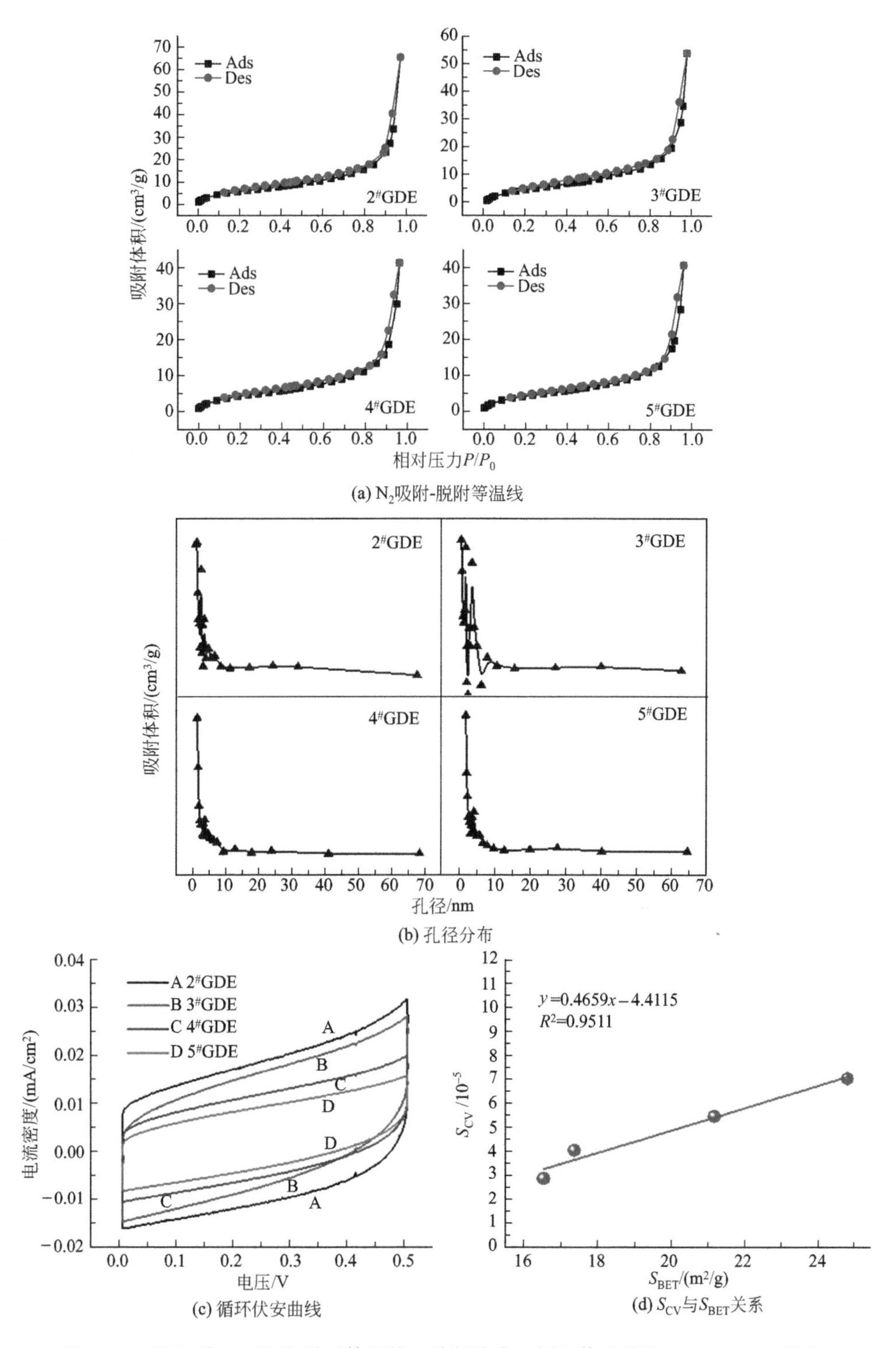

图 6-10　GDE 的 N_2 吸附-脱附等温线、孔径分布、循环伏安曲线、S_{CV} 与 S_{BET} 关系

6.7.4 AB 与 PTFE 的质量比对 H_2O_2 生成和 CE 的影响

评价了不同质量比的 AB 及 PTFE 制备的 GDE 对 H_2O_2 产量和电流效率的影响

(P_{O_2}=2MPa，I_D=20mA/cm²)。如图 6-11(a)、(b) 所示，20min 后的 H_2O_2 的生成速率逐渐降低，且 20min 时电流效率达到最大。随着 PTFE 含量的增加，H_2O_2 的产量下降且能耗增加，主要原因是疏水的 PTFE 导致了电极的电化学活性位点的减少和电导率的降低，阻碍了离子在电极和电解质之间的转移[112-114]。显然，2# GDE 具有最高的 H_2O_2 生成能力和电流效率（CE），H_2O_2 浓度可在 1h 内达到 518.91mg/L。电极的物理性质如 S_{BET}、孔径及孔隙体积、S_{CV} 可能与 H_2O_2 的生成密切相关。为了验证这一观点，在下面工作中研究了不同时间下 H_2O_2 产量与 S_{BET}、孔隙体积、孔径及 S_{CV} 之间的关系。

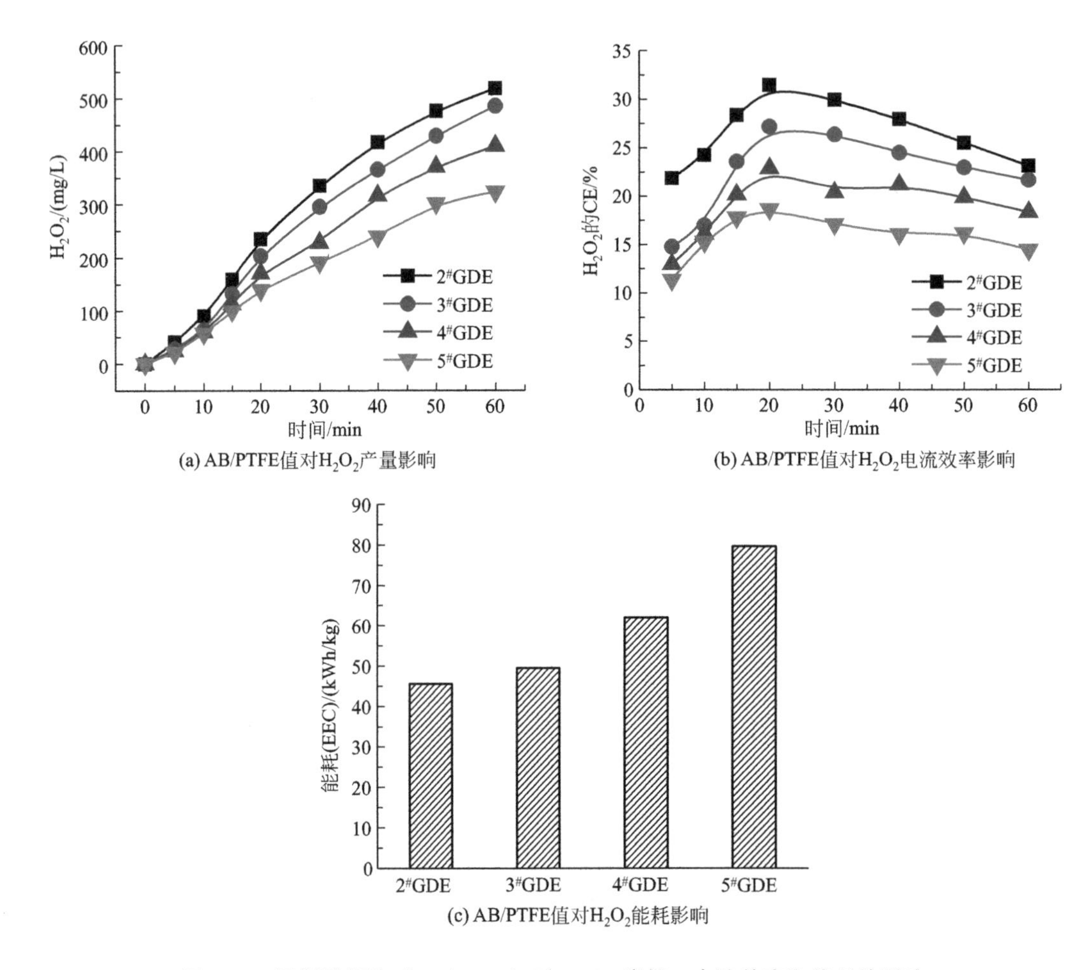

图 6-11　不同质量比（AB/PTFE）对 H_2O_2 产量、电流效率和能耗的影响

6.7.5　H_2O_2 产量与 S_{BET}、孔隙体积、孔径和 S_{CV} 的关系

从图 6-12(a)、(b) 可以得到，孔隙体积及孔径与 H_2O_2 的生成没有明显的关系，但整体上两者的增加都能促进 H_2O_2 的产量，这是因为较大的孔隙体积及孔径有利于 O_2 分子的扩散，从而提高 H_2O_2 的产量。从图 6-12(c)、(d) 可以看出，S_{BET} 和 S_{CV} 与 H_2O_2 的产量呈良好的线性关系，两者的增加可以线性的增加 H_2O_2 的产量。如表 6-3 所列，H_2O_2 产量和 S_{CV} 的线性相关系数更大，表明 O_2 还原生成 H_2O_2 的两电子反应发生在电极的电化学活性位点上。

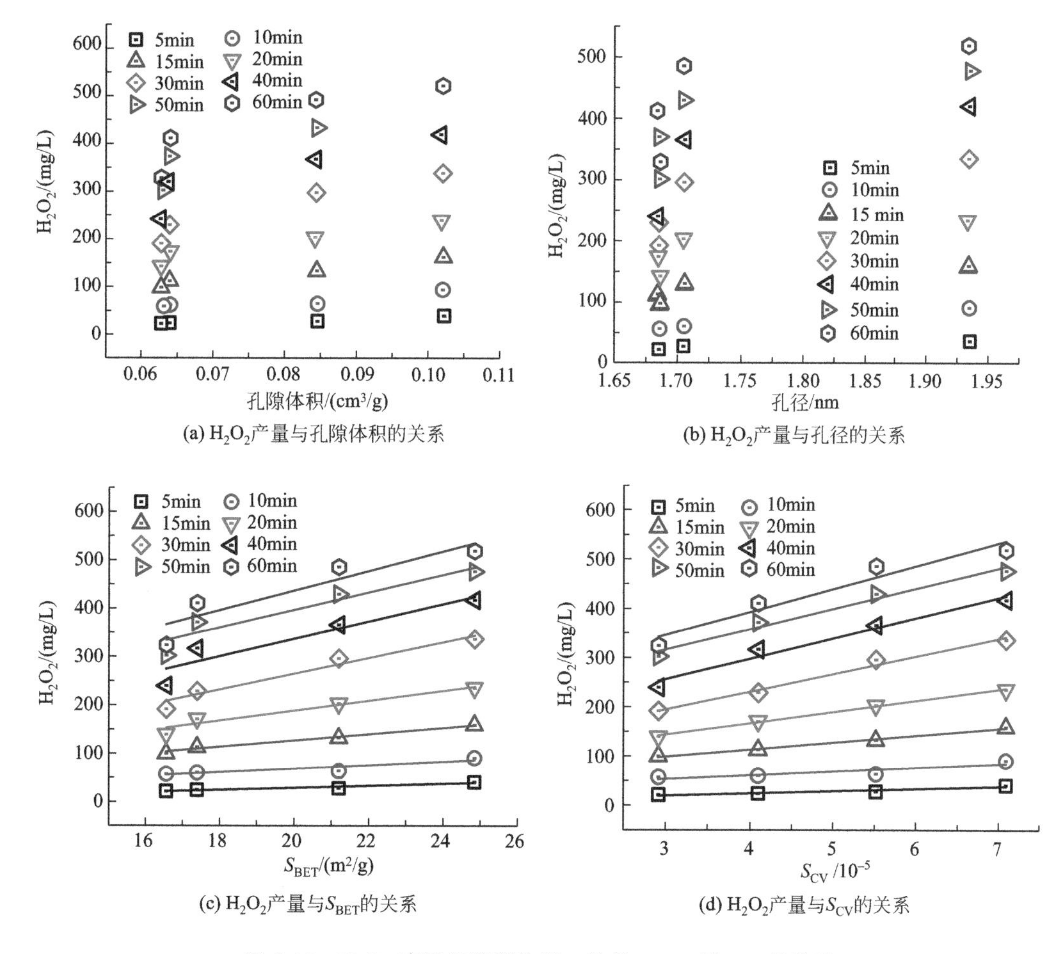

(a) H_2O_2产量与孔隙体积的关系

(b) H_2O_2产量与孔径的关系

(c) H_2O_2产量与S_{BET}的关系

(d) H_2O_2产量与S_{CV}的关系

图 6-12 H_2O_2 产量与孔隙体积、孔径、S_{BET}及S_{CV}的关系

表 6-3 H_2O_2 产量与 S_{BET}和 S_{CV}线性相关系数

R^2	5min	10min	15min	20min	30min	40min	50min	60min
S_{BET}/(m²/g)	0.8843	0.7728	0.9749	0.9172	0.9410	0.8244	0.8525	0.7738
S_{CV}/10^{-5}	0.8500	0.7049	0.9880	0.9944	0.9796	0.9570	0.9669	0.9111

6.7.6 氧分压及电流密度对 H_2O_2 及 CE 的影响

从能耗和电流效率的角度来看，有必要研究电流密度（I_D=20mA/cm²）和氧分压（P_{O_2}=4MPa）对 H_2O_2 制备的影响。如图 6-13(a)、(b) 所示，在没有 O_2 充入反应釜时，只会生成少量的 H_2O_2 且电流效率很低，这主要是由于阳极电解水所产生的 O_2 在阴极被还原生成了 H_2O_2。与较低 O_2 压力相比，较高 O_2 压力条件下可以生成更多的 H_2O_2 以及具有更高的 CE。主要是因为 O_2 压力越大，越多的溶解氧可以发生 2 电子还原反应。当 O_2 压力从 4MPa 增加到 5MPa 时，H_2O_2 的产量和 CE 的提升不明显，说明溶解氧接近饱和。

如 6-13(c) 所示，电流密度越大，H_2O_2 的生成越多。然而，电流密度的过度增加并

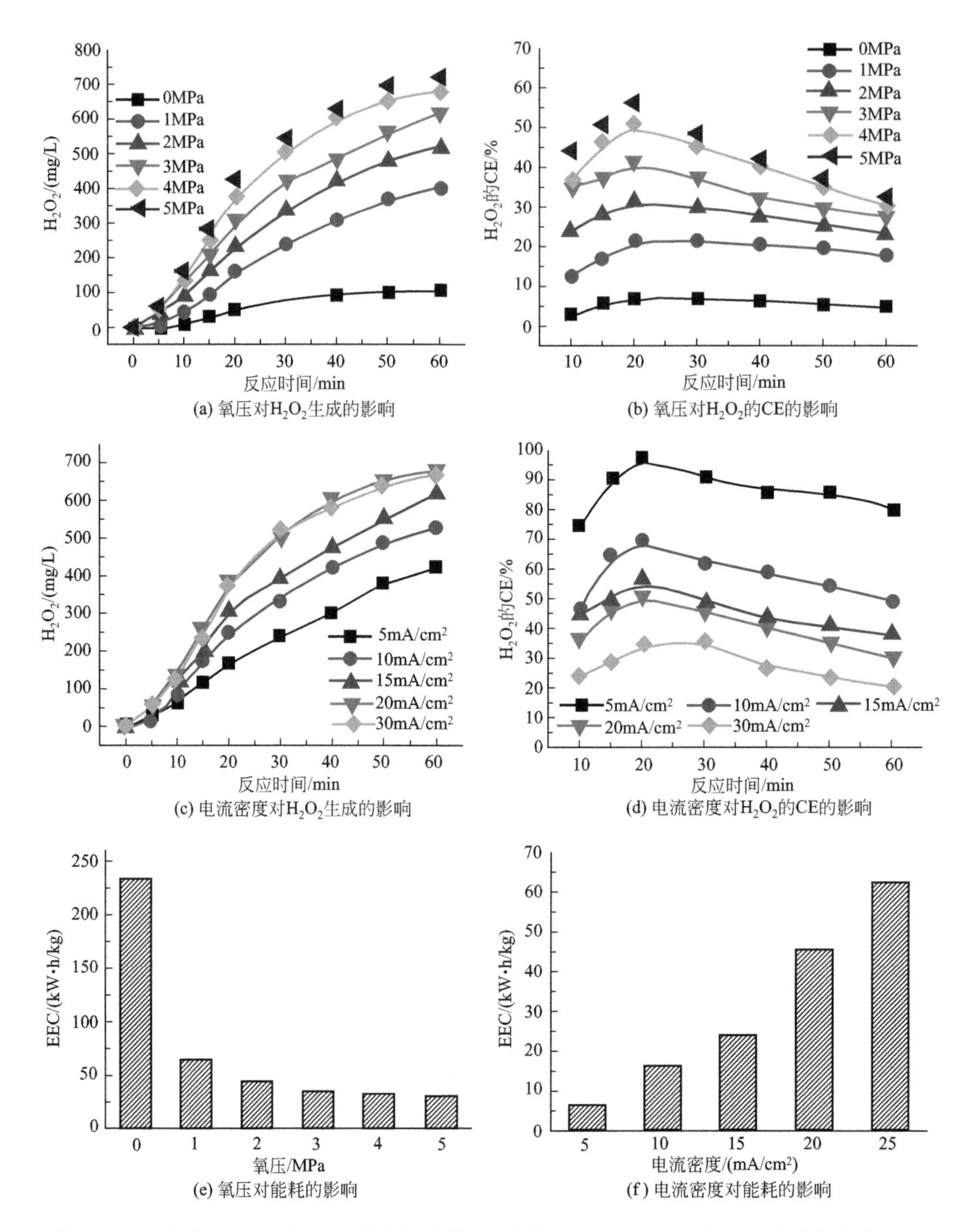

图 6-13 氧压对 H_2O_2 生成、CE 及能耗的影响，电流密度对 H_2O_2 生成、CE 及能耗的影响

不利于 H_2O_2 的形成，因为较大的电流密度不仅可以加速 H_2O_2 的生成，还会导致 H_2O_2 的快速消耗，包括通过阴极的还原如式(6-41)（接受 1 个电子）和式(6-42)（接受 2 个电子）所示、阳极的氧化如式(6-43) 所示和歧化反应如式(6-44)[115]所示。

$$H_2O_2 + e^- \longrightarrow OH^- + \cdot OH \tag{6-41}$$

$$H_2O_2 + 2H^+ + 2e^- \longrightarrow 2H_2O \tag{6-42}$$

$$2H_2O_2 \longrightarrow O_2 + 2H_2O \tag{6-43}$$

$$(H_2O_2 \longrightarrow HO_2^{\bullet} + H^+ + e^-, HO_2^{\bullet} \longrightarrow O_2 + H^+ + e^-)$$

$$H_2O_2 \longrightarrow O_2 + 2H^+ + 2e^- \tag{6-44}$$

在电流密度为 $30mA/cm^2$ 时，H_2O_2 的产率反而低于电流密度为 $20mA/cm^2$，这表明此时 H_2O_2 的生成速率要低于消耗速率。另外，在较高的电流密度下，过程动力学受氧传质控制而非电流控制，此时的 H_2O_2 生成速率不会因电流密度的增加而提高[116]。如图 6-13(d) 所示，由于副反应的增强，电流密度的增加导致电流效率的降低。由图 6-13(e)、(f) 可得，增大氧压、减小电流密度有利于降低能耗。

本研究中 H_2O_2 的电还原制备是较为环保型的，因为不需要加入酸碱调节 pH 值。如图 6-14 和表 6-4 所示，与其他文献相比，所有的 H_2O_2 制备实验都具有较高的 OUE (0.77%～2.93%)，这是由于阴极重新利用了阳极表面产生的 O_2，并通过提高 O_2 压力的方式增加了其溶解度。

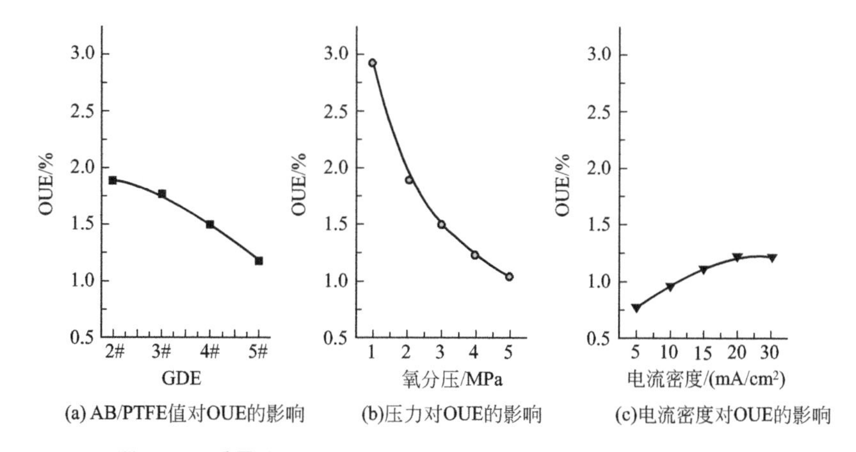

图 6-14　质量比 (AB/PTFE)、压力、电流密度对 OUE 的影响

表 6-4　与文献比较的过氧化氢电还原制备

电极	反应条件	H_2O_2 产率/[mg/(L·h)]	OUE/%	参考文献
GDE	V:300mL,pH7,0.3mol/L Na_2SO_4,I_D:20mA/cm²,氧分压:1～5MPa	401.55～718.91	1.05～2.93	本研究
GDE	V:300mL,pH:7,0.3mol/L Na_2SO_4,氧分压:4MPa,I_D:5～30mA/cm²	424.19～677.40	0.77～1.23	本研究
石墨毡	V: 200mL, pH2, 0.05mol/L Na_2SO_4, I_D: 5.32mA/cm²,O_2 流速:0.20L/min	130.35	0.20	[25]
ACF	V: 500mL, pH3, 0.05mol/L Na_2SO_4, I_D: 25mA/cm²,O_2 流速:0.1L/min	22	0.13	[26]
GDE	V: 250mL, pH3, 0.05mol/L Na_2SO_4, I_D: 20mA/cm²,气体流速:1.2L/min	316.11	0.37	[27]
GDE	V: 200mL, pH3, 0.05mol/L Na_2SO_4, I_D: 20mA/cm²,气体流速:2L/min	235.6	0.13	[28]
GDE	V: 100mL, pH: 3, I_D: 33mA/cm², 0.05mol/L Na_2SO_4,气体流速:0.2L/min	297.5	0.9	[12]

6.7.7 阴阳极协同降解 IP

采用自制的 PbO_2 阳极和 GDE 对 IP 进行了协同电催化降解实验（IP＝100mg/L，I_D＝$20mA/cm^2$，电解质：0.3mol/L Na_2SO_4），反应釜分别充入 2MPa O_2 和 2MPa N_2。

如图 6-15 和图 6-16 所示，2MPa O_2 条件下 IP 转化率反而低于 2MPa N_2 条件下的转化率，这主要是因为 PbO_2 阳极表面产生的 ·OH [式(6-45)] 将与还原生成的 H_2O_2 反应生成弱氧化剂——氢过氧自由基（$HO_2^{\bullet}$）[式(6-46)]。另外，在 2MPa N_2 的条件下，加入 10mmol/L Fe^{2+} 可以提高 IP 的降解速率。主要是因为电解水产生的 O_2 会转移到阴极表面并还原为 H_2O_2，通过铁离子的催化分解产生了 ·OH[117,118] [式(6-38)]，从而实现阴阳极的协同降解，加快了 IP 的降解速率，因此阳极析氧副反应产生的 O_2 可以在阴极被重复利用。由于 H_2O_2 和 ·OH 的生成速率都得到了提高，所以添加额外的 2MPa O_2 和 Fe^{2+} 可显著提高 IP 的去除率，实现了阳极和阴极对 IP 的高效协同电催化降解。

$$PbO_2+H_2O \longrightarrow PbO_2(\cdot OH)+H^++e^- \tag{6-45}$$

$$H_2O_2+\cdot OH \longrightarrow HO_2^{\bullet}+H_2O \tag{6-46}$$

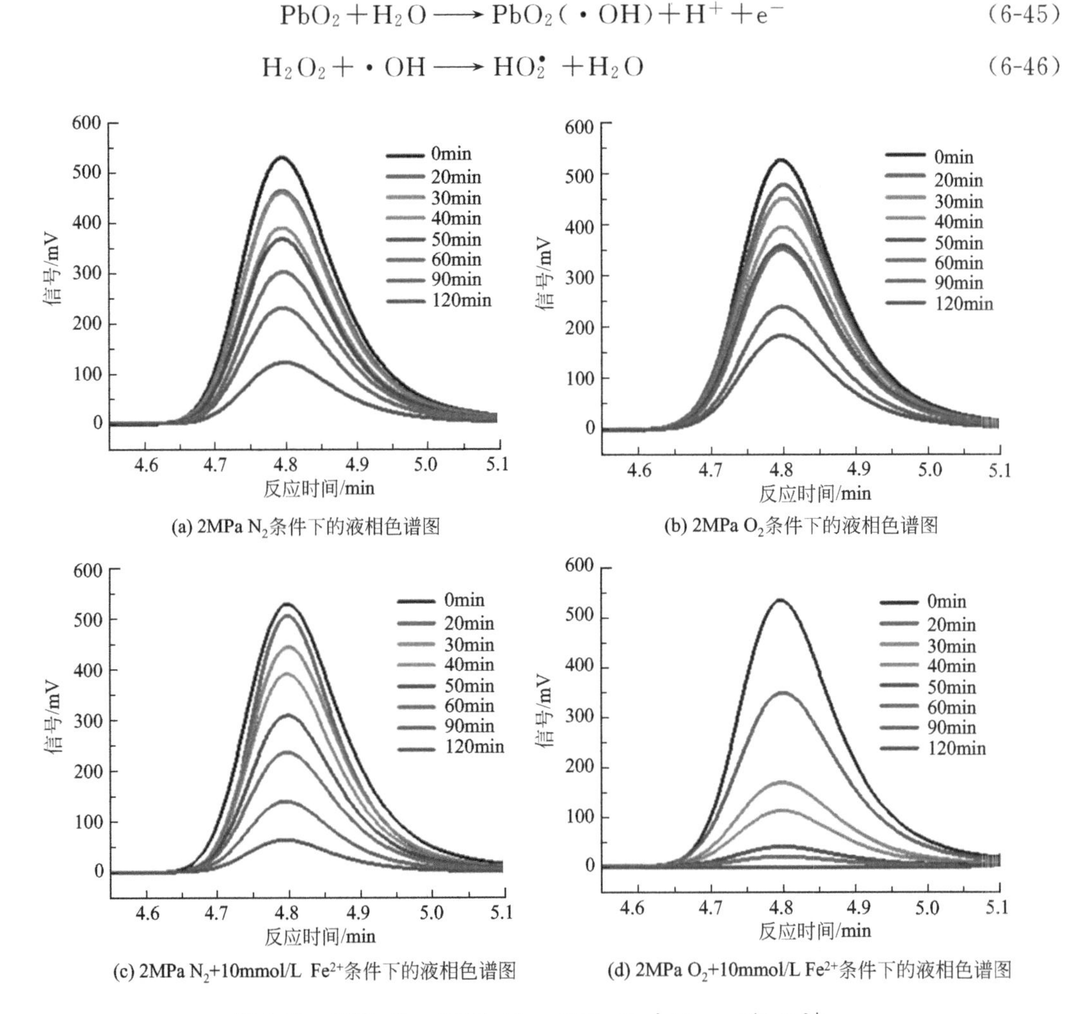

(a) 2MPa N_2条件下的液相色谱图

(b) 2MPa O_2条件下的液相色谱图

(c) 2MPa N_2+10mmol/L Fe^{2+}条件下的液相色谱图

(d) 2MPa O_2+10mmol/L Fe^{2+}条件下的液相色谱图

图 6-15 2MPa N_2、2MPa O_2、2MPa N_2＋10mmol/L Fe^{2+}、2MPa O_2＋10mmol/L Fe^{2+} 条件下的液相色谱图（见书后彩图）

本节制备了乙炔黑基的气体扩散电极（GDE），并对 GDE 的形貌和 BET 进行了表征，验证了 H_2O_2 产量与 BET 表面积（S_{BET}）、循环伏安曲线积分面积（S_{CV}）、孔隙体积和孔径之间的关系，评价了 O_2 压力和电流密度对 H_2O_2 生成的影响，利用自制的 PbO_2 阳极和 GDE 进行了协同电化学降解实验，结论如下：

① S_{BET}与S_{CV}呈良好的线性关系，乙炔黑（AB）与 PTFE 的质量比越大，S_{CV}就越

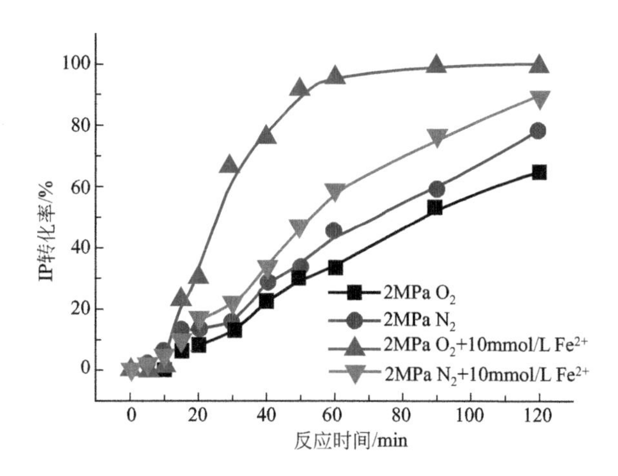

图 6-16 不同条件下的 IP 转化率

大，表明电极的电化学活性位点就越多，因此 2# GDE（AB/PTFE＝1∶3）具有最优的 H_2O_2 生成能力。

② H_2O_2 的生成随着孔隙体积、孔径的增加呈非线性增加，并与 S_{BET} 和 S_{CV} 呈良好的线性增长关系，与 S_{CV} 更好的相关性表明 H_2O_2 的生成主要发生在电极的电化学活性位点上。

③ 适度增加 O_2 压力及电流密度有利于 H_2O_2 的生成，所有的 H_2O_2 制备实验均表现出较高的氧利用效率。

④ 通过自制的 PbO_2 阳极和 GDE 可以实现对 IP 的高效协同电催化降解。

参考文献

[1] 宋维平. 高级氧化技术在有机污水处理中的联合应用 [J]. 科学与财富，2017，5：121-122.

[2] 肖华，周荣丰. 电芬顿法的研究现状与发展 [J]. 上海环境科学，2004，23 (6)：253-256.

[3] 马磊. 电催化氧化处理酚类难生物降解有机废水研究 [D]. 北京：中国科学院大学，2013.

[4] 邱珊，柴一荻，古振澳，等. 电芬顿反应原理研究进展 [J]. 环境科学与管理，2014，39 (9)：55-58.

[5] 周瑶. 电芬顿法处理含罗丹明 B 的印染废水研究 [D]. 哈尔滨：哈尔滨工业大学，2014.

[6] 班福忱，戴美月. 电芬顿技术的研究现状和进展 [J]. 建筑与预算，2016，11：38-41.

[7] Sirés I，Brillas E，Oturan M，et al. Electrochemical advanced oxidation processes：today and tomorrow. A review [J]. Environmental Science & Pollution Research，2014，21 (14)：8336-8367.

[8] Lee B D，Iso M，Hosomi M. Prediction of Fenton oxidation positions in polycyclic aromatic hydrocarbons by Frontier electron density [J]. Chemosphere，2001，42 (4)：431-435.

[9] Sun Y，Pignatello J J. Photochemical reactions involved in the total mineralization of 2，4-D by iron (3＋) /hydrogen peroxide/UV [J]. Environmental Science & Technology，27 (2)：304-310.

[10] Diagne M，Oturan N，Oturan M A. Removal of methyl parathion from water by electrochemically generated Fenton's reagent [J]. Chemosphere，2007，66 (5)：841-848.

[11] 王爱民，曲久辉，史红星，等. 活性碳纤维阴极电芬顿反应降解微囊藻毒素研究 [J]. 高等学校化学学报，2005，26 (9)：1665-1668.

[12] 胡晓莲，王西峰. 电-Fenton 氧化法处理皂素生产废水 [J]. 工业水处理，2009，29 (4)：21-24.

[13] 肖华，周荣丰. 非均相电芬顿技术中阴极碳基复合材料的研究进展 [J]. 环境科学与技术，2020，43 (04)：

25-31.

[14] 班福忱，刘炯天，程琳，等. 阴极电芬顿法处理苯酚废水的研究 [J]. 工业安全与环保，2009，35 (9)：25-27.

[15] 郑璐. 复极性三维电极-电芬顿耦合法处理苯酚废水的实验研究 [J]. 建筑与预算，2015，12：37-40.

[16] 徐甲慧. 电芬顿法降解含酚类有机废水 [J]. 上海大学学报：自然科学版，2019，25 (4)：576-589.

[17] Liu W，AI Z，Zhang L. Design of a neutral three-dimensional electro-Fenton system with foam nickel as particle electrodes for wastewater treatment [J]. J Hazard Mater，2012，243：257-264.

[18] 钱凯，周圆，李激，等. 印染废水高标准排放组合工艺优化 [J]. 环境工程学报，2019，13 (8)：1857-1865.

[19] 尚秀丽，陈淑芬，甘黎明，等. 电芬顿氧化法处理染料废水的研究进展 [J]. 毛纺科技，2015，43 (11)：35-38.

[20] 刘薇，周瑶，康可佳，等. 电芬顿技术处理印染废水的研究 [J]. 哈尔滨商业大学学报，2016，32 (2)：170-172.

[21] 孙秀君. 电芬顿-混凝协同处理印染废水技术研究 [J]. 应用化工，2015，10：1878-1880，1885.

[22] Manenti D R，Módenes A N，Soares P A，et al. Assessment of a multistage system based on electrocoagulation，solar photo-Fenton and biological oxidation processes for real textile wastewater treatment [J]. Chemical Engineering Journal，2014，252 (15)：120-130.

[23] Pajootan E，Arami M，Rahimdokht M. Discoloration of wastewater in a continuous electro-Fenton process using modified graphite electrode with multi-walled carbon nanotubes/surfactant [J]. Separation and Purification Technology，2014，130：34-44.

[24] 王香莲，湛含辉，刘浩. 煤化工废水处理现状及发展方向 [J]. 现代化工，2014，34 (3)：1-4.

[25] Hou B L，Han H J，Jia S Y，et al. Three-dimensional heterogeneous electro-Fenton oxidation of biologically pretreated coal gasification wastewater using sludge derived carbon as catalytic particle electrodes and catalyst [J]. Journal of the Taiwan Institute of Chemical Engineers，2016，60：352-360.

[26] 张锋. 电芬顿法降解苯酚废水的研究 [J]. 广州化工，2014，42 (10)：116-117，141.

[27] 周珊，陈传文. 电-Fenton 法处理 4-氯酚废水 [J]. 环境污染治理技术与设备，2004，5 (10)：56-59.

[28] 谢清松，张艳，李瑞萍，等. 电-Fenton 法处理制药中间体废水的研究 [J]. 环境工程学报，2010，4 (1)：57-62.

[29] 李宇庆，马楫，马国斌，等. 高压脉冲电凝-Fenton 氧化工艺处理制药废水试验研究 [J]. 工业用水与废水，2011，2：32-35.

[30] 胡志军，李友明，陈元彩，等. 电-Fenton 法预处理 CTMP 废水 [J]. 造纸科学与技术，2006，25 (6)：120-123.

[31] 胡成生，王刚，吴超飞，等. 含甲醛毒性废水电-Fenton 试剂氧化技术研究 [J]. 环境科学，2003，24 (6)：106-111.

[32] 杨祝红，黄文娟，吉远辉，等. 高级氧化技术矿化水中痕量有机物能力的研究进展 [J]. 南京工业大学学报（自然科学版），2011，33 (2)：109-114.

[33] Andreozzi R. Advanced oxidation processes (AOPs) for water purification and recovery [J]. Catalysis Today，1999，53 (1)：51-59.

[34] Chang J，Chen Z L，Wang Z，et al. Oxidation of microcystin-LR in water by ozone combined with UV radiation：The removal and degradation pathway [J]. Chemical Engineering Journal，2015，276：97-105.

[35] 杨子增. UV/O_3 降解水中磺胺嘧啶的效能和机理研究 [D]. 哈尔滨：哈尔滨工业大学，2016.

[36] Glaze W H，Kang J W，Chapin D H. The chemistry of water treatment processes involving ozone，hydrogen peroxide and ultraviolet radiation [J]. Ozone Science & Engineering，1987，9 (4)：335-352.

[37] Xin Y，Li X. A numerical study of photochemical reaction mechanism of ozone variation in surface layer [J]. Scientia Atmospherica Sinica. 1999，4：427-438.

[38] Lau T K，Chu W，Graham N. Reaction pathways and kinetics of butylated hydroxyanisole with UV，ozonation，and UV/O_3 processes [J]. Water Research，2007，41 (4)：765-774.

[39] Garrison R L，Mauk C E，Prengle H W. Cyanide disposal by ozone oxidation [M]. U. S. National technical information service，1974，AD-775 (152).

[40] 孙德智. 环境工程中的高级氧化技术 [M]. 北京：化学工业出版社，2002.

[41] 陈颖，孙贤波，陈强. O_3/UV 和 O_3/H_2O_2 氧化法处理聚丙烯酰胺采油废水 [J]. 华东理工大学学报（自然科学版），2016，42（5）：658-663.

[42] 张秀，赵泽盟，邵磊. O_3/UV 工艺处理罗丹明B染料废水的研究 [J]. 现代化工，2019，39（1）：180-183，185.

[43] 刘盼，扶咏梅，顾效纲，等. 农药及制药废水的处理技术及研究进展 [J]. 化学试剂，2019，

[44] 李彦博，金晓玲，汪翠萍，等. UV-O_3 工艺降解恩诺沙星效果研究 [J]. 给水排水，2014，40（3）：132-137.

[45] 刘金泉，李天增，王发珍，等. O_3、H_2O_2/O_3 及 UV/O_3 在焦化废水深度处理中的应用 [J]. 环境工程学报，2009，3（3）：501-505.

[46] Beltran F J, Rivas F J, Gimeno O. Comparison between photocatalytic ozonation and other oxidation processes for the removal of phenols from water [J]. Journal of Chemical Technology and Biotechnology, 2005, 80（9）: 973-984.

[47] Shang N C, Chen Y H, Ma H W, et al. Oxidation of methyl methacrylate from semiconductor wastewater by O_3 and O_3/UV processes [J]. Journal of Hazardous Materials. 2007, 147（1-2）: 307-312.

[48] Wang K, Guo J, Yang M, et al. Decomposition of two haloacetic acids in water using UV radiation, ozone and advanced oxidation processes [J]. Journal of Hazardous Materials. 2009, 162（2-3）: 1243-1248.

[49] 胡军. 光催化-臭氧联用技术在环境工程中的应用研究 [D]. 大连：大连理工大学，2004.

[50] 马晓敏，宋强，胡春，等. 紫外、臭氧复合对饮用水的杀菌除微污染实验 [J]. 环境科学，2002，23（5）：57-61.

[51] Marjanna H, Juha K, Rein M, et al. Modelling of cholorophenol treatment in aqueous solutions ozonation and ozonation combination with UV radiation under acidic conditions [J]. Ozone: Science & Engineering, 1998, 20（4）: 259-282.

[52] 胡军，周集体，张爱丽，等. 光催化-臭氧联用技术降解苯胺研究 [J]. 大连理工大学学报，2005，45（1）：26-30.

[53] Cernigoj U, Stangar U L, Trebse P. Degradation of neonicotinoid insecticides by different advanced oxidation processes and studying the effect of ozone on TiO_2 photocatalysis [J]. Applied Catalysis B-Environmental, 2007, 75（3-4）: 229-238.

[54] 卢敬霞，张彭义，何为军. 臭氧光催化降解水中甲醛的研究 [J]. 环境工程学报，2010，4（1）：29-32.

[55] Addamo M, Augugliaro V, Garcia-Lopez E, et al. Oxidation of oxalate ion in aqueous suspensions of TiO_2 by photocatalysis and ozonation [J]. Catalysis Today, 2005, 107-08: 612-618.

[56] 尚会建. 非均相臭氧-光催化氧化高盐含氰废水的工艺研究 [D]. 天津：天津大学，2016.

[57] 吕锡武，赵光宇. 紫外-微臭工艺去除饮用水中新兴污染物研究 [D]. 南京：东南大学，2012.

[58] 吕锡武. 紫外微臭氧饮用水净化的方法，CN96117154.5 [P]. 1997-05-28.

[59] 吕锡武，孔青春. 紫外-微臭氧处理饮用水中有机优先污染物 [J]. 中国环境科学，1997，90-93.

[60] 张然. 紫外-微臭氧深度处理工艺去除微量难降解有机物的研究 [D]. 南京：东南大学，2012.

[61] 田润稷，张静，刘春. UV 强化微气泡臭氧化处理酸性大红 3R 废水研究 [J]. 工业水处理，2019，39（4）：53-57.

[62] Walling C A, Kalyani. Oxidation of mandelic acid by Fenton's reagent [J]. Journal of the American Chemical Society, 1982, 104（5）: 1185-1189.

[63] Chiou C S, Chen Y H, Chang C T, et al. Photochemical mineralization of di-n-butyl phthalate with H_2O_2/Fe^{3+} [J]. Journal of Hazardous materials. 2006, 135（1-3）: 349.

[64] 谢银德，陈锋，何建军，等. Photo-Fenton 反应研究进展 [J]. 影像科学与光化学，2000，18（4）：357-365.

[65] 赵超，刘立明，韩晴，等. Fenton 及 Photo-Fenton 氧化处理垃圾渗滤液的研究 [J]. 三峡大学学报（自然科学版），2007，29（1）：66-69.

[66] 王维明. 非均相光芬顿深度处理焦化废水的研究 [D]. 哈尔滨：哈尔滨工业大学，2012.

[67] 张乃东，郑威，黄君礼. UV-Vis/H_2O_2/草酸铁络合物法在水处理中的应用 [J]. 影像科学与光化学，2003，21（1）：73-79.

[68] Monteagudo J M, DuráN A, Aguirre M, et al. Optimization of the mineralization of a mixture of phenolic pollutants under a ferrioxalate-induced solar photo-Fenton process [J]. Journal of Hazardous materials, 2011, 185 (1): 131-139.

[69] Monteagudo J M, Durán A, San M I, et al. Effect of continuous addition of H_2O_2 and air injection on ferrioxalate-assisted solar photo-Fenton degradation of Orange Ⅱ [J]. Applied Catalysis B: Environmental, 2009, 89 (3-4): 510-518.

[70] 李东伟，高先萍，蓝天. UV-Fenton 试剂处理焦化废水的研究 [J]. 水处理技术，2008，34 (10)：42-45.

[71] 王兆江，李军，王强，等. UV/Fenton 氧化技术深度处理漂白废水 [J]. 华南理工大学学报，2011，39 (1)：79-84.

[72] 赵丽红，孙洪军. Fenton 和 UV-Fenton 催化降解苯酚废水研究 [J]. 工业安全与环保. 2015，41 (5)：21-23.

[73] Chen J, Zhu L. Heterogeneous UV-Fenton catalytic degradation of dyestuff in water with hydroxyl-Fe pillared bentonite [J]. Catalysis Today, 2007, 126 (3-4): 463-470.

[74] 陈芳艳，倪建玲，唐玉斌，等. 非均相 UV/Fenton 氧化法降解水中六氯苯的研究 [J]. 环境工程学报，2008，2 (6)：765-770.

[75] 岳琳，张迎，徐东升，等. MOF(Fe) 材料用于光-芬顿催化降解酸性大红 3R 废水 [J]. 现代化工，2019，39 (9)：119-123.

[76] 崔延瑞，肖颂娜，吴青，等. 臭氧氧化难降解废水生化性改变研究评述 [J]. 河南师范大学学报 (自然科学版)，2013，41 (2)：78-84.

[77] 胡洁，王乔，周珉，等. 芬顿和臭氧氧化法深度处理化工废水的对比研究 [J]. 四川环境，2015，34 (4)：23-26.

[78] Neyens E, Baeyens J. A review of classic Fenton's peroxidation as an advanced oxidation technique [J]. Journal of Hazardous Materials, 2003, 98 (1): 33-50.

[79] 王服群，王力骞，张璐，等. 芬顿臭氧联合应用于陈年垃圾渗滤液浓液处理的研究 [J]. 工业安全与环保，2014，40 (4)：21-23.

[80] 黄强，蒋伟群，高峰. O_3/Fenton 试剂复合氧化多菌灵废水实验 [J]. 农药，2010，49 (11)：807-808.

[81] 丁禄彬. 臭氧和 Fenton 试剂处理石化电脱盐废水研究 [J]. 试验研究，2015，15 (3)：39-41.

[82] 钟晨. 高级氧化与生化组合工艺处理造纸添加剂废水的研究 [D]. 上海：华东理工大学，2008.

[83] 王斯靖，舒平. 一种氧化和生化耦合一体化的水处理方法，CN109052848A [P]. 2018-09-01.

[84] 曹国民，盛梅，刘勇弟. 高级氧化-生化组合工艺处理难降解有机废水的研究进展 [J]. 化工环保，2010，30 (1)：1-7.

[85] 王树涛，马军，田海，等. 臭氧预氧化/曝气生物滤池污水深度处理特性研究 [J]. 现代化工，2006，26 (11)：32-36.

[86] 汪晓军，顾晓扬，王炜. 组合工艺处理高浓度日用化工废水 [J]. 工业废水处理，2008，28 (2)：78-80.

[87] 钟理，陈建军，郭文静，等. 高级氧化-生化耦合技术处理低浓度有机污水用作回用水实验研究 [J]. 现代化工，2005，25 (1)：39-42.

[88] Kitis M, Adams C D, Daigger G T. The effects of fenton's reagent pretreatment on the biodegradability of nonionic surfactants [J]. Water Research, 1999, 33 (11): 2561-2568.

[89] Toor R, Mohseni M. UV-H_2O_2 based AOP and its integration with biological activated carbon treatment for DBP reduction in drinking water [J]. Chemosphere, 2007, 66 (11): 2087-2095.

[90] 李旺. 生化-高级氧化法处理酸化油生产废水工艺设计 [D]. 济南：齐鲁工业大学，2015.

[91] 张燕，杨瑞雪. 芬顿氧化在印染废水深度处理中的应用实验研究 [J]. 广州化工，2019，47 (17)：94-96.

[92] 郭庆英，刘晓茜，李晶. 芬顿高级氧化用于工业污水厂深度处理提标改造 [J]. 中国给水排水，2019，35 (10)：64-67.

[93] Brillas E, Sires I, Oturan M A. Electro-fenton process and related electrochemical technologies based on fenton's reaction chemistry [J]. Chem Rev, 2009, 109: 6570-6631.

[94] Sires I, Brillas E, Oturan M A, et al. Electrochemical advanced oxidation processes: today and tomorrow [J]. A review, Environ. Sci. & Pollut. Res, 2014, 21: 8336-8367.

[95] Moreira F C, Boaventura R A R, Brillas E, et al. Electrochemical advanced oxidation processes: A review on their application to synthetic and real wastewaters [J]. Appl Catal B-Environ, 2017, 202: 217-261.

[96] Dittmeyer R, Grunwaldt J D, Pashkova A. A review of catalyst performance and novel reaction engineering concepts in direct synthesis of hydrogen peroxide [J]. Catal Today, 2015, 248: 149-159.

[97] Nidheesh P V, Zhou M H, Oturan M A. An overview on the removal of synthetic dyes from water by electrochemical advanced oxidation processes [J]. Chemosphere, 2018, 197: 210-227.

[98] Cotillas S, Llanos J, Rodrigo M A, et al. Use of carbon felt cathodes for the electrochemical reclamation of urban treated wastewaters [J]. Appl Catal B-Environ, 2015, 162: 252-259.

[99] Liu X C, Yang D X, Zhou Y Y, et al. Electrocatalytic properties of N-doped graphite felt in electro-Fenton process and degradation mechanism of levofloxacin [J]. Chemosphere, 2017, 182: 306-315.

[100] Zhao Q, An J K, Wang S, et al. Superhydrophobic air-breathing cathode for efficient hydrogen peroxide generation through two-electron pathway oxygen reduction reaction [J]. Acs Appl Mater Inter, 2019, 11: 35410-35419.

[101] Yuan S Y, Fan Y, Zhang Y C, et al. Pd-catalytic in situ generation of H_2O_2 from H_2 and O_2 produced by water electrolysis for the efficient electro-fenton degradation of rhodamine B [J]. Environ Sci Technol, 2011, 45: 8514-8520.

[102] Ding P P, Cui L L, Li D, et al. Innovative dual-compartment flow reactor coupled with a gas diffusion electrode for in situ generation of H_2O_2 [J]. Ind Eng Chem Res, 2019, 58: 6925-6932.

[103] Chen Z, Dong H, Yu H B, et al. In-situ electrochemical flue gas desulfurization via carbon black-based gas diffusion electrodes: Performance, kinetics and mechanism [J]. Chem Eng J, 2017, 307: 553-561.

[104] Xu Y, Cao L M, Sun W, et al. In-situ catalytic oxidation of Hg-0 via a gas diffusion electrode [J]. Chem Eng J, 2017, 310: 170-178.

[105] Isarain-Chavez E, Arias C, Cabot P L, et al. Mineralization of the drug beta-blocker atenolol by electro-Fenton and photoelectro-Fenton using an air-diffusion cathode for H_2O_2 electrogeneration combined with a carbon-felt cathode for Fe^{2+} regeneration [J]. Appl Catal B-Environ, 2010, 96: 361-369.

[106] Li N, An J K, Zhou L A, et al. A novel carbon black graphite hybrid air-cathode for efficient hydrogen peroxide production in bioelectrochemical systems [J]. J Power Sources, 2016, 306: 495-502.

[107] Reis R M, Beati A A G F, Rocha R S, et al. Use of gas diffusion electrode for the in situ generation of hydrogen peroxide in an electrochemical flow-by reactor [J]. Ind Eng Chem Res, 2012, 51: 649-654.

[108] Yu F K, Zhou M H, Zhou L, et al. A novel electro-fenton process with H_2O_2 generation in a rotating disk reactor for organic pollutant degradation [J]. Environ Sci Tech Let, 2014, 1: 320-324.

[109] Dong H, Yu H, Yu H B, et al. Enhanced performance of activated carbon-polytetrafluoroethylene air-cathode by avoidance of sintering on catalyst layer in microbial fuel cells [J]. J Power Sources, 2013, 232: 132-138.

[110] Dong H, Yu H B, Wang X. Catalysis kinetics and porous analysis of rolling activated carbon-PTFE air-cathode in microbial fuel cells [J]. Environ Sci Technol, 2012, 46: 13009-13015.

[111] Dong H, Yu H B, Wang X, et al. A novel structure of scalable air-cathode without Nafion and Pt by rolling activated carbon and PTFE as catalyst layer in microbial fuel cells [J]. Water Res, 2012, 46: 5777-5787.

[112] Pan Z W H, Wang K, Wang Y, et al. In-situ electrosynthesis of hydrogen peroxide and wastewater treatment application: A novel strategy for graphite felt activation [J]. Appl Catal B-Environ, 2018, 237: 392-400.

[113] Divyapriya G, Thangadurai P, Nambi I. Green approach to produce a graphene thin film on a conductive ICD matrix for the oxidative transformation of ciprofloxacin [J]. Acs Sustain Chem Eng, 2018, 6: 3453-3462.

[114] Luo J Y, Tung V C, Koltonow A R, et al. Graphene oxide based conductive glue as a binder for ultracapacitor

electrodes [J]. J Mater Chem，2012，22：12993-12996.

[115] Brillas E，Bastida R M，Llosa E，et al. Electrochemical destruction of aniline and 4-chloroaniline for waste-water treatment using a carbon-ptfe O_2-Fed Cathode [J]. J Electrochem Soc，1995，142：1733-1741.

[116] Scialdone O，Galia A，Gattuso C，et al. Effect of air pressure on the electro-generation of H_2O_2 and the abatement of organic pollutants in water by electro-Fenton process [J]. Electrochim Acta，2015，182：775-780.

[117] Cui L L，Ding P P，Zhou M，et al. Energy efficiency improvement on in situ generating H_2O_2 in a double-compartment ceramic membrane flow reactor using cerium oxide modified graphite felt cathode [J]. Chem Eng J，2017，330：1316-1325.

[118] Wang A M，Qu J H，Ru J，et al. Mineralization of an azo dye Acid Red 14 by electro- Fenton's reagent using an activated carbon fiber cathode [J]. Dyes Pigments，2005，65：227-233.

第7章 水处理技术方法评价

7.1 引言

在本书中，笔者从第2章到第6章分别介绍了催化过氧化氢氧化、催化臭氧氧化、电催化氧化、湿式空气氧化以及多种技术偶联等高级氧化工艺，介绍了其基本原理、反应体系、研究进展以及工程应用。如此多的技术，其各自的优缺点和适用范围也差别较大，水处理技术从业人员在面临某类废水时如何进行技术选择就变得很重要了。基于此，本章将尝试讨论上述问题，以求为读者进行水处理技术开发时提供思路。

在进行水处理技术评价讨论之前，笔者做如下声明：由于笔者主要从事高级氧化技术的科学研究与工程实践，对污水处理中的其他技术（如生化技术、膜技术以及吸附等）了解不足，因此本章将主要围绕几种高级氧化技术进行讨论。

7.2 水处理技术筛选原则

由于工农业生产的多种多样，导致生产过程所产有机废水复杂多样，针对这些复杂多样的有机废水，学者们开发出了多种水处理技术。针对某种废水，应该如何确定适宜的水处理技术呢？在进行技术选择时可遵循以下几项基本原则。

（1）水质适宜性原则

研究者收到某类废水后，首先应对该类废水水质进行检测，如酸碱性、化学需氧量（COD）、生化需氧量（BOD）、总有机碳（TOC）、总容固、电导率以及某些特征污染物的浓度等。这些指标中COD、BOD、TOC与盐含量为关键指标，对于选择合适的水处理技术非常重要。一般来说若BOD_5/COD值>0.3，则认为该废水生化性较好，可以采用生化的方法来处理；若废水BOD_5/COD值远小于0.3，则认为该废水毒性较大，传统的生化方法无法处理，需要采用高级氧化的技术进行预处理或深度处理。对于不同 COD 的废水，相关高级氧化技术的适用性也有差异，具体如表 7-1 所列。

表 7-1 不同浓度的 COD 对应的废水处理技术

水处理技术	适用范围
混凝沉淀	不溶污染物
生物处理	无生物毒性有机废水
焚烧	高浓度有机废水（COD＞100000mg/L）
催化湿式氧化	中高浓度有机废水（10000mg/L⩽COD⩽100000mg/L）
催化过氧化氢氧化	中低浓度有机废水（2000mg/L⩽COD⩽5000mg/L）
催化臭氧氧化	中低浓度有机废水（2000mg/L⩽COD⩽5000mg/L）
电催化氧化	低浓度有机废水（COD＜1000mg/L）
光催化氧化	低浓度有机废水（COD＜1000mg/L）

从表 7-1 可以看出，废水 COD 浓度特别高时（＞100000mg/L）适宜的方法为焚烧技术，因为废水中有机物浓度很高，采用焚烧法时可以显著减少助燃剂的用量。催化湿式氧化技术，作为一种氧化能力很强，处理效率非常高的技术，其适宜处理的废水 COD 浓度一般为 10000～100000mg/L。而催化臭氧氧化和催化过氧化氢氧化适合于处理 COD 浓度在 2000～5000mg/L 之间的中低浓度废水。电催化和光催化技术适宜于处理 COD 浓度在＜1000mg/L 的废水。目前有研究发现，若废水中存在一定比例的盐，将会抑制催化氧化反应过程，所以对于含盐量较高的废水优先推荐使用电化学氧化技术。

（2）成本最低原则

任何一项技术最终能否工业化，还是由其成本来决定。成本一般包括投资成本和运行成本两部分。投资成本主要包括土地购置费、建设工程费、设备购置费、安装工程费、工程建设其他费、建设期贷款利息、预备费等。运行成本主要包括能耗费、药剂费、日常维护费、大修基金、员工工资及福利费、水费、管理费和其他费用[1]。在进行工程建设时，首先要做的是根据甲方要求对多种可行的水处理技术进行成本核算，方案比选，从而找到成本最低的水处理工艺方案。

（3）基于出水最终去向设计废水处理方案的原则

“基于出水最终去向设计废水处理方案的原则”是指在设计废水处理方案时不能简单划定一个统一的处理标准，而应该根据废水的最终去向和相关要求来设计处理方案。例如，废水出水最终去向是回用，不应按照废水排放标准一级 A[2] 的要求来设计水处理方案，而应根据回用要求来设计。若出水要回用于农业灌溉，则废水的生态毒性问题最关键，若出水要回用于厂区绿化，则水质要求可能就比较低。再例如，出水最终要排放到自然水体中，受纳水体的水环境容量就非常关键，若受纳水体水环境容量已非常有限，则一级 A 的排放标准可能也不行，需要进一步提升出水水质。

（4）资源利用的最大化原则

这里提到的资源利用最大化原则，是指环保工作者应充分认识到废水是一种宝贵的资源，应在控制水污染的过程中实现废水（污水）的资源化、能源化利用[3]。有学者测算发现我国目前污水处理设施年排放 CO_2 超过 2000 万吨，而我国排放的废水中可能包含 280 万吨氮肥资源、60 万吨磷资源、100 万吨硫资源，所以开展废水中资源的最优化利用非常重要[4]。根据王曦溪等的描述，废水（污水）可以说是全身都是宝，处理后、无害化的水是水资源，废水中的有机污染物是能源，废水中的氮、磷、钾、镁是肥源和化工原料。经过妥善处理的废水（污水）被称为再生水，可回用于农业、工业、景观，补充地下水，也可排放至水体，如河流、湖泊、海湾等。为了解决我国水资源不足的矛盾，应优先考虑再生水回用，为了充分利用废水（污水）中的氮、磷，特别应优先考虑利用再生水灌溉农田[3]。

7.3 废水处理方案的确定

由于现实生活中工业废水多种多样，而废水的处理方法也千差万别，如何从众多方法中制定出最适宜的废水处理方案，还是很有难度的。但根据 7.2 部分所述原则确定废水处理方案的思路为：a. 根据废水水质及企业要求，确定实验室小试方案，并进行初步成本核算；b. 根据小试结果确定中试实验方案，进一步验证小试结果；c. 根据中试结果与设计院合作确定工程建设方案、设计图纸等，并进行工程成本核算。结合笔者多年废水处理工程经验，以某工业废水为例与读者讨论废水处理方案的确定过程。

下面将介绍某光稳定剂生产企业含盐废水的处理工艺确定过程。

7.3.1 废水基本特点

某光稳定剂生产企业，是一家专注于高性能聚合物助剂研发与生产的国家级高新技术企业，是我国较早专业从事防老化功能材料技术开发、生产的企业之一，位于河北省。该企业所产光稳定剂废水毒性大、COD 浓度较高、盐含量大，难于使用生物方法处理，需要采用高级氧化的方法来处理。企业对废水的处理要求为出水 COD 浓度降至 200mg/L 以下，满足后续蒸发结晶提盐的要求，得到的成品盐溶于水中后为澄清液，无悬浮物，pH 呈中性。其废水基本水质如表 7-2 所列。

表 7-2 光稳定剂废水水质

COD_{Cr}/(mg/L)	TOC/(mg/L)	盐度/%	pH 值	Cl^- 浓度/(mg/L)	水量/(m^3/d)
4050	2105	20%	12	100000	240

7.3.2 废水处理方案设计思路

废水毒性较大，且 COD 浓度在 2000～5000mg/L 之间，盐含量较大，属于中低浓度废水，适宜采用的方法有催化臭氧氧化、电催化氧化和催化过氧化氢氧化等方法。同时又由于废水出水 COD 浓度应降至 200mg/L 以下，故需要对废水进行深度处理。该废水具体处理方案构建思路为：

① 进行实验室小试，分别考察上述三种方法的废水处理效果。若能达到处理要求

（COD＜200mg/L），则进行初步的成本核算；若不能达到处理要求，则评价废水生化性能是否得到改善，或进行相关方法偶联，即考虑催化臭氧氧化、电催化氧化、催化过氧化氢氧化和生化技术的两两组合。力争达到处理要求并进行初步成本核算。

② 根据小试结果设计废水处理中试实验装置，根据中试结果与设计人员确定工程建设方案。

③ 设计人员确定设计图纸并进行成本核算。

7.3.3 实验室小试结果

（1）电催化氧化处理光稳定剂废水

实验装置如图 7-1 所示。

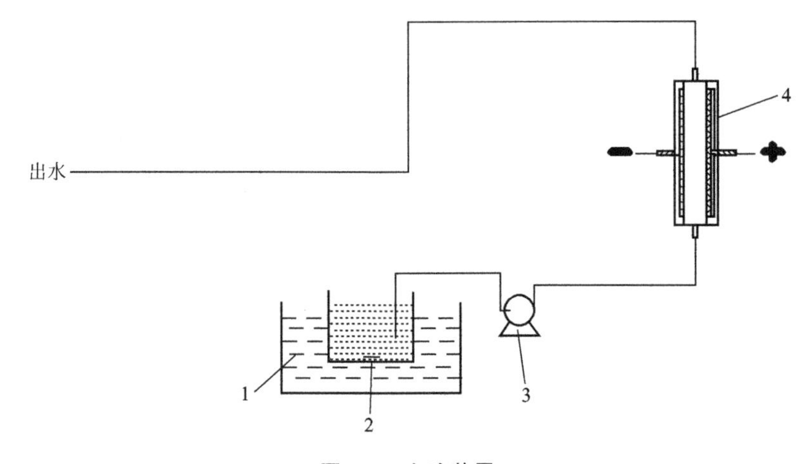

图 7-1 实验装置

1—水浴；2—磁力搅拌仪；3—泵；4—电化学反应器

实验基本过程：通过水浴控制水温恒定，使废水温度保持在 30℃；在不断搅拌的情况下，用泵将废水泵入电化学反应器中，电极表面积为 $20cm^2$，电压为 3V，电流密度 $20\sim80mA/cm^2$，流量 100mL/h，测出水 COD 浓度。所用电极阳极为商用的二氧化铅电极，阴极为钛电极。

反应结果：实验结果如表 7-3 所列，可以实验光稳定剂废水的快速降解，脱色效果比较明显（图 7-2）。随着电流密度的增大，出水平均 COD 缓慢下降，COD 去除率缓慢升高。出水平均 COD 浓度最低可以降到 1000mg/L，虽然出水 COD 浓度得到了显著下降，但仍达不到企业出水要求，出水可生化性仍然较低（BOD_5/COD 值＜0.3）。目前来看使用电催化氧化的方法无法满足企业排放要求。

表 7-3 电催化氧化处理光稳定剂废水实验结果

电流密度/(A/cm^2)	进水 COD 浓度/(mg/L)	出水平均 COD 浓度/(mg/L)	COD 去除率/%	出水 BOD_5/COD 值
20	4050	1450	64	0.05
40	4050	1300	68	0.10
60	4050	1050	74	0.08
80	4050	1000	75	0.04

(2) 催化过氧化氢氧化处理光稳定剂废水

接着笔者尝试使用催化过氧化氢氧化技术处理光稳定剂废水，反应采用序批式，在锥形瓶中进行。

实验基本过程：用锥形瓶取 200mL 原水水样，转入水浴中，使反应温度稳定在 30℃，用浓硫酸调 pH 值至 3.0，过氧化氢按理论量投加，所用催化剂为本实验室合成的高活性 DICP-Ⅰ催化剂，催化剂投加量为 10g/L，恒温振荡 3h。反应结束后，用 15%（质量分数）的 NaOH 调 pH 值至 9.0，静置后取上清液加入 MnO_2 粉末消除剩余的 H_2O_2，过滤后分析 COD。

反应结果：如表 7-4 和图 7-3 所示，COD 去除率只能达到 11%，脱色效果也不好，出水的可生化性也比较差，说明催化过氧化氢氧化不适宜处理该类废水。

表 7-4 催化过氧化氢氧化处理光稳定剂废水实验结果

进水 COD/(mg/L)	出水 COD/(mg/L)	COD 去除率/%	出水 BOD_5/COD 值
4050	3612	11	0.08

(a) 处理前　　(b) 处理后

图 7-2 电化学氧化处理光稳定剂废水水处理前后对比（见书后彩图）

(a) 处理前　　(b) 处理后

图 7-3 光稳定剂水处理前后对比（见书后彩图）

(3) 催化臭氧氧化处理光稳定剂废水

1) 实验装置

如图 7-4 所示。

2) 反应过程

如图 7-4 所示，将废水与臭氧混合后通入反应器中，反应器中事先放入本实验室合成的高活性 DICP-Ⅱ催化剂，反应器中停留时间 2h，废水流量为 100mL/h，臭氧浓度约为 160mg/mL，臭氧流量为 5mL/min，多余的臭氧尾气通过活性炭吸收塔来吸收，定期测定出水的 COD 值。

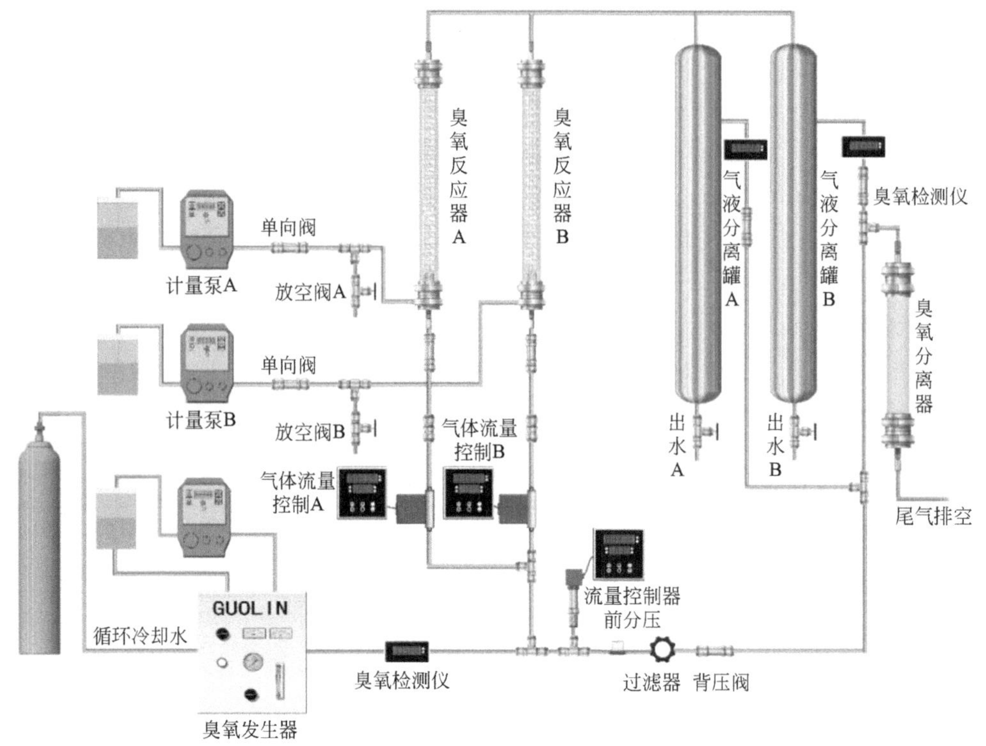

图 7-4 催化臭氧氧化反应装置

3）反应结果

如表 7-5 所列，催化臭氧氧化出水平均 COD 维持在 1832mg/L 左右，COD 去除率达到 55%，脱色效果也不错。说明臭氧氧化对于处理光稳定剂废水有一定效果。但出水 COD 浓度仍然较高，出水可生化性也比较差，说明催化臭氧氧化技术也无法满足企业要求。

表 7-5 催化臭氧氧化处理光稳定剂废水

进水 COD/(mg/L)	出水 COD/(mg/L)	COD 去除率/%	出水 BOD_5/COD 值
4050	1832	55	0.07

催化臭氧氧化处理光稳定剂废水前后对比如图 7-5 所示。

由于上述三种方法处理光稳定剂废水出水都无法达到企业要求，因此需要考虑多种技术偶联来处理该废水。

（4）三种技术两两组合处理光稳定剂废水

为了进一步处理光稳定剂废水，笔者使用两种技术偶联来处理光稳定剂废水。主要使用了电化学氧化＋催化过氧化氢氧化（EO＋CWPO），电化学氧化＋催化臭氧氧化（EO＋CWOO），催化臭氧氧化＋催化过氧化氢氧化（CWOO＋CWPO）。其中，电化学氧化技术所用电流密度为 $20mA/cm^2$，其余各步骤的反应条件与单一反应时一致。

两种技术偶联处理光稳定剂废水结果如表 7-6 所列，说明两种技术偶联可以实现光稳定剂废水 COD 浓度的进一步下降，而 EO＋CWOO 技术组合可以实现废水 COD 的快速降解，实现出水 COD 浓度小于 180mg/L，COD 去除率达到 96%以上，满足企业需求。

(a) 处理前　　(b) 处理后

图 7-5 催化臭氧氧化处理光稳定剂废水前后对比（见书后彩图）

由此可确定中试实验方案为电化学氧化与催化臭氧氧化技术偶联，来处理光稳定剂废水。

表 7-6 两种技术偶联处理光稳定剂废水

偶联技术	进水 COD/(mg/L)	最终出水 COD/(mg/L)	去除率/%
EO+CWPO	4050	1034	74
EO+CWOO	4050	180	96
CWOO+CWPO	4050	357	91

下面需对废水处理成本进行简单核算。

(5) 电化学氧化与催化臭氧氧化技术偶联运行成本概算

如表 7-7 所列。

表 7-7 电化学氧化与催化臭氧氧化技术偶联运行成本核算

设备	耗电量/(kW·h)	费用/(元/h)	废水处理成本/[元/(m^3·h)]
电极	1.2×10^{-3}	1.2×10^{-3}	12
泵、电路控制	0.01	0.01	0.1①
总计			12.1

① 此处以工业上的潜水泵换算得到的泵送 $1m^3$ 水耗电成本，电流 $20mA/cm^2$，电压大约为 3V，处理量为 100mL/h，电费按 1 元/(kW·h) 计。

臭氧的运行成本按照如下方式计算。

工业上应用臭氧的运行成本包括两部分：制造液氧的成本和将氧气转化为臭氧的成本。制氧机的功率一般为 125kW，臭氧发生器的功率一般为 125kW，它们运行 1h 一般可以生成 15kg 臭氧。所以 1kg 臭氧的生产成本在 16.7 元，在本工程中，经试验测算 1kg 臭氧可以处理 $2m^3$ 废水，所以本工程臭氧段处理成本为 8.75 元/m^3。

所以基于实验室小试数据可得，当前单位废水处理成本约为 20 元/m^3，处理成本还是比较高的，但因为是实验室小试阶段，待到工业化阶段处理成本会有显著下降。

7.3.4 中试实验设计

如图 7-6 所示，根据小试实验结果，笔者提出了中试的实验方案。按照图 7-6 进行中试实验，优化实验参数，废水处理成本降至 15 元/m^3，最终出水 COD 为 175mg/L。最终基于中试实验结果与设计院结合设计工业化实验装置。

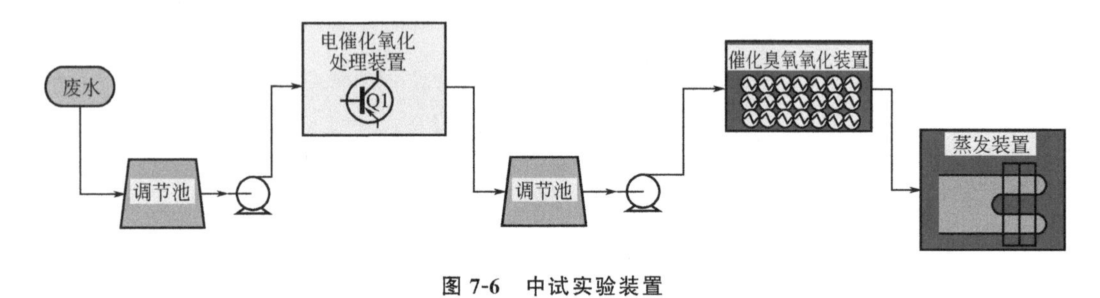

图 7-6 中试实验装置

7.4 水处理技术的全生命周期评价

当前，在水处理工程建设实践中，工程建设者在制定技术方案时通常主要考虑技术效果和处理成本两个方面。事实上，这样考虑相对比较片面，建设者还应该考虑所制订的技术方案在建设或运营过程中可能带来的环境影响。因为从本质上说，污水处理工程的建设和运营本身也是一个生产过程，也会对周围环境产生影响。我们在进行技术路线选择时也需要考虑这种环境影响，对其进行评估，要防止污水处理工程在建设运营过程中产生新的污染或较大的环境影响。从另一个角度来看，现有的技术方案比选也未采用全生命周期的思想来指导。人们在进行废水处理技术开发或工程建设时只关注建设运营阶段的投入和资源消耗，而对全生命周期过程各环节（建设、运营及拆解）的整体资源消耗和环境影响缺乏认知。目前日益严峻的环境形势要求人们在进行水处理技术开发和工程建设时不应该仅考虑进行废水处理以保护环境和公众健康，还应该用全生命周期的思想来对项目各个方案带来的环境影响进行评价和对比，以确保最低的环境影响和资源消耗。事实上学术界已采用全生命周期的思想对相关水处理技术进行了环境影响评价，同时基于该结果提出了全新的水处理技术方案比选思路。笔者将在本节进行系统介绍。

7.4.1 全生命周期技术介绍

生命周期评价（life cycle assessment，LCA）是一种评价产品、工艺或服务，从原材料采集到产品生产、运输、使用及最终处置整个生命周期阶段（从摇篮到坟墓）的能源消耗及环境影响的工具[5]。评价一个技术或产品是否环境友好，不能只看其使用过程的环境友好，还要看其原料获取环节、生产或建设环节以及废物处置环节是否环境友好。

ISO 标准对生命周期评价的流程进行了规范，制定了具体的评价框架，如图 7-7 所示，其将生命周期评价分为目的与范围的确定、清单分析、影响评价和生命周期解释四个部分，得到全生命周期评价结果可以应用于产品的开发与改进、战略规划、公共政策制定、企业营销等等。

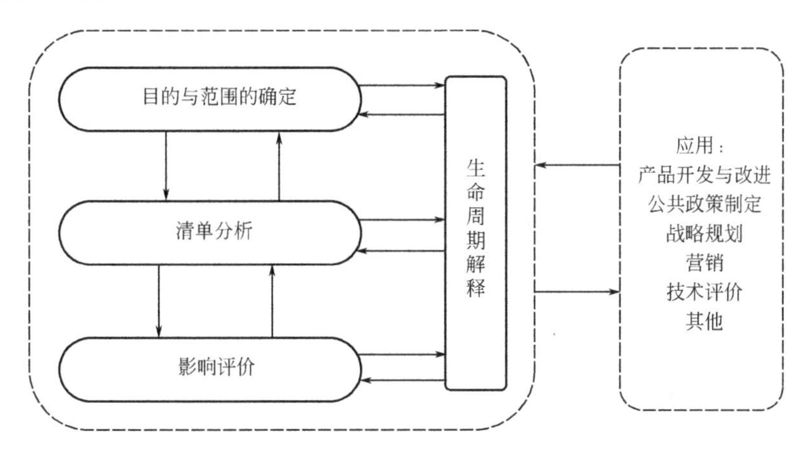

图 7-7 LCA 评价基本框架[5]

根据 ISO 标准，可将产品的全生命周期划分为以下几个阶段，如图 7-8 所示，产品的全生命周期主要包括原材料获取，制造、加工，配送、运输，使用、维修，处理、回收利用以及废物管理等。这些阶段将分别有能量和原材料的输入以及产品、副产物和“三废”的输出等。

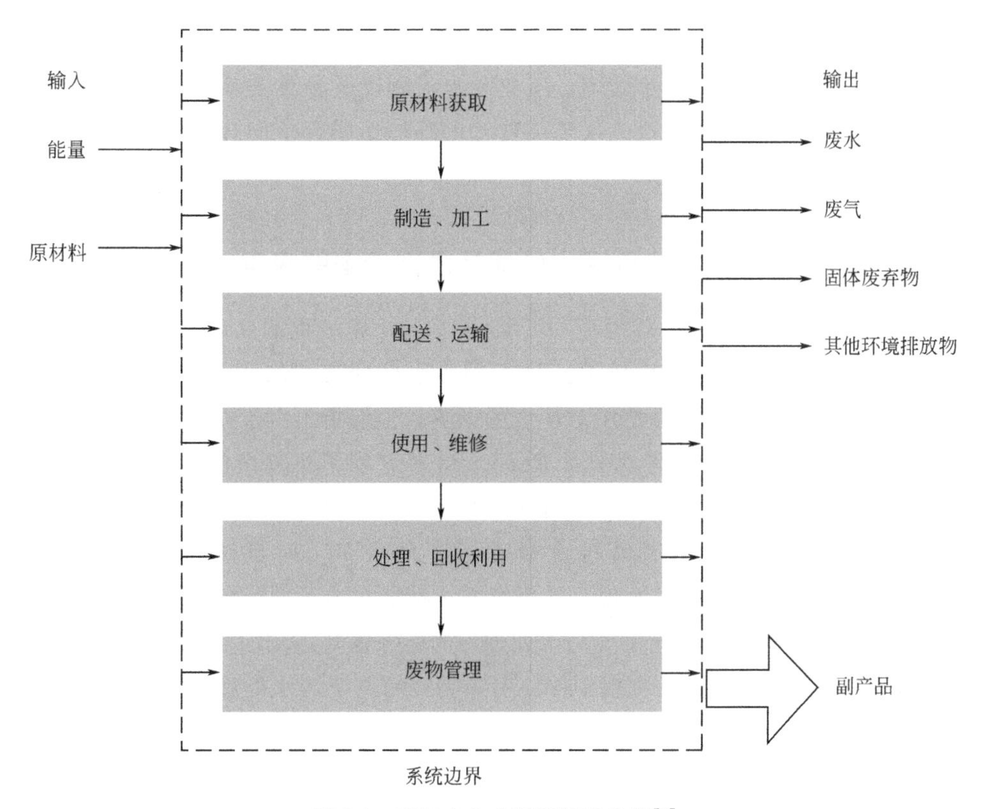

图 7-8 产品全生命周期评价阶段[5]

追溯 LCA 的发展史可以发现，最早开展 LCA 分析工作的是美国中西部研究所，受可口可乐委托对饮料容器进行从原材料采掘到废弃物最终处理的全过程跟踪与定量分析[6]。此后，由于该方法的全面性和科学性，美国、欧洲以及日本的一些研究机构受企业界委托也相继开展了一系列该方面的研究[7]。到20世纪80年代中期，由于全球性环境问题的日益加深，发达国家的一些科研机构逐渐开始将LCA作为一种资源分析工具，开展了相关环境排放和废弃物管理的方法论研究[8]。进入20世纪90年代以后，学者们逐渐认识到LCA的标准化和规范化的重要性，国际环境毒理与化学学会（SETAC）于1990年首次正式提出了“LCA”的概念，并对LCA的技术框架进行了初步定义。从此LCA的发展进入快车道，为了推动LCA的发展，在随后的几年里，SETAC又多次主持和召开了LCA国际研讨会，并在1993年出版了《生命周期评价纲要：实用指南》[9]，为LCA的标准化奠定了基础。同时，国际标准化组织（ISO）也正积极促进生命周期评价方法论的国际标准化研究，ISO正式起草了ISO 14000系列环境管理标准，专门成立了“环境管理标准技术委员会”，负责环境管理体系的国际标准化工作。在后来的几年中，ISO先后颁布了一系列生命周期评价方面的国际标准，即ISO 14040～ISO 14043标准（原则与框架、清单分析、影响评价、结果解释），这些标准的推出极大地促进了国内外LCA方法的研究和应用[10,11]。

由于全生命周期评价方法的科学性、客观性和广泛性，该方法已经被广泛应用于评价各类产品、服务或生产过程。目前将全生命周期思想应用于评价废水处理技术，已有大量的文献报道，笔者将在本节中进行简要介绍。综合来看，全生命周期的方法用于污水处理技术的评价，其发展历程经历了从单一处理方式的评价[12]向多种水处理技术比较的过渡[13]。研究内容包括了城镇污水处理、工业废水治理以及各类实验室水处理技术及技术方案的比选等[14]，研究方法上也已从单一技术的环境影响评价向环境、经济、技术多个维度的评价延伸[15]。

7.4.2 全生命周期方法在传统污水处理技术评价中的应用

迄今为止，最早的将LCA思想应用于评价废水处理过程的文献发表于1995年[16]，Emmerson等采用LCA的方法比较了三种不同污水处理工艺的环境影响，研究了建造、运行和拆除阶段材料使用和能源使用对环境的影响，他们指出由于能源消耗导致的二氧化碳排放为主要环境影响。接着荷兰学者Roeleveld等开发了更复杂的LCA评估方法，并将该方法应用于评估荷兰某地市政污水处理厂的环境影响[17]，并发现减少该工厂的环境影响关键点在于减少废水中氮磷排放量和污泥的产量。而且该作者的研究结果与Emmerson等的研究相反，他们发现对环境影响贡献最大的不是能源消耗，而是废水中氮磷排放量和污泥的产量，他们还发现污水处理厂的能源消耗占当时能源消耗不到1%。自Roeleveld以来，LCA已被广泛应用于评估不同类型的传统污水处理厂。研究主要围绕如下几点开展。

① LCA已被用于描述特定污水处理案例的环境影响及决策[17,18]。例如，Pasqualino等使用LCA方法评估了某污水处理系统的环境影响现状并据此提出了相应的改进方案。他们发现污水处理厂中环境影响最大的部分是沼气通过火炬燃烧和污泥的最终处理方式。据此提出了四种沼气处理替代方案和五种污泥处理替代方案，并将其与当前情况进行比

较。这些替代方案最终被纳入决策支持系统，以确定最积极的环境选择并确定其优先顺序[18]。

② LCA 研究目前主要用于评价污水处理系统不同组合的环境影响以及性能改善途径。例如 Vidal，评估了在废水处理厂中功能单元的变化对周边环境的影响[19]。笔者以生命周期思想为评估理论框架，选择具有活性污泥装置的污水处理厂作为参考废水处理厂。选择 Ludzack-Ettinger 和氧化沟单元作为对比方案。该研究的结果表明，在结构单元中包含氮去除机制的单元可以显著降低污水处理厂富营养化，但同时增加了对非生物资源消耗、全球变暖、酸化和人类毒性的影响。考虑到所选方案的特征，氧化沟单元将比 Ludzack-Ettinger 单元产生更少的环境影响。

③ LCA 还可以用于多个传统水处理系统的比较[20,21]。在这些研究中，所有涉及养分去除的研究结果都非常相似，均突出了富营养化、毒性和全球变暖影响种类之间的权衡，这些影响类别主要由废水排放、污泥处理和处置以及能量消耗引起。也就是说一般水质的改善是以能源和化学品生产产生的环境影响增大为代价的。进入 21 世纪后，LCA 方法学不断得到改进和扩展，莱顿环境科学中心开发了一套 LCA 方法学软件（SimaPro），Hospido 等选用该软件定量研究了西班牙某市市政污水处理厂运营过程中的环境影响。他们发现，水质标准的确定和污泥的处理处置方式对结果有较大影响。过高的排放标准意味着过量的资源和能源投入[12]。

7.4.3 全生命周期方法在非传统水处理技术评价中的应用

全生命周期方法除了在传统水处理技术中的应用外，全生命周期方法也被应用于评价一些非传统水处理技术，如高级氧化[22]、人工湿地[23]、膜技术[24]以及微生物燃料电池[25]等。

Munoz 等[22]较早开展了将全生命周期方法应用于评价高级氧化技术的研究。他们首先在实验室尺度上用 LCA 方法对比研究了三种高级氧化技术（光催化、光芬顿以及两种技术组合）的环境影响。如图 7-9 所示，Munoz 等构建了实验室尺度上的 LCA 评价模型，主要考察了运行阶段的环境影响。研究结果表明，上述三种高级氧化技术的环境影响主要是由消耗的电量引起的，而生产试剂和催化剂的环境影响相对较低。因此，若能将燃煤供电转变成为太阳能供电，则可将环境影响降低 90%以上。后续 Munoz 等又研究比较了几种高级氧化技术与生化技术偶联时的环境影响大小[26,27]。笔者比较了两种高级氧化技术（光-芬顿和臭氧化）与生化技术偶联时的环境影响。如图 7-10 所示，笔者研究比较了中试水平上上述反应体系建设阶段、运行阶段和拆除阶段的环境影响，结果可信度高。结果

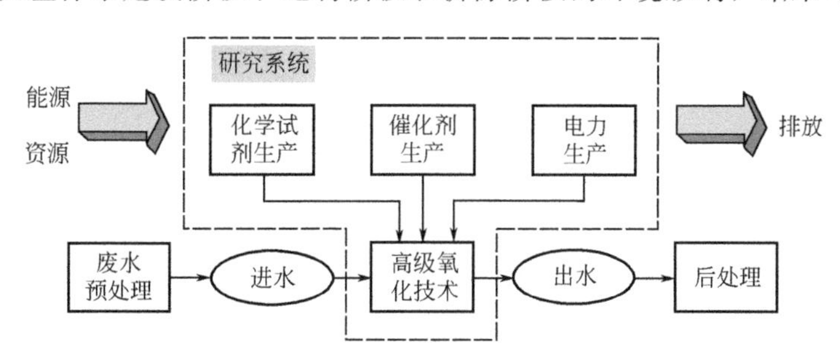

图 7-9 实验室尺度上的三种高级氧化技术的 LCA 评价模型[22]

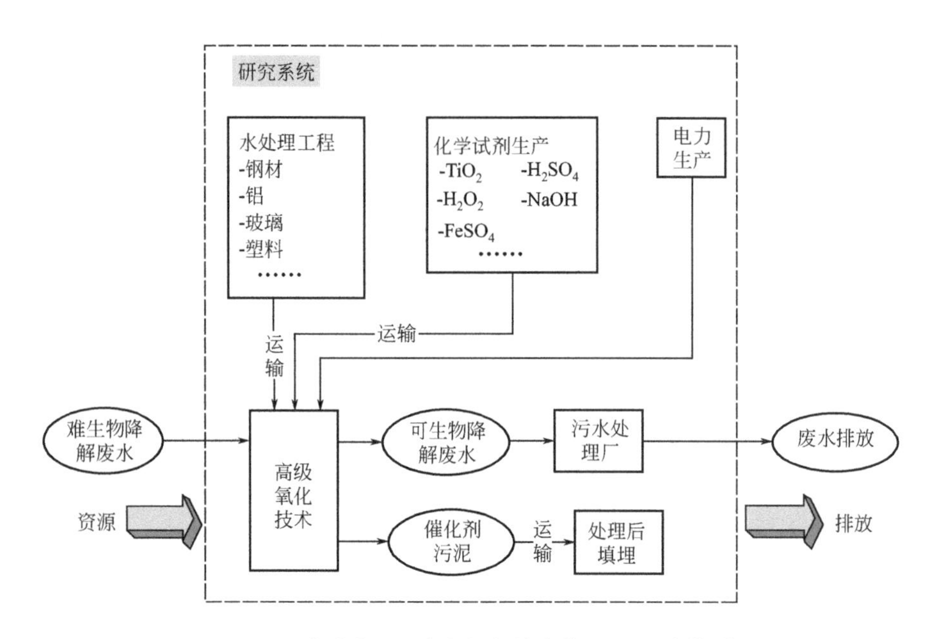

图 7-10 中试水平上高级氧化技术的 LCA 评价模型

表明两种 AOP 都能够获得可生物降解的污水，同时笔者发现在太阳能驱动的光-芬顿生物处理技术环境影响最小。文献研究表明，研究范围和尺度的选择对最终结果产生很大的影响。

水回用问题引起的环境影响也引起了学者的广泛注意。Magdalena 等用全生命周期的方法研究了超临界水氧化处理污泥过程的环境影响[28]。作者研究的系统是世界上首个工业化的超临界法处理污泥工厂（SCWO），主要处理来自美国得克萨斯州哈林根市的城市污水处理设施的污泥。LCA 结果表明，对于所研究的过程，污泥的燃气预热是环境影响的主要贡献者。从总体来看，SCWO 处理未消化的污泥是具有一定优势的污泥处理技术。Pintilie 等使用 LCA 的方法研究了废水经过三级处理后回用于工业生产过程中带来的可能环境影响，并且与两级处理后直接排放的模式进行了比较。研究结果说明，回用模式在大多数指标上都产生了更大的环境影响，除了水消耗指标。因为水回用过程的引入减少了水资源的消耗。因此对于污水处理过程，其评价指标的选取也会对结果产生影响[29]。学者在对水处理技术进行评价时，除了对建设运营过程中产生的环境影响予以关注之外，还考虑到了废水处理过程中资源与能源回收问题。Wang 等在 LCA 框架下建立了多种水处理情景（能源回用、资源回用和能源资源均回用情景），他们对每种情景下的废水处理环境影响进行了详细测算，从而得到该情景下的最佳水处理方式[30]。除了全生命周期环境影响评价之外，学者们还提出了全生命周期成本的概念，希望能更好地阐明环境治理过程中各阶段对应的成本[15]。

膜技术处理污水也是一种常用的方法。目前，膜技术越来越多地用于饮用水和废水的处理中。当前学者或产业界人士更多的关注于膜的处理性能、寿命和成本，对于膜在生产、运行和拆除过程中的环境影响关注较少，而事实上这方面的研究也很有必要。近年来有学者开始使用全生命周期的方法来研究膜处理废水过程的环境影响。Tangsubkul 等研究了微滤膜（MF）处理废水过程不同操作条件下的环境影响。结果表明，在具有最大跨膜压力（TMPmax）的低通量下操作 MF 工艺，所产生的环境影响最小。灵敏度分析结果表明，在低通量范围内，化学清洗频率的选择会影响水处理工艺的整体环境性能[24]。

人工湿地（constructed wetland）是一种重要的非传统废水处理方法，它是一种综合的生态系统，出水水质稳定、投资低、耗能低、抗冲击力强、操作简单、运行费用低等特点。同时，它将污水处理和环境生态有机地结合起来，在有效处理污水的同时也美化了环境，创造了生态景观，带来了环境效益和一定的经济效益[31]。因此，研究人工湿地系统建造、运行和拆除过程中的环境影响很有必要。Fuchs 等使用全生命周期评估（LCA）的方法研究并比较了垂直流人工湿地（VFCW）和水平流人工湿地（HFCW）的环境影响[32]。研究系统如图 7-11 所示。研究发现人工湿地在资源消耗和温室气体排放方面环境影响都比较小。VFCW 可以快速去除生活污水中的 TN，两种人工湿地对辐射和臭氧的影响都可以忽略不计。由于人工湿地是一种来源于自然的人工生态系统，所以其运行过程中对外界的环境影响最小。

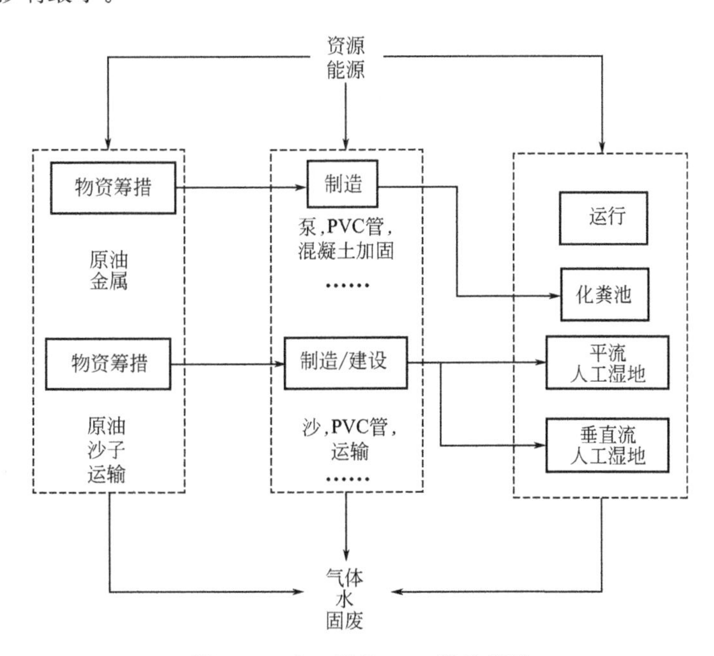

图 7-11 人工湿地 LCA 评价模型

天津大学李志玲等在充分调研的基础上建立了工业园区废水处理厂评价指标体系，该体系包括技术性能指标、经济性能指标、对环境的影响指标以及操作和管理指标四部分。在此基础上使用层次分析结合模糊综合评价的方法构建了工业园区水污染防治技术的综合评估模型[33]。他们使用该模型对某工业园区废水处理厂的运行效果进行了评价，发现该污水处理厂总体得分较好（86.5），但技术性能指标部分得分较低（79.09），可能是与该废水处理工艺陈旧有关系，是一种非常有意义的尝试。

参考文献

[1] 黄辉，张勤，傅斌. 基于全生命周期成本理论的污水厂投资方案比较 [J]. 中国给水排水，2013，29：4.

[2] 中华人民共和国环保部. 污水综合排放标准：GB 8978—1996 [S]. 1996.

[3] 钱易. 走可持续发展的水污染防治道路 [J]. 第 2 版. 中国环境报，2014.

[4] 王曦溪，李振山. 1998—2008 年我国废水污水处理的碳排量估算 [J]. 环境科学学报，2012，32：13.

[5] Klüppel H J. ISO 14041：Environmental management — life cycle assessment — goal and scope definition — inventory analysis [S]. 1998，3：301.

[6] 曹华林. 产品生命周期评价（LCA）的理论及方法研究 [J]. 西南民族大学学报（人文社科版），2004，25：4.

[7] 霍李江. 生命周期评价（LCA）综述 [J]. 中国包装，2003，1：5.

[8] 冯超. 基于 HLCA 的电动汽车规模化发展对能耗及环境影响研究 [D]. 北京：中国矿业大学，2013.

[9] SETAC. A conceptual framework for life-cycle impact assessment [M]. Pensacola L C：SETAC press，1993.

[10] 杨建新，王如松. 生命周期评价的回顾与展望 [J]. 环境科学进展，1998，6：8.

[11] 周凌. 城市污水处理厂环境效益的生命周期分析 [D]. 重庆：重庆大学，2009.

[12] Hospido A，Moreira M T，Fernandez-Couto M，et al. Environmental performance of a municipal wastewater treatment plant [J]. Int J Life Cycle Assess，2004，9：261.

[13] Ortiz M，Raluy R G，Serra L. Life cycle assessment of water treatment technologies：wastewater and water-reuse in a small town [J]. Desalination，2007，204：121-131.

[14] Hoibye L，Clauson-Kaas J，Wenzel H，et al. Sustainability assessment of advanced wastewater treatment technologies [J]. Water Science and Technology，2008，58：963-968.

[15] Theregowda R B，Vidic R，Landis A E，et al. Integrating external costs with life cycle costs of emissions from tertiary treatment of municipal wastewater for reuse in cooling systems [J]. Journal of Cleaner Production，2016，112：4733-4740.

[16] Emmerson R H C，Morse G K，Lester J N，et al. The life cycle analysis of small scale sewage treatment processes [J]. Water & Environment Journal，1995，9：9.

[17] Roeleveld P J，Klapwijk A，Eggels P G，et al. Starkenburg，technology，sustainability of municipal waste water treatment [J]. Water Science & Technology，1997，35：221-228.

[18] Pasqualino J C，Meneses M，Abella M，et al. LCA as a decision support tool for the environmental improvement of the operation of a municipal wastewater treatment plant [J]. Environment Science Technology，2009，43：3300-3307.

[19] Vidal N，Poch M，Martí E，et al. Evaluation of the environmental implications to include structural changes in a wastewater treatment plant [J]. Journal of Chemical Technology & Biotechnology，2010，77：1206-1211.

[20] Gallego A，Hospido A，Moreira M T，et al. Environmental performance of wastewater treatment plants for small populations [J]. Resources，Conservation and Recycling，2008，52：931-940.

[21] Hospido A，Moreira T，Martín M，et al. Environmental evaluation of different treatment processes for sludge from urban wastewater treatments：anaerobic digestion versus thermal processes (10 pp) [J]. International Journal of Life Cycle Assessment，2005，10：336-345.

[22] Munoz I，Rieradevall J，Torrades F，et al. Environmental assessment of different solar driven advanced oxidation processes [J]. Sol. Energy，2005，79：369-375.

[23] Brix H. How "green" are aquaculture，constructed wetlands and conventional wastewater treatment systems? [J]. Water Science and Technology，1999，40：45-50.

[24] Tangsubkul N，Parameshwaran K，Lundie S，et al. Environmental life cycle assessment of the microfiltration process [J]. J. Membr. Sci.，2006，284：214-226.

[25] Foley J M，Rozendal R A，Hertle C K，et al. Life cycle assessment of high-rate anaerobic treatment，microbial fuel cells，and microbial electrolysis cells [J]. Environmental Science & Technology，2010，44：3629-3637.

[26] Muñoz I，Peral J，Antonio A J，et al. Life cycle assessment of a coupled solar photocatalytic-biological process for wastewater treatment [J]. Water Research，2006，40：3533-3540.

[27] Muñoz I，Ayllón J A，Malato J，et al. Life-cycle assessment of a coupled advanced oxidation-biological process for wastewater treatment：comparison with granular activated carbon adsorption [J]. Environmental Engineering

Science，2007，24：14.

[28] Svanstrom M，Bertanza G，Bolzonella D，et al. Method for technical，economic and environmental assessment of advanced sludge processing routes [J]. Water Science and Technology，2014，69：2407-2416.

[29] Pintilie L，Torres C M，Teodosiu C，et al. Urban wastewater reclamation for industrial reuse：An LCA case study [J]. Journal of Cleaner Production，2016，139：1-14.

[30] Wang X，Liu J X，Ren N Q，et al. Assessment of multiple sustainability demands for wastewater treatment alternatives：a refined evaluation scheme and case study [J]. Environmental Science & Technology，2012，46：5542-5549.

[31] 宋志文，毕学军，曹军. 人工湿地及其在我国小城市污水处理中的应用 [J]. 生态学杂志，2003，22 (3)：74-78.

[32] Fuchs V J，Mihelcic J R，Gierke J S. Life cycle assessment of vertical and horizontal flow constructed wetlands for wastewater treatment considering nitrogen and carbon greenhouse gas emissions [J]. Water Research，2011，45：2073-2081.

[33] 李志玲. 工业园区水污染防治技术方法研究 [D]. 天津：天津大学，2016.

第8章 典型工程应用案例分析

随着我国经济的快速发展，石油、化工、制药、造纸、食品等行业发展过程中排放的难降解工业有机废水量日益增加，水体中难生化降解有机物种类也越来越多，这对我国水环境造成了极大的危害。这些废水很难用传统的生化法处理来达到要求，以化学氧化为代表的高级氧化技术就有了用武之地，高级氧化法可将废水中有机污染物直接矿化或通过氧化提高污染物的可生化性。同时，随着我国环境监管的日益严格，以高级氧化技术为核心的废水处理工艺开始在各型废水处理工程中出现。本章将分废水类型举例介绍本笔者及其团队与中钢集团鞍山热能研究院有限公司在高级氧化废水处理工程中的应用实例。

8.1 煤化工废水的处理工程实例

8.1.1 煤化工废水零排放项目

8.1.1.1 项目概况

某煤业集团有限责任公司在宁夏宁东煤化工基地建设某煤化工项目，产生了大量矿区矿井水及煤化工废水。为处理该废水，企业计划建设一家大型污水处理厂以集中处理宁东矿区矿井尾水及煤化工废水。本项目来水共有两股，分别是矿井尾水和煤化工废水，其中矿井尾水来自宁东煤化工园区清水营、灵新和梅花井煤矿预处理后的外排水；煤化工废水来自企业上游污水厂反渗透浓水、煤制烯烃厂双膜回用装置外排浓盐水和其他化工厂排放的清净废水。本项目包括两个水处理单元，即含盐废水预处理及膜脱盐单元、浓盐水分盐及结晶单元：第一阶段实施含盐废水预处理及膜脱盐单元，两股废水分别经过预处理及膜脱盐单元处理，产品水回用，浓水经进一步处理达标外排；第二阶段收集第一阶段浓水，经过分盐及结晶处理，产水回用，产品盐外售，实现废水“零排放”。

处理水量：9000m^3/d。

建设单位：宁夏某煤业集团。

废水来源：宁东矿区矿井水经过中水回用后9000m^3/d浓盐水。

建设期：2017年11月～2019年1月。

进水水质：TDS 22000mg/L（Na^+、Mg^{2+}、Ca^{2+}、Cl^-、SO_4^{2-} 为主）；总硬度700mg/L；COD 60mg/L。

产水水质：达到初级再生水水质指标。

产品盐品质：氯化钠品质不低于《工业盐》（GB/T 5462—2015）标准中的精制工业盐一级标准要求；硫酸钠品质不低于《工业无水硫酸钠》（GB/T 6009—2014）标准中的Ⅰ类一等品标准要求。

水回收率：约97%。

8.1.1.2 工艺流程

（1）主要工艺流程

本项目的主要工艺流程如图8-1所示。

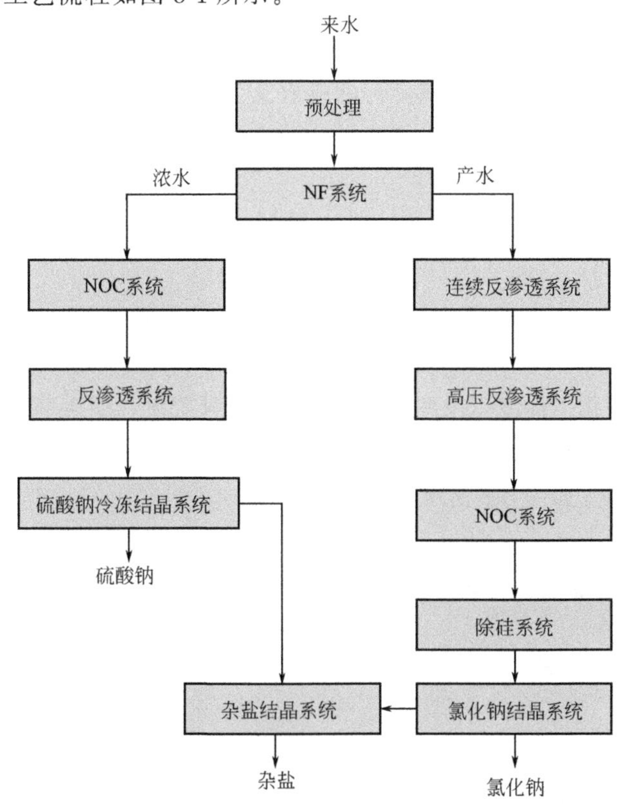

图8-1 宁夏某煤业集团煤化工废水处理工艺流程

（2）工艺说明

① 矿井尾水废水进入矿井水经过预处理系统去除进水中的悬浮物和硬度，并有效地降低SDI值，预防NF膜污染，保证后续NF系统的稳定运行；预处理出水进入纳滤分盐系统，通过NF膜将一价盐（Cl^-）和二价盐（SO_4^{2-} 等）分离，同时截留大部分有机物。

② 纳滤产水通过低压抗污染反渗透膜脱盐和初步浓缩，产水达标进入回用水池，浓水进入高压反渗透系统进一步浓缩、减量。氯化钠高压反渗透浓水经过减压后进入氯化钠高效除COD装置（NOC工艺），降低水中COD含量，减轻膜浓缩系统的有机污染，延长膜系统化学清洗时间，同时保证后续结晶系统的长期稳定运行，提高氯化钠产品的白度。氯化钠高效除COD装置出水进入高效化学除硅反应器，通过投加镁剂、PFS等降低浓水中硅含量，高效化学除硅反应器产水进入除碳器，去除水中的碱度以降低后续蒸发结晶系统的碳酸钙结垢风险。除硅后的氯化钠浓缩液通过预热器加热，再经过脱气器、MVR蒸发器进一步浓缩，后送入氯化钠结晶器，结晶盐经离心干燥系统得到氯化钠产品盐。

③ 纳滤浓水进入硫酸钠高效除COD装置（NOC工艺），降低水中的COD含量，减轻了后续膜浓缩系统的有机物污染，延长了膜系统化学清洗时间，同时保证后续冷冻结晶系统的长期稳定运行，提高硫酸钠产品的白度。硫酸钠高效除COD装置出水进入硫酸钠高压反渗透系统进一步浓缩。浓水进入冷冻结晶系统产生芒硝，芒硝离心分离后，送入熔融结晶系统，再经蒸发、离心分离、干燥工序，得到硫酸钠产品盐。

④ NaCl母液和Na_2SO_4冷冻结晶母液合并为杂盐母液进入杂盐结晶器产生杂盐，再经离心分离工序将杂盐量尽量降低，杂盐结晶及离心系统产生冷凝液进入回用水池。杂盐结晶器设置母液排放口，定期将高沸点母液排放至杂盐合并处理。

8.1.1.3 项目情况

该项目于2017年10月中标，2017年11月开始进入执行期，2019年1月安装完毕进入调试阶段。

该项目为全国第一套真正意义上最大的单体废水零排放项目，单体膜运行最高压力为10MPa。

该项目严格执行化工标准以及宁煤集团及五环设计院设计的统一规定。

项目执行阶段照片如图8-2所示。

项目运行阶段照片如图8-3所示。

(a)

(b)

图 8-2 项目执行阶段照片

图 8-3 项目运行阶段照片

8.1.1.4 NOC 段运行情况

为了降低水中 COD 对膜系统、结晶系统稳定性以及结晶盐品质的影响，本项目在氯化钠浓水侧进蒸发结晶之前和纳滤浓水硫酸钠侧两处分别采用了 NOC 技术来处理高盐水中的 COD。NOC 工艺是高级氧化技术的一种，在催化剂的作用下臭氧和过氧化氢协同产生更多 · OH 来氧化降解废水中的 COD。

本项目的设计水质及实际运行情况如表 8-1 所列。

表 8-1 NOC 废水处理效果

项目	TDS /(g/L)	进水 COD /(mg/L)	出水 COD /(mg/L)	去除率 /%	设计进水 COD /(mg/L)	设计去除率/%
氯化钠侧	100	480	178	62.9	120	50
硫酸钠侧	86.6	784	400	49.0	380	50

氯化钠侧 NOC 工艺段处理水量为 800m^3/d，设计进水 COD 浓度为 120mg/L，按 COD 去除率 50%设计，臭氧投加量按照设计 COD 去除值的 1∶1 投加，即配置 2.4kg/h 的臭氧发生器，过氧化氢投加量按设计 COD 去除值的 1.2∶1 投加。

硫酸钠侧 NOC 工艺段处理水量为 1000m^3/d，设计进水 COD 浓度为 784mg/L，按 COD 去除率 50%设计，臭氧投加量按照设计 COD 去除值的 1∶1 投加，即配置 5.7kg/h 的臭氧发生器，过氧化氢投加量按设计 COD 去除值的 1.2∶1 投加。

考虑到系统运行时水质的波动情况，本项目共配置一套臭氧产生量为 10kg/h 的臭氧发生器，同时为两侧的 NOC 工艺段提供臭氧。

本项目在实际运行中，氯化钠侧进水 COD 浓度为 480mg/L，出水 COD 浓度为 178mg/L，COD 去除率达 62.9%，远远高于设计处理效果。硫酸钠侧进水 COD 浓度为 784mg/L，出水 COD 浓度为 400mg/L，去除效果优于设计要求。本工艺段自通水以来，一直运行良好，去除效果远高于设计值。

氯化钠侧和硫酸钠侧 NOC 工艺进出水的水质情况如图 8-4 所示。

(a) 氯化钠侧　　(b) 硫酸钠侧

图 8-4　NOC 工艺进出水水质情况（见书后彩图）

8.1.2 焦化废水深度处理项目

焦化指炼焦煤按照不同生产工艺和产品要求配比后，装入隔绝空气的相对密闭炼焦炉内，在一定温度下经干馏转化为焦炭、焦炉煤气和焦油、苯、萘等化学产品的工艺过程。焦化废水则是炼焦过程中煤经过干馏、煤气经过净化和化工产品回收等环节而产生的一类成分复杂、难以处理的高浓度有机废水，其组成和性质与入炉煤煤质、干馏温度、生产工艺和化工产品回收方法密切相关。

在焦化企业生产过程中焦化废水排污环节如图 8-5 所示。

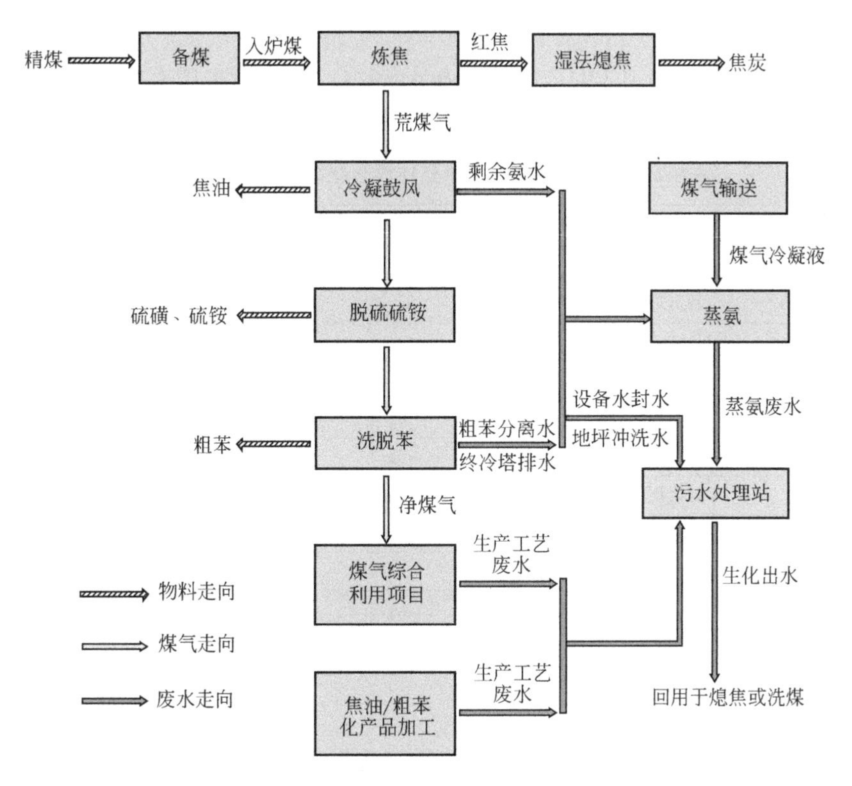

图 8-5 焦化废水来源

如图 8-5 所示，焦化废水主要来自于如下生产环节：

① 入炉煤带入水分经过高温干馏后进入荒煤气，然后通过喷氨冷却降温析出的剩余氨水；

② 荒煤气在洗脱苯环节中冷却和分离形成的终冷塔排污水及粗苯分离水；

③ 煤气在管道输送过程中产生的冷凝液；

④ 煤气水封设备产生的水封水和一些车间地坪冲洗废水；

⑤ 焦炉煤气综合利用生产甲醇、合成氨等过程产生的生产废水等；

⑥ 粗焦油加工、精酚生产、苯精制等过程形成的化产品加工废水。

上述废水通常经过蒸氨预处理后，送污水站进行生化处理。

焦化废水具有以下几个特点。

（1）组分复杂

焦化废水含有大量有机物和无机物，多达上百种，主要有机组分是酚类，其他有机物包括多环芳烃（PAHs）和一些含有氮、氧和硫的杂环化合物，无机组分包括氰化物、硫氰化物和 NH_4^+-N 等。典型焦化企业生化处理前焦化废水主要物化性质见表 8-2。除表 8-2 中所列主要指标外，某焦化厂废水生化出水通过液相色谱仪和气相色谱仪检测，还检出了萘、苊烯、芴、菲、蒽、荧蒽、芘、䓛、苯并［a］芘等多种多环芳烃有机物，以及苯酚、2-氯酚、间甲酚、2-硝基酚、4-氯酚、五氯酚等多种酚类，可见其组分十分复杂。

（2）可生化性差

焦化废水中易降解物质占比小，可生化性差。焦化废水中 COD 浓度较高，有机污染物组成中杂环、稠环和芳香族化合物如吲哚、吡啶等微生物难利用有机物所占比例大，一般情况下废水 B/C（BOD_5/COD）值低至 0.3～0.4，表明废水中有机物相对稳定，可生化性较差。

表 8-2 典型焦化企业生化处理前焦化废水主要物化性质

序号	项目	单位	浓度值
1	COD	mg/L	946～7200
2	BOD_5	mg/L	110～3460
3	NH_4^+-N	mg/L	50～1010
4	TN	mg/L	233～1500
5	石油类	mg/L	10～264
6	挥发酚	mg/L	147～1600
7	硫化物	mg/L	18～231
8	氰化物	mg/L	1～93
9	硫氰化物	mg/L	27～721
10	SS	mg/L	6～400
11	色度	倍	100～1650

（3）水质水量不稳定

由表 8-2 可知，不同企业焦化废水统计的污染指标值中，除 COD 和 TN 外，其余指标浓度范围波动较大，高值和低值相差 10 倍以上，说明由于焦化企业生产工艺、入炉煤水分的不同，焦化废水水质波动很大，此外焦化废水的产生量也会有所差别。如果水量和水质控制不好的话，对污水处理系统将会冲击很大。

8.1.2.1 项目概况

辽宁某焦化公司产生的废水主要含有高浓度的硫化物、硫氰化物、酚类、NH_4^+-N 等污染物，COD 浓度＞40000mg/L，水量为 1.5m^3/h，是一种高浓度难降解有毒的有机废水，针对该类废水处理技术目前罕有相关研究报道。因此，需要建设一套完整的废水处理工艺，合理分配，有效地降解废水中的污染物，使得最终出水达到并优于《炼焦化学工业污染物排放标准》（GB 16171—2012）中间接排放标准，可作为熄焦水使用，实现废水“零排放”。

针状焦化废水处理进出水水质及水量如表 8-3 所列。

表 8-3 针状焦化废水处理进出水水质及水量

水样	进水		出水
	1# 废水	2# 废水	
COD/(mg/L)	48460	2333	＜150
NH_4^+-N/(mg/L)	10579	295	＜25
挥发酚/(mg/L)	12028	538	＜0.3
氰化物/(mg/L)	61	41	＜0.2
硫化物/(mg/L)	8006	72	＜0.5

续表

水样	进水		出水
	1# 废水	2# 废水	
硫氰化物/(mg/L)	2155	80	<0.2
悬浮物/(mg/L)	46	44	<70
油类/(mg/L)	864	50	<2.5
pH 值	9～10	9～10	6～9
色度/倍	24	64	16
水量/(m^3/h)	1.5	1.5	5

8.1.2.2　工艺流程及说明

由表 8-3 可知，生产废水中 1# 废水污染物组成复杂、浓度高，结合兰炭废水处理和其他化工废水处理技术，针对焦化废水中每一种污染物提出相应的预处理技术，并优化组合工艺，在降低污染物浓度的同时，回收部分有价值的物质。通过预处理工艺降低废水的 COD 值，以及其他污染物指标满足生化处理要求。因此，提出的废水处理工艺流程如图 8-6 所示。

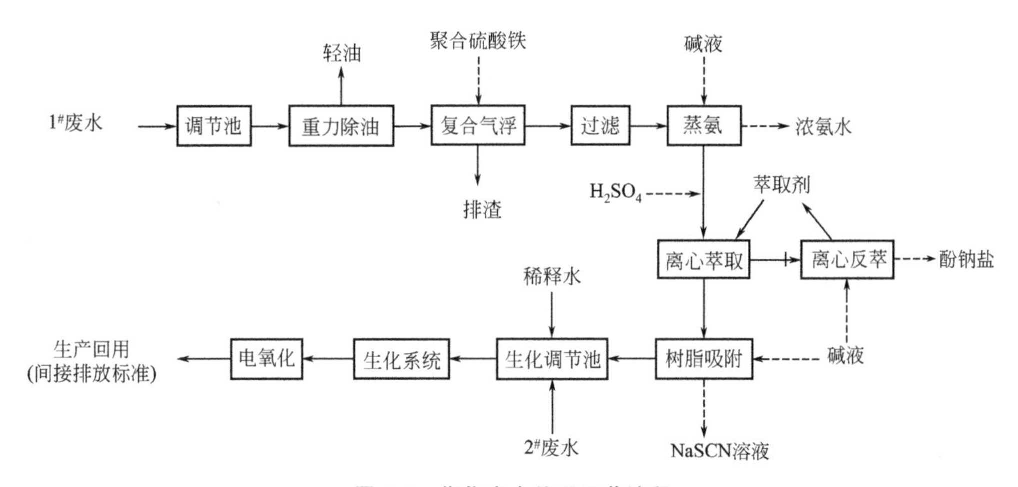

图 8-6　焦化废水处理工艺流程

1# 废水首先进入调节池进行水量稳定，通过提升泵进入重力除油装置，静置分离回收轻油；除油后的废水重力自流入复合气浮机中，同时加入聚合硫酸铁溶液，在曝气的条件下，以铁盐为催化剂、空气氧化水中的硫化物为硫代硫酸盐，最终被氧化为硫酸盐[1,2]，同时聚合硫酸铁的浮渣和泥渣收集于废渣储罐中，后续再处理。出水过滤截留复合气浮产生的渣子，出水通过管道混合器与碱液混合进入蒸氨塔中，精馏降低废水中的 NH_4^+-N 同时回收高浓度氨水；蒸氨出水调节 pH 值为 4 左右，进行离心萃取脱酚[3,4]，回收废水中的酚类物质，萃取后的含酚萃取剂进入离心反萃机，利用氢氧化钠反萃回收萃取剂循环利用；萃取后的水相通过树脂吸附柱，吸附去除硫氰化物[5]，树脂吸附饱和后，采用氢氧化钠溶液再生吸附树脂，恢复树脂的吸附能力[6]。因此，通过复合气浮、蒸氨、离心萃取和树脂吸附工艺，可以有效降低废水中的硫化物、NH_4^+-N、挥发酚、硫氰化物和 COD，同时能够得到回收有价值的 NH_4^+-N 和挥发酚，并提高废水的可生化性。

经过预处理后的废水进入生化调节池与 2# 废水混合，调节生化水质和水量稳定，进入生化系统。生物处理法是利用水中微生物的新陈代谢功能，使废水呈溶解和胶体状态的有机物被降解，并转化成为稳定、无害的物质，得以净化。生物处理法包括传统脱氮工艺、A/O 工艺、氧化沟工艺、AB 工艺、SBR 工艺、A^2/O 工艺，主要目的是在低成本的条件下，稳定地降低废水的 COD、NH_4^+-N 和挥发酚等其他污染物。根据焦化废水生化处理经验及两种水质污染物的特征性，该工程采用 A^2/O 工艺[7]。

生化处理后出水进入电化学氧化深度处理工艺中，废水在电气浮、电化学氧化和絮凝的作用下，使污染物被氧化还原去除。经过电絮凝处理后的废水过滤去除渣质后可用于息焦[8-10]。

该处理工艺对多种污染物的去除率高，硫化物、酚类、NH_4^+-N 和硫氰化物的去除率≥95%，COD 去除率≥85%，同时可以有效地回收废水中的可资源化物质，作为化工原料降低废水处理成本。废水经过深度处理后，出水达到熄焦水使用要求，实现废水“零排放”。

8.1.2.3 主要构筑物和设备参数

该工程主要构筑物和设备参数如表 8-4 所列。

表 8-4 主要构筑物和设备参数表

项目	序号	名称	数量	单位	规格	备注
预处理	1	进水调节池	1	个	7m×6m×5m	钢混
	2	陆用油水分离器	1	套	0.9m×0.6m×1.8m	
	3	气浮除油机	1	套	2.5m×1m×1.8m	
	4	蒸氨塔	1	个	Φ0.5m×18m	
	5	预热器	2	个	$A=10m^2$	
	6	冷却器	1	个	$A=10m^2$	
	7	氨分缩器	1	个	$A=10m^2$	
	8	离心萃取机	2	台	Φ0.5m×1.3m	2 级串联
	9	离心反萃机	3	台	Φ0.4m×1.1m	3 级串联
	10	树脂吸附缓冲池	1	个	2m×1m×1.2m	钢混
	11	树脂吸附柱	2	套	Φ0.5m×1.8m	含自动控制系统
生化处理系统	1	生化调节池	1	个	2.5m×2m×1.5m	钢混
	2	水解酸化池	1	个	15m×2.5m×3m	钢混
	3	缺氧池	1	个	15m×6m×3m	钢混
	4	好氧池	1	个	15m×8m×3m	钢混
	5	二沉池	1	个	$D=4m,H=3m$	钢混
	6	污泥浓缩池	1	个	$D=2m,H=1m$	钢混
深度处理工艺	1	电化学装置	1	套	$Q=6m^3/h,P=5kW$	含自动控制系统
	2	一体化调节净化装置	1	套	1.5m×2m×1m	

8.1.2.4 系统调试及运行结果

经过调试，各工艺段稳定运行，采取 24h 连续运行，对各个工艺段出水进行抽样检测，水质平均检测结果如表 8-5 所列。

表 8-5 废水处理工程出水效果

项目	COD /(mg/L)	NH_4^+-N /(mg/L)	挥发酚 /(mg/L)	油类 /(mg/L)	硫化物 /(mg/L)	硫氰化物 /(mg/L)
进水	48460	10579	12028	864	8006	2155
除油出水	45160	10389	11980	101	7995	2120
复合气浮出水	36870	9229	11639	58	39	1995
蒸氨出水	29350	115	8953	31	5.8	1971
离心萃取出水	10575	120	231	10	4.5	1980
树脂吸附出水	5375	101	116	5	0.5	5
生化调节池	2654	102	198	18	24	28
生化出水	125	2.3	1.46	1.5	—	—
电化学氧化出水	74	1.4	0.15	—	—	—

由表 8-5 可知，针状焦废水经过预处理后，高浓度的 COD、NH_4^+-N、挥发酚、油类、硫化物和硫氰化物得到了有效的去除，在生化调节池中与 2# 废水进行混合后满足生化系统要求，进入生化处理工艺，再通过深度处理后出水达到并优于《炼焦化学工业污染物排放标准》（GB 16171—2012）中间接排放标准。可作为熄焦水使用，实现废水“零排放”。

8.1.2.5 工程设计和运行中遇到的问题

市售气浮机气液比难以满足工艺要求，所以在气浮机中增加曝气装置以满足工艺条件；在气浮除硫化物过程中，有异味产生同时产生大量泡沫，造成溢流，所以对气浮机进行加盖收集异味并进入 VOCs 处理系统，气浮机上沿增设溢流收集槽，收集废水并返回进水池重新处理。

复合气浮出水进蒸氨塔之前，因含有大量的颗粒悬浮物，采用纤维过滤器优于多介质过滤器，反冲洗频率降低。

蒸氨过程中，回收的氨水中含有少量轻油，需要经过静置分离；同时，需要在除油工艺加强轻油的去除。

在冬季温度低的情况下，树脂吸附装置需要做外层保温，以防止再生过程中产生的盐在低温情况下堵塞树脂吸附装置。

8.1.2.6 运行费用分析

废水处理运行成本主要包括复合气浮、蒸氨、离心萃取、树脂吸附和生化处理等，详见表 8-6。

表 8-6 废水处理运行成本

序号	名称	吨水成本/(元/m^3)	备注
1	复合气浮	5	主要为聚合硫酸体消耗
2	蒸氨	42.5	主要为蒸汽消耗
3	离心萃取	12	主要为取剂损失和碱液消耗
4	树脂吸附	5	主要为再生液损耗
5	生化处理	12	
6	电化学后处理	4	含电极费用
7	折旧费	3.36	残值取工程费的4%
8	人工费	0.65	年人均工资4.2万元
9	总费用合计	84.51	

由表 8-6 可知，废水的处理成本为 84.51 元/m^3。

除此之外，废水处理过程中可以回收粗酚和氨水，作为工业原料使用，弥补废水的处理费用。日处理废水 36t，挥发酚含量 12000mg/L，扣除降解损耗酚的回收率可以达到 95%，即每日回收=36×12（kg)×95%=410.4kg。NH_4^+-N 含量 10000mg/L，扣除损耗的回收率可以达到 95%，回收氨水浓度为 12%～17%，即每日回收=36×10（kg）×95%=342kg。

本项目针对废水中高浓度的特定污染物进行预处理，资源化回收并降低污染物的浓度，提高废水的可生化性。生化系统采用稳定的 A^2/O 工艺，对 COD 和 NH_4^+-N 去除率高，最后应用电絮凝工艺深度处理，使得出水达到生产回用要求。针状焦废水处理设备装置化、模块化，易安装，占地面积小。该工程处理后出水优于《炼焦化学工业污染物排放标准》(GB 16171—2012）中间接排放标准。可作为针状焦熄焦水使用，实现废水“零排放”，具有良好的经济效益和社会效益。

8.2 含油废水处理药剂筛选实例

采油污水是在石油开采过程中产生的工业污水，主要由浮油、分散油、乳化油、胶体溶解物质、悬浮固体和聚合物等组成，具有含油量大、成分复杂和可生化性差等特点。辽河油田按照油品的种类将采油污水分为稠油污水和稀油水（低温水)，稀油水是油田主要的污水形式。稀油水包括常规低温水驱污水和聚驱污水（包括二元复合驱和三元复合驱）等。目前，油田对于采油污水的处理工艺主要包括重力除油+絮凝沉降+深度过滤等工艺，此工艺主要依靠絮凝沉降过程分离水体中浮油、分散性油滴。随着辽河依油田的深度开发，三次采油技术逐步开展和增加，原油的含水率逐渐上升，部分油田原油的综合含水率大于 90%，同时产生大量聚合物驱采油污水（简称含聚污水）。

曙一区污水深度处理站于 2007 年 6 月 18 日开工建设，2008 年 8 月 10 日一次投产运行成功。本站承担着特一联和曙五联产出污水的处理任务。设计最大规模日处理污水 22000m^3，日产污泥 470t（其中油泥 350t，硅泥 120t)。

目前日均处理水量达 9580m^3（特一联污水 4800m^3，曙五联污水 4780m^3），外输污水 7996m^3。

全站现有员工 63 人，下设除油、除硅、过滤、软化、脱水、化验、运行七个操作岗位。工艺流程如图 8-7 所示：

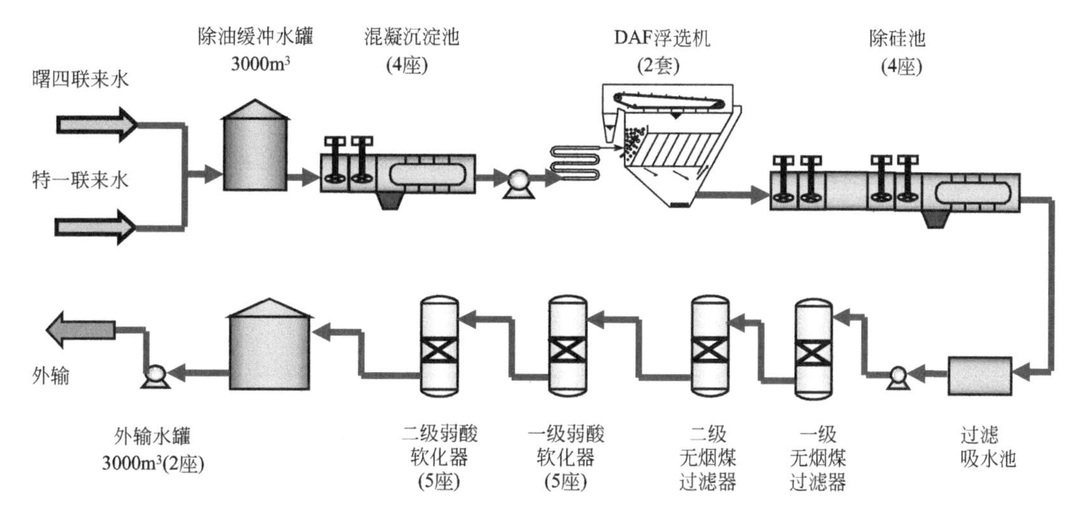

图 8-7　曙一区污水深度处理站工艺流程

8.2.1　项目概况

采油污水中的主要污染物有原油、盐类、悬浮物、有害气体、有机物、微生物等。该类废水水温高、矿化度大、pH 值高、含腐生菌和硫酸还原菌、溶解氧低、油质及有机物含量高，还有悬浮物及泥沙等成分，具有水量大、成分复杂、黏度高和可生化性差的特点。

油田传统采用的污水处理工艺可归纳为隔油-除油-过滤，通称“老三套”，其中除油包括重力、压力、浮选和水力旋流 4 种。随着环保和油田回注水水质要求的提高，国外油田的污水治理技术已经得到了改进，由原来的隔油-浮选除油-过滤技术，改变为隔油-混凝气浮-生化-过滤技术和物化预处理-水解酸化-生化-过滤技术。气浮和生化技术已成为先进采油污水处理工艺的一种发展趋势。例如，国外采用活性炭生物流化床生化工艺处理近海采油污水，该工艺由油水分离器、絮凝、气浮、GAC-FBR 和电渗析等单元组成，处理后的采油污水达到了美国墨西哥湾采油污水的排放标准，但该技术运行成本高。

在本项目中，中国科学院大连化学物理研究所将针对目前辽河污水处理技术的现状，结合已有的技术基础，进行系统集成创新，提出如下技术路线，针对现有药剂效果欠佳的问题，在现有工艺上重新进行药剂筛选和复配，得到新的高效水处理药剂，提升处理效果。

8.2.2　含油废水净水剂Ⅱ筛选研究

此处含油废水净水剂多指破乳剂。目前，国内外原油破乳剂名目繁多，但应用最多的不外乎烷基酚醛树脂-聚氧丙烯聚氧乙烯醚、聚甲基苯基硅油-聚氧丙烯聚氧乙烯醚、含氮破乳剂和超高分子聚氧丙烯聚氧乙烯醚几类。

聚丙烯酰胺就属于超高分子聚氧丙烯聚氧乙烯醚这一类。以前工业化生产的破乳剂一般都是低分子量的，分子量往往为2000～10000，近年来，逐渐发展为超高分子量原油破乳剂，分子量提高到50万～1000万。它具有如下优点：该高分子原油破乳剂为油溶性的，在W/O型乳状液中比较容易分散，能较快地接触到油水界面，发挥其破乳作用；低分子的表面活性剂往往只有一个亲油基和一个亲水基，而该高分子的原油破乳剂在一个大分子中含有多个亲油基团和亲水基团，由于分子内的结构与空间位阻，在油水界面构成不规则的分子膜，比较有利于油水界面膜破裂，而使水滴聚结；大分子中有多个亲水基因，具有束缚水的亲和能力，可将大分子附近分散的微小水滴聚结，而使乳化水分离。

综上所述，在本次实验中采用聚丙烯酰胺类净水剂Ⅱ对沉降罐污水进行破乳，筛选合适的破乳剂。

各种聚丙烯酰胺相关参数简介如表8-7所列。

表8-7 聚丙烯酰胺相关参数

代号	性质	价格/(万元/t)	代号	性质	价格/(万元/t)
YA1	中阳离子	2.5	YB6	阴离子	1.0
YA2	中阳离子	3.0	F7	非离子	3.0
YA3	弱阳离子	3.6	F8	非离子	3.0
YA4	高阳离子	3.7	YA9	中阳离子	3.6
YB5	阴离子	1.6	YA10	中阳离子	3.6

8.2.2.1 净水剂Ⅱ投加量研究

(1) YA1研究

取1L沉降罐原水置入烧杯中，分别投加不同浓度的净水剂ⅡYA1，分析加药量与处理后废水含油量的关系，如图8-8所示。

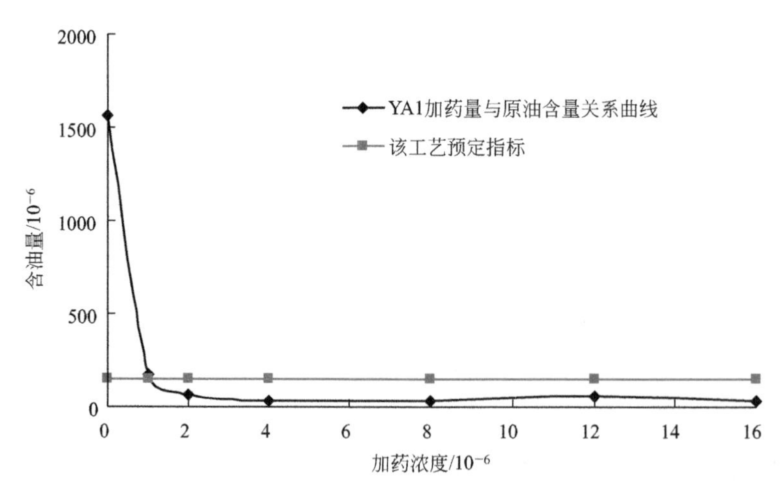

图8-8 YA1加药量与处理后废水含油量关系

从图8-8可以看出：处理后废水含油量随YA1投加量的增加而降低，当投加量达到2×10^{-6}时含油量可达到150mg/L的预定标准。

（2）YA2 研究

取 1L 沉降罐原水置入烧杯中，分别投加不同浓度的净水剂ⅡYA2，分析加药量与处理后废水含油量的关系，如图 8-9 所示。

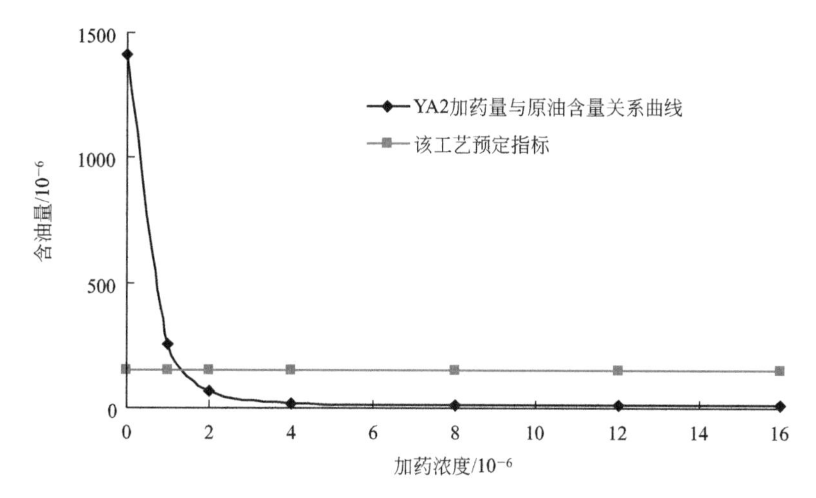

图 8-9　YA2 加药量与处理后废水含油量关系

从图 8-9 可以看出：处理后废水含油量随 YA2 投加量的增加而降低，当投加量达到 2×10^{-6}时含油量可达到 150mg/L 的预定标准。

（3）YA3 研究

取 1L 沉降罐原水置入烧杯中，分别投加不同浓度的净水剂ⅡYA3，分析加药量与处理后废水含油量的关系，如图 8-10 所示。

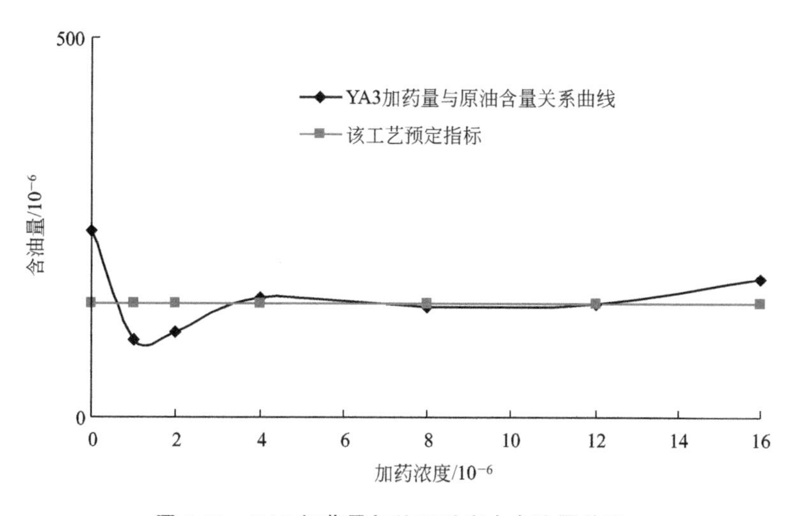

图 8-10　YA3 加药量与处理后废水含油量关系

从图 8-10 可以看出：处理后废水含油量随 YA3 投加量的增加而降低，但达到一定程度后又有所上升。当投加量在 $1\times10^{-6}\sim2\times10^{-6}$时含油量可达到 150mg/L 的预定标准。

（4）YA4 研究

取 1L 沉降罐原水置入烧杯中，分别投加不同浓度的净水剂ⅡYA4，分析加药量与处理后废水含油量的关系，如图 8-11 所示。

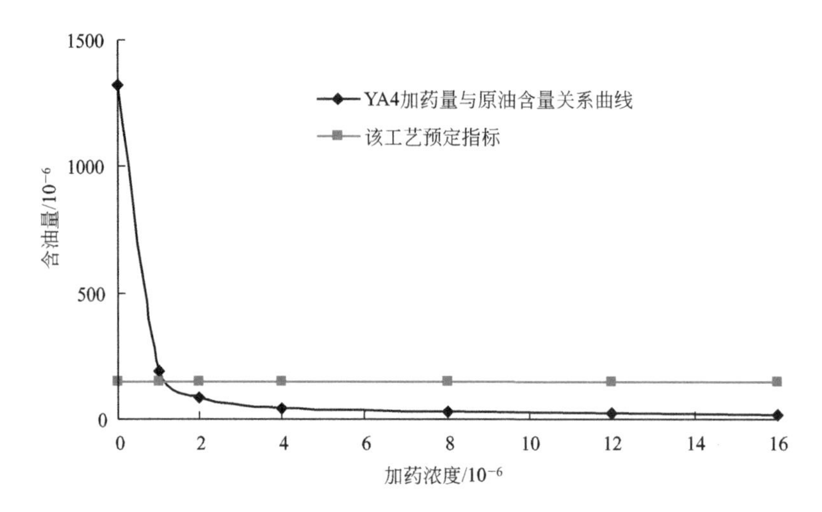

图 8-11 YA4 加药量与处理后废水含油量关系

从图 8-11 可以看出：处理后废水含油量随 YA4 投加量的增加而降低。当投加量达到 2×10^{-6}时含油量可达到 150mg/L 的预定标准。

（5）YB5 研究

取 1L 沉降罐原水置入烧杯中，分别投加不同浓度的净水剂Ⅱ YB5，分析加药量与处理后废水含油量的关系，如图 8-12 所示。

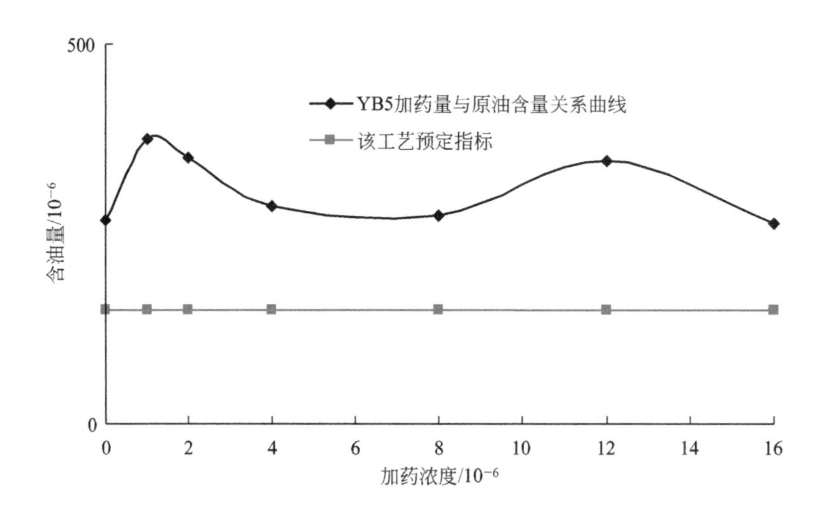

图 8-12 YB5 加药量与处理后废水含油量关系

从图 8-12 可以看出：处理后废水含油量随 YB5 投加量无明显关系，出水达不到 150mg/L 的预定标准。说明该破乳剂不适用于该废水。

（6）YB6 研究

取 1L 沉降罐原水置入烧杯中，分别投加不同浓度的净水剂Ⅱ YB6，分析加药量与处理后废水含油量的关系，如图 8-13 所示。

从图 8-13 可以看出：处理后废水含油量随 YB6 投加量无明显关系，出水达不到 150mg/L 的预定标准。说明该破乳剂不适用于该废水。

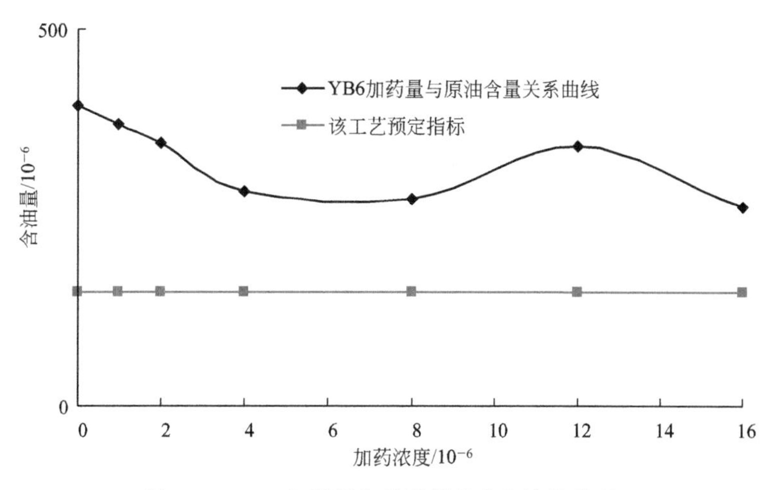

图 8-13 YB6 加药量与处理后废水含油量关系

(7) F7 研究

取 1L 沉降罐原水置入烧杯中，分别投加不同浓度的净水剂ⅡF7，分析加药量与处理后废水含油量的关系，如图 8-14 所示。

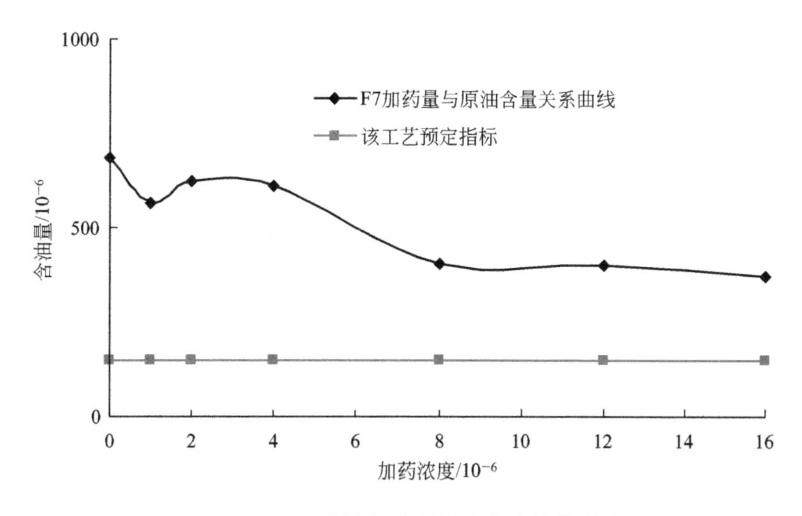

图 8-14 F7 加药量与处理后废水含油量关系

从图 8-14 可以看出：处理后废水含油量随 F7 投加量无明显关系，出水达不到 150mg/L 的预定标准。说明该破乳剂不适用于该废水。

(8) F8 研究

取 1L 沉降罐原水置入烧杯中，分别投加不同浓度的净水剂ⅡF8，分析加药量与处理后废水含油量的关系，如图 8-15 所示。

从图 8-15 可以看出：处理后废水含油量随 F8 投加量无明显关系，出水达不到 150mg/L 的预定标准。说明该净水剂不适用于该废水。

(9) YA9 研究

取 1L 沉降罐原水置入烧杯中，分别投加不同浓度的净水剂ⅡYA9，分析加药量与处理后废水含油量的关系，如图 8-16 所示。

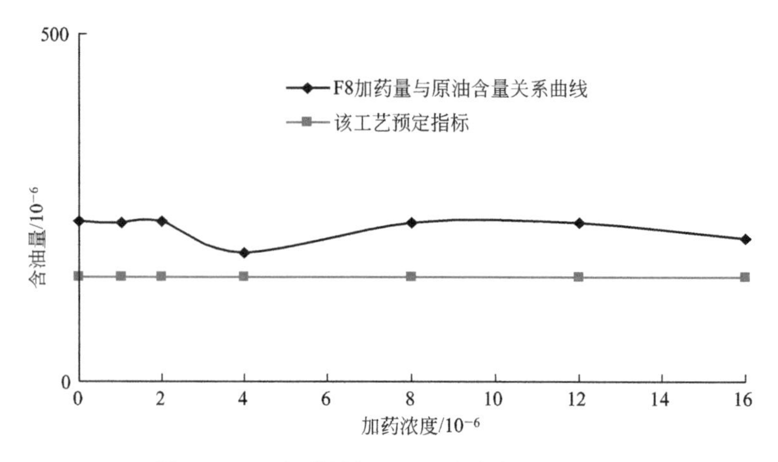

图 8-15 F8 加药量与处理后废水含油量关系

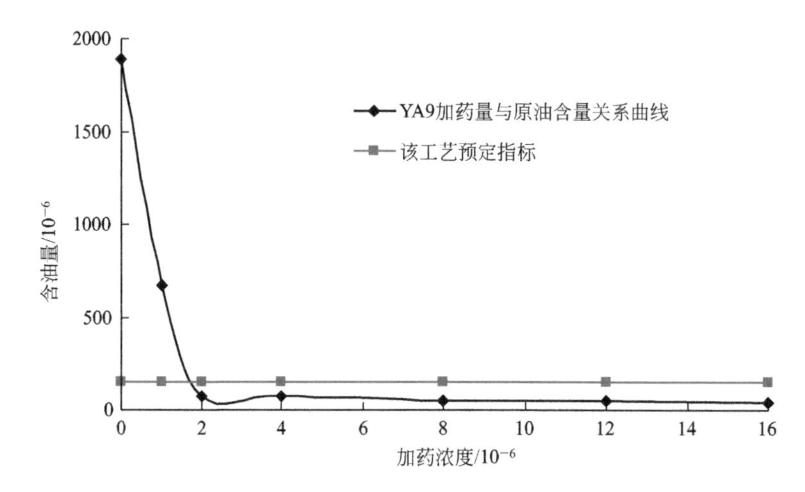

图 8-16 YA9 加药量与处理后废水含油量关系

从图 8-16 可以看出：处理后废水含油量随 YA9 投加量的增加而降低，当投加量达到 2×10^{-6}时含油量可达到 150mg/L 的预定标准。

（10）YA10 研究

取 1L 沉降罐原水置入烧杯中，分别投加不同浓度的净水剂Ⅱ YA10，分析加药量与处理后废水含油量的关系，如图 8-17 所示。

从图 8-17 看出：处理后废水含油量随 YA10 投加量的增加而降低，当投加量达到 2×10^{-6}时含油量可达到 150mg/L 的预定标准。

8.2.2.2 净水剂Ⅱ对比研究

为了进一步考察何种阳离子聚丙烯酰胺更适合于该含油废水，同时也考察它们在废水含油量较高时的处理效果，采取对比方法进行分析。分别在废水中投加 2×10^{-6}的药剂，考察不同药剂与处理后废水含油量的关系，如图 8-18 所示。

从图 8-18 分析可知：YA1、YA2、YA9、YA10 对于含油量较高的废水有较强的适应能力，虽然原水含油量较高，但是仍具有很好的去除能力，可以应用于该含油污水。

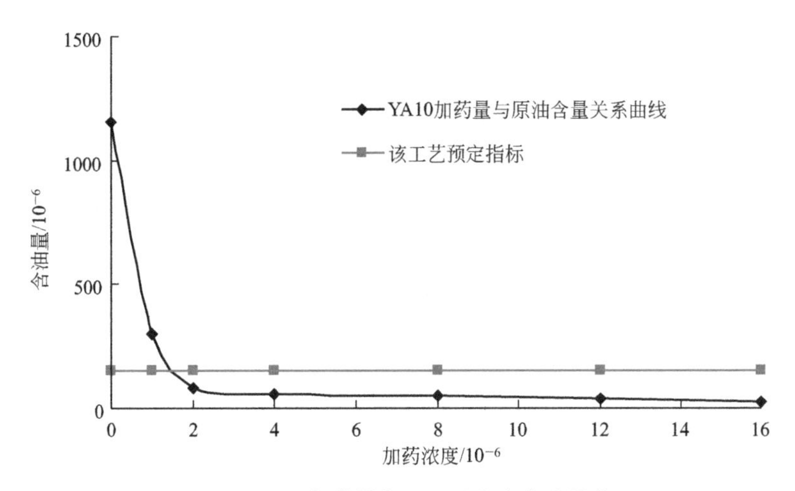

图 8-17 YA10 加药量与处理后废水含油量关系

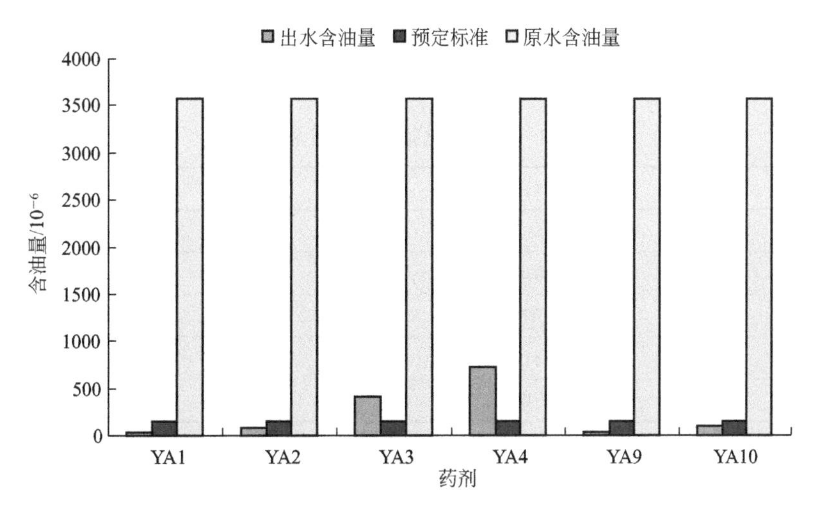

图 8-18 不同药剂与处理后废水含油量关系

由于 YA1、YA2、YA9、YA10 四种中阳离子度聚丙烯酰胺均满足预期要求，所以在实际操作中选用价格相对低廉的 YA1 中阳离子度聚丙烯酰胺作为净水剂Ⅱ。

从实验室小试实验数据分析可知：

① 阴离子聚丙烯酰胺和非离子聚丙烯酰胺不适于稠油污水破乳，阳离子聚丙烯酰胺较适合该稠油污水。

② 稠油污水油含量随阳离子聚丙烯酰胺投加量的增加而快速降低，当加药量达到 2×10^{-6}时可将油含量降至 150mg/L 以下，继续增加投加量，油含量下降缓慢。

③ 结合经济因素，YA1 阳离子聚丙烯酰胺成本较低，可采用该药剂处理含油污水，药剂投加量 2×10^{-6}，污水处理成本为 0.05 元/吨。

8.2.3 含油废水混凝工艺净水剂Ⅲ和净水剂Ⅳ的筛选

(1) 聚合氯化铝类

聚合氯化铝是一种高效净水剂，能除菌、除臭、脱色等。由于特性优势突出，适用范围广，用量可比传统净水剂减少30%以上，成本节省40%以上，已成为目前国内外公认的优良净水剂。此外，聚合氯化铝还可用于净化饮用水和自来水给水等特殊水质的处理，如除铁、除镉、除氟、除放射性污染物、除浮油等。近年来聚合氯化铝已发展成为技术成熟、市场销量大的净水剂，并有逐步取代传统净水剂的趋势。

目前世界聚合氯化铝年产量约60万吨（以氧化铝含量30%固体产品计），其中中国约18万吨，日本约20万吨。欧洲聚合氯化铝的应用已约占整个市政水处理市场的70%，日本约占整个市政水处理市场的90%。我国市场上使用的净水剂主要有聚合氯化铝、硫酸铝、聚合氯化铝铁等，其中聚合氯化铝占据国内净水剂市场的60%以上，是国家“十五”规划重点发展的环保产品之一。

我国聚合氯化铝主要应用在工业污水、自来水给水净化等领域，这两个领域的消费量约占消费总量的70%。在工业污水净化中使用比例占40%以上；自来水给水净化及生活污水处理中使用比例在30%左右；工业循环水及江河水库净化占20%；其他占10%。随着国家对环保治理要求的进一步提高，在工业污水处理中的使用量仍将大幅度提高。

各种聚合氯化铝净水剂Ⅲ相关参数简介如表8-8所列。

表8-8 聚合氯化铝净水剂Ⅲ相关参数

代号	性质	价格/(元/吨)
AL1	初级原料	1650
AL2	单一药剂(中性)	1800
AL3	复合药剂(偏碱性)	2400
AL4	复合药剂(酸性液体)	1200
AL5	复合药剂(含铁)	2200

(2) 聚丙烯酰胺类

聚丙烯酰胺（polyacrylamide）简称PAM，由丙烯酰胺单体聚合而成，是一种水溶性线型高分子物质。单体丙烯酰胺化学性质非常活泼，在双键及酰胺基处可进行一系列的化学反应，采用不同的工艺，导入不同的官能基团，可以得到阴离子、阳离子、非离子、两性离子聚丙烯酰胺不同电荷产品。PAM的平均分子量从数千到数千万以上沿键状分子有若干官能基团，在水中可大部分电离，属于高分子电解质。根据它可离解基团的特性分为阴离子型（如—COOH、—SO_3H、—OSO_3H等）阳离子型（如—NH_3OH、—NH_2OH、—$CONH_3OH$）和非离子型。产品外观为白色粉末，易溶于水，几乎不溶于苯、乙醚、酯类、丙酮等一般有机溶剂，其水溶液为几近透明的黏稠液体，属非危险品，无毒、无腐蚀性，固体PAM有吸湿性，吸湿性随离子度的增加而增加，PAM热稳定性好；加热到100℃稳定性良好，但在150℃以上时易分解产生氮气，在分子间发生亚胺化作用而不溶于水，密度为（23℃）1.302g/mL。玻璃化温度153℃，PAM在应力作用下表现出非牛顿流动性。

1) 阴离子聚丙烯酰胺

对于悬浮颗粒，较粗、浓度高、粒子带阳电荷、pH为中性或碱性的污水，由于阴离子聚丙烯酰胺分子链中含有一定量极性基能吸附水中悬浮的固体粒子，粒子间架桥形成大的絮凝物。因此它可以加快悬浮液中的粒子的沉降，有能明显地加快溶液的澄清、促进过滤等效果。该产品广泛用于：

① 化学工业废水、废液的处理，市政污水处理。自来水工业，高浊度水的净化、澄清、洗煤、选矿、冶金、钢铁工业，锌、铝加工工业、电子工业等水处理。

② 用于石油工业、采油、钻井泥浆、废泥浆处理、防止水窜、降低摩阻、提高采收率、三次采油等。

③ 用于纺织上浆剂、浆液性能稳定、落浆少、织物断头率低、布面光洁。

④ 用于造纸工业。一是提高填料、颜料等存留率，以降低原材料的流失和对环境的污染；二是提高纸张的强度（包括干强度和湿强度）。另外，使用PAM还可以提高纸抗撕性和多孔性，以改进视觉和印刷性能，还可用于食品及茶叶包装纸中。

⑤ 其他行业。食品行业，用于甘蔗糖、甜菜糖生产中蔗汁澄清及糖浆磷浮法提取；酶制剂发酵液絮凝澄清工业；饲料蛋白的回收、质量稳定、性能好，回收的蛋白粉对鸡的成活率提高和增重、产蛋无不良影响；还用于合成树脂涂料，土建灌浆材料堵水，建材工业、提高水泥质量、建筑业胶黏剂，填缝修复及堵水剂，土壤改良、电镀工业、印染工业等。

2）阳离子聚丙烯酰胺

阳离子聚丙烯酰胺在酸性或碱性介质中均呈现正电性，它通常会比阴离子或非离子型聚丙烯酰胺分子量低，其澄洁污水的性能主要是通过电荷中和作用而获得。这类絮凝剂的功能主要是絮凝带负电的电荷，具有除浊、脱色功能。在酒精厂、味精厂、制糖厂、肉制品厂、饮料厂、印染厂等的废水处理中用阳离子聚丙烯酰胺要比用阴离子聚丙烯酰胺、非离子聚丙烯酰胺或无机盐效果要高数倍或数十倍，因为这类废水普遍带有负电荷。目前使用水溶性偶氮引发剂AIBA等，已能将其分子量提高到千万以上。

阳离子聚丙烯酰胺适用高速离心机、带式压滤机、板框压滤机等专用污泥脱水机械，具有形成絮团速度快，絮团粗大，耐挤压和剪切、成团性好，易与滤布剥离等特点。所以脱水率高，滤饼含液低，用量少，能大大降低用户使用成本，也能用于盐酸、中浓度硫酸等液体，分离净化其中所含的悬浊性物质。因此该产品广泛应用于城市污水处理厂、啤酒厂、食品厂、制革厂、造纸厂、石油化工厂、油田、冶金、化学工业和化妆品等污泥脱水处理上。

3）非离子聚丙烯酰胺

主要用作絮凝剂：由于其分子链中含有一定量极性基因能吸附水中悬浮的固体粒子，使粒子间形成大的絮凝物。它加速悬浮液中粒子的沉降，有明显加快溶液澄清、促进过滤等效果，广泛用于化学工业废水、废液的处理，以及市政污水处理。尤其当污水呈酸性时，采用本产品最为适宜。可与无机絮凝剂聚铁、聚铝等无机盐配合使用。

综上所述，在本次实验中可采用聚合氯化铝净水剂Ⅲ（混凝剂）和聚丙烯酰胺类净水剂Ⅳ（助凝剂）对沉降罐污水进行混凝-气浮处理来筛选合适药剂。

8.2.3.1 净水剂Ⅳ定性研究

随机选取不同种类（阴离子、非离子、阳离子）的聚丙烯酰胺净水剂Ⅳ与各种聚铝净水剂Ⅲ配合使用处理除油缓冲罐出水，确定聚丙烯酰胺加药类型。

(1) AL1与阳离子YA2、阴离子YB5、非离子F7配合

浓度为400×10^{-6}的AL1混凝剂分别与浓度为2×10^{-6}的YA2、YB5、F7助凝剂配合使用除油缓冲罐出水，其含油量和机杂量如图8-19和图8-20所示。

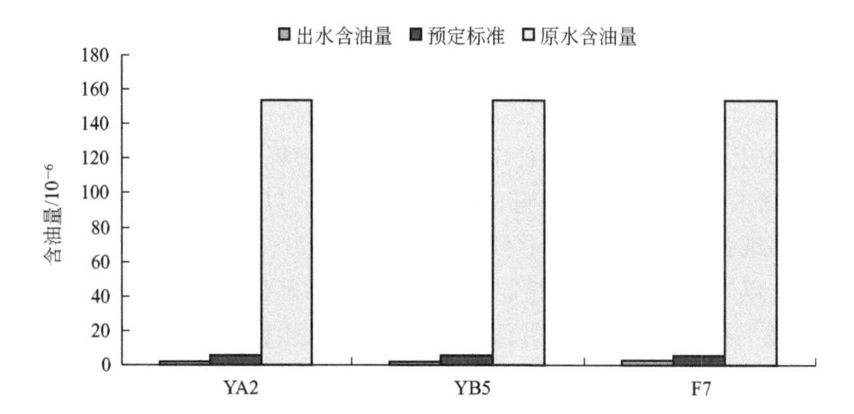

图8-19 混凝剂AL1与不同类型助凝剂含油量关系

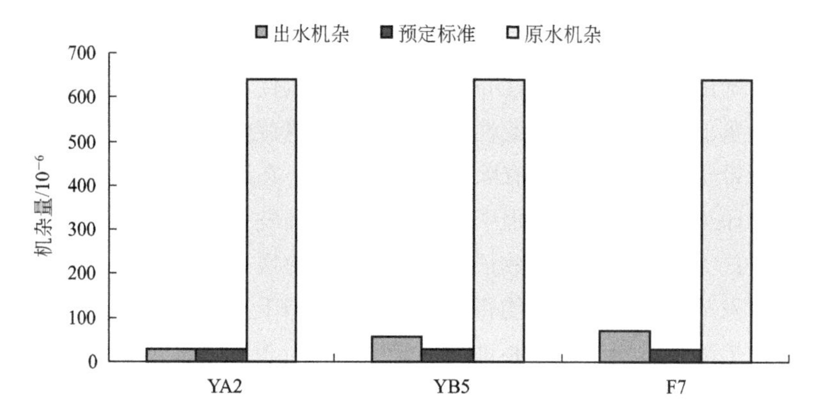

图8-20 混凝剂AL1与不同类型助凝剂机杂量关系

从图8-19和图8-20分析可知：AL1与阳离子YA2配合其含油量和机杂量都满足预期标准；AL1与阴离子YB6配合其含油量满足预期标准，机杂量达不到预期标准；AL1与非离子F7配合其含油量满足预期标准，机杂量达不到预期标准。即混凝剂AL1与阳离子聚丙烯酰胺助凝剂配合其含油量和机杂量最优。

(2) AL2与阳离子YA1、阴离子YB6、非离子F7配合

浓度为400×10^{-6}的AL2混凝剂分别与浓度为2×10^{-6}的YA1、YB6、F7助凝剂配合使用除油缓冲罐出水，其含油量和机杂量如图8-21和图8-22所示。

从图8-21和图8-22分析可知：AL2与阳离子YA1配合其含油量和机杂量都满足预期标准；AL2与阴离子YB6配合其含油量满足预期标准，机杂量达不到预期标准；AL2与非离子F7配合其含油量满足预期标准，机杂量达不到预期标准。即混凝剂AL2与阳离子聚丙烯酰胺助凝剂配合其含油量和机杂量最优。

(3) AL3与阳离子YA9、阴离子YB5、非离子F8配合

浓度为400×10^{-6}的AL3混凝剂分别与浓度为2×10^{-6}的YA9、YB5、F8助凝剂配合使用除油缓冲罐出水，其含油量和机杂量如图8-23和图8-24所示。

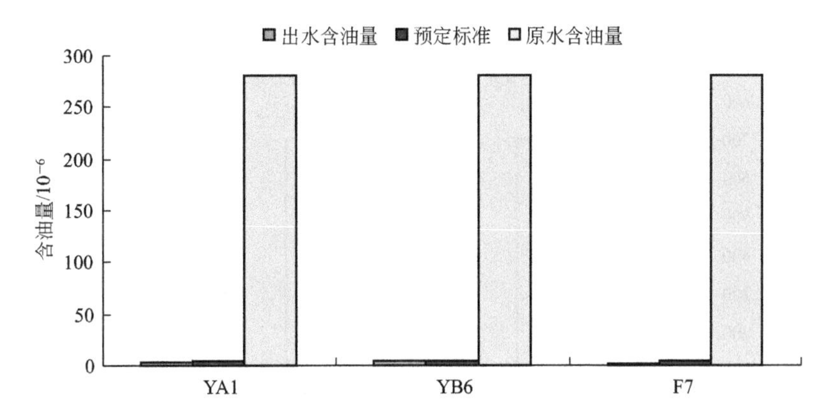

图 8-21 混凝剂 AL2 与不同类型助凝剂含油量关系

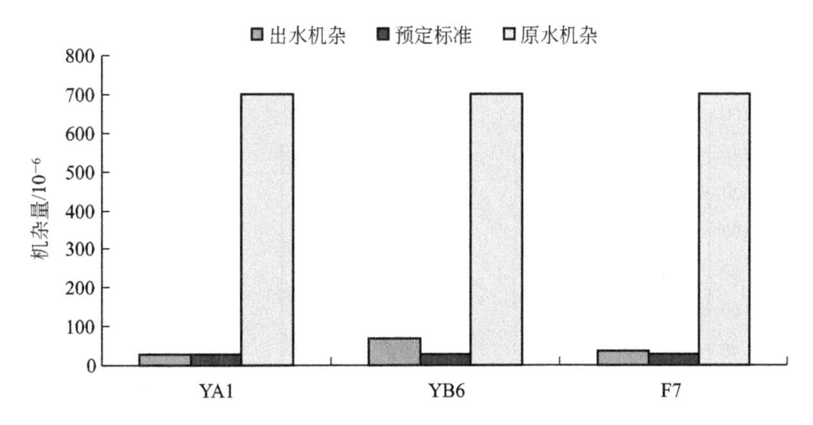

图 8-22 混凝剂 AL2 与不同类型助凝剂机杂量关系

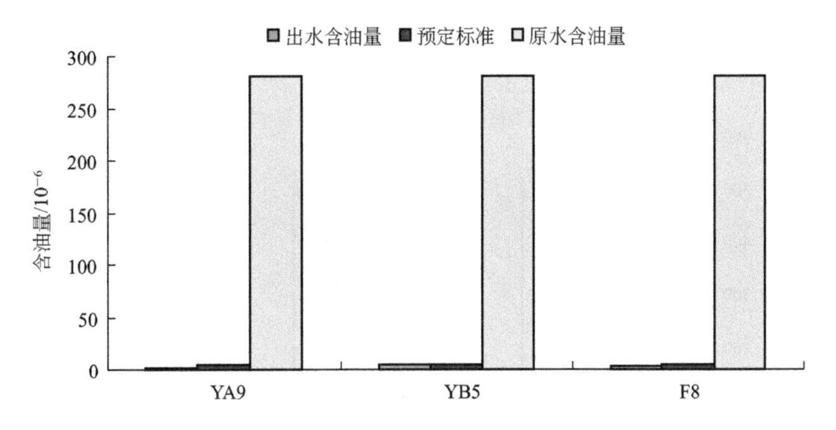

图 8-23 混凝剂 AL3 与不同类型助凝剂含油量关系

从图 8-23 和图 8-24 分析可知：AL3 与阳离子 YA9 配合其含油量满足预期标准，机杂量达不到预期标准；AL2 与阴离子 YB5 配合其含油量满足预期标准，机杂量达不到预期标准；AL2 与非离子 F8 配合其含油量满足预期标准，机杂量达不到预期标准。即混凝剂 AL3 与阳离子聚丙烯酰胺助凝剂配合其含油量和机杂量最优。

(4) AL4 与阳离子 YA9、阴离子 YB5、非离子 F7 配合

浓度为 400×10^{-6}的 AL2 混凝剂分别与浓度为 2×10^{-6}的 YA9、YB5、F7 助凝剂配

合使用除油缓冲罐出水，其含油量和机杂量如图 8-25 和图 8-26 所示。

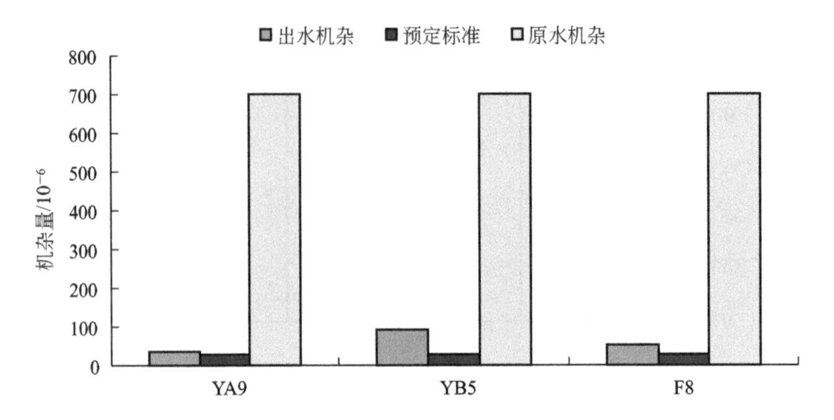

图 8-24 混凝剂 AL3 与不同类型助凝剂机杂量关系

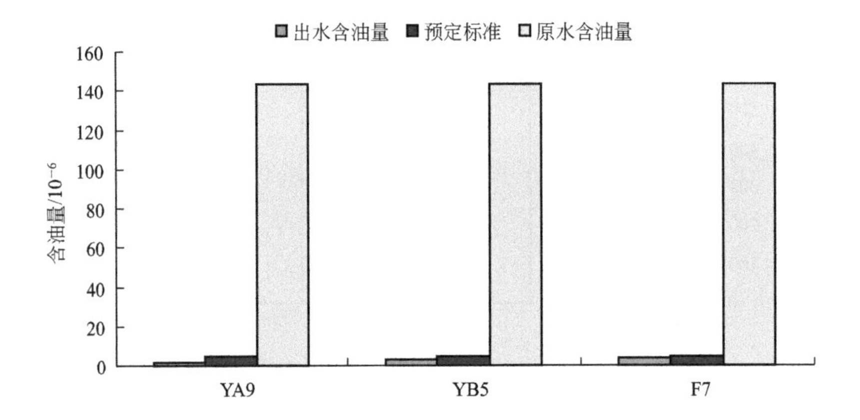

图 8-25 混凝剂 AL4 与不同类型助凝剂含油量关系

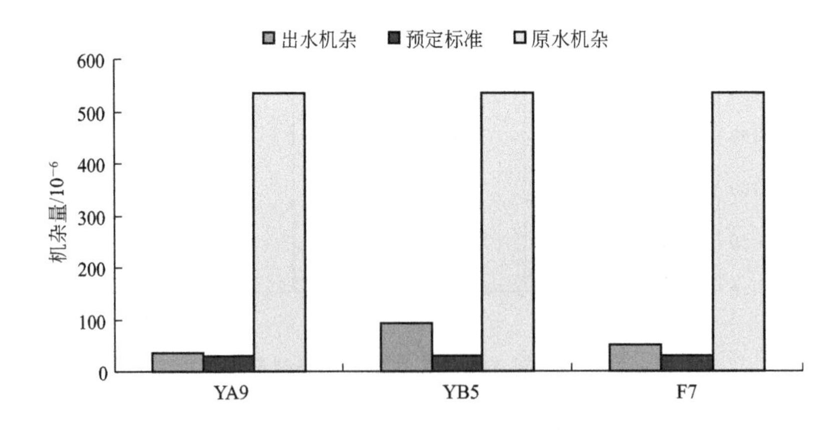

图 8-26 混凝剂 AL4 与不同类型助凝剂机杂量关系

从图 8-25 和图 8-26 分析可知：AL4 与阳离子 YA9 配合其含油量满足预期标准，机杂量达不到预期标准；AL4 与阴离子 YB5 配合其含油量满足预期标准，机杂量达不到预期标准；AL2 与非离子 F7 配合其含油量满足预期标准，机杂量达不到预期标准。即混凝剂 AL2 与阳离子聚丙烯酰胺助凝剂配合其含油量和机杂量最优。

(5) AL5与阳离子YA1、阴离子YB5、非离子F8配合

浓度为400×10^{-6}的AL5混凝剂分别与浓度为2×10^{-6}的YA1、YB5、F8助凝剂配合使用除油缓冲罐出水，其含油量和机杂量如图8-27和图8-28所示。

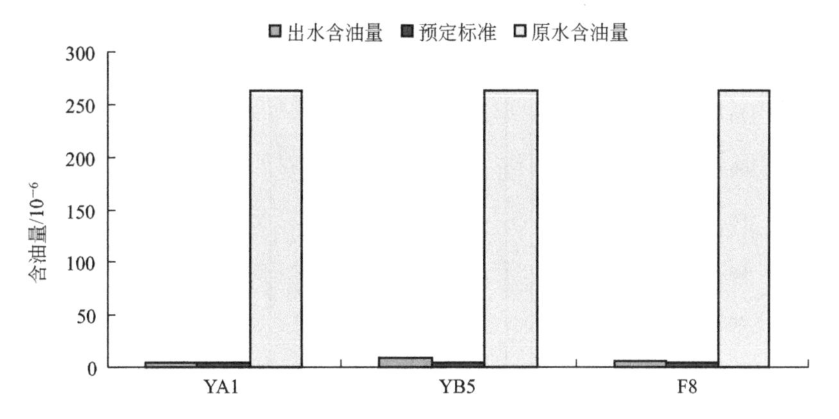

图8-27　混凝剂AL5与不同类型助凝剂含油量关系

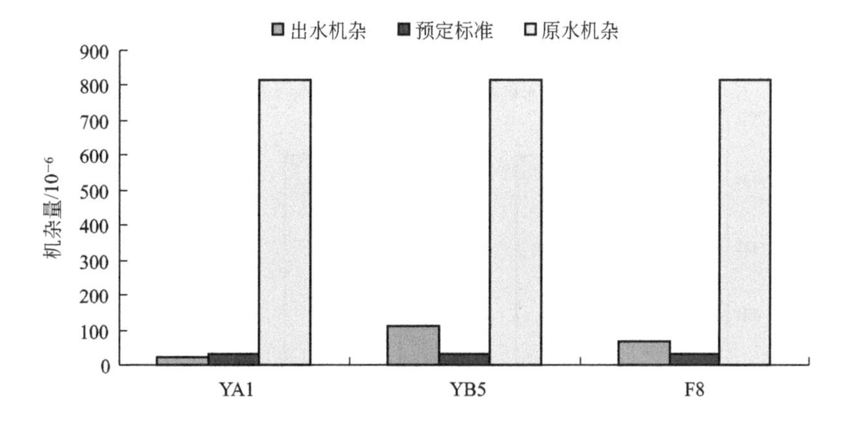

图8-28　混凝剂AL5与不同类型助凝剂机杂量关系

从图8-27和图8-28分析可知：AL5与阳离子YA1配合其含油量和机杂量均满足预期标准；AL5与阴离子YB5配合其含油量和机杂量均达不到预期标准；AL5与非离子F8配合其含油量满足预期标准，机杂量达不到预期标准。即混凝剂AL5与阳离子聚丙烯酰胺助凝剂配合其含油量和机杂量最优。

(6) 净水剂Ⅳ定性研究分析

从图8-19～图8-28分析可知：混凝剂与阳离子聚丙烯酰胺助凝剂配合处理破乳后废水的含油量和机杂量去除效果最优；混凝剂和非离子聚丙烯酰胺助凝剂配合破乳后废水的含油量和机杂量去除效果较差；混凝剂和阴离子聚丙烯酰胺助凝剂配合破乳后废水的含油量和机杂量去除效果最差。即对于破乳后废水进行混凝处理助凝剂宜采用阳离子聚丙烯酰胺。

为了进一步考察何种阳离子聚丙烯稀酰胺更适合该含油废水，采取对比方法进行分析。使用浓度400×10^{-6}的AL2和AL4混凝剂分别与2×10^{-6}各类阳离子聚丙烯酰胺助凝剂配合，考察不同阳离子聚丙烯酰胺药剂与处理后废水含油量和机杂含量的关系，如图

8-29～图 8-32 所示。

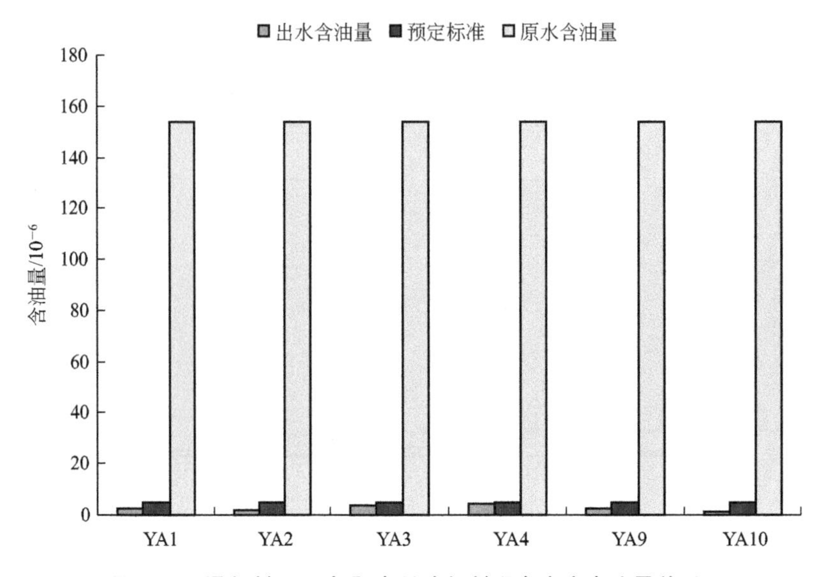

图 8-29 混凝剂 AL2 与阳离子助凝剂配合废水含油量关系

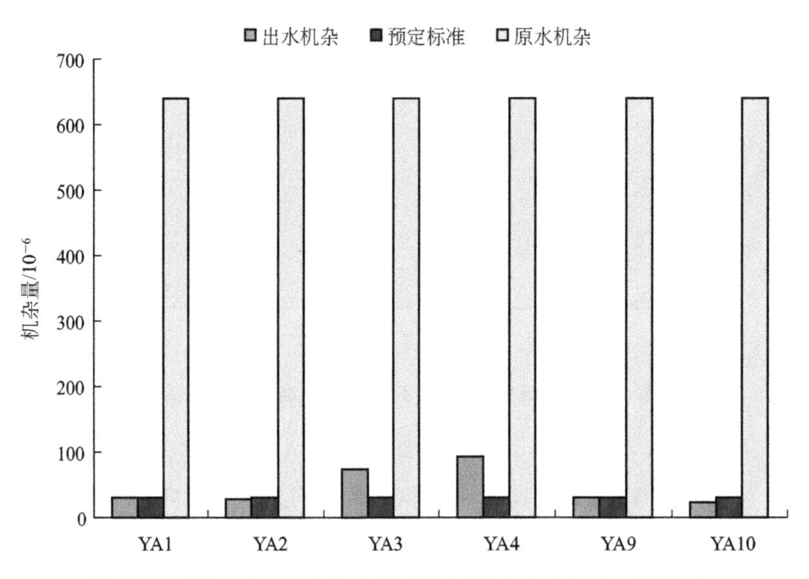

图 8-30 混凝剂 AL2 与阳离子助凝剂配合废水机杂含量关系

从图 8-29～图 8-32 分析可知：YA1、YA2、YA9、YA10 属于中阳离子度聚丙烯酰胺，与混凝剂配合其废水含油量低于预期标准（5×10^{-6}），机杂量低于预期标准（3×10^{-5}）。

8.2.3.2 净水剂Ⅲ定性研究

选取阳离子聚丙烯酰胺 YA1 净水剂Ⅳ（助凝剂）与 AL1、AL2、AL3、AL4、AL5 净水剂Ⅲ（混凝剂）配合使用处理除油缓冲罐出水，确定聚合氯化铝助凝剂加药类型。

（1）YA1 与 AL1、AL2、AL3、AL4、AL5 混凝剂配合

浓度为 2×10^{-6} 的 YA1 助凝剂分别与浓度为 400×10^{-6} 的 AL1、AL2、AL3、AL4、AL5 混凝剂配合使用除油缓冲罐出水，其含油量和机杂量如图 8-33 和图 8-34 所示。

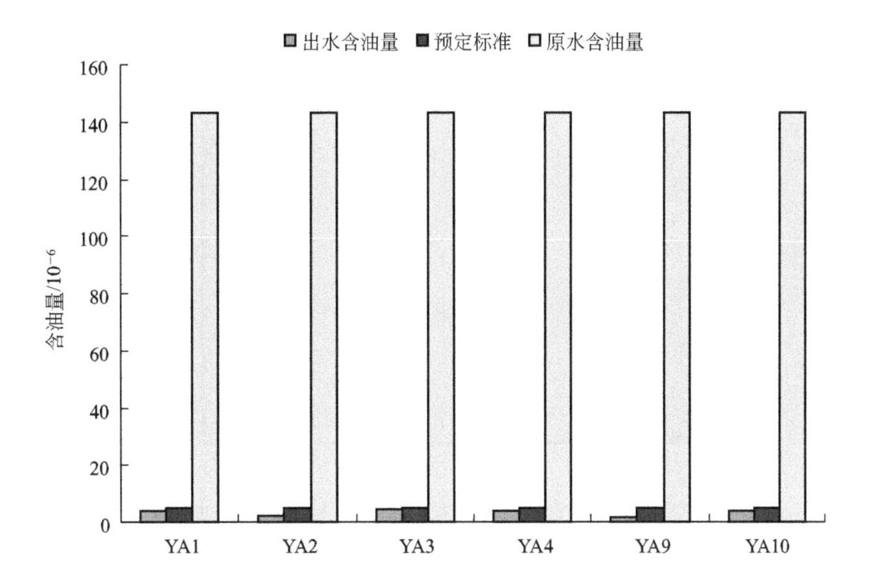

图 8-31　混凝剂 AL4 与阳离子助凝剂配合废水含油量关系

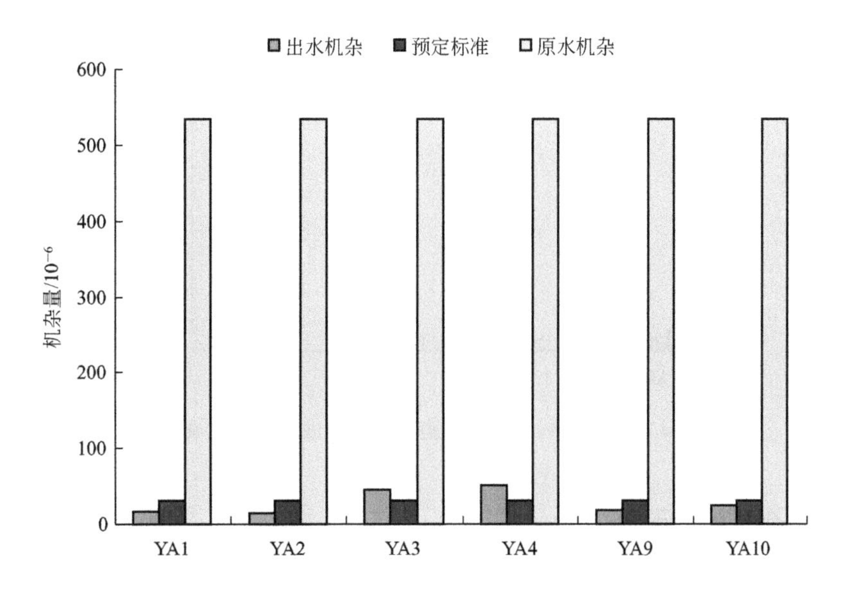

图 8-32　混凝剂 AL4 与阳离子助凝剂配合废水机杂含量关系

从图 8-33 和图 8-34 分析可知：一定浓度下，不同类型的混凝剂对废水的含油量影响较小，各类型的混凝剂在阳离子聚丙烯酰胺 YA1 助凝剂的作用下含油量均较好；一定浓度下，不同类型的混凝剂对废水的机杂量有一定影响，其中中性聚合氯化铝 AL2、偏酸性聚合氯化铝 AL4 混凝剂、含铁偏酸性的聚合氯化铝 AL5 效果较好。

（2）净水剂Ⅲ定性研究分析

混凝剂种类对废水混凝处理影响较小，中性 AL2 和偏酸性 AL4 混凝剂与中阳离子度阳离子聚丙烯酰胺助凝剂配合效果较好，其废水含油量低于预期标准，机杂含量低于预期标准。中性 AL5 混凝剂虽然具有较好的处理效果，但由于含有铁基，不适宜在该场合使用。

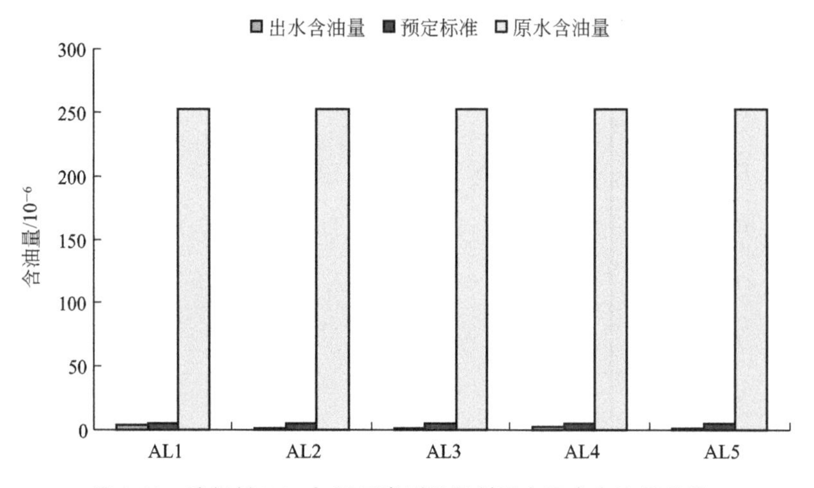

图 8-33 助凝剂 YA1 与不同类型混凝剂配合废水含油量关系

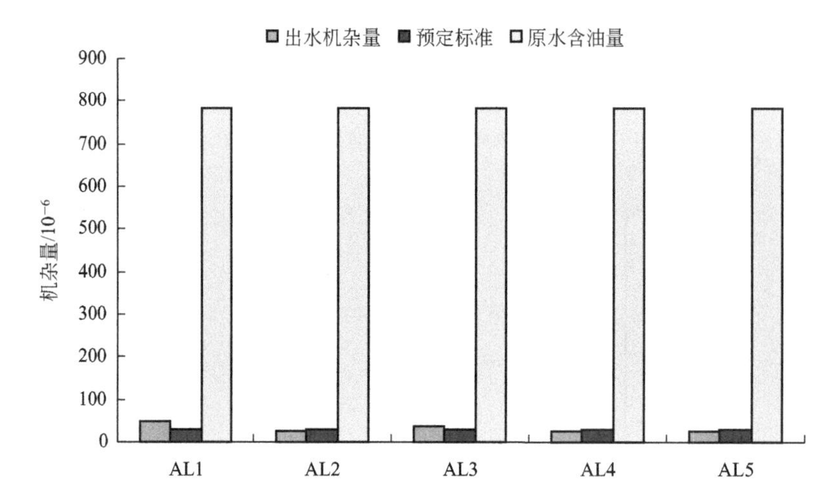

图 8-34 助凝剂 YA1 与不同类型混凝剂配合废水机杂量关系

8.2.3.3 净水剂Ⅳ定量研究

选用 AL2 净水剂Ⅲ（混凝剂）和不同中阳离子度聚丙烯酰胺净水剂Ⅳ（助凝剂）配合，确定不同中阳离子度聚丙烯酰胺的药剂投加量。

(1) AL2 与 YA1 配合

取 400×10^{-6}的 AL2 混凝剂与不同浓度的 YA1 阳离子度聚丙烯酰胺配合，加药量与处理后废水含油量和机杂量的关系，如图 8-35 和图 8-36 所示。

从图 8-35 和图 8-36 可以看出，处理后废水含油量随 YA1 投加量的增加而降低，当投加量高于 2×10^{-6}时含油量可达到 5mg/L 的预定标准；处理后废水机杂量随 YA1 投加量的增加而降低，当投加量达到 2×10^{-6}时机杂量可达到 30mg/L 的预定标准。即 YA1 助凝剂浓度达到 2×10^{-6}时废水含油量和机杂量达到预期标准。

(2) AL2 与 YA2 配合

取 400×10^{-6}的 AL2 混凝剂与不同浓度的 YA2 阳离子度聚丙烯酰胺配合，加药量与处理后废水含油量和机杂含量的关系，如图 8-37 和图 8-38 所示。

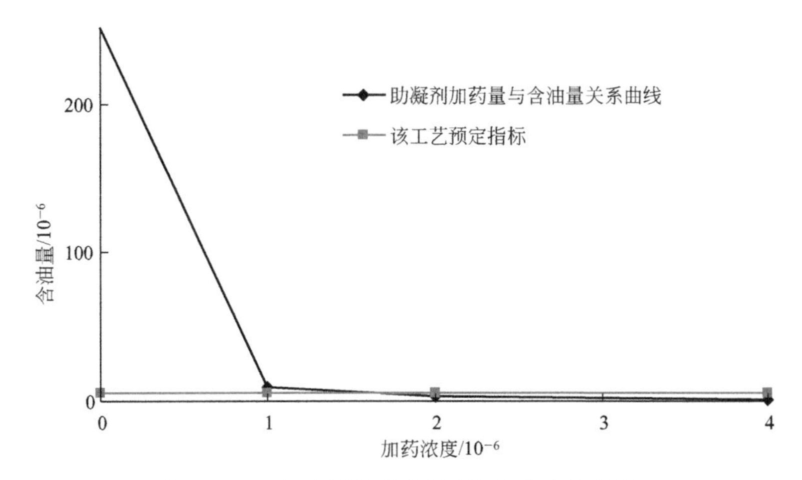

图 8-35　YA1 加药量与处理后废水含油量关系

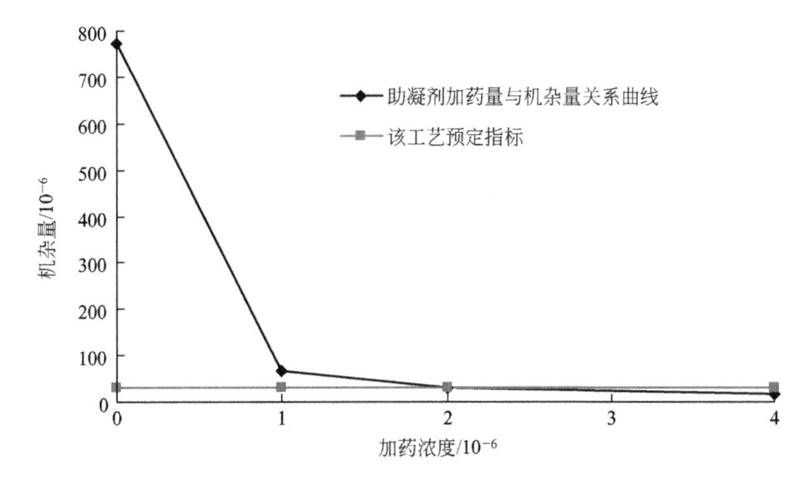

图 8-36　YA1 加药量与处理后废水机杂量关系

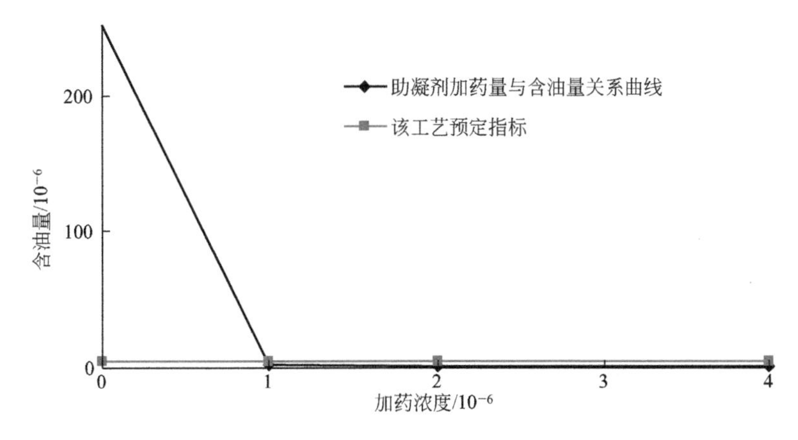

图 8-37　YA2 加药量与处理后废水含油量关系

从图 8-37 和图 8-38 可以看出，处理后废水含油量随 YA2 投加量的增加而降低，当投加量高于 1×10^{-6}时含油量可达到 5mg/L 的预定标准；处理后废水机杂含量随 YA1 投加量的增加而降低，当投加量达到 2×10^{-6}时机杂含量可达到 30mg/L 的预定标准。即

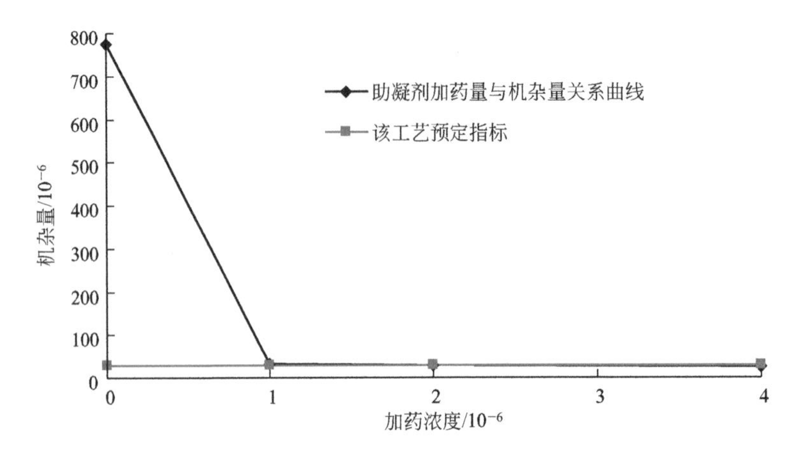

图 8-38　YA2 加药量与处理后废水机杂量关系

YA2 助凝剂浓度达到 2×10^{-6}时废水含油量和机杂量达到预期标准。

(3) AL2 与 YA9 配合

取 400×10^{-6}的 AL2 混凝剂与不同浓度的 YA9 阳离子度聚丙烯酰胺配合，加药量与处理后废水含油量和机杂量的关系，如图 8-39 和图 8-40 所示。

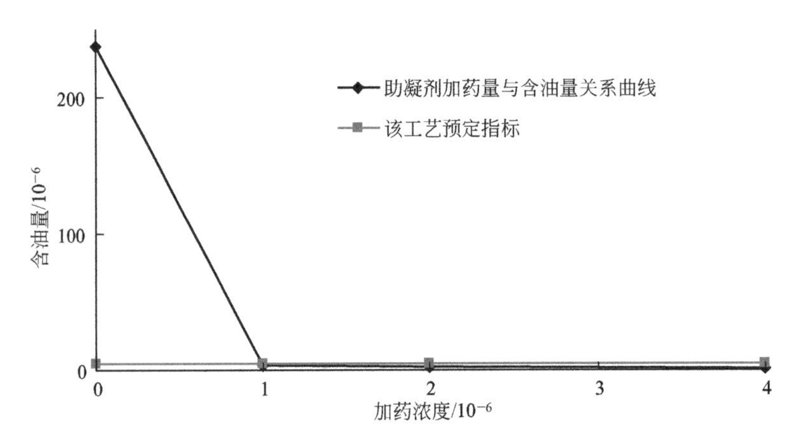

图 8-39　YA9 加药量与处理后废水含油量关系

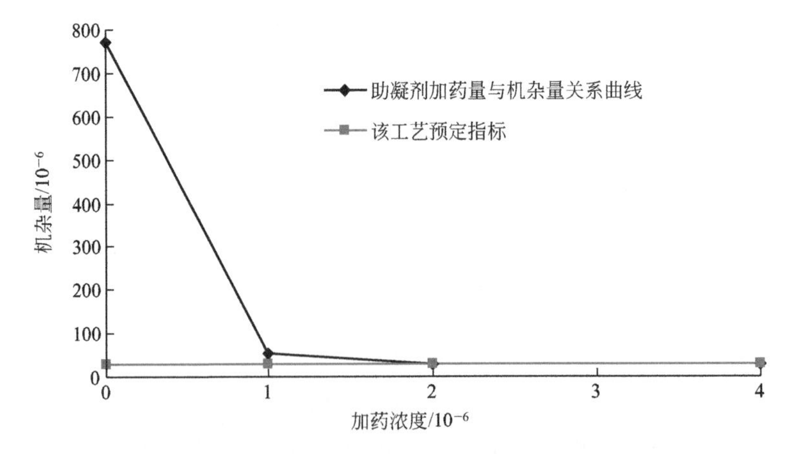

图 8-40　YA9 加药量与处理后废水机杂量关系

从图 8-39 和图 8-40 可以看出，处理后废水含油量随 YA9 投加量的增加而降低，当投加量高于 2×10^{-6}时含油量可达到 5mg/L 的预定标准；处理后废水机杂量随 YA1 投加量的增加而降低，当投加量达到 2×10^{-6}时机杂量可达到 30mg/L 的预定标准。即 YA9 助凝剂浓度达到 2×10^{-6}时废水含油量和机杂量达到预期标准。

(4) AL2 与 YA10 配合

取 400×10^{-6}的 AL2 混凝剂与不同浓度的 YA10 阳离子度聚丙烯酰胺配合，加药量与处理后废水含油量和机杂量的关系，如图 8-41 和图 8-42 所示。

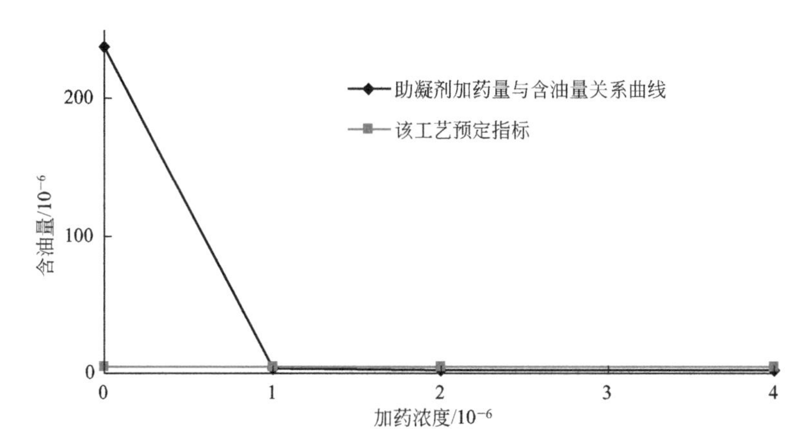

图 8-41 YA10 加药量与处理后废水含油量关系

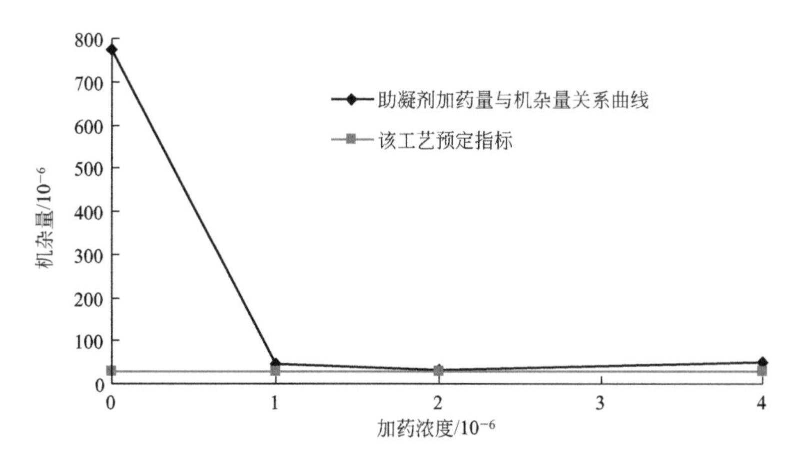

图 8-42 YA10 加药量与处理后废水机杂量关系

从图 8-41 和图 8-42 可以看出，处理后废水含油量随 YA10 投加量的增加而降低，当投加量高于 1×10^{-6}时含油量可达到 5mg/L 的预定标准；处理后废水机杂量随 YA1 投加量的增加而降低，当投加量达到 2×10^{-6}时机杂量可达到 30mg/L 的预定标准。即 YA10 混凝剂浓度达到 2×10^{-6}时废水含油量和机杂量达到预期标准。

(5) 净水剂Ⅳ定量研究分析

从上节分析可知：各种阳离子聚丙烯酰胺助凝剂投加量对废水含油量和机杂量有一定影响，投加量过低会使废水含油量和机杂量偏高；考虑经济因素，选用 YA1 作为净水剂Ⅳ，处理该废水投加量以 2×10^{-6}为宜。

8.2.3.4 净水剂Ⅲ投加量研究

选用 2×10^{-6} YA1 净水剂Ⅳ（助凝剂）和不同聚合氯化铝净水剂Ⅲ（混凝剂）配合，确定不同聚合氯化铝的药剂投加量。

（1）AL1 与 YA1 配合

取不同浓度的 AL1 混凝剂与 2×10^{-6}的 YA1 中阳离子度聚丙烯酰胺配合，加药量与处理后废水含油量和机杂量的关系，如图 8-43 和图 8-44 所示。

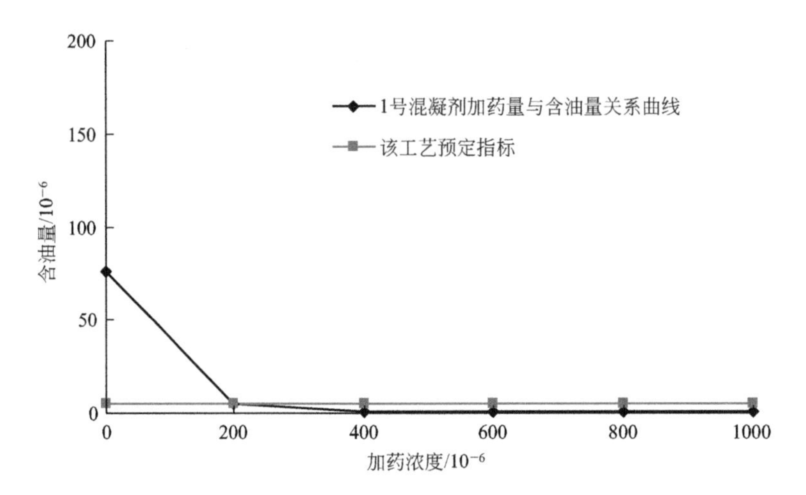

图 8-43　AL1 加药量与处理后废水含油量关系

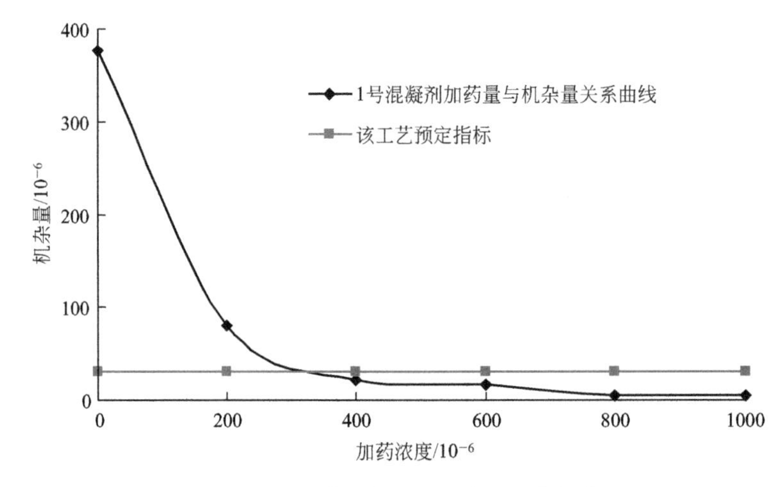

图 8-44　AL1 加药量与处理后废水机杂量关系

从图 8-43 和图 8-44 可以看出，处理后废水含油量随 AL1 投加量的增加而降低，当投加量高于 200×10^{-6}时含油量可达到 5mg/L 的预定标准；处理后废水机杂量随 AL1 投加量的增加而降低，当投加量达到 400×10^{-6}时机杂量可达到 30mg/L 的预定标准。即 AL1 混凝剂浓度达到 400×10^{-6}时废水含油量和机杂量达到预期标准。

（2）AL2 与 YA1 配合

取不同浓度的 AL2 混凝剂与 2×10^{-6}的 YA1 中阳离子度聚丙烯酰胺配合，加药量与处理后废水含油量和机杂量的关系，如图 8-45 和图 8-46 所示。

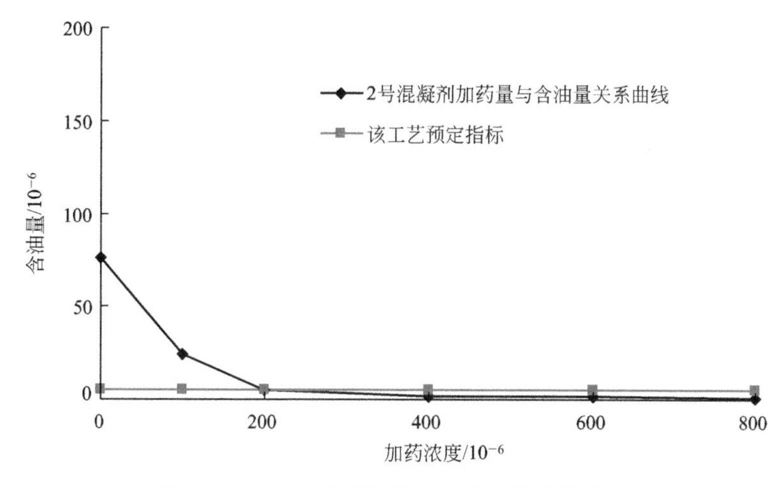

图 8-45 AL2 加药量与处理后废水含油量关系

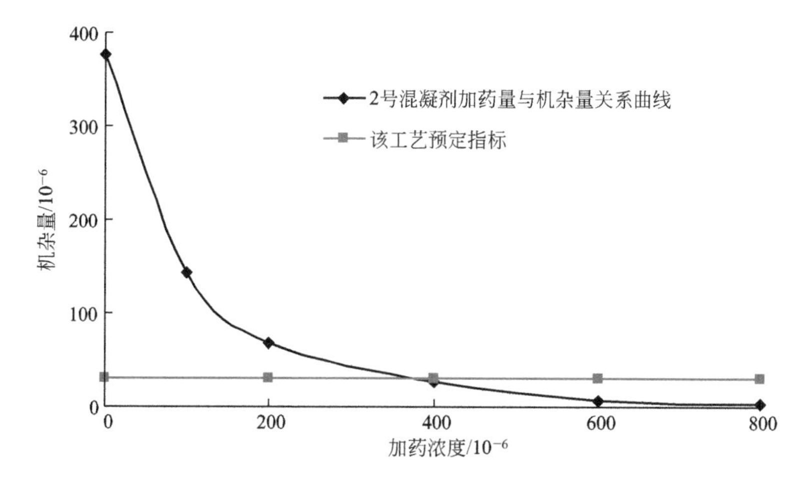

图 8-46 AL2 加药量与处理后废水机杂量关系

从图 8-45 和图 8-46 可以看出，处理后废水含油量随 AL2 投加量的增加而降低，当投加量高于 200×10^{-6}时含油量可达到 5mg/L 的预定标准；处理后废水机杂量随 AL2 投加量的增加而降低，当投加量达到 400×10^{-6}时机杂量可达到 30mg/L 的预定标准。即 AL2 混凝剂浓度达到 400×10^{-6}时废水含油量和机杂量达到预期标准。

(3) AL3 与 YA1 配合

取不同浓度的 AL3 混凝剂与 2×10^{-6}的 YA1 中阳离子度聚丙烯酰胺配合，加药量与处理后废水含油量和机杂量的关系，如图 8-47 和图 8-48 所示。

从图 8-47 和图 8-48 可以看出，处理后废水含油量随 AL3 投加量的增加而降低，当投加量达到 200×10^{-6}时含油量可达到 5mg/L 的预定标准；处理后废水机杂量随 AL3 投加量的增加而降低，当投加量达到 400×10^{-6}时机杂量可达到 30mg/L 的预定标准。即 AL3 混凝剂浓度达到 400×10^{-6}时废水含油量和机杂量达到预期标准。

(4) AL4 与 YA1 配合

取不同浓度的 AL4 混凝剂与 2×10^{-6}的 YA1 中阳离子度聚丙烯酰胺配合，加药量与处理后废水含油量和机杂量的关系，如图 8-49 和图 8-50 所示。

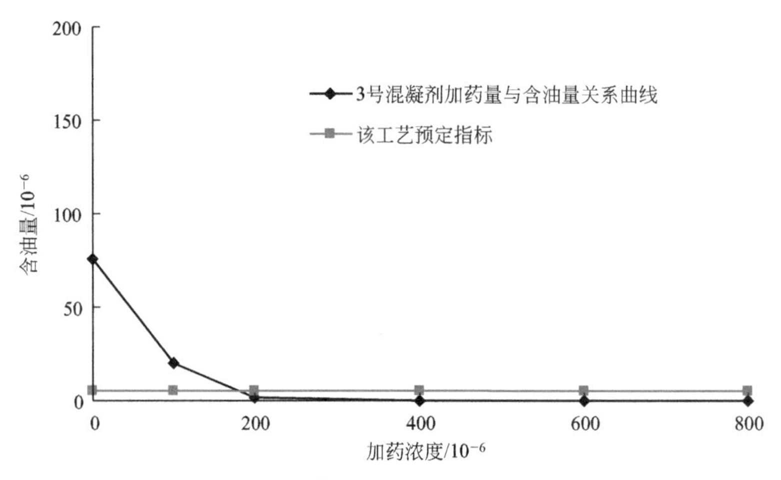

图 8-47 AL3 加药量与处理后废水含油量关系

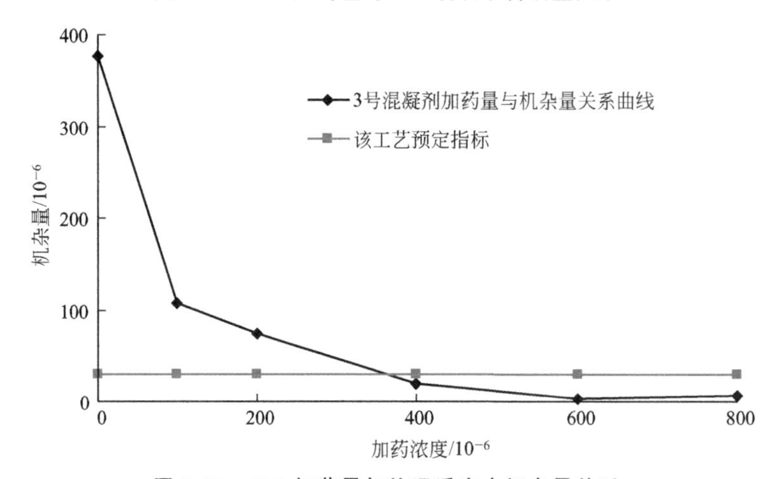

图 8-48 AL3 加药量与处理后废水机杂量关系

从图 8-49 和图 8-50 可以看出，处理后废水含油量随 AL4 投加量的增加而降低，当投加量达到 200×10^{-6}时含油量可达到 5mg/L 的预定标准；处理后废水机杂量随 AL4 投加量的增加而降低，当投加量达到 400×10^{-6}时机杂量可达到 30mg/L 的预定标准。即 AL4 混凝剂浓度达到 400×10^{-6}时废水含油量和机杂量达到预期标准。

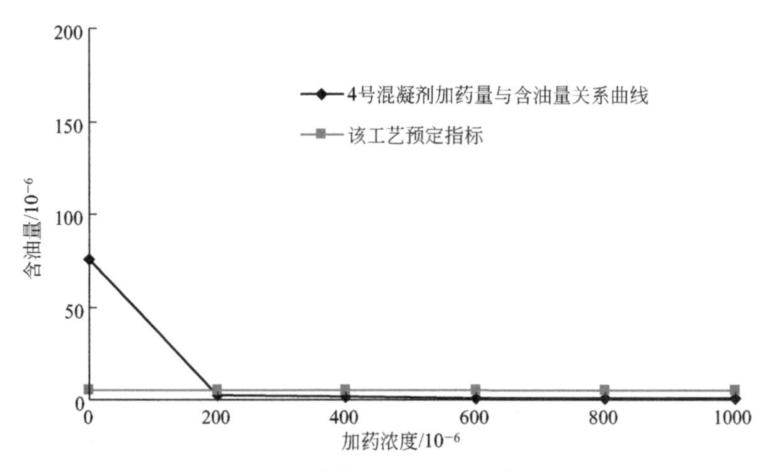

图 8-49 AL4 加药量与处理后废水含油量关系

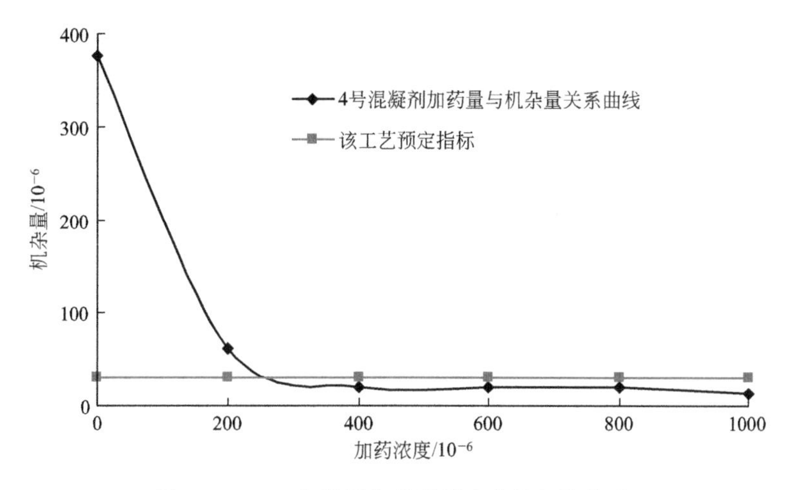

图 8-50　AL4 加药量与处理后废水机杂量关系

(5) AL5 与 YA1 配合

取不同浓度的 AL5 混凝剂与 2×10^{-6} 的 YA1 中阳离子度聚丙烯酰胺配合，加药量与处理后废水含油量和机杂量的关系，如图 8-51 和图 8-52 所示。

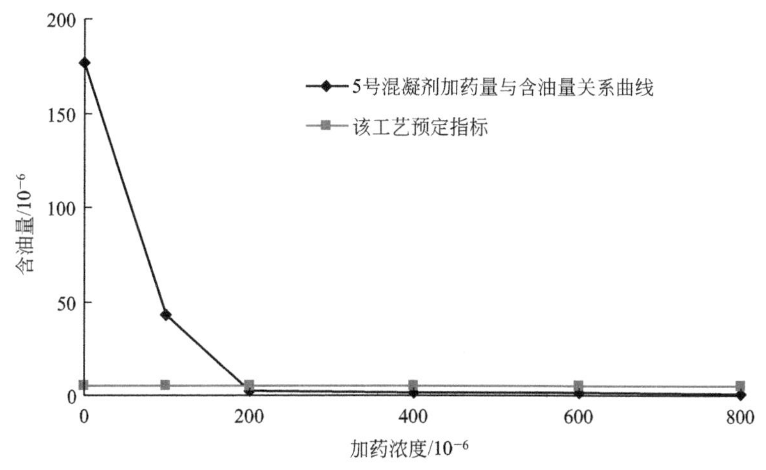

图 8-51　AL5 加药量与处理后废水含油量关系

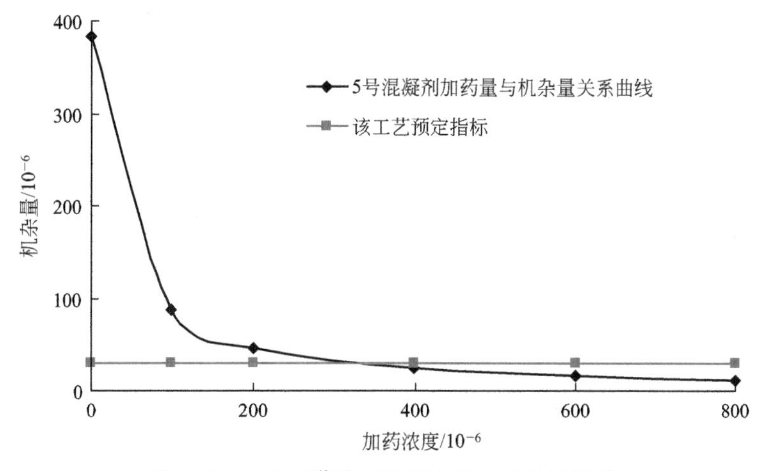

图 8-52　AL5 加药量与处理后废水机杂量关系

从图 8-51 和图 8-52 可以看出，处理后废水含油量随 AL5 投加量的增加而降低，当投加量达到 200×10^{-6}时含油量可达到 5mg/L 的预定标准；处理后废水机杂量随 AL5 投加量的增加而降低，当投加量达到 400×10^{-6}时机杂量可达到 30mg/L 的预定标准。即 AL5 混凝剂浓度达到 400×10^{-6}时废水含油量和机杂量达到预期标准。

(6) 净水剂Ⅲ定量研究分析

从上节分析可知：投加量对废水含油量和机杂量有一定影响，废水含油量和机杂量随着投加量增大而降低；处理该废水混凝剂投加量以 400×10^{-6}为宜。

从实验室小试实验数据分析可知：

1) 净水剂Ⅲ筛选小结

阴离子聚丙烯酰胺和非离子聚丙烯酰胺不适于稠油污水破乳，阳离子聚丙烯酰胺较适合该稠油污水。稠油污水油含量随阳离子聚丙烯酰胺投加量的增加而快速降低。当加药量达到 2×10^{-6}时可将油含量降至 5mg/L 以下，继续增加投加量，油含量下降缓慢。稠油污水机杂量随阳离子聚丙烯酰胺投加量的增加而快速降低。当加药量达到 2×10^{-6}时可将机杂量降至 30mg/L 以下，继续增加投加量，机杂量下降缓慢。结合经济因素，YA1 阳离子聚丙烯酰胺成本较低，可采用该药剂处理含油污水，当药剂投加量 2×10^{-6}时，污水处理成本为 0.05 元/t。

2) 净水剂Ⅳ筛选小结

聚合氯化铝种类对废水混凝处理影响较小，中性和偏酸性聚合氯化铝效果较好，偏酸性聚合氯化铝效果次之。稠油污水油含量随聚合氯化铝投加量的增加而快速降低。当加药量达到 200×10^{-6}时可将油含量降至 5mg/L 以下，继续增加投加量，油含量下降缓慢。稠油污水机杂量随聚合氯化铝投加量的增加而快速降低。当加药量达到 400×10^{-6}时可将油含量降至 30mg/L 以下，继续增加投加量，机杂量下降缓慢。结合经济因素，AL2 中性聚合氯化铝成本较低，可采用该药剂处理含油污水，当药剂投加量 400×10^{-6}时污水处理成本为 0.80 元/t。

8.2.4 现有工艺药剂筛选中试实验研究

根据实验室药剂筛选研究结果，各工艺加药量如表 8-9 所列。

表 8-9 现有工艺下最佳加药量

<table>
<tr><td rowspan="3">原工艺</td><td>除油罐出水</td><td>混凝</td><td>气浮/10^{-6}</td><td>过滤/10^{-6}</td></tr>
<tr><td rowspan="2">净水剂Ⅱ
2×10^{-6}</td><td>净水剂Ⅲ
400×10^{-6}</td><td rowspan="2">无</td><td rowspan="2">活性炭</td></tr>
<tr><td>净水剂Ⅳ
2×10^{-6}</td></tr>
</table>

经过上述药剂投加药剂后，各工序相关参数指标如表 8-10 所列。

① 阴离子聚丙烯酰胺和非离子聚丙烯酰胺不适于稠油污水破乳，阳离子聚丙烯酰胺较适合该稠油污水。

② 稠油污水油含量随阳离子聚丙烯酰胺投加量的增加而快速降低，当加药量达到 2×10^{-6}时可将油含量降至 150mg/L 以下，继续增加投加量则油含量下降缓慢。

表 8-10 各工序参数指标

	除油罐出水/10^{-6}	混凝/10^{-6}	过滤/10^{-6}
原工艺	硅 350	硅 348	硅 65
	硬度 54	硬度 76	硬度 45
	机杂 800	机杂 19	机杂 15
	油 142	油 2.5	油 0.5

③ 结合经济因素，YA1 阳离子聚丙烯酰胺成本较低，可采用该药剂处理含油污水，当药剂投加量 2×10^{-6}时污水处理成本为 0.05 元/t。

④ 阴离子聚丙烯酰胺和非离子聚丙烯酰胺不适于稠油污水破乳，阳离子聚丙烯酰胺较适合稠油污水。

⑤ 稠油污水油含量随阳离子聚丙烯酰胺投加量的增加而快速降低。当加药量达到 2×10^{-6}时可将油含量降至 5mg/L 以下，继续增加投加量，油含量下降缓慢。

⑥ 稠油污水机杂含量随阳离子聚丙烯酰胺投加量的增加而快速降低。当加药量达到 2×10^{-6}时可将机杂含量降至 30mg/L 以下，继续增加投加量，机杂含量下降缓慢。

⑦ 结合经济因素，YA1 阳离子聚丙烯酰胺成本较低，可采用该药剂处理含油污水，当药剂投加量 2×10^{-6}时污水处理成本为 0.05 元/t。

⑧ 聚合氯化铝种类对废水混凝处理影响较小，中性和偏酸性聚合氯化铝效果较好，偏酸性聚合氯化铝效果次之。

⑨ 稠油污水油含量随聚合氯化铝投加量的增加而快速降低。当加药量达到 200×10^{-6}时可将油含量降至 5mg/L 以下，继续增加投加量，油含量下降缓慢。

⑩ 稠油污水机杂含量随聚合氯化铝投加量的增加而快速降低。当加药量达到 400×10^{-6}时可将油含量降至 30mg/L 以下，继续增加投加量，机杂含量下降缓慢。

⑪ 结合经济因素，AL2 中性聚合氯化铝成本较低，可采用该药剂处理含油污水，当药剂投加量 400×10^{-6}时污水处理成本为 0.80 元/t。

8.2.5 出水水质及运行费用总结

经过中试验证：可溶性二氧化硅含量 348×10^{-6}；硬度含量 76×10^{-6}；机杂含量 59×10^{-6}；油含量 2.5×10^{-6}。出水含油≤5mg/L 时达到合同要求。

经过中试验证：净水剂总运行费用 0.85 元/t，比现有运行指标降低 47%。

8.3 含油废水深度处理实例

8.3.1 项目概况

国内油田污水技术发展相对滞后，多数油田还采用传统的工艺进行废水的处理，但这远远不能满足油田发展的需求。新疆克拉玛依油田多采用传统的“重力除油-破乳-絮凝-过滤”工艺，这一过程可实现浮油和部分分散油的分离，但对微乳油、溶解性油、高聚物和其他溶解性有机物去除效果不明显，而且该工艺系统存在除油效率低、占地面积大、污泥排放量大、药剂用量大、高聚物难降解等问题。此外，该工艺对稠油污水的处理效果不佳，容易造成油水难分离等状况。为使采油污水达到回注水标准，目前克拉玛依部分油田常采用加大絮凝剂用量或采用多级絮凝-沉降过程，这势必增大水处理药剂的用量，使污泥产量加大、处理成本更高。随着三次采油技术应用范围的逐渐加大，油田污水处理难度也在增加，对技术的要求也越来越高。特别是对于采油废水中微乳油、溶解性油、溶解性有机物、高聚物等污染物，很难用传统的方式进行去除。因此，有必要开发新型采油污水处理技术。

中国科学院大连化学物理研究所针对目前新疆克拉玛依油田聚驱采油污水处理技术的现状，结合已有的高级氧化处理技术基础，进行系统集成创新，提出新的工艺流程，从而开展新疆克拉玛依采油污水处理示范工艺研究。

8.3.2 工艺流程及说明

中国科学院大连化学物理研究所与中国科学院新疆理化技术研究所合作，在 2013 年小试实验的基础上，以现场实际污水为研究对象，开展了中试实验研究。此次中试共处理低聚含油废水及树脂清洗高含盐废水两种污水。其主要性质指标分别如表 8-11 及表 8-12 所列。

表 8-11 低聚含油废水性质

指标	COD/(mg/L)	pH 值	SS/(mg/L)	盐含量/‰	油含量/(mg/L)	外观描述
结果	1574.27	约 7.5	—	10	—	黑黄色、通透性较差，表面泛油花

表 8-12 高含盐废水性质

指标	COD/(mg/L)	pH 值	SS/(mg/L)	盐含量/‰	油含量/(mg/L)	外观描述
结果	736.00	约 7.0	—	15	—	棕黑色，有刺激性气味

此次中试实验设备由大连化物所设计制造，设备采用模块化设计，集成于标准集装箱中。整套设备包含破乳、絮凝、气浮、生化（厌氧及好氧）、磁絮凝及电催化等处理单元。中试规模为 1m³/h，设备工艺流程如图 8-53～图 8-55 所示。

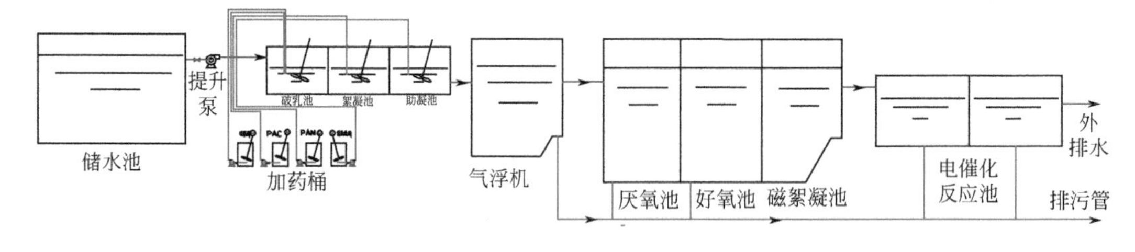

图 8-53 含油废水中试实验设备

对于低聚含油废水，采用“混凝＋气浮＋电催化氧化”的处理工艺，主要考察絮凝剂类型、絮凝剂及助凝剂和氢氧化钠用量、电催化氧化电流及电压等影响因素。

对于高含盐废水，采用“混凝＋气浮＋电催化氧化”和“混凝＋电催化氧化”的处理工艺，主要考察絮凝剂类型、絮凝剂及助凝剂和氢氧化钠用量、电催化氧化电流及电压等影响因素。

图 8-54 中试装置外部

图 8-55 中试装置内部

8.3.3 中试结果

(1) 低聚含油废水处理结果

采用“混凝+气浮+电催化”工艺处理低聚含油污水，气浮工段出水 COD 浓度为 578.30mg/L；电催化氧化工段出水 COD 浓度为 289.15mg/L。在此条件下，废水 COD 总去除率为 81.6%。效果如图 8-56 所示。

图 8-56 低聚含油废水处理结果（见书后彩图）

（2）高含盐废水处理结果

采用“混凝＋气浮＋电催化”工艺处理高含盐污水，气浮工段出水 COD 浓度为 241.35mg/L；电催化氧化工段出水 COD 浓度为 52.18mg/L。在此条件下，废水 COD 总去除率为 92.9%。效果如图 8-57 所示。

采用“混凝＋电催化”工艺处理高含盐污水，混凝工段出水 COD 浓度为 352.64mg/L；电催化氧化工段出水 COD 浓度为 74.24mg/L。在此条件下，废水 COD 总去除率为 89.9%。效果如图 8-58 所示。

图 8-57 “混凝＋气浮＋电催化”工艺处理高含盐污水处理结果（见书后彩图）

图 8-58 “混凝＋电催化”工艺处理高含盐污水处理结果（见书后彩图）

8.4 氰基树脂废水处理工程实例

8.4.1 项目概况

随着航空航天事业的超高速发展，各类飞行器的极限速度被频繁超越，特别是以超高声速航天飞行器为代表的先进航天飞行器，对耐温材料的热氧稳定性提出了更高的要求，树脂基复合材料因其耐温性高、阻燃性好、抗冲击和抗蠕变性能好、密度低、强度高等优点已取代传统金属材料，耐高温树脂的研发与改良越发受到重视，国内外众多科研人员开展了这方面的研究，其中含氰基的树脂从20世纪80年代开始受到关注，因其具备优异的耐高温性能、良好的力学性能，在航空航天、航海和电子工业领域显示出巨大的潜在应用价值[11-13]。

氰基树脂生产过程中需要利用强酸和有机胺作为催化剂，促进氰基的聚合反应，因此氰基树脂生产废水，属于一种高色度、高COD、高盐含量、强酸性、具有强刺激性气味的高浓度难降解有机废水，该废水水质恶劣、成分复杂、腐蚀性强、可生化性差，难生物降解，因此不可直接进入生化系统[14,15]。若未经彻底处理的氰基树脂生产废水直接排入水体环境，将会对水环境生态造成极大的影响，同时危害人体健康。

辽宁省某精细化工厂家生产氰基树脂年产量300t，每吨产品产生氰基树脂生产废水5t，废水治理工程设计处理能力为$12m^3/d$，该废水经小试验证，具备以下特点：

① 废水表观杂质较少，偏黄色，呈酸性，有机物浓度极高，COD浓度超过20000mg/L，不含NH_4^+-N，含盐量极高；

② 废水的B/C值较同类废水高，有一定的可生化性。

废水水质情况见表8-13。

表8-13 氰基树脂废水水质情况

指标	COD/(mg/L)	NH_4^+-N/(mg/L)	色度/倍	pH值	TDS/(g/L)	TP/(mg//L)	TN/(mg//L)
数值	21250	—	500	0.5	138.5	0.8	159.2

本废水治理工程项目设计出水执行《辽宁省废水综合排放标准》（DB 21/1627—2008）要求的排入废水处理厂的收集管网系统的废水限值。

8.4.2 工艺流程及说明

由表8-13可知，氰基树脂废水成分复杂，水况较差，具有较高的COD、TDS、TN等污染物，结合类似化工废水处理技术，重新组合工艺，针对氰基树脂废水特点，利用废水强酸性、电导率高等特性，采用电催化氧化技术，降低废水COD、TN，采用多效蒸发技术降低TDS，同时回收氯化钠粗盐，节约处理成本，使废水中各污染物指标满足生化处理要求，最终实现达标排放。

介于以上目的，设计氰基树脂废水处理工艺流程如图8-59所示。

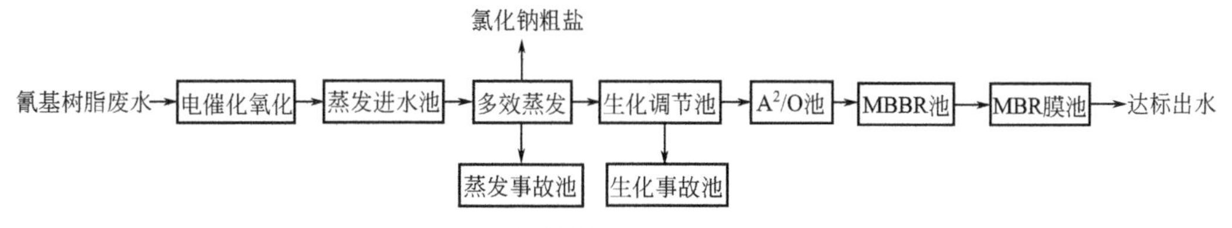

图8-59 氰基树脂废水处理工艺流程

(1) 电催化氧化

原水经提升泵进入电催化氧化池，电催化氧化池内通过阴阳极板将电催化氧化池分割成多个电催化氧化反应单元，采用钛材钌铱钛双面涂层作为阳极极板，316L 不锈钢作为阴极极板，极板用固定件固定，同极极板采用导电柱进行连接。开启电催化电源，并在强酸性条件下控制极板电流密度等条件，通过极板电解氧化剂过氧化氢产生具有强氧化能力的·OH，使废水中的有机污染物分解为无害的 N_2、H_2O 和 CO_2，氧化后废水由磁力泵提升至蒸发进水池送至多效蒸发系统。设置电催化氧化单元的主要目的是将废水中大分子难降解有机污染物断链解体成小分子有机物，并将小分子有机物完全氧化，有效降低废水中色度、COD、TN，降低废水有机负荷，提高废水可生化性能，有利于后续处理。

(2) 多效蒸发

经过氧化处理单元的废水水况稳定，在蒸发进水池中加入氢氧化钠水溶液和剩余废水残留 HCl 并将 pH 值调节至 7。将蒸发进水池的废水由进料泵打入预热器，预热至 70℃后进入换热器，蒸发器换热面积为 $30m^2$，与列式换热管外的蒸汽交换热能至 100℃，进行第一效蒸汽加热。伴随温度升高，废水浓度增大，溶液处于过饱和状态，通过从第一效产生的二次蒸汽作为第二效的加热蒸汽继续升温，以此类推经三效蒸发后，高浓液在结晶室结晶，最后一效的二次蒸汽进入冷凝器，用水冷却冷凝成水而移除。含水结晶盐进入离心机分离，分离液返回系统，含水量<10%的结晶氯化钠盐打包等待外售，蒸汽冷凝水进入生化系统。由于料液在系统中停留时间较长，达到设计浓度才会外排。并且通过循环泵实现废水在系统中自循环，防止结晶，因此多效蒸发系统适用于高含盐量的氰基树脂废水，有效降低废水中 TDS 的同时能够得到具有回收价值的氯化钠粗盐，并提高废水可生化性能，有利于后续处理。

(3) MBR 生化

由多效蒸发单元处理后的氰基树脂废水水质 B/C≥0.5，可生化性良好。在生化单元设置 A^2/O（厌氧-缺氧-好氧）-MBBR（移动床生物膜反应器）-MBR（膜生物反应器）的组合工艺，并将所有生化工艺编排在集装箱室一体化生化设备中。首先废水进入厌氧水解池，在厌氧条件下，使废水中的有机污染物转化为容易降解的物质，缺氧池主要起反硝化去除硝态氮的作用，同时去除部分 BOD_5，进一步提高可生化性，好氧处理进行生物好氧降解，去除大部分的 COD 和 BOD_5。A^2/O 工艺的优势在于技术成熟，同时完成有机物去除和脱氮除磷，而且水力停留时间较少，工艺流程简单，但无法同时达到高效脱氮除磷，因此在好氧池后连接 MBBR 提高处理效率。在 MBBR 池中投加与水密度相近的柔性生化填料，在曝气状态下，微生物负载于填料上，为微生物生长提供良好环境，充分利用养分和溶解氧。每一个填料都相当于一个微型生化体系，同时存在硝化、反硝化反应，降低 TN。生化系统必然产生剩余污泥，所以在出水前段增加 MBR 膜代替二沉池。该工艺可以应对高容积负荷、低污泥负荷。MBR 膜的高效分离作用使污泥与悬浮物截留于中空纤维膜，理论上可以达到污泥“零排放”。A^2/O 工艺保证 COD 去除率，MBBR 进一步降低 TN，MBR 膜保证出水水质，各工艺组合保证 COD 去除率≥95%，TN 去除率分别达到 90%以上，出水水质稳定满足且优于《辽宁省废水综合排放标准》（DB 21/1627—2008）要求的排入废水处理厂的收集管网系统的废水限值。

8.4.3 主要构筑物和设备参数

主要构筑物与设备参数见表 8-14。

表 8-14　主要构筑物与设备参数

阶段	名称	数量	尺寸	材质	备注
电催化氧化单元	氧化反应池	2 组	D3.5m×H4.5m	PP(聚丙烯)材质	处理能力为 $2m^3/h$
	pH 调节池	1 座	1.5m×3.5m×2m	半地下式钢混	配耐腐蚀提升泵 2 台(1 用 1 备)
	加药装置	1 套			N=0.55kW
	搅拌装置	1 套			N=0.37kW
	pH 控制系统	1 套			
多效蒸发单元	多效蒸发进水池	1 座	4.0m×3.0m×3.0m	半地下式钢混	配耐腐蚀进料泵 2 台(1 用 1 备)
	多效蒸发器	3 套	6.0m×5.0m×8.0m	钛材	换热面积 $180m^2$
	蒸发事故池	1 座	4.0m×2.0m×3.0m	半地下式钢混	
生化单元	生化事故储槽	1 座	4.0m×2.0m×3.0m	半地下式钢混	
	厌氧池	1 座	1.0m×3.0m×2.5m	碳钢防腐	
	缺氧池	1 座	1.0m×3.0m×2.5m	碳钢防腐	
	好氧池(MBBR 池)	1 座	2.0m×3.0m×2.5m	碳钢防腐	
	MBR 膜组件	1 座	1.0m×3.0m×2.5m	碳钢防腐	
曝气系统		1 套		硅橡胶膜微孔管式	罗茨风机 2 台(1 用 1 备)

8.4.4 主要运行结果

该工程经过为期 2 个月的调试后，工艺运行效果良好，出水水质基本稳定，各项污染物均达到排放标准，目前对各单元废水水质检测情况如表 8-15 所列。

表 8-15　各单元废水水质检测情况

检测项目	pH 值	COD/(mg/L)	TN/(mg/L)	TDS/(g/L)	TP/(mg/L)
原水	0.5	21250	159.2	138.5	1.8
电催化氧化池	2.2	688	35.7	102.8	1.28
pH 调节池	7.0	688	35.7	156.8	1.28
多效蒸发器	7.0	526	30.4	0.37	1.28
厌氧池	6.6	455	29.5	0.37	1.28
缺氧池	6.7	362	23.8	0.37	0.92
好氧池(MBBR 池)	6.7	259	19.2	0.37	0.82
MBR 膜组件	6.8	152	17.6	0.26	0.82
出水	6.8	152	17.6	0.26	0.82

由表 8-15 可知，废水经电催化氧化后，废水中 COD、TN 得到有效去除，多效蒸发去除 TDS 效果明显，最终经生化处理后本项目出水水质均优于《辽宁省废水综合排放标准》(DB 21/1627—2008) 要求的排入废水处理厂的收集管网系统的废水限值。

与此同时，本项目运行中遇到以下问题：

① 电催化氧化过程中，因废水中含有大量盐酸，出现电解盐酸的反应，因此需对产生气体进行碱液收集处理，碱液定期导入多效蒸发器中，进行氯化钠回收。

② 本项目采用并流多效蒸发器，因传热系数下降，导致废水浓度逐渐升高，沸点降低，黏度增大，因此三效蒸发器易导致堵塞，需定期进行清理，并计划改用平流式多效蒸发器。

8.4.5 经济技术分析

氰基树脂运行废水主要包括人工费、电费、药剂费、污泥处理费、设备折旧费、维修保养费和中水回用节约费用等。详见表 8-16。

表 8-16 废水处理运行成本

序号	名称	吨水成本/(元/m^3)	备注
1	电催化氧化	35	主要为电费(含电极费用)
2	多效蒸发	42.5	主要为蒸汽、碱液消耗
3	生化处理	12	
4	折旧费	3.36	残值取工程费的 4%
5	人工费	0.65	年人均工资 4.2 万元
6	总费用合计	93.51	

由表 8-16 可知，废水处理成本为 93.51 元/m^3。

除此之外，在此工艺过程可以回收 NaCl 粗盐出售，补偿部分处理费用。以日处理 12m^3 废水计，NaCl 回收率为 6%，盐在系统中流失损耗按 1% 计，即每日生产粗盐 710kg，盐纯度为 85%，可以作为粗产品销售，以每吨价格 200 元计算，产生价值 142 元，每吨水可盈利为 11.8 元/m^3。综上所述，本项目运行费用总计 81.71 元/m^3。

氰基树脂废水处理工程首先将原水泵入电催化氧化单元进行处理，通过·OH 有效去除水中有机物污染物，COD 去除率达 95%、TN 去除率达 75%，使废水满足多效蒸发系统进入时的水质标准。在多效蒸发单元中实现水盐分离，回收 NaCl 粗盐作为产品外售，补偿部分处理费用，经多效蒸发后废水中 TDS 得到有效去除，进一步提高废水生化性。蒸发器蒸馏水进入 MBR 生化处理单元。在生化单元采用 A^2/O-MBBR-MBR 膜的组合工艺，对废水进行生化处理，使废水满足设计标准，该工艺耐冲击负荷强，能有效保证出水水质稳定。

此套氰基树脂废水处理系统占地面积小、投资成本低，建设简单、操作简便，处理效果良好，出水水质稳定，出水水质均优于《辽宁省废水综合排放标准》(DB 21/1627—2008) 要求的排入废水处理厂的收集管网系统的废水限值，本项目运行费用总计81.71 元/m^3。运行结果表明，采用电催化氧化-多效结晶蒸发-A^2/O-MBR 组合工艺处理氰基树脂废水是可行的，该实践在国内尚属首次，为国内同行提供了宝贵的设计参考依据。

8.5 联萘酚废水处理工程实例

8.5.1 项目概况

联萘酚化合物是典型的具有 C2 轴不对称联芳香族化合物，具有独特的立体化学性质(分子的轴不对称性、刚性和柔性)，易于拆分成高纯度的对应体，从而使其在有机合成、分子识别、新材料、农药行业有着重要的用途，尤其是医药行业[16]。我国化学试剂供应短缺，手型化学试剂及其相关化合物更是如此，几乎全部依赖进口。为赶上发达国家在这一领域的发展水平，我国已将手型药物及其化合物列入重大攻关项目[17]。因此，该类化合物的合成在我国迅速发展，同时，面临着生产废水污染严重、处理难度大的问题。联萘酚生产废水经处理后回用，不仅解决了企业的废水排放污染问题，而且节约了新鲜水，具有较好的社会效益、环境效益和经济效益。

辽宁某化工企业年产450t联萘酚，产生的废水中污染物主要为COD、铁盐和氯离子等。废水经过芬顿催化氧化、MVR脱盐、MBR、过氧化氢催化氧化组合工艺处理后回用作为工业洗涤用水，无废水外排。本工程废水处理设计规模为0.6m^3/h。本工程进水主要是联萘酚生产废水，出水直接排放，水质要求达到《再生水水质标准》(SL 368—2006)中工业用水、洗涤用水标准。具体指标如表8-17所列。

表8-17 设计进、出水水质

项目	pH值	COD/(mg/L)	BOD_5/(mg/L)	挥发酚/(mg/L)	Cl^-/(mg/L)	Fe^{2+}/(mg/L)	TDS/(mg/L)
进水	0.28	22800	13500	89	12220	5320	38560
出水	6.5～9.0	<60	<30	<0.3	<400	<0.3	<1000

8.5.2 工艺流程及说明

联萘酚的合成主要采用氧化偶联法：以萘酚为原料，在催化剂的作用下，经氧化耦合后得到联萘酚。因此，通过联萘酚合成原理并结合表8-17分析可知，废水中主要污染物为萘酚，同时含有大量的氯化亚铁盐，是一种高氯离子、高有机物的化工废水。针对该类废水的处理技术目前未见相关研究报道。由于废水中含有亚铁离子，且废水为强酸性，所以利用废水的特点，首先采用芬顿催化氧化预处理，利用活性炭的吸附性和催化性，结合芬顿反应降解废水中的污染物[18]。其次，高浓度的氯离子对设备有严重的腐蚀作用，如不处理对水中微生物也有抑制作用，因此，采用成熟的蒸发结晶（MVR）工艺除去废水中的氯离子[19,20]。废水经过了芬顿催化氧化预处理和蒸发结晶脱盐处理，废水水质得到了很好的提升，再经过缺氧、厌氧、好氧和MBR膜一体化生化处理装置，大幅度降解水中剩余污染物[21,22]。最后，再采用H_2O_2催化氧化技术[23]，H_2O_2在催化剂的作用下产生强氧化性的·OH，使废水中的污染物彻底矿化为H_2O和CO_2，实现废水的达标排放。

经上述分析，选择以芬顿催化氧化、MVR脱盐、MBR、H_2O_2催化氧化为核心技术工艺处理联萘酚生产废水，具体工艺流程如图8-60所示。

(1) 芬顿催化氧化预处理单元

废水首先在储水罐中储存并调节水量和水质，泵入芬顿催化氧化塔，添加H_2O_2，将活性炭的吸附催化性能与芬顿的强氧化性相结合，分解水中有机污染物，进而降低废水中生物难分解的有机物[24]。芬顿催化氧化塔出水自流至中和池。

在中和池中投加液碱将废水中和至中性，使废水中的铁离子形成沉淀去除。该池通过鼓风机进行鼓风搅拌，以使中和反应充分进行。中和池中废水自流入脱气池。

脱气池通过鼓风机进行鼓风搅拌，废水在脱气池中脱除废水中的少量气体，废水经脱气后自流至混凝反应池中。

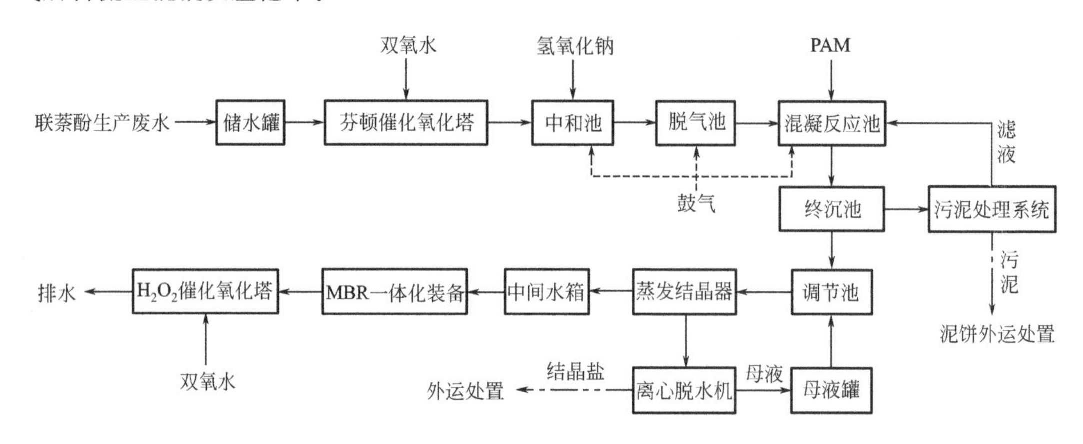

图 8-60 联萘酚生产废水处理工艺流程

混凝反应池中投加絮凝剂 PAM，并通过鼓风机进行鼓风搅拌使混凝反应充分进行，以使铁泥在终沉池中取得良好的沉淀效果。混凝反应池中废水自流至终沉池中。

终沉池设计为平流式，由于 Fe^{3+} 本身就是非常好的混凝剂[25]，所以在这个过程中除了将 $Fe(OH)_3$ 分离去除外，同时对色度、SS 及胶体也具有非常好的去除功能。

终沉池沉淀的铁泥送至污泥处理系统，经浓缩后送至带式压滤机，压滤脱水后泥饼（干度 20%）外运处理。滤液汇入混凝反应池。

（2）MVR 系统预处理单元

终沉池出水自流至调节池，废水经过调节水量和水质后，进入结晶蒸发系统。废水经长时间充足的预热并达到指定蒸发的温度时，进入结晶器，瞬间蒸发并做汽液分离后，闪蒸的二次蒸汽经过两次除沫稳压之后再进入 MVR 压缩机进行升温升焓操作。废水通过强制循环泵推动做重复的加热、蒸发、汽液分离循环，直到物料达到过饱和浓度并且开始有晶体出现并形成悬浮液。出料泵将悬浮液注入稠厚器，当稠厚器内部的固液比达到 30% 以上时，排料到离心机进行固液分离[26]。分离后的母液（包括稠厚器溢流母液）进入母液罐，由母液泵注入调节池。

（3）生化处理单元

蒸发产生的冷凝液经中间水箱收集后进入生化处理系统的调节池进行水量、水质均化稳定，提高整个处理系统抗冲击性能的功能。池底采用穿孔曝气，起搅拌作用，用来均和水质，防止 SS 下沉池底。调节池出水自流入厌氧池。

厌氧池是将流入原污水及同步进入的回流含磷污泥充分混合，靠厌氧微生物将污水中难降解有机物转化为可降解性有机物，将大分子有机物水解成小分子有机物，同时该池具有释放磷的功能，可使污水中磷的浓度升高，溶解性有机物被微生物细胞吸收而使污水中 BOD_5 浓度下降。厌氧池出水自流入缺氧池。

缺氧池是依靠污水中的有机物作为碳源将回流至该池泥水混合物中的硝酸盐、亚硝酸盐利用反硝化细菌的反硝化作用转化为 N_2，从而实现脱氮作用，同时由于脱氮时也消耗了污水中的有机物所以也降低了 COD 含量。缺氧池出水自流入好氧生物接触氧化池。

好氧生物接触氧化池进行大量曝气，利用微生物降解水中的 BOD_5 有机质，并吸除磷。好氧池出水自流入 MBR 膜池。

MBR 膜池是好氧微生物首先在氧气的作用下，以好氧池里的有机物作为碳源维持正常的生命活动，进一步降解污染物。同时又利用 MBR 膜的泥水分离特性实现了泥水分离。利用抽吸泵将膜出水排至清水池[27,28]。

（4）H_2O_2 催化氧化深度处理单元

生化处理出水与 H_2O_2 通过管道混合器充分混合后，进入 H_2O_2 催化氧化塔。废水从塔顶部经布水器均匀喷淋，与塔内催化剂接触。催化剂以椰壳活性炭为基体，负载铁、钴、锰等金属催化离子，催化 H_2O_2 产生强氧化性的自由基，对废水中残余的污染进行分解，矿化为 H_2O 和 CO_2，彻底将污染物分解，保证出水水质。

8.5.3 主要构筑物及设备参数

本工程将联萘酚生产废水处理后回用，不仅解决了企业的废水排放污染问题，而且节约了新鲜水，具有较好的社会效益、环境效益和经济效益。

芬顿催化氧化预处理，利用活性炭的吸附和催化性并结合芬顿反应的强氧化性，氧化分解废水中的污染物，提高废水水质，保护蒸发结晶器不被有机物堵塞，并降低生化处理负荷。

MBR 一体化生化处理，集厌氧、缺氧、好氧和超滤膜过滤及控制室于一体，克服了传统处理工艺流程冗长、占地面积大、操作管理复杂等缺点。利用膜分离设备将生化反应池中的活性污泥和大分子有机物质截留住，水力停留时间（HRT）和污泥停留时间（SRT）可以分别控制，而难降解的物质在反应器中不断反应、降解。一方面，膜截留了反应池中的微生物，使用池中的活性污泥浓度大大增加，使降解污水的生化反应进行得更迅速更彻底；另一方面，膜的高过滤精度，保证了泥水分离的效果。

H_2O_2 催化氧化深度处理，以活性为基体，负载铁、钴、锰等金属元素，催化 H_2O_2 产生强氧化性的·OH，使废水中的残余污染物彻底矿化为 H_2O 和 CO_2，彻底分解水中污染物，保证出水达标排放。

（1）储水罐

生产废水 pH 值低，且含有高浓度的氯离子，对金属设备具有强烈的腐蚀性。因此储水罐采用 PP 材质，立式储水罐尺寸为 Φ2.4m×4.5m，水力停留时间为 24h，工作压力为常压，工作温度－10～70℃。1 台废水离心泵，体积流量 1m^3/h，扬程 15m，功率 0.37kW，用于从储水罐抽水至芬顿催化氧化塔。

（2）芬顿催化氧化塔

芬顿催化氧化塔尺寸 Φ0.8m×5.0m，水力停留时间 90min，壳体材质为 316L，塔内布水系统 ABS 材质，塔底载体为石英砂，粒径 0.5mm，用量 30kg，塔内填充椰壳活性炭，粒径 2～4mm，用量 1.5m^3。设置 H_2O_2（27.5%）储罐，PP 材质，容积 600L，1 台 H_2O_2 计量泵（体积流量 1～10L/h，压力 0.5MPa，功率 0.18kW）。

（3）中和、脱气池

中和、脱气池尺寸 Φ0.6m×2.5m，2 座，水力停留时间 45min，碳钢防腐，水面超高 0.5m。设置液碱（30%）储罐，PP 材质，容积 300L，1 台液碱加药泵，体积流量 1～10L/h，压力 0.5MPa，功率 0.18kW。

（4）混凝反应池

混凝反应池尺寸 Φ0.5m×2.5m，水力停留时间 30min，碳钢防腐，水面超高 0.5m。设置 PAM 储罐，PP 材质，容积 300L，1 台 PAM 加药泵，体积流量 0.1～5L/h，压力 0.5MPa，功率 0.11kW。1 台罗茨鼓风机，风量 $3.73m^3/min$，风压 44.2kPa，功率 5.5kW。分别控制向中和池、脱气池和混凝反应池中鼓入空气。

（5）终沉池

终沉池尺寸为长 1.0m、宽 1.5m、高 2.0m，水力停留时间 3h，表面水力负荷 $1.02m^3/(m^2 \cdot h)$，材质 304 不锈钢，水面超高 0.5m，内设斜板体积 $1m^3$。出水自流入调节池，尺寸 2.0m×2.0m×1.5m，PP 材质。1 台污泥泵，体积流量 $1m^3/h$，扬程 10m，功率 0.22kW。带式压滤机 1 台，尺寸为长 2.6m、宽 1.55m、高 2.54m，履带宽度 1.0m，功率 1.11kW，用于污泥脱水。

（6）蒸发结晶器

采用 MVR 蒸发结晶系统，物料接触部分材质为钛合金，蒸汽接触部分材质为 304 不锈钢。系统处理量为 600kg/h，水分蒸发量为 565kg/h，固体总量为 35kg/h，蒸发器加热面积为 $45m^2$，预热器加热面积为 $3m^2$，运行压力为 0.07MPa，总功率 66kW。

罗茨蒸汽压缩机 1 台，处理量为 500kg/h，运行温度为 90～103℃，用于蒸汽升温。

强制循环泵 1 台，体积流量 $447m^3/h$，扬程 7.5m，功率 30kW，使物料在结晶器内循环；1 台进料泵，体积流量 $1m^3/h$，扬程 15m，功率 0.37kW；1 台出料泵，体积流量 $3.2m^3/h$，扬程 32m，功率 3kW，用于将浓缩稠液排到离心脱水机内。

配套离心脱水机，处理量 50kg，直径 600mm，转速 960r/min，功率 2.2kW，用于浓缩稠液固液分离；1 台母液回流泵，体积流量 $3.2m^3/h$，扬程 32m，功率 3kW。

（7）中间水箱

中间水箱尺寸为长 2.0m、宽 2.0m、高 1.5m，碳钢防腐材质，1 台污水离心泵，体积流量 $1m^3/h$，扬程 15m，功率 0.37kW，用于提升污水至 MBR 一体化装置。

（8）MBR 一体化装置

MBR 一体化装置尺寸为长 12.0m、宽 3.0m、高 2.7m，碳钢防腐材质。其中包含调节池、厌氧池、缺氧池、好氧池、MBR 膜池、清水池和设备间。

调节池尺寸为长 2.5m、宽 3.0m、高 2.7m，水力停留时间为 6h，1 台污水提升泵，体积流量 $6m^3/h$，扬程 16m，功率 0.75kW。

厌氧池和缺氧池尺寸均为长 1.0m、宽 3.0m、高 2.7m，水力停留时间为 2.5h。

好氧池尺寸为长 1.0m、宽 3.0m、高 2.7m，水力停留时间为 5h，1 台混合液回流泵，体积流量 $10m^3/h$，扬程 8m，功率 0.75kW。

MBR 膜池尺寸为长 1.5m、宽 3.0m、高 2.7m，水力停留时间为 3.5h，MBR 膜片尺寸高度 1550mm，宽度 655mm，厚度 47mm，总共 20 套，使用压力 0～30kPa。1 台抽吸泵，体积流量 $15m^3/h$，扬程 30m，功率 1.5kW。

清水池尺寸为长 1.0m、宽 3.0m、高 2.7m，水力停留时间为 2.5h，充当 MBR 膜反

洗水池和 H_2O_2 催化氧化塔进水池用。

设备间尺寸为长 3.0m、宽 3.0m、高 2.7m，1 台罗茨鼓风机，风量 3.73m^3/min，风压 44.2kPa，功率 5.5kW。1 台污泥回流泵，体积流量 6m^3/h，扬程 16m，功率 0.75kW。配套次氯酸清洗系统，膜清洗周期一般为 3～4 个月。

（9）H_2O_2 催化氧化塔

催化氧化塔尺寸为 Φ0.8m×2.0m，水力停留时间 60min，壳体材质为 316L，塔内布水系统 ABS 材质，塔内填充催化剂，粒径 2～4mm，用量 0.7m^3。1 台 H_2O_2 计量泵，体积流量 1～10L/h，压力 0.5MPa，功率 0.18kW，用于使 H_2O_2 进入 H_2O_2 催化氧化塔。1 台催化氧化塔进水泵，体积流量 1m^3/h，扬程 15m，功率 0.37kW。

8.5.4　主要运行结果

工程经调试、稳定运行 3 个月后，污水处理效果见表 8-18。由表 8-18 可见，组合处理工艺对联萘酚生产废水处理效果较为理想，采用芬顿催化氧化＋MVR 脱盐＋MBR＋过氧化氢催化氧化工艺处理联萘芬生产废水，运行后水中 COD 浓度由 21800mg/L 降低为 35mg/L，去除率为 99.8%，BOD_5 浓度由 13800mg/L 降低为 7mg/L，去除率为 99.9%，挥发酚浓度由 85mg/L 降低为 0.1mg/L，去除率为 99.9%，Cl^- 浓度由 12200mg/L 降低为 165mg/L，去除率为 98.6%，Fe^{2+} 浓度由 5300mg/L 降低为 0.2mg/L，去除率为 99.9%。处理后出水各项指标满足《再生水水质标准》（SL 368—2006）中工业用水，洗涤用水标准。

表 8-18　污水处理效果

项目	COD /(mg/L)	BOD_5/(mg/L)	挥发酚 /(mg/L)	Cl^- /(mg/L)	Fe^{2+} /(mg/L)	pH 值
进水	21000～23000	13000～15000	50～100	12000～13500	5000～5500	0.1～2
芬顿催化氧化出水	2500～3000	1500～1800	5～10	12000～13500	0.5～2	8～9
MVR 蒸发结晶出水	500～800	250～300	5～10	100～300	0.1～0.3	6～7
MBR 生化出水	80～100	20～30	0.5～1	100～250	0.1～0.2	6～7
H_2O_2 催化氧化出水	30～40	5～8	0.1～0.2	100～250	0.1～0.2	6～7
直接排放标准	＜50	＜10	＜0.3	＜400	＜0.3	6～9

8.5.5　经济技术分析

本工程总投资 198.62 万元，其中设备购置费 123.62 万元，土建安装费 75 万元。污水处理装置运行费用包括电费 132.1 元/m^3，药剂费 66.7 元/m^3，人工费 72.5 元/m^3，危废处置费 176.8 元/m^3，合计 448.1 元/m^3。

利用芬顿催化氧化预处理和 H_2O_2 催化氧化联萘酚生产废水，污染物去除率高，处理效果稳定，操作简单，通过调整药剂投加量，可以有效应对生产废水水质波动。生产废水水质和水量波动较大，应适当增大生化处理能力，以应对其他厂内废水处理要求。

8.6 芴酮废水处理工程实例

8.6.1 项目概况

芴酮是重要的有机化工中间体，在制药工程、农药、光学工程、塑料工业等领域应用广泛[29]。芴酮可以聚合成双酚芴，用来制备芴基环氧树脂等耐热、高介电强度的基体树脂材料。芴酮制备的三硝基芴酮可以作为光导材料的聚合引导剂[30,31]。以芴酮为原料制备的医药、农药、染料也具有较高的市场价值。但无论使用芴基还是非芴基方法生产芴酮产品，都会产生大量生产废水。废水中除含有芴酮外还会残留大量有机溶剂和无机盐。部分有机溶剂会抑制微生物生长，因此不可直接进入生化系统[32]。

芴酮生产规模的扩大，带来废水处理问题。芴酮废水无法直接进入生化，但经过数段预处理调节水质后问题也可以解决[33]。笔者经过对水质的研究，结合废水特点，采用预处理-MVR（强制循环蒸发系统）-A^2/O-MBBR-MBR 膜的组合工艺成功解决芴酮废水处理问题，处理水质优于《辽宁省污水综合排放标准》（DB 21/1627—2008）纳管标准，回收芴酮原料与硫酸钠盐。其中回收盐符合《工业无水硫酸钠》标准（GB/T 6009—2003）中的Ⅱ类产品中的一等品要求，见表 8-19。其中所述芴酮废水处理工艺的工程实践尚属首例。

表 8-19 《工业无水硫酸钠》标准（GB/T 6009—2003）①

项目	指标					
	Ⅰ类		Ⅱ类		Ⅲ类	
	一等品	合格品	一等品	合格品	一等品	合格品
硫酸钠质量分数/%	≥99.3	≥99.0	≥98.0	≥97.0	≥95.0	≥92.0
水不溶物质量分数/%	≤0.05	≤0.05	≤0.10	≤0.20	—	—
钙镁(以镁计)质量分数/%	≤0.10	≤0.15	≤0.30	≤0.40	≤0.60	—
氯化物(以 Cl 计)质量分数/%	≤0.12	≤0.35	≤0.70	≤0.90	≤2.0	—
铁(以 Fe 计)质量分数/%	≤0.002	≤0.002	≤0.010	≤0.040	—	—
水分质量分数/%	≤0.10	≤0.20	≤0.50	≤1.0	≤1.5	—
白度(R457)/%	≥85	≥82	≥82	—	—	—

① GB/T 6009—2003《工业无水硫酸钠》已被 GB/T 6009—2014《工业无水硫酸钠》代替，新标准于 2014-7-08 发布，2014-12-01 实施。

辽宁某芴酮生产厂家产生的芴酮废水成分主要为芴酮、有机溶剂及有机溶剂洗涤水。废水水量小，约 $0.5m^3/h$；有机物含量高，COD＝15000～20000mg/L；pH＝13～14。废水处理进出水水况见表 8-20。

8.6.2 工艺流程及说明

由表 8-20 所示，芴酮废水成分复杂，水况较差，结合其他精细化工废水处理技术，重新组合工艺，在满足出水指标的前提下，回收硫酸钠粗盐，节约处理成本。介于以上目的，设计了芴酮废水处理工艺流程，见图 8-61。

表 8-20 芴酮废水进出水水况

指标	进水	出水	指标	进水	出水
COD/(mg/L)	18000	≤300	TP/(mg/L)	30	≤5
NH_4^+-N/(mg/L)	60	≤30	色度/倍	182	≤100
SS/(mg/L)	130	≤150	pH 值	13～14	≤6～9
TDS/(mg/L)	65000	≤1000	黏度/(mPa·s)	12	1.0～1.2
TN/(mg/L)	500	≤50			

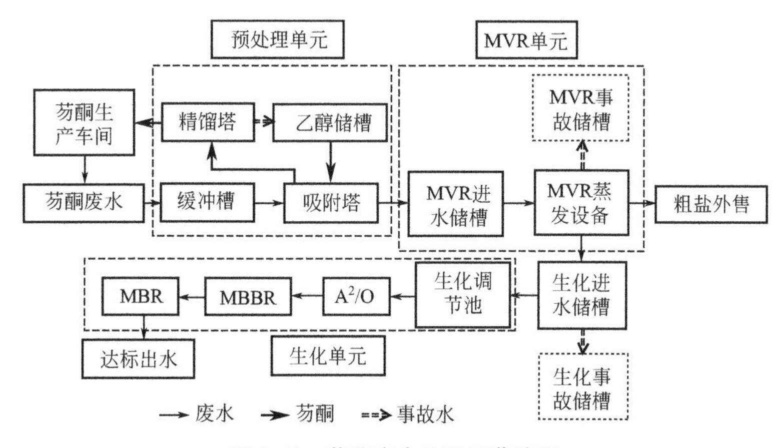

图 8-61 芴酮废水处理工艺流程

芴酮废水进入污水缓冲槽中进行平衡稳定，经泵从树脂吸附塔底部进入吸附塔进行吸附，废水中的二甲苯、芴和芴酮等污染物被树脂吸附截留，出水无色无味，COD 去除率大于 98%。吸附饱和的树脂采用乙醇进行再生，乙醇与树脂接触时，破坏树脂与污染物之间的作用力，使污染物从树脂上脱附进入再生液中，再生液经过精馏装置进行回收乙醇循环利用，塔釜富集浓缩液返回芴酮生产车间作为原料使用。吸附出水进入 MVR 结晶蒸发装置，得到洁净的硫酸钠晶体盐和纯净的蒸发冷凝水，蒸发冷凝水再进入生物单元。在生化作用下，废水中的残余污染物得到去除，在最后一环加入 MBR 膜，减少污泥排放量。最终保证出水符合辽宁省地方污水排放标准。

(1) 预处理单元

芴酮生产废水调节 pH=5～6，以 0.5BV/h 流速进入树脂吸附塔，树脂吸附系统装置如图 8-62 所示。树脂吸附装置有两套，一套吸附，一套解吸，交替使用。芴酮废水在吸附塔底部进水，以一定的流速穿过树脂在顶部出水。吸附饱和后，用乙醇作为再生溶剂，从吸附塔底部进再生溶剂，顶部流出再生液，再生液经过蒸馏回收再生溶剂乙醇，再生溶剂可以重复使用。

树脂对废水的脱色效果明显脱色率达到 97%。树脂吸附饱和后，以乙醇为再生溶剂，以 1.0BV/h 流速对树脂进行再生，解吸树脂上吸附的污染物。再生液采用精馏法进行回收乙醇，回收的乙醇含量≥95%，设置预处理单元的主要目的是将芴酮产品分离出污水系统，在降低废水 COD 的同时回收随废水流失的芴酮产品，有利于后续处理。

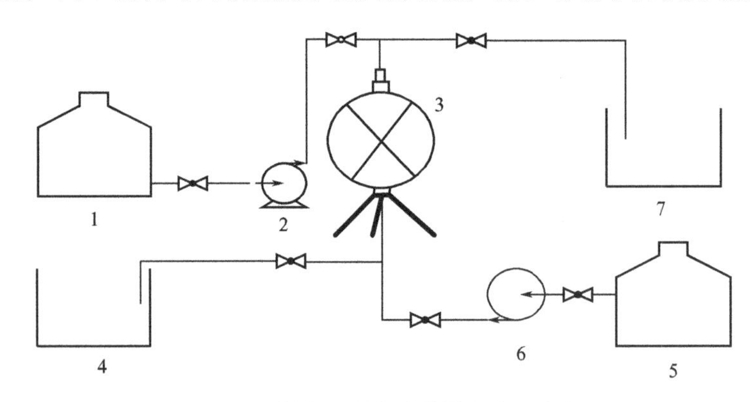

图 8-62 树脂吸附实验装置进出水变化

1—废水储槽；2—进料泵；3—吸附树脂柱；4—出水储槽；
5—洗脱剂储槽；6—洗脱剂泵；7—脱附液储槽

（2）MVR 单元

经过预处理单元的废水水况稳定，pH 保持中性，黏度降低至 1.0～1.2mPa·s，基本满足 MVR 器的进水要求[34]。MVR 进水储槽的废水由进料泵打入预热器，预热至 85℃后进入列式换热管，与蒸汽交换热能至 103℃[35]。温度升高，废水浓度增大、硫酸钠溶液处于过饱和状态，经过强制循环泵进入分离器，物料与蒸汽在此处分离。高浓液在结晶室结晶，蒸汽再次通过压缩机进入换热器，解除过饱和的浓液进入循环泵重新经历蒸发过程。含水结晶盐进入离心机分离，分离液返回系统，含水量<10%的结晶盐打包等待外售，蒸汽冷凝水进入生化系统。由于料液在系统中停留时间较长，达到设计浓度才会外排。并且通过循环泵实现废水在系统中自循环，防止结晶。因此 MVR 系统适用于高黏度、高盐、易结垢的芴酮废水。系统稳定后，物料的换热对象为结晶分离室蒸汽通过压缩机输送的二次蒸汽，无需外接供给鲜蒸汽，故节省能耗。相比传统蒸发器，强制循环蒸发器可节省能耗 70%以上。

（3）生化单元

由 MVR 单元处理后的芴酮废水水质 B/C（BOD/COD）值≥0.5，可生化性良好。在生化单元设置 A^2/O-MBBR-MBR 膜的组合工艺，并将所有生化工艺编排在集装箱室一体化生化设备中。A^2/O 工艺的优势在于技术成熟，同时完成有机物去除和脱氮除磷，而且水力停留时间较少，工艺流程简单，但无法同时达到高效脱氮除磷。因此在好氧池投加 MBBR 提高处理效率。在 MBBR 池中投加与水密度相近的填料，在曝气状态下，微生物负载于填料上，为微生物生长提供良好环境，充分利用养分和溶解氧。每一个填料都相当于一个微型生化体系，同时存在硝化、反硝化、吸磷、放磷反应，降低 TN 和 TP。生化系统必然产生剩余污泥，所以可在出水前段增加 MBR 膜代替二沉池。该工艺可以应对高容积负荷、低污泥负荷。MBR 膜的高效分离作用使污泥与悬浮物截留于中空纤维膜，理论上可以达到污泥零排放。A^2/O 工艺保证 COD 去除率，MBBR 进一步降低 TN 与 TP，MBR 膜保证出水水质，各工艺组合保证 COD 去除率≥99%，TN 与 TP 去除率分别达到 90%和 60%以上，出水水质稳定。

8.6.3 主要构筑物与设备参数

主要构筑物与设备参数见表 8-21。

表 8-21 主要构筑物与设备参数

阶段	名称	备注
预处理单元	缓存罐	1 个,2m×1m×1.25m,材质为 304 不锈钢
	吸附塔	1 个,D0.8m×2.2m,材质为 304 不锈钢
	精馏塔	1 个,D0.8m×3.0m,材质为 304 不锈钢
MVR 单元	MVR 进水储槽	1 个,4.0m×3.0m×3.0m,装配式 SMC 水箱
	预热器	1 个,D0.35m×1.5m,$F=3m^2$,316L
	换热器	1 个,D0.8m×3.5m,$F=50m^2$,316L
	强制循环泵	1 台,$Q=100m^2/h$,$H=4m$,316L
	罗茨蒸汽压缩机	1 台,$P=45kW$,升温 85/12℃,2205
	结晶分离器	1 个,D1.0m×3.5m,316L
	MVR 事故储槽	1 个,4.0m×2.0m×3.0m,装配式 SMC 水箱
生化单元	生化事故储槽	1 个,4.0m×2.0m×3.0m,装配式 SMC 水箱
	厌氧池	1 个,1.0m×3.0m×2.5m,碳钢防腐
	缺氧池	1 个,1.0m×3.0m×2.5m,碳钢防腐
	好氧池(MBBR 池)	1 个,2.0m×3.0m×2.5m,碳钢防腐
	MBR 膜组件	1 个,1.0m×3.0m×2.5m,碳钢防腐

8.6.4 主要运行效果

在系统调试稳定 72h 后，采用连续运行方式，对各单元末端出水取样检测，水质平稳，测试结果总结于表 8-22。COD、NH_4^+-N、悬浮物、TDS 等全部检测指标远优于《辽宁省污水综合排放标准》(DB 21/1627—2008)。

表 8-22 废水处理工程运行效果

检测项目	COD /(mg/L)	NH_4^+-N /(mg/L)	SS /(mg/L)	BOD_5 /(mg/L)	TDS /(mg/L)	TN /(mg/L)	TP /(mg/L)
原水	18965	62.5	121.8	5689	63548	468.2	28.0
吸附塔	258.6	56.8	62.1	437.6	50010	431.4	25.0
MVR	235.9	48.3	54.2	487.7	54.8	344.8	18.0
A^2/O	78.1	22.7	48.6	42.0	16.7	36.1	4.0
出水	65.8	20.8	6.0	32.1	13.7	34.1	2.0

8.6.5 经济技术分析

芴酮废水处理运行成本主要包括水耗、电耗、药剂费、人工费、折旧费等，详见表 8-23。

表 8-23 废水处理运行成本

序号	名称	成本/(元/t)	备注
1	电耗	105.5	105.48kWh/t①
2	水耗	1.2	12t/t①
3	特性树脂	7.3	循环使用,按2年寿命折算
4	药剂投加	19.5	主要为酸碱性清洗剂、碳源、磷源、次氯酸钠、乙醇
5	人工费	4.3	年人均工资7.2万元
6	折旧费	9.1	残值取工程费的4%
7	合计	146.9	

① 以废水中的循环水计。

由表 8-23 可知废水处理成本为 146.9 元/t。

在此工艺过程可以回收 Na_2SO_4 粗盐出售，补偿部分处理费用。以日处理 $3m^3$ 废水计，盐在系统中流失损耗 0.5%，Na_2SO_4 回收率为 6%，即每日生产粗盐 180kg，盐纯度为 98%，可以作为粗产品销售，以每吨价格 800 元计算，产生价值 144 元，吨水处理费用抵扣 48 元，最终吨水处理成本为 98.9 元。

芴酮废水处理工程首先对原水进行预处理，提出芴酮产品回用，精馏塔出水满足 MVR 系统进入的水质标准。在 MVR 单元中实现水盐分离，回收 Na_2SO_4 盐出售，蒸馏冷凝水进入下一处理单元。在生化单元采用 A^2/O-MBBR-MBR 膜的组合工艺，耐冲击负荷，保证出水水质。此套芴酮废水处理系统占地面积小、投资成本低，建设简单、操作简便。出水水质优于《辽宁省污水综合排放标准》(DB 21/1627—2008) 纳管标准。芴酮废水处理工程成功实施，具有一定经济效益，为同种废水处理提供借鉴方案。

参考文献

[1] 李彦俊，魏宏斌. 废水处理中硫化物去除技术的研究与应用 [J]. 净水技术，2010，29 (6)：9-12.

[2] 陶寅. 废水硫化物去除技术 [J]. 环境污染与防治，2005，27 (4)：263-265.

[3] 安路阳，刘睿，王钟欧，等. 含酚废水离心萃取脱酚技术研究 [J]. 环境工程，2016，34 (S1)：62-65.

[4] 张晋，戴猷元. 络合萃取技术及其应用 [J]. 现代化工，2000，20 (2)：19-22.

[5] 郑申声，周小华，陈迅，等. 用 D201 阴离子交换树脂从脱硫废液中分离硫氰酸根 [J]. 化学工业与工程技术，2007，28 (4)：12-15.

[6] Marco D G，Mario M K. Acidic and basic ion exchange resins for industrial applications [J]. Journal of Molecular Catalysis A：Chemical，2001，177：33-40.

[7] 宋志伟，张芙蓉，曲直. A/O 和 A～2/O 工艺对膜生物反应器处理焦化废水影响的研究 [J]. 环境工程学报，2009，3 (12)：2198-2202.

[8] Wang B，Chang X，Ma H Z. Electrochemical oxidation of refractory organics in the coking wastewater and chemical oxygendemand (COD) removal under extremely mild conditions [J]. Industrial &Engineering Chemistry Research，2008，47 (21)：8478-8483.

[9] 张璇，文一波，陈劲松. 电絮凝深度处理焦化废水的研究 [J]. 山西建筑，2009，35 (9)：192-193.

[10] 张立涛，安路阳，张亚峰，等. 新型电絮凝设备深度处理焦化废水 [J]. 环境科学与技术，2017，40 (S2)：121-125.

[11] 赵继永，王志鹏，程世婧，等. 高性能聚合物泡沫材料的制备与应用研究进展 [J]. 高分子材料科学与工程，2020，36 (6)：136-144.

[12] Liu S Y，Wang Y Y，Chen P，et al. Synthesis and properties of bismaleimide resins containing phthalide cardo and cyano groups [J]. SAGE Publications，2019，31 (4).

[13] 钟正祥，耿立艳，祝晶晶，等. 含炔基、氰基耐高温树脂的研究进展 [J]. 化学与黏合，2018，40 (05)：357-362.

[14] 冀阳冉. 新型含氰基环氧树脂的合成及性能研究 [D]. 大连：大连理工大学，2017.

[15] 刘金刚，沈登雄，杨士勇. 国外耐高温聚合物基复合材料基体树脂研究与应用进展 [J]. 宇航材料工艺，2013，43 (04)：8-13.

[16] 张占辉，李同双，默丽萍，等. 1,1′-联二萘酚化合物的合成研究进展 [J]. 河北大学学报（自然科学版），2001 (03)：333-340.

[17] 黄科林，黄春林，彭小玉，等. β,β'-联萘酚的合成研究进展 [J]. 企业科技与发展，2010 (02)：1-6.

[18] 肖鹤. 活性炭改良芬顿反应处理亚甲基蓝染料废水研究 [D]. 重庆：重庆工商大学，2019.

[19] 宋波，王安. 工业废水中氯离子去除技术的综述 [J]. 科技创新与应用，2015 (18)：81-82.

[20] 江泳，吴兴东. MVR 技术在含氯废水治理中的应用 [J]. 氯碱工业，2019，55 (03)：26-28，31.

[21] 杜杰，何志英，徐文，等. 生化处理一体化集成装置的研究及应用 [J]. 内蒙古石油化工，2018，44 (02)：33-37.

[22] 李英华，孙铁珩，李海波，等. 生化一体化反应器的应用及发展 [J]. 安徽农业科学，2008 (28)：12474-12476，12536.

[23] 安路阳，李成龙，王玉卿，等. 电化学+催化氧化深度处理焦化废水工程实例 [C]//《环境工程》2019 年全国学术年会论文集（中册），2019：81-83.

[24] 陶明杰，周宇松，刘中亲，等. 活性炭协同芬顿试剂处理印染行业生化池出水的研究 [J]. 兵器材料科学与工程，2015，38 (02)：106-109.

[25] 娄永江，宋美，魏丹丹，等. 三氯化铁的絮凝机制与研究趋势 [J]. 食品与生物技术学报，2016，35 (07)：673-676.

[26] 王军义. MVR 的技术原理及应用 [J]. 河南化工，2018，35 (01)：37-39.

[27] 王雪，戴仲怡，张晓临，等. A～2/O+MBR 工艺用于集约化高排放标准半地下式污水厂 [J]. 中国给水排水，2020，36 (04)：53-56.

[28] 宋田翼. AAO+MBR 组合工艺用于造纸、制药类工业废水的处理 [J]. 中国给水排水，2019，35 (18)：42-45.

[29] 余良正. 膜生物反应器去除炼油化工废水中芳香类化合物的研究 [D]. 杭州：浙江大学，2019.

[30] 刘铮，党春阁，宋丹娜，等. 精细化工业园区化工废盐处理问题探究 [J]. 化工管理，2019 (06)：153-154.

[31] 瞿瑞，张占梅，付婷. MVR 法处理含盐废水中试研究 [J]. 环境工程学报，2016，10 (7)：3671-3676.

[32] 张立涛，安路阳，张亚峰，等. 新型电絮凝设备深度处理焦化废水 [J]. 环境科学与技术，2017，40 (S2)：121-125.

[33] 王琳，王宝贞. 分散式污水处理与回用 [M]. 北京：化学工业出版社，2003.

[34] 张锡辉，刘勇弟. 废水生物处理. 2 版 [M]. 北京：化学工业出版社，2003.

[35] 马静颖. 含盐高浓度有机废液的蒸发结晶及流化床焚烧处理研究 [D]. 杭州：浙江大学，2006.

附　录

附录1　河南省地方标准《贾鲁河流域水污染物排放标准》（DB 41/908—2014）

1　范围

本标准规定了贾鲁河流域水污染物排放限值、监测和监控要求，以及标准的实施与监督等相关规定。

本标准适用于贾鲁河流域水污染物的排放管理，以及建设项目的环境影响评价、环境保护设施设计、竣工验收及其投产后的污水排放管理。

2　规范性引用文件

下列文件对于本文件的应用是必不可少的。凡是注日期的引用文件，仅注日期的版本适用于本文件。凡是不注日期的引用文件，其最新版本（包括所有的修改清单）适用于本文件。

GB/T 6920　水质　pH值的测定　玻璃电极法

GB/T 7466　水质　总铬的测定

GB/T 7467　水质　六价铬的测定　二苯碳酰二肼分光光度法

GB/T 7469　水质　总汞的测定　高锰酸钾-过硫酸钾消解法　双硫腙分光光度法

GB/T 7470　水质　铅的测定　双硫腙分光光度法

GB/T 7471　水质　镉的测定　双硫腙分光光度法

GB/T 7472　水质　锌的测定　双硫腙分光光度法

GB/T 7475　水质　铜、锌、铅、镉的测定　原子吸收分光光度法

GB/T 7484　水质　氟化物的测定　离子选择电极法

GB/T 7485　水质　总砷的测定　二乙基二硫代氨基甲酸银分光光度法

GB/T 7494　水质　阴离子表面活性剂的测定　亚甲蓝分光光度法

GB/T 11893 水质 总磷的测定 钼酸铵分光光度法
GB/T 11901 水质 悬浮物的测定 重量法
GB/T 11902 水质 硒的测定 2,3-二氨基萘荧光法
GB/T 11903 水质 色度的测定
GB/T 11914 水质 化学需氧量的测定 重铬酸盐法
GB/T 13896 水质 铅的测定 示波极谱法
GB/T 15505 水质 硒的测定 石墨炉原子吸收分光光度法
GB/T 16489 水质 硫化物的测定 亚甲基蓝分光光度法
GB/T 17133 水质 硫化物的测定 直接显色分光光度法
GB 18918-2002 城镇污水处理厂污染物排放标准
HJ/T 60 水质 硫化物的测定 碘量法
HJ/T 70 高氯废水 化学需氧量的测定 氯气校正法
HJ/T 84 水质 无机阴离子的测定 离子色谱法
HJ/T 132 高氯废水 化学需氧量的测定 碘化钾碱性高锰酸钾法
HJ/T 195 水质 氨氮的测定 气相分子吸收光谱法
HJ/T 199 水质 总氮的测定 气相分子吸收光谱法
HJ/T 200 水质 硫化物的测定 气相分子吸收光谱法
HJ/T 341 水质 汞的测定 冷原子荧光法（试行）
HJ/T 399 水质 化学需氧量的测定 快速消解分光光度法
HJ 484 水质 氰化物的测定 容量法和分光光度法
HJ 485 水质 铜的测定 二乙基二硫代氨基甲酸钠分光光度法
HJ 486 水质 铜的测定 2,9-二甲基-1,10-菲啰啉分光光度法
HJ 487 水质 氟化物的测定 茜素磺酸锆目视比色法
HJ 488 水质 氟化物的测定 氟试剂分光光度法
HJ 502 水质 挥发酚的测定 溴化容量法
HJ 503 水质 挥发酚的测定 4-氨基安替比林分光光度法
HJ 505 水质 五日生化需氧量（BOD_5）的测定 稀释与接种法
HJ 535 水质 氨氮的测定 纳氏试剂分光光度法
HJ 536 水质 氨氮的测定 水杨酸分光光度法
HJ 537 水质 氨氮的测定 蒸馏-中和滴定法
HJ 597 水质 总汞的测定 冷原子吸收分光光度法
HJ 636 水质 总氮的测定 碱性过硫酸钾消解紫外分光光度法
HJ 637 水质 石油类和动植物油类的测定 红外分光光度法
HJ 659 水质 氰化物等的测定 真空检测管—电子比色法
HJ 665 水质 氨氮的测定 连续流动—水杨酸分光光度法
HJ 666 水质 氨氮的测定 流动注射—水杨酸分光光度法
HJ 667 水质 总氮的测定 连续流动—盐酸萘乙二胺分光光度法
HJ 668 水质 总氮的测定 流动注射—盐酸萘乙二胺分光光度法

HJ 670　水质　磷酸盐和总磷的测定　连续流动—钼酸铵分光光度法
HJ 671　水质　总磷的测定　流动注射—钼酸铵分光光度法
HJ 694　水质　汞、砷、硒、铋和锑的测定　原子荧光法
《污染源自动监控管理办法》国家环境保护总局令第 28 号
《环境监测管理办法》国家环境保护总局令第 39 号

3　术语和定义

下列术语和定义适用于本文件。

3.1　公共污水处理系统

通过纳污管道等方式收集污水，为两家以上排污单位提供污水处理服务并且排水能够达到相关排放标准要求的企业或机构，包括各种规模和类型的城镇污水处理厂、区域（包括各类工业园区、开发区、产业集聚区、工业聚集地等）污水处理厂等，其污水处理程度应达到二级或二级以上。

3.2　现有公共污水处理系统

本标准实施之日前，已建成投产或建设项目环境影响评价文件已通过审批的公共污水处理系统。

3.3　新建公共污水处理系统

本标准实施之日起，环境影响评价文件通过审批的新建、扩建、改建的公共污水处理系统。

3.4　现有排污单位

本标准实施之日前，已建成投产或建设项目环境影响评价文件已通过审批的排污单位。

3.5　新建排污单位

本标准实施之日起，环境影响评价文件通过审批的新建、扩建、改建的排污单位。

3.6　郑州市区

包括郑州市中心城区（即东至京港澳高速公路，西至绕城高速公路，北至黄河湿地保护区，南至南水北调中线工程）和郑州航空港经济综合实验区。

4　水污染物排放控制要求

4.1　新建公共污水处理系统自 2014 年 6 月 26 日起、郑州市区现有公共污水处理系统自 2016 年 7 月 1 日起、其他地区现有公共污水处理系统自 2016 年 1 月 1 日起，水污染物基本控制项目排放限值执行表 1 规定。

根据水环境质量改善的要求而需要采取特别保护措施的区域，其公共污水处理系统水污染物基本控制项目排放限值执行表 1 特别排放限值。执行表 1 特别排放限值的区域、时间、方式，由省人民政府规定。

公共污水处理系统水污染物选择控制项目排放限值及其他规定执行 GB 18918—2002。

4.2　新建排污单位自 2014 年 6 月 26 日起、现有排污单位自 2016 年 1 月 1 日起，直接向

环境排放的污水执行表2规定。

表1　公共污水处理系统水污染物基本控制项目排放限值（日均值）

单位：mg/L（pH值、色度、粪大肠菌群数除外）

序号	污染物项目	郑州市区排放限值	其他地区排放限值	特别排放限值	污染物排放监控位置
1	pH值	6～9	6～9	6～9	公共污水处理系统污水总排口
2	色度(稀释倍数)	30	30	15	
3	悬浮物	10	10	5	
4	化学需氧量	40	50	30	
5	五日生化需氧量	10	10	6	
6	石油类	1	1	0.5	
7	氨氮	3	5	1.5(2.5)[a]	
8	总氮	15	15	15	
9	总磷	0.5	0.5	0.3	
10	阴离子表面活性剂	0.5	0.5	0.3	
11	动植物油	1	1	0.5	
12	粪大肠菌群数(个/L)	1000	1000	1000	
13	总汞	0.001	0.001	0.001	
14	烷基汞	不得检出	不得检出	不得检出	
15	总镉	0.01	0.01	0.005	
16	总铬	0.1	0.1	0.1	
17	六价铬	0.05	0.05	0.05	
18	总砷	0.1	0.1	0.1	
19	总铅	0.1	0.1	0.05	

[a]括号外数值为水温＞12℃时的控制指标，括号内数值为水温≤12℃时的控制指标。

表2　排污单位水污染物排放限值

单位：mg/L（pH值、色度除外）

序号	污染物项目	适用范围	排放限值	污染物排放监控位置
1	pH值	肉类加工	6～8.5	排污单位污水总排口
		其他排污单位	6～9	
2	色度(稀释倍数)	医疗机构、制革及毛皮加工工业、酵母工业、杂环类农药工业	30	
		发酵酒精和白酒工业、柠檬酸工业、弹药装药行业	40	
		其他排污单位	50	
3	悬浮物	轮胎企业和其他制品企业	10	
		医疗机构、汽车维修业	20	
		其他排污单位	30	
4	化学需氧量	一切排污单位	50	
5	五日生化需氧量	一切排污单位	10	

续表

序号	污染物项目	适用范围	排放限值	污染物排放监控位置
6	石油类	橡胶制品工业	1.0	排污单位污水总排口
		炼焦化学工业	2.5	
		陶瓷工业、电镀企业、弹药装药行业、汽车维修业、铜镍钴工业、合成氨工业、钢铁工业、镁钛工业、铝工业、硫酸工业、硝酸工业	3.0	
		稀土工业	4.0	
		其他排污单位	5.0	
7	氨氮	陶瓷工业	3.0	
		其他排污单位	5.0	
8	总氮	轮胎企业和其他制品企业、铅冶炼工业	10.0	
		制浆和造纸联合生产企业、造纸企业	12.0	
		其他排污单位	15.0	
9	总磷	一切排污单位	0.5	
10	硫化物	合成氨工业、纺织染整工业、制革及毛皮加工工业、铁矿采选工业、炼焦化学工业	0.5	
		其他排污单位	1.0	
11	挥发酚	合成氨工业	0.1	
		炼焦化学工业	0.3	
		其他排污单位	0.5	
12	氰化物	合成氨工业、炼焦化学工业	0.2	
		电镀企业	0.3	
		百草枯原药生产企业	0.4	
		其他排污单位	0.5	
13	氟化物	铅冶炼工业、铜镍钴工业、铝工业	5.0	
		陶瓷工业、太阳电池、稀土工业、铅锌工业(铅冶炼工业除外)	8.0	
		其他排污单位	10.0	
14	总铜	陶瓷工业	0.1	
		钒工业	0.3	
		其他排污单位	0.5	
15	总锌	化学合成类制药工业	0.5	
		陶瓷工业、乳胶制品企业、铅冶炼工业、稀土工业	1.0	
		电镀企业、铜镍钴工业、锌锰/锌银/锌空气电池、铅锌工业(铅冶炼工业除外)	1.5	
		其他排污单位	2.0	
16	总硒	一切排污单位	0.1	
17	阴离子表面活性剂	弹药装药行业	1.0	
		汽车维修业、羽绒工业	3.0	
		其他排污单位	5.0	

续表

序号	污染物项目	适用范围	排放限值	污染物排放监控位置
18	总汞	油墨工业	0.002	车间或生产设施污水排放口
		锌锰/锌银/锌空气电池、聚氯乙烯企业	0.005	
		其他排污单位	0.01	
19	总镉	铅蓄电池	0.02	
		铅冶炼工业	0.03	
		其他排污单位	0.05	
20	总铬	陶瓷工业	0.1	
		油墨工业	0.5	
		稀土工业	0.8	
		其他排污单位	1.0	
21	六价铬	纺织染整工业	不得检出	
		制革及毛皮加工工业、稀土工业	0.1	
		其他排污单位	0.2	
22	总砷	稀土工业	0.1	
		铅冶炼工业、钒工业	0.2	
		磷肥工业、铅锌工业(铅冶炼工业除外)、硫酸工业	0.3	
		其他排污单位	0.35	
23	总铅	油墨工业	0.1	
		其他排污单位	0.2	

排污单位向公共污水处理系统排放水污染物，执行国家或地方规定的水污染物排放标准。

排污单位的单位产品基准排水量（用于核定水污染物排放浓度而规定的生产单位产品的污水排放量上限值）执行国家或地方规定的水污染物排放标准。

5 水污染物监测要求

5.1 对排污单位排放污水的采样应根据监测污染物的种类，在规定的污染物排放监控位置进行，有污水处理设施的，应在该设施后监控。排污单位应按国家有关污染源监测技术规范的要求设置采样口，在污染物排放监控位置应设置永久性排污口标志。

5.2 排污单位安装污染物排放自动监控设备的要求，按有关法律和《污染源自动监控管理办法》的规定执行。

5.3 对排污单位水污染物排放情况进行监测的频次、采样时间等要求，按国家有关污染源监测技术规范的规定执行。

5.4 排污单位应按照有关法律和《环境监测管理办法》的规定，对排污状况进行监测，并保存原始监测记录。

5.5 对排污单位排放水污染物浓度的测定采用表3所列的方法标准。

表 3 水污染物浓度监测分析方法

序号	污染物项目	方法标准名称	方法标准编号
1	pH 值	水质 pH 值的测定 玻璃电极法	GB/T 6920
2	色度	水质 色度的测定	GB/T 11903
3	悬浮物	水质 悬浮物的测定 重量法	GB/T 11901
4	化学需氧量	水质 化学需氧量的测定 重铬酸盐法	GB/T 11914
		高氯废水 化学需氧量的测定 氯气校正法	HJ/T 70
		高氯废水 化学需氧量的测定 碘化钾碱性高锰酸钾法	HJ/T 132
		水质 化学需氧量的测定 快速消解分光光度法	HJ/T 399
5	五日生化需氧量	水质 五日生化需氧量(BOD_5)的测定 稀释与接种法	HJ 505
6	石油类	水质 石油类和动植物油类的测定 红外分光光度法	HJ 637
7	氨氮	水质 氨氮的测定 气相分子吸收光谱法	HJ/T 195
		水质 氨氮的测定 纳氏试剂分光光度法	HJ 535
		水质 氨氮的测定 水杨酸分光光度法	HJ 536
		水质 氨氮的测定 蒸馏-中和滴定法	HJ 537
		水质 氨氮的测定 连续流动—水杨酸分光光度法	HJ 665
		水质 氨氮的测定 流动注射—水杨酸分光光度法	HJ 666
8	总氮	水质 总氮的测定 气相分子吸收光谱法	HJ/T 199
		水质 总氮的测定 碱性过硫酸钾消解紫外分光光度法	HJ 636
		水质 总氮的测定 连续流动—盐酸萘乙二胺分光光度法	HJ 667
		水质 总氮的测定 流动注射—盐酸萘乙二胺分光光度法	HJ 668
9	总磷	水质 总磷的测定 钼酸铵分光光度法	GB/T 11893
		水质 磷酸盐和总磷的测定 连续流动—钼酸铵分光光度法	HJ 670
		水质 总磷的测定 流动注射—钼酸铵分光光度法	HJ 671
10	硫化物	水质 硫化物的测定 亚甲基蓝分光光度法	GB/T 16489
		水质 硫化物的测定 直接显色分光光度法	GB/T 17133
		水质 硫化物的测定 碘量法	HJ/T 60
		水质 硫化物的测定 气相分子吸收光谱法	HJ/T 200
11	挥发酚	水质 挥发酚的测定 溴化容量法	HJ 502
		水质 挥发酚的测定 4-氨基安替比林分光光度法	HJ 503
12	氰化物	水质 氰化物的测定 容量法和分光光度法	HJ 484
		水质 氰化物等的测定 真空检测管—电子比色法	HJ 659
13	氟化物	水质 氟化物的测定 离子选择电极法	GB/T 7484
		水质 无机阴离子的测定 离子色谱法	HJ/T 84
		水质 氟化物的测定 茜素磺酸锆目视比色法	HJ 487
		水质 氟化物的测定 氟试剂分光光度法	HJ 488
14	总铜	水质 铜、锌、铅、镉的测定 原子吸收分光光度法	GB/T 7475
		水质 铜的测定 二乙基二硫代氨基甲酸钠分光光度法	HJ 485
		水质 铜的测定 2,9-二甲基-1,10 菲啰啉分光光度法	HJ 486

续表

序号	污染物项目	方法标准名称	方法标准编号
15	总锌	水质　锌的测定　双硫腙分光光度法	GB/T 7472
		水质　铜、锌、铅、镉的测定　原子吸收分光光度法	GB/T 7475
16	总硒	水质　硒的测定　2,3-二氨基萘荧光法	GB/T 11902
		水质　硒的测定　石墨炉原子吸收分光光度法	GB/T 15505
		水质　汞、砷、硒、铋和锑的测定　原子荧光法	HJ 694
17	阴离子表面活性剂	水质　阴离子表面活性剂的测定　亚甲蓝分光光度法	GB/T 7494
18	总汞	水质　总汞的测定　高锰酸钾-过硫酸钾消解法　双硫腙分光光度法	GB/T 7469
		水质　汞的测定　冷原子荧光法(试行)	HJ/T 341
		水质　总汞的测定　冷原子吸收分光光度法	HJ 597
		水质　汞、砷、硒、铋和锑的测定　原子荧光法	HJ 694
19	总镉	水质　镉的测定　双硫腙分光光度法	GB/T 7471
		水质　铜、锌、铅、镉的测定　原子吸收分光光度法	GB/T 7475
20	总铬	水质　总铬的测定	GB/T 7466
21	六价铬	水质　六价铬的测定　二苯碳酰二肼分光光度法	GB/T 7467
22	总砷	水质　总砷的测定　二乙基二硫代氨基甲酸银分光光度法	GB/T 7485
		水质　汞、砷、硒、铋和锑的测定　原子荧光法	HJ 694
23	总铅	水质　铅的测定　双硫腙分光光度法	GB/T 7470
		水质　铜、锌、铅、镉的测定　原子吸收分光光度法	GB/T 7475
		水质　铅的测定　示波极谱法	GB/T 13896

6　实施与监督

6.1　本标准中未包括的污染物项目应执行相关标准规定。

6.2　本标准由县级以上人民政府环境保护行政主管部门负责监督实施。

6.3　在任何情况下，排污单位均应遵守本标准的污染物排放控制要求，采取必要措施保证污染防治设施正常运行。各级环保部门在对设施进行监督检查时，可依据现场即时采样、监测的结果，作为判定排污行为是否符合排放标准以及实施相关环境保护管理措施的依据。

附录 2　河北省地方标准《大清河流域水污染物排放标准》（DB 13/2795—2018）

1　范围

本标准规定了河北省大清河流域内水污染物的排放控制、监测、实施与监督要求。

本标准适用于河北省大清河流域内现有排污单位向环境水体直接排放污水的化学需氧

量、五日生化需氧量、氨氮、总氮、总磷等五项水污染物的排放管理，以及新（改、扩）建排污单位的环境影响评价、环境保护设施设计、竣工环境保护验收、排污许可及其投产后的上述五项水污染物直接排放管理。

农村生活污水的排放管理执行 DB 13/2171—2015。

2 规范性引用文件

下列文件对于本文件的应用是必不可少的。凡是注日期的引用文件，仅注日期的版本适用于本文件。凡是不注日期的引用文件，其最新版本（包括所有的修改单）适用于本文件。

GB/T 11893 水质 总磷的测定 钼酸铵分光光度法

HJ/T 70 高氯废水 化学需氧量的测定 氯气校正法

HJ/T 86 水质 生化需氧量（BOD）的测定 微生物传感器快速测定法

HJ/T 195 水质 氨氮的测定 气相分子吸收光谱法

HJ/T 199 水质 总氮的测定 气相分子吸收光谱法

HJ/T 399 水质 化学需氧量的测定 快速消解分光光度法

HJ 505 水质 五日生化需氧量（BOD_5）的测定 稀释与接种法

HJ 535 水质 氨氮的测定 纳氏试剂分光光度法

HJ 536 水质 氨氮的测定 水杨酸分光光度法

HJ 537 水质 氨氮的测定 蒸馏-中和滴定法

HJ 636 水质 总氮的测定 碱性过硫酸钾消解紫外分光光度法

HJ 665 水质 氨氮的测定 连续流动-水杨酸分光光度法

HJ 666 水质 氨氮的测定 流动注射-水杨酸分光光度法

HJ 667 水质 总氮的测定 连续流动-盐酸萘乙二胺分光光度法

HJ 668 水质 总氮的测定 流动注射-盐酸萘乙二胺分光光度法

HJ 670 水质 磷酸盐和总磷的测定 连续流动-钼酸铵分光光度法

HJ 671 水质 总磷的测定 流动注射-钼酸铵分光光度法

HJ 828 水质 化学需氧量的测定 重铬酸盐法

DB13/2171—2015 农村生活污水排放标准

《污染源自动监控管理办法》（国家环境保护总局令 第 28 号）

3 术语和定义

下列术语和定义适用于本文件。

3.1 污水 wastewater

在生产与生活活动中排放的废水的总称。

3.2 排污单位 pollutant discharging unit

向环境排放污染物的企事业单位和其他生产经营者。

3.3 直接排放 direct discharge

排污单位直接向环境水体排放水污染物的行为。

3.4 新（改、扩）建排污单位 new (rebuilding、extending) pollutant discharging unit

本标准实施之日起，环境影响评价文件通过审批（或备案）的新（改、扩）建排污单位。

3.5 现有排污单位 existing pollutant discharging unit

本标准实施之日前，已建成投产或环境影响评价文件已经通过审批（或备案）的排污单位。

3.6 单位产品基准排水量 benchmark effluent volume per unit product

用于核定水污染物排放浓度而规定的生产单位产品的污水排放量上限值。

4 水污染物排放控制要求

4.1 控制区划分

根据大清河流域水污染特点和环境保护要求，将大清河流域划分为核心控制区、重点控制区和一般控制区，详见附录A。

4.2 控制要求

4.2.1 自本标准实施之日起，核心控制区、重点控制区和一般控制区内，新（改、扩）建排污单位的水污染物排放限值按表1规定执行。当新（改、扩）建排污单位下游配套建设人工湿地水质净化工程且同时满足以下条件时，下游人工湿地水质净化工程出水口的水污染物排放限值执行本标准表1规定：

a）排污单位出水通过管道或排污沟渠全部进入下游人工湿地水质净化工程；

b）排污单位与下游人工湿地水质净化工程运营单位相同，或以法律文书的形式明确下游人工湿地水质净化工程出水超标时的责任主体为排污单位；

c）下游人工湿地水质净化工程出水口及相关监测设施设备，符合排污口规范化设置和相关规范的规定。

4.2.2 自2021年1月1日起，现有排污单位的水污染物排放限值按照表1规定执行。

表1 水污染物排放浓度限值 单位：mg/L

控制项目名称	核心控制区排放限值	重点控制区排放限值	一般控制区排放限值
化学需氧量(COD)	20	30	40
五日生化需氧(BOD_5)	4	6	10
氨氮(NH_3-N)	1.0(1.5)	1.5(2.5)	2.0(3.5)
总氮(以N计)	10	15	15
总磷(以P计)	0.2	0.3	0.4

注：1. 氨氮排放限值括号外数值为水温＞12℃时的控制指标。

2. 括号内数值为水温≤12℃时的控制指标。

4.3 其他要求

4.3.1 本标准中未作规定的内容和要求，按现行相应标准执行；国家、行业或地方标准排放限值要求严于本标准的，执行相应标准限值要求。

4.3.2 排污单位的单位产品基准排水量按国家、行业或地方相关污染物排放标准的规定执行。

4.3.3 若单位产品实际排水量超过单位产品基准排水量，应按公式（1）将实测水污染物浓度换算为水污染物基准排水量排放浓度，并以水污染物基准水量排放浓度作为判定排放是否达标的依据。产品产量和排水量统计周期为一个工作日。

在排污单位的生产设施同时生产两种以上产品、可适用不同排放控制要求或不同行业国家污染物排放标准，且生产设施产生的污水混合处理排放的情况下，应执行排放标准中规定的最严格的浓度限值，并按公式（1）换算水污染物基准排水量排放浓度。

$$C_{基}=\frac{Q_{总}}{\sum Y_i Q_{i基}}\times C_{实} \tag{1}$$

式中 $C_{基}$——水污染物基准水量排放浓度，mg/L；

$Q_{总}$——实测排水量，m^3；

Y_i——第 i 种产品产量，t；

$Q_{i基}$——第 i 种产品的单位产品基准排水量，m^3/t（产品）；

$C_{实}$——实测水污染排放浓度，mg/L。

5 水污染物监测要求

5.1 应在排污单位污水总排放口监测水污染物指标；有废水处理设施的，应在处理设施后监测，并在污染物排放监测位置设置永久性排污口标志。

5.2 对污水总排放口下游配套建设人工湿地水质净化工程的排污单位，应在人工湿地水质净化工程出水参照排放单位污水总排放口监测要求同步开展监测。

5.3 排污单位安装污染物排放自动监控设备的要求，按《污染源自动监控管理办法》及有关规定执行。

5.4 排污单位水污染物的监测采样，按国家和地方有关污染源监测技术规范和分析方法标准的规定执行。

5.5 本标准发布实施后，对排污单位主要水污染物排放浓度的测定选取表2所列的方法标准；国家有新标准颁布时，其方法适用范围相同的，也适用于本排放标准对应污染物的测定。

表2 水污染物浓度测定方法

污染物项目	标准名称	方法来源
化学需氧量(COD)	高氯废水 化学需氧量的测定 氯气校正法	HJ/T 70
	水质 化学需氧量的测定 快速消解分光光度法	HJ/T 399
	水质 化学需氧量的测定 重铬酸盐法	HJ 828
五日生化需氧量(BOD_5)	水质 生化需氧量(BOD)的测定 微生物传感器快速测定法	HJ/T 86
	水质 五日生化需氧量(BOD_5)的测定 稀释与接种法	HJ 505
氨氮(NH_3-N)	水质 氨氮的测定 气相分子吸收光谱法	HJ/T 195
	水质 氨氮的测定 纳氏试剂分光光度法	HJ 535
	水质 氨氮的测定 水杨酸分光光度法	HJ 536
	水质 氨氮的测定 蒸馏-中和滴定法	HJ 537
	水质 氨氮的测定 连续流动-水杨酸分光光度法	HJ 665
	水质 氨氮的测定 流动注射-水杨酸分光光度法	HJ 666

续表

污染物项目	标准名称	方法来源
总氮(以N计)	水质　总氮的测定　气相分子吸收光谱法	HJ/T 199
	水质　总氮的测定　碱性过硫酸钾消解紫外分光光度法	HJ 636
	水质　总氮的测定　连续流动-盐酸萘乙二胺分光光度法	HJ 667
	水质　总氮的测定　流动注射-盐酸萘乙二胺分光光度法	HJ 668
总磷(以P计)	水质　总磷的测定　钼酸铵分光光度法	GB/T 11893
	水质　磷酸盐和总磷的测定　连续流动-钼酸铵分光光度法	HJ 670
	水质　总磷的测定　流动注射-钼酸铵分光光度法	HJ 671

6　实施与监督

6.1　本标准由县级以上人民政府和各级环境保护行政主管部门负责监督实施。

6.2　在任何情况下，排污单位均应遵守本标准的污染物排放控制要求，采取必要措施保证污染防治设施正常运行。在对排污单位进行监督性检查时，可依据现场即时采样、监测的结果，作为判定排污行为是否符合排放标准以及实施相关环境保护管理措施的依据。

6.3　各设区市人民政府可以根据当地具体情况在相应区域规定一定范围的生态缓冲带，采取有效的管控措施。

附录A
(规范性附录)
大清河流域控制区及排放标准划分

A.1　表A.1规定了大清河流域控制区及排放标准划分。

表A.1　大清河流域控制区及排放标准划分

控制区分类	排放标准	控制区域
核心控制区	核心控制区排放限值	雄安新区
重点控制区	重点控制区排放限值	保定市:安国市、博野县、蠡县、曲阳县、望都县、徐水区、定州市、阜平县、高阳县、莲池区、高新区、竞秀区、满城区、清苑区、涿州市、定兴县(北南蔡乡、北田乡、固城镇、李郁庄乡、柳卓乡、天宫寺乡、贤寓镇、肖村乡、小朱庄镇、杨村乡、姚村乡)、高碑店市、白沟新城、顺平县(安阳乡、白云乡、高于铺镇、河口乡、蒲上镇、蒲阳镇、台鱼乡、腰山镇)、易县(独乐乡、甘河净乡、狼牙山镇、坡仓乡、七峪乡、桥家河乡、塘湖镇、尉都乡、西山北乡)、唐县(雹水乡、北店头乡、北罗镇、大洋乡、都亭乡、高昌镇、罗庄乡、南店头乡、仁厚镇、王京镇、长古城镇) 石家庄市:行唐县、新乐市 定州市
一般控制区	一般控制区排放限值	张家口市:涿鹿县(大河南镇、河东镇、蟒石口镇、谢家堡乡) 保定市:涞水县、涞源县、定兴县(北河镇、定兴镇、东落堡乡、高里乡、张家庄乡)、易县(安格庄乡、白马乡、大龙华乡、富岗乡、高村镇、高陌乡、良岗镇、梁格庄镇、凌云册满族回族乡、流井乡、牛岗乡、裴山镇、桥头乡、西陵镇、易州镇、蔡家峪乡、南城司乡、紫荆关镇)、顺平县(大悲乡、神南镇)、唐县(白合镇、川里镇、倒马关乡、黄石口乡、军城镇、迷城乡、齐家佐乡、石门乡、羊角乡) 廊坊市:安次区(葛渔城镇、东沽港镇、调河头乡)、霸州市、固安县、永清县(永清镇、后弈镇、别古庄镇、里澜城镇、曹家务乡、龙虎庄乡、刘街乡、三圣口乡、养马庄乡、大辛阁乡、刘其营乡)、文安县(大留镇镇、大柳河镇、大围河回族满族乡、史各庄镇、苏桥镇、滩里镇、文安镇、新镇镇、兴隆宫镇、赵各庄镇、左各庄镇) 沧州市:任丘市、肃宁县、河间市(北石槽乡、郭家村乡、果子洼回族乡、留古寺镇、诗经村乡、时村乡、卧佛堂镇、兴村乡、瀛州镇)

附录3 辽宁省地方标准《辽宁省污水综合排放标准》（DB 21/1627—2008）

1 范围

本标准规定了25种污染物的排放限值和部分行业最高允许排水量。

本标准适用于辽宁省辖区内所有排放污水的单位和个体经营者污水排放的管理，以及建设项目的环境影响评价、建设项目环境保护设施设计、竣工验收及其投产运营后的污水排放的管理。

2 规范性引用文件

本标准内容引用了下列文件中的条款。凡是不注日期的引用文件，其有效版本适用于本标准。

GB 3097—1997 《海水水质标准》

GB 3552 《船舶污染物排放标准》

GB 3838—2002 《地表水环境质量标准》

GB 8978 《污水综合排放标准》

GB 16889 《生活垃圾填埋场污染控制标准》

GB 18466 《医疗机构水污染物排放标准》

GB 18918 《城镇污水处理厂污染物排放标准》

3 术语和定义

下列术语和定义适用于本标准。

3.1 污水 waste water

在生产、经营与生活活动中排放的水的总称。

3.2 排水量 amount of drainage

在完成全部生产过程之后最终排出生产系统之外的总水量。

3.3 城镇污水处理厂 municipal wastewater treatment plant

对进入城镇污水收集系统的污水进行净化处理的污水处理厂。

3.4 工业园区（开发区）污水处理厂 industrial park wastewater treatment plant

对进入各类开发区、工业园区、高新技术园区等污水收集系统的污水进行净化处理的污水处理厂。

3.5 污水处理厂 wastewater treatment plant

城镇污水处理厂和工业园区（开发区）污水处理厂的统称。

3.6 医疗机构污水 medical organization wastewater

医疗机构门诊、病房、手术室、各类检验室、病理解剖室、放射室、洗衣房、太平间等处排出的诊疗、生活及粪便污水。当医疗机构其他污水与上述污水混合排出时一律视为医疗机构污水。

3.7 其它污水 other wastewater

除污水处理厂排水和医疗机构污水以外的污水。

4 污水排放控制要求

4.1 污水排放区控制要求

4.1.1 禁止排放区

GB 3838—2002《地表水环境质量标准》中的Ⅰ、Ⅱ类水域及Ⅲ类水域中的饮用水源二级保护区、游泳区和 GB 3097—1997《海水水质标准》中规定的一类海域、二类海域中的珍稀水产养殖区、海水浴场区为禁止排放区。禁止排放区水域禁止新建排污口和直接排入污水。已有排污口的排水应在确保浓度达标的前提下，实行污染物总量控制，以保证受纳水域水质符合规定用途的水质标准。

4.1.2 允许排放区

GB 3838—2002《地表水环境质量标准》中的Ⅲ类（划定的饮用水源二级保护区和游泳区除外）、Ⅳ类、Ⅴ类水域和 GB 3097—1997《海水水质标准》中规定的二类（珍稀水产养殖区、海水浴场区除外）、三类、四类海域为允许排放区。允许排放区水域允许设置污水排污口。

4.1.3 污水排放区划定

省辖市环境保护行政主管部门负责根据本辖区内各类地表水执行的水质标准类别（Ⅰ～Ⅴ类）和近岸海域海水执行的水质标准类别（一～四类），提出本辖区内的禁止排放区、允许排放区划分方案，报省环境保护行政主管部门批准。未划定类别的，禁止直接排入污水。

4.2 污水排放标准分级和限值

4.2.1 污水处理厂排水

省辖市规划城市中心区的城镇污水处理厂及国家、省、市级的各类工业园区（开发区）污水处理厂的出水执行 GB 18918《城镇污水处理厂污染物排放标准》中一级标准的 A 标准。省辖市郊区、县级（含县级市）城镇污水处理厂及其所属的各类工业园区（开发区）污水处理厂的出水执行 GB 18918,《城镇污水处理厂污染物排放标准》中一级标准的 B 标准。

4.2.2 医疗机构污水

医疗机构污水直接排放的执行 4.2.3 表 1 的规定，排入污水处理厂的执行 GB 18466《医疗机构水污染物排放标准》的相关规定。

4.2.3 其它污水

直接排入允许排放区受纳水体的污水，执行表 1 的规定。

4.2.4 排入城镇污水处理厂收集管网系统的污水，执行表 2 的规定。

4.2.5 排入工业园区（开发区）污水处理厂收集管网系统的污水，其排放控制要求由污水排放单位与工业园区（开发区）污水处理厂根据其污水处理能力商定，并签订协议，报依法具有审批权的环境保护主管部门批准。

表 1　直接排放的水污染物最高允许排放浓度　　单位：mg/L

序号	污染物或项目名称	最高允许排放浓度	序号	污染物或项目名称	最高允许排放浓度
1	色度(稀释倍数)	30	14	硼	2.0
2	悬浮物(SS)	20	15	总钼(按 Mo 计)	1.5
3	五日生化需氧量(BOD_5)	10	16	总钒	1.0
4	化学需氧量(COD)	50	17	总钴	0.5
5	总氮	15	18	苯乙烯	0.2
6	氨氮	8(10)(1)	19	乙腈	2.0
7	磷酸盐(以 P 计)	0.5	20	甲醇	3.0
8	石油类	3.0	21	水合肼	0.2
9	挥发酚	0.3	22	丙烯醛	0.5
10	硫化物	0.5	23	吡啶	0.5
11	总氰化物(按 CN^- 计)	0.2	24	二硫化碳	1.0
12	总有机碳(TOC)	20	25	丁基黄原酸盐	0.1
13	氯化物(以氯离子计)(2)	400			

注：1. 括号外数值为水温>12℃时的控制指标，括号内数值为水温≤12℃时的控制指标。

2. 氯化物（按氯离子计）只针对排放于淡水水域，海域不受限制，排水用于农田灌溉的排放标准为 250mg/L。

表 2　排入城镇污水处理厂的水污染物最高允许排放浓度　　单位：mg/L

序号	污染物或项目名称	限值	序号	污染物或项目名称	限值
1	色度(稀释倍数)	100	13	硼	10.0
2	悬浮物(SS)	300	14	总钼(按 Mo 计)	3.0
3	五日生化需氧量(BOD_5)	250	15	总钒	2.0
4	化学需氧量(COD)	450/300(1)	16	总钴	1.0
5	总氮	50	17	苯乙烯	3.0
6	氨氮	30	18	乙腈	5.0
7	磷酸盐(以 P 计)	5.0	19	甲醇	15.0
8	石油类	20	20	水合肼	0.3
9	挥发酚	2.0	21	丙烯醛	3.0
10	硫化物	1.0	22	吡啶	3.0
11	总氰化物(按 CN^- 计)	1.0	23	二硫化碳	4.0
12	氯化物(以氯离子计)	1000	24	丁基黄原酸盐	0.5

注：粮食加工、食品加工、啤酒、饮料、酒精、味精等行业排入城镇污水处理厂的 COD 最高允许排放浓度为 450mg/L；其他行业排入城镇污水处理厂的 COD 最高允许排放浓度为 300mg/L。

4.2.6　部分行业的污水排水量必须符合表 3 中所限定的行业最高允许排水量的要求。对本标准未列入的行业污水排水量的限值，从严执行已颁布的国家行业标准、国家清洁生产标准或 GB 8978《污水综合排放标准》中的排水量限值。

表 3 部分行业最高允许排水量

序号	行业类别			最高允许排水量
1	矿山工业	黑色金属选矿	铁矿选矿	$1.5m^3/t$ 产品
			锰矿	$0.8m^3/t$ 产品
		有色金属选矿	铅锌矿	$2.0m^3/t$ 产品
			镁矿	$0.1m^3/t$ 产品
			钼矿	$30m^3/t$ 产品
		选煤		废水零排放
		非金属选矿	硼矿	$0.1m^3/t$ 产品
			玉石	$20m^3/t$ 产品
2	钢铁、铁合金、钢铁联合企业	烧结	烧结	$0.01m^3/t$ 产品
			球团	$0.005m^3/t$ 产品
		炼钢	电炉	$1.0m^3/t$ 产品
			转炉	$1.2m^3/t$ 产品
		炼铁		$2.0m^3/t$ 产品
		连铸		$0.5m^3/t$ 产品
		轧钢	钢坯	$1.0m^3/t$ 产品
			型钢	$2.0m^3/t$ 产品
			线材	$2.0m^3/t$ 产品
			热轧板带	$3.0m^3/t$ 产品
			钢管	$2.0m^3/t$ 产品
			冷轧板带	$2.0m^3/t$ 产品
		钢铁联合企业		$3.0m^3/t$ 产品
3	电镀行业			$0.3m^3/m^2$ 镀件
4	焦化企业	钢铁厂		$2.5m^3/t$ 焦炭
		煤气厂		$1.0m^3/t$ 焦炭
5	有色金属冶炼及金属加工	电解铜		$1.5m^3/t$ 产品
		粗铜		$10m^3/t$ 产品
		电解锌		$5m^3/t$ 产品
		蒸馏锌		$10m^3/t$ 产品
		电熔镁		$1.0m^3/t$ 产品
		钛		$60m^3/t$ 产品
		电解铝		$1.5m^3/t$ 产品
		碳素电极		$2.0m^3/t$ 产品
		钨		$500m^3/t$ 产品
6	石油开采	原油		$1.5m^3/t$ 产品
		油页岩		$3.0m^3/t$ 产品
7	石油炼制工业			$1.0m^3/t$ 原油
8	合成洗涤剂工业			$10m^3/t$ 产品

续表

序号	行业类别			最高允许排水量
9	合成脂肪酸工业			150m^3/t 产品
10	湿法生产纤维板工业			20m^3/t 板
11	铬盐工业			3.0m^3/t 产品
12	制浆、制浆造纸、造纸企业	制浆企业		40m^3/t 浆
		制浆和造纸企业		30m^3/t(浆、纸)
	造纸企业(指单纯进行造纸的企业)			10m^3/t 纸
13	食品加工(水果、水产品、蔬菜)			10m^3/t 产品
14	皮革工业	猪盐湿皮		40m^3/t 原皮
		牛干皮		80m^3/t 原皮
		羊干皮		100m^3/t 原皮
15	发酵酿造工业	酒精工业	发酵酒精	40m^3/t 酒精
			白酒	30m^3/t 酒精
		味精工业		120m^3/t 产品
		啤酒工业(排水量不包括麦芽水部分)		6.0m^3/t 啤酒
16	烧碱工业	隔膜电解法		3.5m^3/t 产品
		离子交换膜电解法		1.0m^3/t 产品
17	纯碱工业	氨碱法		15m^3/t 产品
		联碱法		25m^3/t 产品
18	硫酸工业			10m^3/t 硫酸
19	合成氨工业	大型尿素硝氨	8m^3/t 氨	
		中型尿素硝氨碳氨	40m^3/t 氨	
20	染料及纺织印染工业	染料工业	30m^3/t 产品	
		纺织印染工业	2.0m^3/百米布	
21	粘胶工业(单纯纤维)	短纤维	150m^3/t 纤维	
		长纤维	200m^3/t 纤维	
22	肉类联合加工工业	畜类屠宰加工	4.0m^3/t 活重或原料肉	
		肉制品加工	3.0m^3/t 原料肉	
		禽类屠宰加工	10m^3/t 活重或原料肉	
23	有机磷农药工业	亚磷酸二甲酯、亚磷酸三甲酯		120m^3/t 产品
		二甲基硫代磷酰氯(以黄磷、三氯化磷为原料)		450m^3/t 产品
		二乙基硫代磷酰氯		450m^3/t 产品
		一硫代磷酸酯类农药	以有机磷中间体为原料	300m^3/t 产品
			以黄磷为原料	750m^3/t 产品
		草甘膦敌敌畏	以亚磷酸二甲酯或亚磷酸三甲酯为原料	120m^3/t 产品
			以黄磷、三氯化磷为原料	250m^3/t 产品
		敌百虫		80m^3/t 产品
		其他磷酸酯类农药		500m^3/t 产品
		二硫代磷酸酯类农药(以五硫化二磷为原料)		1000m^3/t 产品

续表

序号	行业类别	最高允许排水量
	其他	$320m^3/t$产品
24	铁路货车洗刷	$3.0m^3$/辆
25	感光材料	$0.1m^3/m^2$感光材料
26	糠醛(以玉米芯为原料)	工艺废水零排放

4.3 标准值实施时段

自本标准实施之日起，新建、改建、扩建项目［以环境影响报告书（表）的批准之日期为准］以及现有造纸、糠醛、印染企业，执行本标准。

本标准实施之旦已建成（含在建）的排放污水单位和个体经营者，自2009年7月1日起执行本标准。

4.4 其他规定

4.4.1 本标准未包括的水污染物项目，从严执行GB 8978《污水综合排放标准》或对应国家行业标准及国家清洁生产标准。

4.4.2 对于污水回用再生处理系统的反渗透浓水排放控制要求，执行4.2.3表1规定确有困难的，可报省环保局另行批复。

4.4.3 生活垃圾填埋场渗滤液的排放执行GB 16889《生活垃圾填埋场污染控制标准》的相关规定和水污染物排放浓度限值。

4.4.4 严禁船舶向4.1.1规定的禁止排放区水域排放污水。向其他水域排放污水须执行GB 3552《船舶污染物排放标准》。

5 污染物检测要求

5.1 采样点

5.1.1 含《剧毒化学品目录（2002年版）》中的化学物质的污水，不分行业和污水排放方式，也不分受纳水体的功能类别，一律在车间或车间处理设施排放口采样。

5.1.2 其他污水在排污单位排放口采样。

5.1.3 污水排放口应设置环境保护图形标志。

5.1.4 所有污水处理厂的污水进水口、排放口和重点水污染企业排污口，应安装在线实时监视仪器设备及污水水量计量装置。

5.2 采样频率

建设项目竣工环境保护验收监测，采样频率按GB 8978《污水综合排放标准》中的规定执行。各级环保部门对排放污水企业进行现场监督检查时，按国家环境保护总局公告2007年第16号《关于环保部门现场检查中排污监测方法问题的解释》的有关规定执行。

5.3 样品采集和保存

5.3.1 污水样品采集应符合GB 12997《水质采样方案设计技术规定》的规定。

5.3.2 样品保存应符合GB 12999《水质采样样品的保存和管理技术规定》的规定。

5.4 统计

企业的原辅材料使用量、产品产量等以法定月报表或年报表为准。

5.5 分析方法

分析方法应采用国家方法标准，见表4。

表4 测定方法

序号	项目	测定方法	方法来源
1	色度	稀释倍数法 铂钴比色法	GB/T 11903—1989 GB/T 11903—1989
2	悬浮物(SS)	重量法	GB/T 11901—1989
3	生化需氧量(BOD_5)	稀释与接种法	GB/T 7488—1987
4	化学需氧量(COD)	重铬酸钾法 氯气校正法(高氯废水) 碘化钾碱性高锰酸钾法	GB/T 11914—1989 HJ/T 70—2001 HJ/T 132—2003
5	总氮	碱性过硫酸钾-消解紫外分光光度法	GB 11894—1989
6	氨氮(NH_3-N)	钠氏试剂比色法 蒸馏和滴定法	GB 7479—1987 GB 7478—1987
7	磷酸盐	钼酸铵分光光度法	GB/T 11893—1989
8	石油类	红外光度法	GB/T 16488—1996
9	挥发酚	蒸馏后用4-氨基安替比林分光光度法	GB/T 7490—1987
10	硫化物	亚甲基蓝分光光度法 碘量法	GB/T 16489—1996 HJ/T 60—2000
11	总氰化物	硝酸银滴定法	GB/T 7486—1987
12	总有机碳(TOC)	非色散红外线吸收法	GB 13193—1991
13	无机氯化物 (以氯离子计)	硝酸银滴定法 硝酸汞滴定法(试行) 离子色谱法	GB 11896—1989 HJ/T 343—2007 HJ/T 84—2001
14	硼	姜黄素分光光度法 甲亚胺-H分光光度法	HJ/T 49—1999 GB/T 5750.(1～13)—2006
15	总钼	无火焰原子吸收分光光度法	GB/T 5750.(1～13)—2006
16	总钒	钽试剂(BPHA)萃取分光光度法 无火焰原子吸收分光光度法	GB/T 15503—1995 GB/T 5750.(1～13)—2006
17	总钴	无火焰源自吸收分光光度法	GB/T 5750.(1～13)—2006
18	苯乙烯	气相色谱法	GB/T 5750.(1～13)—2006
19	乙腈	气相色谱法	
20	甲醇	气相色谱法	GB 7917.4—87
21	水合肼	对二甲氨基甲醛分光光度法	GB/T 15507—1995
22	丙烯醛	气相色谱法 吹脱捕集气相色谱法	HJ/T 73—2001 GB/T 5750.(1～13)—2006
23	吡啶	气相色谱法(氢火焰)	GB/T 14672—93
24	二硫化碳	二乙胺乙酸铜分光光度法	GB/T 15504—1995
25	丁基黄原酸盐	铜试剂亚铜分光光度法	GB/T 5750.(1～13)—2006

6 实施要求

6.1 本标准由县级以上人民政府环境保护行政主管部门负责监督实施。

6.2 在任何情况下，企业均应遵守本标准的污染物排放控制要求，采取必要措施保证污染防治设施正常运行。各级环保部门在对设施进行监督检查时，可依据现场即时采样或监测的结果，作为判定排污行为是否符合排放标准以及实施相关环境保护管理措施的依据。

6.3 本标准颁布后，新颁布或新修订的国家（综合或行业）水污染物排放标准严于本标准的污染物控制项目，执行新颁布或新修订的国家（综合或行业）水污染物排放标准。

附录4 广东省地方标准《广州市污水排放标准》（DB 44 37—90）

1 主题内容与适用范围

1.1 主题内容

根据《中华人民共和国环境保护法》《中华人民共和国水污染防治法》和有关规定，结合广州市实际情况制定本标准。本标准规定了排污控制区域分类和标准分级、水污染物和污水排放量标准值、其他规定、标准的实施。

1.2 适用范围

本标准适用于广州市境内一切排放工业废水和生活污水的单位、个体生产经营者。

2 引用标准

GB 8703 制射防护规定

GBJ 48 医院污水排放标准（试行）

GB 3552 船舶污染物排放标准

DB 44 广东省水污染物排放标准

GB 8978 污水综合排放标准

3 区域分类及标准分级

本标准按照自然环境特点、地面水域使用功能要求和水质现状的差别，将广州市全境各种功能水体及其保护区或汇水区域（含市政下水道）划分为特殊保护区和Ⅰ、Ⅱ、Ⅲ类排污控制区，分别规定相应的排污控制要求。

3.1 特殊保护区系指：《广州市饮用水源污染防治条例》划定的第一级水源保护区：含黄埔、员村、河南、鹤洞、石溪水厂吸水点周围半径一百米以内区域，广州市各县人民政府划定的生活饮用水源一级保护区，以及其他依法划定的禁止排放污水的区域。

本类区域内不得设置排污口或以其他方式排放污水。

3.2 Ⅰ类排污控制区系指：《广州市饮用水源污染防治条例》划定的第二、第三级水源保护区、水源污染控制区，广州市各县人民政府划定的生活饮用水源二级保护区，市及市以上人民政府划定的一般经济渔业区、自然保护区和风景游览区，广州市中心区和市桥镇镇区。

排入本类区域内的污水执行一级排放标准。

3.3 Ⅱ类排污控制区系指：市区、花县、从化县、增城县境内特殊保护区和Ⅰ类排污控制区以外的区域，番禺县境内特殊保护区和Ⅰ、Ⅲ类排污控制区以外的区域。

排入本类区域内的污水执行二级排放标准。

3.4 Ⅲ类排污控制区系指：番禺县境内商湾洲和大虎岛以南与蕉窑涌和上横沥以东的区域。

排入本类区域内的污水执行三级排放标准。

4 标准值

4.1 本标准按污染物性质分为两类规定标准值。

4.1.1 第一类污染物，指能在环境和动植物体内蓄积，对人体健康产生长远不良影响的物质。含此类有害物质的污水，在车间（含车间处理设施）排出口处污染物最高允许排放浓度按表1执行。

表1 第一类污染物最高允许排放浓度 单位：mg/L

序号	污染物	一级标准	二级、三级标准
1	总汞	0.02	0.05
2	烷基汞	不得检出	不得检出
3	总镉	0.05	0.1
4	六价铬	0.4	0.5
5	总铬	1.2	1.5
6	总砷	0.4	0.5
7	总铅	0.8	1.0
8	总镍	0.5	1.0
9	苯并[α]芘①	0.00003	—

① 为试行标准，二级、三级标准区暂不考核。

4.1.2 第二类污染物，指产生长远不良影响小于第一类的物质。含此类有害物质的污水，在排污单位排出口处污染物最高允许排放浓度按表2和表3执行。

表2 第二类污染物最高允许排放浓度 单位：mg/L

序号	污染物项目	标准分级 / 单位类型	一级标准		二级标准		三级标准
	浓度值单位		新扩改	现有	新扩改	现有	
1	pH值①		6～9	6～9	6～9	6～9	6～9
2	色度(稀释倍数)②		40	60	60	80	100
3	悬浮物(SS)③		70	100	150	200	200

续表

序号	污染物项目	标准分级 / 单位类型	一级标准		二级标准		三级标准
	浓度值单位		新扩改	现有	新扩改	现有	
4	生化需氧量(BOD_5)		30	50	50	60	80
5	化学耗氧量(COD_{Cr})		80	110	110	130	180
6	石油类		5	8	8	10	15
7	动植物油		10	15	20	20	25
8	挥发酚		0.2	0.4	0.5	0.5	0.5
9	氰化物		0.3	0.5	0.5	0.5	0.5
10	硫化物		1.0	1.0	1.0	1.0	2.0
11	氨氮④		10	10	10	15	20
12	氟化物		10	15	15	15	20
13	磷酸盐(以P计)⑤		0.5	1.0	1.0	1.0	2.0
14	甲醛		1.0	2.0	2.0	2.0	3.0
15	苯胺类		1.0	2.0	2.0	2.0	3.0
16	硝基苯类		2.0	3.0	3.0	3.0	4.0
17	阴离子合成洗涤剂(LAS)		5	10	10	15	15
18	总铜		0.5	0.5	1.0	1.0	1.0
19	总锌		2.0	3.0	3.0	4.0	5.0
20	总锰		2.0	3.0	2.0	3.0	4.0

① 现有火电厂和黏胶纤维工业，二级、三级标准pH值放宽至9.5。

② 造纸制浆、苎麻黏胶工业色度暂不考核。

③ 执行一级标准的现有企业中：选煤、钢铁企业SS均放宽至150mg/L。

④ 第三产业中氨氮暂不考核。

⑤ 为排入蓄水位河流和封闭水域的污水控制指标，其他水域暂不考核。

表3 部分行业污染物浓度及排水量定额标准

序号	行业类别	污染物最高允许排放浓度/(mg/L)							最高允许排水量①		
		项目		一级标准		二级标准		三级标准	新扩改		现有
				新扩改	现有	新扩改	现有				
1	焦化企业(含煤气厂)	COD_{Cr}		—	—	200	250	250	1.2米³/吨焦炭		6米³/吨焦炭
2	石油炼制工业 加工深度分类： A类：燃料型炼油厂 B类：燃料＋润滑型炼油厂 C类：燃料＋润滑油＋炼油化工型(含高硫原油、页岩油和石油添加)	A	BOD_5	—	—	40	50	50	A	1.0米³/吨原油(>500万吨)	1.0米³/吨原油(>500万吨)
			COD_{Cr}	—	—	80	100	100		1.2米³/吨原油(<250万吨)	1.5米³/吨原油(<250万～500万吨)
			石油类	—	—			10		1.5米³/吨原油(250万～500万吨)	2.0米³/吨原油(<250万吨)

续表

<table>
<tr><th rowspan="3">序号</th><th colspan="2" rowspan="2">行业类别</th><th colspan="7">污染物最高允许排放浓度/(mg/L)</th><th colspan="3">最高允许排水量①</th></tr>
<tr><th colspan="2" rowspan="2">项目</th><th colspan="2">一级标准</th><th colspan="2">二级标准</th><th rowspan="2">三级标准</th><th colspan="2" rowspan="2">新扩改</th><th rowspan="2">现有</th></tr>
<tr><th colspan="2"></th><th>新扩改</th><th>现有</th><th>新扩改</th><th>现有</th></tr>
<tr><td rowspan="6">2</td><td colspan="2" rowspan="6">石油炼制工业
加工深度分类：
A 类：燃料型炼油厂
B 类：燃料＋润滑型炼油厂
C 类：燃料＋润滑油＋炼油化工型(含高硫原油、页岩油和石油添加)</td><td rowspan="3">B</td><td>BOD$_5$</td><td>—</td><td>—</td><td>40</td><td>50</td><td>50</td><td rowspan="3">B</td><td>1.5 米^3/吨原油(>500 万吨)</td><td>2.0 米^3/吨原油(>500 万吨)</td></tr>
<tr><td>COD$_{Cr}$</td><td>—</td><td>—</td><td>80</td><td>100</td><td>100</td><td>2.0 米^3/吨原油(250 万～500 万吨)</td><td>2.5 米^3/吨原油(250 万～500 万吨)</td></tr>
<tr><td>石油类</td><td>—</td><td>—</td><td>—</td><td>—</td><td>10</td><td>2.0 米^3/吨原油(<250 万吨)</td><td>3.0 米^3/吨原油(<250 万吨</td></tr>
<tr><td rowspan="3">C</td><td>BOD$_5$</td><td>—</td><td>—</td><td>40</td><td>50</td><td>50</td><td rowspan="3">C</td><td>2.0 米^3/吨原油(>500 万吨)</td><td>3.5 米^3/吨原油(>500 万吨)</td></tr>
<tr><td>COD$_{Cr}$</td><td>—</td><td>—</td><td>100</td><td>120</td><td>120</td><td>2.5 米^3/吨原油(250 万～500 万吨)</td><td>4.0 米^3/吨原油(250 万～500 万吨)</td></tr>
<tr><td>石油类</td><td>—</td><td>—</td><td>10</td><td>—</td><td>—</td><td>2.5 米^3/吨原油(<250 万吨)</td><td>4.5 米^3/吨原油(<250 万吨)</td></tr>
<tr><td>3</td><td colspan="2">合成洗涤剂工业</td><td colspan="2">阴离子合成洗涤剂(LAS)</td><td>—</td><td>—</td><td>15</td><td>20</td><td>20</td><td colspan="2">烷基苯生产合成洗涤剂：10 米^3/吨产品
裂解法生产烷基苯：70 米^3/吨烷基苯</td><td>烷基苯生产合成洗涤剂：20 米^3/吨产品
裂解法生产烷基：80 米^3/吨烷基苯</td></tr>
<tr><td>4</td><td colspan="2">合成脂肪酸工业</td><td colspan="2">COD$_{Cr}$</td><td>—</td><td>—</td><td>150</td><td></td><td>250</td><td colspan="2">200 米^3/吨产品</td><td>300 米^3/吨产品</td></tr>
<tr><td rowspan="3">5</td><td rowspan="3">合成氨工业</td><td>引进或≥30 万吨装置</td><td colspan="2" rowspan="3">氨氮</td><td>—</td><td>—</td><td>40</td><td>50</td><td>50</td><td colspan="2">10 米^3/吨氨(含氨加工)</td><td>20 米^3/吨氨(含氨加工)</td></tr>
<tr><td>≥4.5 万吨装置</td><td>—</td><td>—</td><td>40</td><td>80</td><td>50</td><td colspan="2">80 米^3/吨氨(含氨加工)</td><td>100 米^3/吨氨(含氨加工)</td></tr>
<tr><td><4.5 万吨装置</td><td>—</td><td>—</td><td>40</td><td>50</td><td>50</td><td colspan="2">120 米^3/吨氨(含氨加工)</td><td>150 米^3/吨氨(含氨加工)</td></tr>
<tr><td>6</td><td colspan="2">烧碱工业</td><td colspan="2">—</td><td>—</td><td>—</td><td></td><td></td><td></td><td colspan="2">隔膜法：7 米^3/吨烧碱</td><td>隔膜法：7 米^3/吨烧碱</td></tr>
<tr><td>7</td><td colspan="2">硫酸工业(水洗法)</td><td colspan="2">—</td><td>—</td><td>—</td><td></td><td></td><td></td><td colspan="2">15 米^3/吨硫酸</td><td>15 米^3/吨硫酸</td></tr>
<tr><td>8</td><td colspan="2">铬盐工业</td><td colspan="2">—</td><td>—</td><td>—</td><td></td><td></td><td></td><td colspan="2">5 米^3/吨产品</td><td>20 米^3/吨产品</td></tr>
<tr><td>9</td><td colspan="2">有机磷农药工业</td><td colspan="2">BOD$_5$
COD$_{Cr}$
总有机磷(以 P 计)
乐果
对硫磷
甲基对硫磷
马拉硫磷</td><td>—</td><td>
10

0.5
0.5
0.5
0.5</td><td>80
200
15
1.0
1.0
1.0
1.0</td><td>100
250
15
1.0
1.0
1.0
1.0</td><td>100
250
15
1.0
1.0
1.0
1.0</td><td colspan="2">500 米^3/吨乐果
420 米^3/吨对硫磷(PSC13 法)
320 米^3/吨对硫磷(P2S5 法)
250 米^3/吨甲基对硫磷
370 米^3/吨马拉对硫磷</td><td>500 米^3/吨乐果
420 米^3/吨对硫磷(PSC13 法)
320 米^3/吨对硫磷(P2S5 法)
250 米^3/吨甲基对硫磷
370 米^3/吨马拉对硫磷</td></tr>
</table>

续表

序号	行业类别			项目	一级标准		二级标准		三级标准	最高允许排水量[①]	
					新扩改	现有	新扩改	现有		新扩改	现有
10	造纸工业	木浆造纸	制浆	BOD_5 COD_{Cr} SS		100 300 200			100 320	本色:150 米^3/吨浆 漂白:240 米^3/吨浆	
			制浆-造纸	BOD_5 COD_{Cr} SS		80 300 180	80 250 180	100 300	100 300	本色:210 米^3/吨纸 漂白:300 米^3/吨纸	本色:300 米^3/吨纸(大中型) 340 米^3/吨纸(小型) 漂白:400 米^3/吨纸(大中型) 440 米^3/吨纸(小型)
			草浆制浆	BOD_5 COD_{Cr} SS			110 320 200		120 350	本色:190 米^3/吨浆 漂白:290 米^3/吨浆	
		无制浆造纸	制浆-造纸	BOD_5 COD_{Cr} SS		90 300 180	90 300 180	120 350 —	120 350 —	本色:250 米^3/吨纸 漂白:350 米^3/吨纸	本色:300 米^3/吨纸(大中型) 340 米^3/吨纸(小型) 漂白:400 米^3/吨纸(大中型) 440 米^3/吨纸(小型)
			废纸造纸	—	—	—	—	—	—	100 米^3/吨纸	130 米^3/吨纸
			浆粕造纸	—	—	—	—	—	—	60 米^3/吨纸	70 米^3/吨纸(大中型) 80 米^3/吨纸(小型)
11	湿法纤维板工业			BOD_5 COD_{Cr} SS		80 200 200	80 200 200	100 250	100 250	25 米^3/吨纤维板	25 米^3/吨纤维板
12	制革工业			BOD_5	—	100	80	100	100	猪盐湿皮: 60 米^3/吨原皮 牛干皮: 100 米^3/吨原皮 羊干皮: 150 米^3/吨原皮	猪盐湿皮: 70 米^3/吨原皮 牛干皮: 120 米^3/吨原皮 羊干皮: 170 米^3/吨原皮
				COD_{Cr}	—	300	250	300	300		
				SS	—	200	200	—	—		
13	制糖工业(甘蔗制糖)			COD_{Cr}	—	100	120	120	150	10 米^3/吨甘蔗	17 米^3/吨甘蔗
				SS	—	—	—	150	150		
14	发酵酿造工业	味精行业		BOD_5 COD_{Cr}	—	100 300	100 300	120 350	120 350	600 米^3/吨味精	650 米^3/吨味精
		酒精行业		BOD_5 COD_{Cr}	—	—	100 300	120 350	120 350	粮食原料: 80 米^3/吨酒精 糖蜜原料: 70 米^3/吨酒精	粮食原料: 90 米^3/吨酒精 糖蜜原料: 80 米^3/吨酒精
		啤酒行业		—	—	—	—	—	—	12 米^3/吨啤酒 20 米^3/吨麦芽	16 米^3/吨啤酒 20 米^3/吨麦芽

续表

序号	行业类别		污染物最高允许排放浓度/(mg/L)						最高允许排水量①	
			项目	一级标准		二级标准		三级标准	新扩改	现有
				新扩改	现有	新扩改	现有			
15	粘胶纤维工业	纤维浆粕制造	BOD_5 COD_{Cr}	—	—	80 250	100 300	100 300	240 米^3/吨浆粕	280 米^3/吨浆粕
		短纤维(包括棉、毛中长纤维)	—	—	—	—	—	—	250 米^3/吨纤维	300 米^3/吨纤维
		长纤维	—	—	—	—	—	—	800 米^3/吨纤维	1000 米^3/吨纤维
16	纺织印染工业②		—	—	—	—	—	—	3 米^3/百米布	3 米^3/百米布
17	苎麻脱胶工业		BOD_5 COD_{Cr}	—	—	60 180	80 250	250	500 米^3/吨原麻 750 米^3/吨精干麻	700 米^3/吨原麻 1050 米^3/吨精干麻
18	电厂冲灰渣水		SS	—	—	200	200	250	—	—
19	肉类联合加工工业		大肠菌群数(个/升)	3000	3000	5000	5000	5000	6 米^3/吨活畜 7 米^3/吨活畜	7 米^3/吨活畜 8 米^3/吨活畜
20	铁路货车洗刷								5 米^3/辆	5 米^3/辆
21	城市污水处理厂		BOD_5 COD_{Cr} SS 氨氮③	30 100 30 10	30 100 30 10	30 120 30 15	30 120 30 15	40 150 60 20	—	—

① 最高允许排水量不包括间接冷却水、厂区生活排水及厂内锅炉、电站排水。

② 印染污水排水定额按步幅宽 36 寸折算（不包括洗毛水、煮茧水）。

③ 执行二级、三级标准的污水处理厂，氨氮为参考指标。

凡未列入表 3 的行业，均按表 2 执行。列入表 3 的行业，除执行表 3 所列项目的规定外，其余项目、标准值仍需执行表 2 的规定。

4.2 本标准规定的部分行业或产品的污水排放量限额按表 3 执行。

5 其他规定

5.1 排放含有放射性物质的污水，除执行本标准和 GB 8703 外，还需符合《广州市饮用水源污染防治条例》等地方法规的有关规定。

5.2 医院排放污水，除执行本标准外，还需执行 GBJ 4s 的规定。

5.3 未列入本标准的其他污染物项目、行业或产品的污水排放量限额，相应按照 DB 44 26—89、GB 8978 的有关规定执行。

5.4 排入城市污水处理厂进行生化处理的污水，其水质控制指标，暂按 GB 8978 的规定执行。

5.5 排入多单位联合污水处理厂（站）进行处理的污水平日直接用于农业灌溉的污水，其水质控制指标以及联合污水处理厂（站）的排放标准，按市环保部门批准文件中的规定执行。

5.6 禁止船舶在特殊保护区内排放污水和其他废弃物，船舶在Ⅰ、Ⅱ、Ⅲ类排污控制区内排放污水和其他废弃物按 GB 3552 执行。

6 标准的实施

6.1 本标准的实施由广州市各级环境保护部门监督管理。其中，排入城市污水处理厂进行处理的污水由市政主管部门协同市环境保护部门管理。
6.2 在广州市境内凡由各级人民政府依法划定的水环境功能区域，均应纳入本标准相应的级别进行管理。
6.3 本标准的监测方法采用 GB 8978 规定的分析方法标准和采样方法标准。该国家标准尚未规定统一监测方法的项目，暂由广州市环境监测中心站组织选定。
6.4 污水排放口的例行监测按照国家《环境监测管理条例》《环境监测技术规范》及广州市环境保护部门的补充规定执行。

附录 5 天津市地方标准《城镇污水处理厂污染物排放标准》(DB 12/599—2015)

1 适用范围

本标准规定了城镇污水处理厂出水、废气排放和污泥处置（控制）的污染物限值。本标准适用于城镇污水处理厂出水、废气排放和污泥处置（控制）的管理。天津市行政区域内向水环境直接排放的其他集中式污水处理厂，也按本标准执行。

2 规范性引用文件

下列文件对于本文件的应用是必不可少的。凡是注日期的引用文件，仅注日期的版本适用于本文件。凡是不注日期的引用文件，其最新版本（包括所有的修改单）适用于本文件。

GB 3095 环境空气质量标准
GB 12348 工业企业厂界环境噪声排放标准
GB 18918 城镇污水处理厂污染物排放标准
GB/T 23484 城镇污水处理厂污泥处置 分类
GB/T 23485 城镇污水处理厂污泥处置 混合填埋泥质
GB/T 23486 城镇污水处理厂污泥处置 园林绿化用泥质
GB 24188 城镇污水处理厂污泥泥质
GB/T 24600 城镇污水处理厂污泥处置 土地改良用泥质
GB/T 24602 城镇污水处理厂污泥处置 单独焚烧用泥质
GB/T 25031 城镇污水处理厂污泥处置 制砖用泥质
CJ/T 309 城镇污水处理厂污泥处置 农用泥质
CJ/T 314 城镇污水处理厂污泥处置 水泥熟料生产用泥质
HJ/T 91 地表水和污水监测技术规范

DB 12/059 恶臭污染物排放标准

DB 12/356 污水综合排放标准

3 术语和定义

3.1 城镇污水处理厂 municipal wastewater treatment plant

指对进入城镇污水收集系统的污水进行净化处理的污水处理厂，包括天津市中心城区、滨海新区、新城和郊区（县）城市污水处理厂和乡（镇）污水处理厂。

3.2 现有城镇污水处理厂 existing municipal wastewater treatment plant

指在本标准发布之日前，已建成投产或环境影响评价文件已通过审批的城镇污水处理厂。

3.3 新（改、扩）建城镇污水处理厂 new (rebuilding, extending) municipal wastewater treatment plant

指本标准发布之日起，环境影响评价文件通过审批的新（改、扩）建城镇污水处理厂。

3.4 恶臭污染物 odor pollutants

指一切刺激嗅觉器官引起人们不愉快及损坏生活环境的气体物质。

4 技术要求

4.1 水污染物排放标准

4.1.1 控制项目及分类

4.1.1.1 根据污染物的来源及性质，将污染物控制项目分为基本控制项目和选择控制项目两类。基本控制项目主要包括影响水环境和城镇污水处理厂一般处理工艺可以去除的常规污染物，以及部分一类污染物，共19项。选择控制项目包括对环境有较长期影响或毒性较大的污染物，共50项。

4.1.1.2 基本控制项目必须执行。选择控制项目由环境保护行政主管部门根据污水处理厂接纳的工业污染物的类别和水环境质量要求选择控制。

4.1.2 标准分级

4.1.2.1 基本控制项目的常规污染物标准值分为A标准、B标准、C标准。部分一类污染物和选择控制项目不分级。

4.1.2.2 城镇污水处理厂出水排入水环境，当设计规模$\geq 10000m^3/d$时，执行A标准；当设计规模$< 10000m^3/d$且$\geq 1000m^3/d$时，执行B标准；当设计规模$< 1000m^3/d$时，执行C标准。

4.1.3 标准值

城镇污水处理厂水污染物排放标准基本控制项目，执行表1和表2的规定；选择控制项目执行表3的规定。

4.1.4 取样与监测

4.1.4.1 城镇污水处理厂水污染物排放监控位置应设在污水处理厂出水总排放口，并按规定设置永久性排污口标志。

表 1 基本控制项目最高允许排放浓度（日均值）

单位：mg/L（注明的除外）

序号	基本控制项目	A 标准	B 标准	C 标准
1	pH(无量纲)	6～9	6～9	6～9
2	化学需氧量(COD)	30	40	50
3	生化需氧量(BOD_5)	6	10	10
4	悬浮物(SS)	5	5	10
5	动植物油	1.0	1.0	1.0
6	石油类	0.5	1.0	1.0
7	阴离子表面活性剂	0.3	0.3	0.5
8	总氮(以 N 计)	10	15	15
9	氨氮(以 N 计)①	1.5(3.0)	2.0(3.5)	5(8)
10	总磷(以 P 计)	0.3	0.4	0.5
11	色度(稀释倍数)	15	20	30
12	粪大肠菌群数(个/L)	1000	1000	1000

① 每年 11 月 1 日至次年 3 月 31 日执行括号内的排放限值。

表 2 部分一类污染物最高允许排放浓度（日均值） 单位：mg/L

序号	项目	标准值	序号	项目	标准值
1	总汞	0.001	5	六价铬	0.05
2	烷基汞	不得检出	6	总砷	0.05
3	总镉	0.005	7	总铅	0.05
4	总铬	0.1			

表 3 选择控制项目最高允许排放浓度（日均值） 单位：mg/L

序号	选择控制项目	标准值	序号	选择控制项目	标准值
1	总镍	0.02	15	苯胺类	0.1
2	总铍	0.002	16	苯	0.01
3	总银	0.1	17	甲苯	0.1
4	总硒	0.02	18	乙苯	0.3
5	总锰	0.1	19	邻-二甲苯	0.2
6	总铜	0.5	20	对-二甲苯	0.2
7	总锌	1	21	间-二甲苯	0.2
8	苯并[α]芘	2.0×10^{-6}	22	苯系物总量	1.2
9	挥发酚	0.01	23	苯酚	0.3
10	总氰化物	0.2	24	间-甲酚	0.01
11	硫化物	0.5	25	2,4-二氯酚	0.093
12	氟化物	1.5	26	2,4,6-三氯酚	0.2
13	甲醛	0.9	27	可吸附有机卤化物(AOX 以 Cl 计)	1.0
14	硝基苯	0.017	28	三氯甲烷	0.06

续表

序号	选择控制项目	标准值	序号	选择控制项目	标准值
29	1,2-二氯乙烷	0.03	40	邻苯二甲酸二辛酯	0.008
30	四氯化碳	0.002	41	丙烯腈	0.1
31	三氯乙烯	0.07	42	彩色显影剂	1
32	四氯乙烯	0.04	43	显影剂及其氧化物总量	2
33	氯苯	0.3	44	有机磷农药(以 P 计)	0.5
34	1,4-二氯苯	0.3	45	马拉硫磷	0.05
35	1,2-二氯苯	1.0	46	乐果	0.08
36	三氯苯①	0.02	47	对硫磷	0.003
37	硝基氯苯②	0.05	48	甲基对硫磷	0.002
38	2,4-二硝基氯苯	0.5	49	五氯酚	0.009
39	邻苯二甲酸二丁酯	0.003	50	总有机碳(TOC)	12

① 三氯苯：指 1,2,3-三氯苯、1,2,4-三氯苯、1,3,5-三氯苯。

② 硝基氯苯：指对-硝基氯苯、间-硝基氯苯、邻-硝基氯苯。

4.1.4.2　采样频率为至少每 2h 一次，取 24h 混合样，以日均值计。污染物的采样与监测应按 HJ/T 91 有关规定执行。

4.1.4.3　城镇污水处理厂应对本标准表 3 规定的选择控制项目每年至少监测 1 次。

4.1.4.4　监测分析方法按附录 A 执行。

4.2　大气污染物排放标准

4.2.1　新（改、扩）建城镇污水处理厂防护距离由环境影响评价确定。

4.2.2　当城镇污水处理厂位于 GB 3095 规定的一类区时，执行 GB 18918 中大气污染物排放的一级标准；当城镇污水处理厂位于 GB 3095 规定的二类区时，氨、硫化氢、臭气浓度执行 DB 12/059 规定的排放标准限值，甲烷执行 GB 18918 中二级排放标准限值。

4.2.3　氨、硫化氢、臭气浓度的取样与监测按 DB 12/059 有关规定执行，甲烷的取样与监测按 GB 18918 有关规定执行。

4.2.4　监测分析方法按附录 A 执行。

4.3　污泥控制标准

4.3.1　城镇污水处理厂污泥泥质应符合 GB 24188 的相关规定。

4.3.2 城镇污水处理厂污泥的稳定化处理应符合 GB 18918 的相关规定。

4.3.3　城镇污水处理厂污泥以土地利用、填埋、建筑材料利用、焚烧等方式处置时，应符合 GB/T 23484、GB/T 23486、GB/T 24600、CJ/T 309、GB/T 23485、CJ/T 314、GB/T 25031、GB/T 24602 等有关标准及其他相关规定。

4.4　噪声控制标准

城镇污水处理厂噪声控制按 GB 12348 执行。

5　其他规定

5.1　本标准中未列出的项目执行 GB 18918 的相应要求。

5.2 城镇污水处理厂出水作为水资源用于农业、工业、市政等方面不同用途时，还应达到相应的用水水质要求。

6 实施与监督

6.1 标准由市和区（县）环境保护行政主管部门负责监督实施。

6.2 本标准正文及附录 A 为强制性内容。

附录 A
（规范性附录）
监测分析方法

水质监测分析与大气污染物监测分析分别按表 A.1 和表 A.2 执行，或按国家环境保护主管部门认定的替代方法、等效方法执行。

表 A.1 水质监测分析方法

序号	控制项目	测定方法	方法来源
1	pH 值	玻璃电极法	GB/T 6920—1986
2	化学需氧量(COD)	重铬酸盐法 快速消解分光光度法 氯气校正法(氯化物高于 1000mg/L)	GB/T 11914—1989 HJ/T 399—2007 HJ/T 70—2001
3	生化需氧量(BOD)	稀释与接种法 微生物传感器快速测定法	HJ 505—2009 HJ/T 86—2002
4	悬浮物(SS)	重量法	GB/T 11901—1989
5	动植物油	红外分光光度法	HJ 637—2012
6	石油类	红外分光光度法	HJ 637—2012
7	阴离子表面活性剂	亚甲蓝分光光度法 电位滴定法	GB/T 7494—1987 GB/T 13199—1991
8	总氮(以 N 计)	碱性过硫酸钾消解紫外分光光度法 连续流动-盐酸萘乙二胺分光光度法 流动注射-盐酸萘乙二胺分光光度法	HJ 636—2012 HJ 667—2013 HJ 668—2013
9	氨氮(以 N 计)	纳氏试剂分光光度法 水杨酸分光光度法 蒸馏中和滴定法 连续流动-水杨酸分光光度法 流动注射-水杨酸分光光度法	HJ 535—2009 HJ 536—2009 HJ 537—2009 HJ 665—2013 HJ 666—2013
10	总磷(以 P 计)	钼酸铵分光光度法 连续流动-钼酸铵分光光度法 流动注射-钼酸铵分光光度法	GB/T 11893—1989 HJ 670—2013 HJ 671—2013
11	色度	稀释倍数法	GB/T 11903—1989
12	粪大肠菌群数	多管发酵法和滤膜法	HJ/T 347—2007
13	总汞	冷原子吸收分光光度法 冷原子荧光法 原子荧光法	HJ 597—2011 HJ/T 341—2007 HJ 694—2014
14	烷基汞	气相色谱法	GB/T 14204—93

续表

序号	控制项目	测定方法	方法来源
15	总镉	原子吸收分光光度法 电感耦合等离子发射光谱法(ICP-AES) 石墨炉原子吸收法 电感耦合等离子体质谱法(ICP-MS)	GB/T 7475—1987 ① ① HJ 700—2014
16	总铬	高锰酸钾氧化-二苯碳酰二肼分光光度法 电感耦合等离子发射光谱法(ICP-AES)火焰原子吸收法 电感耦合等离子体质谱法(ICP-MS)	GB/T 7466—1987 ① ① HJ 700—2014
17	六价铬	二苯碳酰二肼分光光度法	GB/T 7467—1987
18	总砷	二乙基二硫代氨基甲酸银分光光度法 原子荧光法 电感耦合等离子体质谱法(ICP-MS)	GB/T 7485—1987 HJ 694—2014 HJ 700—2014
19	总铅	原子吸收分光光度法 电感耦合等离子发射光谱法(ICP-AES) 石墨炉原子吸收法 电感耦合等离子体质谱法(ICP-MS)	GB/T 7475—1987 ① ① HJ 700—2014
20	总镍	火焰原子吸收分光光度法 电感耦合等离子发射光谱法(ICP-AES) 电感耦合等离子体质谱法(ICP-MS)	GB 11912—89 ① HJ 700—2014
21	总铍	石墨炉原子吸收分光光度法 电感耦合等离子体质谱法(ICP-MS)	HJ/T 59—2000 HJ 700—2014
22	总银	火焰原子吸收分光光度法 电感耦合等离子体质谱法(ICP-MS)	GB 11907—89 HJ 700—2014
23	总硒	石墨炉原子吸收分光光度法 2,3-二氨基萘荧光法 原子荧光法 电感耦合等离子体质谱法(ICP-MS)	GB/T 15505—1995 GB/T 11902—1989 HJ 694—2014 HJ 700—2014
24	总锰	火焰原子吸收分光光度法 电感耦合等离子发射光谱法(ICP-AES) 电感耦合等离子体质谱法(ICP-MS)	GB/T 11911—1989 ① HJ 700—2014
25	总铜	原子吸收分光光度法 石墨炉原子吸收法 电感耦合等离子发射光谱法(ICP-AES) 电感耦合等离子体质谱法(ICP-MS)	GB/T 7475—1987 ① ① HJ 700—2014
26	总锌	原子吸收分光光度法 电感耦合等离子发射光谱法(ICP-AES) 电感耦合等离子体质谱法(ICP-MS)	GB/T 7475—1987 ① HJ 700—2014
27	苯并[α]芘	液液萃取和固相萃取高效液相色谱法 气相色谱-质谱法	HJ 478—2009 ①
28	挥发酚	4-氨基安替比林分光光度法	HJ 503—2009
29	总氰化物	异烟酸-吡唑啉酮分光光度法 真空检测管—电子比色法	HJ 484—2009 HJ 659—2013
30	硫化物	亚甲基蓝分光光度法 碘量法	GB/T 16489—1996 HJ/T 60—2000
31	氟化物	离子选择电极法 离子色谱法 茜素磺酸锆目视比色法 氟试剂分光光度法	GB/T 7484—1987 HJ/T 84—2001 HJ 487—2009 HJ 488—2009

续表

序号	控制项目	测定方法	方法来源
32	甲醛	乙酰丙酮分光光度法	HJ 601—2011
33	硝基苯类	气相色谱法 液液萃取/固相萃取-气相色谱法 气相色谱-质谱法	HJ 592—2010 HJ 648—2013 HJ 716—2014
34	苯胺类	*N*-(1-萘基)乙二胺偶氮分光光度法	GB/T 11889—1989
35	苯	气相色谱法 吹扫捕集/气相色谱-质谱法 吹扫捕集/气相色谱法 顶空气相色谱-质谱法	GB/T 11890—1989 HJ 639—2012 HJ 686—2014 ①
36	甲苯	气相色谱法 吹扫捕集/气相色谱-质谱法 吹扫捕集/气相色谱法 顶空气相色谱-质谱法	GB/T 11890—1989 HJ 639—2012 HJ 686—2014 ①
37	乙苯	气相色谱法 吹扫捕集/气相色谱-质谱法 吹扫捕集/气相色谱法 顶空气相色谱-质谱法	GB/T 11890—1989 HJ 639—2012 HJ 686—2014 ①
38	邻-二甲苯	气相色谱法 吹扫捕集/气相色谱-质谱法 吹扫捕集/气相色谱法 顶空气相色谱-质谱法	GB/T 11890—1989 HJ 639—2012 HJ 686—2014 ①
39	对-二甲苯	气相色谱法 吹扫捕集/气相色谱-质谱法 吹扫捕集/气相色谱法 顶空气相色谱-质谱法	GB/T 11890—1989 HJ 639—2012 HJ 686—2014 ①
40	间-二甲苯	气相色谱法 吹扫捕集/气相色谱-质谱法 吹扫捕集/气相色谱法 顶空气相色谱-质谱法	GB/T 11890—1989 HJ 639—2012 HJ 686—2014 ①
41	苯系物总量(包括苯、甲苯、乙苯、二甲苯、异丙苯及苯乙烯的总合)	气相色谱法 吹扫捕集/气相色谱-质谱法 吹扫捕集/气相色谱法 顶空气相色谱-质谱法	GB/T 11890—1989 HJ 639—2012 HJ 686—2014 ①
42	苯酚	高效液相色谱法 液液萃取/气相色谱法 气相色谱-质谱法	① HJ 676—2013 HJ 744—2015
43	间-甲酚	液液萃取/气相色谱法 气相色谱-质谱法	HJ 676—2013 HJ 744—2015
44	2,4-二氯酚	高效液相色谱法 液液萃取/气相色谱法 气相色谱-质谱法	① HJ 676—2013 HJ 744—2015
45	2,4,6-三氯酚	高效液相色谱法 液液萃取/气相色谱法 气相色谱-质谱法	① HJ 676—2013 HJ 744—2015
46	可吸附有机卤化物(AOX以Cl计)	微库仑法 离子色谱法	GB/T 15959—1995 HJ/T 83—2001

续表

序号	控制项目	测定方法	方法来源
47	三氯甲烷	顶空气相色谱法 吹扫捕集/气相色谱-质谱法 吹扫捕集/气相色谱法	HJ 620—2011 HJ 639—2012 HJ 686—2014
48	1,2-二氯乙烷	顶空气相色谱法 吹扫捕集/气相色谱-质谱法 吹扫捕集/气相色谱法	HJ 620—2011 HJ 639—2012 HJ 686—2014
49	四氯化碳	顶空气相色谱法 吹扫捕集/气相色谱-质谱法 吹扫捕集/气相色谱法	HJ 620—2011 HJ 639—2012 HJ 686—2014
50	三氯乙烯	顶空气相色谱法 吹扫捕集/气相色谱-质谱法 吹扫捕集/气相色谱法	HJ 620—2011 HJ 639—2012 HJ 686—2014
51	四氯乙烯	顶空气相色谱法 吹扫捕集/气相色谱-质谱法 吹扫捕集/气相色谱法	HJ 620—2011 HJ 639—2012 HJ 686—2014
52	氯苯	气相色谱法 吹扫捕集/气相色谱-质谱法	HJ/T 74—2001 HJ 639—2012
53	1,4-二氯苯	气相色谱法 吹扫捕集/气相色谱-质谱法	HJ 621—2011 HJ 639—2012
54	1,2-二氯苯	气相色谱法 吹扫捕集/气相色谱-质谱法	HJ 621—2011 HJ 639—2012
55	1,2,4-三氯苯	气相色谱法 吹扫捕集/气相色谱-质谱法 气相色谱-质谱法	HJ 621—2011 HJ 639—2012 HJ 699—2014
56	对-硝基氯苯	液液萃取/固相萃取-气相色谱法 气相色谱-质谱法	HJ 648—2013 HJ 716—2014
57	2,4-二硝基氯苯	液液萃取/固相萃取-气相色谱法 气相色谱-质谱法	HJ 648—2013 HJ 716—2014
58	邻苯二甲酸二丁酯	液相色谱法 气相色谱-质谱法	HJ/T 72—2001 ①
59	邻苯二甲酸二辛酯	液相色谱法 气相色谱-质谱法	HJ/T 72—2001 ①
60	丙烯腈	气相色谱法 吹扫捕集/气相色谱	HJ/T 73—2001 ①
61	彩色显影剂	169 成色剂法 169 成色剂分光光度法(暂行)	GB 8978—1996 附录 D: 一、彩色显影剂总量的测定 HJ 595—2010
62	显影剂及氧化物总量	碘-淀粉比色法 碘-淀粉分光光度法(暂行)	GB 8978—1996 附录 D: 二、显影剂及其氧化物 总量的测定方法 HJ 594—2010
63	有机磷农药	气相色谱法	GB/T 13192—1991
64	马拉硫磷	气相色谱法	GB/T 13192—1991

续表

序号	控制项目	测定方法	方法来源
65	乐果	气相色谱法	GB/T 13192—1991
66	对硫磷	气相色谱法	GB/T 13192—1991
67	甲基对硫磷	气相色谱法	GB/T 13192—19911 GB/T 14552—2003
68	五氯酚及五氯酚钠(以五氯酚计)	气相色谱法 气相色谱-质谱法	HJ 591—2010 ①
69	总有机碳(TOC)	燃烧氧化—非分散红外吸收法	HJ 501—2009

注：暂采用下列方法，待国家方法标准发布后，执行国家标准。

①《水和废水监测分析方法》(第四版)，中国环境科学出版社，2002 年。

表 A. 2 大气污染物监测分析方法

序号	控制项目	测定方法	方法来源
1	氨	次氯酸钠-水杨酸分光光度法 纳氏试剂分光光度法	HJ 534—2009 HJ 533—2009
2	硫化氢	气相色谱法 亚甲基蓝分光光度法	GB/T 14678—1993 ①
3	臭气浓度	三点比较式臭袋法	GB/T 14675—1993
4	甲烷	气相色谱法	CJ/T 3037—1995 HJ/T 38—1999

①《空气和废气监测分析方法》(第四版)，中国环境科学出版社，2003 年。

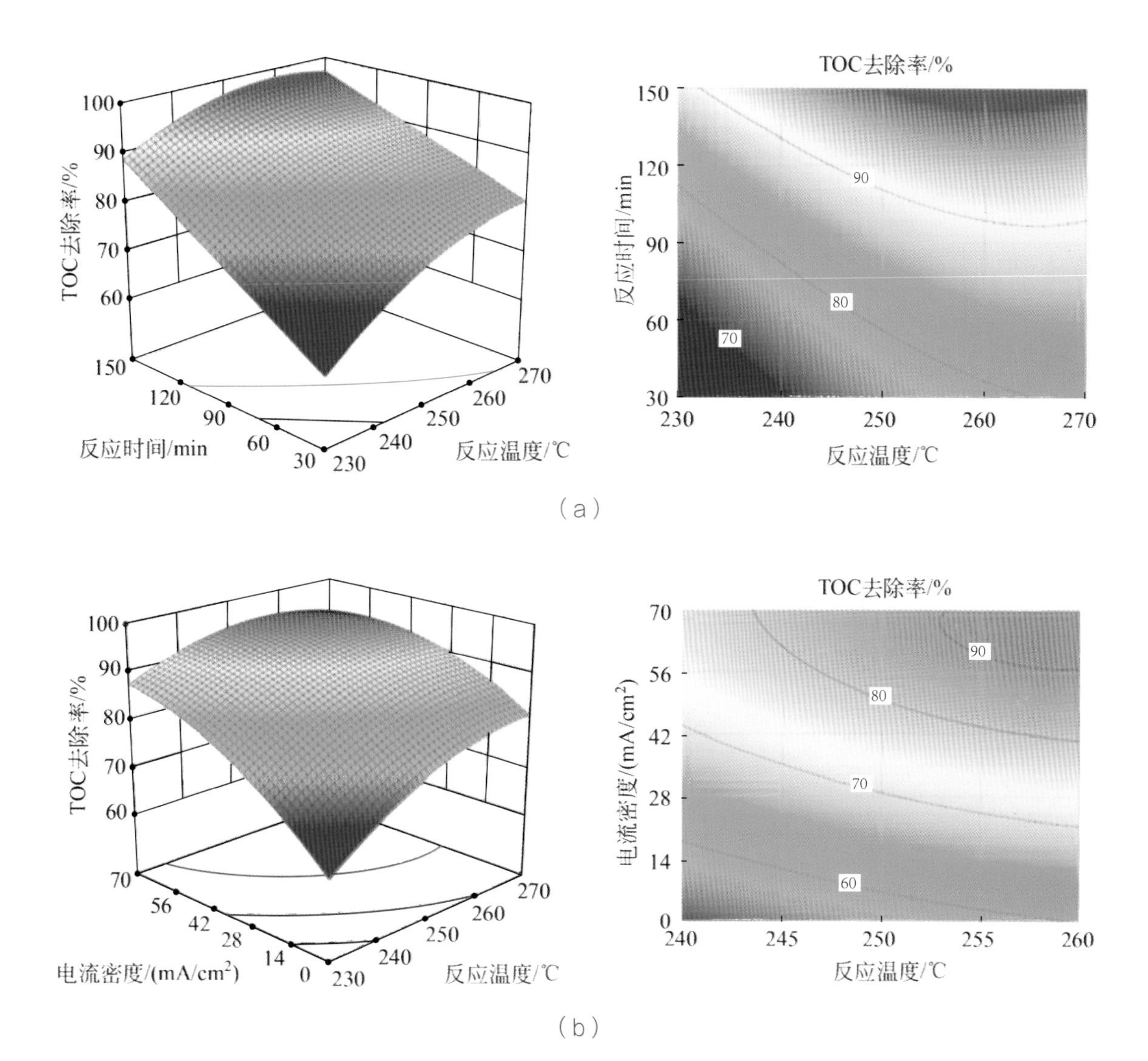

(a)

(b)

▶▶ 图 5-11 各因素相互作用对 TOC 去除影响的三维响应面和二维等值线

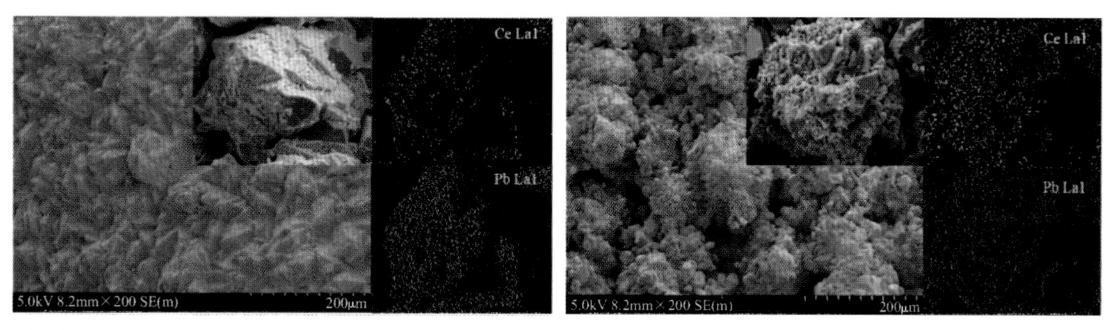

(a) 反应前 PbO_2 阳极的 SEM 图　　(b) 反应后 PbO_2 阳极的 SEM 图

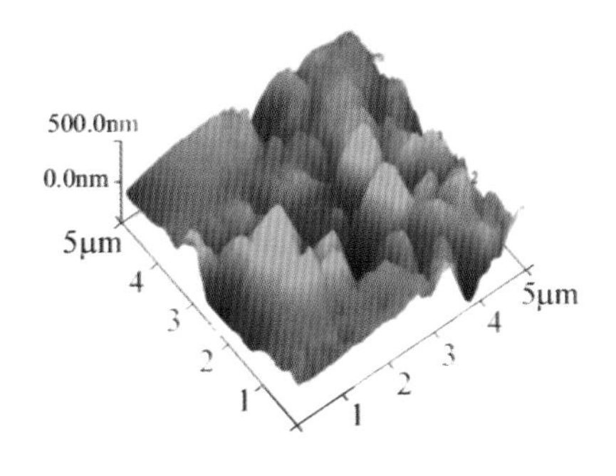

（c）反应前 PbO_2 阳极的 AFM 图

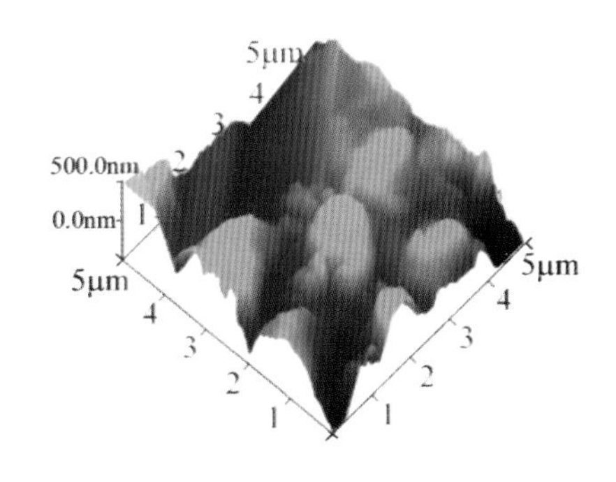

（d）反应后 PbO_2 阳极的 AFM 图

▶▶ 图 5-14 反应前和反应后 PbO_2 阳极的 SEM 图，以及反应前和反应后 PbO_2 阳极的 AFM 图

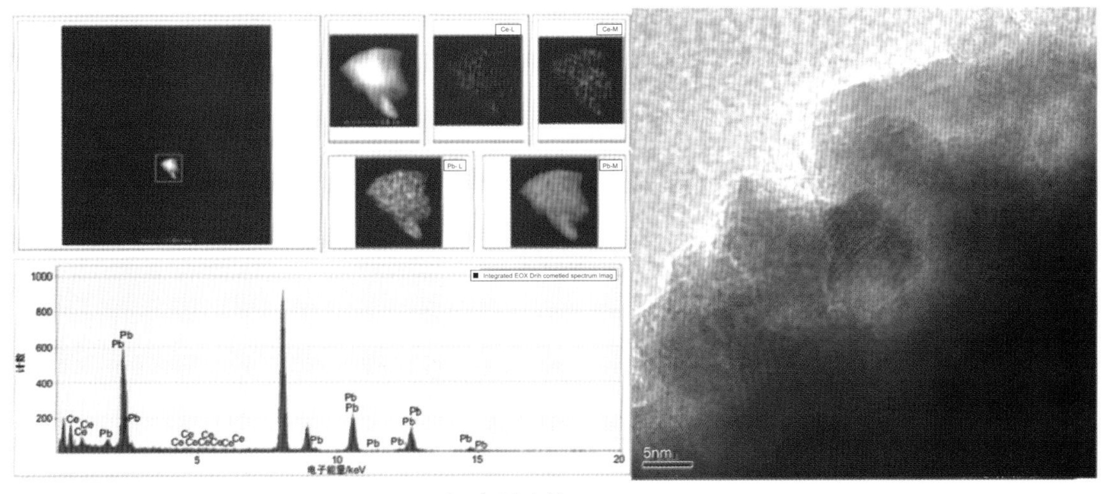

（a）反应前

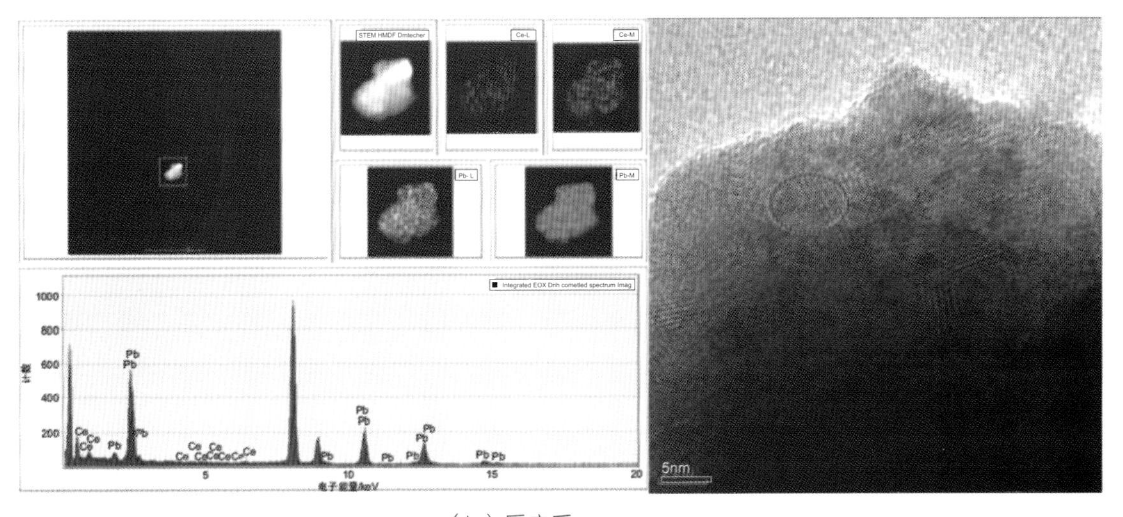

（b）反应后

▶▶ 图 5-15 反应前和反应后 PbO_2 阳极 HRTEM 图

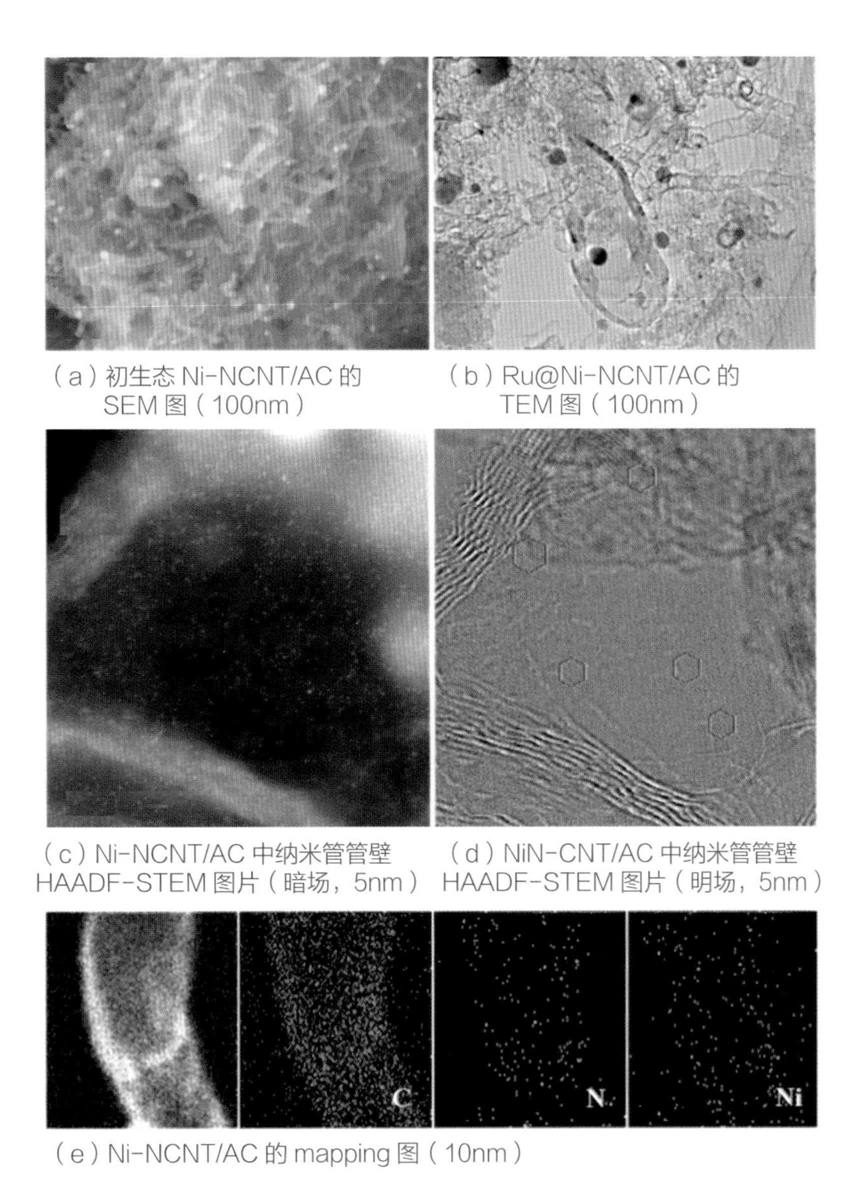

（a）初生态 Ni-NCNT/AC 的 SEM 图（100nm）

（b）Ru@Ni-NCNT/AC 的 TEM 图（100nm）

（c）Ni-NCNT/AC 中纳米管管壁 HAADF-STEM 图片（暗场，5nm）

（d）NiN-CNT/AC 中纳米管管壁 HAADF-STEM 图片（明场，5nm）

（e）Ni-NCNT/AC 的 mapping 图（10nm）

图 5-30 Ni-NCNT/AC 和 Ru@Ni-NCNT/AC 结构特征

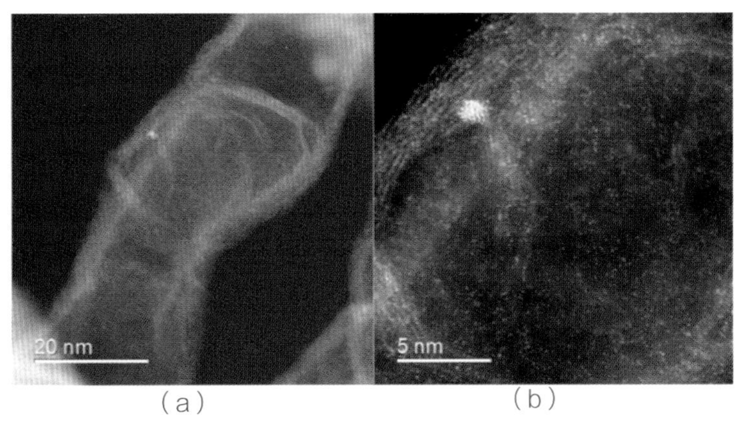

（a） （b）

图 5-31 Ru 纳米颗粒负载在 Ni-NCNT/AC 表面的 TEM 图

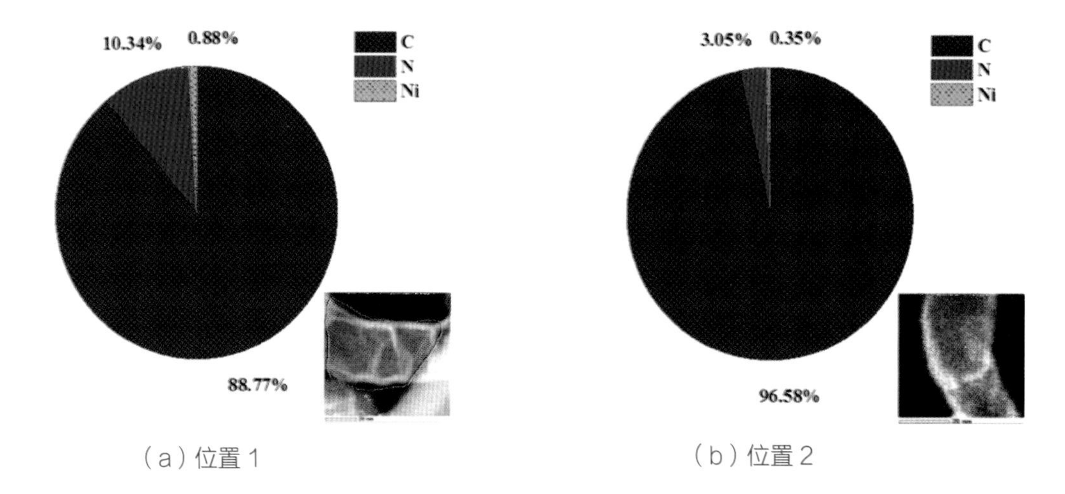

▶▶ 图 5-32 在 Ru@Ni-NCNT/AC 不同位置进行 EDS 扫描得到的元素原子比例
(Ru 元素的信号强度在位置 1、2 都十分微弱)

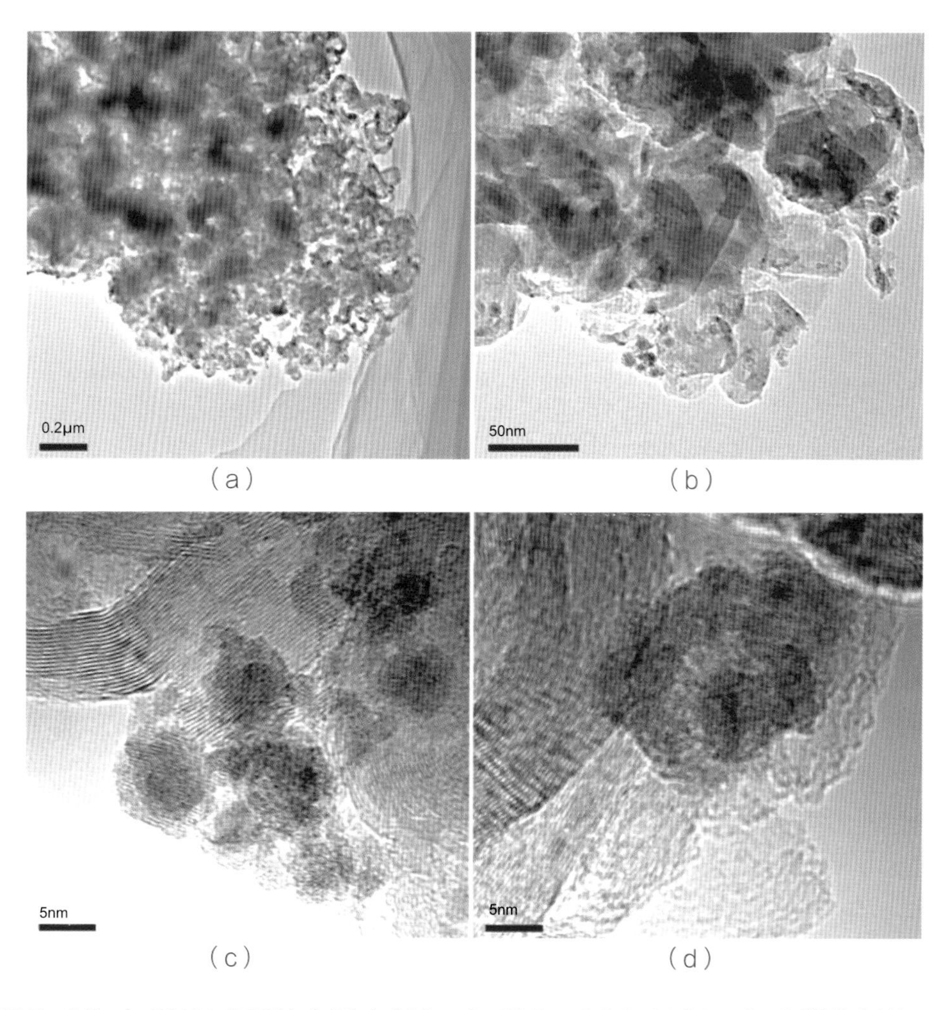

▶▶ 图 5-33 在CWAO系统中反应120 min后Ru@Ni-NCNT/AC催化剂的TEM 图

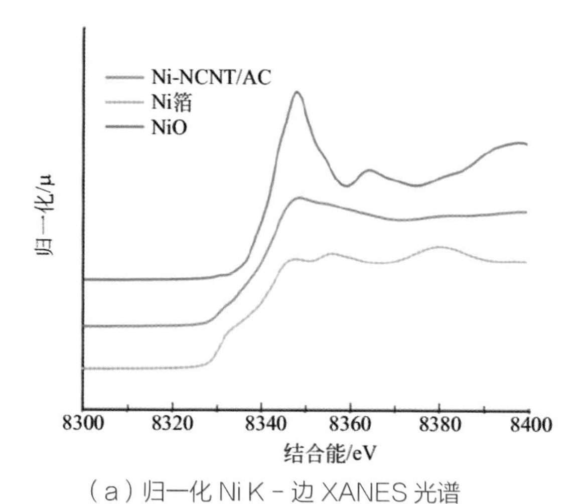

（a）归一化 Ni K－边 XANES 光谱

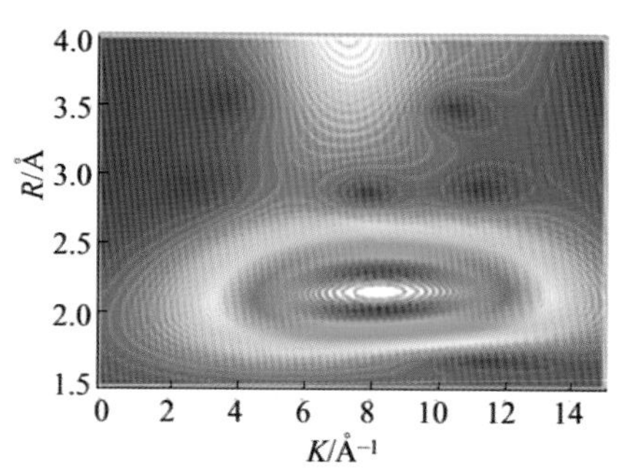

（c）NiO 样品 EXAFS 谱图小波变换结果

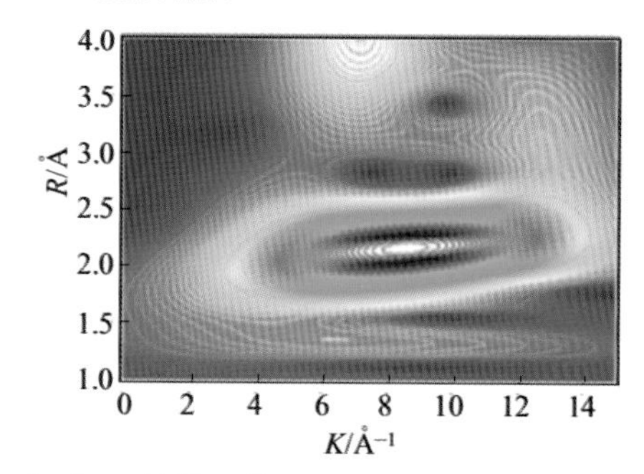

（d）Ni-NCNT/AC 样品 EXAFS 谱图小波变换结果

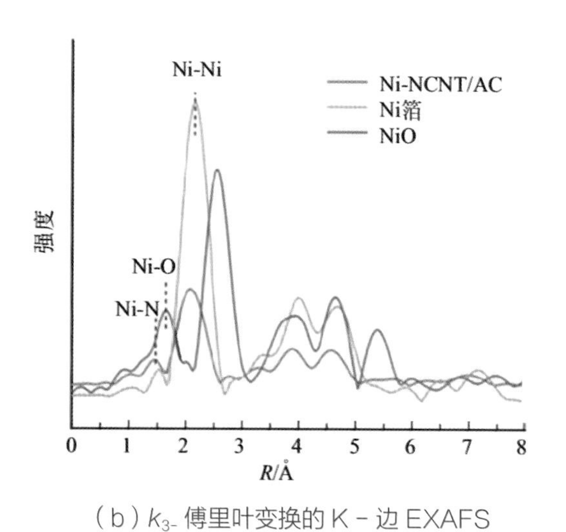

（b）k_{3}- 傅里叶变换的 K－边 EXAFS

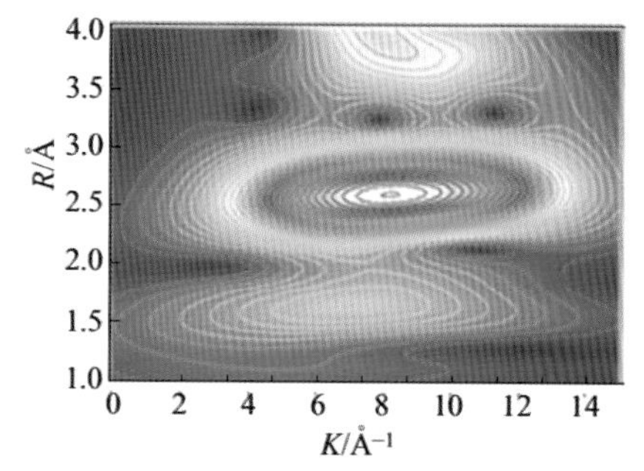

（e）Ni 箔样品的 EXAFS 谱图小波变换结果

图 5-37　单原子 Ni 催化剂结构特征的 X 射线吸收光谱结果

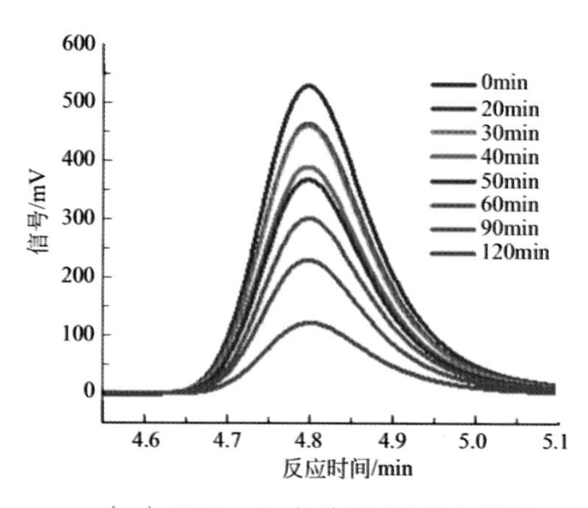

（a）2MPa N_2 条件下的液相色谱图

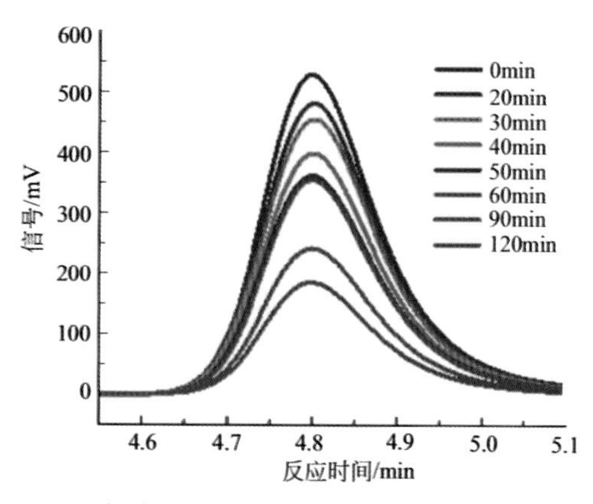

（b）2MPa O_2 条件下的液相色谱图

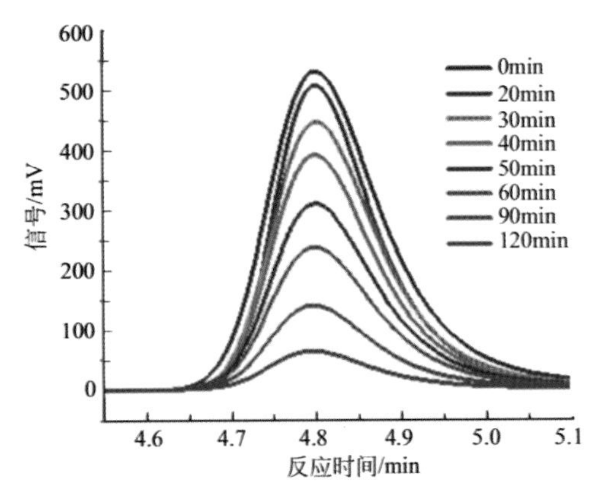

（c）2MPa N_2+10mmol/L Fe^{2+} 条件下的液相色谱图

（d）2MPa O_2+10mmol/L Fe^{2+} 条件下的液相色谱图

图 6-15　2MPa N_2、2MPa O_2、2MPa N_2+10mmol/L Fe^{2+}、2MPa O_2+10mmol/L Fe^{2+} 条件下的液相色谱图

（a）处理前　　（b）处理后

图 7-2　电化学氧化处理光稳定剂废水水处理前后对比

（a）处理前　　（b）处理后

图 7-3　光稳定剂水处理前后对比

（a）处理前　　（b）处理后

▶▶ 图 7-5　催化臭氧氧化处理光稳定剂废水前后对比

（a）氯化钠侧　　（b）硫酸钠侧

▶▶ 图 8-4　NOC 工艺进出水水质情况

▶▶ 图 8-56　低聚含油废水处理结果

▶▶ 图 8-57 “混凝 + 气浮 + 电催化”工艺处理高含盐污水处理结果

▶▶ 图 8-58 “混凝 + 电催化”工艺处理高含盐污水处理结果